国外海洋政策研究报告
(2021)

主　编　李双建
副主编　周怡圃　曲艳敏

海洋出版社
2022年·北京

图书在版编目(CIP)数据

国外海洋政策研究报告. 2021 / 李双建主编；周怡圃, 曲艳敏副主编. — 北京：海洋出版社, 2022.12
 ISBN 978-7-5210-1052-7

Ⅰ.①国… Ⅱ.①李… ②周… ③曲… Ⅲ.①海洋开发-政策-研究报告-国外-2021 Ⅳ.①P74

中国版本图书馆 CIP 数据核字(2022)第 254843 号

国外海洋政策研究报告(2021)
Guowai Haiyang Zhengce Yanjiu Baogao(2021)

责任编辑：屠 强 苏 勤
责任印制：安 森

海洋出版社 出版发行

http://www.oceanpress.com.cn
北京市海淀区大慧寺路 8 号 邮编：100081
鸿博昊天科技有限公司印刷
2022 年 12 月第 1 版 2022 年 12 月北京第 1 次印刷
开本：787 mm×1092 mm 1/16 印张：47
字数：600 千字 定价：298.00 元
发行部：010-62100090 总编室：010-62100034
海洋版图书印、装错误可随时退换

《国外海洋政策研究报告(2021)》编委会

主　编：李双建

副主编：周怡圃　曲艳敏

编　委：姜　丽　王　群　刘　瑞　魏　婷
　　　　孙淑情　王瑞欢　桂筱羽　石　莉
　　　　魏　晋　于　傲　玄　花　王佳微
　　　　张　扬　王　琦　刘　明　蒋鹏霖
　　　　姚　荔　苏冠先　郭洁乔　吕慧铭
　　　　夏颖颖　韩　湘

统　稿：李双建　周怡圃　曲艳敏　姜　丽
　　　　王　群

前　言

当今世界风云变幻，百年未有之大变局与新冠病毒疫情全球大流行交织影响，外部发展环境更趋复杂严峻和不确定。海洋领域许多国际谈判和国际会议被迫停滞，国际社会在应对气候变化、海洋生态环境保护、海洋污染治理、海洋生物多样性养护与可持续利用、深海极地治理等关键领域治理进展缓慢。与此同时，疫情对全球海洋治理和各国政策适应形成倒逼机制，国际社会谋划海洋可持续发展新方向，探索更强劲的蓝色复苏新路径，思考海洋生态治理的新方法，"海洋科学十年"、海洋与人类健康、全球海上风电发展、海洋连通性保护等成为热点议题。这些新的治理趋势与政策动向既加剧了海洋资源、空间、利益的潜在竞合关系，也为我国参与国际海洋治理、优化国内海洋管理提供了多元化视角。

恰逢战略机遇期，我国建设海洋强国、经略海洋事业应深刻洞察国际海洋发展的整体趋势，准确把握全球、区域、重点国家海洋治理的特点规律，根据国情积极适应世界海洋形势的深刻变化，唯有因势而谋、应势而动、顺势而为，方可化危为机，使我国的海洋强国事业始终遵循内在发展规律，适应世界发展趋势，走在时代前列。

国家海洋信息中心秉持长期开展海洋信息收集分析和战略研究的优势，立足建设新型特色海洋智库的发展定位，倾力打造海洋政策研究特色产品，自2018年起开始向社会公开出版年度《国外海洋政策研究报告》，至今已历四个春秋，得到业内同仁和学者的持续关注、鼎力支持和更高期待。报告编写人员悉心跟踪过去一年间国际海洋形势发展的重要进展，对世界海洋事务发展的整体趋势与热点、难点进行了梳理总结，并力图客观反映各国家与国际组织的主要政策和重大事件。本年度报告在延续以往风格的基础上，对内容体例进行了更为合理的整编，将"国际海洋发展形势"篇的章节体例进行了简化，同时，为更准确地反映国际海洋大势、方便读者按图索骥，本报告将以往散布于各个领域的年度重要事件统一以大事记形式予以展现，以更好地发挥海洋政策工具书的功能。

本报告由四篇构成。第一篇立足国际海洋形势，在2021年新冠病毒疫情大背景下，从海洋经济、海上安全、海洋科学研究、海洋治理和海上人道主义五个方面对全球海洋发展形势发生的深刻变化进行了分析回顾。第二篇聚焦全球海洋热点问题，精心甄选了12个年度海洋热点议题开展分析，既包括打击IUU捕捞、全球珊瑚礁保护修复等当下全球海洋治理重点问题，也包括人工智能、基因技术等新科技革命在海洋领域应用等前瞻性研究议题，力争从不同视角，展示国际海洋治理的最新趋势。第三篇着眼主要国家最新海洋政策，对美国、英国、俄罗斯、澳大利亚等16个国家的海洋战略政策、法律法规、规划计划进行了翻译、整理，反映了主要海洋国家国内海洋政策的重大动向。第四篇把握重要国际组织的典型海洋政策，选取了世界自然保护联盟、欧盟、可持续海洋经济高级别小组等国际组织与平台发布的关乎全球海洋及区域海洋治理的解决方案、行动计划、议程报告进行编译。此篇内容旨在客观展示国外海洋政策最新动向，便于国内读者作为资料加以参考，并不代表编者和出版者认可其观点和立场。最后以附录形式收录2021年国际海洋大事记，类目覆盖海洋管理、海洋经济、海洋科学技术、海洋气候变化和防灾减灾、海洋生态环境保护、深海极地等领域。

参与本报告编写工作的人员均为长期从事国外海洋信息收集、分析与研究的一线科研人员，并形成相对稳定的《国外海洋政策研究报告》编制团队，在政策选择的战略性、热点研判的准确性方面具有较丰富的业务经验。编译过程中囿于水平、精力所限，书中不足在所难免，敬请广大读者批评指正。

积土即为山，积水即为海。期待以我们的坚持与坚守，为政府决策部门和海洋管理相关机构提供信息支撑，为从事海洋科研和教学的人士提供一些帮助和参考，也为社会公众了解海洋形势提供有益的信息。

李双建
2021年夏　于天津

目　录

第一篇　国际海洋发展形势

第一章　新冠病毒疫情下的全球海洋发展形势 …………………… 3
　第一节　海洋经济：深受冲击　复苏初现 ……………………… 3
　第二节　海上安全：矛盾持续　博弈激化 ……………………… 8
　第三节　海洋科学研究：前景可期　大有可为 ………………… 13
　第四节　海洋治理：压力上升　规则调整 ……………………… 16
　第五节　海上人道主义：问题凸显　引发关注 ………………… 19

第二篇　全球海洋热点问题

第二章　国际社会出台"海洋科学十年"相关政策和行动举措以推进其启动工作 …………………………………………………… 25
　第一节　国际组织积极筹备"海洋科学十年"计划的启动工作 …… 25
　第二节　各国积极响应"海洋科学十年"计划 …………………… 32
　第三节　"海洋科学十年"活动呈现的特点和发展趋势展望 …… 35

第三章　国际社会构建打击 IUU 捕捞联盟 ……………………… 39
　第一节　IUU 捕捞成为全球海洋安全和资源可持续利用的"头号威胁" …………………………………………………… 39
　第二节　全球打击 IUU 捕捞行动取得重要突破 ……………… 41
　第三节　打击 IUU 捕捞的手段和措施不断升级 ……………… 47

第四章　新冠病毒疫情下海洋与人类健康的交互作用 …… 51
第一节　新冠病毒疫情下海洋成为热点领域 …… 51
第二节　海洋与人类健康交互作用的几点风险 …… 54
第三节　后疫情时期，海洋为人类健康发展带来机遇 …… 56
第四节　新冠病毒疫情促使海洋与人类健康学科迅速发展 …… 59
第五节　海洋与人类健康对我国的政策启示 …… 62
第六节　结　语 …… 64

第五章　全面、合作与治理：美国涉海法治新进展 …… 65
第一节　推动立法统揽涉海事务 …… 65
第二节　推进地区涉海合作法制化 …… 69
第三节　提出基于海洋的治理方案 …… 71

第六章　海洋世界自然遗产的发展趋势及影响 …… 78
第一节　海洋世界自然遗产概述 …… 78
第二节　海洋世界自然遗产特点 …… 80
第三节　海洋世界自然遗产发展趋势 …… 82
第四节　海洋世界自然遗产申报与发展对我国的影响 …… 85

第七章　海洋领域人工智能的发展现状及趋势 …… 88
第一节　人工智能新技术助力人类探索海洋新疆域 …… 89
第二节　人工智能助力海洋防灾减灾与海洋资源可持续开发利用 …… 93
第三节　人工智能触发海洋军事革命 …… 95
第四节　海洋领域人工智能未来挑战与重点领域 …… 98

第八章　海洋连通性保护受到全球关注 …… 102
第一节　海洋连通性保护概述 …… 102
第二节　海洋连通性保护方法 …… 104
第三节　海洋连通性国际进展及实践 …… 108

第九章　2020年全球海上风电发展持续向好 …… 113
第一节　海上风电发展为国际社会瞩目 …… 113
第二节　2020年全球海上风电发展热点地区迅速扩大 …… 115
第三节　海上风电未来发展趋势 …… 119

第十章　全球珊瑚礁保护修复取得新进展 …… 124
第一节　珊瑚礁白化的影响因素研究取得突出进展 …… 124
第二节　珊瑚礁管理和保护修复的创新性技术手段不断涌现 …… 126
第三节　全球合力开展珊瑚礁保护修复实践 …… 128

第十一章　日本海命名问题迎来新局面 …… 132
第一节　日本扩大日本海地名共识 …… 132
第二节　韩日关于日本海地名标记之争 …… 133
第三节　国际组织为日本海命名提供新方案 …… 135

第十二章　基因技术应用于海洋生态环境保护 …… 137
第一节　海洋生态环境现状与基因技术进步 …… 137
第二节　基因技术应用于海洋生态环境保护案例分析 …… 141
第三节　基因技术应用于海洋生态环境保护的意义与不足 …… 147
第四节　结　语 …… 149

第十三章　南太国家对深海采矿的态度及其影响认知分析 …… 150
第一节　南太国家拥有丰富的深海矿物资源 …… 150
第二节　南太国家对深海采矿活动的态度出现分歧 …… 154
第三节　国际社会对南太国家潜在深海采矿活动的态度 …… 155
第四节　南太国家对深海采矿活动综合影响的认知 …… 157
第五节　结　语 …… 159

第三篇　主要国家海洋政策

第十四章　美国《海洋、沿海和五大湖酸化研究计划：2020—2029》 …… 163
第一节　引　言 …… 163
第二节　国家海洋、沿海和五大湖酸化研究 …… 164
第三节　外海区域酸化研究 …… 167
第四节　阿拉斯加区域酸化研究 …… 171
第五节　北极区域酸化研究 …… 175
第六节　西海岸区域酸化研究 …… 178

第七节　美属太平洋岛屿区域酸化研究 …………………………… 182

第八节　东南大西洋和墨西哥湾区域酸化研究 …………………… 186

第九节　佛罗里达群岛和加勒比海区域酸化研究 ………………… 191

第十节　中大西洋湾区域酸化研究 ………………………………… 195

第十一节　新英格兰区域酸化研究 ………………………………… 199

第十二节　五大湖区域酸化研究 …………………………………… 203

第十五章　美国《NOAA 研究与开发愿景领域：2020—2026》 … 207

第一节　目的和范围 ………………………………………………… 207

第二节　研发指导原则 ……………………………………………… 208

第三节　评　估 ……………………………………………………… 210

第四节　展望领域摘要 ……………………………………………… 210

第五节　减少危险天气和其他环境现象对社会的影响 …………… 212

第六节　海洋和沿海资源的可持续利用和管理 …………………… 216

第七节　强大而有效的研究、开发和转化进程 …………………… 223

第十六章　英国《国家海洋设施 2020/2021 年技术路线图》 …… 228

第一节　前　言 ……………………………………………………… 228

第二节　海洋设施规划门户 ………………………………………… 232

第三节　数据管理与实践 …………………………………………… 233

第四节　调查船 ……………………………………………………… 235

第五节　地震探测 …………………………………………………… 236

第六节　取　样 ……………………………………………………… 238

第七节　系泊系统 …………………………………………………… 239

第八节　温盐深仪 …………………………………………………… 240

第九节　固定式和拖曳式剖面取样 ………………………………… 241

第十节　遥控操作平台 ……………………………………………… 243

第十一节　大功率海洋自主系统平台 ……………………………… 246

第十二节　水下滑翔机平台 ………………………………………… 250

第十三节　远程水下自主航行器平台 ……………………………… 253

第十四节　低基础设施自主水下航行器平台 ……………………… 255

第十五节　远程无人水面航行器 …………………………………… 257

第十六节　远程海洋自主系统平台指挥控制系统 …………… 258
　　第十七节　重力仪 ………………………………………………… 261
　　第十八节　磁力仪 ………………………………………………… 262
　　第十九节　船用水声套件和水文软件 …………………………… 263
　　第二十节　海洋和大气监测 ……………………………………… 264
　　第二十一节　船载数据采集系统 ………………………………… 266
　　第二十二节　绞　车 ……………………………………………… 267
　　第二十三节　附属设备设施 ……………………………………… 269

第十七章　俄罗斯联邦北极国家基本政策 …………………………… 271
　　第一节　俄罗斯联邦总统令 ……………………………………… 271
　　第二节　总　则 …………………………………………………… 271
　　第三节　俄罗斯联邦北极国家安全状况评估 …………………… 272
　　第四节　俄罗斯联邦北极国家政策的目标、主要方向及任务 … 274
　　第五节　俄罗斯联邦北极国家政策的主要实施机制 …………… 279
　　第六节　俄罗斯联邦北极国家政策实施效能主要指标 ………… 280

第十八章　挪威《基于生态系统的海洋综合管理——海洋经济可持续
　　　　　　发展框架》 ……………………………………………… 282
　　第一节　全球海洋环境状况 ……………………………………… 282
　　第二节　对可持续海洋经济的展望 ……………………………… 285
　　第三节　基于生态系统的海洋综合管理 ………………………… 289
　　第四节　实施基于生态系统的海洋综合管理 …………………… 299
　　第五节　基于生态系统的海洋综合管理工具 …………………… 302
　　第六节　基于生态系统的海洋综合管理实践 …………………… 306
　　第七节　结　语 …………………………………………………… 312

第十九章　芬兰《海洋空间规划区域和标志说明》 ………………… 314
　　第一节　海洋空间规划区域 ……………………………………… 314
　　第二节　海洋空间规划标志 ……………………………………… 317

第二十章　葡萄牙《国家海洋战略（2021—2030）》 ……………… 333
　　第一节　引　言 …………………………………………………… 333
　　第二节　愿　景 …………………………………………………… 334

第三节 《战略(2021—2030)》目标 ……………………………………… 335
第四节 《战略(2021—2030)》优先领域 …………………………………… 341
第五节 《战略(2021—2030)》目标和实施 ………………………………… 349
第六节 《战略(2021—2030)》监测与评估 ………………………………… 350
第七节 治理、协调和资源调动模式 ………………………………………… 352
第八节 《战略(2021—2030)》行动计划 …………………………………… 352

第二十一章 荷兰《印太:加强荷兰和欧盟与亚洲伙伴合作的指南》…… 355
第一节 政策核心 ……………………………………………………………… 355
第二节 实现欧洲对印太的愿景 ……………………………………………… 356
第三节 欧洲对印太愿景的要素 ……………………………………………… 358
第四节 荷兰和印太 …………………………………………………………… 363

第二十二章 韩国《海洋调查与海洋信息利用法》…………………………… 366
第一节 总　　则 ……………………………………………………………… 366
第二节 海洋调查 ……………………………………………………………… 368
第三节 海洋调查技术员、海洋调查信息行业和海洋调查装备 …………… 375
第四节 海洋信息的使用 ……………………………………………………… 381
第五节 补　　则 ……………………………………………………………… 384
第六节 罚　　则 ……………………………………………………………… 388

第二十三章 韩国《第三次海岸整治基本计划(2020—2029)》…………… 391
第一节 推进背景 ……………………………………………………………… 391
第二节 第二次基本计划期间的成果与局限性 ……………………………… 392
第三节 海岸整治基本计划的制订条件 ……………………………………… 393
第四节 第三次海岸整治基本计划(案) ……………………………………… 397

第二十四章 澳大利亚《南极科学战略计划》………………………………… 403
第一节 南极科学战略计划的任务、愿景和原则 …………………………… 403
第二节 南极科学战略计划的优先研究领域 ………………………………… 404
第三节 数字资源的整合 ……………………………………………………… 405
第四节 预期的科学成果 ……………………………………………………… 405
第五节 实现上述科学目标和成果的途径 …………………………………… 406

第二十五章　新西兰发布《2020年海鸟国家行动计划》……407
- 第一节　前　言……407
- 第二节　涵盖范围……408
- 第三节　背　景……408
- 第四节　愿景、长期目标和具体行动目标……412
- 第五节　效果评估……414
- 第六节　实　施……417
- 第七节　评　审……419

第二十六章　巴布亚新几内亚《国家海洋政策(2020—2030)》……420
- 第一节　政策背景与方向……420
- 第二节　政策与战略……423
- 第三节　体制及安排……431
- 第四节　实施计划……435
- 第五节　监督和评估……437

第二十七章　萨摩亚海洋战略2020—2030……440
- 第一节　概　要……440
- 第二节　引　言……441
- 第三节　萨摩亚海洋战略制定背景……442
- 第四节　萨摩亚海洋战略愿景……444
- 第五节　萨摩亚海洋战略优先专题领域……447
- 第六节　萨摩亚海洋面临的威胁……450
- 第七节　萨摩亚海洋综合性管理解决方案……452
- 附件1　利益攸关方名单和制定战略的关键步骤……463
- 附件2　目标的指标……464

第二十八章　斐济《国家海洋政策》……468
- 第一节　斐济国家海洋政策执行概要……468
- 第二节　斐济国家海洋政策简介……469
- 第三节　斐济海洋事务面临的新挑战和新机遇……472
- 第四节　斐济国家海洋政策……475
- 第五节　斐济国家海洋政策行动计划……480

第六节 结　语 …………………………………………… 482

第二十九章　智利国家南极规约
第一节 一般规定 ………………………………………… 483
第二节 权责分工 ………………………………………… 485
第三节 智利南极领土的治理和管理 …………………… 488
第四节 国家南极活动资助 ……………………………… 490
第五节 南极活动管制 …………………………………… 490
第六节 南极环境的保护和养护 ………………………… 494
第七节 监查和制裁 ……………………………………… 498
第八节 最终条款 ………………………………………… 500

第三十章　哥伦比亚《海洋可持续发展政策（2030）》 … 501
第一节 序　言 …………………………………………… 501
第二节 制定背景 ………………………………………… 502
第三节 主要问题 ………………………………………… 504
第四节 政策内容 ………………………………………… 506
第五节 工作安排 ………………………………………… 513

第三十一章　南非《南极洲和南大洋战略》 …………… 515
第一节 战略介绍 ………………………………………… 515
第二节 南非国家南极洲计划（SANAP） ……………… 518
第三节 南非在南极洲、亚南极洲和南大洋的投资和足迹 …… 519
第四节 持续参与南极洲事务的理由、愿景、目标和战略目标 …… 521
第五节 治理和体制安排 ………………………………… 525
第六节 实施计划 ………………………………………… 527
第七节 结　语 …………………………………………… 530

第四篇　国际组织海洋政策

第三十二章　《海洋脱氧：事关每一个人——原因、影响、后果和解决方案》 …………………………………… 533
第一节 前　言 …………………………………………… 533

	第二节	何为海洋脱氧	535
	第三节	已经造成何种影响	536
	第四节	对未来的影响	540
	第五节	海洋脱氧为何会产生严重影响	542
	第六节	海洋脱氧对沿海及海洋物种、生境和生态系统的影响	544
	第七节	对生态系统功能的影响	554
	第八节	如何应对海洋脱氧	557

第三十三章 欧盟《大西洋行动计划 2.0》 …… 559
 第一节　引　言 …… 559
 第二节　在欧盟大西洋地区实现"蓝色经济"的共同愿景 …… 560
 第三节　行动计划四大核心 …… 561
 第四节　行动计划的管理 …… 565
 第五节　更广泛的联系和脱欧 …… 568
 第六节　结　语 …… 568

第三十四章 可持续海洋经济高级别小组《运用技术、数据和新模型可持续管理海洋资源》蓝皮书 …… 569
 第一节　关键信息 …… 569
 第二节　引　言 …… 570
 第三节　数据爆炸式增长 …… 570
 第四节　有效利用数据爆炸式增长 …… 577
 第五节　通过技术革命推动海洋管理发展 …… 585
 第六节　促进海洋技术创新 …… 595
 第七节　行动契机 …… 601
 附录 A　日本海洋研究开发机构案例研究 …… 604

第三十五章 欧盟《海洋与人类健康战略研究议程（2020—2030）》 …… 609
 第一节　摘　要 …… 609
 第二节　前　言 …… 612
 第三节　目标行动领域 …… 625
 第四节　推动合作 …… 640
 第五节　重点事项和总体意见 …… 642

第六节　如何体现效果 …………………………………………… 642
第三十六章　海洋基因组：海洋遗传资源保护与公平、公正和
　　　　　　可持续的利用 ……………………………………………… 644
　　第一节　海洋基因组简介 ………………………………………… 644
　　第二节　海洋基因组的现有效益及潜在效益 …………………… 647
　　第三节　海洋基因组面临的挑战 ………………………………… 650
　　第四节　寻求解决方案 …………………………………………… 654
　　第五节　结论和行动机会 ………………………………………… 659
第三十七章　2020年蓝色太平洋海洋报告 ………………………… 668
　　第一节　制定路线 ………………………………………………… 668
　　第二节　蓝色太平洋现状 ………………………………………… 670
　　第三节　海洋治理和承诺 ………………………………………… 685
　　第四节　重新定义的蓝色太平洋前进之路 ……………………… 688

附录　2020年国际海洋大事记 ……………………………………… 694
　　海洋管理大事记 …………………………………………………… 694
　　海洋经济大事记 …………………………………………………… 701
　　海洋科学技术大事记 ……………………………………………… 705
　　海洋气候变化和防灾减灾大事记 ………………………………… 709
　　海洋生态环境保护大事记 ………………………………………… 714
　　极地大事记 ………………………………………………………… 718
　　深海大洋大事记 …………………………………………………… 723

参考文献 ……………………………………………………………… 727

第一篇
国际海洋发展形势

第一章 新冠病毒疫情下的全球海洋发展形势

2020年,海洋领域深受新冠病毒疫情的冲击,邮轮、航母上疫情集中暴发,海鲜冷链病毒频现,冰冷极地也未能幸免,海上矛盾竞争持续;同时,海洋领域的新产业、新基建、新规则与新议题也在不断酝酿和显现。海洋经济发展遭受重击,海上风电逆势发展,蓝色复苏初现端倪。"印太战略"合力增强,北极战略竞争加剧,东地中海争端与波斯湾安全局势趋于紧张。海洋科学研究聚焦智能化、数据化、可视化,人工智能、大数据与海洋测绘发展势头强劲。新冠病毒疫情与北极野火叠加出现,海洋生态环境保护压力上升,海洋生物多样性保护不容乐观,治理机制亟待调整转变,碳减排成为海洋治理主要抓手,多方加快规则机制的建立与完善,全球海洋治理规则机制调整面临窗口期。海上人道主义危机暴发,海员、渔民生命健康面临威胁,海洋与人类健康引发全球关注。

第一节 海洋经济:深受冲击 复苏初现

新冠病毒的冲击借助现代化发展程度、全球化浪潮的深度以及货物、人员、信息等生产要素的流动,对整个世界造成重大危害。[①] 海运、海洋旅游业、海洋渔业均深受疫情冲击。海上风电产业倡导低碳可持续发展,以就业、新的供应链、振兴港口和沿海社区的形式创造经济效益,在疫情冲击下逆势增长。欧洲依然是全球海上风电产业的主导地区,以中国、日本、韩国为代表的亚洲市场和美国市场快速发展。国际社会转变发展理念,积极探索蓝色复苏路径,提振后疫情时代的全球经济。

一、新冠病毒疫情重击海洋经济

新冠病毒疫情使全球海运贸易、海运市场和造船业压力陡增,冲击了供应链、海洋运输网络和港口。联合国贸易和发展会议(UNCTAD)发布的

---

① 赵可金. 疫情冲击下的全球治理困境及其根源. 东北亚论坛, 2020(4): 28.

报告指出，新冠病毒疫情导致2020年全球海上贸易量下降4.1%，为2009年以来的最大跌幅。① 由于采取限制措施，在途货物被延误、改道或在其最终目的地之外卸货，港口拥挤，货物和集装箱无人看管问题频现。海运市场服务质量的下降进一步推高了国际贸易成本，抑制了造船业的发展。据全球最大航运经纪商克拉克森公司（Clarkson PLC）统计，2020年全年新签船舶订单同比下降34%，全球船厂新造船交付量下滑至过去15年以来的最低水平。②

在新冠病毒疫情防控下，边境关闭、人流受限，海洋旅游业遭受毁灭性打击。在全球范围内，大约有一半的游客会前往沿海地区，疫情使以海洋旅游业为支柱产业的小岛屿发展中国家遭受的打击尤其严重，且复苏之路漫长。世界旅游组织公布的数据显示，2020年国际旅游人数同比下降74%，其中东盟国家旅游人数同比下降82%，小岛屿发展中国家旅游人数下降77%。③ 海洋旅游业的停滞导致大量人员失业以及外汇和税收收入大幅下降。南太平洋岛国旅游业受新冠病毒疫情冲击更为明显，瓦努阿图有70%的旅游业从业人员失业，库克群岛的国内生产总值下降了60%，斐济宣布将债务与国内生产总值之比从新冠疫情危机前的48.9%提高到60.9%。④

由于消费需求变化、市场准入和物流运输限制，海洋渔业也受到新冠病毒疫情的间接影响。⑤ 新冠病毒疫情在一定程度上改变了人们的海鲜消费结构，消费者大大增加了对冷冻和加工海鲜的需求，而对新鲜海产品的需求有所下降。一些海产品市场的关闭给渔民收入造成危机。联合国粮食及农业组织在《新冠病毒疫情对渔业和水产养殖粮食体系的影响》报告中指出，受疫情防控措施影响，2020年鱼类供应、消费和贸易收入均出现下降，全球水产养殖产量减少了1.3%左右，是该产业数年来首次出

---

① Review of Maritime Transport 2020. https：//unctad.org/system/files/official-document/rmt2020_en.pdf.
② 克拉克森研究：2020年新造船市场回顾. http：//www.simic.net.cn/news_show.php?id=244495.
③ International Tourism and Covid-19. https：//www.unwto.org/international-tourism-and-covid-19.
④ Blue Pacific Ocean Report 2021. https：//opocbluepacific.net/download/58/blue-pacific-ocean-report-2021/823/bpor-2021-full-report-2.pdf.
⑤ How is Covid-19 affecting the fisheries and aquaculture food systems. http：//www.fao.org/3/ca8637en/CA8637EN.pdf.

现下降，2021年的形势可能更为严峻。

二、海上风电逆势发展

新冠病毒疫情重击海洋产业的同时也提供了新的机会，促进各国改善海洋健康状况并确保长期创造海洋价值，推动可再生能源特别是海上风电的快速发展。根据彭博新能源财经(BNEF)的数据，2020年上半年全球海上风电融资总额达到350亿美元，同比增长创纪录的319%。全球风能理事会数据显示，2020年全球海上风电逆势增长，新增总装机量超过6吉瓦，达历史第二高水平，全球有超过71 000吉瓦的海上风电发展潜力，海上风电投资回报率达12∶1。① 海洋可再生能源行动联盟(OREAC)提出到2050年全球海上风电达到1 400吉瓦的愿景，呼吁加快海上风电产业发展，并发布《海洋的力量》报告和《海上风能市场准备情况评估工具包》，作为各国加快海上风能开发的指导性文件。

欧盟及德国、法国、英国密集出台海上风电发展战略，明确发展目标，强化在全球海上风电行业的领先地位。欧盟委员会发布《海洋可再生能源战略》，提出到2030年将海上风电从当前的12吉瓦扩大到60吉瓦，到2050年扩大到300吉瓦，计划在30年内为海上风电产业投资8 000亿欧元。德国联邦内阁批准《海上风电法》修正案，决定到2030年将海上风电提高到20吉瓦，到2040年将海上风电提高到40吉瓦。② 法国出台《到2028年能源发展计划》，提出到2028年海上风电的发展目标为5.2~6.2吉瓦。英国商业、能源与产业战略部发布《能源白皮书》，提出在2030年前提供40吉瓦的海上风电，并更新海上风电发展的战略性文件《产业战略：海上风电部门协议》。③

北欧国家致力于海上风电项目建设。挪威石油和工业部批准了海上浮式风电项目的开发和运营计划，拟在北海建造世界最大的海上浮式风电

---

① Global Offshore Wind Report 2020. https：//gwec. net/global-offshore-wind-report-2020/#download-report.
② Peter Bakkemo Danilov, German Cabinet Approves 40 GW by 2040 Offshore Wind Target. Off Shore Wind, June 3, 2020. https：//www. offshorewind. biz/2020/06/03/german-cabinet-approves-40-gw-by-2040-offshore-wind-target/.
③ Government sets out plans for clean energy system and green jobs boom to build back greener. Government UK, 14 December 2020. https：//www. gov. uk/government/news/government-sets-out-plans-for-clean-energy-system-and-green-jobs-boom-to-build-back-greener.

场，国家石油公司投资在英国建设全球最大的海上风电场运营与维护基地和在巴西建设海上风电场。丹麦有25~30个港口将风能作为其业务领域，其新的气候行动计划批准在北海和波罗的海建立两个风力发电能源岛，并拓展与韩国、越南的海上风电项目合作。荷兰发布《2030年海上风能路线图》①，为2030年前发展海上风电产业提供了蓝图，启动打造阿姆斯特丹港为海上风电枢纽项目。瑞典在逐步淘汰核电后，将风力发电作为主要发展方向，充分挖掘海上风电潜力，并与南非共同开发南非大型浮式风电场项目。

以中国为引领的亚洲风电市场迅速发展。2020年全球海上风电新增装机容量近一半在中国，这是中国连续第三年在海上风电年新增装机容量方面居世界首位，中国将成为全球最大的海上风电运维市场。根据全球风能理事会（GWEC）的报告，中国预计到2030年将新增52吉瓦海上风电装机容量。② 日本发布《海上风力产业愿景》，确立了到2040年使发电能力达到4 500万千瓦的目标。③ 2020年，日本启动首个大型商业化海上风电项目，在秋田港和能代港附近建设两座总装机容量为140兆瓦的风电场。韩国政府确立2030年成为世界五大海上风电强国之一的目标。韩国海上风电产业以浮式海上风电为主体，提出计划2026年前在东南沿海建设4.6吉瓦浮式海上风电，与西班牙签订了建设世界最大规模的蔚山浮式海上风电场合作谅解备忘录。

美国多措并举刺激海上风电产业发展。能源咨询公司伍德麦肯兹发布的《2020—2029年美国海上风电展望》提出，美国海上风电产业将在未来10年加速发展，到2029年提供多达25吉瓦的风电。④ 美国利用超算评估海上风能资源，研制更耐用、更高效的海上涡轮机，开展渔业、海底栖息

---

① Noordzee Energie Outlook brengt randvoorwaarden voor toekomstige groei windenergie op zee in kaart. Rijksoverheid, December 4, 2020. https://www.rijksoverheid.nl/actueel/nieuws/2020/12/04/noordzee-energie-outlook-brengt-randvoorwaarden-voor-toekomstige-groei-windenergie-op-zee-in-kaart.
② GWEC: Offshore Wind Capacity to Top 234 GW by 2030. Off Shore Wind, August 5, 2020. https://www.offshorewind.biz/2020/08/05/gwec-offshore-wind-capacity-to-top-234-gw-by-2030/.
③ 日本确立2040年海上风力发电能力目标. 日本共同社. 2020-12-21. https://china.kyodonews.net/news/2020/12/21bf1231cfe2-2040.html.
④ US offshore wind powers up. Wood Mackenzie, 23 June 2020. https://www.woodmac.com/press-releases/us_offshore_wind_may_deliver_25_gw_by_2029/.

地以及海上风力政策研究，设立海上风能培训机构，兴建首个大型海上风电场，以全方位发力促进海上风电发展。

三、蓝色复苏初见端倪

国际社会倡导通过蓝色复苏提振疫后经济复苏。世界银行"环境、自然资源和蓝色经济"项目主任卡琳·肯珀表示，疫后经济重建不能一切照旧，需要充分考虑可持续性，更应超越绿色复苏，拥抱蓝色复苏。① 由14个海洋国家首脑组成的海洋经济高级别小组发表声明呼吁增强蓝色经济在后疫情时代世界经济恢复中的积极作用。

推动蓝色复苏的政策设计与行动方案开始启动。联合国人类居住区规划署和联合国环境规划署共同发起为期4年的总投资2 500万欧元的"蓝色行动"，着力发展小规模渔业、水产养殖和旅游业，推进蓝色经济行业的能力建设，在垃圾治理、人工湿地、海洋保护区管理、蓝碳、红树林恢复、空间规划等领域开展关键试点行动。联合国法律事务厅和挪威签署协议，决定在4年内为发展中国家提供培训，支持发展中国家建设可持续蓝色经济。世界经济论坛提出后疫情时代蓝色复苏的八条路径，即打造健康的蓝色旅游业、促进航运业减排、维护长期渔业利益、改善海上运输业的工作环境、加强海洋公园建设、支持海洋养殖业、推进数字海洋、打击掠夺性利用海洋行为。② 可持续海洋经济高级别小组发布《在新冠病毒疫情危机中实现可持续和公平的蓝色复苏》报告③，提出从疫情中实现蓝色复苏的路线图和优先投资领域，要求所有成员国到2030年制订"可持续海洋计划"。地中海联盟、南太平洋岛国论坛等地区组织以及美国、加拿大、孟加拉国、坦桑尼亚等沿海国家均做出推动蓝色复苏的政策设计。

---

① Karin Kemper, "Why we need a Blue Recovery," https：//blogs.worldbank.org/voices/why-we-need-blue-recovery.
② 8 ways to rebuild a stronger ocean economy after COVID-19. World Economic Forum, May 23, 2020. https：//www.weforum.org.
③ Using the Ocean As a Tool for Global Economic Recovery. https：//www.wri.org/blog/2020/coronavirus-ocean-blue-recovery.

第二节 海上安全：矛盾持续 博弈激化

新冠病毒疫情的冲击并未抵消或缓减海洋安全领域的博弈与竞争。从地缘政治层面看，印太地区成为全球地缘政治竞争的中心，海洋大国纷纷将战略重心向印太转移，"印太战略"合力增强，呈现网络化趋势，中国周边安全压力上升。从国际形势的发展变化看，北极地区依然是大国战略竞争的重点地区，美俄持续加强北极军事部署，提升竞争能力，挪威北部安全脆弱性增加，试图在《斯瓦尔巴条约》签约百年之际，以法律手段重申其主权权利，约束大国进入北极。从国际热点问题看，中东地区的东地中海争端与美伊波斯湾矛盾引发国际关注。

一、"印太战略"合力增强

美国全面加强印太地区的战略投入与军事存在。美国印太司令部司令戴维森强调，印太地区是美国最优先考虑的战区，与中国进行大国竞争的中心，未来最重要的地区。2020年，美国航母战斗群、核动力潜艇等战略平台在南海频频现身，规模、频次明显增加，空中抵近侦察活动大幅增强，花样不断翻新，"航行自由行动"日益常态化，在台湾海峡的活动异常频繁。美国将打击非法、不报告、无管制（IUU）捕捞视为介入南海事务的重要机遇，与越南签署谅解备忘录，支持越南渔民对中国渔业执法的抵抗。根据《2021年国防授权法案》，美国提出建立"太平洋威慑计划"，激励国防部集中资源，优先在印太地区加强美国军事力量的存在，改善后勤能力和基础设施，开展联合部队演习、训练和试验，强化美国在印太区域的防御能力，确保美国实现对印太盟友和伙伴的承诺。

美国致力于推动印太地区网络化，促进与盟友和伙伴之间的接触与协调，试图将"四方安全对话"打造成印太版北约。美日澳印举行四方会谈，就全力推进印太战略达成共识。美日澳三边防长会议重申将共同致力于加强印太地区的安全、稳定和繁荣，并发布明显针对中国在南海活动的联合声明。美澳在"2+2"会谈期间，签署《同盟防务合作和印太军事态势优先事项的原则声明》，提出建立双边军力态势工作组，承诺加强在南海以及印度洋的定期海洋合作。① 特朗普访问印度期间,美印决定强化印度洋水下感知合作。日印签署《相互提供物资与劳务协定》,为两国武装部队在双边培训、联合国维和行动、人道主义援助和其他共同商定的活动中相互提供物资和服务搭建了框架。② 澳印签署《印太海上合作共同愿景》联合声明,强调要共同提升对整个印太地区的海域感知能力,加强两国海岸警卫队以及海军之间的联系,扩大海上安全合作。

欧洲国家相继出台印太政策,战略重心向印太转移。法国是首个出台印太政策的欧洲国家,2020年又任命了首位印太地区特使,更加关注印太地区。2020年9月,德国发布了《印太指导方针:德国-欧洲-亚洲:共同塑造21世纪》外交政策文件,强调加强多边主义,建立并加强与东盟的合作,扩大在印太的安全政策参与度,试图成为印太地区一个更加积极主动的战略参与者。在德国发布印太战略之后的第10周,荷兰发布了关于印太地区的官方战略文件《印太:加强荷兰和欧盟与亚洲伙伴合作的指南》,该指南对南海事态发展高度关注,提出荷兰应寻求与印太国家合作,确保海上航行自由和安全,反对违反《联合国海洋法公约》的行动。德国、荷兰印太政策的出台表明战略重心发生变化,也为欧盟制定印太地区一致性战略进一步奠定基础。"后脱欧时代"的英国转向印太态势明显,加大在印太海域的军事行动。

南海"照会战"密集上演,舆论与法理较量加剧。以"南海仲裁案"为焦点的联合国"照会战""滚雪球"式发展。2019年12月12日马来西亚向联合国大陆架界限委员会提交200海里外大陆架界限申请的照会以来,菲律宾、越南、印度尼西亚、美国、澳大利亚、法国、德国、英国、日本向联合国机构递交15份照会及信函,除马来西亚、越南外,其余国家均直接援引"南海仲裁案"裁决。"照会战"聚焦中国南海"九段线""历史性权利"主张,推动"南海仲裁案"裁决"联合国化"。2020年7月13日,美国国务院发表

---

① Joint Statement Australia-U. S. Ministerial Consultations (AUSMIN) 2020. Australian Government, Department of Foreign Affairs and Trade. https://www.dfat.gov.au/geo/united-states-of-america/ausmin/joint-statement-ausmin-2020.
② 印日签署《相互提供物资与劳务协定》. 新华网, 2020-09-10. http://www.xinhuanet.com/world/2020-09/10/c_1126479529.htm.

《美国对南海海洋权利主张的立场》①，将其南海立场与仲裁裁决统一起来，明确反对中国在南沙群岛的岛屿主权主张。美国南海声明再次挑动国际舆论，强化南海问题上的议题联盟，引导美国盟友和伙伴，怂恿南海声索国，追随美国反对中国南海权利主张，向中国施加政治与舆论压力，离间中国与东南亚国家的关系，在"南海行为准则"谈判中作梗。

二、北极战略竞争加剧

美国战略焦虑上升，全面提升北极竞争能力。美国不想失去与俄罗斯在北极理事会框架下的积极合作，但认为美国在北极的军事优势已经被俄罗斯超越，俄罗斯是其最大的挑战。美国对大国北极竞争做出积极反应，从战略设计、经费投入、设施建设、军事威慑等多方面提升北极控制能力，加强北极军事存在。美国密集出台北极战略与法案，对未来北极战略、政策和能力建设做出总体部署，在美国海岸警卫队、国防部、参议院于 2019 年密集出台北极战略政策之后，2020 年 7 月，美国空军又发布首个《北极战略》，提出美国空军和太空部队将在各个方面保持警惕，通过作战部队进行力量投送、加强与盟友和伙伴的合作、为北极行动做好准备，确保未来能够在整个北极地区开展行动。美国《2020 财年国防授权法案》将支持北极战略港口建设列为目标之一。美国海军为对抗俄罗斯而恢复的第二舰队全面投入使用，用以监控大西洋和北冰洋的行动，海岸警卫队宣布计划建造第三艘重型破冰船。军方、海岸警卫队及私营企业合作开展北极卫星通信项目，以提升北极感知能力。美国将北极视为北约的北翼，加强与北约国家合作，实现北极陆海空存在和威慑。9 月，北约宣布正式成立大西洋司令部，以确保北约组织在北大西洋和欧洲北极地区的通信线路安全，该司令部与美国第二舰队合署办公，由美国海军中将安德鲁·刘易斯领导。

俄罗斯高度重视北极地区的安全属性，将安全视为北极战略政策的优先事项。2020 年 3 月，俄罗斯总统普京签署《2035 年前俄罗斯联邦北极国家基本政策》，认为战略对手的军事活动对俄罗斯在北极构成威胁，提出加强北极军事部署，部署归属联邦安全局直属的海岸防卫力量体系，保持

---

① US Department of State: US Position on Maritime Claims in South China Sea. STL News, July 13, 2020. https://stl.news/us-department-of-state-us-position-on-maritime-claims-in-south-china-sea/407614/.

北极装备力量。① 10月，普京总统又签署《2035年前俄罗斯北极地区发展和国家安全保障战略》，明确了未来15年俄罗斯北极地区开发的若干机遇和挑战，在北极地区确保国家安全和利益的长期优先事项。俄罗斯积极调整北极军事部署，强化北极安全保障能力。俄北海舰队编制内新建一支防空师，以捍卫俄罗斯在北极地区的国家利益。直接隶属于俄总统的国民警卫队接管北极地区的9个海港，并逐步在北部偏远港口广泛应用移动保护系统。俄罗斯升级了季克西的北极空军基地，启动了最新的S-300防空系统，进一步扩大了北方海航道的防空保护范围。俄罗斯总统普京签署行政命令，决定将北方舰队自2021年1月1日起升级为独立军区，以加强对俄罗斯北极水域及东北航道的控制。此外，俄罗斯紧急情况部长表示，俄罗斯正在北极地区建立一系列应急管理中心，以提高北方海航道的安全水平。

挪威北部安全脆弱性上升，挪俄围绕《斯瓦尔巴条约》的纷争激化。随着北极海冰融化，大国纷纷出台北极战略，加紧北极部署，挪威北部地缘战略价值凸显，安全脆弱性上升，位于横跨北极战略性海上航线的斯瓦尔巴群岛的安全威胁更加突出，挪威作为"守门人"的工作愈发具有挑战性。挪威制订国防发展长期计划，在北部增加军事力量，确保国家利益和政治上的回旋余地。挪威在《斯瓦尔巴条约》签订百年之际再次强调对大国进入北极的担忧和警惕。挪威认为俄罗斯武器系统覆盖了巴伦支海的大部分地区以及斯瓦尔巴群岛与冰缘之间的通道，核武器系统可能引发更多事故。俄罗斯指责挪威限制其在斯瓦尔巴群岛的活动，违反《斯瓦尔巴条约》中保障"平等的出入境自由"等相关规定。挪威却认为根据《斯瓦尔巴条约》，斯瓦尔巴群岛是挪威领土，挪威已经保障了该条约缔约国最高程度的平等。挪威海岸警卫队在斯瓦尔巴群岛附近的挪威渔业保护区内扣留了一艘俄罗斯拖网渔船，俄罗斯提出外交抗议，认为挪威海岸警卫队的行为属于非法扩大权利。

三、中东局势趋于紧张

（一）东地中海争端升温

土耳其和利比亚于2019年11月27日签署了两国划定管辖海域的谅解

---

① 白峻楠.《2035年前俄联邦北极国家基本政策》解析. 国际研究参考, 2020(4)：11-18.

备忘录，该协议引起了希腊和塞浦路斯的强烈反对。2020年，土耳其数次派勘探船在东地中海争议海域勘探作业，并一再延长勘探船活动时间，希腊和塞浦路斯认为土耳其在希腊大陆架和塞浦路斯专属经济区进行油气勘探活动，土耳其坚称勘探活动是在本国大陆架进行，东地中海资源争端升温。

欧盟支持其成员国希腊和塞浦路斯，针对土耳其在东地中海争议海域的资源开发行为进行谴责和制裁，土耳其与欧盟关系恶化。欧盟对土耳其在东地中海从事钻探活动的两名负责人实施欧盟旅行禁令和资产冻结制裁。地中海七国领导人峰会声明和欧盟峰会的结论草案均对土耳其保持单边行动开发争议海域海洋资源的挑衅行为表示谴责，发出制裁土耳其的威胁，以限制土耳其在争议水域勘探天然气。随着东地中海地区局势恶化，欧盟与土耳其之间的分歧扩大，双方关系走向历史分水岭，土耳其的欧盟候选成员国身份岌岌可危。

（二）波斯湾安全局势持续紧张

美伊两军上演"口水战"，互相指责造成地区不安全。美国海军中央司令部指责"伊朗伊斯兰革命卫队的危险和挑衅行动增加了误判和发生碰撞的风险，不符合《国际海上避碰规则》公约或国际惯例。"伊朗国防部长驳斥美国有关言论，称其毫无根据，并表示美国的非法和侵略性存在正在造成该地区的不安全。

美伊军事竞争加剧，霍尔木兹海峡安全风险陡增。伊朗伊斯兰革命卫队精锐部队"圣城旅"指挥官苏莱曼尼遇刺，伊朗威胁对美国进行报复，美国海军将与摩洛哥举行"非洲海狮"联合军演的两栖攻击舰及其搭载的海军陆战队远征队调遣至中东，重新对中东进行军事部署。美国航母进入霍尔木兹海峡，特朗普恢复甚至加重对伊制裁。伊朗在霍尔木兹海峡附近建立新的海军基地，以控制域外飞机和船只的进出，并将美国航母视为"假想敌"，进行大规模海空演习。

伊朗高度警觉并谴责英法等域外国家介入波斯湾地区。针对英国皇家海军护航波斯湾，伊朗港口和海事组织负责人表示，伊朗海军舰队完全能够控制该水域，外国商船在伊朗水域通行自由，不需要外国舰队，外国舰队的存在并不利于波斯湾地区安全。伊朗谴责法国总统马克龙将波斯湾称为"阿拉伯半岛和阿拉伯-波斯湾",批评法国在波斯湾地区部署特遣部队。

第三节 海洋科学研究：前景可期 大有可为

联合国宣布"海洋科学促进可持续发展十年"（2021—2030）计划，为海洋科学研究带来新的契机。2020年，海洋领域大力推动人工智能、大数据等新基建的建设与应用，尤其是欧盟发达国家领跑新基建；深海极地与海洋生物多样性测绘工作取得突破，海洋灾害预报图与海洋能图集走向电子化与网络化。

一、人工智能助力海洋发展

人工智能算法、自主系统和海洋机器人在海洋领域的潜力日益显现，应用愈发广泛。海洋垃圾监测、海洋灾害观测预报、海洋渔业管理、海上航行、海底测绘，甚至国防科技等领域均纷纷加大人工智能技术的推广应用。例如，日本企业将人工智能应用于赤潮预测和塑料垃圾自动检测。美国国家海洋与大气管理局利用无人滑翔机提升飓风预报的准确性。挪威特罗姆瑟大学研究人员利用人工智能改变极地海冰预警方式。澳大利亚联邦科学与工业研究组织利用人工智能及其他先进的数字技术监测非法捕捞，协助海洋保护区内的渔业管理。韩国计划开发利用人工智能技术探测和识别偷渡船只与可疑船只的海岸监视雷达。美国海洋科学家团队开发了人工智能水下声音记录系统，根据海洋温度和环流等数据提供近乎实时的鲸捕食场预报，以减少鲸船相撞的风险，确保货物的安全运输。英国巴斯大学研究人员开发了用于识别水下环境的人工智能算法，根据模拟声呐测量结果对水下环境进行分类，从而改进水下测绘方法。英国皇家海军扩大水下机器人的部署并提高协调能力。美国海军利用水下机器人技术，提高自主执行反水雷任务的能力。

人工智能拓宽海洋科学研究范围。瑞典哥德堡大学的研究人员利用最先进的海洋机器人和附着在海豹身上的科学传感器，首次在南大洋观测到小而有力的洋流，填补了南极洲附近小型海气过程的认知空白。澳大利亚南极计划伙伴关系首次将船载观测、深潜机器人、无人海洋滑翔机与卫星测量结合起来部署到南大洋，为探究"海洋碳泵"过程及其工作原理提供支撑。美国伍兹霍尔海洋研究所的水下机器人首次在海底采集矿物样本。人工智能还成功应用于南极帝企鹅数量估算，帮助研究企鹅衰亡。水下机器人拍摄的精细南极地貌图揭示了南极冰层的消退速度。

发达国家大力支持基于人工智能的无人系统研发。2020财年，美国国家海洋与大气管理局（NOAA）从国会获得1 270万美元资助，用于改善和扩大整个机构的无人系统业务，并正在设立新的无人系统操作项目，促进无人系统的安全、高效和经济运行。俄罗斯政府对北极无人机研究项目给予资助，在北极地区尝试使用无人机取代直升机，以节省资金和减少潜在的飞行人员风险。韩国产业部和海洋水产部从2020年到2025年的6年间将投入约1 600亿韩元，着手推进"无人驾驶船舶"项目的研发，以实现无人驾驶船舶的产业化。

二、海洋大数据发展势头强劲

美欧澳领跑海洋大数据发展成绩斐然。美国国家航空航天局（NASA）发射的"哨兵6号"卫星发回首次海平面测量数据，微软成功研发比陆上服务器更可靠、低碳、高效的海底数据中心。欧洲海洋观测和数据网络、哥白尼海洋环境监测服务、哥白尼原位协调小组和欧洲全球海洋观测系统建立了一个专门的北极海洋数据门户。欧洲中期天气预报中心（ECMWF）发布了"极地预报年"（YOPP）项目的最新数据集。① 挪威建立北极水下声音数据库。澳大利亚墨尔本大学发布新的全球海洋风速和风向数据库，昆士兰大学研究人员发布了全球珊瑚礁基线数据集成果。

美欧澳将海洋大数据发展列入计划项目。为充分发挥海量多样数据的效用和潜力，美国国家海洋与大气管理局发布新的云和数据战略，以释放新兴科学技术潜力，支撑无人系统和人工智能的发展。欧盟将推出地球"数字孪生"计划，以前所未有的精确度模拟大气、海洋、冰冻圈和陆地的变化情况，从而提前几天甚至几年提供洪水、干旱和火灾预报。法国海洋开发研究院宣布投资物联网纳米卫星服务企业，以加强海洋数据建设。挪威海洋中心与微软合作开发基于技术的解决方案，将构建海洋数据平台列

---

① ECMWF global coupled atmosphere, ocean and sea-ice dataset for the Year of Polar Prediction 2017-2020. Nature. https：//www.nature.com.articles.s41597.020.00765.yhttps：//www.ecmwf.int/.

为旗舰项目。由欧洲海洋能中心牵头的"资源代码-海洋数据工具箱"项目启动，旨在通过创建一个集成的海洋数据工具箱来支持波浪和潮汐能领域的投资和增长。澳大利亚正式确立新的国家级海浪数据合作项目，统筹海浪观测数据，进行数据共享。

三、海洋测绘工作全面开展

美欧深海极地测绘成果显著。海床2030项目宣布已掌握1 450万平方千米的海底数据，海床已知地形比例从项目刚成立时的6%上升到19%，全球近五分之一的海底已被绘制成地图。美国国家海洋与大气管理局海洋勘探和研究办公室发布《深水勘探测绘程序手册》，为深水勘探和测绘提供了技术指南，旨在为更广泛的跨机构合作制定海洋测绘协议和标准做出贡献。[①] 爱尔兰海洋研究所和地质调查局计划在2026年底完成爱尔兰海底测绘工作，成为全球首个实现该目标的国家。英国海道测量局发布海底制图服务测试版，为用户提供海底数据集定制服务。《自然·可持续发展》发布北冰洋国际等深线图4.0版，增加了格陵兰岛水深测量网格，囊括了格陵兰附近海底地形，其分辨率是3.0版本的两倍多。芬兰学者绘制北极科研采样"空白区图"，提供了整个北极可能的环境科学新采样点的详细地图。

海洋生物多样性图绘制取得突破。全球科学家分析了从全球40个地点采集的299个海洋沉积物样本，首次绘制了海底沉积物的生物多样性图。首幅全球陆地和海洋生物综合地图发布，标明已知物种在陆地和海洋的分布情况。《艾伦珊瑚地图集》覆盖总面积超过24.7万平方千米，增加了加勒比北部和巴哈马群岛、非洲东部和马达加斯加岛、夏威夷群岛、西印度洋4个新绘制的区域。

俄欧推动海洋灾害预报图与海洋能图集的电子化与网络化。欧盟环境署推出欧洲气候灾害规模预测系列地图，揭示了欧洲在21世纪末可能面临的森林火灾、洪水、干旱等气候灾害的规模，这是欧盟首次在网站上使用详细地图公开展示气候数据。俄科学家完成了北极大陆架海蚀和冰蚀风险

---

① NOAA releases manual to inform deepwater exploration mapping. NOAA, October 6, 2020. https：//research. noaa. gov/article/ArtMID/587/ArticleID/2676/NOAA-releases-manual-to-inform-deepwater-exploration-mapping.

电子图集的测试工作，该图集囊括了一系列区域地图、观测和分析数据以及影像资料，将清晰地展示海蚀和冰蚀蔓延的过程。俄罗斯科学家发布俄罗斯可利用的海洋波浪能和风能网络图集，以便获取黑海、里海、亚速海、波罗的海、巴伦支海、喀拉海、日本海、鄂霍次克海和白令海的波浪能和风能的空间分布数据。研究人员整理了429个可用的系泊海流观测数据，合成了过去20年整个北极的潮汐流图集，该图集将成为资源管理和渔业、航海以及近海建筑等工业应用的重要工具。

第四节 海洋治理：压力上升 规则调整

海洋生态环境尽管在疫情期间出现短暂利好，但从长远看疫情导致的污染与资源损害将使海洋保护压力上升。北极野火加速全球气候变暖与永久冻土融化，引发极地生态环境的连锁恶化。全球海洋治理规则机制迎来调整窗口期，国际涉海大会的暂缓迫使诸多治理活动与议程迟滞，也为全球海洋治理规则机制调整提供了更充分的储备期，海洋生物多样性保护与碳减排机制的调整与完善更为迫切。

一、新冠病毒疫情加大海洋保护压力

新冠病毒疫情引发的封锁措施减少了人类活动对海洋环境的干预，在短期内为海洋生态恢复和海洋生物资源养护带来了利好效应。[①] 但在新冠病毒疫情期间，非法、不报告、无管制(IUU)捕捞活动增加，海洋观测监测受阻，塑料垃圾排放增加，海洋环境恶化的大趋势整体上没有改变，海洋生态环境保护压力上升。

新冠病毒疫情加大了渔业活动的监视和执法难度，本已脆弱的公海海洋监视和保护进一步削弱。海洋保护组织海洋守护者被迫暂停了在墨西哥加利福尼亚湾保护极度濒危小豚的行动，金枪鱼捕鱼公司说服海事组织拆除船上监控器、减少港口检查、放宽转运要求，加拿大政府则从所有渔船上撤走能够对捕捞行为起到监督作用的观察员。宽松的监管将为非法、不报告、无管制(IUU)捕捞活动打开大门，可能降低全球许多重要鱼类种群

---

① Patterson Edward J. K., et al. COVID-19 lockdown improved the health of coastal environment and enhanced the population of reef-fish. Marine Pollution Bulletin, 2021, 165: 1-11.

的恢复和复原能力。①

新冠病毒疫情严重干扰全球海洋观测,进而影响天气预报与气候变化预测等海洋服务质量。全球海洋观测系统(GOOS)发布的《新冠病毒疫情对海洋观测系统、天气预报及气候变化预测能力的影响》②简报指出,新冠病毒疫情导致海洋科研船舶被迫召回、商业船舶无法开展重要的海洋与天气观测、海洋浮标等观测设施无法维护,从而导致数据甚至设备丢失。有30%~50%的系泊观测设备将受到疫情影响,其中一些观测设备已经停止发送数据。③ 每10年进行4次的全深度海洋调查均被取消,观测活动的中断可能使基本气候变量的历史时间序列产生断层,不利于监测气候变化以及相关影响。世界气象组织(WMO)秘书长表示,新冠病毒疫情对沿海地区应对气候灾害的观测能力构成挑战。新冠病毒疫情期间,许多依赖人工观测和数据记录的发展中国家向气象组织上报的数据量显著减少。观测设备缺乏维修保养或无法实施必要的重新部署将引发更大的担忧。④

由于一次性塑料使用量激增和口罩、个人防护设备以及一次性包装等塑料废弃物处置不当,海洋塑料垃圾污染问题更加恶化。新冠病毒疫苗的研制增加了深海鲨鱼灭绝的危险。世界卫生组织的公开信息显示,鲨鱼肝油中包含的角鲨烯作为新冠病毒疫苗的重要佐剂,在202种候选疫苗中,至少有5种取得一定进展的疫苗产品需要依靠鲨鱼肝油。联合国粮农组织的公开信息显示,提取1吨角鲨烯需要2 500头到3 000头鲨鱼的肝脏。⑤

二、北极野火加速全球气候变暖

西伯利亚"超常和持续已久"的温度导致北极地区连续两年发生"破坏

---

① Stealth plunder of Argentinian waters raises fears over marine monitoring. https://www.theguardian.com/environment/2020/may/01/stealth-plunder-of-argentinian-waters-raises-fears-over-marine-monitoring.
② Covid-19's impact on the ocean observing system and our ability to forecast weather and predict climate change. https://geoblueplanet.org/wp-content/uploads/2020/07/COVID-19-Impacts-Observing-System-Brief-GOOS-1.pdf.
③ COVID-19 disruptions in ocean observations could threaten weather forecast and climate change predictions. https://en.unesco.org.
④ WMO is concerned about impact of COVID-19 on observing system. https://public.wmo.int/en.
⑤ Justin Meneguzzi. Why a COVID-19 vaccine could further imperil deep-sea sharks. https://www.nationalgeographic.com/animals/article/why-covid-19-vaccine-further-imperil-deep-sea-sharks.

性"野火。伦敦政治经济学院环境地理学助理教授史密斯认为,北极野火可能是"僵尸火",有些去年烧过的地方今年又烧起来,即使在冬天这些火苗仍在泥炭地中继续闷烧,当干燥天气来临就会再次引发大火,火灾活动越来越多,可燃的土壤和植被越来越多,"僵尸火"会更容易发生。欧洲中期气象预报中心的研究结果显示,2020年6月北极发生的大火共向大气释放了5 900万吨二氧化碳,创下了近18年观测的最高纪录。随着温室气体的排放,到2100年,北极种群的繁殖数量和生存能力将急剧下降,这将危及全球其他种群的生存。世界自然基金会表示,北极野火可以在地下持续燃烧多年,使永久冻土融化并将大量的碳释放到大气中,从而导致全球变暖加速和永久冻土融化。野火和永久冻土融化的结合会导致山体滑坡、洪灾和沿海侵蚀,从而威胁北极社区的基础设施和野生生物。

三、海洋治理机制面临调整转型

全球性大疫情与世界百年未有之大变局叠加,加速国际力量对比变化与大国关系调整,加剧全球冲突集聚与国际制度挑战,催生新旧国际秩序转换。新旧国际秩序的交织与过渡期也是全球治理能力提振,全球治理机制嬗变重构的窗口期。

海洋生物多样性保护规则亟待调整完善。联合国保护地球数据库的数据显示,海洋保护区目前覆盖的海洋面积约为7.6%。科学家们称,无论如何计算,爱知目标11中到2020年10%的海洋得到保护的目标都没有实现。[1] 全球仍有三分之一的关键生物多样性区域以及超过一半的陆地和海洋生态系统未得到充分保护,全球保护区在"生态代表性"、管理有效性和可衡量的生物多样性成果方面存在不足。2020年后基于保护区的措施必须更有效地为实现全球生物多样性目标做出贡献,工作范围从防止物种灭绝到保持最完整的生态系统。《生物多样性公约》秘书处公布的2020年后全球生物多样性框架目标忽略了遗传多样性的目标部分,2020年后的框架应明确承诺在所有物种范围内维持遗传多样性,阻止遗传侵蚀,并保持野生和驯化物种的适应性潜力,还应定义实现该目标的进展指标。

---

[1] Chris arsenault. Countries fall short of U. N. pledge to protect 10% of the ocean by 2020. Mongabay, December 2, 2020. https: //news. mongabay. com/2020/12/countries-fall-short-of-u-n-pledge-to-protect-10-of-the-ocean-by-2020/.

多方加快海洋领域碳减排机制的建立与完善。国际海事组织(IMO)船舶温室气体减排工作组第 7 次会间会(ISWG-GHG7)通过了《防污公约》修正案草案,要求船舶结合技术(船舶建造和装备)和操作双重方法,以减少其碳排放。波罗的海国际航运公会(BIMCO)正在推动制定一个通用的船体清洁全球标准,以保护海洋环境免受外来物种入侵影响,同时减少船舶二氧化碳排放。欧洲议会环境委员会通过将航运业的二氧化碳排放纳入欧盟排放交易系统(EUETS)的提案,呼吁在 2023—2030 年期间设立"海洋基金",欧盟委员会计划将海上运输纳入欧盟的该体系中,对航运业实行二氧化碳排放配额的限制。澳大利亚学者称,南极大陆周边水域封存的二氧化碳在碳交易市场的经济价值约为 32 亿美元,建议未来应探索《南极条约》《巴黎协定》等国际协定的关联性,并借助多项协定的合力,助推南极地区蓝色碳汇的发展和保护。[①]

国际涉海大会的暂缓迫使诸多治理活动与议程迟滞,为全球海洋治理规则机制调整提供了更充分的储备期。原计划于 2020 年举办的第 2 届联合国海洋大会、《国家管辖海域外生物多样性养护与可持续利用协定》最后一轮政府间会议、第 43 届《南极条约》协商国会议、第 23 届南极环境保护委员会、"我们的海洋"大会均因疫情影响推迟到 2021 年。第 26 届联合国气候变化大会(COP26)、第 5 届联合国环境大会、《生物多样性公约》第 15 次缔约方大会(COP15)、世界自然保护大会等涉及海洋议题的其他领域大会也被迫中断。全球诸多涉海大会的被迫推迟客观上留给各国更多的时间思考后疫情时代全球海洋治理观念与原则的转变,研提规则制度变革的新方案。

第五节　海上人道主义:问题凸显　引发关注

新冠病毒疫情迫使大量海员与渔民滞留海上,持续工作,生命健康造成威胁,诱发海上人道主义危机。国际海事组织、国际劳工组织以及多国政府共同努力,为海员与渔民提供援助与便利,合力应对海上人道主义危

---

① International Legal Protection Proposed for Antarctica's Carbon Reduction Role. November 3, 2020. https://www.imas.utas.edu.au/news/news-items/international-legal-protection-proposed-for-antarcticas-carbon-reduction-role.

机。海洋与人类健康议题引发全球关注。

一、新冠病毒疫情诱发海上人道主义危机

在供应链中扮演重要角色的全球200万海员(尤其是邮轮业中的25万海员)以及世界粮食的主要供应商渔民在新冠病毒疫情中受到了严重影响。在新冠病毒疫情之前,全球每月大约有10万名船员轮班,根据《海事劳工公约》规定的合同期限为11个月。但自2020年3月以来,边境关闭和其他限制措施阻止了海员轮班,滞留海上持续工作的海员人数在2020年9月达到高峰,约为40万人。尽管在联合国、国际海事组织、国际劳工组织以及一些政府、行业协会和企业的努力下,海员换班危机有所缓减,大多数国家都允许海员入境,但由于新冠病毒疫情导致的港口登船和离船、筛查和检疫要求的改变、签证和护照的发放限制以及可用航班的减少,海员轮班过程受到了阻碍。因此,尽管从技术上讲海员轮班是可能的,但许多海员仍被困在海上。[1] 同时,等待返船工作的40万海员却被困在岸上,常常失去了收入来源。许多商用渔船上的渔民也面临着相同的困境。[2]

长期滞留海上的海员与渔民的生命权与健康权受到严重威胁,造成严重的人道主义危机。在世界某些地区,供应商被禁止登船向海员提供口罩、防护服和其他个人防护装备,拒绝允许先前曾停靠在疫情暴发地区的船舶入港,阻止了海员获得必需的生活物资和紧急医疗援助。[3] 远远超出正常合同期限的持续工作使海员过度疲劳,有些海员的合同被单方面终止,或在船上被隔离14天以上,却没有得到报酬。除正常的工作负担外,对疫情期间家人的担忧给海员带来额外的心理负担。[4] 过度疲劳的海员继续操作船舶,船舶和海上平台检查维修工作被迫推迟也为航运安全带来了巨大隐患。国际劳工组织总干事盖伊·赖德表示,"这是一个人道主义问

---

[1] Christiaan De Beukelaer. Covid-19 pandemic has stranded 400 000 seafarers and triggered a humanitarian crisis. https://scroll.in/article/982244/covid-19-pandemic-has-stranded-400000-seafarers-and-triggered-a-humanitarian-crisis.

[2] Seafarers and fishers: Providing vital services during the COVID-19 pandemic. https://www.ilo.org/global/about-the-ilo/newsroom/news/WCMS_743344/lang-en/index.htm.

[3] Treat seafarers with "dignity and respect" during COVID-19 crisis. https://www.ilo.org/global/about-the-ilo/newsroom/news/WCMS_740307/lang-en/index.htm.

[4] How COVID-19 affects seafarers employment. https://merchantsealife.com/how-covid-19-affects-seafarers-employment/.

题,也是一个安全问题和经济问题"。① 同时,新冠病毒疫情在全球蔓延之后的封锁限制已严重影响了捕捞作业、加工、市场和供应链,导致对鲜鱼的需求下降,使渔民陷入贫困。② 新冠病毒疫情引发的渔业经营方式的改变可能反过来以多种方式影响渔民的人权和工作条件。③

二、多方合力应对海上人道主义危机

国际社会已经认识到新冠病毒疫情对海员的人道主义威胁。国际民用航空组织、国际海事组织和国际劳工组织发布联合声明,呼吁各国政府立即承认海员是关键劳动者,并迅速采取有效行动,消除船员换班障碍,以解决航运业面临的人道主义危机,确保海上安全,促进疫情下经济的复苏。④ 国际海事组织宣布成立危机小组为海员提供援助。300多家公司和组织签署了《海员福利和海员换班海王星宣言》,确定了四项主要行动来推动船员换班和保持全球供应链正常运行。⑤

三、海洋与人类健康引发全球关注

新冠病毒疫情比以往任何时候更显示了人类健康与包括海洋在内的生态环境的密切关系,这将促使国际社会深刻反思人类活动对海洋的影响,探讨人类健康福祉与海洋的关系。2020年,欧洲海洋局先后发布《海洋与人类健康战略研究议程》《海洋与人类健康的政策需求》简报⑥,将可持续的海产品和人类健康,蓝色空间、旅游业和福祉,海洋生物多样性、医学

---

① Stranded seafarers: A humanitarian crisis. https://www.ilo.org/global/about-the-ilo/newsroom/news/WCMS_755390/lang-en/index.htm.
② Fishers caught in COVID-19 net, sink into poverty. https://phys.org/news/2021-03-fishers-caught-covid-net-poverty.html.
③ Amy K. Lehr. Covid-19 at Sea: Impacts on the Blue Economy, Ocean Health, and Ocean Security. https://www.csis.org/analysis/covid-19-sea-impacts-blue-economy-ocean-health-and-ocean-security.
④ 联合声明呼吁各国政府立即承认海员是关键工作者,并迅速采取有效行动,消除船员换班障碍,以解决航运业面临的人道主义危机,确保海上安全,促进疫情下经济的复苏。https://wwwcdn.imo.org/localresources/en/MediaCentre/HotTopics/Documents/COVID%20CL%204204%20adds/CH%204204%20Add%2030.pdf.
⑤ Neptune Declaration on Seafarer Wellbeing and Crew Change. https://www.globalmaritimeforum.org/content/2020/12/The-Neptune-Declaration-on-Seafarer-Wellbeing-and-Crew-Change.pdf.
⑥ A Strategic Research Agenda for Oceans And Human Health, Marine Board. March 20, 2020. https://www.marineboard.eu/launch-strategic-research-agenda-oceans-and-human-health.

和生物技术视为海洋与人类健康未来研究与应用的三大目标行动领域。欧洲海洋和公共卫生研究项目发布最新报告《公民与海洋》，首次汇编了泛欧洲海洋与人类健康关系调查结果，调查内容围绕公民与海洋接触情况、海洋活动对经济环境和公共健康影响等主题展开。10月，联合国教科文组织政府间海洋学委员会(IOC)与欧洲海洋与公共卫生项目(SOPHIE)、蓝色健康项目和欧洲海洋局合作举办线上"海洋与人类健康"会议，作为海洋十年线上系列会议的一部分，探讨了人类健康与福祉如何与海洋紧密相连、未来几年海洋与人类健康发展的机遇与挑战、海洋十年下的变革行动可能带来的积极结果以及对海洋和社会的长远利益。

第二篇
全球海洋热点问题

第二章　国际社会出台"海洋科学十年"相关政策和行动举措以推进其启动工作

"联合国海洋科学促进可持续发展十年(2021—2030)"(以下简称"海洋科学十年"),旨在扭转全球海洋状况衰退趋势并召集全球海洋利益攸关方形成共同框架,以便确保海洋科学能够为各国创造更好的条件,进而为实现更健康、更有修复力和更可持续的海洋找到创新解决方案。2020年,国际社会为支持"海洋科学十年"的筹备工作和2021年的正式启动,积极推动和支持区域和国际磋商与对话,制定相关政策、计划,将海洋科学与社会需求紧密联系起来,确定需优先发展的与可持续发展相关的海洋科学领域,推动科学研究和创新技术发展。

第一节　国际组织积极筹备"海洋科学十年"计划的启动工作

一、国际机构在"海洋科学十年"框架背景下制定相关战略、计划和开展合作

(一)国际机构制定相关战略推动"海洋科学十年"进程

"海洋科学十年"的想法萌生于2016年1月初联合国政府间海洋学委员会(IOC)官员与秘书处高级工作人员在丹麦举行的一次会议上。[①]经过一系列讨论,第72届联合国大会于2017年12月形成第72/73号决议,宣布2021—2030年为"联合国海洋科学促进可持续发展十年"并决定于2021年启动"海洋科学十年"。根据联合国大会的决定,IOC负责协调"海洋科学十年"的筹备活动,并作为指定的官方海洋科学能力评估机构。联大呼吁IOC与会员国、联合国合作伙伴和各类利益攸关方群体协商,为"海洋科学

---

① IOC-UNESCO. Implementation Plan Summary. http：//unesdoc.unesco.org/ark：/48223. Aug. 2020.

十年"制订实施计划。2018 年,IOC 成立了一个由 19 位全球海洋科学领域领军人物组成的执行规划组(EPG),负责组织编写《实施计划》。经过几番商议,2020 年 6 月,IOC 组织了海洋意识峰会,讨论在"海洋科学十年"背景下促进海洋意识普及以及海洋意识如何将海洋知识转化为行动,促进实现可持续发展目标 14。之后,IOC 还将继续与所有利益攸关方密切合作,制订"支持联合国海洋科学十年(2021—2030)的海洋意识战略计划"。9月,非洲野生动物基金会、国际鸟类联盟、世界自然基金会、国际土地联盟和保护国际等多个国际团体组成的"2020 年后的看台伙伴关系"(The Post-2020 Pavilion Partnership)联合发布了一份行动呼吁书,要求联合国在 2030 年之前走上自然复苏之路,确保建立一个公平、碳中和以及有利于自然的世界。10 月,为推动"海洋科学十年",全球海洋观测系统(GOOS)观测协调小组发布了首个五年战略规划(2021—2025)。该规划阐明了实现 OceanOPS(之前称为 JCOMMOPS)愿景的 5 个战略目标和 5 个挑战。目标包括:监测全球海洋观测系统性能的提高;领导全球海洋观测网络的元数据标准化和集成;支持和加强全球海洋观测系统的运作;启用新的数据流和网络;塑造未来的 OceanOPS 基础架构。11 月,国际海底管理局(ISA)秘书处组织高级别研讨会,讨论 ISA"海洋科学研究行动计划草案",以支持"海洋科学十年"的实施。草案提出 ISA 将以协同合作的方式推动 6 项战略研究优先领域,包括:促进"区域"内的深海生态系统研究;推动"区域"内深海生物多样性评估的标准化和创新方法研究;提高"区域"内活动的海洋观测和监测技术开发;加强"区域"内活动的科学认知和对潜在影响的了解;促进科学数据和深海研究成果的传播、交流和共享以及提高管理局成员国,特别是发展中国家的深海科研能力。

(二)IOC 制订"海洋科学十年"实施计划

1. "海洋科学十年"《实施计划》发布背景[①]

2019 年 6 月至 2020 年 5 月期间,全球规划会议、专题规划会议和地区规划会议相继召开,累计与会人数超过 1 900 人次,与会人员分别来自科学界、各国政府、联合国实体、非政府组织、私营部门和捐助方,遍布

---

① IOC-UNESCO. Implementation Plan Summary. http://unesdoc.unesco.org/ark:/48223. Aug. 2020.

各海域。他们为"海洋科学十年"《实施计划》明确科学优先事项和能力建设需求做出了重要贡献。《实施计划》的制订还得到了加拿大、丹麦、印度、巴西、日本、韩国、意大利、肯尼亚、挪威、瑞典和墨西哥等国家的政府以及联合国环境规划署(《内罗毕公约》《地中海行动计划》《加勒比环境方案》)、欧盟委员会、海洋前沿研究所(加拿大)、北太平洋海洋科学组织(PICES)、国家海洋技术研究所(印度)、国际海洋考察理事会(ICES)、南太平洋常设委员会(CPPS)、地中海科学委员会(CIESM)、丹麦海洋研究中心、墨西哥国立自治大学(UNAM)、挪威研究理事会、北极前沿、太平洋共同体(SPC)、美国地球物理学会(AGU)、联合国全球契约、西印度洋海洋科学协会(WIOMSA)、Velux基金会、Boticário集团自然保护基金会和卡尔斯伯格基金会等组织机构的大力支持。我国自然资源部的科学家也参与了《实施计划》的编制工作。最后,经过2020年3月和4月《实施计划》预稿同行评审以及2020年6月和7月IOC成员国进行的全面审查,IOC于8月正式发布《实施计划》。2020年10月,IOC根据联合国大会第74/19号决议,向第75届联合国大会提交了《实施计划》,并于12月获得审议通过。

2.《实施计划》主要内容①

首先,《实施计划》提出了开展"海洋科学十年"行动的必要性,即人类的健康和福祉,包括可持续且公平的经济发展,取决于世界海洋的健康和安全。海洋为30多亿人提供食物和生计支持,是应对气候变化之路上的重要盟友,且具有重要的文化、美学和休闲娱乐价值。可再生能源、海洋遗传资源或深海矿物等新兴服务,固然有产生重大惠益的潜质,但同时也让人担心它们可能会给本已脆弱的生态系统再添风险并加剧公平获取海洋惠益方面的问题。海洋科学在很大程度上已经具备了诊断问题的能力。然而,海洋科学提供解决方案对可持续发展形成直接推动的能力尚有待大力提升。当今世界需要开展一场大规模且资源配备充足的海洋科学变革运动,从而为助力落实《2030年可持续发展议程》的解决方案提供参考信息,"海洋科学十年"可以为这场革命创造条件。

《实施计划》还介绍了愿景和目标。愿景是"构建我们所需要的科学,

---

① IOC-UNESCO. Implementation Plan Summary. http://unesdoc.unesco.org/ark:/48223. Aug. 2020.

打造我们所希望的海洋"。使命是"推动形成变革性的海洋科学解决方案，促进可持续发展，将人类与海洋联结起来"。"海洋科学十年"将在《联合国海洋法公约》(UNCLOS)的法律框架下实施，采取自愿原则。"海洋科学十年"将促进生成必要的数据、信息和知识，实现从"我们所拥有的海洋"到"我们所希望的海洋"的转变。目标主要有三：一是确定可持续发展所需的知识，提高海洋科学提供所需海洋数据和信息的能力。这一目标下包括多个次级目标，具体涉及：为定期综合评估海洋状况和海洋科学能力提供知识；促进开发新技术，增加技术获取机会；加强和扩大观测基础设施；建立相关机制优化公众科学举措；承认并纳入地方和土著知识。二是开展能力建设，形成对海洋的全面认知和了解，包括海洋与人类的相互作用、海洋与大气层和冰冻圈的相互作用以及陆地与海洋的交互关系。这一目标下包括多个次级目标，具体涉及：查勘并了解海洋组成部分；了解海洋系统的阈值和临界点；加强历史海洋知识利用；改进海洋模型和预测服务；加大海洋技术教育、培训和转让工作力度。三是加强对海洋知识的利用以及对海洋的了解，开发有助于形成可持续发展解决方案的能力。这一目标下包括多个次级目标，具体涉及：增进对海洋科学在可持续发展中所起作用的认识；开发可互操作和开放获取的数据平台和服务；促进共同设计和共同交付海洋解决方案，包括规划、管理以及其他工具和服务；促进海洋素养等领域的正规和非正规教育。

最后，《实施计划》提出"海洋科学十年"行动分为计划、项目以及活动和/或捐助。"海洋科学十年"行动是未来10年间为实现"海洋科学十年"愿景而在全球范围内实施的具体举措。这些举措将由研究机构和大学、各国政府、联合国实体、政府间组织、其他国际和地区组织、工商界、慈善和企业基金会、非政府组织、教育工作者、社区团体或个人等广泛的行动倡议方负责具体实施。

"海洋科学十年"计划一般为全球性或地区性行动，将有助于完成一项或多项"海洋科学十年"挑战。这些计划具有实施期限长、持续多年、跨学科、由多国共同实施的特点。"海洋科学十年"项目是独立开展且重点突出的行动。从规模上来讲，项目可能为地区级、国家级或次国家级行动，通常将为某一确定的"海洋科学十年"计划做出贡献。

"海洋科学十年"活动均为单独开展的一次性举措(例如，一次提高认识的活动、一期科学讲习班或一期专题培训），作用是辅助开展某一计划或项目或者直接助力完成某一项"海洋科学十年"挑战。

"海洋科学十年"捐助是指通过提供必要的资源（例如资金或实物捐助）为"海洋科学十年"提供支持。捐助可用于支持实施某一"海洋科学十年"行动，也可以用于支持开展"海洋科学十年"协调工作。对"海洋科学十年"相关行动进行核准，将确保各项举措合力推动落实"海洋科学十年"的优先事项，并有助于对举措的影响展开持续评估。对于计划和项目级别的行动，倡议方应根据海洋科学十年协调科（"海洋科学十年"中央协调中心）定期发布的"行动呼吁"，请求予以核准。这些行动呼吁可能会针对具体的专题或地域，预计每年发起两次。对于活动和捐助级别的行动，倡议方可以随时通过一个在线平台，请求海洋科学十年协调科予以核准。联合国各实体的相关行动，可随时向海洋十年协调科登记备案。在请求核准或登记其潜在行动时，倡议方须提供相关信息，证明其所提议的行动符合相关标准。

此外，《实施计划》还指出，科学界、国家和国家以下各级政府、联合国机构和政府间组织、工商界、慈善基金会、非政府组织和海洋界青年专业人员等各类利益攸关方的积极参与，将是"海洋科学十年"取得成功的关键。

（三）联合国机构之间签署合作协议，推进"海洋科学十年"中的海洋科学可持续发展

2020年，IOC与国际科学理事会（ISC）、塔拉海洋基金会和联合国全球契约组织（UNGC）分别签署了合作协议，共同发展海洋科学研究、国际合作、数据共享以及提高公众海洋意识，支持"海洋科学十年"计划的开展。合作框架中的行动主要包括：汇集国际科学联盟和协会、全球多个成员国家和地区科学组织以及众多科学工作组来促进海洋科学发展和科学计划实施，支持可行的研究工作，为健康和可持续的海洋提供解决方案并探索为科学研究联合筹资；重点开展海洋微生物研究和极地基因资源合作研究并努力向公众和决策者传播"海洋"意识和文化；组织和开展互动对话和商业活动，促进行业参与数据共享和海洋管理活动，以及利用创新生态系统和基于科学的解决方案，围绕即将到来的"海洋科学十年"的框架和预期成果开展工作。

此外，由横跨六大洲 17 个国家，来自 45 个海洋研究机构组成的国际科学家团队于 11 月呼吁制订一项长达 10 年的研究计划"挑战者号 150"，以促进对深海底进行勘探和研究。研究计划与"海洋科学十年"的目标一致，主要是提高海洋科学界能力发展，促进不同国家科学家之间伙伴关系的建立，共享资源和知识并通过现有技术和新技术的应用，进一步了解深海的变化及其对更广阔的海洋和地球产生影响，以此支持国家在深海采矿、捕鱼和海洋生态环境保护等问题上的决策。

二、"海洋科学十年联盟"招募成员和资助方

"联合国海洋科学促进可持续发展十年联盟"于 2019 年组建。该联盟在 2020 年开始招募联盟成员，以促进全球海洋工作参与者共同支持、增强和履行十年承诺。

联盟的目标是形成一个由政府、联合国组织、科学机构、私营部门和慈善组织等机构组成的领导人网，并激励其他人进行雄心勃勃的投资和努力，以推动海洋科学具体解决方案的实施。联盟的主要任务包括在全球范围内提高人们对十年目标和活动的认识；创建平台展示科学研究在提供海洋可持续性解决方案中的作用和力量；建立一个广泛的国际网，在所有社会层面上激发联合国十年框架内的行动和承诺。联盟成员将以身作则，为"海洋科学十年"行动筹措资金。成为联盟成员，即加入一个享有很高知名度的"海洋科学十年"支持者平台。联盟将通过有针对性地进行联网、筹措资金和施加影响力，推动对"海洋科学十年"做出大规模承诺。

三、第二版《全球海洋科学报告》发布，评估全球海洋科学能力

2017 年，IOC 编制了第一份《全球海洋科学报告：全球海洋科学现状》指出，全球海洋科学投入资金占投入自然科学资金的 4% 以下，且不同国家之间差异巨大[①]，倡导全球加大海洋科学领域的投入。2020 年 12 月 14 日，IOC 作为指定的官方海洋科学能力评估机构，发布了第二版评估报告——《2020 年全球海洋科学报告》（GOSR2020），对各国海洋科学能力建

---

① 管松，于莹，乔方利. "联合国海洋科学促进可持续发展十年"：内容与评述. 海洋学报，2021，43(1)：155.

设情况进行量化对比分析。这份报告不仅对各国具有参考价值，某种程度上或将成为推动未来10年联合国框架下主导的海洋科学能力发展方向及制度规则安排的决策依据①。

基于全球收集的数据，2020年第二版《全球海洋科学报告》在蓝色增长、人类健康和福祉、海洋生态系统功能和演变过程、海洋地壳与海洋地质灾害、海洋和气候、海洋健康、海洋观测和海洋数据、海洋技术八个综合性、跨学科和战略性主题基础上，另行扩充了以下四个主题：海洋科学对可持续发展的贡献，蓝色专利的应用，对性别平等问题的深入分析以及海洋科学能力建设。

《全球海洋科学报告》主要结论包括：第一，海洋科学经费供应普遍不足且预算波动较大。各国国内研究与开发总支出中，海洋科学支出占比明显低于其他主要研究和创新领域。第二，可持续发展目标14的诸多目标将无法按时实现。报告显示，可持续发展目标14的许多目标可能无法按时实现，特别是商定到2020年实现的14.2、14.4、14.5和14.6目标。第三，数据共享和数据开放水平存在国家和区域差异。报告指出各国虽然存在共享公开数据的技术，但社会政治和实际因素导致大量海洋数据，甚至公开数据都无法自由获取。第四，制定海洋人才能力建设的指导方针和全球性计划。报告从人才资源方面审查现有的全球海洋科学能力，包括性别和年龄分布、海洋科学机构、观测平台和用于持续海洋观测的工具。第五，创建进一步提高国际合作下的海洋科学出版物和专利影响力新方案。报告指出，科学和研究的普遍性以及革新技术的快速发展和扩张，要求有机会同其他机构、财团伙伴或国家在大型项目或大型研究基础框架下进行合作。第六，调查问卷受访国普遍缺乏某些类型和主题的数据。第七，第三版报告将采用新变量、指标和评估方法论述COVID-19大流行对全球海洋科学的影响。第三版报告还将使用新变量和指标，以反映COVID-19危机的特异性。

四、"海洋科学十年"区域研讨会促进各方对话，探讨区域海洋科研能力

2020年，IOC组织了几场区域研讨会②，以着手确定今后几年海洋科

---

① UNESCO-IOC. Global Ocean Science Report 2020. https：//gosr.ioc-unesco.org/，Dec. 2020.
② UNESCO-IOC. Regional Workshop—UN Decade of Ocean Science for Sustainable Development（2021-2030）. http：//www.oceandecade.org/events，Jan. 2020.

学的优先事项。区域会议主要包括：北大西洋区域研讨会1月7—10日在加拿大召开，确定北大西洋地区海洋科学优先事项并促进跨领域和跨学科间的合作；中北印度洋研讨会1月8—10日在印度钦奈召开，确定北印度洋国家的需求和转变海洋科学知识体系方面的优先事项，加快技术转让，促进科学政策对话；地中海研讨会1月21—23日在意大利威尼斯召开，确定地中海区域存在的知识和技术差距以及优先事项，加强合作，促进地中海海洋发展潜力；泛非洲及周边岛屿国家研讨会1月27—29日在肯尼亚内罗毕召开，根据《2030年可持续发展议程》和《2050年非洲综合海洋战略》等全球和区域倡议制定海洋科学研究战略，加快技术转让，促进科学政策对话；1月和4月，分别在挪威特罗姆瑟和丹麦哥本哈根召开北极区域会议；南大洋区域研讨会2月16日在美国圣迭戈举办，促使人们深入了解南大洋在热量、水和营养的全球循环，生化和碳循环，海洋生产力和海平面上升等方面发挥的关键作用，需加强保护和管理。作为筹备"海洋科学十年"全球磋商过程的一部分，研讨会讨论并制定拟在"联合国十年"框架下开展的南大洋倡议提案；西半球热带大西洋研讨会4月28—29日在墨西哥召开，讨论确定与"海洋科学十年"保持一致的区域倡议和活动。

第二节 各国积极响应"海洋科学十年"计划

"海洋科学十年"大致经历酝酿（2017年以前）、筹备（2018—2020年）到实施（2021—2030年）三个阶段。该项工作鼓励各类利益攸关方积极参与"海洋科学十年"进程，且个人或组织参与"海洋科学十年"的方式不受限制。在"海洋科学十年"即将启动之际，以美、日、英、法、德为代表的先进海洋大国积极提供资金和技术支持，并将其纳入本国战略规划和政策中，而越南、巴布亚新几内亚等发展中国家也积极参与相关筹备活动。

美国于2020年5月成立国家海洋科学可持续发展十年委员会，代表美国海洋科学界参与"海洋科学十年"计划。美国国家科学、工程与医学院（NASEM）作为"海洋科学十年"计划的协调组织单位。委员会将负责组织交流活动，召集旨在促进美国十年共同目标的活动和会议，为美国海洋领域的科学家提供与十年有关的国际科学活动平台，激励有潜力加速实现十年目标的科学研究。美国国家海洋与大气管理局（NOAA）于2020年6月发布了《NOAA 研究和开发愿景领域：2020—2026》，确定 NOAA 即将开展的研发工作的重点和优先事项。愿景提出 NOAA 将大力支持一些全球倡议，如联合国"海洋科学十年"计划和"GEBCO 海底 2030"项目等。7 月，美国 NOAA 又公布了新的十年研究路线图——《海洋、沿海和五大湖酸化研究计划（2020—2029）》，以帮助科学家、资源管理者和沿海社区解决公海、海岸和五大湖问题，拓展和改进观测系统和技术，提高对海洋、沿海和五大湖的了解和预测能力，并增强人们预测生态系统和物种应对各种压力的能力。此外，美国 NOAA 还宣布正式扩大与非营利性机构施密特海洋研究所（SOI）的长期合作伙伴关系，以探索、绘制深海地图，促进海洋保护，提高公众海洋意识，以支持"海洋科学十年""GEBCO 海底 2030"项目等全球海洋倡议计划的实施。

日本学界积极发表"海洋科学十年"相关文章，建议本国在十年进程中发挥积极作用。日本东京大学名誉教授、UNESCO-IOC 工作组委员植松光夫发表署名文章《日本能为"海洋科学十年"做出的贡献》。作者提出"海洋科学十年"计划为海洋科学、能力开发、海洋治理、环境监测、报告与交流等具体计划规划提供了指导，在推进实施过程中，也为民营企业、提供资金的机构以及联合国各级组织提供了机会。日本的科研人员、地方政府的政策制定者、民营企业、非政府组织以及公民都需积极参与，通过国际研究计划，促进日本的海洋科学研究不断发展。日本北海道大学低温科学研究所教授江渊直人也发表文章称，日本应关注"海洋科学十年"中全球海洋观测系统建设，特别是利用已有和即将发射的海洋与气候观测卫星组建本国空间体系，为国际社会做出贡献。

一些欧洲的传统海洋强国也积极参与"海洋科学十年"进程。欧洲海洋局在发布的《海洋与人类健康战略研究议程（2020—2030）》中提出，联合国可持续发展目标无法单独实现，因此应大力支持"海洋科学十年"等国际计划，展开真正的跨学科合作，通过海洋科学促进可持续发展和生态系统恢复。法国海洋开发研究院的海洋科研船队计划参与联合国"海洋科学十年"计划中涉及气候变化、生物多样性、地质资源、深海探索等领域约 150 个科学项目，有助于推动法国参与在国际海洋科学和海洋保护方面的国际合作。而由英、德等多国人员组成的科研团队，在联合国"海洋科学十年"背景下，搭乘海洋科考船前往大西洋水域，开展深海生物多样性调查项目，包含了冰岛海洋生物遗传学和生态学、大西洋深海地区生物多样性的纬度及梯度两个子项目。挪威海洋研究与考察船舶组织也与UNESCO-IOC签署了合作协议，协议将通过推进全球海洋数据共享和应用发展来支持"海洋科学十年"的启动工作，为科研人员和海洋管理提供机会，促进海洋科学可持续发展。合作领域包括海洋数据共享、海洋科考船使用、改善海洋数据和信息的应用以及促进"海洋科学十年"计划等。挪威卑尔根大学创建了一个新的跨学科项目——塑造欧洲海洋可持续发展研究领导者项目（SEAS），这是卑尔根大学对"海洋科学十年"计划的重要支持。该项目的目标是打造未来海洋可持续性方面的欧洲研究领域的领军人物。葡萄牙于2020年5月在"海洋科学十年"背景下修订了《国家海洋战略》，该战略将建立国家海洋保护区网并制订海洋保护区管理计划。葡萄牙参与制订"海洋科学十年"的《实施计划》，并考虑在葡萄牙设立"海洋科学十年"协调机构。瑞典海洋和水管理局计划与瑞典环境、农业科学与空间计划研究理事会，瑞典水文气象局和瑞典国际开发署合作，协助政府部门参与联合国"海洋科学十年"计划，主要负责协调和报告任务，召集相关参与者，提出瑞典的资助方案和工作计划。而瑞典环境、农业科学和空间计划研究理事会，瑞典海洋和水务管理局以及瑞典水文和气象研究所就瑞典如何依据"海洋科学十年"计划，为全球可持续海洋管理做出贡献制订了一份10年计划。首先计划确定了10年内要达到的目标：清洁的海洋；健康的有抵抗力的海洋；可持续生产的海洋；可预期的海洋；安全的海洋；运输便利的海洋；令人振奋的、人人参与的海洋。其次提出了重点关注的领域：基于生态系统的管理；海洋意识；数据与建模；创新与数字化。

  一些发展中国家根据本国实际和发展需要，积极参与到"海洋科学十年"的进程中。越南政府于2020年3月批准颁布了《关于实施〈至2030年越南海洋经济可持续发展战略及2045年展望〉的总体规划和五年规划》，提出关于发展海洋科技、提升海洋人力资源、海域基础设施以及开展现代化科学技术应用等方面的具体要求，旨在积极响应"海洋科学十年"的相关活动，推进国际合作。越南政府5月批准《到2030年越南海洋经济可持续发展国际合作方案》，研究和运用先进科学技术成果，促进海洋基础调查相关海洋科学技术研究；与具有海洋科学实力的国家开展合作，研究建立科研、先进技术应用中心，主动参与在联合国"海洋科学十年"框架下的国际活动。7月，巴布亚新几内亚发布《国家海洋政策2020—2030》，为可持续管理和保护该国丰富的海洋资源提供明确的指导方针。政策提出巴布亚新几内亚已成为联合国"海洋科学十年"计划在太平洋地区的重要利益攸关方，将通过《国家海洋政策》参与联合国的"海洋科学十年"计划。智利海军水文和海洋服务局（SHOA）主持召开了东南太平洋全球海洋观测系统（GOOS）区域联盟会议。会议讨论了区域观测网的构建问题，并批准制定联盟战略计划（2021—2025）的技术文件和指南，同时贯彻落实"海洋科学十年"计划。阿根廷和智利于12月召开南方海洋科学研究双边合作委员会会议，评估总结了2020年开展的联合科学项目，并批准了2021—2022年工作计划。委员会表示，将继续在联合国"海洋科学十年"框架内，开展海洋科学研究联合计划，两国继续深化海洋合作，在坚实的科学基础上，保护和可持续利用海洋资源。哥伦比亚国家经济和社会政策理事会批准了《哥伦比亚海洋可持续发展政策2030》。这项政策与2030年可持续发展目标（SDGs）息息相关，强调支持联合国"海洋科学十年"，促进海洋科学的研究和创新，以掌握更多的海洋知识，发展海洋新技术。

第三节 "海洋科学十年"活动呈现的特点和发展趋势展望

一、国际社会参与"海洋科学十年"筹备活动的特点和趋势分析

（一）"海洋科学十年"筹备工作呈现的特点

2020年，"海洋科学十年"启动之前的筹备工作在地方、国家、地区和国际层面稳步推进，呈现出以下特点。

一是，"海洋科学十年"是一项在全球开展的海洋科技变革的高规格倡议。"海洋科学十年"《实施计划》强调，"革新性"是"海洋科学十年"的核心理念，将从行动到成果全方位改变海洋科学。[1] 这项行动将通过推动海洋科学领域的变革，在全球和国家层面构建更加强大的基于科学的治理体系和政策，来应用海洋科技创新造福社会，实现海洋的可持续发展。

---

[1] 管松，于莹，乔方利. "联合国海洋科学促进可持续发展十年"：内容与评述. 海洋学报，2021，43（1）：160.

二是,"海洋科学十年"是由多利益攸关方和多层面共同推进的全域性的综合科学计划。鉴于"海洋科学十年"进程的包容性和参与性,其工作面向科学家、政策制定者、产业界、民间社会和更广泛的公众的需求,支持建立地方、区域和国际层面的新型合作伙伴关系,确保海洋科学为海洋生态系统和社会带来更大的利益。"海洋科学十年"将自然科学和社会科学等都纳入其中,包括跨学科课题。而且,"海洋科学十年"《实施计划》反复强调,多学科、多领域、所有利益攸关方充分交融与相互促进,并共同设计、共同应用所取得的成果,对于实现"海洋科学十年"的目标至关重要。[①]

三是,"海洋科学十年"的重要发展领域与《2030年可持续发展议程》的可持续发展领域密切相关。"海洋科学十年"提供知识和解决方案,促进可持续海洋经济(SDG1),可持续渔业和水产养殖(SDG2),改进多灾害早期预警系统(SDG3),宣传海洋对可持续发展的重要性(SDG4),加强海洋科学领域的性别平等(SDG5),促进开发低影响海洋能源(SDG7),推进可持续海洋经济(SDG8),动员小岛屿发展中国家、最不发达国家和内陆发展中国家参与(SDG10),以及增进对海洋与气候之间关系的了解(SDG13)。

四是,"海洋科学十年"工作与国际相关政策框架保持一致,深入推进全球海洋治理。"海洋科学十年"遵循《联合国气候变化框架公约》,有助于增进对海洋与气候之间关系的了解,助力《生物多样性公约》2020年后框架,推动《2015—2030年仙台减轻灾害风险框架》提出的增强社区复原力,实现《萨摩亚途径》中的促进针对小岛屿发展中国家的能力建设和海洋技术转让,并且提供信息支持和解决方案建议,增强对国家管辖范围外海域海洋生物多样性的养护和可持续利用(BBNJ)工作的开展。

(二)"海洋科学十年"发展趋势

2020年作为"海洋科学十年"启动前的重要筹备阶段,正值COVID-19大流行肆虐全球。这场疫情的暴发让我们这个世界和海洋科学界从此改变,同时也凸显出海洋科学知识对决策和政策的重要性。随着世界各地逐渐适应疫情后的发展新常态,海洋科学领域的发展将会在疫情后的恢复工作中发挥核心作用。而基于可持续海洋的解决方案如能建立在由不同利益

---

① 管松,于莹,乔方利. "联合国海洋科学促进可持续发展十年":内容与评述. 海洋学报, 2021, 43(1): 160.

攸关方共同设计且共同实施的强大海洋科学的基础之上,则将产生最佳效益。为此,"海洋科学十年"将对我们创造和利用海洋科学的方式进行一场不折不扣的革命。"海洋科学十年"这场变革活动将为不同学科、地域、世代和性别的利益攸关方增强权能,促进他们广泛参与"海洋科学十年"计划,通过推动在定性和定量海洋知识应用方面实现范式转变,为各国落实《2030年可持续发展议程》制定决策提供参考信息支持。

(三)我国参与"海洋科学十年"活动的几点建议

目前,我国在与海洋科学有关的区域和全球范围的一些国际倡议和项目计划中的参与程度都较高,但根据IOC的《全球海洋科学报告》,我国的海洋科学研究人员占总人口比例较低,其中女性从业人员占比不足50%,人员结构有待优化,海洋经费支出不足。虽然我国的海洋科学研究已取得显著进步,但总体发展水平与世界先进水平相比,仍存在较大差距。未来,我国应利用"海洋科学十年"的发展契机,继续提升我国的海洋科研和技术水平及能力,努力促进海洋科技创新在国家的可持续发展中发挥关键作用,实现建设"海洋强国"的宏伟战略目标。

具体建议:一是加快组建我国的"海洋科学十年"国家委员会,统筹开展"海洋科学"相关工作。明确我国委员会机构设置、任务、职责,审定我国参与"海洋科学十年"的年度活动计划并评估其进展,积极谋划制订我国针对"海洋科学十年"的发展规划或具体行动计划。未来,还可考虑通过国家委员会与国际组织、东盟或周边国家签署"海洋科学十年"合作备忘录或共同宣言,合作发起国际海洋科学计划和项目,提升我国对"海洋科学十年"的参与度与显示度。

二是积极参加"海洋科学十年"框架下的以联合海洋科学计划和考察项目、共享基础设施和新技术开发等形式开展的国际合作计划,这有助于扩大我国参与海洋调查和科研的范围,降低实地考察的成本,加强海洋科学领域专业知识普及并最终提高科学产出和应用的影响力。

三是派员加入"海洋科学十年"咨询委员会和协作中心等重要协调和管理机构。向IOC、"海洋科学十年"重要协作中心等国际机构派出更多的中国海洋工作人员,深入参与十年指导文件的编制及相关决策等国际进程,加强与各国利益攸关方的交流与合作,对于我国落实《联合国可持续发展议程》、特别是目标 14 的承诺，深度参与并引领全球海洋科学发展进程，调整我国海洋科技发展政策都具有重要作用。

四是探索和鼓励多样化资金模式。政府对海洋学术研究的资助有限，应建立政府、机构、慈善组织和企业等各级资金支持机制，明确将海洋科学摆在优先投资地位，并寻求增进各项战略供资举措之间的协调性。同时，加大对海洋事务所有领域教育和培训工作的支持力度，加强海洋专业领域的正规教育，壮大我国海洋各领域的专业人员队伍。

第三章　国际社会构建打击 IUU 捕捞联盟

IUU 捕捞是具有跨领域影响的重大问题，是对全球粮食安全、经济稳定以及海洋生态系统健康和可持续发展的重大威胁，并与人权侵犯以及其他形式的跨国犯罪息息相关。当前，国际社会已认识到 IUU 捕捞影响的严重性，越来越多的沿海国家、区域和国际组织积极加入"打击 IUU 捕捞"的行列，并在实际行动、制度和治理框架设计等方面取得一系列进展。2020年，国际社会打击 IUU 捕捞活动的力度空前增大，各国纷纷出台政策文件彰显打击 IUU 捕捞的决心，新手段、新方法层出不穷，双边、多边和区域联盟不断涌现，国际社会合力打击 IUU 捕捞的路线图逐渐清晰。

第一节　IUU 捕捞成为全球海洋安全和资源可持续利用的"头号威胁"

IUU 捕捞作为全球海洋安全和资源可持续利用的"头号威胁"已成为国际共识，《2030 年可持续发展议程》明确提出可持续管理渔业和打击 IUU 捕捞目标，WTO 关于禁止 IUU 渔业补贴规则的谈判进程加速，IUU 捕捞入罪问题成为新的焦点。

一、IUU 捕捞的定义和常见操作方式

IUU 捕捞是指非法、不报告和无管制渔业捕捞活动，包括违反沿海国、区域渔业组织以及其他国际法规定的捕捞活动，未向国家或区域渔业组织提前报告，或报告有误的捕捞活动，以及不符合或违反区域渔业组织、别国国家立法及养护和管理措施的捕捞活动。

IUU 捕捞行为者通常采用缩减经济成本、扰乱船舶追踪等高增益、低风险手段，主要包括以下几种：一是利用转运，IUU 捕捞渔船通过钻取海上渔获量监测较为零散、未成体系、实施方式存在较大差异等管理漏洞，在海上对渔获量进行"清洗"，即将渔获物转移到其他渔船上，无需进入港

口即可继续捕捞作业;二是在"方便旗"下运作,由于"方便旗"船舶是在与船东或经营人无任何联系的国家注册的,可为其提供逃避本国监管、易于注册、减少税金交纳和模糊实益所有权等便利条件,IUU捕捞渔船船主还可利用"方便旗"规避管理和保护措施,逃避对非法捕捞的处罚,还可以随时更改船旗迷惑管理和监督部门;三是利用便利港口着陆渔获物,IUU捕捞渔船多停靠在可逃避检查流程的便利港口①,这些港口一般存在容量不足、记录系统不完善、管理不善等问题,使IUU渔获能够顺利进入市场,并为渔船提供后勤支持,该种行为被发现的风险很低;四是创造复杂的所有权网络,渔业及其价值链跨司法管辖区运作形成的所有权网络错综复杂,真正的受益人很难被识别,非法捕捞行为的调查和起诉十分复杂,需要国家、相关机构和国际机构间的密切合作和信息交流,但当前国家级的非法捕捞案件通常只针对某一特定违法行为起诉船舶及其船员,很少查明同一船舶在其他司法管辖区可能进行的非法活动,或起诉IUU捕捞作业背后的个人和关系网;五是关闭船舶识别和监视系统,许多国家要求在其水域作业的渔船通过船舶监测系统发送关于其位置和活动的资料,同时要求大型船舶通过基于卫星的自动识别系统公开其位置,但IUU捕捞渔船经常关闭船舶识别和监视系统,或通过更改设定等操作隐藏船舶的身份和位置;六是提供虚假文件和船舶身份证明,当前渔业管理仍主要依靠纸张,即便有电子文件,也很少在整个供应链中使用,非法经营者伪造、变造船舶注册证、捕捞证、渔获证等,隐瞒非法活动、躲避规章制度、交付成本和其他义务,获得额外资源、服务或利益;七是无法提供良好的工作条件和安全标准,IUU捕捞渔船基本不可能向船员提供良好的劳动条件和作业培训,安全设备不足,更有为实现前期成本最小化在恶劣天气下作业的可能性,还有一些寻求海外就业的移民工人被虚假承诺所欺骗,最终在恶劣的工作条件下辛苦劳作。

二、当前全球范围内 IUU 捕捞形势严峻

海洋治理缺失导致 IUU 捕捞行为对海产品价值链、环境、社会和全球粮食安全造成严重的负面影响。2020 年,可持续海洋经济高级别小组发布

---

① 便利港口即海关规定有利、对登陆或转运几乎没有或根本没有管制的自由贸易港(或自由经济区)。

《IUU捕鱼及驱动因素》蓝皮书指出，当前IUU捕捞的捕鱼量占世界捕鱼量的近20%，在一些地区甚至高达50%，直接导致每年经济损失达43亿~83亿美元，破坏性捕鱼方法严重损害渔业资源和海洋环境。《科学进展》刊登加拿大温哥华英属哥伦比亚大学科学团队的文章称，全球每年非法捕捞鱼类总量达到700万~1 400万吨。

目前来看，IUU捕捞造成的损失还会不断增加，使社会和环境蒙受巨大损失，使海洋物种面临灭绝的风险，沿海社区面临粮食安全风险，并有可能对社会凝聚力造成破坏。英国国防部《全球战略趋势报告》强调，渔业资源减少可能引发国际冲突，因为IUU捕捞经常与有组织跨国犯罪、人权侵犯、逃税、海盗、毒品、武器和人口贩卖联系在一起。

预计到2030年，全球海产品消费总量将增加3 000万吨，增幅超过20%，其中需求最大的是拉丁美洲、非洲、大洋洲和亚洲。鱼类是人类必需营养物质的重要来源，包括ω-3脂肪酸、碘、维生素D和钙，这些物质对孕妇和0~2岁的新生儿尤为重要。为满足人类健康对鱼类日益增长的需求，管理机构必须以可持续、统一和公平的方式管理鱼类和其他海洋资源，以增强其恢复力，并使地区的受益增加。研究表明，通过更合理的保护措施和更优化的管理手段，渔业捕捞量可至少增加20%。但IUU捕捞正在破坏该目标的实现，因为其影响了鱼类资源评估数据，并因过度捕捞使鱼类种群面临崩溃的风险。当前联合国可持续发展目标14.4——到2020年终止过度捕捞和IUU捕捞行为仍未实现，亟须落实透明的激励方式，推进国际合作战略，共同摆脱IUU捕捞困境。

第二节　全球打击IUU捕捞行动取得重要突破

2020年，许多沿海国家、区域和国际组织陆续出台针对打击IUU捕捞的政策、法律或计划，并开展了各种规模的IUU捕捞打击行动，全球打击IUU捕捞活动成效显著。

一、各国政府相继发布打击IUU捕捞的政策文件

（一）美国

美国政府各机构出台相关文件，并提出成立专门打击IUU捕捞的机构。2020年9月，美国海岸警卫队发布《打击IUU捕捞的新战略》，以保护

美国国家利益，维护全球海上安全为出发点，设计了未来10年内美国打击IUU捕捞的行动计划；11月，美国众议院自然资源委员会举行《加强大湖区、海洋、海湾和河口长期认知和勘查法案》听证会，提出加强数据和监测方面的机构间协调，设立机构间海洋勘查委员会和海洋政策委员会，成立技术创新工作组负责打击IUU捕捞；12月，美国国家海洋与大气管理局（NOAA）与美国国际开发署（USAID）签署谅解备忘录，约定开展联合行动，共同打击跨境IUU捕捞并帮助域外国家发展可持续渔业，为发展中国家提升渔业评估、监测和执行能力提供支持，联合其他政府和公私部门共同促进打击IUU捕捞方面的手段创新，同时加大对违规行为的惩罚力度，加强对守法渔船的激励措施。

美各大智库围绕IUU捕捞问题提供决策支撑。2020年4月，美国国际海事安全研究中心官网刊登美国预备役军官Michael Perry（迈克尔·佩里）的文章，文章称，南海地区的IUU捕捞已成为区域粮食安全和海事执法的一大威胁，且很难达成一项令各方均满意的合作协议，提议美国帮助南海周边国家制定公平、全面合作的渔业协议；7月，美国海事执行杂志刊文称，若美国能为南海打击IUU捕捞的多边海上治安行动提供资源，长期与区域伙伴合作打击IUU捕捞，可极大提升在该地区的竞争力。

美国加快与其他国家开展联合行动，共同打击全球范围内的IUU捕捞行为。2020年8月，美国与越南签署谅解备忘录以加强越南的渔业管理和执法能力，帮助越南解决与他国发生的渔业争端；10月，美国海岸警卫队"道格拉斯·门罗"号巡逻舰完成了为期2个月的以侦查和制止IUU捕捞为目的的年度巡逻任务，对来自4个国家的11艘渔船进行了海上检查，美海岸警卫队还表示，致力于与非洲国家共同打击IUU捕捞，以支持和建设非洲国家的海上安全能力，确保非洲国家维护领海安全、主权和专属经济区权益；11月，美国副国务卿基思·克拉奇到访厄瓜多尔，宣传美国打击IUU捕捞的行动计划，希望帮助厄瓜多尔解决IUU捕捞问题；同月，美国NOAA与韩国海洋水产部召开旨在加强国际渔业管理领域合作的"第一届韩美国际渔业管理定期协商会"，分享两国可持续渔业相关法律和制度，共同制定打击IUU捕捞的合作方案。

（二）东盟

东盟国家出台多项旨在打击IUU捕捞行为的法律和行动计划。2020年

1月，柬埔寨完成《在柬埔寨海域预防和消除非法捕捞国家行动计划》和《渔业法》的修订工作，以通过系统、有效和公开的措施，执行各项渔业管理条例，提高打击非法捕鱼的能力；同月，印度尼西亚宣布将打击非法捕鱼作为工作重点，决定重启并扩大打击非法捕鱼115特遣队的职权，起草新的标准作业程序以规范相关机构具体职权，同时划拨资金，利用科学技术在非法捕鱼高发区展开打击行动。此外，印度尼西亚还在10月通过了《综合法》，对外国渔船在印度尼西亚管辖海域内的捕捞活动做出更明确和严格的规定；7月，马来西亚引进2艘新一代配备有无人机的巡逻艇，旨在加强执法能力，打击在南海海域入侵马来西亚的渔船。

东盟国家间关于打击IUU捕捞的联合行动不断升级，东盟打击IUU捕捞的路线图呼之欲出。2020年2月，越南提出制定东盟打击IUU捕捞路线图（2020—2025年）的倡议；3月，柬埔寨和越南举行第58次联合海上巡逻，声明将提高联合应对非法捕鱼等行动的协调能力，向更敏感领域延伸双边关系。

（三）南太岛国

南太岛国致力于在打击IUU捕捞问题上寻求发达国家的帮助。2020年5月，基里巴斯与韩国签署《关于韩国-基里巴斯共享水产资料谅解备忘录》，旨在通过实时共享两国捕捞作业状况，共同打击IUU捕捞；7月，应所罗门群岛政府要求，新西兰对所罗门群岛专属经济区内金枪鱼船队进行了为期三天的海上监视，发现并阻止其非法捕鱼活动；9月，太平洋岛国论坛渔业局长会见英国太平洋与环境部长，寻求对太平洋渔业资源可持续管理的最佳方式，同时表达了合作开展打击IUU捕捞的愿望；同月，帕劳向美国寻求帮助，希望美国帮助其开展巡逻监视，提高监视海洋保护区[①]的能力，并允许美国海军和海岸警卫队在帕劳水域进行演习，以打击帕劳水域的IUU捕捞，随后10月，美国务院承诺向太平洋岛国提供2亿多美元援助，其中6 980万美元用于印太经济领域，包括建立海洋保护区和保护区伙伴网络、应对IUU捕捞、提高自然资源管理的可持续性等。

---

① 2020年1月1日，帕劳正式将国内80%水域划设为保护区，剩余20%水域留给国内渔民进行捕捞，并严格禁止外国大型渔船进入帕劳水域。

太平洋岛国倾向于开展联合行动共同打击IUU捕捞。2020年3月，8个南太平洋岛屿国家(密克罗尼西亚联邦、基里巴斯、瑙鲁、帕劳、巴布亚新几内亚、马绍尔群岛、所罗门群岛和瓦努阿图)共同进行了为期两周的太平洋渔业监视行动，该行动涉及海域面积达1 410万平方千米，并得到了澳大利亚、法国、新西兰和美国这四个区域防卫伙伴的支持。

(四) 南美

阿根廷、智利等加大对非法捕捞活动的跟踪和管理力度。2020年3月，智利政府通过全球渔业观察(Global Fishing Watch)平台公开了其捕鱼跟踪数据，通过该平台可实时远程跟踪所有商业捕鱼船，从而兑现智利"提高捕鱼透明度"的承诺，确保进行可持续的渔业管理；9月，阿根廷通过了关于改革《渔业法》的法案，旨在加大对阿根廷海域内非法捕鱼的管理力度，增加罚款金额，打击未经许可进入阿根廷海域的渔船，以捍卫国家主权，保护经济活动的正常运行，由国防部、安全部、农业部和外交部组成的工作小组进行执法。

南美国家发表联合声明共同打击IUU捕捞行为。2020年11月，智利、哥伦比亚、厄瓜多尔和秘鲁四国发表联合声明，称将采取措施预防、阻止和共同打击IUU捕捞活动，建立协调、合作的信息交流机制，促进在地方和区域一级采取迅速有效的措施，并定期举行外长会议，确保区域内海洋资源的保护和可持续利用，四国所属的南太平洋常设委员会(CPPS)呼吁各方尊重和执行联合国粮食及农业组织(FAO)《负责任渔业行为守则》，并要求改进东南太平洋渔业活动的监测系统。

(五) 日本

日本建立市场控制措施打击IUU捕捞。2020年12月，日本通过了一项新法律，旨在防止IUU捕捞来源的海产品进入日本市场，该法律使日本与美国和欧盟的相关法律保持一致，建立了类似的市场控制措施，以帮助保护其市场免受进口IUU捕捞海产品的侵害，此举得到世界自然基金会(WWF)的大力支持，称有益于依靠鱼类资源来实现食品安全和收益的合法捕捞，同时，日本反IUU捕捞论坛也支持新法律的制定，并发表联合声明，提议在新法实施之前应采取关键行动。

(六)新西兰

新西兰加大渔业执法和管理力度,呼吁禁止有害的捕捞方式。2020年9月,新西兰推出"繁荣海洋计划"以寻求在2030年前保护新西兰至少30%的海洋,投资5 000万美元用于支持当地渔民向更可持续的捕捞方式过渡,并投资2 000万美元用于更严格的渔业执法和管理;11月,新西兰环保组织组成的联盟向议会递交了5万人的请愿书,呼吁政府禁止在海山进行海底拖网捕捞。

(七)西班牙

西班牙修订《渔业法》促进渔业可持续管理。2020年10月,西班牙农业、渔业和粮食部长与西班牙渔业联合会代表举行会议,共同审查和讨论了海洋捕捞、渔船建设等问题,并宣布即将修订《渔业法》,旨在开展全面透明的行动,促进现代化和可持续渔业管理,使渔业部门逐渐适应新的捕捞管理制度所提出的作业模式。

二、国际组织打击IUU捕捞的决心日益彰显

各国际组织围绕IUU捕捞问题进行调查研究。2020年1月,世界经济论坛委托益普索(Ipsos)公司对28个国家进行了研究调查,调查结果显示,在经常购买海鲜的成年人中,有超过77%的人支持禁止捕捞濒危物种,73%的人支持终止导致过度捕捞或非法捕捞的政府补贴,有77%的人支持禁止商店和餐馆出售濒临灭绝的鱼类;6月,FAO发布《2020年世界渔业和水产养殖状况》报告,指出当前处于生物不可持续捕捞水平的鱼类种群比例为34.2%,涉及地区包括:地中海和黑海(鱼类种群的62.5%遭过度捕捞)、东南太平洋(鱼类种群的54.5%遭过度捕捞)、西南大西洋(鱼类种群的53.3%遭过度捕捞),凸显出在管理体系不完善的渔业部门和地区推广有效渔业管理方法的紧迫性。

各国际组织围绕IUU捕捞问题出台政策文件和行动计划。2020年2月,可持续海洋经济高级别小组发布《关于IUU捕鱼及其相关驱动因素的蓝皮书》,探讨了IUU捕鱼的危害、气候变化对IUU捕鱼的影响、打击IUU捕鱼的必要性及挑战等;6月,全球环境基金启动"共同海洋"

（Common Oceans）项目，旨在建立可持续捕捞的国际标准，特别支持内陆、小岛屿和最不发达国家政府面临的独特挑战；同月，世界经济论坛发布报告强调积极推动"全球渔业观察"监测工具①应用的重要性，强调利用新型AI电子监控系统扩大监控规模，同时呼吁更多国家积极参与，通过数据共享和开放式协作加强海洋渔业资源的可持续利用；9月，环境正义基金会提出打击IUU捕鱼的《透明宪章》，提出10项打击IUU捕捞的低成本措施②，为打击IUU捕捞和随之产生的侵犯人权行为提供解决方案。

区域渔业组织严格规范其管理标准。2020年12月，印度洋金枪鱼委员会（IOTC）发布《2021年数据和信息报告要求指南》，要求缔约方和非缔约合作方严格按照指南要求，在规定期限内向IOTC秘书处提交2020年本国作业船只清单、获得在专属经济区捕捞许可的外国船只清单、IUU捕捞船只清单、误捕等重要数据和信息。此外，指南还列出了在IOTC管理海域作业的船只所应履行的义务及禁令，如捕鱼船应随时携带船舶登记注册证明、捕鱼授权书和转运证明；捕捞渔具须有标识；禁止使用飞行器和无人机等辅助捕捞设备；禁止在水面和水下使用人造光源吸引鱼群等。

WTO渔业补贴谈判成为焦点。2020年3月，世界贸易组织（WTO）在其官网发布报道称，109个国际组织已发布政策声明，敦促世界各国领导人在WTO渔业谈判上达成协议，采取行动履行结束有害渔业补贴的承诺，停止提供支持过度捕捞和破坏海洋的公共资金③；11月2日，WTO代表团团长级会议讨论了巴西10月20日提出的减少和限制WTO成员国渔业补贴的修订案，该提案建议以成员国渔业补贴规模为依据，对成员国应削减的补贴比例进行调整，同时将削减补贴的金额从1 500万美元提升至2 500万美元，并提出了扩展谈判时间表。但由于疫情等原因，WTO成员并没有在2020年截止日期之前就结束有害渔业补贴的协定达成一致的谈判结果，止

---

① 当前"全球渔业观察"可实时追踪全世界大约65 000艘大型工业捕鱼船的活动。
② 10项措施为：给船舶配备唯一编号、公开船舶信息、发布捕捞许可和授权、发布针对IUU捕捞的处罚决定、禁止渔船之间转移渔获物、建立船舶数据库、禁止使用便利船旗、公布船舶所有人信息、严惩参与IUU捕捞的人员、采取国际措施设立渔船和渔业产品标准。
③ WTO研究表明，各国政府每年仍继续提供约220亿美元的有害补贴，以增加渔业捕捞能力，鼓励在沿海水域和公海捕鱼，这些捕捞活动超出渔业可持续发展水平，使资源退化并危及产业的未来。拓展谈判时间表分三个阶段：第一阶段包括削减百分比和实施过程；第二阶段包括成员国提供其基准补贴数额及适用的减少额；第三阶段是WTO审查成员国补贴计划的合规性，成员国应就WTO质疑的补贴计划做出解释回应并调整补贴金额。

步于11月初提交的修订案文①。谈判主席表示,谈判成员将在2021年加快行动,继续努力,直到达成协议。

海上人权侵犯问题存在治理空白。2020年12月,世界经济论坛研究显示,目前有4 000万人生活在现代奴役条件下,其中39%的海鲜生产来自面临奴役高风险的国家,据估计,1.52亿童工中的绝大多数从事渔业和水产养殖劳动,解决海上人权侵犯问题势在必行。为此,世界经济论坛提出4项措施,包括:填补海上非法活动治理、执法和程序空白;解决海上强迫劳动和侵犯人权的助推因素——IUU捕捞,同时制定国际公认的防止现代奴役形式的法律,特别是在国际水域;政府和民间社会在受影响最严重的地区合理投资和使用新技术工具以监视和跟踪海上侵犯人权行为;政府和民间社会组织继续就海上侵犯人权和不公正行为提出重要的指导、建议和监管。

第三节 打击IUU捕捞的手段和措施不断升级

IUU捕捞是治理不善的结果,特别是在国家管辖范围以外的公海上,治理框架薄弱、碎片化且执行不力。2020年,在各项IUU捕捞规制协作公约继续发挥作用的基础上,各国权威机构、学术界和各大国际组织关于利用高科技手段监测非法捕捞的科学研究持高速增长态势,并纷纷提出了旨在打击IUU捕捞的建设性对策建议。

一、IUU捕捞规制协作公约持续发力

海洋治理不力是多年来导致IUU捕捞问题解决进展缓慢的原因所在,IUU捕捞规制协作公约一直作为加强海洋治理的重要工具发挥着关键作用。FAO出台的《预防、阻止和消除非法、未报告和无管制捕捞的国际行动计划》(IPOA-IUU)至今仍具有高度的适用性,许多国家利用该自愿指导方针制订了本国的国家行动计划,并根据自身情况进行更新,反映了先进技术

---

① 该案文涵盖了谈判的所有主要议题,包括禁止补贴IUU捕捞、禁止补贴造成的产能过剩和过度捕捞行为以及针对发展中国家和最不发达国家的特殊和差别待遇的规定。附加条款草案包括针对最不发达国家的具体条款、技术援助和能力建设、公开和透明度、制度、争端解决和最终规定。

工具的进步和行业透明度的增强。

2020年,解决IUU捕捞问题的政治色彩日益增强。2018年,联合国关于可持续渔业的决议强调了IUU捕捞问题的严重性以及打击IUU捕捞政策的重要性;在《联合国海洋法公约》(UNCLOS)框架下,一项新的具有法律约束力的文书呼之欲出,以保护国家管辖外的海洋生物多样性。七国集团(G7)的"Charlevoix Blueprint 2018"和二十国集团(G20)的"大阪宣言2019"均做出了打击IUU捕捞的宣言,亚太经合组织也在2018年发布了《打击IUU捕捞的路线图》。

FAO《港口国措施协定》(PSMA)于2016年生效,这是第一个有约束力的、专门处理IUU捕捞的国际协定。该协定要求各国对寻求使用其国内港口的、悬挂外国国旗的船只实施更严格的管控措施。各国可以选择检查或直接拒绝已知的或可疑的IUU捕捞渔船以及辅助进行IUU捕捞作业的渔船进入其港口。广泛实施PSMA将是阻止IUU捕捞渔获物进入市场的经济有效的方法。

国际劳工组织(ILO)的渔业公约(C188)和国际海事组织(IMO)的开普敦协定(CTA)是各国应执行或加入的两项重要政策。当CTA生效时,将为在公海上作业的长度24米及以上的渔船设定最低安全要求,并将授权港口国进行安全检查,这有助于确保捕捞和船员活动的透明度。实施和执行劳工标准可能会降低IUU捕捞渔民的获利,同时对IUU捕捞起到间接的威慑作用。

二、利用高科技手段监测非法捕捞的研究成果层出不穷

监测始终是渔业工作中的一大挑战,用于监视渔船活动的主要工具是船舶监控系统(VMS)和自动识别系统(AIS),但IUU捕捞渔船经常停用或人为操纵这些系统,以隐藏其身份和位置。2020年,低成本、高效益的新技术不断出现,改善了对渔船队活动的监测情况,机器学习支持的算法可以检测到进入限制区域的捕捞活动和海上转运行为,甚至对关闭信号的渔船同样有效。对船上活动的电子监测可以帮助发现过量的附带捕捞以及鲨鱼等潜在的非法捕捞物种。电子文件的使用率增加可以减少捕捞数据的人为操纵现象,区块链技术的运用则可保证鱼类产品从产地到最终市场的可追溯性。

国际社会一直致力于提高渔业监测手段的研究，不断取得新突破。美国《国家科学院院刊》发表研究结果，其研究人员利用喜欢追逐渔船的信天翁，在其身上安装便携式数据记录设备，并对其进行追踪，从而实现对渔船的实时监控；澳大利亚联邦科学与工业研究组织、美国微软公司在双方合作伙伴关系框架下，共同利用人工智能及其他先进的数字技术，通过分析高分辨率相机及水下麦克风收集到的信息，监测当地水域非法捕捞现象的发生，该手段也被用于助力海洋保护区内的渔业管理；加拿大海洋与渔业部与加拿大航天局合作，使用RADARSAT卫星图像，帮助加勒比、东南亚、南美洲和西非的小岛屿国家和沿海发展中国家识别和跟踪非法捕鱼船只，有效集中有限的海上巡逻资源；世界自然基金会提倡各国研究使用无人机、卫星雷达系统和自动识别系统等创新解决方案监测非法捕鱼活动，并通过电子观察系统分析速度和运动模式以监测非法捕捞轨迹，加大渔业执法力度，扩大监测范围，以弥补执法人力资源不足和夜间监视的问题，更好地保护生物多样性。

三、国际社会合力打击IUU捕捞的路线图逐渐明晰

可持续海洋经济高级别小组《关于IUU捕捞及其相关驱动因素的蓝皮书》列出了国际机构、国家、工业界、科学界和民间社会需采取的行动措施，以有效打击IUU捕捞及其主要驱动因素——经济驱动、治理不力和执法障碍。一是加强区域合作，迫切需要在政府、工业界、科学界、私营部门和民间社会之间采取联合行动。区域渔业管理组织作为区域合作和渔业治理的重要参与者，跨区域的协调运作是其发挥作用的基本条件。具体行动领域包括：解决区域渔业管理组织规则的不统一问题，加强协调和数据透明度，对被界定为存在IUU捕捞行为渔船的船旗国未能执行规则或未采取行动的情况实施严厉制裁，记录渔获量数据，推进全球范围内的信息共享——所有国家都应采用安全的数字工具存储船舶注册信息、许可证、卸货记录、捕捞地点以及船员文件等。二是强化港口控制，各国应批准并执行《国际捕捞综合行动计划》，作为防止IUU捕捞的渔获物进入市场的最具成本效益的方法。鼓励数据共享以促进执法。检查期间发现执行不力时，可向各国海事和劳工机构通报。工业和私营部门必须遵守上述规定，作为其合同或贸易条件的一部分。三是增强渔业透明度，透明度的要求越

高——包括所有权、捕捞许可、转运和船舶跟踪——将 IUU 捕捞的渔获物运进港口就会越困难。该问题的责任由渔民直接承担,渔民负责证明其行为的合规性,而非国家来指定不当行为,使得监视和检查更易确定优先次序,成本效益也更高。便利的港口运输条件和渔获物的迅速上岸,为行业透明提供了经济激励,技术进步则使通过价值链追踪渔船和渔获物的动态变得更简单。数据的丢失和遗漏会引起怀疑,并导致渔获物上岸和检查延误,或根据有关规定被拒绝进入港口。商业、工业和金融机构可通过在合同中提出透明化和可追溯性的要求来推动行业改革。

第四章　新冠病毒疫情下海洋与人类健康的交互作用

2020年初，新冠病毒疫情的暴发引发了国内外各界对不同领域健康问题的高度关注。除了人与人之间的接触传播外，海上贸易、海洋运输、冷链传播等新传播途径的暴发引发了对长期受到忽视的海上公共卫生安全的探讨，为相关政策制定带来了挑战。除此之外，新冠病毒疫情的暴发也引发了学界对于"海洋与人类健康"的研究热潮。海洋与人类的健康和安全议题紧密相连，由于海洋的连通性，各国在面临诸如新冠病毒等突发性公共卫生事件时不可能独善其身。作为首个正面抗击新冠病毒并取得成功的国家，中国在抗击新冠病毒疫情中广受国际好评。以此为契机，后疫情时期，我国应抓紧提出应对全球海上公共卫生安全事件的中国方案，以构建海洋命运共同体和人类卫生健康共同体为指导，打造由中国主导的全球海上公共卫生合作伙伴关系。

第一节　新冠病毒疫情下海洋成为热点领域

海洋是人类经济发展与生态环境安全的重要载体，但对海洋领域的研究通常着眼于资源利用与环境保护，海洋与人类健康的紧密关系常常被忽视。然而在新冠病毒疫情中，海洋承担了多重角色，既是疫情暴发和传播的关键风险点，又是疫情蔓延受害的"重灾区"，同时也是疫情防治研究关键资源[①]的供给者。

一、海上运输成为新冠病毒疫情的重要传播途径

除接触传播外，通过海上运输进口的冷链食品成为新冠病毒疫情传播的高风险点。2020年11月，天津港接连查出冷链作业的新感染者，冷链

---

① National Research Council. From Monsoons to Microbes: Understanding the Ocean's Role in Human Health. 1999. https://doi.org/10.17226/6368.

食品外包装也被检测出新型冠状病毒，此前，大连、青岛等多地局部疫情也均与进口冷链食品有关。① 中国国务院发文要求定期开展冷冻冷藏肉品、冷库管理、食品储存追溯、环境等风险排查和检测。② 此外，新冠病毒疫情大流行还严重影响了全球海上运输产业。根据世界经贸组织发布的报告《全球疫情大流行时期的贸易成本》，疫情时期海运和航空运输贸易成本大幅增加③，占各行业贸易成本的 15%~31%；英国《金融时报》报道称，疫情期间，中欧海运费用上涨了四倍多；随着全球贸易的持续走低，2020 年第一季度造船业投资下降了 71%，是 11 年来的最低水平，中国和韩国的造船厂订单分别下降了 50% 和 80%。为此，全球 56 个港务局加入了国际港务局倡议，就疫情期间促进海上贸易安全达成一致，旨在保证国际港口开放和货运畅通。④

二、海洋邮轮成新冠病毒疫情的高风险感染场所

疫情期间，被称为"海上移动度假村"的邮轮因空间密闭程度高、载客量大、缺乏消毒程序等原因，成为高风险感染场所。⑤ 2020 年 4 月 5 日，澳大利亚警方宣布曾靠港悉尼的"红宝石公主"号邮轮上已确诊感染新冠病毒 620 余人⑥，另有多艘国际邮轮也纷纷成为新冠病毒的"培养皿"。这凸显了国际邮轮产业在公共卫生领域应对机制上的巨大短板，以及在海上救助、靠岸援助等政策制定方面的缺失。由此可见，海水产品进出口、渔业、航运业等蓝色经济产业亟须完善相关海上公共卫生事件的应对机制和应急措施。

---

① 栗雅婷. 进口冷链食品为何屡成疫情风险点. 新华网, 2020-11-03. http://www.xinhuanet.com//mrdx/2020-11/13/c_139514349.htm.
② 中华人民共和国中央人民政府. 关于印发农贸(集贸)市场新冠病毒疫情防控技术指南的通知. (2020-08-12). http://www.gov.cn/xinwen/2020-08/12/content_5534325.htm.
③ 世界贸易组织发布报告 新冠病毒疫情推高贸易成本. 中国经济网, 2020-08-19. https://www.360kuai.com/pc/911b4a6fcae40c8f0?cota=3&kuai_so=1&sign=360_57c3bbd1&refer_scene=so_1.
④ COVID-19: NZ joins global initiative keeping ports open and freight moving-maritime NZ. MARITIME NEW ZEALAND, 2020-06-02. https://www.maritimenz.govt.nz/public/news/media-releases-2020/20200602a.asp.
⑤ 左翰嫡, 侯颢. 如何应对邮轮突发公共卫生事件. 中央纪委国家监委网站, 2020-04-06. http://www.jssjw.gov.cn/art/2020/4/6/art_9_138584.html.
⑥ 澳大利亚新南威尔士州警方宣布曾靠港悉尼的"红宝石公主"号邮轮的游客和船员中已经有超过 620 人确诊感染新冠病毒. 汇通财经, 2020-04-05. https://www.fx678.com/C/20200405/202004051529072463.html.

三、防疫用品成为新型海洋塑料垃圾污染源

根据海洋保护组织Oceans Asia最新报告，2020年至少有15.6亿只口罩流入海洋，增加了4 680~6 240吨塑料垃圾污染。① 世界经济论坛称，研究人员在海底发现了大量浸水的口罩、手套、洗手液瓶等防疫用品，这些防疫用品或已成为新型海洋污染，并且会对海龟等野生海洋生物造成伤害，最终将作用于处于食物链顶端的人类身上。此外，随意丢弃的防疫用品更是增加了病毒二次传播的机会。

四、疫情下海洋产业遭受重创

海洋运输业、海洋渔业和水产养殖、海洋工程项目等重要海洋产业皆受到了疫情的严重冲击。印度世界事务委员会研究学者称，全球航运业在新冠病毒疫情影响下举步维艰；2020年5月，国际评级机构穆迪已将其对未来12~18个月航运业前景的预测从稳定变为负面。② 联合国粮食及农业组织的报告指出，受疫情影响，2020年全球鱼类供应、消费和贸易收入都出现下降，水产养殖产量减少约1.3%，且下降趋势还将延续至2021年。美国非营利组织Oceana则指出，疫情下的全球商业捕捞活动下降了6.5%，欧盟等捕捞大国每周捕捞活动急剧减少50%以上。受疫情影响，IUU捕捞因缺少有效执法和观察员监督而更加猖獗。除此之外，海洋工程项目复工复产、流程审批、项目风险等成本也因疫情而大幅增加。③

五、海洋资源应用于抗疫引发关注

自新冠病毒疫情暴发以来，国外研究机构和学者高度关注新冠病毒发生、传播与海洋的关系，以及海洋资源对抵抗病毒的重要作用。④ 美国伍

---

① 别让口罩成为新型海洋垃圾. 搜狐网, 2020 - 05. http://www.souhu.com/a/448435932_99995639.
② 穆迪：未来12~18个月复星国际杠杆率将保持在较高水平. 新浪网, 2020-07-28. http://finance.sina.com.cn/stock/estate/sd/2020-07-28/doc-iivhvpwx7866540.shtml.
③ 李勇, 鞠文杰, 薛东升, 等. 新冠疫情对海洋工程项目的影响及应对措施. 化学工程与装备, 2021(02): 272-273, 267.
④ Sharma A, Jacob A, Tandon M, Kumar D. Orphan drug: Development trends and strategies. Journal of Harmacy and BioAllied Sciences, 2010, 2(4): 290-299. https://doi.org/10.4103/0975-7406.72128.

兹霍尔海洋研究所研究发现，在海洋热液喷口发现的微生物提取酶可用于新冠病毒的快速检测，并得到联合国教科文组织等国际组织的广泛认可。法国海洋开发研究院已着手开展新冠病毒致病因子能否在海洋环境中存在并传播以及在海水中是否具传染性等研究课题。[1] 智利科学家也在企鹅体内发现3种新型弧状病毒并开展研究。此外，主要国际组织和智库也积极开展新冠病毒疫情对港口、航运、旅游、渔业等蓝色经济及海洋安全和军事活动的影响研判。

第二节 海洋与人类健康交互作用的几点风险

海洋与人类健康之间并非单向、线性的，而是一种循环多向、相互作用的关系。从沿海水域到公海，海洋承受着气候变化、生物多样性丧失和人类活动造成的酸化、缺氧、退化等一系列问题，而这些问题最终都通过生态系统循环返还至人类自身。2019年政府间气候变化委员会发布的《气候变化中的海洋和冰冻圈特别报告》承认了气候变化、海洋和人类健康之间存在着复杂的相互联系和相互依存的关系。广泛的海洋问题作用于人类健康具体体现在以下几个方面。

一、气候变化引发极地污染与病毒释放风险

在气候变化的影响下，南北极海冰融化和冻土层解冻使得长期埋藏于极地海冰与冻土层的细菌和病毒重见天日，引发了极地污染和病毒释放的风险。有研究指出，2016年俄罗斯西伯利亚北极地区炭疽病暴发就源于1941年被埋的携带炭疽病孢子的驯鹿尸体。[2] 亦有关于科学家在北极深层发现天花、流感等传染性病毒DNA片段的报道，未来不可排除其重新暴露并进入全球其他地区传播的可能性。此外，北极永久冻土也是地球上最大的汞储存库，其封存的汞几乎是土壤、海洋和大气中汞含量总和的两倍且

---

[1] Parole de scientifique #1：《Le coronavirus SARS-CoV-2 peut-il circuler dans l'environnement》IFREMER, Apr 20, 2020. https：//www.ifremer.fr/fr/actualites/La-pandemie-de-covid-19-est-etroitement-liee-la-question-de-i-environment.

[2] 俄罗斯北西伯利亚暴发炭疽疫情. 兰州新闻网, 2018-08-04. https：//www.sohu.com/a/108956144_120801.

正在以各种形式释出①，不断增加的甲基汞可能进入食物链并不断向上汇聚，最终将危害到食物链顶层人类的健康。

二、海产品成为垃圾和塑料危害人类身体健康的"通道"

携带有病原体、抗生素耐药基因和破坏内分泌的化学物质的海洋微塑料通过食物链进入人体进而产生影响已成为公认结论。② 澳大利亚昆士兰大学的研究人员在其调查的海鲜市场的所有海鲜样品中均发现微塑料，表明微塑料影响的极度广泛性。愈加严重的海洋垃圾和微塑料通过海水产品进入人体并向深远海和极地扩散。气候变化下，洋流的反常流动伴随人类活动的增加，大大扩张了微塑料等海洋垃圾的流动半径和污染范围。太平洋上已形成面积相当于两个得克萨斯州的"海洋垃圾带"；2018年中国科考队首次在南极发现微塑料；美智库报告显示北极海岸线、海冰、海底表层中均存在塑料垃圾；《科学》杂志还发现海洋中的大部分微塑料已沉入海底聚积形成"微塑料热点"。③ 同时，微塑料除本身污染外也携带有抗药性细菌和病原体，甚至成为病菌的传播途径，最终形成"海洋废弃物塑料生物圈"，对居民健康的影响不容忽视。

三、气候变化下的海洋问题间接威胁人类健康

在综合因素作用下，海洋酸化、缺氧等新兴问题和富营养化、陆源污染物排放等传统问题相互交织，作用于空气、水、海岸等人类赖以生存的自然资源，对海洋生态系统产生长远影响，间接威胁人类健康。《自然》杂志指出海洋酸化威胁贻贝、"海蝴蝶"等钙化海洋生物生存。世界自然保护联盟报告显示海洋缺氧使得金枪鱼、马林鱼等重要渔业物种和其他海洋物种出现生存危机。富营养化和陆源污染物排放导致赤潮和有害藻华频发，麻痹性贝类聚集性中毒事件在我国多地区频发，增加了人类接触海洋生

---

① 祝叶华. 气候变暖或唤醒极地冻土里的致命病毒. 百度网, 2020-03-12. https://baijiahao.baidu.com/s?id=1660923279056073266.
② Fleming L E, Maycock B, White M P, et al. Fostering human health through ocean sustainability in the 21st century[J]. People and Nature, 2019, 1(3): 276-283.
③ Scientists Discover 1.9 Million Plastic Pieces On Ocean Floor. Convention on Biological Diversity, May 1, 2020. https://www.techtimes.com/articles/249283/20200501/scientists-discover-1-9-million-plastic-pieces-on-ocean-floor.htm.

物、摄入海洋食品的风险。

四、海平面上升加剧极端天气事件风险

海平面上升引发极端天气对人类健康和安全的影响不容忽视。研究表明,气温每上升2摄氏度,极端风暴潮发生频率将激增10倍①。2000—2010年,我国共发生174次风暴潮,死亡或失踪人数达855人,造成直接经济损失1300多亿元。② 2004年,印度洋海啸不但造成了22.6万沿海居民的死亡,同时引发了沿海灾区内的霍乱传播。新冠病毒疫情期间,极端天气状况和病毒大流行的共同作用使得沿海社区居民的安全与健康受到了极大挑战。根据联合国政府间气候变化专门委员会(IPCC)权威预测,到2050年全球多地风暴潮频率将从百年一遇升至一年一遇,我国沿海也将遭受严重影响,由此带来的房屋损毁、公共卫生服务中断和传染病暴发几率增加等,将进一步加剧我国沿海居民的健康风险。

第三节 后疫情时期,海洋为人类健康发展带来机遇

海洋作为生命的摇篮与资源的宝库,在新冠病毒疫情的抗疫药物研制中起到了重要作用。新冠病毒疫情的暴发促使区域伙伴国家"抱团取暖",以疫情联防联控为契机展开了积极的国际合作。后疫情时期,海洋还将通过基因组商业化研究和旅游康养功能发挥更大作用,海洋产业部门也成为经济复苏的重要"蓝色抓手"。

一、新冠病毒疫情推动东亚区域伙伴关系有序发展

新冠病毒疫情发生于世界百年未有之大变局之际,全球范围内的疫情流行使得国际秩序受到冲击的同时,以应对公共卫生危机为导向的区域伙伴合作关系迅速发展。2020年4月14日,东盟十国与中日韩三国(10+3)发布《东盟与中日韩抗击新冠病毒疫情领导人特别会议联合声明》,支持

---

① 研究称气温每上升2摄氏度飓风频率激增10倍. 人民网,2013-03-25. http://world.people.com.cn/n/2013/0325/c157278-20909490.html? prolongation=1.
② 陆廷春. 我国主要省份风暴潮灾情损失对比分析[J]. 黑龙江水利科技,2012,40(12).

东盟通过多领域、各方动员和社会参与的方式应对新冠病毒疫情[①]。当前，由于海洋资源问题、历史认识分歧、海上竞争持续加剧等不稳定因素，东亚地区各国有疏远和分离的趋势。甚至有学者认为，"东亚共同体"的目标越来越难达到。[②] 新冠病毒疫情的发生促使地区国家摒弃纷争，求同存异，成为全球公共卫生治理体系的新范式，也为扩展中国-东盟合作空间奠定了新的基础。[③] 同时，也为后疫情时代解决东亚各国的海洋边界问题、历史文化问题，推动东亚地区协同合作提供了着力点和良好示范。

二、海洋成为新冠病毒等流行疾病防治的"蓝色药库"

新冠病毒疫情大流行等"黑天鹅"事件引发了全球对开发利用新型生物医药资源的强烈关注，蓝色医药开发迎来新机遇。2020年5月，美国食品和药品管理局正式批准将从一种海绵动物中提取的名为Remdesivir的抗病毒药物作为新冠病毒的治疗药物。8月，大连工业大学国家海洋食品工程技术中心研究团队发现源于海洋的一种多糖活性成分——岩藻多糖具有抗新冠病毒活性。[④] 9月，波多黎各大学和美国威斯塔研究所的一项联合研究发现海藻或能够提供抗击新冠病毒的物质。[⑤] 事实上，深海药物自20世纪60年代就被应用于癌症等疑难重疾药物原材料，美国国家癌症研究所为在热带浅海珊瑚礁和海洋无脊椎动物中提取药物材料提供了大量科研资金。由此可见，未来在认知储备充分的前提下，以蓝色医药资源为基础的流行疾病解决方案可为人类健康、人与自然和谐相处以及人类福祉建设提供新方向。

---

① 东盟与中日韩抗击新冠病毒疫情领导人特别会议联合声明(全文). 新华社, 2020-04-15. Xinhuanet.com/world/2020-04/15/c_1125856102.htm.
② 姚远, 蔡从燕, 赵光锐, 等. 新冠疫情与国际秩序变革(笔谈)[J]. 亚太安全与海洋研究, 2021(02): 16-48, 2.
③ 李晨阳, 罗肖. 抗疫合作助推东亚命运共同体建设[J]. 世界知识, 2020(7): 21-22.
④ 王建高. 抗新型冠状病毒药物筛选虚拟模型开放共享. 光明网, 2020-02-07. tech.gmw.cn/2020-02/07/content_33532423.htm.
⑤ 研究发现：海藻或能够提供抗新冠病毒物质. 参考消息, 2020-09-16. tech.ifeng.com/c/7zoxV1sG8CL.

三、海洋成为后疫情时期经济复苏的关键领域

实现各领域经济复苏是后疫情时期全球关注的焦点问题。多个国际性海洋组织机构或平台公开表示，在后疫情时期，应当紧抓"蓝色经济"的发展浪潮，通过促进海洋经济的复苏和海洋保护的协同发展，推动可持续经济发展，对抗气候变化、生物多样性和公共卫生等威胁。可持续海洋经济高级别小组在《实现COVID-19危机可持续和公平的蓝色复苏》报告中提出将海洋作为全球复苏的工具，推广"蓝色复苏"五项投资机遇，并制定了疫情复苏的经济路线图。联合国政府间海洋学委员会（IOC）发布《利用海洋知识促进海洋经济可持续发展》报告提出，通过在后疫情时期，明确海洋知识需求、科学制订海洋规划、协调海洋平台和数据、加强利益攸关团体对话、投资海洋科学发展、提升对海洋科学知识的关注六项途径，重振蓝色经济。日本笹川和平海洋政策研究所所长角南笃发表《走向"蓝色复苏"》一文，认为应将经济复苏与海洋保护协同发展，向可持续经济转型。他认为，新冠病毒疫情大流行加速了反全球化趋势的兴起，在"蓝色复苏"中取得领导地位对新时期、新态势下的国际竞争异常关键。

四、疫情彰显了海洋基因技术商业化潜力巨大

海洋基因组是抗病毒化合物的丰富来源，能产生用于病毒检测试剂盒的酶，新冠病毒疫情的暴发引发了世界对海洋基因技术研发及商业应用潜力的关注。联合国可持续海洋经济高级别小组发布的《海洋基因组：海洋遗传资源保护与公平、公正和可持续利用》报告，探讨了与海洋基因组相关的潜在利益及威胁。2021年1月，德国、瑞典和英国提出扩大生物发现渠道的具体途径，以从海洋基因组的潜力中获益，促进全球公共健康。[1]尽管我国海洋生物基因资源研究起步较晚，但已经在功能基因的筛选克隆、胚胎干细胞和基因靶向技术方面取得了一定成果，克隆了海蛇毒素、海葵毒素等一批功能基因。[2] 但据2018年斯德哥尔摩大学学者统计，全球

---

[1] Call for action to explore marine biological resources for discovery of new medicines. GEOMAR, Jan 13, 2021. https://www.geomar.de/en/news/article/call-for-action-to-explore-marine-biological-resources-for-discovery-of-new-medicines.
[2] 秦松，丁玲. 专家论海洋生物基因资源的研究与利用[J]. 生物学杂志, 2006(01): 1-4, 16.

申请已获得授权的 1 600 个深海生物基因专利中,中国仅香港特别行政区拥有 1 项,我国对于海洋基因技术和新材料等技术专利的研发应用大大落后于德国(49%)、美国(13%)、日本(12%)等发达国家。后疫情时期,进一步挖掘我国海洋基因技术的商业化应用潜力是应对公共安全风险和高效利用深海生物医药资源的必然要求。

五、海洋康养新业态或成"蓝色复苏"新措施

随着生活水平的不断提高,人们对机体健康和精神健康的需求同步增加,兼具康养功能和海洋自然景观观光的海洋康养旅游市场逐步打开。欧盟的海洋与人类健康 SOPHIE 项目促进海洋作用于人类健康的创新性措施清单也列举了多个海上运动改善心理健康的成功案例。我国沿海旅游资源丰富,山东半岛、粤港澳大湾区、海南岛等沿海地区都拥有丰富的海洋康养文化旅游资源。后疫情时期,上述优势地区应借助自身优质的海洋康养资源,将养生业、海洋文化、海洋旅游产业进行多元交叉融合,打造地方海洋康养文化旅游发展新模式,作为"蓝色复苏"的重要措施。

第四节 新冠病毒疫情促使海洋与人类健康学科迅速发展

正如上文所述,海洋与人类健康关系紧密,机遇与挑战并存。新冠病毒疫情的大暴发使得海洋学界兴起了对海洋与人类健康关系研究的热潮。因此,在这一年,"海洋与人类健康"(Oceans and Human Health, OHH)科学发展迅速,为可持续海洋政策的制定做出了重要贡献。

一、OHH 学科的兴起

OHH 作为一类新兴学科出现于 2000 年前后,专注于海洋与人类健康的关系,试图通过制定可持续海洋政策和优先行动,组织跨领域的多利益攸关者展开合作与联合行动,增强海洋与人类健康的协同效应,促进二者共同利益和价值的升华。OHH 是广泛的环境与健康研究领域的子课题,世界卫生组织将其定义为"由环境中的物理、化学、生物、社会和心理因素

决定的人类健康,包含生活质量"。OHH 的一项关键特征是强调不同利益攸关方的跨领域合作和参与。

二、欧美在 OHH 领域具有突出研究优势

美国是最先关注并在该研究领域取得进展的国家。美国国家研究委员会于 1999 年发表首篇论文,2004 年建成 4 个 OHH 相关研究中心,最初研究侧重于解决有害藻华、化学品和微生物污染对人类健康的威胁,2018 年将气候变化纳入 OHH 研究范畴。欧洲国家紧随其后,对 OHH 研究始于 2006 年 Bowen 等在国际期刊《海洋污染通报》发表的相关文章,欧洲海洋系列大会分别于 2014 年和 2019 年针对 OHH 组织专题研讨,2014 年达成的《罗马宣言》①也提及 OHH 议题,随后以 SOPHIE 为代表的一系列项目开始涌现,如 BlueHealth、SeaChange 及 BONUS ROSEMARIE 等,特别是,JPI Oceans 项目在其《2015—2020 年战略研究和创新议程》中,将"建立海洋、人类健康和福祉之间的关联"列为十大战略研究领域之一。近年来相关研究也在亚洲开展,2019 年 11 月,亚太地区公共卫生学术联盟大会②(APACPH)通过决议将 OHH 列为地球健康相关的重点项目。联合国虽未发布专项文件议程探讨海洋与人类健康的关系,但 2017 年海洋大会文件《我们的海洋,我们的未来:行动号召》及"海洋科学促进可持续发展十年(2021—2030)"计划表明了国际社会对海洋促进可持续发展和生态系统恢复达成了共识,海洋与人类健康学科的国际关注度显著增强。

三、OHH 领域的研究文章发表情况

2020 年,在新冠病毒疫情大暴发的背景下,欧盟推动的欧洲海洋与公共卫生(SOPHIE)研究项目发布一系列研究报告,通过其核心成果《海洋与

---

① 《罗马宣言》(Rome Declaration)是 2014 年举办的欧洲海洋系列大会重要会议成果之一,旨在推动欧洲在全球海洋领域的影响力、领先地位和可持续的蓝色增长。该文件为欧洲地区 5 年内的跨区域和跨学科海洋合作提供了研究框架和路径。
② 亚太地区公共卫生学术联盟大会(Asia-Pacific Academic Consortium For Public Health, APACPH)是成立于 1985 年的一个国际性非营利组织,由亚太地区具有影响力的公共卫生学校组成,致力于改善公共卫生专业教育。目前,该组织在亚太地区的 23 个国家拥有超过 81 个成员机构,并在曼谷、北京、布里斯班、科伦坡、雅加达、吉隆坡、洛杉矶和东京等地设有机构办事处。

人类健康战略研究议程 2020—2030》提出了 OHH 研究发展的优先事项和合作方向，是 OHH 学科发展的最新研究成果，也是未来 OHH 纳入海洋政策与公共卫生政策，协同应对全球性紧急卫生事件的基础。

SOPHIE 项目以当前公开发表的文献及数据为基础展开，评估 OHH 学科的发展进程及研究成果。文献回顾结果发现，当前学界关于 OHH 学科的研究主要包括六大主题：生物技术；疾病、伤害、感染；污染；气候；食物；福祉。其中生物技术是最主要的研究领域，占累积研究文章总量的46%。美国是最大的研究文章发表国，当前 OHH 学科的相关研究半数以上在美国进行，侧重于渔业、油气开采、航运和应急服务等领域的影响研究，也包括农业和微生物污染、化学污染、沿海社区、海洋食品消费、沿海娱乐以及海洋微生物、毒素和寄生虫等主题。值得注意的是，我国在2000 年前后也陆续发表了关于 OHH 的文章，其中最早的一篇题为《海洋与人类健康》于 1995 年发表在《海洋世界》杂志上。

四、后疫情时期海洋与人类健康三大基础研究领域方向

结合欧洲各利益方研讨、公众调查①等结果，未来 OHH 研究与应用应集中在三大目标行动领域：一是可持续的海产品和人类健康。坚持绿色发展，减少海洋环境污染，保护海洋生物资源，强调人海和谐共生，大力发展海水养殖，保障人类食品安全。重点关注：化学与微生物造成的海产品污染、海产品营养成分及分布变化、可持续和公平供给海产品，并要求欧盟将 OHH 的研究成果体现在《共同渔业政策》《水框架指令》《海洋战略框架指令》等海洋资源管理政策和居民营养相关政策中。二是蓝色空间、旅游业和沿岸福祉。发展海水农业，真正实现"耕海种洋""蓝色粮仓"愿景，拓展新的蓝色经济空间②。重点关注："蓝色健康"的证据、蓝色空间与人类健康关联的机制和途径、蓝色空间对海洋生态系统和生物多样性的影响、如何改善海洋与人类健康的关系。三是海洋生物多样性、医学和生物技术。以活性物质提取为突破口，加大海洋天然产物开发，打造新型蓝色

---

① McHugh, Britton, Domegan. A European Multi-Actor Stakeholder Priorities Report: Oceans and Human Health. In H2020 SOPHIE Project, Whitaker Institute, NUI Galway, Ireland, 2020, https://sophie2020.eu/resources/.
② 李乃胜. 人类共有一片海洋 人海和谐促进健康[N]. 中国科学报, 2018-11-14.

药库①。重点关注：海洋生态系统详细研究（如生物活性化合物、物种生境等）、生物技术瓶颈（如组学技术、培养方法、高级筛选技术、化学合成技术、合成生物学方法等）、物种特性和基础生物学等相关的仿生应用。

五、后疫情时期应将 OHH 学科知识应用于海洋政策制定

科学研究的最终成果应体现于政策的制定，OHH 研究也不例外，其最终目的是将人类健康作为必要的考虑因素应用于海洋政策制定中。SOPHIE 项目与比利时海景公司共同发布的政策简报《人类健康与欧盟海洋政策的闭环》②审查了欧盟现有的海洋政策、战略和立法，强调了在未来的政策制定中应考虑海洋环境健康，应用基于生态系统的管理方法，建立海洋环境与人类健康及福祉监测程序，实现海洋健康与人类健康的双赢。针对此主题，爱尔兰学者 McMeel 等③受欧盟 2020 地平线基金支持，在 SOPHIE 项目框架下开展的研究文章提出了 OHH 融入海洋政策制定的 9 大领域，分别是：①推进 OHH 海洋知识研究；②推动应对气候变化；③消除和减少环境污染；④为可持续性发展行动赋权；⑤保护和促进公共健康相关风险及收益研究；⑥提升海洋环境健康意识；⑦实施包容性和变革性的 OHH 治理；⑧保护海洋健康；⑨投资蓝色技术。

第五节 海洋与人类健康对我国的政策启示

尽管我国在新冠病毒疫情应对中取得了一定成绩，并得到了国际认可，但应认识到当前我国 OHH 在学术积累方面还不扎实，关键技术尚未突破，应对实践处于空白，重特大突发风险与长期慢性风险胁迫日益凸显，已成为威胁公众健康、海洋安全和社会稳定的重要因素。建议将 OHH 相关工作纳入海洋强国建设总体布局与海洋领域改革发展任务，坚持内外"两条线"，严控海洋公共卫生内外风险源，提升自主掌握海洋公共卫生和

---

① 李乃胜. 人类共有一片海洋 人海和谐促进健康[N]. 中国科学报, 2018-11-14.
② McMeel, Tonné, Calewaert. Human Health and EU Maritime Policy: Closing the loop. In H2020 SOPHIE Project, Brussels, Belgium, 2019 DOI: 10.5281/zenodo.3663620.
③ Lallier, McMeel, Greiber, Vanagt, Dobson, Jaspars. Access to and use of marine genetic resources: Understanding the legal framework, Natural Product Reports, 2014, 31(5): 612-616. https://doi.org/10.1039/c3np70123a.

OHH应用实践技术的能力，积极参与海洋公共卫生国际治理，在保障人民生命健康安全的同时"化危为机"，推动构建海洋命运共同体和卫生命运共同体。具体建议如下。

第一，将OHH研究纳入国家战略及政策规划。开展海洋公共卫生重大风险识别与OHH综合评估，相关成果作为优化国家层面海洋战略及制订实施具体行动计划的重要依据。海洋相关规划应开展海洋公共卫生管理和OHH专题研究或设置规划专节，对完善基础设施、优化空间布局、强化应急管理、提升公众健康水平等做出安排。探索海洋公共卫生军民融合机制，建立联动联保的海上网格化保障体系，加强战略物资储备、海上转运配送等领域合作。

第二，加大OHH研究和海洋生物专业人才培育及技术攻关。充分认识OHH、海洋生物资源对公共卫生乃至国家安全的巨大价值与潜力空间，抢抓国际OHH研究起步发展时机和海洋生物技术与深海国际规则"窗口期"。将OHH主题纳入科技创新2030重大工程领域，推动有关涉海高校设立相关专业或研究方向。大力推动以中国"蓝色药库"开发计划为代表的海洋生物资源利用纳入国家重大科技计划，依托"蛟龙探海"重大工程部署开展深海海底生物及生境观测研究，国家编制实施面向未来15~30年的深海生物资源计划。此外，近年来我国海洋生物专业萎缩、人才断档问题突出，招生难、就业难严重影响梯队建设，应在定向就业、项目资助等方面予以倾斜和扶持，为海洋生物资源技术研发提供智力保障。

第三，加强海洋公共卫生应急体系与能力建设。建立"港口—救援中心—船舶"立体综合海洋公共卫生应急体系，全面提升多级统筹指挥效力和陆海一体应对能力。加强客运港口重大传染病快速检测、应急监测、精准预警能力。依托港口布局建设国家紧急医学海上救援中心，纳入陆海空立体化的紧急医学救援网络。[1]研究以海警、科考调查船、国有商业船舶及渔业船舶为主体建立海洋公共卫生应急船队，探索"平急分开"的组织机制与运行模式。尽快制定出台邮轮、枢纽港口、边远海岛等公共卫生突发事件应急预案。

第四，建设深海极地样品开采利用与风险防范机制。高度警惕深海极

---

[1] 杨金伟. 陆海空立体化推动医学救援. 新华网，2017-07-21. xinhuanet.com/health/2017-07-21/c_1121355137.htm.

地科学考察和经济活动中样品采集、运输、保藏、试验等过程中新型病菌给我国带来的公共卫生风险。研究建立海洋科考"全链条"公共卫生风险控制机制、技术标准与政策法规。推动对深海极地样品进行试验的相关实验室按照"实验室生物安全国家标准"建设，并加强监督检查。

第五，发起OHH国际大科学计划，推动建立海洋科考及资源开发等公共卫生管理国际规则。加快夯实我国OHH研究基础并尽快产出一批具有国际影响的学术成果，适时以我国为主发起OHH国际大科学计划。将"人类共同防范和应对深海极地开发潜在未知致命病菌"作为我国参与全球海洋治理与推广海洋命运共同体理念的重要一环，在联合国海洋大会等重要场合发起有关倡议，推动和引导全球制定深海极地公共卫生管理国际规则，对海底采矿、深海基因开发、科考站建设与运行、极地科考船建造与航行、特殊科考装备等做出限制性规定，在展现中国负责任大国形象的同时提升中国的海洋话语权。[1]

第六节 结 语

海洋在新冠病毒疫情的传播和防治中起到了关键作用，促使人们重新关注和重视海洋与人类健康间的交互作用。以此为基础，后疫情时期，全球范围内的管理决策者亟须实施适应性海洋政策和灵活治理形式，对疫情防治和疫后重建做出及时响应。作为在疫情防治中走在前沿的国家，中国应当以此次事件为抓手，在海洋命运共同体、人类卫生健康共同体的框架下，发展海洋领域的中国方法、伙伴关系、合作机制，打造中国主导的海洋领域公共卫生伙伴关系，塑造负责任大国的国际形象。

---

[1] 以海洋命运共同体为思想基础 增强中国海洋话语的国际认同. 中国海洋发展研究中心, 2021-06-16. aoc. ouc. deu. cn/2021/0617/c9821a338105/pagem/htm.

第五章　全面、合作与治理：
美国涉海法治新进展

2020年，美国国会制定、审议、颁布数十项涉海法案，通过国际事务立法、环境保护立法、公共土地和自然资源立法、能源立法、运输和公共工程立法等多域立法推进涉海法治建设，从而推动立法统揽涉海事务，围绕海洋利益推进地区合作，针对海洋垃圾治理、气候变化应对和海洋生物多样性保护等议题提出若干海洋治理方案。

第一节　推动立法统揽涉海事务

一、海洋渔业和海洋电力业立法

海洋渔业是美国沿海地区的重要经济驱动力。《美国渔业咨询委员会法案》要求成立美国渔业咨询委员会，下设6个分区，覆盖全美32个州和5个海外领地，以协助管理渔业研究和资金等。[①] 考虑到气候变化导致海洋变暖、海洋酸化和海洋缺氧，鱼类资源的丰度、生产力和分布发生变化，均对海洋生态系统、渔民和渔业社区产生负面影响，《适应气候变化的渔业法案(2019)》规定，审查区域渔业管理委员会、大西洋沿岸各州海洋渔业委员会和国家海洋渔业局为促进渔业管理、适应气候变化所做出的努力。[②]

再看海洋电力业，《风能研究与开发法案(2019)》支持开展风能研究、开发与评估，其中包括海上风能专项，涉及海洋数据收集分析、海上基础设施监测等，并建议建设海上研究设施，用于评估、测试和改进大气、海

[①] American Fisheries Advisory Committee Act. Congress of the United States of America, June 4, 2020. https：//www.congress.gov/116/bills/hr1218/BILLS-116hr1218rh.pdf.
[②] Climate-Ready Fisheries Act of 2019. Congress of the United States of America, December 14, 2020. https：//www.congress.gov/116/bills/hr4679/BILLS-116hr4679rh.pdf.

洋、生物和地质监测技术，以促进海上风能开发，包括建立用于测试海上风能技术的基准数据库。①《加强海岸社区法案(2020)》要求将海上风电收入的30%存入国家海洋与海岸安全基金。②

二、海洋观测监测及数字化管理立法

考虑到大湖区、海洋、海湾、河口和海岸面临来自海洋垃圾、IUU捕捞、环境变化等方面的重大挑战，《加强大湖区、海洋、海湾和河口长期认知和勘查法案》要求加强机构间海洋观测委员会、联邦地理数据委员会、机构间海洋和海岸测绘委员会等机构的协调，设立机构间海洋勘查委员会和海洋政策委员会，成立技术创新工作组负责打击IUU捕捞，旨在改进大湖区、海洋、海湾、河口和海岸的数据收集、监测、认知与勘查。③《大湖区环境敏感指数法案(2019)》要求美国国家海洋与大气管理局(NOAA)定期更新大湖区环境敏感指数产品，包括用于确定敏感岸线、海岸或近海资源以确定优先保护基线的地图或工具。④

认识到海洋测绘、勘查、观测可为海洋环境保护、海洋经济活动提供保障，《国家海洋勘查法案》提出设立国家海洋测绘、勘查和界定委员会，制定优先事项及相关战略，协调并改进海洋数据管理。⑤ 此外，还有《数字海岸法案》和《海洋观测与研究协调法案(2020)》，前者旨在有效整合海岸数据，建立数字信息平台，并支持海岸地理空间数据采集，以改善海岸管理能力；⑥ 后者旨在更新综合海洋观测系统的相关规定。⑦

---

① Wind Energy Research and Development Act of 2019. Congress of the United States of America, September 8, 2020. https://www.congress.gov/116/bills/hr3609/BILLS-116hr3609rh.pdf.
② Strengthening Coastal Communities Act of 2020. Congress of the United States of America, September 15, 2020. https://www.congress.gov/116/bills/hr8253/BILLS-116hr8253ih.pdf.
③ Bolstering Long-Term Understanding and Exploration of the Great Lakes, Oceans, Bays, and Estuaries Act. Congress of the United States of America, November 17, 2020. https://www.congress.gov/116/bills/hr3548/BILLS-116hr3548ih.pdf.
④ Great Lakes Environmental Sensitivity Index Act of 2019. Congress of the United States of America, December 14, 2020. https://www.congress.gov/116/plaws/publ274/PLAW-116publ274.pdf.
⑤ National Ocean Exploration Act. Congress of the United States of America, December 16, 2020. https://www.congress.gov/116/bills/s5024/BILLS-116s5024is.pdf.
⑥ Digital Coast Act. Congress of the United States of America, December 18, 2020. https://www.congress.gov/116/bills/s1069/BILLS-116s1069eah.pdf.
⑦ Coordinated Ocean Observations and Research Act of 2020. Congress of the United States of America, December 31, 2020. https://www.congress.gov/116/bills/s914/BILLS-116s914eah.pdf.

三、海洋生态环境保护与应对气候变化立法

2020年,美国两院议员先后向国会提交《我们的地球蓝碳法案》,提出美国国家科学技术委员会海洋科学和技术小组委员会应成立沿海蓝碳跨部门工作组,以监督国家沿海蓝碳生态系统制图,确定国家沿海蓝碳生态系统修复的优先事项,评估沿海蓝碳生态系统修复的生物物理、社会和经济障碍,研究气候变化、环境和人类压力对封存速率的影响,保持沿海蓝碳数据的连续性。①

考虑到珊瑚礁生态系统受到自然和人类因素的影响,《热带森林和珊瑚礁保护再授权法案(2020)》授权2021—2025财年拨款;②《恢复珊瑚礁弹性法案(2020)》提出未来五年向各州提供联邦资金和技术支持,以恢复和管理珊瑚礁生态系统,并建议成立美国珊瑚礁特别工作组,鼓励资源管理机构、研究中心和社区利益攸关方之间创新性地构建珊瑚礁管理伙伴关系。③

意识到陆域污水、塑料垃圾等污染损害海洋生物健康和生态环境,《减少海洋污染法案Ⅱ》修订了对圣迭戈洛马岬污水处理厂排污入海的许可规范;④《塑料法案》提出改善废弃物管理系统,预防并减少海洋垃圾和塑料废物,旨在打造国际清洁海洋。⑤

认识到海洋正面临不断变化的极端天气和气候带来的风险,《美国公共土地和水域气候解决法案(2019)》提出提高生态系统和野生动植

---

① Blue Carbon for Our Planet Act. Congress of the United States of America, November 17, 2020. https://www.congress.gov/116/bills/hr5589/BILLS-116hr5589ih.pdf; June 11, 2020. https://www.congress.gov/116/bills/s3939/BILLS-116s3939is.pdf.

② Tropical Forest and Coral Reef Conservation Reauthorization Act of 2020. Congress of the United States of America, November 18, 2020. https://www.congress.gov/116/bills/hr7954/BILLS-116hr7954eh.pdf.

③ Restoring Resilient Reefs Act of 2020. Congress of the United States of America, December 21, 2020. https://www.congress.gov/116/bills/s2429/BILLS-116s2429es.pdf.

④ Ocean Pollution Reduction Act Ⅱ. Congress of the United States of America, November 17, 2020. https://www.congress.gov/116/bills/hr4611/BILLS-116hr4611eh.pdf.

⑤ PLASTICS Act. Congress of the United States of America, November 18, 2020. https://www.congress.gov/116/bills/hr4636/BILLS-116hr4636rfs.pdf.

物栖息地的韧性，减少公共土地和海洋的温室气体排放，以应对气候变化的影响。① 《保护美国的未来和环境法案》提出保护、管理和养护美国鱼类、野生动植物，建立国家鱼类、野生动植物适应气候变化战略联合工作组，建立国家气候变化和野生动植物科学中心，以应对极端天气和气候变化的持续和预期影响。② 《活力海岸线法案(2020)》对《活力海岸线法案(2019)》进行了修订，这是一项支持开展气候适应型活力海岸线项目、保护生态系统和栖息地的法案。③

此外，《美国海岸线地形和水生生物保护法案》④《国家海洋与海岸安全改善法案(2019)》⑤《区域海洋伙伴关系法案》⑥《美国海岸线和渔业修复拨款法案(2020)》⑦《切萨皮克湾河口生态系统牡蛎保护、修复和管理法案》⑧等法案也对海洋生物保护、海岸管理、栖息地修复、应对气候变化、蓝碳等多个领域作出规定。

---

① American Public Lands and Waters Climate Solution Act of 2019. Congress of the United States of America, February 26, 2020. https：//www.congress.gov/116/bills/hr5435/BILLS-116hr5435ih.pdf.

② Safeguarding America's Future and Environment Act. Congress of the United States of America, September 1, 2020. https：//www.congress.gov/116/bills/hr2748/BILLS-116hr2748rh.pdf.

③ Living Shorelines Act of 2020. Congress of the United States of America, December 15, 2020. https：//www.congress.gov/116/bills/s1730/BILLS-116s1730rs.pdf.

④ Conservation Of America's Shoreline Terrain and Aquatic Life Act. Congress of the United States of America, February 25, 2020. https：//www.congress.gov/116/bills/s2418/BILLS-116s2418rs.pdf.

⑤ National Oceans and Coastal Security Improvements Act of 2019. Congress of the United States of America, November 17, 2020. https：//www.congress.gov/116/bills/hr4093/BILLS-116hr4093ih.pdf.

⑥ Regional Ocean Partnership Act, Congress of the United States of America, November 17, 2020. https：//www.congress.gov/116/bills/hr5390/BILLS-116hr5390ih.pdf.

⑦ Shovel-Ready Restoration Grants for Coastlines and Fisheries Act of 2020. Congress of the United States of America, November 17, 2020. https：//www.congress.gov/116/bills/hr7387/BILLS-116hr7387ih.pdf.

⑧ To express the sense of Congress that the Chesapeake Bay Office of the National Oceanic and Atmospheric Administration shall be the primary representative of the National Oceanic and Atmospheric Administration in the Chesapeake Bay, to require the Secretary of the Commerce, acting through the Administrator of the National Oceanic and Atmospheric Administration, to provide grants supporting research on the conservation, restoration, or management of oysters in estuarine ecosystems, and for other purposes. Congress of the United States of America, November 17, 2020. https：//www.congress.gov/116/bills/hr8627/BILLS-116hr8627ih.pdf.

第二节　推进地区涉海合作法制化

一、助力"印太战略"深入实施

自2019年6月美国国防部发布首份《印太战略报告》以来，美国持续强化其盟友和伙伴在实现自由开放的印太地区愿景中的作用，不断加强并扩大其盟友和伙伴关系。2020年1月14日，美国参议院审议通过《印太合作法案(2019)》，后提交众议院外交事务委员会审议，旨在阐明美国关于与印太地区和欧洲的盟友及伙伴扩大合作的政策。法案声明，考虑到中国在印太地区的经济和军事优势，美国的政策是与印太地区和欧洲及全球志同道合的国家扩大军事、外交和经济联盟及伙伴关系，采取一致行动，共同应对来自中国的挑战。①

二、强化与日本等同盟关系

美国视美日同盟为印太地区稳定与繁荣的基石。近年来，美国持续强化与日同盟关系，共同促进印太地区基础设施投资，以确保开放、透明、可持续；美国与日、澳合作启动"蓝点网络"计划，以推进符合《G20高质量基础设施投资原则》的高质量基础设施项目；美国还与日、澳、印在"四方安全对话"框架下开展合作，以促进抗击新冠病毒疫情、海上安全、网络安全、高质量基础设施、反恐等领域合作。2020年11月18日，美国众议院审议通过一项简单决议案，重申美日同盟在促进亚洲地区及其他地区和平、稳定与繁荣方面的重要作用。决议案强调，支持美日与志同道合的伙伴合作，促进开放、透明和可持续的高质量基础设施、能源和开发项目，重申"四方安全对话"在促进美日澳印维护印太地区航行自由方面的重要作用。②

---

① Indo-Pacific Cooperation Act of 2019. Congress of the United States of America, January 14, 2020. https://www.congress.gov/116/bills/s2547/BILLS-116s2547rfh.pdf.
② Reaffirming the vital role of the United States-Japan alliance in promoting peace, stability, and prosperity in the Indo-Pacific region and beyond, Congress of the United States of America, November 18, 2020. https://www.congress.gov/116/bills/hres349/BILLS-116hres349eh.pdf.

三、加强与欧洲的海上合作

"三海倡议"即波罗的海、亚得里亚海和黑海倡议,于 2015 年提出,旨在为地区国家的基础设施建设提供资金支持。美国承诺支持"三海倡议",并为"三海倡议"国家提供资金,以维护能源安全并促进经济增长。考虑到当前中东欧国家的基础设施状况和合作优先事项,2020 年 11 月 18 日,美国众议院审议通过一项简单决议案,旨在支持"三海倡议",提高中东欧能源弹性和基础设施联通,从而巩固美国与欧洲的国家安全。决议案重申美国及其国际发展金融公司对"三海倡议"的支持,鼓励"三海倡议"国家采取行动,共同为加强中东欧能源多元化、基础设施和数字通信项目提供资金支持,并鼓励"三海倡议"扩展至"三海"地区的非欧盟成员国。①

四、维护北极海上运输安全

随着全球变暖、海冰消融,北极地区适航性提升。美国认识到,北极海上运输安全离不开基础设施、国际合作等领域的投资与合作。2020 年 11 月 16 日,美国参议院将《北极航运联邦咨询委员会法案》列入立法日程。法案提出建立北极运输联邦咨询委员会,就美国如何利用北极海上运输的新机遇向运输部长提供政策建议。委员会将为建设、运营和维护当前及未来的海上基础设施与深水港,改善北极海上安全和环境保护等方面提出建议,加强美国在改善北极海上运输安全和可靠性方面的领导作用。法案建议任命北极地区特别代表以促进与北极理事会成员国和观察员国之间的多边对话,鼓励开展北极海上运输合作。②

---

① Expressing support of the Three Seas Initiative in its efforts to increase energy independence and infrastructure connectivity thereby strengthening the United States and European national security. Congress of the United States of America, November 18, 2020. https://www.congress.gov/116/bills/hres672/BILLS-116hres672eh.pdf.
② Arctic Shipping Federal Advisory Committee Act. Congress of the United States of America, November 16, 2020. https://www.congress.gov/116/bills/s2786/BILLS-116s2786rs.pdf.

第三节 提出基于海洋的治理方案

一、实施国会迄今最全面的海洋垃圾治理法案

自2006年《海洋垃圾研究、预防和减少法案》通过以来，美国逐步形成相对完善的海洋垃圾治理体系。随着近年海洋垃圾污染问题日益严峻，美国不断推进相关立法，以应对海洋垃圾的挑战。[1] 2020年12月18日，时任美国总统特朗普签署《拯救我们的海洋2.0法案》，以《拯救我们的海洋法案(2018)》取得的进展为基础，提出处理海洋垃圾、改善基础设施、参与全球海洋垃圾治理的若干举措，旨在解决当前威胁海洋经济、危害海洋生物的海洋垃圾危机，成为迄今为止美国国会通过的最全面的海洋垃圾治理法案。[2]

(一)强化海洋垃圾治理的投入与研究机制

法案提出成立非营利性的海洋垃圾委员会，旨在鼓励、接受和管理私人捐赠的财产作为推动NOAA海洋垃圾项目及其他项目的资金，评估、预防、减少和清除海洋垃圾，并消除海洋垃圾对美国经济、海洋环境和航行安全造成的不利影响。法案还提出设立拯救海洋创新奖，鼓励海洋垃圾治理的技术创新，奖励那些预防和清除塑料垃圾的创新项目，推动开展海洋垃圾治理研究。

(二)推动海洋垃圾治理的国际合作与协定谈判

法案提出制定海洋垃圾治理国际合作政策，与外国政府、民间团体、国际组织、国际金融机构、地方沿海社区、商业和休闲渔业领导者以及私营部门开展合作与协商，优先援助经济发展迅速且海洋垃圾污染严重的国家和地区。法案还提出鼓励国际伙伴参与多边论坛，促进垃圾治理评价标

---

[1] 王菊英，林新珍.应对塑料及微塑料污染的海洋治理体系浅析.太平洋学报，2018(4)：79-87.

[2] Save Our Seas 2.0 Act. Congress of the United States of America, December 18, 2020. https://www.congress.gov/116/plaws/publ224/PLAW-116publ224.pdf.

准制定、废弃物管理经验推广、一次性塑料产品回收、废弃物跟踪和监控系统集成,推动新的国际协定谈判、建立新的国际论坛。

(三)改善美国海洋垃圾相关基础设施

法案提出优化废弃物和水管理战略,资助废弃物管理、饮用水、废水处理等相关基础设施项目,旨在有效推动垃圾拦截技术,减少饮用水和废水中的塑料垃圾和用后废料,减少固体废物。法案还提出开展海洋垃圾基础设施研究,包括评估塑料垃圾基础设施的建设标准、环境影响和抗灾能力,分析当前和未来的塑料消费量和回收率以及对环境的影响,开展可循环再造物料收集、处理和利用的影响研究。

二、推出海洋领域全面应对气候变化的首部立法

2020年11月17日,美国众议院自然资源委员会举行《基于海洋的气候解决方案法案》听证会。法案涵盖保护和恢复蓝碳生态系统,加强海洋保护区建设,禁止外大陆架油气勘探开发活动、促进海上风能研究,发展适应气候变化的渔业,修订《海岸屏障资源法》和《海岸带管理法》,提升岛屿地区气候弹性,保护海洋哺乳动物,扩大北极地区减缓气候变化的努力,通过活力海岸线等措施促进沿海地区的弹性和适应性,减轻海洋酸化和有害藻华,加强数据收集和观测监测,恢复滨海湿地,解决船舶温室气体排放,加强相关研究等诸多内容,旨在应对气候变化对海洋的影响,推动联邦政府海洋管理变革,为海洋气候行动提供战略路线图。法案寻求利用海洋在应对气候变化方面的潜力,实施基于海洋的气候解决方案,要求:减少温室气体排放;增加盐沼、海草床、红树林等蓝碳生态系统的碳储存;增强海岸弹性和适应能力,保护沿海社区免受气候变化影响;保护海洋,促进海洋生态系统健康,增强生物群落应对气候变化的能力;完善渔业管理;应对海水酸化和有害藻华对海洋健康的挑战;恢复和加强美国在全球海洋治理中的领导地位。[①]

这是美国国会为应对气候变化对海洋的威胁、实施全面解决方案的首部立法,得到美国进步中心、绿色和平组织、海洋保护协会、全美奥杜邦

---

① Ocean-Based Climate Solutions Act of 2020. Congress of the United States of America, November 17, 2020. https://www.congress.gov/116/bills/hr8632/BILLS-116hr8632ih.pdf.

学会、美国风能协会、环保主义者联盟等环保机构和团体的大力支持。美国进步中心创始人约翰·波德斯塔发表声明称,从保护处境最危险的一线社区,到恢复美国在全球海洋治理领域的领导地位,再到支持清洁能源经济发展,这项立法将海洋纳入气候议程,具有开创性。① 随后,2020年12月17日,美国参议员杰夫·默克利向参议院提交《海洋法案(2020)》,再提基于海洋的气候解决方案。②

三、提出实现"30×30"目标及保护海洋生物多样性

2016年9月,世界自然保护联盟第六届世界自然保护大会呼吁制定"30×30"目标,对全球海洋实施严格保护。③ 2019年1月,自然资源保护协会等多个环保组织提出,至2030年保护全球30%的陆地和海洋,这一目标于2020年1月纳入联合国《生物多样性公约》"全球生物多样性框架"预稿,反响强烈。2020年2月7日,《众议院就联邦政府应确立至2030年保护美国至少30%的陆地和海洋的国家目标表态》决议案分别提交美国众议院自然资源委员会国家公园、森林和公共土地小组委员会,水、海洋和野生动物小组委员会,能源资源和矿产小组委员会,旨在推动美国联邦政府确立至2030年保护美国至少30%的陆地和海洋的国家目标,并保护生物多样性,减缓气候变化的影响。④ 美国参议员汤姆·乌德尔认为,"30×30"目标是可行的;美国荒野保护协会也对此表示支持,希望通过保护陆地和海洋,保护自然,减缓野生动物的灭绝。

2020年12月2日,美国众议员乔·内古斯向众议院提交决议案,建议联邦政府制定国家生物多样性战略,以保护生物多样性,修复自然生态系统,促进环境保护,在解决生物多样性危机方面发挥全球领导作用。决

---

① CAP's John Podesta Praises Legislation That Would Put Oceans on the Climate Agenda. Center for American Progress,October 20, 2020. https://www.americanprogress.org/press/statement/2020/10/20/491981/statement-caps-john-podesta-praises-legislation-puts-oceans-climate-agenda/.

② OCEAN Act of 2020. Congress of the United States of America, December 17, 2020. https://www.congress.gov/116/bills/s5056/BILLS-116s5056is.pdf.

③ 郑苗壮,赵畅. 全球海洋保护目标的演进、实施进展及对策建议. 环境保护,2020(17):60-64.

④ Expressing the sense of the House of Representatives that the Federal Government should establish a national goal of conserving at least 30 percent of the land and ocean of the United States by 2030. Congress of the United States of America, February 7, 2020. https://www.congress.gov/116/bills/hres835/BILLS-116hres835ih.pdf.

议案建议，生物多样性战略应设定至 2030 年保护美国至少 30%陆地和海洋的目标，以保护生物多样性并应对气候变化，减少对生物多样性的威胁；强调保护濒危和受威胁物种的必要性；制定生物多样性的气候适应和减缓战略；评估和制定与生物多样性有关的法律、计划、项目和战略；将保护生物多样性纳入联邦政府各项活动；通过资金和技术支持构建合作伙伴关系；确保公平利用、合理分配自然资源；建立生物多样性状况定期监测和报告制度。①

表 5.1 2020 年美国国会主要涉海立法

中文名称	英文名称	领域	立法进程
印太合作法案（2019）	Indo-Pacific Cooperation Act of 2019	国际事务	1 月 14 日参议院通过
重申美日同盟在促进印太地区及其他地区和平、稳定与繁荣方面的重要作用	Reaffirming the vital role of the United States-Japan alliance in promoting peace, stability, and prosperity in the Indo-Pacific region and beyond	国际事务	11 月 18 日众议院通过
塑料法案	PLASTICS Act	国际事务	11 月 18 日众议院通过
众议院就联邦政府应确立至 2030 年保护美国至少 30%的陆地和海洋的国家目标表态	Expressing the sense of the House of Representatives that the Federal Government should establish a national goal of conserving at least 30 percent of the land and ocean of the United States by 2030	环境保护	2 月 7 日提交众议院自然资源委员会
我们的地球蓝碳法案	Blue Carbon for Our Planet Act	环境保护	6 月 11 日提交参议院，11 月 17 日众议院自然资源委员会听证会

---

① Expressing the need for the Federal Government to establish a National Biodiversity Strategy for protecting biodiversity for current and future generations. Congress of the United States of America, December 18, 2020. https://www.congress.gov/116/bills/hres1247/BILLS-116hres1247ih.pdf.

第五章　全面、合作与治理：美国涉海法治新进展

续表

中文名称	英文名称	领域	立法进程
保护美国的未来和环境法案	Safeguarding America's Future and Environment Act	环境保护	9月1日 众议院列入立法日程
基于海洋的气候解决方案法案	Ocean-Based Climate Solutions Act of 2020	环境保护	11月17日 众议院自然资源委员会听证会
减少海洋污染法案Ⅱ	Ocean Pollution Reduction Act Ⅱ	环境保护	11月17日 众议院通过
海洋法案（2020）	OCEAN Act of 2020	环境保护	12月17日 提交参议院
拯救我们的海洋2.0法案	Save Our Seas 2.0 Act	环境保护	12月18日 总统签署
联邦政府需制定国家生物多样性战略，为当代和子孙后代保护生物多样性	Expressing the need for the Federal Government to establish a National Biodiversity Strategy for protecting biodiversity for current and future generations	环境保护	12月18日 提交众议院
活力海岸线法案（2020）	Living Shorelines Act of 2020	公共土地和自然资源	2月15日 参议院列入立法议程
美国海岸线地形和水生生物保护法案	Conservation of America's Shoreline Terrain and Aquatic Life Act	公共土地和自然资源	2月25日 参议院列入立法议程
美国公共土地和水域气候解决法案（2019）	American Public Lands and Waters Climate Solution Act of 2019	公共土地和自然资源	2月26日 众议院自然资源委员会听证会
美国渔业咨询委员会法案	American Fisheries Advisory Committee Act	公共土地和自然资源	6月4日 众议院自然资源委员会审议
加强大湖区、海洋、海湾和河口长期认知和勘查法案	Bolstering Long-Term Understanding and Exploration of the Great Lakes, Oceans, Bays, and Estuaries Act	公共土地和自然资源	11月17日 众议院自然资源委员会听证会

续表

中文名称	英文名称	领域	立法进程
国家海洋与海岸安全改善法案(2019)	National Oceans and Coastal Security Improvements Act of 2019	公共土地和自然资源	11月17日众议院自然资源委员会听证会
区域海洋伙伴关系法案	Regional Ocean Partnership Act	公共土地和自然资源	11月17日众议院自然资源委员会听证会
美国海岸线和渔业修复拨款法案(2020)	Shovel-Ready Restoration Grants for Coastlines and Fisheries Act of 2020	公共土地和自然资源	11月17日众议院美国海岸线和渔业修复拨款法案听证会
切萨皮克湾河口生态系统牡蛎保护、修复和管理法案(简称)	To express the sense of Congress that the Chesapeake Bay Office of the National Oceanic and Atmospheric Administration shall be the primary representative of the National Oceanic and Atmospheric Administration in the Chesapeake Bay, to require the Secretary of the Commerce, acting through the Administrator of the National Oceanic and Atmospheric Administration, to provide grants supporting research on the conservation, restoration, or management of oysters in estuarine ecosystems, and for other purposes	公共土地和自然资源	11月17日众议院自然资源委员会听证会
热带森林和珊瑚礁保护再授权法案(2020)	Tropical Forest and Coral Reef Conservation Reauthorization Act of 2020	公共土地和自然资源	11月18日众议院通过
适应气候变化的渔业法案(2019)	Climate-Ready Fisheries Act of 2019	公共土地和自然资源	12月14日众议院自然资源委员会审议
国家海洋勘查法案	National Ocean Exploration Act	公共土地和自然资源	12月16日提交参议院
数字海岸法案	Digital Coast Act	公共土地和自然资源	12月18日总统签署

续表

中文名称	英文名称	领域	立法进程
恢复珊瑚礁弹性法案(2020)	Restoring Resilient Reefs Act of 2020	公共土地和自然资源	12月21日 参议院通过
大湖区环境敏感指数法案(2019)	Great Lakes Environmental Sensitivity Index Act of 2019	公共土地和自然资源	12月31日 总统签署
海洋观测与研究协调法案(2020)	Coordinated Ocean Observations and Research Act of 2020	公共土地和自然资源	12月31日 总统签署
风能研究与开发法案(2019)	Wind Energy Research and Development Act of 2019	能源	9月8日 众议院列入立法日程
加强海岸社区法案(2020)	Strengthening Coastal Communities Act of 2020	能源	11月17日 众议院自然资源委员会听证会
支持"三海倡议"增强能源独立性和基础设施互联互通，加强美国和欧洲的国家安全	Expressing support of the Three Seas Initiative in its efforts to increase energy independence and infrastructure connectivity thereby strengthening the United States and European national security	能源	11月18日 众议院通过
北极航运联邦咨询委员会法案	Arctic Shipping Federal Advisory Committee Act	运输和公共工程	11月16日 参议院列入立法日程

第六章 海洋世界自然遗产的发展趋势及影响

世界遗产作为联合国教科文组织主导下自然与文化保护领域最为重要的国际实践，得到全球认可和广泛参与。近年来，全球变化和开发破坏导致的海洋负面影响迅速增大，使海洋世界自然遗产抢救保护成为新热点，得到沿海各国、国际组织及顶级智库的高度关注。海洋世界自然遗产在推动海洋保护、深化跨国合作中具有独特作用，并呈现渗透到公海、极地等国家管辖外区域海洋治理进程的趋势，将对全球海洋治理产生重要影响。

第一节 海洋世界自然遗产概述

海洋世界自然遗产对于维护海洋生态系统的完整性和多样性有着独特的价值和贡献，成为保护海洋生物多样性的重要方法和手段。在全球海洋面临气候变化、污染等多种威胁的情况下，保护海洋世界自然遗产等独特海洋生境变得愈加紧迫。

一、世界遗产海洋项目简介

联合国教科文组织已启动关于世界遗产的六大项目：世界遗产海洋项目、现代遗产项目、可持续旅游项目、城市项目、森林项目、小岛屿发展中国家项目。世界遗产海洋项目的目标是有效保护现有和潜在海洋世界自然遗产的突出普遍价值，并确保其可持续发展。该项目的基础是由全球的海洋世界自然遗产管理者组成的网络，负责监测列入项目的海洋世界自然遗产的变化，并平衡其经济和生态需求。专门启动该项目是由于：第一，自然变化和人类活动对海洋生态系统的影响日益突出，海洋生态系统不断恶化，因此急需将海洋世界自然遗产纳入该项目以得到更好的保护；第二，海洋生态系统之间具有连通性，这对于海洋生态系统的完整性和海洋生物资源的多样性至关重要。通过世界遗产海洋项目可确保在保护海洋生态系统时充分考虑其整体性；第三，无论是保护区面积还是世界遗产数量，海洋环境都落后于陆地环境，其中公海和极地区域因其包含一些独特的、没有国界的世界自然遗产而具有特殊性。

二、海洋世界自然遗产评定标准

根据《世界遗产海洋项目手册》，入选海洋世界自然遗产需要满足世界遗产"突出普遍价值"的标准和"完整性"的要求，同时还需要对该地区实施充足的管理和保护措施以确保其突出价值的存在。此外，该地区还需要满足以下条件中的至少一项：一是最优的自然景象或具有罕见自然美及美学重要性的地区；二是地球历史主要阶段的突出特征，包括生命记录，正在重要发展过程中的地形、重要地貌和自然特征；三是陆地、淡水、海岸和海洋生态系统以及动植物群落进化和发展过程中的重要、持续的生物和生态过程；四是对生物多样性就地保护最重要和显著的自然生境，包括从科学和保护的角度看具有"突出普遍价值"的受威胁物种。截至2021年，已有50项海洋世界自然遗产入选世界遗产海洋项目，但并未将全部海洋世界自然遗产纳入。联合国教科文组织发布的《世界遗产海洋项目十周年报告》指出"仍有若干海洋世界自然遗产未列入世界遗产海洋项目"，但并未明确未入选原因。

三、海洋世界自然遗产保护的紧迫性

海洋世界自然遗产拥有高密度的生物多样性、高度动态的生态系统，其在全球环境中发挥的作用至关重要，但其受关注和保护的程度却远未达到要求。目前海洋世界自然遗产面临着严重威胁，海洋、海岸资源正承受着不断增加的压力，北极海洋生态系统也在气温上升、海洋酸化以及人类活动增加的影响下愈来愈脆弱。因此，急需将更多具有突出普遍价值的海洋世界自然遗产纳入《世界遗产名录》以得到更好的保护。

海洋世界自然遗产保护具有其特殊性，公海和极地区域均在国家管辖范围之外，具有极度脆弱的生态系统，且在《世界遗产名录》中所占比例较低。各个国家对公海、极地区域的关注度也在不断升高。2016年联合国教科文组织和世界自然保护联盟发布报告，提议将《保护世界文化和自然遗产公约》(简称《世界遗产公约》)的适用范围延伸至公海这一特殊区域。

2018年，法律专家在摩纳哥进一步探讨了保护公海中独特海洋区域的可行性，并讨论了可能被提名、保护和评价的海洋地点的法律选择。这为弥补名录中公海保护的空白迈出了重要一步。

四、我国海洋世界自然遗产现状

目前虽然我国拥有 56 处世界遗产，且 2019 年 7 月"黄（渤）海候鸟栖息地（一期）"成功申遗，成为我国首个海洋类的世界自然遗产，但该项目未被列入"世界遗产海洋项目"，意味着该处遗产的海洋价值在某种程度上尚未满足"世界遗产海洋项目"标准。

虽然我国尚未有世界自然遗产入选"世界遗产海洋项目"，但我国积极保护海洋生态系统和生物多样性，在完善管理制度、落实保护行动等方面做了大量工作并取得积极进展。我国已经划定各类海洋特别保护区和海洋自然保护区 271 处，且正在开展以国家公园为主体的自然保护地体系整合，为保护独特的海洋生态系统、珍稀海洋物种和海洋地质地貌特征提供了有力支撑。我国已分别在 1996 年和 2001 年将海南"东寨港自然保护区"和福建"海坛风景名胜区"纳入申遗预备清单，且承诺在 2022 年年初提交"黄（渤）海候鸟栖息地（二期）"遗产申报文件，这些都大大推进了我国海洋世界自然遗产申报工作。

第二节　海洋世界自然遗产特点

全球共有 252 处世界自然遗产，入选世界遗产海洋项目的有 50 处，分布呈现明显的不均衡性，且海洋世界自然遗产的保护和申请越来越受到气候变化、海洋环境污染以及全球海洋治理进程等多种因素影响。

一、全球海洋世界自然遗产分布呈现明显的不均衡性

目前 50 处全球海洋世界自然遗产的总面积约占现有海洋保护区面积的 10%，且有 2 处已处于濒危状态。海洋世界自然遗产在地区、国家、遗产价值和生态系统类型方面的分布呈现不均衡性。从海洋区域来看，海洋世界自然遗产多集中在太平洋东岸、加勒比海地区和东北大西洋，印度洋沿岸和西南大西洋也有少数遗产。从国家来看，拥有海洋世界自然遗产的国

家共37个，澳大利亚多达6处，墨西哥4处，法国和美国（含1处跨国遗产）各3处，英国、日本、哥斯达黎加、印度尼西亚和菲律宾各2处，其余国家为1处，许多具有突出普遍价值海洋地区的小岛屿国家还没有海洋世界自然遗产。在50处遗产中，80%列入生境价值，35个（占比70%）列入生态价值，29个（占比58%）列入自然美景，13个（占比26%）列入地质价值。海洋世界自然遗产中的近一半集中于珊瑚礁生态系统，而其他海洋生态系统类型的代表性不足。

二、海洋申遗竞争日趋激烈

近年来，各缔约国加快了申报海洋自然遗产步伐，粗略估计，2005年以来已有约110项涉海项目被各国列入《世界遗产预备名录》（简称《预备名录》）准备参与申遗角逐[①]，年均新增超过4项。2017—2020年，美国、俄罗斯、法国、加拿大、澳大利亚、西班牙和葡萄牙等海洋大国均有海洋世界遗产项目列入国家《预备名录》，且以自然遗产居多。此外，菲律宾、日本和越南也在2015—2017年间增加了海洋世界遗产项目。由于联合国教科文组织近年来强调防止入遗类型的"过度代表性"，控制相似保护对象同时入遗，且2019年最新版《操作指南》规定，每个国家每年最多只能申报1项，使得各国海洋申遗竞争更加激烈。

三、气候变化成为海洋世界自然遗产申报及保护动因

气候变化导致的海平面上升、热浪和极端天气事件对栖息地和野生动物的影响越来越大。根据世界遗产中心发布的《气候变化对世界遗产珊瑚礁影响》的全球科学评估报告，过去30年中观察到全球变暖导致热胁迫，进而引起珊瑚白化和死亡，预计在未来几十年继续存在并恶化，除非二氧化碳排放量大幅减少。此外，气候变化也正对北极地区构成严重威胁，北极地区变暖的速度是其他地区的两倍，使得保护北极全球独特海洋生态系统的需要愈加迫切。将世界上独特的海洋生态系统纳入《世界遗产名录》，将大大加强对这些地区的保护。

---

① 根据《世界遗产公约》及实施指南，各缔约国应自行制定并呈报《世界遗产预备名录》，列入《预备名录》满一年的项目方可申报世界遗产。课题组根据联合国教科文组织世界遗产中心数据库统计了各国《预备名录》中具备海洋自然遗产特征的项目。

第三节 海洋世界自然遗产发展趋势

海洋世界自然遗产有着独特的生态、生物多样性、地质等多方面价值，在推动海洋环境保护和全球治理方面有着巨大潜力。随着各国日益重视，海洋世界自然遗产将会出现申报增多、合作加强等多种趋势。

一、海洋世界自然遗产成为海洋国际合作的新议题

《世界遗产公约》诞生至今已拥有 193 个缔约国，成为缔约国数量最多、全球参与度最高的公约之一，海洋世界自然遗产也借此成为开展国际合作的重要载体。第一，联合国教科文组织借助各类机制和平台，推动各国深度合作。2020 年，联合国教科文组织等机构合作开展"珊瑚礁恢复力"项目，在帕劳、澳大利亚、伯利兹和法国的珊瑚礁世界遗产中实施。联合国教科文组织还借助"联合国海洋科学促进可持续发展十年（2021—2030）"倡议的契机，推动关于珊瑚礁等海洋世界自然遗产的科学研究方面的国际合作，促进海洋世界自然遗产的可持续保护。第二，通过跨国遗产加强国际合作。目前全球有 3 处跨国海洋世界自然遗产。[①] 2020 年，为帮助瓦登海应对气候变化和海平面上升的巨大威胁，德国出资约 200 亿欧元资助瓦登海保护项目，并与丹麦、荷兰开展三边合作，商议推动瓦登海地区的自然保护事宜。第三，海洋大国以"海洋世界自然遗产"为主题，通过遗产信托基金、保护项目、培训教育等方式施加影响。比利时、荷兰和澳大利亚信托基金资助他国海洋世界自然遗产的申报和保护；摩纳哥阿尔贝二世亲王基金会已成为极地自然遗产研究的先驱；法国与联合国教科文组织联合发起"中太平洋海洋遗产项目"，提升了太平洋小岛屿国家的海洋申遗及保护能力，赢得了国际声誉。

二、发展中国家和国际组织在海洋世界自然遗产管理与申报过程中发挥重要作用

在世界自然遗产的审查审议环节，海洋申遗审查并不单独进行，而是

---

① 3 处跨国海洋自然遗产包括：瓦登海（德国、丹麦、荷兰）、高海岸/瓦尔肯群岛（瑞典、芬兰）、克卢恩/兰格尔-圣伊莱亚斯/冰川湾/塔琴希尼-阿尔塞克（加拿大、美国）。

与其他申遗项目同台竞争，轮任世界遗产委员会国家所掌握的"决策权"和世界自然保护联盟所拥有的"建议权"成为海洋项目能否入遗的关键。一方面，入遗"决策权"向发展中国家转移。现任世界遗产委员会的 21 个成员国中，亚非拉国家占据 15 席，而西方 G7 国家无一轮任。特别是联合国教科文组织实施世界遗产"非洲优先"战略以来，给予了在世界遗产领域本无突出建树的非洲国家较多话语权。另一方面，世界自然保护联盟作为联合国教科文组织指定的世界自然遗产类咨询机构，承担包括海洋在内的各类世界自然遗产的咨询评估和保护监督工作，拥有分量极重的入遗"建议权"。近年来，世界自然保护联盟又积极加入海洋世界自然遗产的研究与选划行列，提出的一系列海洋申遗建议，对各国海洋申遗和规则调整产生了重要影响。

三、公海、极地等海洋世界自然遗产新规则呼之欲出

1972 年通过的《世界遗产公约》早于《联合国海洋法公约》，当时规定申请纳入名录的世界遗产须"位于缔约国领土内"。第一个热液喷口系统是在 20 世纪 70 年代后期才被发现的，而在国家管辖范围之外的大部分深海仍有待科学发现。南极大陆主权申请被冻结，南极条约体系已对该地区遗产保护作出规定。北冰洋周边地区属于环北极国家主权管辖范围内，另外的地区则是公海，北冰洋的遗产归属不同的体系。且《世界遗产公约》仅规定了由缔约国申请并保护本国领土范围内的遗产，因此无法通过《世界遗产公约》对公海进行保护。近年来，深海、极地保护问题引发关注，关于在公海和极地填补海洋世界自然遗产"空白"的呼声很高，联合国教科文组织和世界自然保护联盟开展了大量研究，已在公海和北极划出世界自然遗产潜力区（尚未涉及南极地区），并多次呼吁修订或增释《世界遗产公约》，推动形成公海极地等遗产新规则。

四、各国以海洋世界自然遗产为平台，实施更为严格的保护和管制措施

《世界遗产公约》及《操作指南》要求各国采取适当的法律、科学、技术、行政和财政措施，保护及合理利用世界遗产资源，并为各国提供相关援助。世界遗产委员会还通过审查各遗产的保护状况报告，要求各国政府

采取行动应对具体的保护挑战。世界遗产海洋项目为各国加强对遗产的保护提供了重要资源和支撑，伯利兹和挪威都在这一框架下实施严格保护措施。伯利兹政府通过立法和其他保护措施，使伯利兹堡礁保护区在2018年被从《濒危世界遗产名录》中移除，并于2019年将本国海域禁捕区面积从7.9%增加到16.2%，充分利用世界遗产保护要求实现保护目标。挪威在2018年5月通过了关于停止邮轮在挪威西峡湾排放的决议，打造了世界上第一个海上零排放区，这或将成为海洋世界自然遗产的通用标准。

五、通过国际合作推动申报跨国遗产

海洋生态系统的连通性和跨国界特征使其边界较难划定，无法在单个国家范围内对某一独特的海洋生态系统进行完整保护。世界遗产委员会鼓励开展跨国遗产保护和跨国遗产项目的申报，而目前在50处海洋世界自然遗产中仅有3项为跨国项目。2002年联合国教科文组织"世界海洋遗产生物多样性研讨会"，与会专家列出120余项具有成为海洋世界自然遗产潜力的区域，其中有22项为跨国项目。[①] 世界遗产海洋项目正在利用生态系统方法来确定潜在的遗产地点，将会产生跨国遗产候选地点。未来跨国海洋遗产的联合申报，有利于解决海洋世界自然遗产地区和类型分布不平衡、保护不完善的问题，同时完善并丰富《世界遗产名录》。

六、大国"飞地"及小岛屿国家成为海洋世界自然遗产的重要备选地点

成功申报海洋世界自然遗产，将加强相关国家对遗产的保护与管理。英国于2012年将两处海外领地（圣赫勒拿岛、特克斯和凯科斯群岛）列入《预备名录》，美国在2017年将远离本土的3处地点（马里亚纳海沟海洋国家纪念碑、美属萨摩亚国家海洋保护区、太平洋偏远岛屿海洋国家保护区）列入《预备名录》，法国的两处海外领地（新喀里多尼亚潟湖、法属南部领地和领海）分别于2008年和2019年成功申遗。从某种程度上来说，"飞地"申遗成为大国扩大管辖的重要手段。

小岛屿国家有着众多自然特性和文化特征完美融合的海岛，目前只有塞舌尔（1982年）、伯利兹（1996年）、所罗门群岛（1998年）、基里巴斯

---

① 陆小璇. 跨国世界自然遗产保护现状评述[J]. 自然资源学报，2014(11): 1981.

(2010年)和帕劳(2012年)5个小岛屿国家成功申报了海洋世界自然遗产。2000年以来，数十个小岛屿国家在本国《预备名录》中都列入了1~2项海洋世界自然遗产备选地点，且这些地点是该国仅有的备选地点。《操作指南》规定每年申报项目超过35个时，世界遗产委员会优先审查尚无遗产列入《世界遗产名录》的缔约国提交的遗产申报，这将使小岛屿国家成为海洋世界自然遗产潜力区。

第四节　海洋世界自然遗产申报与发展对我国的影响

海洋的开放性、流动性和多权益属性，既放大了海洋世界自然遗产的正面保护效应，也无形中对别国海洋权利产生负面"外溢"限制。加之世界遗产规则持续演化、全球海洋治理体系深刻变革、海洋保护国际理念不断创新，使全球海洋世界自然遗产在蓬勃发展的同时面临着一系列新情况，并对我国海洋领域发展产生深刻影响。

一、海洋世界自然遗产申报与保护将推动我国海洋保护地体系的完善

海洋保护地是海洋世界遗产中自然遗产的重要来源，通过申报海洋世界自然遗产，需要采用国际公约中的最高评估和保护标准，加强对我国海洋保护区中具有全球重要意义和价值地区的监管和保护力度，完善海洋保护地体系建设。《操作指南》规定，只要有必要，就应设立恰当的缓冲区以有效保护遗产，即为有效保护申报遗产而在遗产周围划定保护区域。申请海洋世界自然遗产与设立缓冲区，有利于推动我国海洋保护地的整合和优化，完善海洋保护地网络化布局。成功申报海洋世界自然遗产，将吸引大量游客到访，推动旅游业发展，同时也给海洋世界自然遗产的管理和保护带来挑战。这就要求我国加大对海洋世界自然遗产的保护投入和生态修复的力度，确保遗产的突出普遍价值得到保持或加强。

二、海洋世界自然遗产或将限制我国航行自由与海洋资源开发活动

部分国家为本国海洋世界自然遗产遗址设立了较高的准入门槛，借此

增强对海洋区域运输活动的限制。挪威西峡湾的零排放规定及推广潜力一定程度上限制了邮轮等船舶的航行区；菲律宾的图巴塔哈群礁国家公园被划定为国际海上交通禁区，限制 150 吨以上的船舶进入；西班牙巴利阿里群岛周边强制规定所有船只不得停靠，保护了伊维萨岛遗产的独特海草床。北冰洋地区的潜在海洋遗产也在一定程度上限制对北极航道的开发利用。国际组织提出北冰洋地区 7 处潜在遗产，其中包括白令海峡生态区，这是北极航道的必经之处。但因北极沿海国目前对北极航道的开发与管理需求远高于北极海洋遗产保护，这为我国深入研究利用北极航道、应对公海遗产保护趋势争取了时间。

根据《操作指南》，如果矿产和油气勘探开发活动位于世界遗产边界外，则需接受适当和严格的评估程序，且这些评估过程应遵守最高的国际实践标准。因而，不排除有些国家根据海洋世界自然遗产的环评原则，对位于遗产范围外的资源开发活动设立限制条件，要求其接受全面而严格的环境评估程序等，然后予以限制和驳回，限制我国的海洋矿产和油气勘探开发以及相关的基础设施建设活动。

三、公海遗产保护或与 BBNJ 相结合，提高资源开发门槛和保护标准

目前，虽然国际海底管理局负责核准国际海底区域矿产资源的勘探和开发，但未来可能会由于保护海洋环境及公海遗产的原因，《世界遗产公约》获得批准针对特定公海遗产保护区域内及周边的矿产开发限制措施的权利，提高公海资源开发门槛，影响我国深海海底矿产开发和研究活动。此外，《世界遗产公约》主要规定和约束的是各国在主权范围内进行的自然和文化遗产申报及管理，并未将确立公海遗产的可能性排除，未来将会依据《世界遗产公约》产生公海的海洋世界自然遗产，联合国教科文组织正在酝酿公海区域的世界遗产选划。公海地区遗产的申报与保护和 BBNJ 密不可分，未来公海遗产很大可能将 BBNJ 的养护和可持续发展作为申报评估的条件之一，并以此规定和标准进行公海海洋生态环境保护工作。

四、南极条约体系主导南极遗产保护工作，为我国有效参与南极管理提供支撑

《南极条约》第四条规定，在本条约有效期间，对在南极的领土主权不

得提出新的要求或扩大现有的要求。目前亚南极地区(如新西兰亚南极群岛,法属南部领地和领海)申遗成功,但均属于《世界遗产公约》缔约国的主权领土,非公海区域。南极洲在国际组织和国际条约内一直拥有特殊地位,在国际海事组织的条约中南极都有其专属的规则和指南。联合国教科文组织世界遗产中心与世界自然保护联盟报告也将南极大陆排除在"国家管辖范围以外的海域"和"公海"这两个概念之外。在我国第34次和第36次南极科考中,也协助新西兰南极遗产信托基金组织对英国和挪威的南极探险家遗址进行了保护和修复工作。继续沿用南极条约体系对南极保护的主导地位,冻结南极主权,能够保证南极地区和平稳定的现状,为我国在南极自然及人文科研等领域争取宝贵的时间,也有利于加强我国在南极的存在,为我国参与南极事务管理和南极活动的治理提供更多机遇。

五、国际组织对北极公海遗产的保护将为我国在北极争取更多话语权提供机遇

相较于南极地区,北极地区国家主权分界已基本明确,可以按照《世界遗产公约》进行管理,亚北极和北极地区的现有的世界遗产均属于缔约国的领土和领海,而北极公海地区管理仍处于探索阶段。2017年,世界自然保护联盟发布的报告指出,北冰洋还有大量的无主权海洋区域,需要进一步进行评估。北极理事会作为北极地区的管理组织,实质上是区域性组织,在公海进行遗产保护管理主要体现的是相关沿海国的主张和实践。但如果国际性组织的保护措施能够延伸到北极公海区域,将限制北极理事会在遗产问题上的影响力,为我国通过国际组织参与北极事务提供更多有效的权利空间,争取更多的话语权。

第七章　海洋领域人工智能的发展现状及趋势

自1956年达特茅斯会议①首次提出人工智能（Artificial Intelligence, AI）概念，至今已历经60多年发展历程。在经历两次低谷后，伴随计算机运算能力提高、硬件基础设施发展②和计算机深度学习的突破，AI实现了跨越式发展。迄今尚无关于AI的标准定义，大致可分为"广义AI"和"狭义AI"。前者是计算机科学中让机器看起来像拥有人类智能的一个广泛领域；③而后者则专注于解决非常聚焦的任务。④当前全球多国相继出台AI发展战略。如美国成立"人工智能和机器学习委员会"，发布《为人工智能的未来做好准备》《国家人工智能研究和发展战略规划》《维护美国人工智能领导地位的行政命令》；欧盟委员会提交了《欧洲人工智能》，并随即发布了主题为"人工智能制造"的《人工智能协调计划》⑤；日本制定《AI战略》等。随着AI的蓬勃发展，海洋也日益成为AI实践发展的重要领域，水下无人系统、"海洋物联网"等技术和装备的应用在助力海洋科研探索的同时，也对现行国际法和国际秩序带来挑战，需要加以关注。

---

① 1956年，在美国达特茅斯学院，约翰·麦卡锡（John McCarthy）、马文·闵斯基（Marvin Minsky）、克劳德·香农（Claude Shannon）、艾伦·纽厄尔（Allen Newell）、赫伯特·西蒙（Herbert Simon）等科学家召开会议讨论用机器来模仿人类学习以及其他方面的智能，并第一次提出"人工智能"这一概念。
② 人工智能简史，从两次低谷到三次崛起. 博学谷. [2019-07-26]. https：//www. boxuegu. com/news/764. html.
③ Tannya D. Jajal, Distinguishing between Narrow AI, General AI and Super AI, Medium, May 21, 2018. https：//medium. com/mapping-out-2050/distinguishing-between-narrow-ai-general-ai-and-super-ai-a4bc44172e22.
④ Beyond the hype：A guide to understanding and successfully implementing artificial intelligence within your business. IBM Services White Paper, p7.
⑤ 世界主要国家人工智能战略及其产业政策的特点. 经济日报，2019-04-17. http：//www. xinhuanet. com/tech/2019-04/17/c_1124376113. htm.

第七章 海洋领域人工智能的发展现状及趋势

第一节 人工智能新技术助力人类探索海洋新疆域

地球表面积七成被海洋覆盖,但由于受到技术能力限制,仍有95%的海洋未被人类涉足。① 随着陆地和近岸资源的枯竭,AI在海洋领域的应用使人类勘探开发活动逐步转向深海、远海成为可能。一方面,深海、远海具有高压、低温特性,同时缺乏光线,存在未知生物,对人类勘探开发活动带来巨大挑战。而AI装备无人机器人能在潜水员无法到达的更深、更危险的区域执行任务,在保障人类安全的条件下完成对未知领域的探索。另一方面,传感器技术进步使数据量大幅增加,新方法和新技术使收集和获取日益复杂的数据和信息更为便捷,特别是在数据处理领域,AI使人类处理深海、远海勘探海量数据更为可行,不断推进人类对海洋认识的深入。目前,具有较强资金、技术优势的国家已成为该领域的先行者。

一、美欧等国运用人工智能,推进深海勘探开发

2020年,美国国家海洋与大气管理局(NOAA)发布《NOAA无人系统(UxS)战略》,提出加快UxS研究向应用的转变、扩大伙伴关系等目标。② 据此,NOAA先后与全球领先的海洋机器人公司Ocean Infinity签署为期4年的开发合作协议(CRADA),旨在开发能够收集超高分辨率海洋信息的深水自动技术,并专注于推进远程监控、海洋视频和信息对公众和学术观众的实时传播,以及提高深海数据的价值和相关性的数据收集和处理新方法;③ 与OceanX海洋探测公司达成协议,推进无人机系统和AI的发展,利用深海机器人完成海底测绘,以期到2030年完成全球海底测绘目标。支持美国总统关于在美国专属经济区和阿拉斯加海岸线及近岸绘制海洋地图

---

① 成琳岚. 深海探测 一个有待探索的世界[J]. 大自然探索,2017(5):34-47.
② NOAA. NOAA Unmanned Systems Strategy: Maximizing Value for Science-based Mission Support. February 2020. https://nrc.noaa.gov/LinkClick.aspx?fileticket = 0tHu8Kl8DBs% 3D&tabid = 93&portalid=0.
③ NOAA teams with Ocean Infinity to advance new tools for ocean exploration and mapping. January 9, 2020. https://www.noaa.gov/media-release/noaa-teams-with-ocean-infinity-to-advance-new-tools-for-ocean-exploration-and-mapping.

的备忘录,以及2019年11月白宫在海洋科学与技术伙伴关系峰会上宣布的目标。① 此外,美国NOAA海事及航空行动办公室(OMAO)与斯克里普斯海洋研究所(Scripps)合作改进无人系统收集重要海洋观测数据的方式,并增强NOAA运作能力。这项为期10年的协议为OMAO和Scripps的新无人系统操作计划提供了一个框架,在具体项目上进一步开展无人系统的研究、开发和操作。该伙伴关系的首批项目包括为新的OMAO计划的无人驾驶海上系统的结构、人员配备和培训需求制定建议。该项目还包括设计、装备和测试持久、无人值守的无人水面舰艇,该舰艇具有收集气象和海洋业务数据能力。在应用层面,2020年1月,美国伍兹霍尔海洋研究所(WHOI)的水下机器人Nereid Under Ice(NUI)从希腊圣托里尼岛外的科鲁姆博(Kolumbo)火山富含矿物质的海底采集了一份沉积物样本。这是已知的第一个由机器人在海洋中采集的自动化样本。NUI略小于智能汽车,配备了基于AI的自动计划软件,其中包括名为"Spock"的计划器,可使水下机器人(ROV)在访问火山中自主决定采样地点并自动采样。10月,美国伍兹霍尔海洋研究所开发了一个名为Clio的自主式水下航行器(AUV),专门用于海洋生物地球化学研究的微生物采样。由于目前只有约10%的细菌、古细菌、病毒、原生生物、真菌可以在实验室培养,绝大多数必须直接从海洋获取,Clio的研发将极大帮助科研人员获取海洋生物样本,并将在未来10年内绘制海洋微生物群落和海洋化学循环的三维地图,这可能成为海洋生物地球化学新兴研究计划"BioGeoSCAPES"不可或缺的工具。②

除美国之外,欧洲多国也积极将AI运用于深海资源勘探开发。2020年6月挪威深海创新中心宣布与16家机构开展合作,进行矿物自主勘探研究,主要应用于海洋矿物。该中心的主要目标是将海洋矿产资源勘探效率提高10倍,其中一家公司已经交付了勘探海洋矿产资源的传感器和仪器。该中心重点关注开发自主水下航行器、传感器、通信和高级数据分析等技

---

① OceanX and NOAA join to advance ocean exploration and mapping, February 11, 2020. https://www.noaa.gov/media-release/oceanx-and-noaa-join-to-advance-ocean-exploration-and-mapping.
② Amy McDermott. Research sub buoys prospects for 3D map of marine microbial communities. https://www.pnas.org/content/pnas/early/2020/10/06/2019245117.full.pdf.

术,并应用于海洋矿物测绘、基础设施建设和环境监测。① 10月23日,法国海洋开发研究院(Ifremer)发布新型无人潜航器Ulyx,其下潜深度可达6千米,该潜航器可以根据科学家的需求通过AI算法实现,使绘制深海成为可能。Ulyx的研发也使得法国成为继美国、日本和英国之后第四个获得这种设备的国家。②

二、人工智能开辟探索极地新时代

极地包含复杂的生态系统,随着气候变化,尤其是北极表面气温升高幅度超过全球平均气温两倍左右的"北极放大"效应③,两极冰川加速融化,对极地和全球生态环境产生重大影响。此外,一个更适宜居住的北极也意味着可以获得大量的能源和矿产储备。④ 为更好地了解地球两极,各国一直以来主要采用卫星监测手段和科学考察方式,但恶劣的环境和昂贵的经费决定了极地开展全年更高时间频率的监测较为困难。自2019年中期,各国科学家相继开展了MOSAiC计划⑤,或将AI算法运用到极地数据分析中⑥,为探索极地开辟新路径。2020年3月,《2035年前俄罗斯北极国家基本政策》明确指出,俄罗斯北极地区人口减少,交通、信息、通信等基础设施发展水平低,是俄罗斯在北极面临的主要国家安全威胁。⑦ 运用AI可以改变北极运输能力,保障粮食安全和物资供应。目前,俄罗斯天然气工业股份公司和俄罗斯卡玛兹公司已在东梅索亚哈地区(亚马尔-涅涅茨自治区)完成了无人驾驶货运载重汽车的测试。俄罗斯天然气工业股份公司

---

① Autonomous exploration of marine minerals. Offshore Energy, June 10, 2020. https://www.offshore-energy.biz/autonomous-exploration-of-marine-minerals/.
② Odyssée des grands fonds: un nouveau robot sous-marin pour les sciences océaniques. Ifremer. https://wwz.ifremer.fr/Espace-Presse/Communiques-de-presse/Odyssee-des-grands-fonds-un-nouveau-robot-sous-marin-pour-les-sciences-oceaniques.
③ 北极放大效应及海冰变化研究获进展. 中科院西北生态环境资源研究院, 2020. http://www.cas.cn/syky/202005/t20200508_4745057.shtml.
④ Lin P, Allhoff F. Arctic 2.0: How Artificial Intelligence Can Help Develop a Frontier. Ethics & International Affairs, 2019, 33(2): 194.
⑤ MOSAiC计划启动 史上规模最大科学考察团开赴北极!澎湃新闻, 2019-09-23. https://www.thepaper.cn/newsDetail_forward_4501423.
⑥ A new age of Arctic science discovery—the AI way. Scott Hosking, Apr 23, 2020. https://www.turing.ac.uk/blog/new-age-arctic-science-discovery-ai-way.
⑦ 俄出台新北极基本政策:拓展北极利益 安全发展并举. 中国军网-解放军报, 2020-03-13. http://www.81.cn/gjzx/2020-03/13/content_9767531.htm.

表示，无人驾驶货运载重汽车能够以给定路线的精确形式，通过通信系统实现信息交换，快速识别障碍物，且耐用性强，即使在低温、暴风雪和低能见度的情况下，依然可以正常行驶，与有人驾驶的同类产品相比，卡玛兹公司生产的无人驾驶货运载重汽车安全性提高了50%，并可降低10%～15%的货运成本。① 作为南极科研的重要力量，澳大利亚在2020年积极推进AI的应用，2月，澳大利亚南极局利用定制的微型潜水艇对南极戴维斯站周边冰层下的底栖生物进行探索和研究。调查发现，由于水流、海底坡度和海冰厚度的不同，栖息地的生物多样性在小范围内差异很大。未来澳大利亚将广泛利用无人探测器对南极海床进行调查，并作为长期监测南极环境的方式。② 12月，澳大利亚联邦科学与工业研究组织、塔斯马尼亚大学海洋和南极研究所、澳大利亚国立大学、科廷大学、澳大利亚南极计划伙伴关系联合开展一项研究，首次将船载观测、深潜机器人、无人海洋滑翔机和卫星测量结合起来部署至南大洋，捕捉并测量"海雪"（从上层水体下沉到深海的富含有机物质的颗粒）在不同深度的密度，为探究"海洋碳泵"过程及其工作原理提供支撑。③ 除澳大利亚外，其他国家也加紧推进AI在极地探索中的应用。5月，英国巴斯大学研究人员利用概率生成模型开发了用于识别水下环境的人工智能算法，根据模拟声呐测量结果对水下环境进行分类，平均准确率达93%，从而改进水下测绘。这项技术也有可能用于包括北极地区在内的整个海洋盆地的断层扫描。④ 10月，美国伍兹霍尔海洋研究所（WHOI）获得NOAA气候观察和监测计划资助，创建模拟极地冰融化的模型，同时利用遥感技术预测北极及其邻近海域的热交换，提升北极这一急速向商业勘探开放地区的冰融化和天气预报的准确性。为提升预测的准确性，研究人员将利用远程收集的海洋学数据开发机器学习算

---

① "Газпром нефть" может начать использовать беспилотные грузовики на месторождениях Арктики. tass，АПР 23，2020. https：//tass.ru/ekonomika/8315525.
② BIODIVERSITY HOTSPOTS REVEALED BY REMOTE-CONTROLLED MINI-SUB. Australian Antarctic Program，12 FEBRUARY，2020. https：//www.antarctica.gov.au/news/2020/biodiversity-hotspots-revealed-by-remote-controlled-sub/.
③ Robot fleet dives for climate answers in "marine snow"，ScienceDaily，December 3，2020. https：//www.sciencedaily.com/releases/2020/12/201203113243.htm.
④ Using AI to map marine environments. University of Bath，May 6，2020. https：//www.bath.ac.uk/announcements/using-ai-to-map-marine-environments/.

法，验证和改进基于卫星建模的北极和亚北极地区冰融化相关预测数据。[1]

第二节 人工智能助力海洋防灾减灾与海洋资源可持续开发利用

世界经济论坛资料显示，每年有超过1.6亿人受到洪水、飓风、火灾和其他自然灾害的威胁。有证据表明，AI的进步将帮助理解气候变化，支持可再生能源和低碳能源系统。目前，麦肯锡（McKinsey）、万事达（Mastercard）、微软（Microsoft）、谷歌（Google）等企业已经将AI运用于防灾减灾，通过对卫星数据和社交网络信息的分析，AI可以在数分钟内评估灾害风险并有效分配救援力量，降低灾害损害。[2] 除此之外，使用AI进行图像识别可以帮助识别船只的大小及其活动，有效降低监测成本，提升管理效率，为打击海盗、IUU捕捞提供巨大支持。面对气候变化引发海洋灾害频发带来的海洋防灾减灾需求，以及资源枯竭带来的海洋可持续发展需求，AI的运用极大地提升了现有工作效率，并为未来治理活动构建积极前景。

一、人工智能助力海洋防灾减灾

AI可在以下3个环节显现其相较传统灾害治理方式的高效性特点：①灾前预测：通过灾前预警三维分析表达，为灾前预警提供了新的技术方法；②灾中应急：通过捕获实时大数据，为灾中应急提供重要信息服务和辅助决策支持；③灾后恢复：有效评估灾后损失。[3] 针对灾前预警，日本东京太空企业"AxelSpace"公司与广岛大学和保险公司合作开发新技术，根据卫星拍摄的图像和海洋数据，提前预报赤潮的发生，预计到2022年开始为渔民提供服务。根据卫星图像、海洋流量和海水盐度等数据，利用AI分

---

[1] WHOI-NOAA partnership tackles critical gap in climate knowledge. Woods Hole Oceanographic Institution, October 6, 2020. https://www.whoi.edu/press-room/news-release/whoi-noaa-partnership-tackles-critical-gap-in-climate-knowledge/.

[2] Ashley van Heterenm, Martin Hirt, Lieven Van der Veken. Natural disasters are increasing in frequency and ferocity. Here's how AI can come to the rescue. World Economic Forum, Jan 14, 2020. https://www.weforum.org/agenda/2020/01/natural-disasters-resilience-relief-artificial-intelligence-ai-mckinsey/.

[3] 周利敏. 面向人工智能时代的灾害治理——基于多案例的研究. 光明网-学术频道, 2019-12-03. https://www.gmw.cn/xueshu/20190-12/03/content_33370367.htm.

析依据 5~6 年的区分段学习过去赤潮发生时的卫星图像和洋流数据，预测赤潮的发生和蔓延方式，为鱼类养殖场提供准确的预报，便于渔民提前采取栅栏围堵等措施降低灾害损失。承担渔业灾害保险业务的东京海上日动火灾保险公司也将加入计划，共享研究成果。①

挪威特罗姆瑟大学研究人员正在研究使用 AI 在普通笔记本电脑上更高效、更经济地发送海冰预警。研究人员认为可以向机器模型中添加更多数据以提高其准确性，为预警提供更广泛的数据库，从而进一步研究和开发机器学习的巨大潜力。② 除科研进展外，欧洲研究人员在欧洲海域的海床上部署了 130 多个自主礁监测结构体（Autonomous Reef Monitoring Structures，ARMS），以此了解沿海栖息地硬底物的长期变化，并对外来物种入侵、气候变化或人类活动的影响发出预警。③

除将 AI 运用于自然灾害监测预警以外，日本电气股份有限公司（NEC）和日本海洋研究开发机构（JAMSTEC）也运用 AI 技术开发一种塑料废物自动检测 AI 系统，通过 AI 图像识别技术自动检测海水和沉积物样品中的微塑料，支撑塑料对海洋生物影响研究。④

二、人工智能助力海洋资源可持续利用

受到政治、实用性和信息缺乏的制约，海洋管理往往停留在静态层面，有时还可能产生不正当激励。⑤ AI 应用将有助于进行动态海洋管理，实现海洋资源可持续利用，主要包含以下两个方面。

一是绘制资源图集，为海洋资源管理提供基础支撑。2020 年 6 月，《科学进展》刊文称，机器算法有助于绘制海洋生态系统地图。该研究运用机器算法，即系统聚合生态范围（SAGE）法，通过模拟 51 种浮游生物在世

---

① 衛星画像をAIで解析、赤潮発生予報——宇宙新興企業が開発着手. 读卖新闻, 2020-04-23. https：//www. yomiuri. co. jp/science/20200423-OYT1T50191/.
② Kunstig intelligens kan revolusjonere varsling av sjøis. UiT The Arctic university of Norway. https：//uit. no/nyheter/artikkel? p _ document _ id = 682910& fbclid = IwAR3YL31l0q3SmktZ0TIZGchQREqVGIjNOgyr5yN4LS3wiG52h_QOAc3VjvU#.
③ Kunstmatige riffen houden mariene ecosystemen mee in de gaten. 2020-12-17. http：//www. vliz. be/nl/news? p=show&id=8629.
④ NEC and JAMSTEC develop AI-based system for measuring microplastics in the ocean. NEC, July 3, 2020. https：//www. nec. com/en/press/202007/global_20200703_01. html.
⑤ Jim Leape, Mark Abbott, Hide Sakaguchi. Technology, Data and New Models for Sustainably Managing Ocean Resources. High Level Panel for a Sustainable Ocean Economy, p16.

界各地海洋表面的聚集情况,分析浮游生物和营养物通量之间的复杂关系,将海洋划分成 115 个不同的生态范围,并将其划分为 12 个上级区域。① 8 月,《科学报告》刊文称,美国宾夕法尼亚州立大学研究人员开发了一种基因分型"芯片",这是首次对珊瑚进行基因分型,将有助于对珊瑚的保护工作。②

二是监控非法活动,改变海洋管理活动方式。2020 年 6 月,澳大利亚联邦科学与工业研究组织与美国微软公司建立了全新的合作伙伴关系,共同利用 AI 及其他先进的数字技术,应对包括非法捕捞、海洋垃圾在内的全球挑战。这项实践通过分析高分辨率相机及水下麦克风收集的数据,监测当地水域的非法捕捞活动。此外,科研人员还通过分析河流及雨水排水沟视频,确定海洋垃圾类型和数量,为随后工作提供必要的信息支撑。③

第三节 人工智能触发海洋军事革命

AI 在军事上的应用主要包括整理数据和执行任务,前者可以通过搜集、处理大量数据信息,帮助决策者快速做出决策,后者则可以减少伤亡数,实现原本不可能的新任务。④ 由于 AI 的应用为大国塑造军事优势和小国弥补自身实力劣势提供机遇,⑤ 各国竞相推动研发 AI 在军事领域的应用,也进一步促进军事领域 AI 的快速发展。大数据与 AI 的结合,很大程度上改变了海上力量的对比情势。

---

① How Machine Learning Redraws the Map of Ocean Ecosystems. Eos, June 2, 2020. https://eos.org/articles/how-machine-learning-redraws-the-map-of-ocean-ecosystems.
② Sam Sholtis. New tool for identifying endangered corals could aid conservation efforts. PennState, August 24, 2020. https://news.psu.edu/story/629300/2020/08/24/research/new-tool-identifying-endangered-corals-could-aid-conservation.
③ CSIRO and Microsoft partner to tackle plastic waste, illegal fishing, and efficient farming. csiro, June 16, 2020. https://www.csiro.au/en/News/News-releases/2020/CSIRO-and-Microsoft-partner-to-tackle-plastic-waste-illegal-fishing-and-efficient-farming.
④ George Galdorisi. The Navy Needs AI, It's Just Not Certain Why. May 2019. https://www.usni.org/magazines/proceedings/2019/may/navy-needs-ai-its-just-not-certain-why.
⑤ 仇昊,梁遒. 防止人工智能在军事上的滥用. 环球网,2019-10-25. https://baijiahao.baidu.com/s?id=1648301428636621259&wfr=spider&for=pc.

一、各国推进人工智能在海洋军事领域研发运用

运用 AI 的自主或半自主武器装备应用到战场尚需时日,但美国海军正在加紧推进技术研发,① 为"未来战争"做准备。2020 年 8 月,美国 NOAA 与海军签署谅解备忘录,就海上无人系统及其管理政策建立合作伙伴关系,这是推进美国《海洋技术商业合作法案(2018)》的结果。近期,NOAA 制定了无人系统路线图,将与联邦机构共同开发。而 NOAA 与海军将在海上无人系统的测试与评估方面合作,此外还将开发自主技术,保障海上无人舰艇避让其他船只并遵守国际海上避碰规则。对于海军而言,无人系统将配备多种传感器用于监测;对于 NOAA 而言,传感器将有助于更好地了解研究难度大的物种(如鲸)或海水盐度随时间的变化情况。② 此外,5 月,美国机器人公司 RE2 Robotics 获得美国海军研究办公室 250 万美元资金,在"灵巧的海上操纵系统"(DM2S)项目下继续其技术研发和商业化进程。该项目的第一阶段开发了一个灵巧的水下机器人系统,能够在海洋环境中进行远程操作。下一阶段,RE2 将扩大和升级机器人双臂的能力。RE2 的 DM2S 技术将为美国海军人员提供自主执行反水雷(MCM)任务的能力。③ 除推动与合作伙伴的研发合作外,美国也积极鼓励海岸警卫队等机构运用无人系统技术。11 月,美国海岸警卫队海域态势感知委员会发布的《利用无人系统执行海岸警卫队任务》报告称,随着无人系统不断发展并在军事部门和联邦机构得到实际应用,海岸警卫队应该更积极地对其加以利用。海岸警卫队应制定一个高层战略,包括关键目标和可采取的步骤,以充分利用无人系统技术(包括无人驾驶的空中、水面和水下设施以及可能有乘员但具备一定遥控功能的

---

① Christian H. Heller. The Future Navy—Near-Term Applications of Artificial Intelligence. Naval War College Review. 2019, 72(4): Article 7, p6.
② NOAA, U.S. Navy will increase nation's unmanned maritime systems operations. August 4, 2020. https://www.noaa.gov/media-release/noaa-us-navy-will-increase-nation-s-unmanned-maritime-systems-operations.
③ RE2 Robotics to Add Autonomy to Dexterous Maritime Manipulation System. Seapower, May 27, 2020. https://seapowermagazine.org/re2-robotics-to-add-autonomy-to-dexterous-maritime-manipulation-system/.

车辆和非交通工具的系统)。①

除美国之外,英、韩等多国也扩大 AI 在海军的应用和部署。2020 年 8 月,英国皇家海军与国防科学技术实验室(Dstl)及国家海洋学中心(NOC)更新并扩大了水下合作谅解备忘录,将在海洋自主系统部署和收集海洋数据的新型传感器的试验和测试方面进行合作。谅解备忘录将扩大皇家海军在自动化和机器人水下系统的应用和部署能力,包括启用国家海洋设备库(NMEP)中的海洋自主机器人系统(MARS)船队内的设备,如海洋滑翔机、遥控水下机器人、水面和水下自主航行器及"RRS 詹姆斯·库克"号研究船和"RRS 发现"号研究船。同时开发海洋自主系统(MAS)并应用于国防场景。② 根据《国防科学技术创新促进法》,韩国韩华系统公司与韩国科学技术院、韩国船舶与海洋工程研究所、东国大学联合开发搭载 AI、可与人类平等交战的"群集无人水上艇运用技术"。群集无人水上舰艇可靠近地方海域进行 24 小时监视侦查、探索和应对,清除海上地雷,快速确保主要港口航道安全,并应对多数敌军水上势力的渗透。③

二、人工智能助力极地安全能力建设

对于北极地区深受犯罪和包括生态恐怖主义在内的恐怖主义问题的困扰相关国家,④ AI 则有助于更广泛地监控并协助开展北极安全治理。基于上述原因,俄罗斯逐步将 AI 用于极地安全能力建设。俄罗斯此前已经在国防部建立了主要研究和测试机器人中心(MRTRC)。该中心创建了俄罗斯海

---

① More Strategic Approach Needed for Coast Guard to Exploit Advancements in Unmanned Systems Technology. national academy,November 12,2020. https://www.nationalacademies.org/news/2020/11/more-strategic-approach-needed-for-coast-guard-to-exploit-advancements-in-unmanned-systems-technology.
② NOC renews Memorandum of Understanding with the Royal Navy and Dstl. National Oceanography Centre,August 14,2020. https://noc.ac.uk/news/noc-renews-memorandum-understanding-royal-navy-dstl.
③ 한화시스템,북해상침투대응할 'AI 장군' 띄운다. 2020-06-22. https://www.sedaily.com/NewsView/1Z44JXEFFB.
④ Lin P,Allhoff F. Arctic 2.0: How Artificial Intelligence Can Help Develop a Frontier. Ethics & International Affairs,2019,33(2):197-198.

洋信息和测量网络,目的是在北极进行定期观测。① 2020年6月,俄罗斯开始在北极地区尝试使用无人机取代直升机,以节省资金和减少潜在的飞行人员风险。目前,俄罗斯至少有两家大型公司已经参与研发并开始测试适合北极地区飞行的无人机,这种无人机的载荷更高、航程更远。俄罗斯政府对北极无人机研究项目给予了资助。俄罗斯军方表示,正在考虑使用无人机保护其在北极和远东偏远地区的边境。②

除俄罗斯外,美国也积极推动AI在极地安全能力建设方面的应用。2020年9月,美国海军与伍兹霍尔海洋研究所签署一份价值超过1 200万美元的合同,用于开发无人潜航器和浮标及其网络通信和数据共享基础设施。由美国海军研究办公室负责管理的"北极移动观测系统项目"(AMOS)(也被称为"创新的海军原型")正在开展声学导航网络、分布式通信系统、网关浮标节点和无人驾驶载具的设计、开发、整合和测试工作,未来将帮助美国海军监控在北极海域的海上行动。③

第四节 海洋领域人工智能未来挑战与重点领域

一、人工智能挑战现行海洋法律与秩序

一是AI造成数字鸿沟。回顾历次工业革命进程,科学进步、市场需求是工业革命出现的必要条件。对于第四次工业革命,即智能化时代而言,充足的人力、资金保障是一国迈入智能化时代,发展AI的基本保证。因此,当今世界发达国家和新兴国家成为人工智能发展的领头羊,但众多发展中国家尤其是最不发达国家,可能面临AI、信息化鸿沟被日

---

① Vadim Kozyulin. Militarization of AI, working paper was prepared for a workshop, organized by the Stanley Center for Peace and Security, UNODA, and the Stimson Center. on The Militarization of Artificial Intelligence, p2.
② Russia to Replace Helicopters With Drones in Inhospitable Arctic. the moscow times, June 23, 2020. https://www.themoscowtimes.com/2020/06/23/russia-to-replace-helicopters-with-drones-in-inhospitable-arctic-a70661.
③ The Navy Is Building A Network Of Drone Submarines And Sensor Buoys In The Arctic. the drive, OCTOBER 1, 2020. https://www.thedrive.com/the-war-zone/36821/the-navy-is-building-a-network-of-drone-submarines-and-sensor-buoys-in-the-arctic.

益拉大的挑战。① 一方面，AI 领域领头羊国家起步早，纷纷开展技术研发，将 AI 应用于探索海洋新疆域，但大多数发展中国家却仍然停留在近海资源开发甚至传统手工捕捞阶段。因此 AI 和信息化鸿沟的不断加大造成资源分配的不平等，从而进一步拉大贫富差距。另一方面，目前，美国国防部高级研究计划局（DARPA）已经授权开展"海洋物联网"［Ocean of Things（OoT）］项目研究，目的是通过部署成千上万个小型低成本浮标，形成分布式传感器网络，实现持久的海域态势感知。② 新科技霸权将无形中提升大国的主导地位，并使大多数发展中国家被迫增加对大国的依赖。

二是 AI 激发海洋安全风险。一方面，目前 AI 领域发达国家纷纷推动军事力量智能化转型。2014 年 8 月 5 日，时任美国国防部常务副部长罗伯特·沃克称美国需制定新的第三次"抵消战略"，用于维持技术优势，而其中有 80%的项目与 AI 技术密切相关。③ AI 可能引发的军备竞赛将增加各国海上安全风险。另一方面，AI 技术的广泛运用可能引发海上误判。为干扰对手判断，AI 正在使越来越逼真的照片、音频和视频进行"深度造假"。④ 如海上力量通过伪造舰船信息增加行动隐蔽性，则可能引发严重误判时间，同时也将侵蚀各方信心。

三是 AI 挑战现行国际法和国际规范。一方面，AI 挑战沿岸国主权。与有人驾驶装备相比，AI 无人系统具有隐身性强、小型化的特点，极为适合完成渗透侦察任务。⑤ 沿海国居民打捞出外国无人潜航器的新闻已屡见不鲜。2015 年，美国海军启动了一项名为"前沿部署能源与通信基地"的样机研制项目，计划在约 3 000 米深的海底布设一定数量的水下充电站，

---

① 夏立平，田博. 论国际新智缘政治的范式与影响[J]. 同济大学学报（社会科学版），2020（6）：53-63.
② John Waterston. Ocean of Things, Defense Advanced Research Projects Agency. https://www.darpa.mil/program/ocean-of-things.
③ 仇昊，梁逵. 防止人工智能在军事上的滥用. 环球网，2019-10-25. https://baijiahao.baidu.com/s?id=1648301428636621259&wfr=spider&for=pc.
④ Congressional Research Service. Artificial Intelligence and National Security, p. 12.
⑤ 李享，罗天宇. 人工智能军事应用及其国际法问题[J]. 信息安全与通信保密，2021（1）：99-108.

可绵延数百千米,使用寿命超过20年。① 随着技术的不断进步,AI水下设备续航能力、隐蔽性不断提高,给沿岸国主权带来巨大挑战。另一方面,拥有AI技术的科技公司拥有并掌握大量数据和信息,为非国家行为体介入全球海洋事务提供了基础,减损了主权国家的权力。

二、海洋领域人工智能未来重点领域

一是AI设备在海洋军事领域更具效率和隐蔽性。2018年7月,美国海军陆战队成功测试了单人单次控制6架无人机,并希望未来能提高到15架。② 未来AI设备运用将更注重效率,减少人力成本使用。此外,随着水下无人系统(UUV)技术发展和任务难度提升,单一UUV在大范围内作业的时效性、鲁棒性和灵活性等方面表现出明显不足,未来AI设备将更加注重多任务集群技术(Swarm)发展。③

二是海洋领域学科交叉在AI领域进一步体现。首先,AI的目标和理念发生重要转变,从过去追求"用计算机模拟人的智能"转变为用机器与人结合成为增强的混合智能系统。其次,社会和市场对AI应用的需求急剧扩大。④ 未来,海洋自然科学、社会科学等多学科交叉融合将在AI领域得到体现。对海洋气象、生物、地质的探究将进一步推动AI相关规则与法律的更新或重构。

三是AI运用引领海洋产业变革。由于AI具有巨大的数据量和自主学习能力,未来AI的运用可极大提升海洋产业效率,减少安全事故,助推可持续发展。一方面,AI虚拟助手能帮助提升海洋产业的安全性和效率。据

---

① 马晓晨,白旭尧. 美国海军无人潜航器水下充电站进展分析. 蓝海星智库,2021-03-18. https://mp.weixin.qq.com/s?__biz=MzA5NzM2NTY2NA==&mid=2650235167&idx=1&sn=6a29334495e7ec0854564fc11f1a6689&chksm=88a23ad0bfd5b3c6747187e34f183767e82ca9267929cc2bcea103aec9d62db11c8fa770b265&mpshare=1&scene=1&srcid=0318Pg5GXRhmthF70s0NiBoK&sharer_sharetime=1616068935663&sharer_shareid=8c7a10d31fad37c1c9dbd4091e32a5c5&exportkey=AvNmiy9jjpUeCafYJujMp2Q%3D&pass_ticket=sGlnCIq7iKDvU06MGVl%2Bl7YXhLXYu73nhu4tOnyufbco8C6gtBXhZboNaD36oLWf&wx_header=0#rd.
② 李磊,王彤,蒋琪. 从美军2042年无人系统路线图看无人系统关键技术发展动向[J]. 无人系统技术,2018(4):79-84.
③ 赵留平,李环,王鹏. 水下无人系统智能化关键技术发展现状[J]. 无人系统技术,2020(6):12-24.
④ 潘云鹤. 人工智能要瞄准学科交叉前沿. 中国科学报,2020-09-03(3). http://news.sciencenet.cn/sbhtmlnews/2020/9/357487.shtm.

估计，超过75%的海洋事故涉及人为错误，主要表现为疲劳、沟通不足、判断力差和违规操作。[①] AI 配备雷达、GPS、传感器、摄像机、卫星等的应用可以有效规划路线并避免风险。此外，AI 运算能力帮助涉海企业公司处理庞杂信息，减少人工成本，使港口、码头、养殖场等海上项目实现无人化管理，有效提高生产效率。另一方面，AI 可以助推海洋产业向可持续发展转型。如 AI 有助于识别非法捕捞活动，推进科学家和政府机构建立世界渔业模型。此外，通过精确计算和预测，AI 也可为海洋产业提供最高效的能源消耗模式，通过降低能耗，有效促进产业向可持续发展转型。

---

① Pham Mai Ngan. AI Applications in the Maritime Industry. FPT Software，February 27，2020. https：//blog.fpt-software.com/ai-applications-in-the-maritime-industry.

第八章 海洋连通性保护受到全球关注

地球表面约71%被海洋覆盖，海洋天然具有流动性和连通性的特征。作为海洋生态系统保护的重要方式和有效保护的标准，海洋连通性却经常被忽视。2020年，海洋生态系统和生物多样性的连通性保护问题受到全球的重点关注，世界自然保护联盟等组织出台诸多保护标准和通过相关决议，多个沿海国家划设海洋保护区和生态廊道，科学家加强连通性保护相关的理论和技术研究，以促进保护海洋连通性在内的连通性保护。

第一节 海洋连通性保护概述

生态系统的连通性对于维持物种的结构和数量、保护生物多样性具有十分重要的作用。海洋的开放性、流动性使得海洋生态系统的特征更加复杂，同时也使得海洋生态系统对连通性保护的需求极易被忽视。

一、海洋连通性保护相关定义

生态连通性是指"物种的不受阻碍的移动以及维持地球上生命的自然过程的流动"，强调了保护及其各种要素连通的紧迫性，包括季节性迁移以及在大面积荒野地区固有的连通性。生态连通性包括物种的功能连通性和结构连通性，即物种畅通无阻的移动，以及对其移动过程的描述和评估。"功能连通性"描述了基因、繁殖体或个体等如何在陆地和海洋中良好地移动，其中根据已知个体的活动，可以识别提供功能连通性的区域，基因可以提供验证和监测功能，但受数据限制，其在海洋中的应用可能更加困难。"结构连通性"则是对生境之间连通性的衡量，基于生境物理特征及陆地和海洋生境斑块的特征，与生物个体之间的关联不大。

此外，连通性保护还包括两个至关重要的术语："生态廊道"和"生态保护网络"。生态廊道是指包括陆地、内陆水域、海洋和沿海地区及其组合等明确界定的地理空间，也包括地下、海底和水体空间，经过长期治理和管理，以保持或恢复有效的生态连通性。生态廊道是连通核心生境所不可或缺的关键要素，"确保物种不受阻碍的移动以及维系生命的自然过程自由进行"，也通过提高物种迁移安全性增强对气候变化的适应性。生态保护网络是指与生态廊道相连接的保护区和其他有效的区域保护措施等核心生境系统，在支离破碎的系统中建立、修复和维护生态廊道，以保护生物多样性。生态廊道作为生态网络的"黏合剂"对维系连通性具有关键作用。

二、海洋连通性保护的必要性

建立自然保护地无法完全解决全球生物多样性危机，必须高度重视生态连通性的保护与恢复。自然生态系统的破坏和破碎是全球生物多样性危机的一个关键原因。生态连通性的中断或缺失是由于人类导致的"碎片化"，即栖息地、生态系统或海洋利用类型被分割成越来越小的地块。在近海，由于人类对海洋的过度利用以及利用形式的多样化，海洋连通性的破坏更加明显，远海区域的连通性也受到气候变化、远洋渔业捕捞、航运等自然和人为因素的破坏。

保护区是海洋等领域自然保护的基础，尽管保护区和其他有效的区域保护措施至关重要，但在许多区域，这些措施已无法充分保护海洋生态系统和环境，物种、生态系统和生境的保护只有在保护区域功能相连的情况下才能实现，需要采取积极措施来恢复、维持或加强保护区与其他有效的区域保护措施之间的生态连通性。相对陆域而言，保护海洋及海岸带生态连通性要求更高。海水天然具有流动性特点，海洋生物的迁徙及洄游特性显著，海洋地质特征、洋流、季风、潮汐等对不同海洋生物过程的影响程度不一，这些对保护海洋及海岸带生态连通性提出了较高要求。一项对全球746个海洋保护地的审查发现，其中只有11%将连通性视为管理考虑因素，大多数国家在落实爱知目标11的互连互通部分方面明显滞后，迫切需要对海洋生态廊道实施保护，构建大型海洋生态保护网络。

此外，海洋连通性保护对海洋植物的生存也至关重要。美国国家航空航天局（NASA）的科学家利用模型，模拟发现了全球红树林繁殖体通过海洋扩散和连通的机制。研究表明，红树林建立了横跨大西洋、太平洋和印度洋的"纵向"沿海运输和"横向"跨洋运输通道，只有美洲和非洲大陆间未观察到红树林的连通性。群岛是红树林运输通道的"垫脚石",如加拉帕戈斯群岛、波利尼西亚、密克罗尼西亚和美拉尼西亚。该研究结果有助于更好地了解全球红树林物种分布及其对全球气候变化的响应,并指导未来红树林研究计划。

三、海洋连通性保护的理论基础

在支离破碎的海洋景观中,必须高度重视连通性,这对许多海洋物种、溯河洄游物种和两栖物种至关重要。海洋连通性保护需要在地方、区域和全球层面以及已进行不同程度的人类改造的环境中进行,而且从珊瑚礁、海草床等小尺度区域到岛屿链、海洋热液喷口生态系统等大尺度区域的连通性管理都是可行的。许多大型保护区都在寻求将陆地、淡水和海洋的保护区连接起来,相关案例包括:墨西哥、美国和加拿大从下加利福尼亚半岛到白令海峡的保护区,澳大利亚的大分水岭倡议,南美的亚马孙区域淡水连通性保护,美国和加拿大的黄石至育空保护倡议,斐济的瓦图伊拉海峡。公海地区的保护也离不开海洋连通性。2019年,英国国家海洋学中心领导开展的一项新研究表明,国家管辖范围以外区域和沿海水域之间的生态连通性是通过两个不同的过程实现的:被环流驱动的连通性和迁徙连通性,正在进行的BBNJ协定谈判需考虑海洋连通性问题。

连通性保护还以岛屿生物地理学和原种群理论为基础。岛屿生物地理学理论指出,在一个岛屿上,新物种到达和原有物种灭绝的比率取决于岛屿的大小和形状以及它与大陆的距离。复合种群理论指出,许多空间上不同的亚种群可以通过个体的移动重新连接起来,从而导致基因交换和重新形成已灭绝的亚种群的可能性。这些理论指出,随着时间的推移,面积更大、联系更紧密的地区有可能保持更高的生物多样性,提出了提高连通性和建设大规模陆地、淡水和海洋景观保护的生态网络需求。

第二节 海洋连通性保护方法

除建立海洋保护区和实施其他有效的区域保护措施之外,还需要提高海洋保护区域之间的连通性,以提高各类措施的保护成效。一般通过建立海洋生态廊道和生态网络,构建各栖息地与生态系统之间的联系或形成大型保护区,以改善海洋生态系统的连通性。

一、海洋生态廊道

海洋环境中的生态廊道可以连接海洋保护区或其他重要的海洋、沿海和河口栖息地,支持海洋哺乳动物、鱼类、爬行动物、无脊椎动物、植物和藻类等海洋生物的生命过程。

(一)保护海洋生物迁徙

海洋生态廊道作为海洋生态保护网络的基本要素,可以保护已知的迁徙路线和瓶颈地带,如易受人类活动影响的岛屿之间的区域,支持在生命周期的不同阶段生活在不同环境中的物种。许多幼年鱼类和无脊椎动物会在数天或数月的时间里通过洋流分散,然后定居在珊瑚礁或其他基质上,某些鱼类可能需要迁徙才能到达产卵聚集地点,而海龟在海滩筑巢,再由沿海水域进入公海。对于海龟和鲸等大型海洋生物来说,生态廊道对其生存至关重要。

(二)为海洋保护区提供补充

生态廊道也具有促进海洋保护区的作用,连通不同区域的海洋物种种群。考虑到洋流和潮汐对生物过程的影响程度,海洋生态廊道可能需要相当大的范围。例如,已得到正式认可的座头鲸等海洋物种生态廊道,范围可以从国家管辖海域的海洋保护区覆盖到公海。同时,海洋生态廊道可以相对较小,以保护某一物种几千米的迁徙,如澳大利亚圣诞岛上的红蟹。

(三)混合生态廊道

混合生态廊道包括陆地、淡水和海洋环境中的两种或全部3种,对于生命周期不同阶段生活在不同环境的物种,应大力保护陆海洄游路线和迁徙关键地带,为此应划定和保护横跨远海、近海、河口、淡水与陆域的混合生态廊道。例如,横跨海洋和河口地区进入淡水河段的生态廊道可能促进溯河和降河性鱼类的基本生命周期运动,这些鱼类在海洋和淡水环境中广泛分布,必须建立生态廊道保护重要的迁移路径。连接陆地与海洋保护区的廊道也维护了迁徙鸟类等物种的生态过程。

(四)海洋生态廊道的划定

海洋生态廊道需基于海洋生态系统特点,具有一定灵活性。海洋的开放性和易受气候变化影响的特点,要求相关管理机构应在明确生态廊道边界的基础上实施动态管理,及时根据洋流、海冰、海温等因素调整管理边界和相关措施。在某些情况下,生态廊道可以是不连续的,如在候鸟迁飞路线上的滨海湿地和海龟长途迁徙路线可采取"垫脚石"保护模式。海洋保护地中的垂直分区保护具有争议性,海洋生态廊道应根据不同情况,在垂直层面进行有效管理,最大限度地实现连通性目标。

在实现连通性保护目标的情况下,海洋生态廊道还可以穿过已被高度管理的区域,兼容人类活动,实现资源的可持续利用,如其中可包括捕鱼及生态旅游区域。

(五)海洋生态廊道治理机制

为履行国际条约规定的义务及承诺,海洋生态廊道治理应纳入国家法律,并制订详细的管理和行动计划。生态廊道规划中应包括对管理行动、修复行动的介绍,并列出禁止或允许的活动。对于穿越生境质量较差地区的廊道,应制定恢复计划和衡量标准。生态廊道的文件应包括监测和评价计划,以及确保实施该计划所需资源的战略。生态廊道管理当局应开展规划和实施监测,以跟踪进展,评估实现既定目标的有效性,并根据结果调整管理策略。监测和评价应支持采取适应性的管理方法,并考虑到气候变化的影响。

海洋生态廊道应有明确功能目标与空间边界。划定海洋生态廊道,应基于大量科学观测与研究,明确物种保护或生态过程维护的特定目标,有效维持或恢复生态连通性,并与保护地等长期自然保护和维护生态系统服务的功能进行区分。同时,海洋生态廊道必须是"明确界定的地理空间",并在三维空间进行具体定位,但应有清晰的空间边界。海洋生态廊道可以部分或全部由自然区域组成,亦可在明确管理方案的前提下穿越牧场、旅游区等人类低强度开发区域和资源可持续利用区域。

保护区和其他有效区域保护措施的治理类型同样适用于生态廊道,如政府治理或私人治理。但海洋环境中的治理,需考虑到该区域的使用权问题，如沿海区域及其资源的使用权归属因国家规定而异。此外，大型海洋生态廊道的使用权归属较为复杂，需要大范围的协调与合作，以避免海洋生态景观及廊道的碎片化治理。海洋生态廊道管理应着重考虑空间与资源使用权的归属问题。

海洋生态廊道管理既要排除人类活动的不良干扰，也要适度采取人工修复措施。海洋生态廊道是受一定程度保护的自然通道，故应以正面清单、负面清单或其他特定形式明确生态廊道范围内允许或禁止的具体用途，限制人类活动干扰，与廊道外区域加以区分。此外，对于穿越生境质量较差地区的海洋生态廊道，应积极实施恢复修复行动，促进其更好地发挥自然连通功能。海洋生态廊道管理计划应包括监测和跟踪评价方案，评估实现既定目标的有效性，并根据结果调整管理策略，确保计划的有效实施。

跨越政治边界的海洋生态廊道需要建立国际治理机制。生态连通性往往跨越国界，海洋生态廊道的划定应以生态连通需求为基础，而非地理或政治边界。在跨越政治边界的地区，需要建立国际治理机制或框架，对生态廊道的管理进行协调，如东亚—澳大拉西亚迁飞路线伙伴关系。跨国海洋生态廊道的划定和治理，可以作为一种综合的、跨领域的机制，推动各国国际承诺及《生物多样性公约》等国际治理目标的实现。

完善海洋生态廊道治理及实施机制，以保证海洋生态廊道的长期性。海洋空间规划和海洋景观分区是生态廊道管理相关的重要法律及实施机制，这些机制因生态廊道的不同应用背景而异。在保护目标不变的情况下，生态廊道将持续存在，应制定一种持续的治理与实施机制，以便不同的管理者能够有效执行、定期审查。根据大型海洋脊椎动物的迁徙路线、海洋不断变化情况，在海洋生态廊道的设计与管理中还需要考虑动态廊道。

二、大型海洋保护区与海洋生态网络

由于陆域空间受人类干扰较为严重，已基本丧失通过建立大型保护区将生态连通功能囊括在保护地内的可能性，在保护地外划定生态廊道是"不得已而为之"。海洋情况不同，由于人类对海洋侵占和破坏程度相对较低，仍有建立海洋大型保护区将生态廊道囊括在保护范围内的可能性。无论是陆地、内陆水域、沿海或海洋区域，还是这些区域的组合，应明确生态廊道边界，并确保该边界可以随时间和空间的变化而移动。考虑到海洋地质特征、洋流、季风、潮汐等对生物过程的影响程度，生态廊道应保证足够的空间，以实现长期的生态连通性目标，这意味着建立大型海洋保护区和海洋生态网络日趋普遍化。

各类科学研究强调，应建立大型海洋保护区，以保护受到严重威胁的迁徙物种。2020年，非政府组织"海浪之下"(Beneath the Waves)领导的一组国际科学家在《科学》杂志发表文章呼吁，政府必须为加勒比地区受到威胁的高迁徙物种提供更大的空间保护，建立大型海洋保护区。大型海洋保护区旨在保护和连接大型远洋生态系统，增强生态过程，其最大的好处之一是保护高度迁徙物种，如鲨鱼可长途游动跨越多个国家专属经济区。目前全球有33个大型海洋保护区，但没有一个位于加勒比海。虽然在加勒比地区建立海洋保护区的历史悠久，但并没有考虑到迁徙物种所需的海洋栖息地和连通性。

近期，国际上建立海洋大型保护区及海洋生态网络的实践日益增多，包括澳大利亚和美国的海洋保护区网络、美国帕帕哈瑙莫夸基亚国家海洋保护区等。2020年，土耳其政府宣布将350平方千米的沿海区域划设为海洋保护区，不仅提供了新的保护区域，也连接了现有的保护区，扩大了地中海沿岸现有海洋保护区网络，帮助解决土耳其沿海过度捕捞、沿海开发和旅游业造成的威胁，保护该地区的濒危物种及其栖息地，加强整个沿海生态系统的恢复能力。

第三节　海洋连通性国际进展及实践

海洋连通性的保护日益受到国际社会重视，《保护野生动物迁徙物种公约》(CMS)、《生物多样性公约》等国际公约及相关文件中增加关于海洋连通性保护的规定，世界自然保护联盟等国际组织出台相关指南指导各方开展海洋连通性保护工作，许多国家和地区也制定专门法律加强连通性保护。

一、国际公约

2010年，《生物多样性公约》缔约方通过了一项10年生物多样性战略计划，其中包括20项爱知生物多样性目标。爱知目标11提出，到2020年，地球受保护的面积将增加到陆地和内陆水域的17%，海洋和沿海地区的10%，形成"有效、公平管理、具有生态代表性和良好连通的保护区系统。"①其中明确提出将连通性作为衡量陆地和海洋生态保护质量的重要指标。2020年1月通过的《2020年后全球生物多样性框架预稿》提出了2030年的行动目标，要求到2030年实现面积、连通性和完整的净增加，同时保持现有的完整区域和荒野。

CMS为各国采取行动促进生态连通性提供了全球性平台。2020年2月召开的CMS缔约方第十三次会议确认，维护和恢复生态连通性是CMS首要任务之一，强调加强保护区连通性的紧迫性。

此外，许多全球、区域公约和国际计划的执行，也推动了各国开展海洋连通性保护工作，全球公约如《联合国海洋法公约》《保护世界文化和自然遗产公约》《拉姆萨尔公约》《联合国气候变化框架公约》，以及联合国教育、科学及文化组织的人与生物圈计划等，区域公约包括《养护自然和自然资源非洲公约》《养护欧洲野生动物和自然生境公约》《联合国国际水道非航行使用法公约》《跨界水道和国际湖泊保护和利用公约》等。

二、国际组织及科研机构

世界自然保护联盟在推动海洋连通性保护方面走在国际社会前列。为有效推动海洋保护地网络和海洋生态系统服务中的连通性保护，加强海洋系统连通性研究，使海洋连通性保护得到持续关注，2018年，世界自然保护联盟世界保护地委员会连通性保护专家组，又专门成立了"海洋连通性工作组"，通过在科学、规划、管理、治理和政策等领域的合作，制定海洋连通性保护政策、项目和措施，强调运用有效方案、原则、方法和工具，恢复和长期维持海洋保护地、海洋生态系统及包括关键生物多样性区域在内的其他生物多样性丰富的海洋区域等的生态整体性。除此之外，还有总部位于美国的非政府组织——大型景观保护中心也致力推动自然保护地的连通性，旨在利用全球连通性保护的知识和经验，制定并实施应对方案，促进全球陆地、淡水和海洋生态系统的连通。世界自然保护联盟已发

---

① 生物多样性公约缔约方大会. 2011—2020年《生物多样性战略计划》和爱知生物多样性目标. http：//www.cbd.int/doc/decisions/cop-10/cop-10-dec-02-zh.pdf.

布《识别关键生物多样性区域全球标准》和《保护区管理应用指南》等文件,并于2020年7月7日,同大型景观保护中心和黄石至育空保护倡议共同发布全球首份保护区域连通性的技术文件——《通过生态网络和生态廊道加强保护区连通性指南》,基于学术研究成果与25个国际案例,阐明了陆海生态廊道为自然保护地提供生态联系的重要价值,提出构建陆地及海洋生态廊道和生态网络的规划与管理建议,对指导各国科学界定与保护各类生态廊道具有重要意义。

《保护地球报告2018》评估了爱知目标11的进展情况,指出保护区代表性和连通性(PARC)指数显示,在2000—2012年间,尽管划定了新保护区,但全球的连通并未取得进展;迄今为止,还未曾对海洋保护区之间的连通性进行评估;许多国家,包括美国、墨西哥、俄罗斯、中国和澳大利亚等大国,可能需要划定新保护区以促进保护区连通,特别是在连通性战略性位置进行定向认定,以便使这些保护区成为现有保护区之间的通道或垫脚石。

2020年7月,欧洲海洋专家在巴黎举行的欧洲海洋理事会会议"EurOCEAN2019"上发布《航行未来V》报告,内容涵盖三维海洋研究,强调需要关于海洋连通性的跨学科研究计划,包括对连接海洋系统各组成部分(即物理、化学、生物学、地质学、生态学和人类)的功能链接的更多了解。将海洋生态系统的三维结构和功能更好地纳入管理和保护实践中。①

2020年9月,世界保护监测中心与全球伙伴合作开展的研究指出,公海保护战略需要考虑海洋的连通性。由于海洋的连通性和物种的迁移模式,公海的变化可能会严重影响各国领海的生态系统,反之亦然。野生动物不受国际边界限制,因此以区域为基础的管理工具在支持生物多样性的可持续利用和保护方面非常重要。特别是由于人类活动和技术进步,近海能源和矿物开采、捕鱼正日益增加,对海洋及其生物多样性构成潜在威胁。制定区域和跨界保护战略,包括公海保护战略,需考虑海洋的连通性和动物迁徙活动。

三、区域及国家法律和实践

国际、国家和地方层面发展了各种形式的创新解决方案,这些措施建

---

① 欧洲海洋专家在巴黎举行欧洲海洋理事会会议. http://aoc.ouc.edu.cn/2020/0805/c9829a294582/page.htm.

第八章　海洋连通性保护受到全球关注

议正式承认生态廊道，以发展保护网络，确保有效保护生物多样性。欧盟"自然2000"涵盖陆地、淡水和海洋环境，适用于所有欧盟成员国，以及《水、海洋战略和海洋空间规划框架》等指令。许多国家和地区已采取多种方法加强生态连通，并制定了生态廊道法律和政策，但相关政策和措施以加强陆地生态系统的连通性为主。不丹、哥斯达黎加和坦桑尼亚等国家都颁布了廊道相关法律，美国众议院通过了有史以来首个《国家野生动物廊道保护法案》，新罕布什尔州、新墨西哥州、俄勒冈州等也通过了与生态连通性相关的立法法案，克罗地亚、印度、肯尼亚、马来西亚和荷兰采取国家措施解决连通性的价值问题。

加利福尼亚的海洋保护区网络是公认的典型范例。加利福尼亚州拥有世界上最大的海洋管理项目之一，拥有119个海洋保护区和5个州海洋休闲管理区，总面积为852平方英里。海洋连通性是海洋保护区网络设计中需要考虑的重要因素，连通性影响着保护区规划人员如何决定一个保护区的最小面积。① 加利福尼亚的海洋保护区网络包含国家海洋保护区（禁捕区）、国家海洋保育区（禁捕区）、国家海洋保育区（限捕区）、国家海洋公园（限捕区）、国家海洋休养管理区（禁捕区或限捕区）等类型，彼此之间相互连通，以有效保护当地种群。②

印度尼西亚西巴布亚省的拉贾安帕特群岛由4个主岛及上百个小岛组成，拥有450万公顷的岛屿和海洋，是热带海洋生物多样性的核心地带，海洋资源仍面临着过度捕捞、破坏性捕鱼、不合理的采矿和伐木等威胁。大自然保护协会与其他NGO、当地社区、政府等合作伙伴建立和科学管理具有生态连通性的海洋保护地网络——拉贾安帕特海洋保护地网络，有效保护了当地海洋资源。③

此外，澳大利亚的大堡礁也是海洋生态系统连通性保护的典范。大堡礁公园是一个具有多种用途的海岸公园，由8个不同的用途区组成，通过

---

①② 张茜编译. 海洋生物是如何连通的. 世界科学, 2019(12).
③ 大自然保护协会海洋知识保护中心. 海洋保护地管理. https：//mp.weixin.qq.com/s?__biz=MzIxNDM3OTc2NA==&mid=2247514584&idx=6&sn=e78f57400ba65285e1f9520a4aafa428&chksm=97aa8443a0dd0d5538b325c5c3aa75bbe4cc5cc068a435d1264f56312afa4b886b94545ffc35&mpshare=1&scene=1&srcid=0602k8yuEog0NKj2NGH9DXJa&sharer_sharetime=1622621254661&sharer_shareid=bb83f0a3abeb547fc0c99882133ffc4e&exportkey=ASP%2FKP6C0ZyEBjclkSrpnpE%3D&pass_ticket=ZQE8fQIZQlhEM%2FtCf7%2FP8fDlHadIqupcpEswp1qlIzpU5f46kcj%2F1Kp KX-pb4DiV6&wx_header=0#rd.

保护区的设置和缓冲区活动的管理可以促进垫脚石的连接，从而保持幼虫移动，从近岸到近海生境的迁移，以及成年底栖生物和远洋生物的移动。

2020年，世界自然保护联盟等组织与危地马拉和洪都拉斯政府合作，建立马纳比克角生物廊道，范围涵盖两国马纳比克角保护区之间的5.5万公顷海洋和陆地，包括珊瑚礁、海草、湿地和亚热带森林。该生物廊道建设旨在恢复和促进生物多样性保护，维护生态系统服务。

第九章 2020年全球海上风电发展持续向好

2020年新冠病毒疫情持续的背景下，全球各主要经济体表现不一，导致全球经济复苏、海洋经济恢复存在较大不确定性。尽管如此，全球风电，特别是海上风电发展呈现逆势增长的态势，展示了良好的发展前景。根据国际组织的统计显示：2020年全球海上风电新增装机容量超过6吉瓦，其中，中国海上风电新增装机容量超过3吉瓦位列全球第一；其次是荷兰占比18%、英国占比17%。[①]

第一节 海上风电发展为国际社会瞩目

根据世界海上风电论坛(WFO)发布的报告，2020年全球海上风电新增装机再创历史新高，总容量为5 206兆瓦。2020年有15个新建海上风电场投入运营，分布在东亚、北美和西欧，风场平均容量347兆瓦，其中最大的两个风场都在荷兰投产，而葡萄牙的海上浮式风场Wind Float Atlantic投产对于海上风电发展具有重大意义。截至2020年底，全球已投运海上风电场共162个，全球海上风电累计装机容量32.5吉瓦，比2018年底增长了19.1%。

而针对未来一段时间全球海上风电发展的评估和预测表明，各方均对未来海上风电的发展予以极大关注和期待。

一是海上风电的快速发展将在蓝色经济复苏中扮演重要角色。世界经济论坛指出，海洋产业(如海水养殖、海上风能和海藻行业)将带来可持续增长，为新冠病毒疫情后的绿色经济复苏做出贡献。对这些领域进行有针对性的金融投资可以确保绿色经济增长和发展，提供短期收益并带来长期回报。可持续海洋高级别小组发布报告《2050年可持续海洋经济：估算其收益和成本》认为，海洋保护将带来巨大经济效益，投资于海洋环境将为许

---

① 全球风能理事会. 2020年全球海上风电报告. http://news.bjx.com.cn/html/20200812/1096687.shtml.

多沿海国家提供在新冠病毒疫情危机中实现"蓝色复苏"的可能性，海上风电产业发展将带来就业岗位的大幅增加，但许多国家尚未重视该领域的发展。

二是海上风电发展前景十分广阔。世界银行在其分析报告中发布了世界新兴市场的海上风力技术潜力分析图，认为48个新兴市场具有156亿千瓦的总技术潜力，其中坐底式海上风电潜力为55亿千瓦，浮动海上风电潜力为101亿千瓦，即约为坐底式海上风电的2倍。而据海洋可再生能源行动联盟（OREAC）预计，考虑到资源潜力、技术创新以及政府将海上风电定位为全球能源转型中心的意愿，到2050年，全球完全可以实现1 400吉瓦的海上风电目标。

三是海上风电投资规模、成本控制以及市场潜力都展现出良好的竞争力。美国彭博新能源财经（BNEF）研究报告指出，虽然受新冠病毒疫情冲击，但2020年上半年全球海上风电投资增长迅速，28个新风电场获得价值350亿美元的投资，远高于2019年全年的投资总和。部分原因是技术创新使得行业成本下降超过60%。而中国仍然是世界上最大的可再生能源市场，2020年上半年中国投资总额为416亿美元，比上年同期增长了40%以上。

四是世界主要海洋国家和地区聚焦海上风电，未来将出现新的格局。全球风能理事会（GWEC）分析指出，到2030年，由于亚太地区的指数增长和欧洲的持续强劲增长，全球海上风电装机容量将激增至234吉瓦。GWEC表示，欧洲仍是海上风电的主导地区，但亚太地区的一些国家，如越南、日本、韩国以及美国市场正在迅速加快步伐，并将在未来10年成为显著增长的地区。预计未来几年北美海上风电的部署将加速，到2030年将完成23吉瓦的装机总量。GWEC着重指出的是，亚太地区的活动水平有所提高，中国预计到2030年将新增52吉瓦海上风电装机容量。越南、日本和韩国预计将分别新增5.2吉瓦、7.2吉瓦和12吉瓦海上风电装机容量。

总体来看，在疫情发展以及经济复苏的背景下，海上风电正通过一个又一个国家逐步实现全球性的发展和扩张，从早期的单一个案逐步转变成为区域化、规模化发展。而区域化发展带来了规模扩大、效益提升、稳定的投资和成本持续降低的供应链。同样在各国政策支持和科技创新的环境下，海上风力发电的价格已经下降，在与化石燃料等其他传统能源的竞争中，优势正在逐步显现。随着世界主要海洋国家都提出了本国的气候减排目标，未来海上风电领域将整体向前发展。

第二节 2020年全球海上风电发展热点地区迅速扩大

2020年全球海上风电在质和量方面均呈现飞跃式发展。各主要海洋国家积极布局、加强协作，抢占机遇、着眼未来，海上风电初步形成了欧洲、东亚以及北美3个主要的发展区域，这些区域也代表了全球海上风电发展的建设水平和未来走向。其中，欧洲仍扮演全球领导者角色，装机速度、规模和技术水平快速发展；亚洲地区正在加快步伐，中国的装机容量在世界首屈一指，超过其他任何国家，不仅在地区发挥着领导作用，也在全球风电发展中扮演了重要角色，预计这种影响力将持续到2030年。

一、欧洲

在欧洲，陆上风电一直占据主导地位，但是从最近10年海上风电、陆上风电的累计装机增速来看，海上风电的装机速度显著高于陆上风电，而陆上风电的累计装机增速呈总体下滑趋势，这主要是因欧洲海上风电资源丰富，特别是已经证实地中海、北海、波罗的海以及黑海区域的海上风电潜力十分巨大。欧洲风能协会(Wind Europe)的统计数据显示，2020年新增装机容量291.8万千瓦，累计装机容量仍超过25吉瓦，达到2 501.4万千瓦。

2020年，欧洲在建海上风场平均水深36米(2019年为34米)，平均离岸距离44千米，与2018年的52千米相比略有降低。2020年在建水深最深的风场是水深67米的英国Kincardine浮式项目和水深100米的葡萄牙WindFloat Atlantic浮式项目。

另一方面，欧洲浮式海上风电项目逐步增加。截至2020年底，欧洲安装的漂浮式海上风机总量达到62兆瓦，占全球浮式海上风机的83%以上，在建的还有WindFloat Atlantic(装机总量25兆瓦)和Kincardine Pilot(装机总量50兆瓦)浮式风场。英国Hywind Tampen(装机总量88兆瓦)也已完成投资计划，风场最终目标是比一期Hywind风场造价降低40%。未来10年欧洲将有约7吉瓦浮式海上风电项目开发建设，英国、法国、挪威的计划装机最多,葡萄牙、爱尔兰、西班牙、意大利和希腊也在持续推进。

二、亚洲

2020年,亚洲特别是东亚地区的海上风电项目推进引起了全球关注,这些离不开中国海上风电项目发展的带动作用。而该地区的其他国家,如日本、韩国以及越南在推进海上风电开发方面也已进入实际建设阶段。

虽然受到疫情影响,但是日本国内海上风电开发工作进展较为顺利。日本政府早先确定在对马海峡等具备海上风电商业开发能力的海域推进建设的计划并没有受到疫情等因素的影响。日本丸红株式会社已在秋田县的秋田港和能代港附近建设两座海上风电场,总装机容量为140兆瓦,包括风力涡轮机和陆上变电站,这两座风电场是日本首个大型商业化海上风电项目,项目的总价值约为1 000亿日元(约合人民币63.8亿元)。同时两座风电场的运营和维护工作还将拉动附近能代港的经济发展。

与日本有所区别,韩国通过借助欧洲企业和技术推进本国海上风电发展。韩国政府计划2026年在韩国东南沿海建设4.6吉瓦浮式海上风电项目,未来海上风电产业将会以浮式海上风电为中心。在自主建设方面,韩国石油公司准备利用蔚山港海域的海上油气开发设施,推进漂浮式海上风电项目,预计在2022年6月气田停止生产后,风电项目于2023年投入建设,2026年开始发电。在引进国外企业方面,丹麦沃旭能源公司已经发布了在韩国仁川建设1.6吉瓦海上风电场的项目计划,而韩国水力原子能公司也与西班牙海上风电公司OW Offshore签订"蔚山浮式海上风电场建设项目合作谅解备忘录",将在韩国专属经济区建设1.5吉瓦浮式海上风电场。

在东南亚国家中,越南是积极推进海上风电开发的国家之一,越南沿海地区,特别是南部地区具有非常良好的海上风电开发潜力。2019年生效的越欧自贸协定为来自欧洲的资本和海上风电技术参与越南海上风电开发提供了渠道。目前越南与丹麦两国已经就开发海上风电的基本路线和方针进行了深入的合作。丹麦能源署和越南政府共同审查了海上风电发展路线图,并讨论越南政府可以采取哪些措施来进一步优化实施步骤。丹麦哥本哈根基础建设基金代表新兴市场基金同亚洲石油集团、Novasia Energy公司与越南平顺省人民委员会签署罗干海上风电项目的合作备忘录,项目装机容量达3.5吉瓦。

三、美洲

拜登政府逐步修改特朗普时期的能源政策并积极推进气候变化应对行动，为美国海上风电的发展带来了机遇，计划在东海岸建设的海上风电场数量不断增加。除了为了应对气候变化，美国试图刺激新兴海上风电产业的发展，也是其提升国内能源生产的一部分。据美国风能协会（AWAE）报告，到2030年，美国东海岸开发的30吉瓦海上风电项目将带来8.3万个就业机会和250亿美元的年经济产出，康涅狄格州、马里兰州、马萨诸塞州、新泽西州、纽约州和弗吉尼亚州的目标是在2035年之前投资建设装机量总计25.4吉瓦的海上风电项目。纽约州能源与发展管理局宣布将在2020年发布其第二份1吉瓦级海上风力发电招标书，以及与发展管理局和交通部公开招标2亿美元的港口基础设施建设项目。马萨诸塞州海岸确定将兴建美国首个大型海上风电场——Vineyard项目。新泽西州宣布到2035年开发风电容量7 500兆瓦，到2050年实现100%的清洁能源经济。同时该州还将建造美国第一个专门用于海上风电产业的港口，计划位于特拉华河沿岸，占地30英亩，用于组装和部署涡轮机，另外还有25英亩用于容纳建造涡轮机的制造设施，预计耗资4亿美元、创造1 500个就业机会。位于弗吉尼亚州的美国第二座海上风电场，也是第一座位于联邦水域的海上风电场已经竣工，该项目装机容量2 640兆瓦，距海岸43千米，将为3 000个家庭供电。

在南美地区，智利成为海上风电的积极推动者。智利总统皮涅拉参观了麦哲伦-智利南极大区首府蓬塔阿雷纳斯2020年9月开始运营的风电场，这是麦哲伦-智利南极大区的第二座风电场。该风电场共有3个风力发电机，总装机容量为10.35兆瓦，年发电量达49吉瓦时，相当于蓬塔阿雷纳斯市1.5万户家庭的年消耗量。投入使用后，蓬塔阿雷纳斯市可再生能源发电量占总发电量比重将从目前的3%增至20%左右。该风力发电场的建成还有利于当地生态环境保护，促进可持续发展、提高可再生能源使用率，一直是智利政府的工作重点。除智利外，同为南美国家的巴西也希望通过发达国家的技术开发本国海上风力资源。挪威国家石油公司（Equinor）已向巴西环境监管机构申请了环境许可程序，将在巴西开发4吉瓦海上风电项目。该项目距里约热内卢州海岸20千米，水深在15~35米之间，将需要320台涡轮机，每台涡轮机容量为12兆瓦。

四、其他地区

除欧洲、亚洲和北美等主要地区外，2020年全球其他区域的海上风电事业也在酝酿和推进过程中，全球性的海上风电网络也已初具规模。

在大洋洲，新西兰塔拉纳基区域发展促进机构 Venture Taranaki 发布《海上风电：塔拉纳基的一种新能源机遇》报告称，位于新西兰北岛西海岸的塔拉纳基是发展海上风电的最佳场所，具有符合标准的风力强度和足够的海水深度，其周边奥克兰和惠灵顿地区的用电需求量很大。该机构主任表示，海上风电技术已成为全球范围内大力倡导的新能源技术，但新西兰却仍未对这项关键技术进行全面开发，应当将塔拉纳基作为试点区域，并在今后推广至全国。若新西兰的海上风能得到充分利用，可为该国提供足够30年使用的能源。

而地处北欧的法罗群岛最大能源公司 SEV 决定在法罗群岛建造一个容量在 96~120 兆瓦的海上风电场，以加速能源向可持续电力生产转化。该风电场将建造在托尔斯港附近，预计于2025年投入使用。目前，SEV 正在提交必要的许可证和执照，并进行环境影响评估等必要的调研工作。

在非洲，瑞典浮动多涡轮机平台设计公司 Hexicon AB 和南非风力发电公司 Genesis Eco-Energy Developments 合作探索开发南非海上风电项目。合作旨在共同开发大型浮动风能项目，为南非海洋经济和清洁能源目标做出贡献，并将用于深水部署的平台项目转移至南非市场。

五、存在的问题

随着大规模项目建设和正式运营，海上风电快速开发所带来的问题以及面临的困难也逐步显现。

一是海上风电项目的经济收益仍然面临不确定性。例如2020年日本政府决定将设置在福岛县近海的浮体式海上风力发电设施全部撤除。该项目被定位为福岛核事故后重建的象征，共计投入资金约600亿日元（约合人民币38亿元），建成后政府一度尝试转让给民间，但被认定无望盈利，这给试图推进可再生能源以实现灾后恢复的福岛县带来沉重打击。

二是海上风电与当地渔业活动的矛盾依旧尖锐。全球推进海上风电主要国家都面临这一问题。欧盟部分国家的渔民联合向欧洲议会发表公开信,表示反对海上风能的进一步扩张,要求停止风力涡轮机的建设,渔民担心风力涡轮机建设可能永久破坏海洋生态并影响渔业发展。对于德国联邦政府希望在未来 5 年内将德国北海和波罗的海沿岸风电设施扩张到原来的 5 倍的目标,德国渔业协会公开表示对即将失去的捕鱼区感到不满。韩国全罗南道 20 个水产协会 500 多名水产界人士向政府提交请愿书,坚决反对单方面推进海上风电项目和制定有失偏颇的海洋空间规划。

三是海上风电对生态环境以及当地社会的影响尚不明确。针对英国的海上风电投资发展计划,英国皇家鸟类保护协会(RSPB)警告称这对海鸟生存将带来毁灭性的影响。海上风电场通常架设在沿岸浅水区,也是鸟类觅食区,鸟类可能被卷入风电设备锋利的螺旋桨而丧命。包括野生动物基金会在内的 18 家自然环境保护组织也致函英国首相鲍里斯·约翰逊和英国商业、能源和产业战略大臣,寻求改变海上风能项目的规划,使自然免受海上风电带来的侵害。信中要求:"除了能源开发,还需采取更具战略性的方法来进行补偿和恢复,以便在确实发生自然环境破坏的情况下,采取正确的措施来支持生态系统的恢复。"非政府组织 STP 向经济合作与发展组织(OECD)提交了针对瑞士 BKW 能源公司的投诉,其控告 BKW 投资挪威一个被北极萨米族原住民反对的风力发电项目,该项目侵占了当地萨米人驯鹿群的冬季牧场。STP 活动协调员 Angela Mattli 表示,以牺牲原住民社区为代价向清洁能源的过渡是不可接受的。

第三节　海上风电未来发展趋势

2020 年全球海上风电出现较快发展,除各国普遍积极推进风电项目落地实施外,扶植政策、关键技术以及其他保障措施方面也有了较大改善,为海上风电发展提供了良好的环境。就 2020 年来看,各主要海洋国家、国际组织、行业组织和协调机制的不断深化发展都将为今后海上风电的发展提供便利。

一、各国继续推动促进海上风电发展政策

(一)欧盟制定发展战略

欧盟委员会提出欧盟海上可再生能源战略,以帮助欧盟到 2050 年实现

气候中和的目标。该战略提议,到 2030 年将欧洲的海上风电装机容量从目前的 12 吉瓦增加到至少 60 吉瓦,到 2050 年增加至 300 吉瓦。委员会估计,从现在到 2050 年,要实现其拟议目标,将需要近 8 000 亿欧元的投资。为促进扩大海上能源能力,委员会将鼓励成员国在长期规划和部署方面进行跨境合作。为应对海上风电发展带来的问题,欧洲议会渔业委员会(PECH)发布《海上风能和其他海洋可再生能源对欧洲渔业的影响》研究报告。该研究报告概述了发展海上风力发电场和其他海洋可再生能源对欧洲渔业领域的总体影响。它进一步强调了两个领域可能共存的问题解决途径,描述了最佳实践案例以及经验教训,并提出了政策建议。

(二)各国纷纷调整和修订政策促进海上风电发展

美国众议院自然资源委员会举行《加强海岸社区法案(2020)》听证会,该法旨在修订《外大陆架土地法案》,将海上风电收入的 30% 存入国家海洋与海岸安全基金。

德国联邦内阁批准了《海上风电法》(Wind See G)修正案,确立了 2030 年海上风电扩张目标从装机容量 15 吉瓦提高到 20 吉瓦、到 2040 年海上风电装机容量达到 40 吉瓦的目标。德国联邦海事和水文局(BSH)发布了 2026 年北海和波罗的海专属经济区发展计划初稿,划定了计划用于建设海上风电场的区域,并制定了与陆地电网连接的方案。

英国商业、能源与产业战略部发布《能源白皮书》提出了国家能源发展计划。英国首相约翰逊表示,到 2030 年,英国将实现 10 吉瓦的海上风电目标和 1 吉瓦的浮式风电目标。政府将提供 1.6 亿英镑资金用于升级港口和其他设施,推动海上风电供应链发展。

爱尔兰通信、气候行动和环境部(DCCAE)就海上风能电网发展政策启动咨询,以探索实现爱尔兰海上风能发展计划的最佳模式。海上风能目标必须与国家海洋规划框架(NMPF)保持一致,为海上电网输送模式制定政策框架。

荷兰离岸风电"北海协议"(North Sea Agreement)谈判各方(荷兰风能组织、渔业组织、渔民协会、绿色和平组织、世界自然基金会、鸟类保护局、石油与天然气开采协会等团体)达成初步共识:2030 年后离岸风电再增加 20~40 吉瓦;海洋保护区面积从荷兰专属经济区面积的 4% 扩大到

12.5%。对于大幅减少的渔业空间，政府同意按比例收购渔船，并额外提供渔业研发经费。

日本经济产业省和国土交通省发布《海上风力产业愿景》，确定了日本到2040年使发电能力达到4 500万千瓦的目标，以此作为扩大可再生能源的核心对策。

韩国总统文在寅表示，韩国政府目标是2030年成为世界五大海上风电强国之一。为此制定三大推进方向：到2030年将目前装机容量124兆瓦的海上风电扩大到12吉瓦；积极支持地方政府开发大型园区，改进审批程序以便顺利推进项目；促进民间投资，每年创造8万多个工作岗位，使发展收益能够惠及地区居民。

二、各区域和行业组织不断更新与完善合作机制

八个波罗的海国家（丹麦、爱沙尼亚、芬兰、德国、拉脱维亚、立陶宛、波兰和瑞典）的能源部长和欧盟委员会签署联合宣言，以合作并加快在波罗的海建设海上风能项目。宣言指出，海上风能生产对于实现国家和国际气候与能源目标至关重要。签约国同意加快在波罗的海开发具有商业可行性的海上风能项目，并共同承诺在波罗的海能源市场互联计划（BEMIP）框架下促进相互合作。

海洋可再生能源行动联盟（OREAC）发布了《海洋的力量》报告和《海上风能市场准备情况评估工具包》，概述了发展海上风能市场的路线图和五个基本要素，包括稳定的政策、渠道可见度、资源充足的机构、公众的支持和参与以及竞争性环境。

世界海上风电论坛（WFO）浮式海上风电委员会成立，最新加入的有日本公用事业公司JERA、法国风能行业协会FEE和挪威公司Aker Solutions。海上风电委员会主席Bruno Geschier称："委员会成员已覆盖欧洲、亚洲和北美，期待更多国际领先企业加入，进一步推动各大洲的海上风电建设。"

全球风能理事会（GWEC）成立海上浮动风能工作组，旨在加快该行业的发展，首要行动将是确定海上风能的优先市场。

北欧两大能源巨头丹麦能源公司Ørsted和挪威国家石油公司Equinor联合发起海洋可再生能源行动联盟（The Ocean Renewable Energy Action Coalition），将民间组织、政府间机构和行业聚集在一起，旨在发展海洋可再

生能源，如风能、太阳能、潮汐能等。联盟将代表海上风电行业参加有关气候行动的全球对话，帮助实现2050年二氧化碳减排目标。

三、各国积极投入海上风电科技研发

除了政策和制度安排，各主要海上风电国家积极通过开展技术研发确保海上风电计划的顺利实施。

为提升海上风电经济效益、降低成本，美国能源部授权通用电气公司利用超级计算机进行海上风能研究，通过使用田纳西州橡树岭国家实验室的Summit超级计算机，研究控制和操作海上风电涡轮机的新方法，提高发电效能。而美国能源部国家可再生能源实验室（NREL）、海上风电业务网络和DNV GL联合开发美国海上风能供应链数据库，通过扩展该网络的海上风电供应链注册管理机构，优化美国的供应链。美国政府还为4家机构提供110万美元资金，对休闲和商业渔业、海底栖息地以及海上风电政策进行研究，以指导海上风电开发。

由于风电计划与环境利益产生冲突，瑞典研发新的浮式风力发电机可以放置在100米深度的海域。瑞典技术公司Hexicon支持海上浮动平台的设计，平台可装载两台近200米高的风力涡轮机。虽然目前浮式涡轮机比底置式涡轮机成本要高，但是可以通过扩大规模、批量生产降低其成本。

为解决海上建设对军事活动的影响，美国国防部向欧道明大学拨款77.5万美元，提出一个风电项目选址解决方案，以减轻选址对军事训练和研究的影响。同样，英国政府也将投入200万英镑以开发尖端技术，确保未来的海上风电场不会干扰关键的军事通信。英国国防部及其下属的"国防和安全加速器"（DASA）与相关企业共同开展海上风电对英国防空雷达系统影响解决方案的研究。

四、海上风电仍受到补贴、价格以及投融资的较大影响

海上风能开发一直受到各国政府财政补贴支持，2020年全球主要风电运行厂商成本的降低提升了海上风力发电相对于传统发电的价格竞争力。世界经济论坛指出，海上风电安装和调试费用以及每年的运营和维护成本都非常高，建议采用内置智能传感器并使用机器人和其他自主技术来控制海上工程活动，从调查海床到操作、检查和维护浮动发电机组，这样可以

降低人工风险,并可以更有效地控制复杂系统,评估运行情况。新技术使海上浮动风电场具有更高的成本效益。

此外,许多国家通过拍卖对海上风电提供财政支持,《自然·能源》最新研究文章将德国、荷兰、英国等五个国家的风电场拍卖价格进行了修正统一,比较结果表明,海上风力发电在成熟市场上具有商业竞争力。从各国风电价格来看,德国和荷兰的风电项目已可免补贴。但荷兰计划于2023年建成的 Hollandse Kust Zuid 海上风电场因得不到政府补贴的支持导致经营方瑞典电力公司 Vattenfall 出售该风电场的部分股份。这显示了目前海上风电建设和运行还无法整体摆脱政府的财政扶持和政策倾斜的局面。

第十章　全球珊瑚礁保护修复取得新进展

珊瑚礁生态系统被誉为"海洋中的热带雨林",是地球上生物多样性最为丰富的生态系统之一。[①] 然而,近年来,受全球气温升高、海洋酸化和缺氧、人类不合理活动等不良因素的影响,加重了全球珊瑚礁生态系统的退化,关于珊瑚礁损害的报道迅速增加,珊瑚礁保护修复工作备受国际关注。

第一节　珊瑚礁白化的影响因素研究取得突出进展

珊瑚礁保护修复的关键任务是要明确其白化的影响因素,才能制定出科学有效的保护修复技术方法和战略举措。2020年,珊瑚礁白化的影响因素研究成为科学界研究的热点和焦点,并取得了重大进展,现已明确的影响珊瑚礁白化的因素主要有:气温升高、海洋酸化、海洋缺氧、人类活动、鱼类生物多样性下降和藻类过度生长、全球海洋污染等。

一、珊瑚栖息地减少的重要原因是气温升高和海洋酸化

2020年海洋科学会议上报告的一项新研究显示:珊瑚栖息地减少的重要原因是气温升高和海洋酸化,到2045年,珊瑚礁所在大部分海域将不再适合珊瑚栖息,到2100年,适宜的珊瑚栖息地将所剩不多。发表在《地球物理研究快报》上的最新研究表明:海洋酸化导致大堡礁大部分珊瑚"骨质疏松",大堡礁大部分区域珊瑚骨骼密度降低程度明显,这是首次得到证实的海洋酸化影响珊瑚生长。

二、最新研究显示人类低估了海洋缺氧对全球珊瑚礁的生存威胁

澳大利亚悉尼科技大学在《自然·气候变化》杂志发布最新研究成果

[①] 施蕴文. 广东省珊瑚礁生态保护对策研究. 广东海洋大学, 2018.

称：尽管过去科学家一直认为海水变暖和海洋酸化是造成珊瑚礁死亡的两大绝对因素，但海洋缺氧却可能对珊瑚礁的生存构成更大且更为直接的威胁。在海洋缺氧的情况下，海洋热浪造成的珊瑚礁大规模白化现象将会扩大，珊瑚礁抵御外界压力的能力也会降低。

三、研究表明人类活动严重影响珊瑚礁的恢复力

保护国际基金会的研究人员发现，受人类活动影响较大地区的珊瑚礁恢复速度缓慢。研究人员对印度洋、太平洋和大西洋地区的1 800个热带珊瑚礁进行分析，根据珊瑚礁大小、位置和当地社区在食物和生计方面对珊瑚礁的依赖度，调查了海洋保护区和渔业限制措施的成功率。为了解不同解决方案的效用，研究人员建立了一个全球珊瑚礁生物多样性、渔业丰富度和生态功能数据库。研究结果显示，在人类活动影响较大地区，无论采取何种措施，珊瑚礁都很难恢复；在人类影响轻微至中等地区，实施禁捕式海洋保护区可实现最大的保护成效。

四、鱼类生物多样性和藻类过度生长对珊瑚礁产生重要影响

《自然·生态学与进化》期刊发表研究显示：鱼类生物多样性对热带珊瑚礁生态系统健康产生重要影响；在面临环境变化时，保护鱼类生物多样性是提高珊瑚礁生态系统生存机会的关键因素。由美国夏威夷大学、美国国家海洋与大气管理局等在帕帕哈瑙莫夸基亚国家海洋保护区发现的一种快速生长的藻类，正在扼杀珀尔-赫米斯礁上的大片珊瑚，对珊瑚礁和海洋生态系统构成重大威胁。研究人员将这种藻类命名为Chondria tumulosa，其起源尚不清楚，据观察这种藻类会使整个珊瑚礁、珊瑚、本地藻类和其他生物窒息。

五、全球海洋污染威胁珊瑚礁生存

美国国家海洋与大气管理局国家珊瑚礁监测计划等机构发布《美国珊瑚礁状况报告》，结果显示，珊瑚礁面临的最大威胁是气候变化，包括海水升温和酸化，污水、化肥和农药径流以及流入海洋的其他污染物也被确定为主要威胁。英国布赖顿大学海洋生物学家席欧肯（Corina Ciocan）发表

文章警告，许多用玻璃纤维制造的小船成为废弃物后，会分解成小碎片随洋流移动，伤害珊瑚礁生物生存。报废船只的管理和处置是全球性问题，有些岛国的垃圾掩埋场甚至已经超出负荷，难以处理这种废弃物，但是很少有研究仔细探讨这些废弃物的处置方法。席欧肯呼吁，应开始关注这些物质对人体健康和当地生态的威胁。

第二节 珊瑚礁管理和保护修复的创新性技术手段不断涌现

珊瑚礁管理和保护修复已成为全球海洋生态系统保护修复的焦点问题，国际社会纷纷提出"声音富集"法、培育"耐热"珊瑚、使用人工智能技术手段等创新性珊瑚礁管理和保护修复方案。

最新研究表明白化珊瑚在适当条件下有恢复可能。受气候变化与全球海洋升温的影响，当前珊瑚礁面临严重的白化威胁。2020年3月，澳大利亚大堡礁发生了5年内第三次大规模珊瑚白化事件。此外，东非也出现了大面积的珊瑚白化现象。但是研究显示，珊瑚礁是一种具有自然恢复能力的生态系统，白化的珊瑚并没有完全死亡，在良好的水质和开展可持续捕捞的情况下，中度或轻度白化的珊瑚还有可能恢复。同时，加拿大维多利亚大学研究人员 Julia Baum（朱里亚·鲍姆）及其同事在对圣诞岛珊瑚进行研究后发现，如果人类不强烈干扰，得到共生藻类帮助的已白化珊瑚可能在温暖水域中"康复"。

英国研究人员尝试通过"声音富集"来修复大堡礁。英国埃克塞特大学研究人员自2017年11月在大堡礁附近试用"声音富集"方法以来，在接受观测的白化珊瑚礁生态系统中，鱼类数量已增加了50%。该方法利用从蓬勃发展的珊瑚礁生态系统中获得的声音，通过扬声器将其放大，以此来吸引多种海洋生物聚集。研究人员同时指出，"声音富集"不是预防性措施，也不是整体性的修复措施，采取统一的全球行动来减少碳排放和污染、遏止资源枯竭才是至关重要的珊瑚礁保护措施。

澳大利亚科学家成功培育出"耐热"珊瑚。澳大利亚科学家团队通过提高珊瑚体内共生微藻的耐热性，成功培育出更具耐热性的珊瑚，从而更能适应温度上升的海水环境，减少全球变暖所造成的珊瑚礁白化的影响。

研究人员将珊瑚中的微藻分离出来,利用"定向进化"技术将其暴露在高温中长达4年,使得珊瑚能够适应并在更高温度中存活。① 澳大利亚联邦科学与工业研究组织首席科学研究员表示,如果将这些被培养过的微藻重新置入珊瑚幼虫体内,那么这种重新构成的珊瑚-微藻共生关系就会更加耐热。

3D打印黏土砖可修复香港特别行政区受损的珊瑚礁。由香港特别行政区第一个机器人实验室——香港大学建筑机器人建造实验室参与的"石珊瑚修复计划"已制作出第一批3D打印陶板并应用在珊瑚礁修护计划之中,陶板比大多数珊瑚物种更扁平,可以稳定地固定在香港特别行政区月亮岛和长洲珊瑚海滩的海底。② 每块20千克的陶板长65厘米,由支撑腿、九格层和六层珊瑚礁层组成,不会干扰真实珊瑚的生长方式。当把这些陶板连接起来,它们便构成了珊瑚附着和生长的固定床架,原始珊瑚的破碎部分可以附着并生长在该固定床架上,并放置在每个陶板顶部的8个口袋中,这样它们的遗传就匹配了。③

美国利用人工智能创造珊瑚修复技术。美国国家海洋与大气管理局的珊瑚礁恢复计划经理Tom Moore表示,单纯依靠人类进行珊瑚礁修复无法全面拯救垂死的珊瑚礁,潜水员效率即便能够提高10倍,依然不能阻止珊瑚礁生态系统的崩溃,需要利用自动化、机器人技术和人工智能。目前,Tom Moore着眼于海洋石油和天然气工业使用的水下机器人技术,考虑涉及在深处作业的重型设备,他表示需要对其进行改造,以便在珊瑚靠近地工作。④

CCell可再生能源公司与Vicor公司合作,赋能珊瑚礁生长。CCell可再生能源公司的珊瑚礁种植系统以电解海水为基础,将碳酸钙(石灰石)沉

---

① 外媒:澳大利亚科学家成功培育出"耐热"珊瑚. 2020-05-14. https://baijiahao.baidu.com/s?id=1666671693605786327&wfr=spider&for=pc.
② 香港大学参与"石珊瑚修复计划":已3D打印出第一批"珊瑚附着和生长"固定床架陶板. 2020-08-02. https://www.sohu.com/a/411010201_726570.
③ 3D打印黏土砖可修复香港受损的珊瑚礁. 2020-07-29. https://www.sohu.com/a/410373254_120645396.
④ 利用人工智能创造珊瑚修复技术,拯救珊瑚礁生态系统. 2020-06-27. http://www.elecfans.com/d/1234826.html.

积在具有阳极和阴极(电极)的大型钢框架上,赋予新珊瑚礁早期结构[1]。为使配电网络能够以高度可控和高精确度运行,促进珊瑚虫生长的石灰岩结构生长速度适宜,Vicor 公司推荐构建其分比式电源架构,利用 PRM 稳压器和 VTM 电流倍增器两个模块紧密协同工作。其中,PRM 严格调节珊瑚礁所需的电压,而 VTM 则可处理降压转换以及为电极提供的电流[2]。该项技术具有革命性突破,只需要 5 年就能生产出坚固的石灰岩,使得珊瑚在其表面生长。

科学家提出珊瑚礁保护的"急救箱"。研究结果表明,保护珊瑚礁最基本的措施为实施严格的渔业法规和建立海洋保护区,这两项措施构成了珊瑚礁保护的"急救箱"。科学家研究了这两项措施在全球 1 800 处珊瑚礁中的应用情况,结果表明,在受到人类活动影响较小的地方能获得较大的珊瑚礁保护收益。

国际研究小组表示合作是珊瑚礁恢复的关键。澳大利亚昆士兰大学领导的国际研究小组调查了 5 个国家的 12 个珊瑚礁恢复项目,确定了珊瑚礁恢复最成功、最具成本效益的方法。研究人员分析了每个项目的动机和技术,估计了每单位面积珊瑚礁恢复的年度项目总成本、项目持续时间和干预的空间范围。研究表明,最成功的项目中,珊瑚存活率很高或珊瑚覆盖面积增加;受培训的当地渔民、休闲潜水者参与珊瑚修复工作,或者潜水行业经营者和酒店合作支持珊瑚苗圃维护的项目,其效果和寿命都要长得多。

第三节 全球合力开展珊瑚礁保护修复实践

2020 年,国际社会积极从战略规划、政策机制、资金保障、示范项目等多个层面开展了珊瑚礁保护修复工作,有效遏制了珊瑚礁生态系统的退化趋势。

一、多国制定实施促进珊瑚礁修复的政策、计划

2020 年 3 月 6 日,越南政府批准第 26/NQ-CP 号决议,颁布《关于实

---

[1][2] CCell 可再生能源公司与 Vicor 公司合作,为新珊瑚礁生长提供强劲动力. 2020-05-21. https://www.21ic.com/article/745206.html.

施《至2030年越南海洋经济可持续发展战略及2045年展望》的总体规划和五年规划》，提出"继续开展珊瑚礁、海草床、潟湖、河口滩涂、红树林、沿海防护林生态系统的修复和发展方案、提案、项目、任务"的珊瑚礁保护修复的具体要求。5月12日，斐济经济部发布该国首个《国家海洋政策》，分析了珊瑚礁现状及面临的多重压力，提出珊瑚礁保护的政策要求。6月30日，美国众议院气候危机特别委员会发布《应对气候危机——国会关于清洁能源经济和健康、弹性、公正的行动计划》，提出保护和修复珊瑚礁；可持续管理渔业，确保将气候变化影响纳入管理决策；扩大方案，以解决海洋酸化、低氧"死亡区"和有害藻华等建议。7月29日，美国国家海洋与大气管理局发布海洋酸化领域第二个10年研究路线——《海洋、沿海和大湖区酸化研究计划：2020—2029》，提出3个研究目标：继续监测和评估珊瑚礁生态系统中的海洋酸化、评估海洋酸化对主要太平洋珊瑚礁和远洋物种的直接影响、评估珊瑚物种对海洋酸化敏感性的差异性以及与海洋酸化恢复力相关的分子机制。蓝色解决方案项目发布《国家自主贡献中的海洋和沿海基于自然的解决方案(NBS)》手册。该手册深入分析了现有沿海和海洋NBS案例如何在国家、地区和项目层面，指导和激励国家自主贡献的设计和实施，并就如何为后代可持续地恢复、保护和管理珊瑚礁等重要生态系统提供了解决方案和最佳做法。

二、创新性融资基金、金融产品为珊瑚礁保护提供有力支撑

2020年9月，在联合国大会第75届会议期间，全球珊瑚礁基金正式启动。该基金将采取混合融资机制，通过多边开发银行、绿色气候基金、适应基金，并促进侧重于珊瑚礁养护和恢复的私人市场投资等创新性的筹资机制，计划10年内为全球珊瑚礁保护筹集5亿美元(约合人民币32亿元)的资金支持。

在英国汇丰银行的支持下，澳大利亚绿领公司创设"珊瑚礁信用"金融产品，以谋求与昆士兰州农业从业者合作，共同保护大堡礁免受农业污染物的威胁。该金融产品的运作方式与"碳信用"大致相同，农业从业者通过阻止污染物进入大堡礁周边水域，以换取相对等的"珊瑚礁信用"。根据绿领公司制定的"珊瑚礁信用"标准，每1千克避免排放入海的污染物可换取一份"珊瑚礁信用"，而最终这些"珊瑚礁信用"将可按照"碳补偿"类似的

方式进行交易。澳大利亚昆士兰州州长表示,"珊瑚礁信用"产品是人类利用金融手段保护环境的最新尝试,未来州政府将作为农业从业者手中"珊瑚礁信用"的第一批购买者。

三、国际社会加大实施珊瑚礁保护修复项目

(一)国际组织

国际组织推动危地马拉和洪都拉斯共同建立马纳比克角生物走廊,旨在恢复和促进生物多样性、维护生态系统服务、促进基于自然的解决方案、服务于当地社区。生物走廊计划的实施范围包括危地马拉马纳比克角野生动物保护区和洪都拉斯马纳比克角保护区之间的5.5万公顷海洋和陆地,包括珊瑚礁、海草床、湿地和亚热带森林,计划包含20条战略路线和81项行动,将在2021—2024年间实施。目前,世界自然保护联盟等组织正与两国分享技术建议,以推动项目进入执行和筹资阶段。

(二)澳大利亚

澳大利亚大堡礁海洋公园管理局、澳大利亚昆士兰州公园和野生动物服务局、玛氏公司等利益攸关者共同启动了大型珊瑚礁修复项目。该项目实施地点位于大堡礁水域的格林岛,内容是将2 600多个珊瑚碎片附着到海底165个六角形、带沙涂层的装置上,并使用珊瑚夹再将其他珊瑚碎片连接到合适的硬质基底,从而在未来的1~3年内形成健康的珊瑚生态系统。澳大利亚大堡礁海洋公园管理局长约什·托马斯(Josh Thomas)表示,该项目吸引政府部门、科研机构、环保组织、船舶公司等多方参与,是一种全新的生态保护合作模式,未来将在大堡礁各处实施此类修复项目。据悉,该项目还得到了玛氏公司"礁星计划"的大力支持。此外,澳大利亚海洋科学研究所开发"珊瑚播种"修复方式,将在实验室培养的幼年珊瑚大量种植在天然珊瑚礁周围,促进天然珊瑚礁表面的珊瑚虫数量增长,从而完成对珊瑚礁的修复。

(三)美国

美国国家海洋与大气管理局计划扩大花园浅滩国家海洋保护区,新增

14个珊瑚礁和浅滩，受保护面积将从56平方英里增加到160平方英里。保护区内限制海底设施、抛锚、拖锚、油气勘探开发和捕捞等破坏性活动，但允许潜水和休闲捕鱼等活动。

（四）牙买加

牙买加部分潜水员作为"珊瑚园丁"正在努力修复海底珊瑚礁。他们在牙买加部分海洋保护区的水下苗圃中，将珊瑚碎片悬挂在绳索上，便于它们生长和受到园丁保护。当珊瑚足够大时，潜水员将它们固定在裸露岩石上，直到珊瑚可以永久地固定。"珊瑚园丁"通过"育种"种植珊瑚来帮助修复珊瑚礁，目前已取得成效。

（五）多国合作

多米尼加、哥斯达黎加和洪都拉斯合作启动了保护和修复珊瑚礁项目，即"应用创新工具保护和修复珊瑚礁"项目。该项目获得拉美和加勒比区域合作基金的支持，吸引了相关领域的众多组织积极参与，国际珊瑚礁倡议、珊瑚礁联盟等国际非政府组织也表示强烈支持。同时，"太平洋海洋酸化伙伴关系"项目与斐济和基里巴斯分别开展了合作，以增强两国沿海地区应对海洋酸化的能力。在乌那和瓦尼可里地区种植了4个珊瑚苗圃，并在附近建立了3个海洋保护区。在基里巴斯，该项目成员与渔业部开展合作，在塔拉瓦环礁成功建立了首个珊瑚、红树林、海草混合修复项目的当地海洋管理区域。"太平洋海洋酸化伙伴关系"项目由南太平洋区域环境署秘书处、太平洋共同体、南太平洋大学合作设立，并由新西兰外交和贸易部、摩纳哥政府提供资金支持。

第十一章 日本海命名问题迎来新局面

2020 年，国际水道测量组织（IHO）决议，用数字编号标记日本海地名。这是近 100 年来做出的革新，在日本海地名的标准化过程中，殖民时代埋下的政治隐患将被拔除，日本和韩国有关日本海地名标记外交争端可能会以新的形式呈现出来。

第一节 日本扩大日本海地名共识

日本海是位于北纬 34°26′~51°41′，东经 127°20′~142°15′的北太平洋边缘海。① 日本海的沿岸国家包括朝鲜、韩国、日本和俄罗斯。关于该海域的名称，各国的称呼不一致：日本和俄罗斯称其为"日本海"，韩国称其为"东海"，朝鲜则称其为"朝鲜东海"。

20 世纪初，世界航运和海洋科学得到发展，有关海图资料的标准化需求日益扩大。1919 年，在英国和法国水文工作者的推动下，召开了由 24 国水文工作者参加的国际会议，决定成立 IHO，并准备开展海洋界限与名称工作。日本派遣海军司令和政府官员参加会议。1929 年，作为 IHO 的正式出版物，《海洋和大海的界限（S-23）》手册发行，日本海的英文名"Japan Sea"成了该海域的标准地名。

1959 年，在联合国会议上专家集团提出关于规范使用地名的建议并被采纳。1967 年，召开第一届联合国地名标准化会议（UNCSGN），将罗马拼音作为国际地名书写标准。在这次会议上，"Japan Sea"成了联合国公认的日本海海域的地名。

为巩固 IHO 会议和联合国地名标准化会议成果，日本双管齐下，在世界范围内扩大关于日本海地名共识：一是自 20 世纪 70 年代开始发行英文版《日本地图集》，赠送给世界各国图书馆，此举对国际形成日本海命名问题共识起到了重要作用。相比之下，韩国则在 1997 年发行单张地图、2000

---

① 贾宇. 国际法视域下的图们江和日本海问题. 亚太安全与海洋研究，2020(3).

年首次出版英文版《韩国地图集》①；二是成立日本海经济研究会，以环日本海经济开发与合作为名，邀请中国、蒙古国、俄罗斯等相关人士赴日参会，客观上强化东亚关于"日本海"地名的共识。

第二节 韩日关于日本海地名标记之争

一、韩国随国力增强与日本争夺日本海地名话语权

地名的使用与国家实力有重要关系。宋代以前，日本海域并没有统一称呼。"日本海"名称占主流是19世纪20年代以后。而中国是在19世纪80年代以后才接受"日本海"名称的。② 这与日本明治维新以后，在国际社会活跃的时期相吻合。而且，自1919年IHO成立以及正式开展海洋界限与名称工作后，日韩已签订《日韩合并条约》，日本代表日韩两国参加会议。尽管历史上日本海海域主要被称为"东海"，但彼时韩国政府无法在国际社会发出自己的声音。1937年，第一次修订《海洋和大海的界限(S-23)》手册时，韩国仍处于日本统治下；1953年，第二次修订手册时，朝鲜半岛处于战争状态，韩国政府无暇顾及。

韩国拥有很强的海洋主权意识，政府高度重视海洋事务，并充分掌握国际海洋动态。1952年，韩国李承晚总统单方面在日本海划界宣示海洋主权；1957年，韩国加入IHO；1960年，韩国政府派代表团参加联合国政府间海洋学委员会；1967年，韩国代表团参加第一届联合国地名标准化会议等。但是，直到20世纪90年代，韩国经济高速发展、国家综合实力增强以后，韩国政府才正式向国际组织提出更名要求，与日本争夺海洋话语权。

二、韩国多管齐下，与日本争夺日本海命名权

1992年，在美国纽约召开的第6届联合国地名标准化会议上，韩国首次提出，应以东海的英文名"East Sea"标记日本海海域，但并未被采纳。随后，在第15届IHO会议上，韩国代表团再次提起关于日本海更名的要

---

① 이기석. 지리학 연구와 국제기구—동해명칭의 국제표준화와 관련하여. 대한지리학회지, 2004, 39(1).
② 吴松弟. 韩国东海(日本海)地名国际学术讨论会综述. 韩国研究论丛, 1996.

求,仍未被采纳。

于是,韩国政府采取措施,战略性地开展日本海更名活动。一是发动民间组织力量。1994年,韩国外交部成立东海研究会,专门负责开展日本海命名相关学术活动。该研究会自1995年开始每年召开东海标记问题国际学术会议,邀请周边国家以及联合国的地名专家、IHO地名专家,[①] 试图通过影响相关人员,实现韩国将日本海更名之目的。韩国另一个重要民间组织是韩国网络外交使节团(VANK)。该组织规模庞大,海内外共分布了15万会员。在世界范围内,一旦发现单独标记日本海地名的,无论事体大小,该组织一律会发出更正请求,直至对方接受更正请求为止。二是统筹协调政府机构。外交部会同教育部、国土交通部、海洋水产部及各部直属机构,共同应对日本海命名问题。三是利用媒体引发社会关注。韩国政府通过媒体的广泛报道,使国民认识日本海命名问题,关心日本海命名进展,在国内达成国民共识。四是与朝鲜通力合作。尽管韩国和朝鲜两国在日本海的标记主张上有所区别(韩国要求标记East Sea/Sea of Japan,而朝鲜要求标记East Sea of Korea/Sea of Japan),但两国求同存异,在第16届IHO会议和第8届联合国地名标准化会议上,韩国联合朝鲜推动同时标记日本海和东海。2017年,在美国纽约召开的第11届联合国地名标准化会议上,韩国提议韩国、朝鲜、日本成立非正式协商会议,拉拢朝鲜共同应对日本。

为阻止韩朝日本海更名意图,日本在会议期间向参会人员免费发放1万本小册子,宣传日本海地名标记的合法性和合理性。日本主张,日本海地名遵循的是国际惯例,并不是日本单方面的决定。同时,日本指出韩国和朝鲜的地名变更主张是出于政治目的,有可能引发国际争端。[②]

为了调和韩国与日本的矛盾,IHO也做过努力。2002年,IHO秘书处向会员国发送《海洋和大海的界限(S-23)》手册修订案,征求意见。修订案中,对日本海没有做出任何标记,打算两国对日本海命名问题达成协议以后,采用新的标记。但是,由于日本联合其他成员国不同意修订案,手册的修订工作未能进一步推进。2003年9月至2011年11月,按照IHO秘书

[①] 李琦锡.東海지리명칭의역사와국제적표준화를위한방안,대한지리학회지,1998, 33(4).
[②] "동해"표기시도,일로비에또좌절,오마이뉴스,2002-09-04. http://www.ohmynews.com/NWS_Web/Vies/at_pg.aspx? CNTN_CD=A0000086728.

长的建议,韩日共举行7次双边会议,但均未达成共识。

第三节 国际组织为日本海命名提供新方案

一、新的日本海地名惯例正在形成

2019年4月,联合国地名专家组(UNGEGN)会议在美国纽约召开。由韩国外交部、国土交通部、海洋水产部组成的韩国政府代表团参加了会议。① 韩国代表团依据IHO技术决议A4.2.6和联合国地名标准化会议决议Ⅲ/20规定,主张两国对共同拥有的海域名称无法达成共识时,应采取两个名称都要标记的方式。并且,强调国际上"东海"地名的使用率持续增加,"East Sea"正在成为新的国际惯例。

有关地图中的日本海海域地名,世界上共存在4种标记方式:一是单独标记"日本海";二是单独标记"东海";三是同时标记"日本海"和"东海";四是未做标记。其中,第一种和第二种标记方式最为常见。据韩国民间组织统计,2000年世界地图中同时标记"日本海"和"东海"的比例为2.8%,但到2020年,该比例已经高达41%。② 可见,同时标记"日本海"和"东海"的方式逐渐逼近单独标记"日本海"的方式,被越来越多的国家和机构所接受。

2014年,美国弗吉尼亚州发布公立学校教材中同时标记"日本海"和"东海"名称的法案,2017年开始实施。③ 2019年,美国纽约州规定公立学校教材都要同时标记"日本海"和"东海"。④ 尽管如此标记,采取的是日本海名称优先原则,但弗吉尼亚州和纽约州在日本海命名问题上做出妥协,响应了韩国主张。韩国的外交努力在美国取得了成功。

二、韩日接受日本海数字编号标记

2020年,IHO决议,发行新的《海洋和大海的界限(S-130)》手册,用

---

① 새유엔지명전문가그룹(UNGEGN)제1차회의결과, 외교부, 2019-05-04.
② "동해표기" 본격화하는데……한국에서 "일본해" 먼저쓰는구글. 연합뉴스, 2020-11-22. https://www.yna.co.kr/view/AKR20201120159300017.
③ 제20대국회외교통일위원회정책자료집. 외교통일위원회수석전문위원실, 2016.
④ 뉴욕주교과서동해병기재추진., 2020-01-11. http://www.koreatimes.com/article/1289962.

数字编号标记海洋地名。韩国和日本欣然接受该方案，各自按照对本国有利的角度解读该决议。

韩国方面，首先分析新的规范将会带来的国际影响。IHO 出台新的标记规范，表明"日本海"不再是该海域的标准地名和国际组织公认的地名，为韩国加速推进"东海"（East Sea）的地名使用迎来新的机遇。其次，韩国政府采取了新的应对策略。一是积极参与新的《海洋和大海的界限（S-130）》手册的推广，以取代单独标记"日本海"地名的旧版手册（S-23）；二是加强官民合作，动用民间组织力量促使外国政府及国民使用"东海"标记；三是驻外机构及有关部门使用网络监控系统，开展全方位纠正、交涉活动。①

日本方面，茂木敏充外相表示，IHO 的决议是对韩国"东海"标记主张的否定，将会维持"日本海"单独标记。② 日本政府没有公布针对新变化的对策方案，但是，可以推测日本也不会停止维持"日本海"标记的努力。过去，日本针对同时标记"日本海"和"东海"地名的地图公司等开展工作，致使其恢复单独标记"日本海"地名。为了防止日本有针对性地开展工作，2009 年以后韩国政府不再公布同时标记"日本海"和"东海"地名的国家和组织名称。

从韩国和日本政府的回应来看，IHO 的日本海数字编号标记决议是双方妥协的产物。而其获得各会员国的同意，则是因为数字化是时代发展趋势。然而，海洋地名与海洋权益息息相关，也是政治文化的体现，日本海命名问题不会就此得到解决，有可能会以新的形式表现出来。

---

① IHO，"지명"대신"숫자"표기확정……동해표기확산걸림돌제거. 뉴시스，2020-12-01. https://newsis.com/view/? id=NISX20201201_0001253038&cID=10301&pID=10300.

② 「日本海」の単独呼称継続 韓国「東海」併記主張も国際機関が暫定承認. 産経新聞，2020-11-17. https://www.sankei.com/politics/news/201117/plt2011170014-n1.html.

第十二章 基因技术应用于海洋生态环境保护

海洋生态环境影响着全球生态系统的稳定与安全,是全球最重要的生态系统之一。人类的生存及其经济、政治、文化和社会发展均与海洋息息相关。海洋生态环境在支撑社会经济发展的同时,也承受着巨大压力,如何更好地保护海洋生态环境,成为人类共同思考的问题。随着人类在生物工程领域的持续进步,人工基因技术日益被应用到海洋生态环境保护之中。近年来,基因技术已经在对抗珊瑚礁白化、应用于海洋污染物减排、保护海洋生物多样性等诸多方面取得进展。2020年后,基因技术得到了进一步发展,为海洋环境保护提供了很大帮助,例如利用 eDNA 分析海洋生物多样性,进行生物多样性热点的 eDNA 监测,在基因组学指导下绘制海洋生物基因图谱等。目前,基因技术在海洋生态环境保护领域中正在发挥着越来越独特的作用。

第一节 海洋生态环境现状与基因技术进步

一、海洋生态环境现状

(一)海洋生态系统基本运行情况

海洋生态系统是指由海洋中的各种生物群落及其生存环境相互作用所形成的系统。海洋可看作是一个大的生态系统,包括很多不同层级的次级生态系。而每个次级生态系均占据一定空间,生物和非生物通过能量流和物质流形成具有一定结构和功能的统一体。[①] 海洋生态系统由生物和非生物两大类物质组成,非生物物质部分包括各种矿产、海水等整个海洋空间环境系统,是海洋生态系统的物质和能量来源。生物物质是指浮游藻类,

---

① 姜忠喆,李慕南. 了解一点海洋知识. 北方妇女儿童出版社,2012.

植物性动物、肉食性动物等海洋动物充当海洋中的消费者,而细菌和真菌则扮演海洋中分解者的角色。海洋生物与非生物通过各种作用不断进行物质和能量交换,海洋生态系统服务功能因此实现。

(二)海洋生态环境特殊性体现

海洋生态环境是海洋生物生存和发展的基本条件,海水的有机统一性及其流动性使海洋整体性与组成要素之间密切相关,任何海域某一要素的变化(包括自然的和人为的),都不可能仅仅局限在产生的具体地点上,都有可能对邻近海域或者其他层面产生直接或间接的作用和影响。①

海洋生态环境的破坏,一般来自两个方面:一是自然本身的变化,如自然灾害,全球气候问题等;二是来自人类活动,包括不合理地过度开发利用海洋生物资源;海洋环境空间不适当地利用致使海域污染、生态环境恶化等,海洋生物多样性下降代表了人类生存条件和生存环境质量下降的信号,该趋势目前还在快速发展中。

(三)海洋生态环境面临一系列问题

1. 海洋污染问题

联合国政府间海洋学委员会对海洋污染明确定义为:由于人类活动,直接或间接地把能量或物质引入海洋环境,造成或可能损害海洋生物资源、危害人类健康、妨碍捕鱼和其他合法活动、损害海水的正常使用价值和降低海洋环境的质量等有害影响。世界资源所的新研究表明,世界上超过半数的近海生态环境因环境污染和富营养化影响正处于明显退化中。②其中,欧洲和亚洲是退化威胁最严重的地区,这是在警醒我们,随着现代工业的迅速发展和海洋开发活动的加剧,人类活动对海洋生态环境的破坏正在以惊人的速度加快。

2. 海洋生态破坏和生物多样性下降

由于人类活动的加剧和近海开发的深入进行,全球海洋生态系统的结构和功能都在发生不同程度的变化,毫无节制地围海造地、破坏珊瑚礁、

---

① 全永波. 全球海洋环境治理的区域化演进与对策. 太平洋学报, 2020(5): 81-91.
② 邹景忠. 21世纪中国海洋环境保护科学面临的问题和发展趋势. 甘肃社会科学, 2003(3): 145-148.

滥伐红树林等行为已经对海洋生态自然景观和生态环境造成破坏,更为重要的是海洋生物多样性下降和海洋资源枯竭的危险也在日益显现。近年来,由于人为过度捕捞、海洋环境污染和不合理的开发活动,导致海洋生态系统出现明显的结构变化和功能退化,此外,海洋外来生物入侵也引发了一系列的海洋生态问题。

3. 赤潮问题

赤潮是世界三大海洋环境问题之一。城市工业废水和生活污水不加节制和处理地大量排海,使得营养物质在水中富集,出现严重的海水富营养化现象。有害赤潮不仅严重破坏海洋养殖业和渔业,破坏海洋生态系统,而且还通过食物链循环将有毒物质输入人体,威胁人类身体健康。

4. 全球气候问题

全球气候变化对海洋生态系统也会带来危害。全球变暖导致的冰川融化,会引发海平面上升,威胁沿海地区人类安全和物种多样性,海平面上升将促使大部分海岸带生态系统向内陆转移,但由于受到人类活动影响,这种转移将处于停止和倒退中,这将导致海岸带生态系统的损失或消亡,对海洋营养物质和能量流动、海洋环境以及生物多样性产生十分不利的影响。此外,由于气候变化引起的降雨量变化和酸雨的增加以及海洋水文结构和海流变化对海洋生态环境也会产生不利影响。

二、基因技术的进步为环境保护提供了新方法

(一)基因技术应用于环境保护的优势

科技的发展充分证明基因工程技术是应对环境保护问题的理想武器。基因技术在解决环境问题过程中所显示出的优越性和独特性体现在它是一个纯生态过程,是从根本上贯彻可持续发展的理念。

基因工程技术是生物工程的重要分支,它以分子遗传学为理论基础,是用人为的方法将所需要的某一供体生物的遗传物质提取出来,在体外构建DNA分子,然后导入活体细胞,改变生物遗传特性,从而获得新物种的一种新技术。随着人类在基因工程技术领域的飞速发展,依托基因重组而产生的基因技术获得迅速发展。将基因工程技术应用到环境工程中,能够加速形成环境生物技术,以有效解决环境污染问题。相比于传统的污染治

理技术，基因技术的优势较为显著，基因工程技术的有效应用符合当前我国倡导的可持续发展战略。① 目前人类正在将基因技术广泛应用于海洋生态环境保护中。

(二) 环境DNA的出现和技术应用

环境DNA也称eDNA，是近年来人类在基因技术领域所取得突破的前沿科学技术，所谓环境DNA是指生物与环境互作遗留的DNA，可能来源有生物脱落的组织、分泌物、排泄物、血液和尸体等，分布在土壤、沉积物、冰芯和自然水体等环境中，是生物完整和片段化DNA的混合物。而环境DNA技术是指从环境样品（土壤、沉积物和水体）中直接提取DNA片段后利用测序技术进行定性或定量分析的方法。

eDNA作为一项新技术，分析获取eDNA旨在获取这些环境样品中DNA所属物种的分类学信息和基因功能信息。eDNA共有两种类型：第一类eDNA类似于对环境生物多样性调查，方法是检测环境样品中尽可能多的DNA序列，与数据库比对分析其所属的物种分类信息，最终确定在该环境中生存的所有物种；第二类eDNA技术类似于特定生物调查，旨在寻找在环境样本中是否有单一物种DNA的存在，通常用于研究珍稀物种在自然界的分布。② 2018年4月世界龟鳖保护组织国际龟鳖生存联盟宣布确认全球第四只斑鳖的存在。美国华盛顿大学教授卡伦·戈德堡通过eDNA技术，证实了该物种的存在。

(三) 基因组学概念和对生态环境的保护

基因组学是基于基因技术进步，对生物的所有基因进行集体表征、定量研究和不同类型基因进行比较研究的一门生物学学科。依托于基因技术的进步，基因组学研究在自然资源和生态环境保护方面的作用日益重要。人们可以利用基因组测序收集到的信息，更好地评估物种保护的关键遗传因素，如种群的遗传多样性，或个体是否为隐性遗传疾病的携带者。通过

---

① 郭陈娴，姚建松，杨易帆. 浅谈生物工程技术在环境保护中的应用. 中国资源综合利用，2019 (11)：147-150.
② 越南发现世上现存第四只斑鳖：通过环境DNA技术确认其存在. 澎湃新闻，2018-04-15.

使用基因组数据来评估进化过程的影响,并检测特定种群的变异模式。[1]在海洋生态环境保护领域,应用基因组学可以维护海洋基因组的安全与稳定,保护存在于所有海洋生物多样性中的包括物理基因及其编码信息在内的遗传物质。

第二节　基因技术应用于海洋生态环境保护案例分析

一、基因工程应用于海洋生态环境保护

(一)基因工程对抗珊瑚礁白化

珊瑚礁是海洋生态系统的重要组成部分,其生物复杂性仅有热带雨林可与其相比拟。它们为多达四分之一的海洋生物提供了庇护和养料,为海水供氧,使海岸线免受侵蚀。

但随着全球气候变暖,珊瑚礁白化现象越来越频繁,情况十分严峻。变暖的海水会影响与珊瑚有共生关系的藻类的工作效率,而这些藻类通过光合作用为珊瑚礁提供营养,并清除废物,对珊瑚礁的健康至关重要。珊瑚会对常驻藻类进行洗牌,驱逐效率低下的藻类,以期找到效率更高的藻类。但当低效的藻类被清除,而高效的藻类没有出现时,珊瑚就会因营养不良而褪色,最后死亡。

发表在《微生物学前沿》杂志上的一篇论文中,美国科学家瑞秋·勒文(Rachel Levin)的团队提出了一种新的珊瑚礁保护方法,该方法从珊瑚礁的常驻藻类——共生藻入手,利用共生藻的测序数据,对其进行基因改造,以提高其抗压能力,将有望减少海洋温度上升导致的珊瑚白化现象。[2]

利用藻类基因工程来保护珊瑚是一种高效的手段,因为藻类繁殖速度极快,改良的藻类可以迅速融入珊瑚礁生态系统并快速地使珊瑚礁稳定下来。经过基因强化的共生藻,在海洋温度上升的情况下保持与珊瑚的共生

---

[1] Allendorf F W, Hohenlohe P A, Luikart G. Genomics and the future of conservation genetics. Nature Reviews Genetics, 2010, 11(10): 697-709.

[2] https://www.sciencedaily.com/releases/2017/07/170720095111.htm.

关系，在全球范围内减少珊瑚漂白的潜力很大。

然而，勒文博士也警告说，这并不是简单的灵丹妙药，如果实验室实验成功表明基因工程共生菌可以防止珊瑚白化，这些增强的共生藻也不会立即释放到珊瑚礁上。在开始对这项技术进行任何实地试验之前，进行广泛而严格的研究并评估任何潜在的负面影响是绝对有必要的。[1]

关于该技术对世界海洋生物的影响，以及重新设计海洋生态系统的关键的伦理问题，还有许多问题有待解答。

同样从珊瑚与共生藻的关系出发，如果说勒文博士团队的研究项目是立足于共生藻的基因改造，那么斯坦福大学的科学家们则是直接利用CRISPR/Cas9技术操纵的幼虫对珊瑚基因组进行了改造。[2]

这项改造建立在近年来藻类和珊瑚的基因组图谱绘制工作的迅速进展基础上，尽管进展可观，但大多数珊瑚物种的基因组图谱却尚未被完全测绘出来。因此，基因改造工作可能还需要几年时间才能开展。曾参与CRISPR/Cas9工作的斯坦福大学博士后研究员Phillip Cleves表示，未来研究将集中在珊瑚中调节与藻类关系的基因。但他非常担心通过基因操纵珊瑚来适应气候变化的伦理问题，所以拒绝详细讨论。

此外，与海洋生态系统有关，目前正在研究基因控制作为岛屿入侵啮齿动物的一种生物控制方法。[3] 清除啮齿动物后有利于海鸟种群的恢复，而海鸟种群的恢复又与珊瑚礁健康的改善有关，海鸟种群有利于营养物质从陆地环境向海洋环境的运输。[4]

（二）基因工程应用于海洋污染物减排

每年都有成百上千吨的污水排海，其中包含大量的含汞污水。这些汞元素的大部分存于沉积物中，并被转化为有毒的甲基汞，成为食物链的一部分，在鱼类体内积累，最终被端上人类的餐桌。

---

[1] https://www.sciencedaily.com/releases/2017/07/170720095111.htm.
[2] https://leaps.org/how-genetic-engineering-could-save-the-coral-reefs/particle-1.
[3] Leitschuh C M, Kanavy D, Backus G A, Valdez R X, Serr M, Pitts E A, Threadgill D, Godwin J. Developing gene drive technologies to eradicate invasive rodents from islands. J. Responsible Innov. 2018, 5 (Suppl. 1): S121-S138.
[4] Graham N A J, Wilson S K, Carr P, Hoey A S, Jennings S, MacNeil M A. Seabirds enhance coral reef productivity and functioning in the absence of invasiverats. Nature, 2018, 559: 250-253.

为改善海洋污染现状,科学家提出了一种低成本和环境友好的生物技术修复方案,以取代目前的物理和化学修复方案。方案借助基因工程技术,研发出经过基因工程改造的细菌,以清除水体中的汞。发表在美国生物医学中心期刊《BMC 生物技术》上的文章指出,来自波多黎各美洲大学的研究人员展示了其研发的基因工程细菌,这些超级细菌不仅能够承受高浓度的汞,还能将周围环境中的汞存储在体内。[①]

研究人员共研发了两种菌株,它们分别含有金属硫蛋白(metallothionein)基因和多磷酸激酶(polyphosphate kinase)基因。两种菌株都能在超高浓度的汞中生长。当含有金属硫蛋白的细菌在含有 24 倍致死浓度的汞元素的溶液中生长时,它们能在 5 天内从溶液中吸收 80% 以上的汞。领导该项研究的 Ruiz 博士表示,在细菌中加入重金属清除分子为汞的生物修复提供了一种可行的技术。这种方法不仅可以让我们清理环境中的汞泄漏,而且转基因细菌内汞的高度积累也为进一步的工业应用提供了回收的可能性。[②]

二、基因组学应用于海洋环境保护

(一)基因组学保护海洋生物多样性

我们地球上 60%~80% 的生物多样性都隐藏在海洋表面之下,保护海洋生物多样性对于保护全球生物多样性意义重大。基因组学有望在提高交易和未报告的海洋野生动物的可追溯性方面发挥重要作用,因而可以提高生物多样性保护效率,增进渔业管理者的认识,提醒其注意捕鱼对种群脆弱性的影响。例如,生活在美国新英格兰沿海的两个鲱鱼种群曾经历了严重的衰退,而针对其进行的保护工作 25 年来一直未能实现种群恢复。直到近期,基因组学的发展打破了该局面,科学家对近海渔获物样本进行了全基因组微卫星标记,结果显示,有 70% 的鲱鱼副渔获物来自上述两个衰退种群,因而得出结论,即正是副渔获物阻碍了新英格兰沿海鲱鱼种

[①②] Oscar N Ruiz, Derry Alvarez, Gloriene Gonzalez-Ruiz, Cesar Torres. Characterization of mercury bioremediation by transgenic bacteria expressing metallothionein and polyphosphate kinase. BMC Biotechnology,2011.

群的恢复。① 该发现促进了相关保护政策的制定,据此,美国康涅狄格州在 2018 年 9 月提出了大西洋鲱鱼禁渔期。②

(二)基因组学应用于微塑料生物修复

近年来海底微塑料污染问题不断成为关注焦点。无处不在的塑料碎片经由各种水道汇入海洋,并在海洋中被分解成越来越小的颗粒,对海洋生态健康构成潜在威胁。根据澳大利亚联邦科学与工业组织给出的研究数据,约有 1 440 万吨的微塑料堆积在海底。

基因组学对妥善处理海洋微塑料污染问题提供了一种有希望的方法,即微生物修复。通过生物工程设计来寻求微生物(特别是细菌)感受或代谢污染物的最佳方式。③ 根据基因组学研究,最有望实现有效塑料生物降解的微生物是假单胞菌物种(*Pseudomonas*)。④

日本科学家吉田正介(Shosuke Yoshida)领导的研究团队发现了一种新型细菌——大阪堺菌(*Ideonella sakaiensis*),可以将 PET(聚对苯二甲酸乙二醇酯)塑料分解为对环境无害的单体,是高效的微塑料生物降解细菌。⑤ 此外,来自波兰的科学家团队对北极斯匹次卑尔根地区微生物群落进行了基因筛选,希望寻找到能够降解生物塑料的微生物。筛选结果显示,粉红螺旋聚孢霉(*Clonostachys rosea*)菌种的生物降解能力特别高,在为期 30 天的实验中,该菌株对淀粉薄膜的降解率为 100%,对 PCL(聚己内酯)薄膜的降解率为 52.9%。⑥ 上述发现都离不开基因组学的支撑。

---

① Palkovacs E P, Hasselman D J, Argo E E, Gephard S T, Limburg K E, Post D M, Schultz T F, Willis T V. Combining genetic and demographic information to prioritize conservation efforts for anadromous alewife and blueback herring. Evol. Appl., 2015, 7: 212-226.
② Novak B J, Fraser D, Maloney T H. Transforming Ocean Conservation: Applying the Genetic Rescue Toolkit. Genes, 2020, 11: 209. https://10.3390/genes11020209.
③ Liu L, Bilal M, Duan X, Iqbal H M N. Mitigation of environmental pollution by genetically engineered bacteria—Current challenges and future perspectives. Sci. Total Environ., 2019, 667: 444-454.
④ Wilkes R A, Ludmilla A. Degradation and metabolism of synthetic plastics and associated products by Pseudomonas sp.: Capabilities and challenges. J. Appl. Microbiol., 2017, 123: 582-593.
⑤ Yoshida S, Hiraga K, Takehana T, Taniguchi I, Yamaji H, Maeda Y, Toyohara K, Miyamoto K, Kimura Y, Oda K. A bacterium that degrades and assimilates poly (ethylene terephthalate). Science, 2016.
⑥ Urbanek A K, Rymowicz W, Strzelecki M C, Kociuba W, Franczak Ł, Miron'czuk A M. Isolation and characterization of Arctic microorganisms decomposing bioplastics. AMB Express, 2017, 7: 148.

(三)基因组学对抗珊瑚白化

气候变化引起的海洋变暖导致了珊瑚礁生态系统更频繁、更严重的白化。来自哥伦比亚大学的研究人员提出了利用基因组学帮助珊瑚礁应对气候变化的方案,并发表在《科学》杂志上。研究人员表示,利用基因组学可以帮助识别耐高温的珊瑚物种,并揭示其与气候适应能力相关的基因变异。[①] 为收集基因数据,研究人员在大堡礁沿线12个地点收集了237个样本,得出了迄今为止所有珊瑚中质量最高的序列。该研究发现,珊瑚对白化反应的差异并非由单一基因造成的,而是由许多遗传变异影响的。该研究为珊瑚生物学家进一步寻找能够更好应对海洋变暖的品种提供了一条途径,该方法也能够用于其他受气候变化威胁的物种。

三、eDNA应用于海洋生态环境保护

将eDNA应用于生物监测,可以大大提高海洋养护和管理效率。eDNA是一个较新的研究领域。在海洋环境中,eDNA意味着海洋生物其周围的水中留下以皮肤细胞、鳞片、粪便、黏液等为载体的DNA信息。这些DNA信息在一个地区停留的时间以及扩散范围取决于环境条件,从几小时到几周不等。利用环境DNA信息,使用高通量测序技术分析水样,然后与DNA条形码(metabarcoding)进行比较,可以确定取样地点附近生活或经过的生物物种。更详细地,可以获得以下信息:生境中的生态组合、生物行为、物种的产卵时间和地点、该地区是否存在入侵物种、该地区是否存在濒危物种、记录生物多样性在季节性周期中的变化等。

海洋物种十分丰富,按照目前的物种描述速度,对海洋生物多样性进行清查需要10 000年的时间。而采取eDNA方法可以大大加快该进程。法国海洋开发研究院发起了"为何不去深渊?"("Pourquoi pas les abysses?")研究项目,在3年内从全世界近80个地点收集了约3 000份水和沉积物样本,提取其中的DNA,并使用探针进行定位,截取出每个DNA中的特定部分,形成"条形码"。这些条形码构成了物种的唯一标识,通过对这些条

---

① Fuller Z L, Mocellin V J L, Morris L A, Cantin N, Shepherd J, Sarre L, Peng J, Liao Y, Pickrell J, Andolfatto P, Matz M, Bay L K, Preworski M. Population genetics of the coral Acropora millepora: Toward genomic prediction of bleaching. Science, 2020.

形码进行大规模测序,可以清点出生存于环境中的物种,最终形成生物多样性清单。① 此举对于加强保护海洋的意识和推进 DNA 编码标准化均有深远意义。

近年来,基于 eDNA 的新兴技术效率越来越高,成本也越来越低。与传统技术相比,eDNA 技术分析速度更快,破坏性更小,可以在传统技术无法进入的地方,以比传统方法更精细的空间和时间分辨率进行取样。

在具体应用中,eDNA 可以应用于检测非法、不报告和无管制捕捞。现在,不仅可以确定涉嫌非法捕捞的生物种类,还可以追踪生物的种群(进而追踪其来源)。海洋生物会适应其生活的特定环境条件(温度、盐度、溶氧等),这些适应性体现在其遗传密码中。此外,地理和行为上的障碍也会造成同一物种种群之间的遗传差异。高分辨率的 DNA 测序可以检测到这些非常微妙的差异,如果可以进行足够的采样来确定特定种群的遗传特征,生物就可以追溯到它们来自的地理区域。

此外,eDNA 还可以帮助确定海洋保护区是否有效。最近的一项研究利用环境基因分析确定来自新西兰一个小型温带海洋保护区的澳洲鲷是否出现在保护区外,经过比对,研究人员在保护区 40 千米之外发现了该鲷鱼种群的幼体,也证明了该海洋保护区的保护效率存在问题。②

然而,eDNA 分析仍然是一个新领域,需要开展更多的研究,以确定收集水样进行分析和解释测序结果的最佳方法,避免假阳性和阴性。

四、基因技术应用于海洋生态环境保护的最新进展

2020 年,基因技术在海洋生态环境保护方面的最新进展主要体现在对 eDNA 技术的运用和基因组学的发展上。

利用 eDNA 技术确定海洋生物多样性状况,高效、完整还原生态系统画面,对海洋生态系统的保护有重要价值。来自南佛罗里达大学海洋科学学院(USF CMS)的科研人员团队报告了利用 eDNA 分析海洋生物多样性的实验性研究,该团队通过 eDNA 分析了海洋系统从食物网底层

---

① https://wwz.ifremer.fr/Actualites-et-Agenda/Toutes-les-actualites/L-ADN-environnemental-au-secours-de-la-biodiversite-des-fonds-marins-ScienceDurable.
② https://meam.openchannels.org/news/skimmer-marine-ecosystems-and-management/how-genetics-can-improve-marine-conservation-and.

的细菌到上层的鱼类和鲸类的季节性变化，从而确定了蒙特雷湾生物的季节性模式和生物网络。① 丹麦研究人员使用 eDNA 条形码来补充传统的基于潜水员的对光区内海洋生物多样性的监测，应用抽样设计使评估 eDNA 监测作为传统监测补充的有用性成为可能。eDNA 的使用，特别是元条形码的使用，作为监测水生物种以进行生物多样性评估的有前景的工具而受到关注。通过避免目视物种观察、捕获和直接采样，eDNA 条形码有可能大大降低成本和时间，同时改进物种检测来帮助生态系统保护和管理。

在基因组学方面，由中国科学院水生生物研究所联合青岛华大基因研究院等单位发起的"万种鱼基因组计划"（Fish 10k）持续推进，截至 2020 年 10 月，共完成 500 种鱼类的基因测序②。该项目起步于 2019 年，计划用 10 年时间，采集 10 000 种代表性鱼类形成基因组图谱，从而为海洋生态环境保护提供基因组学依据。

来自澳大利亚的研究人员也意识到基因组信息缺失造成的保护困境，其最新研究指出，海洋软骨鱼类（鲨鱼和鳐鱼）基因组资源不足，应当借助新兴的基因组技术，完善上述鱼类的基因组测序，以便预测物种对环境变化的反应和适应，从而改善海洋物种和生态系统保护。③

第三节　基因技术应用于海洋生态环境保护的意义与不足

一、基因技术应用于海洋生态环境保护的意义

基因技术是发展迅速的一项生物科学技术，如果得到充分的发展和应用，可以极大地提高我们保护海洋的能力和效率。在海洋生态领域，加大应用基因技术有着重要意义。第一，基因技术广泛应用于海洋生态环境保护可以通过减轻海洋污染程度来缓解海洋生态环境压力，尤其在近海生态

---

① https://www.usf.edu/marine-science/news/2020/edna-used-to-track-marine-biodiversity-over-time-in-a-research-first.aspx.
② https：//m.gmw.cn/baijia/2020-10/22/1301706363.html.
③ https：//www.frontiersin.org/articles/10.3389/fmars.2021.744986/full.

环境之中更为明显。第二,通过基因技术的应用可以有效保护海洋濒危动植物种,并改善海洋环境,保持海洋生物多样性,例如 eDNA 技术的快速发展、广泛部署和自动化将改变检测外来物种的灵敏度、速度和规模。第三,通过基因技术的应用可以贯彻可持续发展理念,并有效保护海洋基因组的存在,确保海洋遗传资源的可持续利用。

二、基因技术应用于海洋生态环境保护的不足

第一,基因技术作为一种较新的技术,目前虽然在理论上取得了较大进展,但在具体实践中,却存在很多障碍。首先是信息匮乏。例如,在基因改造的共生藻应用于珊瑚白化的案例中,由于缺乏对共生藻的了解,现有成熟的基因工程方法难以与共生藻兼容,因此必须加快对共生藻的基因分析来克服该难题。再如,在基因组学应用于生物多样性保护的例子中,对有商业价值的物种的关注意味着对更广泛的海洋社区的相对忽视。其次是技术障碍。有实验室阶段的障碍:将基因组学干预应用于珊瑚礁救援的一个主要障碍是对珊瑚进行实验室研究的极端困难,因为目前在原地低温保存和维护珊瑚群方面存在困难;也有实践中的障碍:技术达不到,目前的 eDNA 方法在物种识别方面存在不确定性(尤其是在海洋环境中),存在假阳性的风险。

第二,时间和资金成本也是阻碍基因技术发展的主要原因。例如,要完全实现生物修复和合成生物学作为对抗海洋塑料问题的战略,需要大量的时间和资金,这就要求项目需要良好的资金导向。然而值得庆幸的是,基因技术高成本、高耗时的现状正在逐渐改变。例如,第一个人类基因组测序的费用为 27 亿美元,几乎用了 15 年的时间才完成。现在同样的工作大约需要 1 000 美元和几天时间就可以完成。

第三,基因技术伦理问题和潜在风险。以 Levin 团队对珊瑚礁共生藻进行基因改造为例,对藻类的热耐受性进行改造可能会带来"脱靶效应"风险,基因组某一部分的改变可能会导致其他基因的改变,例如改变调节生长、繁殖或其他对其与珊瑚关系至关重要的基因。①

---

① https://www.sciencedaily.com/releases/2017/07/170720095111.htm.

第四节 结 语

尽管存在争议，但对于许多海洋地区而言，危险已经迫在眉睫，不采取行动的代价已经远远高出基因改造可能造成的风险。总而言之，应当利用好包括基因工程、基因组学和 eDNA 在内的基因技术，扬长避短，以基因技术的快速发展为海洋环境保护提供技术基础，补充和优化海洋保护战略，并为海洋系统的持续发展和进化提供手段。

第十三章　南太国家对深海采矿的态度及其影响认知分析

南太平洋地区蕴藏着丰富的深海矿物资源。正如太平洋海洋专员办公室报告所言："南太国家在深海采矿领域的经济发展潜力已为人所共知。"[①]。在2020年新冠病毒疫情大流行背景下，支撑南太国家经济发展的滨海旅游业和渔业遭到了沉重打击，迫使一些域内国家开始思考经济转型之路，并逐渐将目光锁定在了这一潜力大、收效快的领域——深海采矿。但由于环保等影响因素的存在，深海采矿目前尚未被南太国家政府所广泛接受，域内甚至还形成了两种截然不同的立场态度。对此，南太社会各界也表现出高度关注，其区域组织多次牵头编制研究报告，及时跟踪并归纳南太国家在深海采矿领域的最新动态，探究深海采矿对区域自然环境和社会经济的潜在影响，并对该新兴行业的未来发展走向进行了初步研判。通过全面分析南太国家对深海采矿的立场态度，以及其对深海采矿影响研究的前沿方向，对于我国今后制定深海采矿政策和勘探合作计划具有重要的参考价值。

第一节　南太国家拥有丰富的深海矿物资源

深海矿物是在生物、化学及热液作用下，于海洋深水区形成的自然矿物，可直接生成或经过富集后生成，包括多金属结核、富钴结核和多金属硫化物。这些矿物资源多位于海盆或海盆与大陆的连接处，尤其在东太平洋克拉里恩-克利珀顿断裂区、南太国家专属经济区内分布较为集中。

南太国家及领地的陆地领土面积虽仅有55万平方千米，但其专属经济

[①] Blue Pacific Ocean Report 2020. Office Of The Pacific Ocean Commissioner, November 16, 2020, https://opocbluepacific.net/publications/blue pacific ocean report 2020.

第十三章 南太国家对深海采矿的态度及其影响认知分析

区面积却高达 3 055 万平方千米(见表 13.1)①。其中,斐济、巴布亚新几内亚、萨摩亚、马绍尔群岛、瓦努阿图、基里巴斯、库克群岛等国管辖海域内深海矿物特别丰富②。世界银行 2017 年报告显示,巴布亚新几内亚、斐济、瓦努阿图、所罗门群岛的专属经济区内有着丰富的多金属硫化物;基里巴斯及库克群岛的专属经济区内有着丰富的多金属结核;帕劳、萨摩亚、密克罗尼西亚联邦、基里巴斯、马绍尔群岛、图瓦卢的专属经济区内有着丰富的富钴结壳③。南太国家除了在管辖海域内拥有大量深海矿物资源外,还积极利用《联合国海洋法公约》在国际海底保留区申请矿区。截至目前,在国际海底保留区申请矿区的南太国家包括库克群岛、基里巴斯、瑙鲁及汤加(见表 13.2)。

表 13.1 南太平洋国家和地区基本情况介绍

	陆地面积 (km²)	专属经济区面积(km²)	人口(人)(上一次人口普查)	2017 年人均 GDP(美元)	2018 年 GDP 增长速度(%)	2018 年人类发展指数
美属萨摩亚	200	390 000	55 519		2.2	
北马里亚纳群岛	471	1 823 000	53 883			
库克群岛	237	1 830 000	14 802		5.7	
密克罗尼西亚联邦	701	2 978 000	102 843	3 634	2	0.614
斐济	18 272	1 290 000	884 887	6 253	3.5	0.724
法属波利尼西亚	3 521	5 030 000	275 898		2	
关岛	541	218 000	159 358		3.4	
基里巴斯	811	3 550 000	110 136	1 625	2.3	0.623
马绍尔群岛	181	2 131 000	53 158	3 789	2.5	0.698
瑙鲁	21	310 000	11 550	8 816		
新喀里多尼亚	19 103	1 740 000	271 407			
纽埃	259	390 000	1 591		6.5	
帕劳	444	616 000	17 661	16 195	0.5	0.814

---

① Blue Pacific Ocean Report 2020. Office of the Pacific Ocean Commissioner, Nov. 16, 2020. https://opocbluepacific.net/publications/blue pacific ocean report 2020.
② 莫杰,刘守全. 开展南太平洋岛国合作探查开发矿产资源. 中国矿业,2009(6):43-45.
③ Long term Economic Opportunities and Challenges for Pacific Island Countries. World Bank Group, 2017:70. https://documents1.worldbank.org/curated/en/168951503668157320/pdf/ACS22308-PUBLIC-P154324-ADD-SERIES-PPFullReportFINALscreen.pdf.

续表

	陆地面积（km²）	专属经济区面积（km²）	人口（人）（上一次人口普查）	2017年人均GDP（美元）	2018年GDP增长速度（%）	2018年人类发展指数
巴布亚新几内亚	462 840	3 120 000	7 275 324	2 730	0.3	0.543
皮特凯恩群岛	47	800 000	57			
萨摩亚	2 935	120 000	195 979	4 379	0.7	0.707
所罗门群岛	28 370	1 340 000	515 870	2 111	3	0.557
托克劳	10	290 000	1 499			
汤加	650	700 000	100 651	4 858	0.5	0.717
图瓦卢	26	900 000	10 566	3 702	4.3	
瓦努阿图	12 190	680 000	272 459	3 124	3.2	0.597
瓦利斯和富图纳	255	300 000	11 558			
总数	552 085	30 546 000	10 396 656			

表13.2　已取得国际海底管理局多金属结核深海勘探许可的企业名录（按获批时间排列）

企业名称	合约起始时间	合约结束时间	资助国	批准勘探位置
北京先驱高技术开发公司	2019年10月18日	2034年10月17日	中国	西太平洋
中国五矿集团公司	2017年5月12日	2032年5月11日	中国	克拉里恩-克利珀顿区
库克群岛投资公司	2016年7月15日	2031年7月14日	库克群岛	克拉里恩-克利珀顿区
英国海底资源有限公司	2016年3月29日	2031年3月28日	英国	克拉里恩-克利珀顿区（Ⅱ）
新加坡海洋矿产私人有限公司	2015年1月22日	2030年1月21日	新加坡	克拉里恩-克利珀顿区
英国海底资源有限公司	2013年2月8日	2028年2月7日	英国	克拉里恩-克利珀顿区（Ⅰ）
全球海洋矿产资源公司	2013年1月14日	2028年1月13日	比利时	克拉里恩-克利珀顿区
马拉瓦研究和勘探有限公司	2015年1月19日	2030年1月18日	基里巴斯	克拉里恩-克利珀顿区

第十三章 南太国家对深海采矿的态度及其影响认知分析

续表

企业名称	合约起始时间	合约结束时间	资助国	批准勘探位置
汤加近海采矿有限公司	2012年1月11日	2027年1月10日	汤加	克拉里恩-克利珀顿区
瑙鲁海洋资源公司	2011年7月22日	2026年7月21日	瑙鲁	克拉里恩-克利珀顿区
德国联邦地球科学与自然资源研究所	2006年7月19日	2021年7月18日	德国	克拉里恩-克利珀顿区
印度政府*	2002年3月25日 2017年3月25日*	2017年3月24日 2022年3月24日*	印度	印度洋
法国海洋开发研究院*	2001年6月20日 2016年6月20日*	2016年6月19日 2021年6月19日*	法国	克拉里恩-克利珀顿区
深海资源开发有限公司*	2001年6月20日 2016年6月20日*	2016年6月19日 2021年6月19日*	日本	克拉里恩-克利珀顿区
中国大洋矿产资源研究开发协会*	2001年5月22日 2016年5月22日*	2016年5月21日 2021年5月21日*	中国	克拉里恩-克利珀顿区
韩国政府*	2001年4月27日 2016年4月27日*	2016年4月26日 2021年4月26日*	韩国	克拉里恩-克利珀顿区
俄罗斯海洋地质作业南方生产协会*	2001年3月29日 2016年3月29日*	2016年3月28日 2021年3月28日*	俄罗斯	克拉里恩-克利珀顿区
国际海洋金属联合组织*	2001年3月29日 2016年3月29日*	2016年3月28日 2021年3月28日*	保加利亚、古巴、捷克、波兰、俄罗斯、斯洛伐克	克拉里恩-克利珀顿区

*表示该企业或政府获批的许可期已延迟。

第二节　南太国家对深海采矿活动的态度出现分歧

深海采矿对南太国家经济发展有着积极的促进作用。但由于各国深海矿物资源储量及国家发展水平不同，使得南太国家对深海采矿的态度也不尽相同，大致可分为"支持开发"和"暂时搁置"两大类。

明确支持深海采矿活动的国家有库克群岛、基里巴斯、瑙鲁、帕劳、汤加、图瓦卢。库克群岛对深海采矿关注度较高，且管辖水域富含钴锰结核，其分别在 2009 年和 2015 年推出《海底矿产法》①及《海底矿产（勘探）条例》②，并在 2019 年正式修订《海底矿产法》③，重新规定国家对海底矿产资源的管辖范围，并对勘探与开发海底矿产制定了严格的限制条件。同时，库克群岛投资公司还于 2016 年取得了国际海底区域勘探合同；基里巴斯专属经济区面积为南太国家之首，具有多金属结核开采的潜力，其马拉瓦研究和勘探有限公司于 2015 年取得国际海底区域勘探合同，并进而在 2017 年颁布了《海底矿产法案》④；瑙鲁海底矿产储量虽尚未探明，但瑙鲁海洋资源公司于 2011 年获得国际海底区域勘探合同，并在 2015 年颁布了《国际海底矿产法》⑤；帕劳虽将专属经济区 80%划为海洋保护区，但亦谋求开采剩余水域内的海底矿产；汤加专属经济区内虽未发现有海底矿产，但其汤加近海采矿有限公司于 2012 年获得了国际海底区域勘探合同；图瓦卢专属经济区内已探明存在海底矿产，遂在 2014 年制定《图瓦卢海底矿产法》⑥，但由于其矿物资源的丰度和等级较低，因此该国格外关注国际海底

---

① Seabed Minerals Act. International Seabed Authority. https：//www.isa.org.jm/files/documents/EN/NatLeg/Cooks/SeabedMineralsRegs.pdf.

② Seabed Minerals (Prospecting and Exploration) Regulations. International Seabed Authority. https：//www.isa.org.jm/files/documents/EN/NatLeg/Cooks/SeabedMineralsRegs.pdf.

③ Seabed Minerals Act 2019. Seabed Minerals Authority. https：//static1.squarespace.com/static/5cca30fab2cf793ec6d94096/t/5d3f683993ea3f0001b7379c/1564436729995/Seabed+Minerals+Act+2019.

④ Seabed Minerals Act 2017. International Seabed Authority. https：//www.isa.org.jm/files/documents/ki-seabedmins.pdf.

⑤ Republic of Nauru International Seabed Minerals Act 2015. International Seabed Authority. https：//www.isa.org.jm/files/documents/EN/NatLeg/Nauru_ISM.pdf.

⑥ Tuvalu Seabed Minerals Act 2014. International Seabed Authority. https：//www.isa.org.jm/files/documents/EN/NatLeg/Tuvalu/Tuvalu-2014.pdf.

第十三章 南太国家对深海采矿的态度及其影响认知分析

区域勘探活动。

要求暂时搁置深海采矿活动的国家有新西兰、巴布亚新几内亚、斐济、瓦努阿图。新西兰联邦政府于2018年全面禁止近海油气勘探，其社区组织也曾通过抗议集会及起诉矿业公司等方式，成功阻止了地方政府批准的深海采矿活动；巴布亚新几内亚曾是世界首个开展深海采矿的国家，其在2009年批准了鹦鹉螺公司的索尔瓦纳1号项目的环境许可，但随着域外合作方的破产、前任政府的下台，现任总理已将深海采矿列为今后"谨慎考虑"的事项；斐济中央政府持谨慎开放态度，但拥有较大实权的酋长团体却于2020年初明确警告不会批准在其所辖省份内开展任何深海采矿活动；瓦努阿图虽不排斥深海采矿，但出于保护环境目的，其总理于2019年会同斐济、巴布亚新几内亚领导人发表联合声明，呼吁南太国家至少10年内暂停开采管辖水域的海底矿产。

第三节 国际社会对南太国家潜在深海采矿活动的态度

新冠病毒疫情对世界经济的影响已扩展至南太地区，对域内各国赖以生存的渔业和旅游业造成严重冲击。为此，部分南太国家计划通过开展深海采矿，挖掘新的经济增长点，以转移国内经济压力和社会矛盾。瑙鲁政府便在世界海洋日重申了对深海采矿活动的兴趣，并认为其作为一项"绿色"活动，可有助于发展中国家缩小与发达国家的差距。对于南太地区潜在的深海采矿活动，国际社会大体持有谨慎的态度，认为深海采矿的经济效益远低于对深海生态环境的破坏；但也有诸如国际海底管理局等机构出于管理职责及会员国利益考虑，对深海采矿报以相对宽容的立场。

国际组织对深海采矿活动的态度可相对模糊地分为两派。一派是完全以科学研究为依据，明确提出各方应在现阶段下禁止深海采矿。例如，具有较大全球影响力的野生动植物保护国际（FFI）在2020年发布《深海海底采矿对海洋生态系统的风险和影响评估》报告指出，深海采矿可能会导致生物多样性的严重损失，破坏海洋的生命支持系统及其碳储存功能，呼吁全球各国政府暂停深海采矿。另一派则是综合考虑经济、科学等因素，对深海采矿不做出任何明确的禁止性观点。此派以国际海底管理局（ISA）为代表，该机构承担着公海水域深海矿产资源开采监督的职能，为推进"区域"内矿产资源开发规章的加速制定，在2020年发布《"区域"内矿产资源开发标准和准则（草案）》，以规范"区域"矿产开发承包商的作业活动；通过了"'区域'海洋科学研究行动计划"并确定六项战略研究重点，以促进深海科研成果及数据的传播、交流和共享；开展了深海采矿的全球基金项目研究，以谋求为成员国的深海矿产开发利益分配制定多种备选方案。由此可见，国际海底管理局虽未明确对深海采矿表达态度，但却以实际行动促进着此项经济活动的发展。

与国际组织相比，在全球海洋治理中日益占据重要位置的非政府组织，则一致地发声批评个别国家对深海采矿的潜在兴趣。反深海采矿运动（Deep Sea Mining Campaign）在《预测深海多金属结核在太平洋中的影响》报告中指出，当前矿业公司、前沿投资者、某些南太国家对深海采矿的兴趣与日俱增，已对克拉里恩-克利珀顿区、南太国家专属经济区内的多金属结核开展了初步勘探活动，但此类活动将对太平洋的海床和海洋物种带来不可逆转的负面影响，因此各国应考虑予以暂停。太平洋岛屿非政府组织协会（Pacific islands association of non-governmental organizations）表示，深海采矿相当于一场新冠病毒疫情，将严重影响海洋的健康状况，瑙鲁、汤加、基里巴斯和库克群岛等南太国家应同意暂停深海采矿10年，以便获取更多关于深海采矿的详实调查资料。[①] 当地非政府组织则直接对库克群岛政府提出建议称，克拉里恩-克利珀顿断裂区的海底矿产是"全人类共同遗产"，地处周边的库克群岛有义务对该"区域"进行有效保护，并遵循"暂停海底采矿十年"倡议，在开展相关作业前进行充分的科学研究。未来库克群岛政府应尽快改变工作思路，推进相关技术的研究，从而在全球树立可持续开采海底资源的标杆。[②]

---

① Cooks should be free to explore-Cook Islands Seabed Minerals Authority, 2020. https：//www.seabedmineralsauthority.gov.ck/news-3/article28.
② Te Ipukarea Society：Cook Is. "custodian of the common heritage of mankind". Te Ipukarea Society, October 03, 2020. https：//pipap.sprep.org/index.php/news/te-ipukarea-society-cook-custodian-common-heritage-mankind.

第十三章　南太国家对深海采矿的态度及其影响认知分析

第四节　南太国家对深海采矿活动综合影响的认知

一、深海采矿对南太地区自然环境的影响

根据多项科学研究显示，深海采矿会对海洋生物多样性及海洋生态环境构成较大威胁。例如，澳大利亚"保持北领地海岸健康"组织报告指出，深海采矿会对濒危物种的栖息地和迁徙构成影响，并严重影响海洋环境健康①；美国夏威夷大学牵头的研究项目也认为，此前科研人员低估了深海采矿的潜在影响，深海采矿将对深海生境造成永久性破坏，其会改变深海中的碳固存并减少生物多样性，不仅影响海洋生物，更会把金属释放到食物链中，最终影响海洋以外的生物。②

综合南太国家政府近期公开声明及高级官员的发言表态③，以及南太平洋区域环境署④、太平洋共同体⑤、南太平洋大学⑥、反深海采矿运动⑦等区域组织的研究报告，归纳总结出多数南太国家对深海采矿影响自然环境的认知有以下几点：第一，对生态系统和生物多样性的不利影响。源于

---

① Polling shows Territorians want action to protect our Top End Coasts. Australian Marine Conversation Society, JULY 8, 2020. https：//www.marineconservation.org.au/polling-shows-territorians-want-action-to-protect-our-top-end-coasts/.
② Deep-sea misconceptions cause underestimation of seabed-mining impacts. Secretariat of the South Pacific Regional Environment Programme, August 13, 2020. https：//pipap.sprep.org/news/deep-sea-misconceptions-cause-underestimation-seabed-mining-impacts.
③ Tongans question government plans for seabed mining. Radio New Zeanland, November 4, 2020. https：//www.rnz.co.nz/international/pacific-news/429812/tongans-question-government-plans-for-seabed-mining.
④ Concern Grows Over Deep Sea Mining, SPREP, 2013. https：//www.sprep.org/news/concern-grows-over-deep-sea-mining.
⑤ Deep Sea Minerals：Sea-Floor Massive Sulphides, a physical, biological, environmental, and technical review. South Pacific Commission, 2013. http：//dsm.gsd.spc.int/public/files/meetings/TrainingWorkshop4/UNEP_vol1A.pdf.
⑥ Deep Sea Mining-The general UNCLOS network. University of South Pacific, 2016. https：//repository.usp.ac.fj/8927/.
⑦ Pacific warned of seabed mining's irreversible impacts. Radio New Zealand, May 21, 2020. https：//www.rnz.co.nz/international/pacific-news/417191/pacific-warned-of-seabed-mining-s-irreversible-impacts.

开采多金属结核(本身即为海洋生境)对深海生态系统的物理干扰，无人遥控潜水器及采矿废料排放产生的沉积物卷流(waste plumes)影响，以及采矿输送管道渗漏或破裂产生的有毒金属污染威胁等。第二，对非海底海洋物种的负面影响。采矿废料可能释放较多无机营养物，造成浮游生物或蓝藻的大量暴发，使有毒金属元素进入海洋食物链；位于海面的补给船舶和基础设施还会阻碍鲸鲨、棱皮龟、领航鲸等濒危海洋物种的长距离迁徙，改变其生活规律和习性。第三，采矿设施对太平洋各水层的商业鱼类带来不同程度的威胁。在水表层搭建的采矿平台将影响鲣鱼等鱼类的物种迁徙和水域分布；在水中层的采矿输送管道等设备的垂直移动，将对长鳍金枪鱼和大眼金枪鱼等鱼类造成物理干扰；在水底层的遥控潜水器、采矿设备造成的生境破坏，尾矿倾倒处理形成的沉积物沉降，都将对海底山脉附近的鲷鱼和石斑鱼等鱼类带来直接影响。第四，对深海造成的灯光污染影响。深海采矿设施的光照将扰乱深散射层物种的垂直迁徙，干扰金枪鱼等重要商业鱼类的捕食行为，而用于海底勘探的载人潜水器的光照将对深海物种的视网膜造成永久性损害。第五，对深海造成的噪声污染影响。无人遥控潜水器、补给船舶、采矿输送管道的噪声将改变深海鱼类的洄游及学习行为，进而影响其产卵及捕食等活动。第六，对碳循环及气候变化的恶性影响。采矿活动将加剧深海生态系统的恶化，并导致储存在海底的碳大量释放，从而加速全球变暖效应。第七，对海洋生态系统连通性的影响。深海采矿将扰乱海洋生态系统的连通性，对维持深海生物种群结构、维护深海生物遗传多样性、恢复和重建濒危种群造成阻碍。

二、深海采矿对南太地区社会和经济的影响

尽管深海采矿可在短期内为南太地区带来经济收入增加、就业岗位增多等正向效益，但从长远角度而言，却会为地区可持续发展带来诸多阻碍。综合"反深海采矿运动"组织和加拿大采矿观察组织2020年研究报告的观点[1]，归纳总结出多数南太国家对深海采矿影响社会和经济的认知有以下几点：第一，对沿岸国家的其他海洋产业造成不利影响。深海采矿将

---

[1] Pacific warned of seabed mining's irreversible impacts. Radio New Zealand，May 21，2020. https：//www.rnz.co.nz/international/pacific-news/417191/pacific-warned-of-seabed-mining-s-irreversible-impacts.

威胁其赖以生存的海洋环境,从而进一步减少其海洋渔业和滨海旅游业的产值和收入。为此,太平洋共同体的文章称,应聘请独立专家进行国际海底区域采矿的成本效益评估,以支持南太国家公平分配采矿收益,填补因环境恶化而带来的其他涉海产业的经济损失。第二,深海采矿带来的经济效益周期较短,且难以实现较大的社会效益。深海采矿项目较之陆上采矿周期较短,采矿设施也多为可移动式,便于企业随时对其采矿业务进行重新部署,不利于沿岸国家获得持续性的经济效益。同时,深海采矿对劳动力的需求量较少,难以为当地创造较多的就业岗位。第三,深海采矿的争议加剧了国家内部的社会冲突。此类社会冲突源于两方面因素:一是政府对深海采矿所有权、使用权、利益分配的管理不善,导致沿海居民和矿业公司出现了激烈的利益冲突;二是由于各国当前对深海采矿影响认知的不足,造成沿海居民对当地自然资源、海洋环境、社区健康及生计风险的担忧。

第五节 结 语

基于上述综合分析,得出深海采矿对南太地区有以下潜在影响:一是对深海生境和生态系统的生物多样性影响程度远超预期;二是将导致作为迁徙物种重要觅食场所和固着底栖生物依附的硬底质被移除,并且在数百万年间无法恢复;三是不同深海物种对沉积物沉降和物理干扰做出的反应存在差异;四是预计采矿区的生物群落组成将在较长时间内发生不同程度的重大变化;五是底栖生物的恢复过程将较为缓慢,而依赖多金属结核生存的所有物种将从采矿区永久消失;六是深海生境是人类共同遗产的组成部分,在太平洋地区还被视为传统海洋所有权的组成部分,并与浅海和礁石存在关联,而西方科学界正刚刚开始构建相关的知识体系;七是拟进行的深海采矿已在相关地区引起社会和政治冲突;八是民间团体反对深海采矿的呼声较高,难以取得社会认可。

深海采矿作为未来的高新技术产业,其配套的国际及国内法律体系正在逐步形成。南太国家管辖海域内有着较为富集的深海矿产资源,是其发展蓝色经济的潜在增长点。虽然上文提及深海采矿面临诸多负面影响,但鉴于新冠病毒疫情对南太国家经济的冲击、全球资源储量的逐渐枯竭,人类向南太深海水域"索要"资源的趋势已愈发明显。未来，应在满足下述条件的基础上，再逐步在南太地区开展深海采矿。一是全面掌握存在的环境和社会经济风险；二是能够通过有效管理深海采矿，保护海洋环境及防止生物多样性丧失；三是确保土著人民自由、优先、知情，以及取得潜在受影响的社区同意；四是采用负责任的采矿生产方式方法，向资源节约型经济转变；五是建立公众意见征集机制，获得公众对深海采矿的认可及支持，确保国际海底管理局批准的深海采矿许可符合"国际海域是全人类共同遗产"的原则；六是改革国际海底管理局的组织和运营，确保决策和管理程序的公开透明等。

第三篇

主要国家海洋政策

第二編

大日本帝国憲法

第十四章　美国《海洋、沿海和五大湖酸化研究计划：2020—2029》

2020年7月，美国国家海洋与大气管理局（以下简称"NOAA"）发布《海洋、沿海和五大湖酸化研究计划：2020—2029》（以下简称《酸化研究计划》），这是NOAA继2010年《海洋和五大湖酸化研究计划》之后出台的又一个为期10年的酸化研究计划。该计划结合目前酸化状况，主要围绕通过监测、分析和模拟来记录和预测环境变化、描述和预测各种物种和生态系统的生物敏感性，在以上研究的基础上了解海洋、沿海和五大湖酸化对人类造成的影响等三个重点主题展开。

第一节　引　　言

《酸化研究计划》从环境变化、生物敏感性和人文因素三个维度出发，了解并预测环境变化，与他人分享研究成果，保护和管理海洋生态系统和资源，力争在理想情况下减轻海洋、沿海和五大湖酸化的脆弱性。该计划框架结构分为三个层面：一是国家层面。概述整个美国及其海外属地高水平的科学需求。二是区域层面。将美国本土及海外属地周边海域分成若干区域，分别介绍各区域的相关科学背景以及目标，以从区域层面了解酸化并评估其脆弱性。三是外海层面。阐述研究需求及行动计划，旨在使环境变化、生物敏感性和人文因素与各区域和外海研究需求相互一致。

NOAA期望通过该计划推动海洋观测系统和观测技术的持续进步，提高对酸化过程和发展趋势的认识和预测能力，了解和预测具有生态意义和经济意义的物种对酸化等环境问题在生态系统层面的响应和适应能力，与利益攸关方合作，共同评估需求，制作产品和工具，促进对酸化的管理、适应和恢复。

第二节　国家海洋、沿海和五大湖酸化研究

一、海洋、沿海和五大湖的酸化

海洋酸化主要由于海洋吸收大气中的二氧化碳，导致全球范围内的海洋pH值发生变化，伴随而来的还有其他化学变化，其中主要是碳酸盐和碳酸氢根离子水平的变化。海岸酸化一般是沿海岸线发生的酸化，通常由海洋吸收大气中的二氧化碳以及其他沿海化学物质的自然或人为增加或减少所共同导致的。某些海岸过程，包括但不限于有机物呼吸、淡水流入（如河流流入、海冰消融）、外源水团的对流（上升流和横向输送）、人为因素导致的营养盐负荷和微生物降解，以及沿海大气污染物的沉降等，导致沿岸化学物质发生变化，很有可能改变海洋酸化的局部速率和/或易感性（如改变缓冲容量），这些观测到的海洋酸化通常是在几十年甚至更长时间内缓慢进行的。《酸化研究计划》将海洋酸化和海岸酸化统称为海洋酸化。《酸化研究计划》旨在帮助我们了解海洋及五大湖生物群系、生态系统过程和生物地球化学与酸化之间的关系，进而预测未来的响应方式。

二、海洋、沿海和五大湖的环境变化

海洋、沿海和五大湖的酸化受到区域性独特过程的影响，由系泊网络系统和移动平台（主要是科研船舶和智能船舶）组成的观测系统在监测酸化发展变化的过程中起着至关重要的作用。由全球海洋酸化观测网主导对海洋酸化系统进行持续的开发与优化是未来十年国家研究目标的核心。通过全球海洋酸化观测网，我们可以确认和记录全球范围内海洋酸化的进展情况、确定表层海洋中人为碳含量的比例、提供全球生物地球化学模型预测所需数据、监测生物对海洋酸化的生物响应。

海洋酸化研究已经获得了物理学、生物地球化学、生态学和模型方面的大量数据，质量受控且完全整合的数据集将有助于充分运用和分析。数据管理将依然是促进海洋酸化研究不可或缺的组成部分，以确保数据得到充分运用，并转化为有用的数据工具。在尽可能少的人为干预的前提下将

第十四章　美国《海洋、沿海和五大湖酸化研究计划：2020—2029》

科学数据转化为信息工具，并确保在服务中可用，是将数据简化整合到区域和全球模型的核心。这里需要特别强调的是，要确保海洋酸化观测系统收集到的数据可查找、可访问、可互操作和可重复使用（FAIR）。为此，在国家层面确定了以下的研究目标和行动。

目标1：推动观测系统和观测技术的发展与进步，提高对酸化趋势和过程的认识和预测能力。

扩展和优化观测资源的配置对于了解外海、海岸带和五大湖酸化的脆弱性和发展进程至关重要。在模拟中充分运用观测数据对于得到最佳的预测结果并为管理工作提供理论依据具有重要意义。

具体行动如下：

● 维护、改进和采用稳定可靠、功能强大的物理学、化学和生物学分析系统、传感器和自主技术，对整个水体和底栖环境进行观测，并将研发技术的转化应用作为其中不可或缺的一部分。

● 增加在高敏感性和在经济上具有重要意义地区的近岸水域的采样，提高海岸与外海之间连通性的观测，以准确获得这些环境中人为碳的含量。

● 进行酸化长时间序列的实地持续观测，监测酸化的发展，确定区域过程及与气候过程相关的影响和重要性。

● 改进卫星和其他遥感工具的运用，以对外海、海岸和河口环境进行观测和阐释。

● 进行观测和数值模拟实验，为美国NOAA海洋酸化观测网络资源的战略部署提供指导信息，以实现最佳的时空覆盖。

● 开发在区域上相互联系的生物地球化学生态系统模型并扩大其覆盖范围，时间段从几天到几十年不等，以满足当地海洋生物和五大湖区资源及赖之生存的社区的最相关需求。

● 持续主导和推动全球海洋酸化观测网的工作。

● 确保观测系统收集的所有数据符合FAIR数据原则。

● 推动综合活动的开展，确保将环境数据转化为对建模人员和其他受众有用的工具。

目标2：了解和预测具有生态和经济意义的物种对酸化等问题的生态系统响应和适应能力。

海洋、沿海和五大湖的酸化与许多其他环境压力共同发生，包括海洋变暖和脱氧，对生物响应有着协同影响。由于酸化和环境方面出现的诸多问题对各类具有经济意义和生态意义的海洋和五大湖物种的影响尚待研究考证，为预测未来生态系统的变化，我们必须以当前对物种、群落和生态系统响应的认知为基础。另外，评估物种和种群的敏感性和适应能力，对于制订有效减缓、适应、保护和恢复计划具有重要意义。

具体行动如下：

- 评估酸化及物种（尤其是具有生态和经济意义的物种）对酸化的敏感性，以提高认识，为生态系统模拟提供重要信息，为管理决策提供理论依据。
- 收集、整理、综合位于同一地点的物理学、化学、生物学和生态学数据，以研究物种和生态系统对酸化和诸多环境压力的响应。
- 对海洋碳酸盐系统特性进行充分描述，以更好地将物种的生理响应与由此导致的群落及生态系统响应联系起来。
- 推动关于生态系统新变化的研究，包括但不限于多种环境压力之间的相互作用和有害藻华。
- 利用新知识进一步完善可与生物地球化学模型关联的现有生态系统模型，为未来的酸化和环境变化提供理论依据。
- 评估物种和种群的敏感性，以评估生物适应酸化和响应多种环境压力的潜力。
- 研究确定物种对酸化和环境变化的遗传抗性和恢复的可行性及益处，以采取积极的减缓策略，建立修复力强的海洋群落，改善生境环境并成功实现修复。

目标3：寻找和团结利益攸关方及合作伙伴，共同评估需求，制作产品和工具，促进对酸化的管理、适应和恢复。

将科学知识融入社会、文化和经济体系，对于了解海洋、沿海和五大湖区的酸化及环境变化的脆弱性至关重要。应为利益攸关方及合作伙伴提供研究或相关的沟通交流工具和技术，以直接满足他们的需求。

具体行动如下：

- 确定并建立与易受影响社区、利益攸关方和合作伙伴的关系，确定他们的需求和关注点，进行知识方面的沟通交流，并使他们了解如何做出酸化相关的合理决策。

- 制定策略，促进部落首领与社区的沟通交流，将本土知识与科学知识进行整合。
- 模拟经济、文化和社会的影响，对干预行动进行评估，研究能够为恢复力建设、为社区赋能和为决策提供理论依据的适应性策略。
- 推动沟通交流、研究方面的网络构建，如海洋酸化信息交流平台和沿海酸化研究网络，鼓励与利益攸关方建立合作伙伴关系及双向对话机制，确保科学知识与本地及区域的重点事务协调一致。
- 借助利益攸关方和合作伙伴的大力支持，开发和运行数据集合、可视化工具和通信工具，确保产品符合他们的需求。
- 根据区域需求和实际的数据工具，与研究人员、教育工作者和社区合作伙伴共同开发宣传教育资源，以提高对海洋、沿海和五大湖酸化以及可能的适应、减缓和恢复策略的认识和了解。
- 跟踪社区对酸化影响的认识及看法观点，以及不同利益攸关方参与相关管理活动的情况。

第三节 外海区域酸化研究

开展外海区域酸化研究，确定人为造成的碳和 pH 值变化如何与自然变化相互作用，从而共同对海洋碳酸盐化学过程与生物产生影响；在物理和化学研究中应用新型传感器、自动化平台以及生物测量方法，支持和加强 NOAA 全球海洋酸化观测网工作；通过观测进行模型验证，校准卫星数据综合工具；开发全球地图和数据综合工具，为国家和国际政策和适应性行动、食物安全、渔业和水产养殖业实践方法、珊瑚礁保护、海岸保护、文化认同和旅游业发展提供理论基础。

NOAA 针对外海区域酸化研究的区域目标：一是继续现有的观测，并持续开发和部署智能船舶和生物地球化学剖面浮标（BGC-Argo 浮标），以测量海洋表面和水体的碳参数、营养盐和其他基本海洋变量（EOVs）；二是在 GO-SHIP（全球海洋船载水文调查）计划下的巡测期间进行生物采样（如 Bongo 拖网），以确定海洋酸化及其他环境压力对浮游生物种群的生物学影响；三是开发数据管理系统及数据综合工具（包括关键化学和生物参数的可视化），以对人为二氧化碳积聚、全球海洋酸化的变化速率以及生物过程变化速率进行量化；四是促进数据综合，以验证生物化学模型的有效性。

海洋酸化是一个人为的过程，产生的根源是海水的自然碳酸盐化学过程，但也受到区域和时间变化和过程的影响。对于 NOAA 下一个十年的外海酸化研究，要确定外海区域未来的研究目标、需要开展的活动以及下一步的优先事项。

目标1：继续领导及推动全球海洋酸化观测网（与第七节美属太平洋岛屿区域酸化研究目标2协调一致）。

全球海洋酸化观测网提供了一个框架，将基于船舶的水文、时间序列系泊系统、浮标、水下滑行器所获得的信息与碳系统、pH 值和氧气传感器以及生态研究和相关的生物响应等方面的信息紧密结合，这将确保国际观测计划的持续开展，为观测提供生物方面的关键的 EOVs，并推动新平台的进一步开发。

具体行动如下：

- 在 NOAA 现有的全球海洋酸化观测网活动的基础之上，使用新的传感器和观测平台扩展全球网络，提供外海环境的物理、化学和生物条件变化的重要信息。
- 确保将海洋表层二氧化碳观测网（SOCONET）和顺路观测船计划（SOOP）下的所有志愿观测船纳入与海洋酸化相关的测量工作。
- 开发全球可访问的高品质数据和数据综合工具，包括评估海洋酸化的状态和趋势，推动海洋酸化方面的研究，获得新认识，就海洋酸化的状态和生物响应进行沟通交流，并对海洋酸化的环境条件进行预测。

目标2：判别自然二氧化碳信号和人为二氧化碳信号，并从季节维度到十年期维度对所获得的反馈结果进行解释说明。

对人为碳的垂直和水平分布、随时间推移而产生的变化以及长期变化趋势进行量化，为确定生物体和群落对海洋酸化的生物响应提供重要信息。

具体行动如下：

- 将外海观测与海岸巡测联系起来，以跟踪海洋中人为碳含量增加的分布和趋势。

第十四章　美国《海洋、沿海和五大湖酸化研究计划：2020−2029》

● 扩大外海和沿海水域的时间序列观测，以掌握海洋碳含量随时间推移的变化速率，这是未来进行海洋酸化预测时减少不确定因素不可或缺的一环。

● 继续智能平台传感器的开发工作，以测量碳参数、营养盐和其他生物地球化学基本海洋变量，尤其是全球海洋酸化观测网提出数据质量要求的变量。

目标3：观测海洋化学和生物演化，提供模型模拟的初始条件并进行验证。

量化海洋酸化的影响需要使用观测数据来开发全球和区域性数据工具，如SOOP下的外海观测、生物地球化学Argo剖面浮标计划以及SOCONET，提供运行模型所需的初始数据，以及测试模型预测能力的验证数据。

具体行动如下：

● 开发综合工具，包括地图和关键化学、生物参数的剖面图，以量化人为二氧化碳的积聚、全球海洋酸化条件的变化速率以及海洋酸化对关键物种的影响等。

● 继续为海洋表层智能船舶以及BGC-Argo浮标上的智能传感器开发数据管理和数据控制系统，以在数据工具和验证模型中纳入这些新的观测结果。

● 继续区域到全球层面的生物地球化学预测模型的开发工作，重点是从季到年再到十年维度的酸化极值。

目标4：通过遥感数据推断海洋表层海洋碳酸盐动态和潜在生物过程的全球统计算法或准机械算法。

可通过卫星观测直接确定海洋表层的碳分布，或者通过实地观测对各个观测点的观测结果进行综合来确定海洋表层的碳分布。

具体行动如下：

● 在恰当的时间/空间层面，推导出特定海景的多元算法，以预测全球的海洋表层$p\mathrm{CO}_2$。

● 将支撑卫星算法开发和净生物生产力测定的测量值纳入持续开展的海洋酸化研究中。

目标5：对贫营养水域中低营养层级的影响研究。

借助水文测量中的生物研究和生物地球化学研究，可以获得外海跨生物地理区域边界的外海酸化梯度的生物响应。

具体行动如下：

• 在海洋酸化巡测期间，利用Bongo和连续浮游生物记录仪确定海洋酸化及其他环境应激源对浮游生物群落的生物影响。

• 开发生物地球化学、系统进化工具和统计工具，评估海洋酸化及其他环境应激源对海洋生物的影响。

目标6：海洋酸化对高度洄游物种的影响研究。

一些很容易受海洋酸化影响的物种是鱼类、鱿鱼、海洋哺乳动物等洄游物种的果腹之物。对物种构成及其在食物链中的地位进行分析并开展实验室实验有助于预测海洋酸化将会造成的影响（与第七节美属太平洋岛屿区域酸化研究目标5协调一致）。

具体行动：开发生物地球化学工具，评估海洋酸化及其他应激源对高分类层级群体的影响。

目标7：评估海洋酸化对社区的直接影响和间接影响。

将外海强迫、沿海环境和生态动力学以及生态系统模型中的人类利用部分相结合，将有助于评估海洋酸化对依赖海洋资源的产业和社区带来的影响，包括对人类福祉和生态系统服务的影响（与第七节美属太平洋岛屿区域酸化研究目标7协调一致）。

具体行动如下：

• 确定关键的社会、文化和经济驱动因素与沿外海到海岸的生物物理、渔业和生态系统参数之间的关系，以预测未来海洋酸化情景下的潜在响应。

• 创建依赖海洋资源的产业的区域经济影响和行为模型，包括外海强迫，以考虑替代管理策略的效益和成本，进而减轻海洋酸化所造成的影响。

• 制定与人类利用、生态系统服务和福祉相关的管理目标，从而制定监测管理策略有效性的指标。

第十四章 美国《海洋、沿海和五大湖酸化研究计划：2020-2029》

第四节 阿拉斯加区域酸化研究

阿拉斯加区域包括阿拉斯加湾、东白令海和阿留申群岛周围水域(有关楚科奇海和波弗特海的信息，请参阅第五节北极区域酸化研究)。该区域的酸化是由大气中碳的掺入量相对较高以及一些区域性过程(如季节性生产力和海冰融化)所驱动，而该地区的碳浓度又较高，从而加剧了酸化。该地区以渔业为主，经研究证明，其中的一些渔业很容易受到海洋pH值变化的影响。阿拉斯加地区民众在生计、文化认同和福祉方面严重依赖海洋资源。NOAA针对阿拉斯加区域酸化研究的区域性目标：一是利用海洋和海岸观测网络来扩大对海洋酸化的监测，以确定季节性周期、地区脆弱性及未来区域的轨迹特征；二是对重要生态系统和商业物种的敏感性和恢复力进行评估，并利用这些评估结果模拟和预测酸化对整个生态系统的影响；三是对具有重大营养价值和经济意义的物种进行敏感性预测，以评估对社会经济的影响。

一、阿拉斯加区域的环境监测

鉴于阿拉斯加区域广阔的疆土以及碳酸盐体系的极端精细变化，因此在阿拉斯加区域开发一个涵盖范围广泛的观测系统是一项巨大的挑战。为了应对这一挑战，必须将有针对性的观测数据与模型、推测、预测研究相结合，以增加海洋酸化相关研究工具的时间和空间信息，供NOAA的利益攸关方酌情采纳。为了提高对化学、物理和生物之间相互作用的认识，以及尽可能将研究成果运用到管理工作中去，应将对在商业和文化方面具有重要意义的生境进行观测定为优先事项。

目标1：描述海洋酸化的季节性循环和区域脆弱性。

只有了解了海洋酸化对各个生物体生命周期的影响强度、持续时间和范围，才能有效开展物种响应研究。收集相关数据以开展物种和生态系统的敏感性分析需要使用各种各样的观测工具，以从时间和空间层面评估海洋碳酸盐化学过程的变化。

具体行动如下：

- 继续采用系泊式观测网络，如M2和GAK等现有系泊系统，通过这些系泊系统，可以更多地了解阿拉斯加湾和白令海一些重要生境目前的海洋酸化参数的季节性循环和年际变化。系泊系统应扩大规模至其他重要的渔业生境，如布里斯托尔湾或阿拉斯加东南部。

- 执行观测船计划，发现和确定重要渔业生境的碳酸盐参数在空间和区域方面的变化，包括与渔业种群测量共同进行的采样工作，以阐明海洋酸化数据和渔业种群数据之间的潜在关联。
- 执行观测船计划，从根本上提高对海洋酸化成因的认识，包括平流输送、河流排放、季节性海冰消融、初级生产力高低起伏、底栖生物呼吸和生物响应的影响。过程研究有助于对减少模型不确定性至关重要的速率和通量进行评估。

目标2：从本地和区域空间层面描述海洋酸化的未来轨迹。

区域模型的推测和预测有助于从广阔的空间层面确定海洋酸化对阿拉斯加商业渔业以及自给性渔业的未来影响。

具体行动如下：

- 支持和验证现有的区域性海洋模型，以进行短期和长期预测。海洋酸化的区域性模型预测量化了在多种排放情景下高空间分辨率碳酸盐参数的变化，为物种响应研究奠定了理论基础。通过季节性预测，可以预计短期内海洋酸化对渔业的影响。
- 制定海洋酸化指标，将生态系统受到的影响与海洋酸化及渔业种群动态相关联。提高预测海洋酸化对生态系统影响的准确性，为阿拉斯加地区开发以管理为重心的海洋酸化工具。

目标3：建立基于社区的分布式沿海监测网络。

阿拉斯加地区的社区沿海岸线分布，许多社区地处偏远、相隔甚远，只能坐飞机或乘船才能到达。海洋酸化对自给性渔业以及社区产业（如水产养殖）的局部影响将给阿拉斯加社区带来大范围影响。然而，目前的海洋模型还不足以预测这些高度变化的沿海地区的海洋酸化条件。因此，了解及减缓海洋酸化的局部影响将需要对阿拉斯加海岸线的多个点位进行局部监测。为满足这些需求，NOAA、当地社区和贝类养殖户之间紧密合作，建立了一个不断发展的沿海监测网络，并进行定期采样和碳酸盐系统分析。

具体行动如下：

- 构建信息网络和数据管理程序，确保准确、及时地报告海洋酸化相关情况。
- 与当地社区和贝类养殖户合作，确定当地的监测需求，提供培训和技术支持，以维护阿拉斯加的海洋酸化监测网络，并通过设立其他海洋酸化监测点来进一步发展该网络。
- 通过该网络提供空间和时间方面的精细数据，满足当地社区的实时监测需求，提高对阿拉斯加海岸酸化的了解和预测能力。

二、阿拉斯加区域的生物敏感性

在过去的十年间，阿拉斯加渔业科学中心对阿拉斯加湾及白令海具有重要商业意义的阿拉斯加蟹类和底栖鱼类进行了敏感性研究。研究结果表明，各物种之间以及各个生长阶段的敏感性存在重大差异，同时还表明初级生产力机制的变化，在这种情况下，海洋酸化会对具体鱼类的生产力造成影响。

目标4：描述关键资源物种对海洋酸化及其他环境应激源的敏感性与适应潜力。

物种响应研究应评估海洋酸化与变暖、缺氧等环境变量相结合的多重应激影响，其中包括考虑环境条件（如温度、盐度、溶解氧等）的自然变化对物种和对海洋酸化响应的影响。

具体行动如下：
- 开展相关实验，了解海洋酸化的生命阶段响应范围、相关环境应激源以及生物适应和跨代适应未来环境的潜力。
- 扩大研究范围，将研究不足的物种纳入其中，包括具有商业价值和生计价值的阿拉斯加鲑鱼和双壳类动物。
- 提高实验水平，将随时间推移而变化的环境状况纳入考量，并且开展与多环境应激源有关的实验。

目标5：检测关键低营养层级"瓶颈"物种对海洋酸化的敏感性。

从根本上提高对阿拉斯加生态系统至关重要的低营养层级物种的认识，以预估海洋酸化对具有商业价值和生计价值的物种的间接作用。

具体行动如下：
- 对在本地区具有重要意义的生态系统的构成要素（如磷虾、双壳类动物、棘皮类动物、桡足类动物、翼足类动物和虾)开展海洋酸化敏感性研究。

- 进行进化和基于特征的分析,以确定对食物网有广泛影响的敏感性物种。
- 确定可作为本地区海洋酸化影响生物指标的物种。

目标6:确认海洋酸化对整个生态系统的影响。

具体行动如下:

- 开展实验室研究,量化海洋酸化的影响,并进行实地观测以验证和参数化海洋酸化对食物网及气候相关模型中的生物耦合(捕食者与被捕食者)的影响。
- 将环境和生态系统的变化纳入考量,提高对海洋酸化响应的认识。
- 构建气候-生物-社会经济综合模型,将物种的生理、生长、行为和分布与腐蚀性水暴露的空间/时间模型相关联,以评估海洋酸化对社会生态系统的直接影响和连带影响。

三、阿拉斯加区域的人文因素

目标7:改进海洋酸化对渔业依赖型社区的社会经济影响的评估。
针对特定地区建构社会生态模型,纳入相关考量因素。
具体行动如下:

- 通过食物网模型阐释海洋酸化对各物种的直接影响和间接影响,并将这些影响纳入代表物种与种群之间生物和技术相互作用的空间生物经济模型。
- 分析海洋酸化的直接和间接影响,针对生物学和生物经济参考点,构建涵盖各类物种的新框架,将最大可持续总产量、多物种最大经济产量这两个指标纳入其中。
- 分析海洋酸化对生物生长和生存方面的影响,以评估针对不同生命阶段和种群生产力瓶颈的各种管理干预措施的利弊和潜在的协同效益。
- 利用综合的评估模型为种群评估和恢复计划奠定理论基础。

目标8:就海洋酸化对关键营养资源和文化资源的影响评估区域敏感性和恢复力。
扩大海洋酸化的评估范围,将关键的营养资源和文化资源的敏感性纳

第十四章　美国《海洋、沿海和五大湖酸化研究计划：2020—2029》

入评估范围，直接评估因海洋酸化引起的海洋生态系统的变化对沿海地区福祉带来的影响，充分了解海洋酸化对阿拉斯加地区的社会影响和文化影响。

具体行动如下：

- 与当地社区(含土著部落)开展合作，确认在地方层级上具有重要意义的物种，进而开展其他的海洋酸化敏感性研究，并与地方政府合作，宣传研究成果。
- 分析因海洋酸化而引发的食物网变化在经济和社会方面产生的影响，该变化可能会影响具有重要营养意义和文化意义的物种(包括大型海洋哺乳动物)的捕捞。
- 提高当地居民对海洋酸化影响的认识，与当地利益攸关方合作，以确认经济和社会影响，并评估、实施适应性措施。

第五节　北极区域酸化研究

北极区域包括阿拉斯加北部广阔的大陆架区域，有北白令海、楚科奇海和波弗特海。北极区域海洋酸化的影响因素包括冰冷表层海水中溶解的大气碳的浓度不断增加，邻近区域的平流输送、海冰消融、河流输送导致的海水化学的区域性变化，以及导致北极地区水域溶解碳浓度高低不均的季节性波动。北极地区及其海洋生态系统为赖以生存的社区提供食物来源和文化认同。虽然美属北极地区的商业渔业目前还没有发展起来，但是从东白令海大规模向北洄游的鱼类意味着该地区未来可能会开发商业性渔业。

NOAA针对北极区域酸化研究的区域目标：一是促进开展具有针对性的海洋酸化监测，以提高对北极区域海洋酸化的发展过程的认识，为区域性海洋酸化模型奠定理论基础；二是对具有重要经济意义和生态意义的物种的敏感性和恢复力开展实验研究，以提高对海洋酸化的生态系统响应以及审慎管理方法的认识；三是借助对北极区域海洋酸化的物理认识和生物认识，为区域性适应策略和渔业管理决策奠定理论基础。

一、北极区域的环境变化

目标1：开展有针对性的观测和过程研究，提高对海洋酸化动态和影响的认识。

具体行动如下：

• 通过海岸巡测和外海巡测测量人为二氧化碳的浓度，以减轻其他过程(如平流输送、不断变化的河流输送、上升流速率、水源平流或局部增强的海气交换)对人为海岸酸化的影响。

• 持续进行与生物采样相关联的碳酸盐化学观测指标的长期监测，提高我们对海洋酸化对生态系统的影响的认识。

• 设计过程研究，帮助科学界将碳酸盐循环中的关键不确定因素(如冬季循环和季节性呼吸速率)作为科学研究目标。

目标2：构建高精度区域模型，对海洋酸化过程进行精细模拟。

具体行动如下：

• 通过过程研究获得新的观测结果，以验证区域模型，并测试模型的预测能力。

• 利用经验证的模型预测海洋酸化未来几年到几十年的发展趋势，并针对海洋酸化的变化，对历史数据进行回溯测试，为现有的十年尺度生态时间序列提供背景信息。

• 借助经验证的模型，对北极区域的腐蚀性水域状况以及NOAA利益攸关方的其他决策支持工具进行短期的季节性预测。

二、北极区域的生物敏感性

目标3：对具有经济价值和生态价值的重要物种开展海洋酸化影响的实验室研究。

具体行动如下：

• 对高层级物种开展实验室研究，如潜在的渔业物种(如灰眼雪蟹、北极鳕鱼和宽突鳕)、在食物网中占据重要地位的物种(如互爱蟹和真蛇尾)，以及作为受保护物种重要食物来源的物种。

• 通过实验室实验和实地实验了解海洋酸化与温度之间的相互关系，以量化对共同应激源的潜在协同响应。

• 利用对这些环境条件可能表现出潜在脆弱性且符合以上条件的物种，对海洋酸化及并发应激源(如盐度和饵料质量/数量)的影响进行实验室实验。

- 通过基因表达、代谢组学和蛋白质组学的测定来了解海洋酸化影响的生理途径，尤其是易受海洋酸化影响的物种的生理途径。

目标 4：开展生态系统研究，以评估海洋酸化的影响。

描述物理和生物方面的基准条件，监测生态系统的变化，对关键物种进行过程研究，为科学界对海洋酸化情况下整个生态系统所受到的影响进行模拟和预测奠定理论基础。

具体行动如下：

- 确立北极地区生态系统的参考条件，支持对北极地区关键物种和浮游动物进行持续的生态系统监测。
- 开展有针对性的过程研究，以量化重要的生态系统途径。

目标 5：生物预测和预报的发展。

将建模工作与敏感性研究及海洋观测相结合，以预测海洋酸化对北极区域物种和生态系统的影响，进而了解其对人类社会的影响，为制定人类社会的适应性策略提供理论指导。

具体行动：利用最佳建模技术，包括单一物种模型、生态系统模型和定性模型，了解北极区域海洋酸化的潜在影响。

三、北极区域的人文因素

目标 6：为美属北极地区的渔业管理提供支持。

NOAA 应将海洋酸化研究的相关工具及数据运用到北极地区的渔业管理及保护工作中，这些工具的设计应当考虑到管理者及利益攸关方的需求，以实现管理效益的最大化。

具体行动如下：

- 设计有针对性的碳酸盐化学工具，用于推进美属北极地区的渔业管理计划。
- 在制定美属北极地区的渔业管理战略时，将海洋酸化所带来的风险纳入考量范围。

目标 7：对已纳入环境变化因素的海洋酸化区域性适应策略进行评估。

北极许多地区已经面临着自给性捕捞受到影响的严峻考验，其中最显著的影响是由于海冰逐渐消融，导致大型海洋哺乳动物的传统自给性捕捞难度越来越大。在这种情况下，海洋酸化带来的其他挑战无疑是雪上加霜。

具体行动如下：

● 对社区、地方和土著部落进行调查，以提高利益攸关方和决策者对海洋酸化的认识，并在决策支持工具中纳入传统知识和观点。

● 与地区相关组织合作，如北极水道安全委员会、阿拉斯加海洋观测系统计划下的阿拉斯加海洋酸化研究网络等，以制定和推进决策支持工具。

第六节 西海岸区域酸化研究

美国西海岸区域涵盖华盛顿州、俄勒冈州和加利福尼亚州的沿海水域，包括大陆架和内海。这些水域受到邻近区域的影响，被统称为加利福尼亚海流区大海洋生态系统，具有极高的生产力，拥有丰富的高经济价值和文化价值的渔业资源，如鲑鱼和珍宝蟹。NOAA针对西海岸区域酸化研究的区域目标为：一是持续开展时间序列研究，针对高商业价值和高生态价值物种的生境开展碳酸盐化学和生物观测工作，并将观测结果用于构建高精度的区域模型；二是描述物种对海洋酸化直接影响和间接影响的敏感性，评估物种的适应潜力；三是提高对海洋酸化带来的社会经济风险以及渔业、沿海地区的受影响程度的认识，制定科学的适应性策略。

一、西海岸区域环境变化研究

目标1：改进对海洋次表层环境中具有重要商业和生态意义物种的关键生境的海洋酸化参数的描述。

更好地描述海洋表层及次表层的碳酸盐化学条件，将有助于提高对海洋酸化给物种及生态系统带来的风险的认识，加深对用于回溯过去、描述现状及预测未来的模型的参数化的理解。

具体行动如下：

● 通过在关键生境对关键物种易受影响的生长阶段及食物来源进行联合观测，确保对海洋酸化及与之相互作用的其他环境应激源的变化及变化速率进行合理评估，尤其是温度、碳化学、氧气、营养盐及有害藻华。

● 在海洋次表层布设其他化学、生物学传感器，加强系泊和剖面平台，以提高对关键参数变化速率的认识。

- 通过海岸及外海巡测，继续量化人为二氧化碳浓度，收集数据以便分析碳酸盐化学变化与人为酸化的关系以及碳酸盐化学变化过程与其他过程的关系。
- 提供经测定、计算的海洋酸化结果，通过耦合物理和生物地球化学的海岸酸化研究模型验证基础物理学和生物地球化学过程。

目标2：提高对生物系统和化学条件之间关系的认识，包括不同生境变化的科学指标。

跟踪海洋酸化、其他长期的海洋变化、异常环境事件（包括海洋热浪、有害藻华以及大规模死亡事件）的生物响应，为开展综合监测奠定理论基础，进而探究出环境成因并确定异常事件的因果。

具体行动如下：

- 将物理和化学时间序列研究与生物学观测相结合。
- 制定利用翼足类和其他物种作为西海岸特有物种、生态系统状况和不同栖息地变化指标的程序。

目标3：完善分析工具，对海洋的过去、目前及未来的状况进行更好的描述。

模型构建对于从天至十年，甚至更长时间尺度，以及从区域到局地的各空间尺度的环境状况的科学预测至关重要。应继续构建、完善从过去到未来的高精度的西海岸海洋模型，以在相关的时间尺度上为西海岸保护区、鱼类基础生境、深海珊瑚和海绵生境以及贝类和有鳍鱼类的管理者提供决策支持。

具体行动如下：

- 构建可以通过观测数据（系泊系统的时间序列观测数据、近岸观测数据）进行验证、参数化和评估的模型，纳入化学和生物变化速率参数，以了解海洋酸化的发展进程。
- 开发短期和季节性的预测和综合工具，为产业、部落的年度管理决策以及十年期的预测提供理论支撑，从而促进西海岸各州、各部落和各利益攸关方的规划、政策和适应性策略的制定。
- 更好地利用西海岸的卫星观测工具及其衍生工具，对从目前到未来、从海洋表层到底栖生境的海洋状态的空间精细预测进行补充或扩展。

二、西海岸区域的生物敏感性

目标4：了解物种对海洋酸化的敏感性，描述潜在的影响机制。

物种敏感性的研究成果有助于我们了解海洋酸化对人类及自然系统的潜在影响。

具体行动如下：

● 对联邦、州和部落在西海岸捕获的物种及其食物来源开展实验室敏感性研究。

● 制定各种方法以生成物种敏感性促成机制的相关数据，包括酸碱研究、组学研究、神经和行为功能研究等，以阐明海洋酸化的亚致死效应和可能的适应性策略。

● 评估基于实验室研究的对敏感性的认识如何转化为实地的各种碳酸盐化学条件和多种环境因素的敏感性表达。

目标5：调查物种在海洋酸化条件下的适应能力。

针对物种驯化（即个体经长期暴露后的功能恢复）或适应（即种群内或种群间的遗传变化或表观遗传变化）展开研究，使对具有重大生态意义或社会经济意义的物种进行长期预测成为可能。

具体行动如下：

● 开展多世代、完整生命周期的实验室研究，以阐述物种对海洋酸化的敏感性。

● 评估在实地研究和水产养殖研究中海洋酸化敏感性如何在物种个体、菌株、种群内和种群间的变化，提高对种内和种间差异的认识，对了解如何管理海洋酸化状况下的海洋资源具有重大意义。

● 运用分子技术更好地了解海洋酸化对个体和种群的影响。

目标6：对海洋酸化对受管控物种及生态系统的直接和间接影响进行探测和归因分析。

虽然实验室实验表明许多海洋物种对海洋酸化比较敏感，但是这一敏感性将如何影响种群在自然环境中的分布、如何改变食物网及生态系统，我们仍知之甚少，目前相关研究领域仍存在重大空白。

具体行动如下：

● 制定生境适宜性指标，了解环境状况在不同深度和时间范围内如何对物种产生影响，并且通过这些指标进行科学的预测和推测。

- 模拟物种、食物网和生态系统对海洋酸化的响应，了解海洋酸化的后果以及可持续捕捞和保护的科学管理策略是否有效。数值密集型模型可以以概念模型无法实现的方式，综合运用各种科学数据及工具。
- 进行严谨的生物学监测和数据分析，探测因海洋酸化导致的物种变化或生态系统变化，尤其是因人为碳吸收导致的变化。

三、西海岸区域的人文因素

目标7：提高对依赖易受海洋酸化影响的物种的渔业和沿海地区所面临的社会、文化和经济方面的风险认识，以及对海洋酸化脆弱性的相关社会和经济成因的认识。

人类相对于海洋酸化的脆弱性是由重要物种和生态系统受到海洋酸化影响而直接或间接造成的，另外还有人类社会可能面临的其他（非海洋酸化方面的）社会和生态压力因素。决策者需要对社会生态关系以及影响机制有更深入的了解，以便推测和了解海洋酸化给人类带来的风险。

具体行动如下：

- （通过测量与采访）获取新信息并综合现有信息（如商业渔业及休闲渔业部门的数据、渔业地区的基本信息以及传统知识和地方知识），从各个层面更好地描述人类与自然之间的相互作用、易受海洋酸化影响的物种以及生态系统对人类的重要性。
- 构建与海洋酸化相关的新型社会生态概念模型，并通过这些综合模型预测人类和地区福祉所面临的风险，以及各部门、社会和人口结构因素的风险分布。
- 完善模型，预测海洋酸化对商业渔业、水产养殖业及滨海旅游业收入和就业的影响，为管理决策者提供必要依据；同时将蟹类及其他贝类休闲捕捞的经济价值与生物量的变化关联起来。
- 探究各种环境因素对人类脆弱性的协同影响、负面影响和连带影响，以填补我们对海洋酸化如何与其他环境和社会经济因素相互作用认知的重大空白——这是各个地方必须要解决的问题。

目标8：提高对渔业和沿海地区适应性策略的认识，并就这些策略进行进一步的沟通交流。

提高对降低地方脆弱性的认识，促进沟通交流，包括应对和适应海洋酸化及其他累积环境因素的障碍和能力，对于制定降低社会经济风险和提高社会适应水平的管理行动方面的政策、策略以及相应工具的开发至关重要。

具体行动如下：

- 拓展适应能力方面的信息来源，尤其是评估体制结构和政策背景，这些结构、背景要么有助于渔业或地区积极应对变化，要么对其适应变化带来障碍与挑战。
- 确定替代性行动，提高海洋酸化条件下地方和生态系统适应水平，比如确定为地方带来间接和共同利益、反映地区工作重点、减少管理决策给地方带来潜在负面后果的资源管理行动。
- 为管理者和相关产业者提供决策信息，包括开发技术工具，用于模拟场景以及评估与海洋酸化相关的潜在管理行动，如社会经济方面的权衡。

第七节　美属太平洋岛屿区域酸化研究

太平洋岛屿区域包括环绕着各种岛屿和环礁的专属经济区，具体包括夏威夷州、美属萨摩亚和关岛、北马里亚纳群岛联邦、美属太平洋偏远岛屿区。这些区域广泛分布在西太平洋和中太平洋，被辽阔的大海隔开，有些岛屿无人居住，受联邦政府保护，因此该区域生态系统受到当地人为的压力相对较小。不过，太平洋岛屿受到全球变化的影响显著，包括整个海盆的气候变化，如厄尔尼诺-南方涛动事件以及太平洋十年涛动，还有全球的气候变化等。该区域是生机勃勃的珊瑚礁生态系统、各种受威胁和濒危物种的家园，具有重大经济和文化意义的渔业促进了商业和当地社区的发展。

NOAA针对太平洋岛屿区域酸化研究的区域目标为：一是维护现有海洋酸化监测点，设立新监测点，在同一点位进行珊瑚礁和范围更广的海洋生态系统生物调查工作，以提高对海洋酸化进程及响应的认识，并在风险评估和决策中进行实时预测；二是将物理学、化学、生物学和生态学数据相结合，以评估海洋酸化对整个生态系统的直接影响和间接影响，评估

第十四章 美国《海洋、沿海和五大湖酸化研究计划：2020-2029》

重点是太平洋的关键海洋物种；三是将环境、生态、人类与应用价值评估模型相结合，评估海洋酸化对人类福祉的影响，制定基于生态系统的科学管理策略和相关的科学交流工具。

一、美属太平洋岛屿区域的环境变化

目标1：继续监测与评估珊瑚礁生态系统中的海洋酸化。

近岸海洋酸化监测对于跟踪碳酸盐化学的时空变化以及高敏感度珊瑚礁在海洋酸化条件下的演变进程至关重要。如果与生物评估、生态研究联合开展长期监测，可以就海洋酸化给珊瑚礁带来的影响提供综合的生态系统视角，并为基于科学的管理策略提供重要的基准数据。

具体行动如下：

● 在浅水珊瑚礁环境中继续开展碳酸盐化学水样采集工作，并与当地伙伴合作，扩大近岸海洋酸化监测范围，描述整个太平洋岛屿区域海洋酸化的空间模式和时间趋势。

● 部署短期、高精度监测仪器，测定碳酸盐化学和其他物理学及生物地球化学参数(如温度、盐度、水流量、光纤和溶解氧)，对低频观测进行背景分析。

● 在有代表性的珊瑚礁观测点和近海参考观测站继续部署系泊式智能浮标，加强与该地区其他国际系泊观测网络的协调合作，记录碳酸盐随时间推移而产生的细微化学变化，了解海洋酸化在几十年中的变化趋势。

目标2：扩大区域海洋酸化观测系统的规模，将中上层环境及深海环境纳入研究范围。

建立岛间微光层、亚透光层和深海环境全面的海洋酸化观测计划，扩大在美属太平洋岛屿区域中上层水域的全球海洋酸化观测网的观测范围，从空间和时间层面提高对碳酸盐化学变化的认识，以便预测海洋酸化对中上层及深海生态系统的影响。

具体行动如下：

● 继续并扩大NOAA对pCO_2、溶解无机碳(DIC)、总碱度(TA)和/或pH值(pH值分析仪)的走航式观测，测量两个或两个以上约束整个碳酸盐系统的海洋表层碳酸盐化学参数，以便对巡测过程中碳酸盐系统的化学性质有一个全面的了解。

● 部署智能数据收集设备(如 Saildrone 无人船、水下滑行器、生物地球化学 Argo 浮标等),以测定至少两个碳参数($p\mathrm{CO}_2$、pH 值、总碱度、溶解无机碳)、温度、盐度以及海洋表层、垂直深度剖面的其他物理学、生物地球化学参数,用以补充或替代巡测参数。

● 沿垂直深度剖面收集海洋表层的海洋学数据及碳酸盐化学样本,建立碳酸盐化学的基准水平,监测微光层、亚透光层和深海生态系统中的海洋酸化状况。

目标 3:制作海洋酸化的实时空间产品及预测空间产品。

利用物理学和生物地球化学数据集和模型输出绘制海洋酸化区域图,制作预测未来趋势的空间实用产品,以评估海洋酸化带来的风险,确定易受影响的物种和生物群落,从空间和时间层面为管理规划和政策制定提供决策方向。

具体行动如下:

● 利用遥感数据、同化模型以及实地样本数据绘制太平洋区域岛屿间及远洋碳酸盐化学参数($p\mathrm{CO}_2$、pH 值和文石饱和度)随时间的变化图,从区域层面描述海洋酸化的空间模式和时间变化。

● 将流体力学、生物地球化学模型与气候模型相结合,提高对远海及沿海环境下碳酸盐化学动态的认识和海洋酸化的预测水平,确定潜在的热点区域和生物避难所。

二、美属太平洋岛屿区域的生物敏感性

目标 4:评估海洋酸化对太平洋关键珊瑚礁及远海物种的直接影响。

继续并扩大生态监测,对研究不足的分类群在实验室进行干扰实验,并综合现有数据以掌握关键物种对海洋酸化的敏感性,提高我们对海洋酸化对珊瑚礁、微光层、深海及远海生态系统影响的认识。

具体行动如下:

● 评估各个纬度和深度梯度的碳酸钙积聚及其在珊瑚礁和深海珊瑚生境中的溶解,并对生境和鱼类群落进行长期监测,以记录海洋酸化及其他环境因素对珊瑚礁群落的影响,描述复原力,确认管理或恢复工作的优先事项。

● 完成海洋酸化对太平洋关键物种的生长、繁殖力和死亡率影响的文

第十四章　美国《海洋、沿海和五大湖酸化研究计划：2020−2029》

献综述，为确定这些生物对 pH 值降低的敏感性标量提供信息。

● 开展实地试验、实验室实验以及多应激源评估，以测定关键分类群（如钙质浮游生物、仔鱼、浅海和深海珊瑚、软体动物、珊瑚藻、海草和生物侵蚀物种）的海洋酸化敏感性，绘制海洋酸化响应曲线，并评估对营养级和食物网相互作用的影响。

目标 5：评估海洋酸化对渔业和受保护物种的间接影响。

远海及近海渔业以及受保护物种（僧海豹、海龟和鲸类动物）是区域研究和管理的重点。确定碳酸盐化学变化对营养层级相互作用、基础生境和行为的影响将有助于预测这些资源在海洋酸化条件下的脆弱性，也有助于对这些资源进行科学管理。

具体行动如下：

● 将浮游生物研究与拖网调查、鱼类饵料研究、渔业数据、渔业资源评估及实验室实验相结合，评估因海洋酸化导致的岛屿间及远海食物网结构和能量流的变化。

● 评估海洋酸化对海草床丰度与分布的影响，确定对海龟摄食行为和生境的相关影响。

● 针对作为僧海豹和海龟繁殖和巢居之地的沙滩开发碳酸盐砂土积聚模型，以帮助评估与珊瑚、壳状珊瑚藻、钙质大型藻类钙化率降低相关的出砂量的预期变化幅度。

目标 6：确定海洋酸化对整个生态系统的影响。

对物理学、化学、生物学、生态学和社会经济数据进行生态系统层面的综合，以确定海洋酸化及其他应激源对珊瑚礁和远海生态系统、渔业和受保护物种的影响，并评估管理策略。

具体行动如下：

● 通过综合碳酸盐化学观测、特定物种的海洋酸化敏感性数据以及响应曲线，提高生态系统模型的参数化。

● 完善营养层级相互作用生态系统模型，纳入海洋酸化成因及分类群响应，为渔业和沿海资源管理提供决策支持工具。

三、美属太平洋群岛区域的人文因素

目标 7：评估海洋酸化对太平洋区域的直接影响和间接影响。

将环境和生态动态与生态系统模型中的人类利用部分和非使用价值相结合，有助于评估海洋酸化对依赖海洋资源的产业和地区的影响，包括对人类福祉及生态系统服务的影响。

具体行动如下：

● 确定关键的社会、文化和经济驱动因素与生物物理、渔业和生态系统参数的关系，以预测对未来海洋酸化情景的潜在响应。

● 为依赖海洋资源的产业创建区域经济影响和行为模型，考虑替代管理策略的收益和成本，减轻海洋酸化的影响。

● 制定与人类利用部分、非使用价值、生态系统服务和福祉相关的管理目标，保障监控的有效性。

目标8：描述海洋酸化的地区认识水平及复原力。

综合生物条件、社会认知水平和地区脆弱性趋势的评估对于制定太平洋岛屿区域的科学管理策略是必不可少的。

具体行动如下：

● 监测地区对海洋酸化影响的认识和看法的变化趋势，以及各利益攸关方参与管理活动的趋势，努力将它们与环境敏感性和生物敏感性趋势相关联，以了解其在哪些方面是一致的。

● 将生物敏感性分析与社会脆弱性及适应能力框架相结合，为地区减缓规划与管理奠定理论基础。

目标9：针对不同利益攸关方开发创新性的科学传播工具。

对海洋酸化适应、管理策略的完善需要在有效传播未来海洋酸化对环境、生物、经济和社会系统的潜在改变、威胁和影响的基础上进行。

具体行动：继续开发可视化工具，针对各利益攸关方的宣传教育资源，就科学成果进行沟通交流，促进对海洋酸化过程及其潜在影响的理解和认识。

第八节 东南大西洋和墨西哥湾区域酸化研究

东南大西洋和墨西哥湾区域涵盖从北卡罗来纳州到佛罗里达州海岸的大陆架海域及以美国海湾沿岸为界的边缘海。虽然这两个区域在海洋酸化方面面临着不同的压力，但是它们在当地社区参与（或缺少参与）、积极

第十四章 美国《海洋、沿海和五大湖酸化研究计划：2020-2029》

研究和数据可用性方面有着相似的需求。东南大西洋地区流向朝北的墨西哥湾流和流向朝南的拉布拉多洋流对地区的影响，决定了这一地区沿海水域的生物地球化学特征，而墨西哥湾受到环流与河流输入的强烈影响，导致其海水出现富营养化和缺氧现象。珊瑚礁、休闲娱乐渔业和工业捕鱼业受到的影响，以及有害藻华的暴发及频率是这一地区面临的部分问题——由于海洋酸度的增加，这些问题很可能会受到影响。

NOAA 针对东南大西洋和墨西哥湾区域酸化研究的区域目标是：一是使用传统和新型智能技术扩大海洋酸化的监测规模，将关键地区纳入观测范围，包括海洋次表层和底层水域，以更好地描述区域过程，从根本上提高认识水平；二是描述物种的生态系统影响及适应潜力，确定可用于提前探测到不利生态系统条件的指示物种；三是利用新知识评估海洋酸化对休闲娱乐业、旅游业和水产养殖业的社会经济影响。

一、东南大西洋和墨西哥湾区域的环境变化

目标1：完善具有巨大经济、文化和休闲娱乐价值地区的海洋酸化参数的描述。

墨西哥湾和东南大西洋区域生物资源丰富，是红树林、沼泽、河口、天然牡蛎礁以及恢复后的牡蛎礁的家园，是区域海洋生态系统的重要生境，在当地碳平衡中发挥着重要作用，大部分商业、休闲渔业及旅游业活动都在这些区域内开展。但是墨西哥湾和东南大西洋区域的近岸数据尤其匮乏。

具体行动如下：

- 制定相关协定，将近岸环境相关参数纳入海洋酸化的定期观测，以补充持续进行的综合巡测。将采样的重点放在预计会受到海洋酸化严重影响的物种的基础生境，以及选定的国家公园和国家海洋保护区（尤其是受缺氧和海洋酸化共同影响的北墨西哥湾）。

- 探索各种可能性，包括私人合作伙伴和/或行业合作伙伴，增设海洋酸化浮标或将其他观测平台纳入西墨西哥湾，以扩大沿海地区的观测范围，目前的观测主要以布设在佛罗里达群岛、西佛罗里达陆架（非NOAA资产）以及密西西比-阿查法拉亚地区的浮标为主。

- 探索各种可能性，包括在东南大西洋地区的格雷海礁附近的河口环

境中增设监测点，以建立近岸与近海的对比监测点。

- 在湾区和具有巨大商业价值和休闲娱乐价值的河口附近（如牡蛎养殖场、公共蛤蜊养殖场和贝类孵化场）建立海洋酸化及水质监测站，以监测淡水系统受到人类活动的严重影响并且对近岸海洋产生强烈影响的地区的海岸酸化和富营养化等环境因素。

目标2：完善外海区域的特征描述。

目前，外海监测仅限于每四年一次的海洋酸化综合巡测。可以通过将传统混合边界与外海和淡水输入的二端元系统相结合来研究海岸酸化，更好地了解这一区域的环境条件，有助于提高对海岸酸化过程的认识。智能技术可为外海深水区域和陆架水域的大规模观测提供平台。

具体行动如下：

- 评估智能传感器从海洋表层到深水（3 000米）以及在冷水珊瑚群落邻近区域的观测能力。
- 制定在墨西哥湾区域布设BGC-Argo浮标的计划。通过墨西哥湾生态系统和碳循环巡测及其他巡测计划进行实地校准，完善数据质量控制程序，同时提高外海端元在墨西哥湾的数据可用性。

目标3：从根本上提高对区域过程和季节趋势的认识。

该区域海岸带的海洋表层和次表层显示出截然不同的季节性变化模式，但缺乏用于从空间层面和季节层面对模拟结果进行验证的数据。

具体行动如下：

- 通过现有的巡测（如东南区域监测与评估计划、生态系统监测与恢复、海洋学监测）来扩大综合研究之外的样本采集，尤其是在观测活动开展得不多的冬季。
- 评估墨西哥湾深水域至陆架上升流如何影响陆架生态系统中海洋酸化的测量方法。
- 通过提高其他季节（首先是冬季）综合巡测采样频率来扩大观测规模，提高年际间采样水平，并在现有浮标、系泊系统和智能平台上增设海洋次表层传感器。

目标4：扩大规模和提高预测能力。

模型是将现有观测结果扩展到更大区域以及从根本上提高我们对海洋酸化的物理学、化学和生物因素之间相关性认识的关键工具。模型提供的关键信息可以转化为实用工具，为决策和管理实践提供理论指导。持续完善和运用现有的地区模型，并构建新模型，扩大相关地区的地理覆盖范围。

具体行动如下：

- 构建、运用及完善现有模型，运用直接观测结果验证模型，评估并提高模拟水平，从而对该地区的海洋酸化做出最科学的预测。
- 将海洋酸化及相关的生物地球化学纳入生态系统模型中，预测海洋酸化对海洋生态系统中有价值组分的影响。
- 提高卫星数据、工具和产品的利用水平，促进海洋状况的估测和即时预测。
- 与院校研究人员合作开展研究，就区域海洋酸化预测达成共识。

二、东南大西洋和墨西哥湾区域的生物敏感性

目标5：提高海洋酸化对生态系统生产力及食物网影响的认识。

浮游生物群落是海洋食物网的基础，浮游生物对海洋酸化影响的响应变化会影响能量流及生态系统功能。如果饵料浮游生物的数量和质量受到了影响，那么所有受管控及具有巨大商业价值的物种也将受到影响。

具体行动如下：

- 通过墨西哥湾生态系统和碳循环巡测、东海岸海洋酸化巡测以及其他巡测计划进行定期采样，按空间梯度描述富营养化驱动的酸化和缺氧对浮游生物群落（从浮游植物到仔鱼）造成的影响，方便了解海洋酸化和/或富营养化这一环境因素与季节性或其他间歇性成因（如热带风暴、洪水、干旱）间的关系。
- 通过建模研究以及墨西哥湾生态系统和碳循环巡测、东海岸海洋酸化巡测计划下的船舶观测，量化碳从低营养层级流到较高营养层级（如甲壳类和鱼类）的变化。通过巡测确定前期条件（而不仅仅是采样时的条件）下的生物群落成分，了解在海洋酸化、富营养化、有害藻华和缺氧等影响下，初级生产力、浮游动物摄食行为等将会发生怎样的变化。
- 将该区域现有信息与之前的巡测及持续研究和监测结果进行综合。协调生物数据的收集（如浮游生物拖网、组学研究、速率测定等），以便未来在墨西哥湾开展生态系统和碳循环巡测、东海岸海洋酸化巡测以及其他

巡测计划，确定碳化学变化与浮游生物群落结构及功能相关的地区。

目标6：确定地区海洋酸化的指示生物。

可以借助墨西哥湾和东南大西洋地区易受pH值变化影响的指示物种对海洋酸化对生态系统的影响进行早期探究，并研究可能由食物网变化引起的对生态系统的影响。

具体行动如下：

- 作为墨西哥湾生态系统和碳循环巡测/东海岸海洋酸化巡测标准系列参数的一部分，将浮游生物和漂浮生物网拖带以及组学采样纳入研究范围。
- 作为正在进行中的东南渔业科学中心生态系统监测标准系列参数的一部分，将碳化学采样纳入研究范围，并将DIC/TA/pH水样采集添加到已经采集的系列样本中。
- 开展实验室研究，了解海洋酸化以及其他协同应激源（如温度和营养盐）对实地观测确定的潜在指示物种的影响。

目标7：描述关键资源物种对海洋酸化及其他应激源的敏感性与适应潜力，提高海洋酸化对有害藻华事件暴发频率和持续时间影响的认识。

关于海洋酸化对该区域大多数具有经济价值的物种（如金枪鱼、虾、蓝蟹等）的潜在影响，目前还缺乏具体研究。此外，越来越多的研究开始关注海洋酸化是否会对美国其他地区有害藻华事件的暴发频率、持续时间以及程度，或对特定物种的毒性产生影响。尽管有害藻华已经随处可见，但是对墨西哥湾和东南大西洋地区的环境和物种进行的海洋酸化影响方面的研究还是少之又少。

具体行动如下：

- 针对相关物种开展实验室研究，确定其对海洋酸化的响应，为物种脆弱性评估奠定理论基础。
- 使用多应激源框架制定评估计划，将富营养化、河川径流、缺氧和有害藻华事件增多等因素纳入全面考量范围。
- 将评估结果纳入生态系统模型，以推动关于指示物种和浮游生物动态变化将如何影响商业渔业和休闲渔业物种的假设。
- 提高监测能力，以便在海洋酸化综合巡测中对具有重大区域意义、易受有害藻华影响的物种进行检测，并在佛罗里达海岸进行有害藻华的其他顺路观测或持续巡测中实施海洋酸化采样。

- 支持本地有害藻华物种的实验室分离和培养实验,以检验物种特异性和群落对碳酸盐化学条件的反应。
- 对海洋酸化导致的有害藻华变化及其毒性变化对社会经济造成的影响进行量化预测。

三、东南大西洋和墨西哥湾区域的人文因素

目标8:完善海洋酸化对当地旅游业、休闲渔业、商业渔业以及水产养殖业(贝类、鱼类)社会经济影响的评估。

开展相关的社会经济影响研究,以量化海洋酸化可能对商业渔业、水产养殖业、旅游业或该地区的休闲渔业带来的影响。

具体行动如下:

- 评估关键物种因受海洋酸化影响(无论是直接影响还是通过食物网的相互作用的间接影响)而造成的社会经济影响。
- 开展社会经济研究,以量化海洋酸化对特定渔业的影响,包括直接(渔民/水产养殖)影响和间接(相关的服务业)影响。
- 基于上述评估或研究结果,鼓励当地利益攸关方参与并提高他们对海洋酸化的认识,以提高地区恢复力,针对受影响生态系统、产业和经济制定海洋酸化减缓计划。

第九节 佛罗里达群岛和加勒比海区域酸化研究

该区域涵盖佛罗里达群岛和南佛罗里达的沿海水域以及波多黎各、美属维尔京群岛和墨西哥湾与大西洋之间的沿海水域。导致该区域酸化的过程包括海洋表层大量吸收人为碳、自然生态系统以及人类活动造成的海水化学的局部变化。海水二氧化碳浓度随时间的推移上下波动,时间范围从几小时到几十年不等,这使得对其进行全面的描述成为一项艰巨任务。该地区的珊瑚礁生态系统和具有巨大商业价值的渔业尤为敏感,而二者与沿海地区及经济的发展都有着千丝万缕的联系。

NOAA针对佛罗里达群岛和加勒比海区域酸化研究的区域目标:一是提高海洋酸化监测的时间和空间精度,以随时掌握这一区域的生态变

化；二是监测从个体到生态系统对海洋酸化的响应，尤其是针对之前被确定为容易或者很有可能受到海洋酸化影响的物种和生态系统；三是通过实验探究具有巨大生态价值和经济价值的物种的敏感性和复原力以及导致它们对海洋酸化做出不同响应的潜在分子机制；四是将社会经济数据与生态成果相结合，开发跨学科工具。

一、佛罗里达群岛和加勒比海区域的环境变化

目标1：描述碳酸盐化学性质的空间变化模式。

在整个区域内已检测到相当大的海水二氧化碳变异性，目前的监测工作很可能受限于跨空间和时间尺度的重要生态模式的探测能力。

具体行动如下：

- 提高现有碳酸盐化学性质监测的空间精度，以更好地掌握区域和局地的变化模式。
- 弥补对深水珊瑚礁监测的不足。
- 对研究不足的生态系统（如海草床、微光层珊瑚礁、红树林和软底群落）进行常规采样。
- 扩大SOOP在加勒比海区域的覆盖范围。
- 探索高级智能系统（如碳波浪滑翔机、Saildrone无人船、水下航行器）的应用场景，从根本上提高对海洋酸化条件的认识。

目标2：描述碳酸盐化学性质的时间变化模式。

碳酸盐化学的空间梯度可能会比较大，但是这一梯度通常与海草季节性增强的生产力等过程导致的空间变化有关。如果采样频率不高，可能无法发现这些变化模式。

具体行动：提高碳酸盐化学性质的监测频率，更好地了解昼夜和季节性波动，并关注偶发事件的影响。

目标3：通过将碳酸盐（和附加）化学性质的监测与生物/群落衡量指标相结合，更好地了解海洋酸化的生态系统响应。

由于海岸二氧化碳的高变异性、多种生态相互作用以及全球海洋酸化微妙而稳定的进展，建立压力源和响应之间的因果关系非常困难，而且更加复杂。无论如何，掌握海洋酸化的实际生物响应是了解生态系统服务目前和将来将会受到怎样影响的核心。

具体行动如下：
- 监测、记录个别物种的敏感性，尤其是会影响生态系统健康的物种（如钙化物种和侵蚀物种）。
- 评估沉积物孔隙水（如溶解）的生物地球化学性质的重要性，更深入地了解生物地球化学性质如何与生态系统及服务功能相关联，尤其是对于珊瑚礁而言。
- 交叉验证、标准化以及确立最科学的方法来量化群落净钙化以及群落净生产力，并将其纳入监测计划。

目标4：综合多个官能团的生态系统建模。

我们需要尽快开发模型工具来估测珊瑚礁目前状况并预测在未来的海洋酸化条件下珊瑚礁的生存状态。

具体行动如下：
- 开发生境持续性（如碳酸盐积聚）模型，将具体物种在关键钙化分类群和生物侵蚀分类群中的敏感性监测纳入模型，以预测珊瑚礁生境在海洋酸化情景下的持续性。
- 将碳酸盐化学性质的时空变化模式纳入易受海洋酸化影响的碳酸盐积聚模型，以确定潜在的热点地区和生物避难所。

二、佛罗里达群岛和加勒比海区域的生物敏感性

目标5：提高对生物侵蚀群落响应的理解。

了解生物侵蚀物种对海洋酸化及共同出现的应激源的反应对于确定珊瑚礁的持久性至关重要，但是在加勒比海，人们对这种关系了解很少。

具体行动：开展相关实验，评估海洋酸化及共同出现的应激源（如温度和陆源污染等）作用下加勒比海区域侵蚀生物的响应。

目标6：评估碳酸盐化学性质变化对生态系统工程分类群（如生物侵蚀和钙化种群）的影响。

开展进一步研究，了解现实世界中碳酸盐化学性质的昼夜、季节性波动如何对具有重大生态意义和经济意义的物种产生影响。

具体行动如下：
- 开展实验室实验，以评估加勒比海地区的关键分类群如何就波动中的碳酸盐化学性质做出响应。

● 对生活在不同碳酸盐化学动态环境中的物种的生物响应进行比较。

目标7：评估各种珊瑚物种对海洋酸化敏感性的差异以及与海洋酸化适应相关的分子机制。

了解海洋酸化的不同基因型响应有助于将海洋酸化带来的威胁纳入考量范围，从而制定科学的恢复方法。

具体行动如下：

● 在设计海洋酸化响应实验时，将基因型作为一个影响因素。

● 开展相关实验，以评估关键分类群的转录组和蛋白质组如何受到海洋酸化的影响，重点是敏感性个体和适应性个体之间的比较。

● 研究生活在海洋酸化热点区域的关键分类群的基因组和基因表达。

目标8：调查缺乏研究的生态系统以及标志性的、入侵的、濒危的和具有重要商业价值的物种对海洋酸化的直接反应。

生态系统在化学和生物学上是相互关联的，因此它们的持续性是相互依存的。相较而言，目前我们对许多具有重大生态意义、经济意义和文化意义的物种的海洋酸化敏感性还了解得不够多。

具体行动如下：

● 通过实地研究和实验室评估海草和红树林生态系统在海洋酸化条件下的敏感性。

● 评估缺乏研究的关键分类群（如龙虾、海螺、石蟹、鱼类、马尾藻和冠海胆）在海洋酸化条件下的敏感性。

目标9：天然高二氧化碳浓度类似物的鉴定和研究。

借助天然高二氧化碳浓度生态系统，可以研究复杂生态系统在海洋酸化条件下的敏感性，其中长期暴露（从几十年到几百年）可以揭示微弱响应的影响以及环境适应。

具体行动如下：

● 确定和描述该区域的新型高二氧化碳浓度类似物。

● 借助天然高二氧化碳浓度生态系统，了解并预测现实世界对海洋酸化条件的响应。

三、佛罗里达群岛和加勒比海区域的人文因素

目标10：评估该区域海洋酸化造成的经济影响。

将生态系统预测与经济评估相结合，可以评估海洋酸化的影响，为决策者和立法者提供重要信息和决策参考。

具体行动如下：

- 量化因海洋酸化而加剧的珊瑚礁结构侵蚀带来的经济影响，因为如果珊瑚礁结构受到侵蚀，即意味着沿海地区基础设施及财产的保护伞"破了一个大洞"。
- 通过鱼类的生理和行为的直接改变以及基本栖息地的退化，来量化海洋酸化对休闲渔业和商业渔业的经济影响。

目标11：跨学科及综合性的社会生态方法。

空间明确的经济指标以及可视化的绘图工具是清晰传达风险的有效方式。

具体行动如下：

- 开发与海洋酸化相关的绘图工具和社会经济指标。
- 使用相关指标来传达风险，并为制定管理与适应性策略奠定理论基础。

第十节　中大西洋湾区域酸化研究

中大西洋湾区域涵盖从北卡罗来纳州哈特勒斯角一直延伸到马萨诸塞州科德角的美国东部大陆架区。该区域的海洋酸化受到了海洋环流模式的影响，尤其是受到了构成冷池的拉布拉多海水、季节和年代际自然变化以及富营养化的影响。中大西洋湾生活着许多具有巨大商业价值的贝类和有鳍鱼类，这些物种在一定程度上都易受到海洋酸化的影响。

NOAA针对中大西洋湾区域酸化研究的区域目标：一是通过改进区域观测系统，完善从每日到十年时间尺度上的海洋酸化预测，该系统可以更好地量化垂直解析碳酸盐动力学的主要驱动因素，并在其他环境变化的背景下增加对反应界面（例如沉积物边界、陆-海相互作用边界等）的关注；二是确定海洋酸化及其他应激源对具有巨大生态价值和/或经济价值的海洋物种产生的影响，重点是了解水产养殖种群受到的影响；三是评估针对种群、生态系统和经济的缓解和适应性策略的成本与效益；四是将对海洋酸化的了解更多地纳入区域规划与管理中。

一、中大西洋湾区域的环境变化

目标1：在其他环境变化的背景下，改进从每日到十年时间尺度上的海洋酸化预测。

在中大西洋湾区域发生的过程（如富营养化、冷池、上升流及河口生物地球化学）对海洋酸化的影响尚不清楚。通过使用完善的地区观测系统，更好地量化垂直解析的碳酸盐动态的主要成因（将重点更多地放在沉积物边界、海陆等相互作用边界上），从而改进这一地区的海洋酸化预测。加大与孵化场、州机构和其他联邦机构的合作，尽可能进行沿海地区状况的监测，以提高观测能力与观测范围。

具体行动如下：

- 将碳酸盐化学性质监测与其他环境参数（即盐度、温度、物理混合、营养盐负荷）相结合，测量范围应涵盖从海洋表层到海底环境、从陆架到河口。
- 综合相关数据，了解中大西洋湾不同水团的碳酸盐化学性质的变化动态，包括水体和海底环境的生物化学反馈。
- 整合、推动、协调和扩大河口河流输入的采样，以确定河流输送对中大西洋湾河口、海港、海岸带的碱度及海洋酸化产生的影响。
- 促进智能技术的使用，以更好地了解上升流、缺氧、营养盐和沉积物负荷对该地区海洋酸化的相对影响。

目标2：模拟陆架和主要河口系统的整个水体碳酸盐化学性质的变化动态。

中大西洋湾水体和近海底环境的生物地球化学性质的现有监测在空间和时间层面有所不足，很难完全掌握该区域碳酸盐化学性质的短期变化及长期趋势。由于大多数潜在受影响的商业物种都栖息在深海甚至海底，因此构建相关模型，力求以四维方式充分描述生态系统具有重要意义，同时这些模型应涵盖碳酸盐动态的所有主要成因（如海洋酸化、洋流变化、与陆架水域的交换等）。

具体行动如下：

- 整理与综合这一区域现有的碳酸盐化学数据，将其用于模拟验证及其他研究。

- 继续完善生物地球化学模型，以描述海洋酸化状况并评估我们对环境条件驱动机制的了解水平。
- 在规模缩小的全球环流模型的基础之上，开发和/或支持生物地球化学区域海洋模型工作，在温度、氧气水平以及富营养化水平变化的情况下，对海洋酸化状况进行回溯分析（过去几十年的变化）、实时分析（以小时计）、预报（未来几天到几周）及预测（未来几年到几十年）。
- 开展相关研究，为生物地球化学模型奠定理论基础，评估海洋酸化加剧、富营养化水平和缺氧水平升高情况下沉积物-水界面的动态。

二、中大西洋湾区域的生物敏感性

目标3：确定海洋酸化和其他多种应激源对具有重大生态意义和/或经济意义的海洋物种产生的影响。

海洋酸化，加上富营养化、海洋变暖、氧气浓度下降，将会改变具有重大生态意义和/或经济意义的海洋物种生活史中不同阶段的生境适应性，应该视具体情况而开展直接影响和间接影响（如捕食者与被捕食者之间的相互作用、病原体、疾病）的实验研究。针对依赖河口生活的物种的实验研究，还应将随时间推移而发生变化的应激源纳入考量范围，以模拟相关的环境变化。

具体行动如下：
- 开展相关实验，以了解该地区重要贝类、甲壳类和有鳍鱼类对海洋酸化及其他环境应激源的种群响应与生长阶段响应。
- 描述表型可塑性和遗传潜力，以了解海洋酸化及相关应激源引起的某些物种的死亡率变化。
- 通过实验确定适应海洋酸化的能量成本，包括生理方面的。
- 鼓励使用现有平台（如孵化场、恢复后的牡蛎礁）进行实地试验，以监测生理响应和生长阶段响应。

目标4：使用试验结果对动态过程模型进行参数化处理，评估海洋酸化对种群生物性质的代内和代际影响。

开发更现实、生物信息更全面的模型，以掌握种群、群落和生态系统对海洋酸化及环境协同应激源的响应，从而进行种群预测，并为基于生态系统的管理策略奠定理论基础。

具体行动如下：

● 将实验结果与种群/生态系统模拟结果相结合，以确认最具价值的信息，按照合适的标准依价值高低进行排列，以构建、扩大和/或评估种群、生态系统动态过程的模型。

● 在模型的参数化框架之内和框架之外，将模拟结果与实验预测相结合。

● 比较模型在中大西洋湾区域运用的灵敏性和稳健性以及在其他区域的实用性。

三、中大西洋湾区域的人文因素

目标5：了解海洋酸化对渔获量、水产养殖以及地区产生的影响。

提高海洋酸化对贝类和鱼类影响的模拟与预测水平，将相关结果运用到经济模型中，以预测渔业部门和地区的收益，这些信息对于完善规划与管理措施至关重要。

具体行动如下：

● 将孵化场与贝类养殖场作为海洋酸化监测点，提高水产养殖业的观测能力，从地方层面更好地了解海洋酸化的成因。

● 提高模拟水平，使用特定物种的数据来预测经济影响。

● 扩大模型的能力，包括变化的海洋酸化条件、富营养化/缺氧对渔业和水产养殖种群和依赖这些资源的社区产生的经济影响。

● 通过绘制生境适宜性图及前工业时代分布图和未来预测图（2060—2120年）比较所发生的变化，预计碳酸盐化学变化将导致贝类捕捞或养殖再也无法有利可图的阈值。

目标6：评估缓解和适应性策略的成本与效益。

了解不同海洋酸化预测条件下的缓解和适应性策略的成本与效益，对于确保沿海地区的可持续发展至关重要。应针对利益攸关方（如渔民、贝类养殖者、水产养殖者、休闲娱乐者）制定专门的适应和缓解措施。

具体行动如下：

● 确保缓解策略以及渔民迁移（以追随因海洋酸化而迁移的物种）的成本。

● 鉴定出能够更好地对海洋酸化做出响应（遗传硬化）的物种（尤其是

贝类)的特定菌株/品系。

• 探究替代性管理方法，确保未来条件下可持续渔业及水产养殖业的最高产量。

目标7：将对海洋酸化的了解纳入区域规划与管理。

由于海洋酸化条件的快速变化，管理者需要就可捕获物种的变化做出快速反应，并将海洋酸化纳入未来规划。

具体行动如下：

• 开展全面的管理策略及前景规划，以评估渔业管理策略应对可捕获种群变化的能力。

• 支持构建经济模型和社会学研究，以确定渔民和水产养殖者在可捕获和/或养殖种群变化的情况下调整捕鱼习惯的能力。

• 针对海洋酸化制定气候相关社会脆弱性指数(CSVI)，更好地了解社会如何以更灵活的方式对海洋酸化做出响应。

• 将海洋酸化研究成果纳入NOAA现有的管理支持工具，如美国国家海洋渔业局生态系统状态报告。

第十一节 新英格兰区域酸化研究

新英格兰区域在地理范围上涵盖了缅因湾、乔治滩和苏格兰陆架。该区域的海洋酸化主要是因温度变化和不同水团的区域海洋环流型所致，温度变化程度比全球平均水平高出三倍之多。该地区还有一个特点，就是冬春季节降水量增加，河流的淡水流入量增加，导致富营养化加剧。该区域具有重大经济价值的物种(如大西洋扇贝和美国龙虾)受到海洋化学变化的影响，给渔业、水产养殖业以及该地区的经济发展带来了威胁。

NOAA针对新英格兰区域酸化研究的区域目标：一是完善对区域生物地球化学的描述，提高对海洋pH值趋势和动态的认识，尤其是对温度及河流影响的响应，以建构海洋酸化的区域动态预测模型；二是了解关键海洋物种在多应激源(低pH值、高温和缺氧)条件下的响应，评估海洋酸化的适应能力，为生态系统管理奠定理论基础；三是拓展认识，评估海洋酸化对区域和经济的影响，将海洋酸化纳入地区管理计划，评估各项缓解和适应性策略的成本与效益。

一、新英格兰区域的环境变化

目标1：完善对与具有经济价值和/或生态价值的物种最相关的海洋生境的生物地球化学描述。

目标物种涵盖中上层物种和底栖物种，包括对生物的整个生命周期的观测。利用现有数据，借助其他海洋次表层工具对现有的东北部观测系统进行补充，对于完善还缺乏了解的底栖和近海底环境的描述至关重要。

具体行动如下：

- 促进相关新型智能技术的发展，进行碳酸盐化学水体剖面分析和海底环境观测。
- 对现有的海底碳酸盐化学数据进行数据挖掘，在特定地点开展海底环境长期观测，对各项观测工作进行综合，完善地球化学模型，更好地了解决定海底环境的过程。
- 分析相关参数，确定数据方面的空白，从而提高对该地区酸化动态的认识。
- 在特定地点开展长期的碳酸盐化学海底环境观测，以描述沉积物与水界面之间的相互作用及其与海洋表层生产力的关系。
- 扩大现有观测系统的规模，扩大对关键过程的时空覆盖范围，完善对包括海底环境在内的整个水体的描述。
- 增强数据同化能力，提高区域和亚区域4D生物地球化学模拟水平，进而更充分地掌握陆海、海底和物理过程。

目标2：更好地了解苏格兰陆架、墨西哥湾流、主要河流等来源水的变化动态和趋势及其对海洋酸化的影响。

关于平流、营养盐负荷以及河流输送等过程对新英格兰地区碳酸盐化学条件下的海洋酸化所产生的影响，目前还没有得到很明确的描述。近几年墨西哥湾流输水量变化导致了缅因湾水温的显著上升，从而提高了饱和度，改变了向生态系统的溶解无机碳供应量，进而影响了生态系统的缓冲能力。气候引起的东北地区的降水量的变化增加了强降水事件的频率，再加上海洋变暖，春季汛期的变化，这些情况都改变了从河口延伸至缅因湾的侵蚀性河流羽流的影响时间及影响范围。

具体行动如下：

- 将缅因湾的海洋酸化观测与河流及近海水源的观测相结合，并对联邦和其他州机构以及学术机构和非政府组织研究机构的测量结果进行数据综合，包括运用东北地区沿海海洋观测系统协会正在进行的数据综合的成果。
- 更好地了解河流和近海水源流量以及这些水源的化学作用如何对该地区的碳酸盐化学产生影响。
- 在这些研究分析基础之上，寻找和确认新的重要领域，以扩大监测规模。

目标3：预测海洋酸化在动态环境下每天、每月、每季度及每年的变化。

目前仍然需要提高模型在时间层面的预测能力，以弥补此方面的不足。具体包括从时间层面，就海洋酸化与行业、管理、商业规划和决策之间的相互作用进行预测。

具体行动如下：

- 通过环境监测数据完善地区生物地球化学模型并开展模拟，科学阐释同时发生的环境变化，包括预计的温度变化、降水量和营养盐负荷动态，以更准确地预测沿海水域的变化。
- 配置模型数据，以适合特定用途，且方便决策者解释，为地区规划提供科学指导。

二、新英格兰区域的生物敏感性

目标4：确定所选的关键物种对海洋酸化和多种环境因素的重要响应。

海洋酸化会伴随其他环境变化，包括海洋变暖、氧气浓度下降以及营养盐负荷增加。为全面掌握海洋生物所受到的影响，应制定评估多个生命阶段的多环境因素框架。

具体行动如下：

- 提高实验室和实地实验水平，以扩大现有的单一因素和多因素海洋酸化实验的规模，涵盖水产养殖业、野生渔业和生态系统中处于重要级别的贝类和有鳍鱼类的所有生长阶段。
- 使用已扩展的框架评估该区域的关键双壳类动物、有鳍鱼类和饵料鱼类在未来十年的响应。

目标5：描述物种对海洋酸化的适应能力，探究潜在的缓解模式。

以特定物种的响应曲线和未来海洋变暖及酸化为重点的实地实验和实验室实验，对于预测生态系统在不断变化的环境下的响应至关重要。这些预测工作对于制定在变化的海洋条件下的可行性管理策略是必不可少的。

具体行动如下：

● 开展相关实验，了解生物对未来环境的适应性驯化及基因改造性适应。

● 开展相关实验，以确定种群内和种群间是否存在对海洋酸化有不同响应的不同遗传系。

● 确定可消除局部酸化影响的潜在缓解措施（如在养殖场周围种植海带）。

目标6：将海洋酸化与其他海洋因素纳入单一物种模型和生态系统模型，以改善生态系统管理。

将通过多种环境因素研究及适应性策略研究获得的信息纳入现有地区生态系统模型，有助于提高该地区生态系统响应的预测水平。

具体行动如下：

● 鼓励模拟人员与实验人员合作，确定关键过程、类型和详细程度，以将生物过程纳入单一物种模型，在各种海洋酸化和气候情景下解释模型输出。

● 模拟人员、实地研究人员和实验人员共同构建协调一致的、具有实际意义的生态系统模型，以准确收集生物和生物地球化学基础信息。

● 确定某些海洋生物资源种群未来无法补充增长的地点和时间。

三、新英格兰区域的人文因素

目标7：了解海洋酸化对渔获量、水产养殖以及地区带来的影响。

由于前述具体行动中提出了就海洋酸化对贝类和鱼类的影响来提高建模与预测水平，现可以将相关成果运用到经济模型中，以预测渔业部门和地区的效益。随着海洋酸化的不断加剧，这些信息将是完善规划与管理措施的核心。

具体行动如下：

● 预估碳酸盐化学变化所导致贝类捕捞或养殖再也无利可图的时间

节点。

- 提高建模水平,使用特定物种的数据预测该特定物种受到的经济影响。
- 对经济临界点进行深入研究,以更好地了解渔业和水产养殖业的脆弱性以及产业应该如何适应。

目标8:评估缓解及适应性策略的成本与效益。

了解在预测的不同海洋酸化条件下缓解和适应性策略的成本与效益,对于确保沿海地区的可持续发展至关重要。

具体行动如下:

- 开展建模工作,以确定改变渔业活动的时间范围和地点以及实施缓解策略(如海草、海带、化学碱度添加)的成本。
- 评估为减轻近岸富营养化程度而去除水体中多余营养盐的行动如何影响河口碳酸盐化学与酸化。

目标9:将对海洋酸化的了解纳入区域规划与管理。

由于海洋酸化条件的快速变化,管理者需要就可捕获物种的变化做出快速反应。

具体行动如下:

- 对管理策略开展全面评估以及前景规划,以评估渔业管理策略应对可捕获种群变化的能力。
- 支持经济模型建构和社会学研究,以确定渔民在可捕获种群变化的情况下调整捕鱼习惯的能力。
- 针对海洋酸化制定 CSVI,更好地了解社区如何以更灵活的方式对海洋酸化做出响应。

第十二节 五大湖区域酸化研究

五大湖区域由苏必利尔湖、密歇根湖、休伦湖、伊利湖、安大略湖组成,总面积达 244 000 平方千米。由于人为碳排放,五大湖区域的酸化速率预计与海洋的酸化速率相同。在五大湖区域,pH 值还受到当地初级生产力的季节性和空间性影响以及与糟糕空气质量相关的酸沉降导致的历史影响。推动该地区发展的具有巨大文化价值和经济价值的渔业与休闲旅游业，为该地区带来了可观收入，推动了美国经济的发展。

NOAA 针对五大湖区域酸化研究的区域目标：一是构建监测网络，以监测 pH 值及碳酸盐饱和度的变化趋势，并将明显的空间变化和时间变化纳入该网络；二是开展相关研究，以了解饰贝科贻贝、浮游生物、鱼类和其他生物群对 pH 值和碳酸盐饱和度的敏感性，包括这些生物的早期生长阶段；三是建构物理/生物地球化学和食物网模型，预测不断变化的 pH 值和碳酸盐饱和度对重要生态端点的影响，包括浮游生物的群落结构与生产力、环境公害与有害藻类、饰贝科贻贝以及鱼类；四是鼓励利益攸关方参与影响评估，以确认研究主题，就研究结果进行沟通交流，制定缓解和适应策略。

一、五大湖区域的环境变化

目标 1：将五大湖区域的采样点纳入监测网络，扩展 NOAA 的海洋酸化监测网络。

目前五大湖区域尚无长期碳酸盐化学性质监测计划，致使酸化过去是如何发展的以及未来会有何种发展趋势的监测是空白的。建构一个观测网络对于了解酸化的各种成因以及预测 pH 值的未来趋势至关重要。

具体行动如下：

- 利用现有的观测网络，通过添加传感器组件来建构新型碳酸盐化学性质观测网络，从而实现精准监测。

- 从战略上确定优先采样区域，以便发现可以在整个湖泊之间进行对比的变化趋势（相对较深的盆地和低产环境）。

二、五大湖区域的生物敏感性

目标 2：对有害藻华种类以及 pCO_2 上升造成的影响，以及温度对藻华毒力、浓度和频率的影响进行研究。

五大湖富营养化区经常出现有害的蓝藻藻华，已经对当地经济产生了重大影响，并关系到人类健康。

具体行动如下：

- 开展相关监测和实验，了解 pCO_2 上升以及温度升高对藻华毒力、浓度和频率的影响。

第十四章　美国《海洋、沿海和五大湖酸化研究计划：2020–2029》

- 将 pCO_2 上升以及温度升高的影响纳入预测有害藻华在短期和长期情景中发生概率的模型，从而为养分管理决策奠定理论基础。

目标3：开展相关研究，以了解饰贝科贻贝、浮游生物、鱼类和其他生物群对pH值和碳酸盐饱和度的敏感性，包括这些生物的早期生长阶段。

关于 pCO_2 上升对五大湖生物区系在生物体、种群和生态系统层面的影响了解得还不够多，这对于支撑价值数十亿美元的旅游业和垂钓经济的生态系统来说是一种未知的风险。

具体行动如下：

- 考虑到其文石饱和度的临界值以及变化梯度，休伦湖饰贝科的分布状况可能对酸化最为敏感，可以作为pH值和文石饱和度变化趋势的早期指标。比较和对比饰贝科随时间推移的分布变化，并与其他湖泊进行比较。
- 开展相关监测和实验，以了解 pCO_2 上升对五大湖浮游植物群落构成的影响，评估 pCO_2 上升对仔鱼和饰贝科贻贝的影响。
- 重点研究仔鱼的生长环境，如缓冲能力低的支流和湿地，目前这些生境的pH值波动很大，而且最有可能出现预期的pH值下降。

目标4：将碳酸盐化学性质纳入生物物理学模型与食物网模型，以预测不断变化的pH值和碳酸盐饱和度对重要生态端点的影响。

目前五大湖区域的生物物理学模型通常没有涵盖碳酸盐系统和pH值对生态端点的影响。

具体行动如下：

- 建构能够模拟五大湖碳酸盐系统、pH值和文石饱和度的生物物理学模型。
- 随着人们对 pCO_2 上升对五大湖生物区系影响的认识不断加深，将这些机制纳入生物物理学模型和食物网模型。

三、五大湖区域的人文因素

目标5：鼓励利益攸关方和公众参与知识产生过程。

如果能更加深入地了解利益攸关方和公众的需求，加深公众对NOAA工作的了解和信任，那么五大湖酸化的科学研究可以产生更大的效果。

具体行动：随着研究活动的开展，制定参与、沟通交流和培训计划，以提高利益攸关方和公众对 NOAA 将酸化研究作为前沿科学的认识。

目标 6：评估生态结果或缓解措施的经济影响和社会影响。

对经济影响和社会影响的掌握有助于政策制定者和公众确定适应策略的优先次序，并合理选择缓解措施。

具体行动：在确定了五大湖酸化的生态影响之后，开展脆弱性评估，确定容易受五大湖酸化影响的经济部门，并衡量酸化带来的经济影响和社会影响。

第十五章　美国《NOAA研究与开发愿景领域：2020—2026》

2020年6月29日，美国国家海洋与大气管理局（NOAA）发布《NOAA研究与开发愿景领域：2020—2026》（以下简称《NOAA研发愿景领域》），该文件确定了NOAA即将开展的研发工作的重点和优先事项，为NOAA领导层、工作人员、合作伙伴、国会等提供了对NOAA研发活动价值的共识。文件中列出了指导NOAA未来7年研发工作的优先事项：一是减少恶劣天气和其他环境现象对社会的影响。应对从短期的恶劣天气事件到海平面上升和海洋酸化等长期挑战；二是海洋和沿海资源的可持续利用和管理，包括探索未知海洋、维持健康和多样化的生态系统、加快美国可持续水产养殖等；三是强大而有效的研究、开发和转化进程，依靠观测系统（如卫星、雷达、有人驾驶和无人驾驶的船舶和飞机、地面站、浮标等）持续收集海洋和大气数据，并强化建模。

第一节　目的和范围

《NOAA研发愿景领域》为NOAA 2020—2026年的研发活动提供了发展方向和重点领域，并允许采取积极主动的行动协调NOAA的资源、预算和职能活动，以实现既定目标。研发活动是NOAA进行广泛科学评估、提高预测能力、推进环境传感器和技术进步以及与利益攸关者和国际组织合作的基石。

《NOAA研发愿景领域》文件选定三个重点发展领域：一是减少恶劣天气和其他环境现象对社会的影响；二是海洋和沿海资源的可持续利用和管理；三是强大而有效的研究、开发和转化进程。这三个重点发展领域互相联系，存在内在的重叠。每个领域均被分解成若干关键问题，每个关键问题都有具体的目标和相应的NOAA研究亮点。目标的顺序不应解释为重要或优先顺序，虽然没有涵盖NOAA的所有研究活动，但这些关键问题和目标确定了 NOAA 的广泛研究领域，并反映出 NOAA 目前的研究需求和要求。

《NOAA 研发愿景领域》建立在商务部提供的战略基础和政策指导、关键的联邦法规和 NOAA 编制的各种规划文件的基础上，它给出一个框架，NOAA、合作伙伴和公众可就此确定优先事项，并评估在实现预期社会成果方面的进展。NOAA 在编制该文件过程中，汲取了 NOAA 内部及外部的意见建议，因此该文件反映出了 NOAA 在科学知识、技术和应用方面的研发需求、优先事项和差距。NOAA 寻求将研发转化为知识、工具和有益于 NOAA 服务社区的应用。

NOAA 的许多研发部门是跨学科的，需要建立沟通和伙伴关系，这些合作往往超越 NOAA，包括与其他联邦和州机构、部落、学术机构、非政府组织和私营部门的伙伴关系。NOAA 根据该文件可以确定实现长期目标道路上的机遇和潜在挑战，从而更好地为应对不断变化的条件做准备。这是一份动态和可变的文件，它将根据国家的优先事项、预算前景、新兴能力和新的科学挑战进行更新。

NOAA 将利用这份文件来规划和安排优先项目，并指导对研发领域的投资。因此，该文件涵盖了整个七年预算期，并结合当年、待定年、预算编制年和下一个四年规划期的目标。NOAA 在研发方面的成功取决于国会的拨款。根据预算现实和新出现的需求，NOAA 各部门的年度指导和业务计划、NOAA 研究和开发数据库以及 NOAA 年度科学报告都体现了该愿景的执行情况。

第二节　研发指导原则

在指导、制定和评估研发方面，NOAA 遵循 NOAA 行政命令（NAO）216-115A 中概述的以下八项原则。

一是任务调整。NOAA 的研发工作服务于 NOAA 的任务，包括了解和预测气候、天气、海洋和海岸的变化；共享知识和信息；养护和管理沿海和海洋生态系统和资源。

二是将研究转化为业务、应用、商业化和其他用途。NOAA 保持着以任务为导向的事业，旨在确定和将研发成果应用于新的和改进产品、服务

第十五章 美国《NOAA研究与开发愿景领域：2020—2026》

及更有成效和效率的业务，并包括"业务到研究"过程，以提供对改进业务和应用所需哪些研究的反馈。NOAA 第 216-105B 号行政命令概述了协调 NOAA 范围内转化活动的要求，为超出准备水平 4 级的项目制定具体的转化计划，为试验提供资金，并承诺资源以履行转化责任。NOAA 研究委员会和 NOAA 办公室执行指导方针，以提高 NOAA 研究成果转化的有效性。

三是研究平衡。NOAA 必须平衡其研发活动的组合，以最佳地实现 NOAA 的战略目标，同时不断加强其研发产品的质量、相关性和性能。研发活动是对未来的投资，必须在重点、利益、成本、风险和时间范围等方面进行评估以做出投资选择。

四是伙伴关系。NOAA 参与机构间、学术、公私合作和其他伙伴关系，以加强创新、利益攸关方的投入和美国公众的投资回报。NOAA 资助外部研究，并利用国内和国际合作伙伴的专门知识和能力开发新技术，加快研发速度。

五是设施和基础设施。愿景的成功实施要求 NOAA 保持和改进能够进行研发的"硬"资产，包括实验室和科学中心、船舶、飞机、高性能计算能力、卫星和浮标，这些平台必须得到维护、更新和运行，以继续支持 NOAA 的世界级研发工作。

六是卓越的员工队伍。NOAA 通过外联活动、实习、研究奖励金和专业发展机会雇用和培训具有多元化和包容性的科学员工队伍。NOAA 的高技能员工在研发方面追求卓越，体现在科学、工程、领导力、专业卓越等方面的成就奖励和认可上。NOAA 的外联和教育方案有助于建立一个有科学素养的公众和多元化的人才库，以保持科学家向 NOAA 的流动。

七是科学诚信。NOAA 科学家以诚信行事，以产生可信可靠的研发成果。为指导 NOAA 的科学卓越文化，NOAA 科学诚信政策 NAO 202-735D 概述了科学家、利用科学成果制定政策的人员和管理者的责任。

八是问责制。NOAA 将定期评估其研发活动，并根据需要进行调整。NOAA 的研发项目由 NOAA 首席科学家与 NOAA 办公室助理管理员共同承担。对研发活动负有责任的人员将被授权管理和指导这项工作。NOAA 使用了 NAO 216-115A 中列出的五种评估方式，即定期评估、实验室/科学中心/项目评估、临时评估、按计划进行评估和组合研发评估。科学管理人员可以根据 NOAA 科学咨询委员会的章程和运营概念，寻求帮助，参加实验室、合作机构或项目审查。审查结果通过 NOAA 研究委员会通报给 NOAA 首席科学家。

第三节 评 估

一是根据 NOAA 行政命令程序手册 216-115A 的指导，定期对该愿景进行评估。NOAA 将使用涵盖广泛研究组合的指标来表示研发活动的产出和结果。这些指标可以链接到研发价值链中，该价值链描述了当研发从基础研究过渡到全面运营/应用/商业发布时的投入、产出和结果之间的联系。NOAA 将利用现有机制对实现研发愿景领域目标的进展情况进行跟踪。NOAA 科学报告是 NOAA 研发成就的年度汇编，将提供实现愿景目标研发项目的年度摘要。

二是 NOAA 实验室、中心和项目创建年度运行计划（AOPs），以获取即将到来的 NOAA 项目。愿景可以为 AOPs 的发展提供信息，而 AOPs 则为研发愿景领域的进展评估提供信息。

三是 NOAA 对 NOAA 项目、实验室和科学中心进行审查。这些审查将评估实现愿景目标的进展情况。

四是 NOAA 研究和开发数据库（NRDD）包含 NOAA 在安全的、基于网络的业绩管理和商业情报工具中进行和资助的研发项目的信息。NRDD 提交的材料将用于监测 NOAA 的研发组合和实现愿景目标方面取得的进展。

五是 NOAA 使用文献计量学，如来自研究出版物跟踪系统的 NOAA 年度科学报告中的报告，以评估同行审查的科学论文的产出。

六是 1993 年《政府业绩和成果法》和 2010 年《政府业绩和成果现代化法》要求联邦机构衡量其业绩，每年对业绩进行跟踪和报告，并提供高级别研发产出和成果指标，以从价值链角度为愿景的评估提供信息。

第四节 展望领域摘要

NOAA 自创建以来，其愿景、任务领域和科学活动一直由相关主管部门指导，使其成为一个以科学为基础、具有明确的研究重点（如渔业、海洋、研究、卫星、气象）的成熟机构，从专注单一学科研发转向加强多学科和伙伴关系之间的整合。伴随着科学进步，NOAA 的研发背景也发生了演变。该愿景反映了这一演变，重点是以下三个领域：一是改进对危险天气事件的预警和预报，以减少社会和经济影响；二是为发展蓝色经济（例如水产养殖、国内渔业、海上贸易）与保护重要的海洋和沿海资源之间的平衡提供信息；三是维持和建立一个有效的研发事业，以支持研发过渡到业务，对于实现优先目标至关重要。

一、愿景领域 1——减少危险天气和其他环境现象对社会的影响

研究和发展涉及的第一个愿景领域是减少危险天气和其他环境现象对社会的影响，重点是影响社会的环境现象。它还包括社会科学，以更好地理解人们如何解释和评估 NOAA 的预测和警告，从而为天气、水和气候相关事件做好应对准备。物理现象涉及的范围从当地极端天气事件（例如热浪、北极风暴、龙卷风、飓风、洪水和干旱）到全球尺度的气候变异性（例如全球平均温度、海平面上升、海冰、海洋变暖和酸化），再到由太阳变化引起的空间天气（例如地磁风暴、电离层扰动和高能粒子辐射）。NOAA 依靠应急管理人员、水资源管理人员以及州、地方和部落各级的其他政府机构为其社区做出知情的决定。优化 NOAA 的风险沟通有助于做出明智的决定，积极应对风险，从而提高社会和经济效益，并建设一个随时准备应对天气变化的国家。

该领域的关键问题包括：一是如何改善对危险天气和其他环境现象的预测和预警？二是全球气候状况如何？气候变化如何影响当地天气，包括极端天气、环境危害、影响水质和可用性？三是如何提高空间天气产品和服务的效用？四是 NOAA 如何加强沟通、产品和服务，以实现明智决策？

二、愿景领域 2——海洋和沿海资源的可持续利用和管理

研究和发展涉及的第二个愿景领域是海洋和沿海资源的可持续利用和管理，审查生态系统的生物/地质/化学要素，包括物理现象对生物地球化学过程的影响以及生物地球化学对物理领域的影响。人类作为生态系统的组成部分，可以而且确实对地球的生物地球化学和物理学方面有所改变，因此，必须理解领域之间关键的相互联系。NOAA 需要发展知识、工具和

技术，以了解、保护和恢复沿海和海洋生态系统，并进行基础研究。这些资源的管理在保护与可持续利用之间取得了平衡，如支持生计、娱乐和商业捕鱼社区、娱乐机会、可再生能源生产和海上贸易。该领域的关键问题包括：如何利用知识、工具和技术来更好地理解、保护和恢复生态系统？如何满足土著、娱乐和商业渔业社区需要的同时，维持健康和多样化的生态系统？如何加快美国可持续水产养殖的增长？如何将沿海和海洋资源、生境和设施的保护与旅游业和娱乐业的增长相平衡？如何在海上交通量和船舶尺寸日益增长的情况下，最大限度地提高海上交通效率和安全性？海洋中未探索的区域存在什么？NOAA 如何利用和改善社会经济信息，以增强生态系统服务、公共参与时间和经济效益的可持续性？

三、愿景领域 3——强大而有效的研究、开发和转化进程

NOAA 的第三个愿景领域是强大而有效的研究、开发和转化进程，重点是研发企业本身的基本组成成分。NOAA 依靠观测平台收集长期和复杂的数据集（通常称为大数据），以了解物理和生物地球化学现象。这些数据用于简单和复杂的模型（例如大气、生物地球化学、物理、经济、生态系统、综合、耦合和嵌套模型），模拟系统和预测系统变化，当然这些模型也产生大数据。NOAA 正在将经济和社会科学数据与物理和生态信息结合起来，这些大数据不受法律或法律要求的限制，为私营部门提供了新应用的发展机会。

该领域关键问题包括：如何集成和改进统一建模，使其在技能、效率和对涉众服务的适应性方面得到改进？如何推进地球观测并优化其相关平台以满足 NOAA 需求？如何利用和改进信息技术、大数据和人工智能，加快和过渡研发转化，形成新的业务和经济增长点？NOAA 如何确保其投资得到重点社会科学研究和应用的信息？

第五节　减少危险天气和其他环境现象对社会的影响

天气每天都在影响着美国人的生活，NOAA 的研发工作改进了向公众提供的预测和预警，包括通过观测和其他研究提高对天气和气候现象的基

第十五章 美国《NOAA研究与开发愿景领域：2020—2026》

本理解，以便开发最佳模型，提供准确的预测和预报。同时，还包括如何有效地传达这些信息，以加强公众的理解和积极做出决策。NOAA 的研发重点放在所有时间尺度上，有小时时间段的广播和警告、每日预报和观测、季节尺度内到季节性及未来几十年到一个世纪的气候预测，确保社会做好准备，掌握适当应对天气和其他环境现象所需的信息，建设一个随时对天气做出准备的国家。

一、如何改进对危险天气和其他环境现象的预测和预警

天气、水和气候事件平均每年造成约 650 人死亡和 150 亿美元的损失，对天气、水和气候事件及时和准确的预测预报可以挽救生命、减少经济损失。天气预报为美国家庭带来了超过 300 亿美元的经济利益。NOAA 研发中心提供基础数据、模型、预测以及信息产品和服务，以更好地为社区、生态系统和经济部门应对重大环境影响事件做好准备。

(一) 研究重点

NOAA 正在将有限体积立方球（FV3）动力核心集成到业务预测系统中，这是一个可拓展和灵活的天气和气候建模动力核心。FV3 是统一预测系统（UFS）的核心，这是 NOAA 正在研究和业务中采用的一个社区建模框架。在 2019 年，NOAA 将 UFS 的第一个实例应用到其称为全球预测系统（GFS）的业务建模套件中。除了 GFS 外，NOAA 正在更新其全球综合预测系统（GEFS）。2020 年夏季，该系统将与全球海浪和气溶胶数据耦合，使用相同的 FV3 动力核心，分辨率更高（25 千米），并将综合预测数量从 21 个增加到 31 个，预测长度从 16 天延长到 35 天。FV3 动态核心的主要优点是能够在 1 千米以上的云层分辨率下预测天气。NOAA 正在利用这种可拓展性，在 UFS 框架内采用独立的区域配置和多个可移动的嵌套，以满足改进的精细尺度和短程预测的要求。目前，正在对 FV3 进行研究和开发，以显著提高 NOAA 准确预测严重风暴、飓风和冬季风暴事件的能力。

(二) 目标

一是利用基于社区的方法，结合高性能计算和过程理解的进展，开发和运行下一代天气和干旱系统集成模型；二是开发一个跨越时间和流域尺

度的综合物理和生态水模型,以适当的时效性、分辨率、可靠性和准确性帮助决策;三是将水质(包括温度、盐度、溶解和悬浮成分)与相关决策支持服务集成到水资源综合预测能力中;四是对影响危险天气发生率和严重程度的亚季节性和季节性(S2S)条件进行可靠和及时的基础预报,并提前在 S2S 时间尺度上对高影响事件的成因进行分析;五是提供海啸发生快速、准确的探测和测量手段,提高基于模型和测量数据的海啸预测能力;六是提高对数据同化方法的理解,提高和优化特定对流灾害的预测能力。

二、全球气候状况及气候变化如何影响当地天气

全球陆地和海洋温度连续 43 年(1977—2019 年)高于 20 世纪平均水平。随着全球气候变化,极端天气、洪水、淡水供应、碳循环、海冰范围和温度变化的频率和强度都会发生变化。气候变化的物理影响对重要的资源和能力,如水、能源、交通和人类健康等都有影响。NOAA 的研发活动能促进更好地理解全球气候的状态和驱动因素,提高国家应对、适应和减轻气候变化负面影响的能力。

(一)研究重点

NOAA 研发活动领导了第四次国家气候评估工作,这是美国跨部门全球变化研究计划的成果。该评估综合了对未来温度、降水、海平面上升、大规模气候变化、极端风暴、北极变化和海洋酸化的观测和预测。评估结果为规划和缓解工作提供信息。NOAA 对国家气候评估的持续研发贡献体现在这一进程的每一个步骤中:为气候模型提供长期二氧化碳观测、预测未来状况的气候模型并与区域、州和地方社区合作规划和减轻影响。

(二)目标

一是对所有时间尺度的气候变化和变异性进行深入研究,重点关注极端天气和沿海洪水的影响以及淡水资源、海冰范围和海洋条件的变化;二是推进海洋-冰冻圈-气候过程研究,将其纳入气候和天气模型,同时进行海洋/冰冻圈观测;三是加强对地球系统中大气化学成分和过程的研究,量化它们对空气质量、气候和天气系统的影响;四是评估地球系统内部变化、自然辐射强迫(例如太阳变化、火山爆发、海洋-大气-冰-陆地耦合变

化)和辐射强迫(来自温室气体和气溶胶)的变化在造成气候系统从季节性到十年变化(包括极端情况)方面的作用;五是确定在横跨纬度、经度、海拔和地形的气候各要素(如温度、降水、能见度、风、气溶胶、云)的区域和季节差异的原因,以改进预测,特别是极端事件;六是加强对北极气候和生态系统变化的基本认识和监测能力;七是增进不同时间尺度气候现象对人类健康的影响(如高温、与病媒有关的疾病、空气和水质)研究。

三、如何提高空间天气产品和服务的效用

空间天气影响到许多重要技术,包括电力传输、航空、卫星、人类太空旅行以及空中、海上和陆地卫星导航和通信等。NOAA 的空间天气产品和服务效用涵盖从太阳到地球整个区域的数据和数值模型。NOAA 研发试图了解随着技术及其脆弱性的发展而变化的产品和服务需求,如精密导航的使用日益增加、对卫星技术的依赖日益增加以及预期人类太空探索和商业太空运输的增加,都需要扩大和改进产品和服务。NOAA 的研发还应与机构间伙伴协调,引导外部资金满足最优先的需求,评估研究进展,并在业务中加以实施。

(一)研究重点

空间天气预报中心正在引入大气-电离层耦合模型来预测上层大气和电离层的动力学。该模型将包含可能起源于低层大气并向上传播的扰动以及由太阳活动驱动的扰动。该模型将能够更准确地预测影响通信、导航和卫星轨道确定和避免碰撞的电离层和上层大气扰动。

(二)目标

一是开发新的通信、导航和辐射产品,以满足国际民用航空组织(ICAO)的需求,并建立空间天气预报中心作为 ICAO 全球空间天气中心;二是将整个大气模型-电离层等离子层电动力学模型转换为实际业务,为通信和导航客户提高产品规格和预测;三是为即将到来的人类探索计划、卫星业务和商业太空运输改善辐射环境产品;四是与各机构和国际合作伙伴协调,实施国家空间天气战略和行动计划,以推进 NOAA 的产品和服务以及维护国家安全。

四、如何加强沟通、产品和服务，以实现明智决策

社会科学研究在改善 NOAA 的天气、水、气候和空间预报信息，满足公众日益增长的预测需求方面发挥着关键作用。了解社会需求和决策背景为 NOAA 提供了信息，以确定哪种类型的预报改进能产生最大的经济和社会效益。NOAA 研发部门致力于了解其预报信息的当前使用情况以及如何改进产品、服务和通信，以拯救生命，减少财产损失和其他负面经济影响。

（一）研究重点

预测连续的环境威胁（FACETs）是天气监测和预警过程的一个新模式。天气预报通过使用"威胁网格"来传达公众对恶劣天气的脆弱性。随着新信息的出现，"威胁网格"会迅速更新，从而使监测和预警更加精确。NOAA 已经开展了基线研究，通过研究极端天气风险特征的概率和强度的重要性，以更好地了解这些更精确的监测和预警如何影响人们的行为。

（二）目标

一是评估公众如何接收、解释、感知和响应天气、水、气候和空间信息；二是定义和实施最佳预测信息内容，包括风险阈值、不确定性、概率信息和交付周期，以设计产品和服务，实现决策和预测改进的有效性最大化；三是提高对决策需求、能力以及天气、水、气候和空间天气信息使用的理解；四是通过社会和行为科学评估和了解人类预测者的认知需求，优化新建模工具和技术的可用性；五是加强社会、行为和经济科学在天气、水和气候研究和发展中的整合，以了解如何将预测进展与社会需求相结合。

第六节 海洋和沿海资源的可持续利用和管理

NOAA 的研发工作旨在提高理解、保护、管理和恢复生态系统的能力，以支持健康渔业、增加水产养殖的机会、平衡保护与旅游和娱乐、提供安全和高效的海上交通，并探索未知海洋。沿海、海洋和大湖区资源对依赖

它们的社区至关重要。生态系统健康下降，直接影响到人类健康和福祉。伴随着许多物种数量长期下降的趋势，我们对生态系统索取海产品、能源生产和其他经济增长的需求却正在增加。鱼类种群枯竭和受保护物种减少可能会减少与沿海和海洋水域有关的就业和经济活动。海平面上升、海冰损失、海洋变暖和酸化挑战了沿海社区的复原力，改变了栖息地及物种的相对丰度和分布。北极沿海人口增加、经济扩张、全球贸易和新的贸易路线增加了对安全高效的海上运输的需要。NOAA需要支持明智的决策，平衡相互冲突的需求。

一、如何利用知识、工具和技术来更好地理解、保护和恢复生态系统

环境变化和人类行动会影响生态系统相互关联的要素的范围、过程和功能，进而可能改变使社会受益的生态系统服务。仅覆盖不到地球海底1%的浅水区珊瑚礁生态系统，却支撑着估计25%的已知海洋物种，每年为美国经济提供价值34亿美元的价值。NOAA的研究与开发将利用知识、决策支持工具和新兴技术，确定沿海和海洋生态系统中物理、化学和生物之间的相互作用，为资源使用决策提供信息，以更好地保护和恢复这些系统。

（一）研究重点

NOAA正在开发先进的无人驾驶飞机系统（无人机）技术，以改变海洋哺乳动物调查的方式。他们合作开发的无人机技术，用于在阿拉斯加的普里比洛夫群岛调查北部的海豹幼崽。对2018年收集的现场数据进行分析，以将该新兴技术与标准海豹幼崽调查技术进行交叉校准，并确定开发定制无人机传感器的下一个步骤。除可减少对海豹群落的干扰风险外，这种先进技术的成功开发有可能降低完成年度调查所需的成本和工作人员数量。

（二）目标

一是开发和利用新兴技术，如无人驾驶飞机、水下和水面交通工具、eDNA以及被动和主动声学测图，以增强勘测能力，并提供关键海洋渔业和受保护物种种群及其栖息地的更准确、更精确和更全面的信息；二是使

用新兴技术改进对生物量和死亡率的估算,解决测量和过程不确定性问题,并在现有调查中增加环境采样;三是增加对大气、海洋、冰冻圈和陆地力量造成的环境变化对海洋物种和生态系统的机制和综合影响的认识和理解;四是开发分析模型和工具,以了解和量化环境变化对大型海洋生态系统和相关物种(包括受保护物种)的影响;五是为沿海和海洋生态系统改进和扩大现有的创新恢复技术(例如珊瑚繁殖和在受损珊瑚礁上种植);六是提高根据环境驱动因素(如气候、极端天气、污染、酸化、栖息地改变等)预测生态系统和生态系统组成部分变化的能力。

二、如何满足土著、娱乐和商业渔业社区需要,同时能够维持健康和多样化的生态系统

美国国内海鲜行业为美国人提供富含蛋白质的食物,同时为国家经济提供就业机会和收入。2018年,美国渔民在美国50个州的商业捕捞总额达94亿英镑,价值56亿美元,许多野生捕捞种群是在其可持续限度内捕捞的。NOAA的研发将支持海产品监测和捕捞,以可持续地满足商业、土著和休闲渔业社区的需要。

(一)研究重点

2001年,NOAA发布了第一个渔业资源评估改进计划(SAIP)。此后每年完成的种群评估从2001年的50次增加到2015年的近190次。在同一时间内,正在过度捕捞(年捕捞量过高)或已经过度捕捞(种群规模过低)的种群数量分别下降了30%和24%。2018年,新SAIP发布,要求评估应"更全面和与生态系统相关",并使用"创新的科技进步来改善数据"。随着气候变化对生态系统的影响,种群评估需要考虑到非平衡生态系统状态、种群生产力的变化、捕捞对多个重叠种群的累积影响以及社会经济驱动因素。虽然可以通过扩大评估范围和增加数据投入来实现该点,但需要对评估数据进行更为直接的校准和更多的研究,以更好地理解和描述鱼类种群动态以及这些动态的物理、生物和社会经济驱动因素。

(二)目标

一是开发新一代渔业和保护物种种群评估工具,将环境和气候变化对

种群动态的影响与特定空间的栖息地质量结合起来，在保护物种的同时优化可持续的商业、娱乐和捕捞；二是改进支持海产品监测的分析方法和技术，记录和防止非法捕捞鱼类进入美国港口和市场，实现全球可持续渔业；三是开发安全有效的方法，监测和防止导致商业和休闲渔业关闭的非目标物种（包括鱼类、海洋哺乳动物和海龟）的副渔获；四是制定环境和社会指标，增进对生态系统的了解，促进可持续的沿海发展和休闲渔业。

三、如何加快美国可持续水产养殖的增长

目前进口占美国海鲜消费量的85%以上。保守估计表明，如果近0.01%（或小于500平方千米）的美国专属经济区用于水产养殖，每年可额外产出多达60万吨的养殖海产品。除了增加供应外，对水产养殖的投资还将为沿海社区提供就业和商业机会。NOAA在水产养殖生产方面的研发将为国内和国际市场提供安全、可持续的海产品。

（一）研究重点

NOAA进行研究，促进水产养殖实践和成功，并资助开发更好的技术，以监测和应对腐蚀性条件。例如，NOAA的研究人员发现，2005—2007年间，因上升流和海洋酸化造成的碳酸盐化学变化是太平洋西北地区孵化园牡蛎幼体失败的原因，影响了3 500万美元的牡蛎产业。NOAA研究人员与华盛顿州、大学和产业界的合作伙伴共同确定，孵化场中注入的低pH值水使牡蛎幼体难以造壳，因而导致其大量死亡。研究人员共同设计了在低pH值水中培育牡蛎的解决方案，华盛顿州海洋酸化问题蓝带小组发布了报告（2012年、2017年），记录了为减轻该州海洋酸化影响而采取的进一步行动。研究正在进行，以了解低pH值水的物理驱动因素，牡蛎和其他重要商业物种的生物效应以及对该区域社区的影响。

（二）目标

一是开发模型、手册和新技术（如eDNA），以更好地确定适合水产养殖的海洋空间，保护自然生态系统，尽量减少空间使用冲突；二是提高水产养殖对海洋环境、物种和栖息地影响的认识，开发相关工具，尽量减少水生动物疾病传播；三是开展促进水产养殖的研究（鱼类遗传学和应用基

因组学、选择性育种、疾病和孵化场饲料储备），了解环境变化对水产养殖的影响；四是开发和改进技术（如海洋水产养殖饲料、自动化系统）以降低成本。

四、如何将沿海和海洋资源、生境和设施的保护与旅游业和娱乐业的增长相平衡

美国的海洋和淡水海岸是美国40%人口的家园，也是美国的财富，它吸引世界各地数百万人来此享受休闲摄影、划船、钓鱼、岸上运动、水上运动等。2012年，近4 900万成年人参加了海洋和沿海休闲活动，提供了超过310万个全职岗位，并为企业提供了4.09亿美元的收入。然而，人类居住、娱乐和旅游有可能通过海洋垃圾、水污染、土壤侵蚀和野生动物干扰等方式破坏海洋生境。NOAA研发工作旨在为决策提供信息，以平衡沿海社区、旅游和娱乐的经济增长，维持沿海和海洋系统的健康。

（一）研究重点

NOAA的有害藻华（HAB）预测兼顾区域特异性和全域性。这种预测信息包括藻华何时暴发、生物量和地理覆盖范围有多大、毒性何时引起公共卫生官员和沿海资源管理者的警觉，以及藻华的强度何时可能减弱等。HAB的研究集中在对藻华的基本理解，诸如有害藻华为何暴发，毒素的产生方式，以及毒素是如何通过食物网传递并被鱼类和贝类所留存。其他工作的重点集中于开发简单可靠的方法来检测和分析HAB毒素，并了解其对人类和海洋生物的毒性。这些要素结合HAB预测，通过向沿海管理者提供重要信息，减少HAB对人类的影响。

（二）目标

一是提高建模、监控和预测能力，减少海洋热浪、缺氧等因素造成的沿海生境和资源的退化，预防HAB、病原体等对人类健康的威胁；二是开发或改进环境传感器和监测平台的方法和技术，提高更好地测量相关物理和生物地球化学目标的能力（例如，精度、精密度等）；三是改进恢复沿海栖息地、维持生态系统服务、促进生态旅游和开发基于自然的适应方案的方法；四是了解温度、海洋酸化、海平面上升和HAB对海洋生物、生态系

统和沿海社区的影响过程和影响效果。

五、如何最大限度提高海上交通效率和安全性

近1 200万艘注册休闲船只利用美国的海运系统，海运和商业货物数量的增加加大了发生影响附近沿海社区居民事故的可能性。美国北极地区正在出现新的航线，获得可靠高效的导航产品和服务变得更加重要。NOAA的研发将提供准确、综合的天气和海洋的测量结果和模型，以便提供最新的航海预测、产品和服务，从而减少损害和损失，提高经济效益。

（一）研究重点

北极海冰范围变化趋势显示全年都在下降，冰夏季急剧下降导致秋季增冰减缓，多年冰（较厚）总体减少。海冰面积和厚度的减小将导致通过北极的船只增加。NOAA开发并正在评估耦合北极预报系统（CAFS），以改善对沿海社区和安全航行至关重要的冰雪预报。实验建模系统结合了多个组件模型，包括大气（WRF3.5.1）、陆地（CLM4.5）、海洋（POP2）和冰（CICE5.1）。CAFS目前正在进行实验性的海冰预测。

（二）目标

一是改进美国主要港口的海岸模型和其他海洋产品，用更宽的船体和更深的吃水深度来解决船舶交通问题；二是开发新的海洋和海冰观测和预报能力，改进对海洋风暴的预测，支持极地访问、安全和可持续利用；三是纠正北极定位中的米级误差，提供新的垂直参考系支持北极导航；四是支持国内外在创新型溢油和其他事故响应技术和程序方面的研发，特别是那些适合北极环境的技术和程序；五是了解船舶运输和海上活动增加对受保护物种安全和健康的影响。

六、海洋中未探索的区域存在什么

海洋覆盖了地球表面的约71%，包含了地球上最大的瀑布和最长的山脉，是独特生物的家园。据估计有91%的海洋物种尚未分类，在美国340万平方海里专属经济区和15.4万平方海里沿海水域，只有41%使用现代方法以100米网格分辨率进行绘图。NOAA的研发提高了对海洋资源的认

知,使决策者、管理者和研究者能够为管理这些资源和区域做出知情的决定。

(一)研究重点

NOAA 支持一些全球倡议计划,如联合国海洋科学促进可持续发展十年以及日本基金会旨在绘制全球海底高分辨率水深图的 GEBCO 海底 2030 项目。NOAA 正在通过测绘和特征描述工作,使海洋勘探更容易进行,并填补对全球深水和海底科学理解方面的知识空白。其中,一个关键部分是新技术的发展,如无人系统,它可以优化数据的采集和处理,以满足美国专属经济区和全球海洋偏远区域的测绘目标。全面海底地图测绘对以下方面很重要,包括航行安全、国家安全、遗产、通信电缆、气候变化预测以及天气、海啸和风暴潮事件预报等。

(二)目标

一是推进测绘技术、工具和方法,以支持海上贸易,发现考古和遗产地点,识别海洋热点和产卵聚集地点,并扩大对海底的科学理解,以开展经济活动,如资源开采选址;二是完成美国专属经济区深层和延伸大陆架高分辨率绘图,以促进审慎的资源利用和工业活动(如能源开发、矿产资源绘图、渔业特征描述);三是利用现有和新兴的观测平台和技术(如自主水下航行器、遥感、eDNA、组学)进行海底进一步勘探,以表征和绘制栖息地及环境特征;四是积极参与大部分未勘探的北极大陆架地区的测绘和资源监测,以获取基线数据和随后的长期监测建议。

七、如何利用改善社会经济信息增强生态系统服务、公共参与时间和经济效益可持续性

海洋和沿海资源的管理和利用受到社会经济因素、观念和行为的影响。人类活动直接和间接地影响着今世后代生态系统服务的数量和质量。反过来,人类行为又受到海洋和沿海资源的影响。NOAA 开展社会科学研究,以更好地理解和支持决策过程,确保沿海社区和游客的安全以及海洋资源的可持续性。

第十五章 美国《NOAA研究与开发愿景领域：2020—2026》

（一）研究重点

海洋垃圾可能影响若干经济产业，包括水产养殖、渔业、商业航运、休闲划船、沿海地方政府、沿海旅游和应急服务。与海洋垃圾有关的费用可以是直接的（即清理海滩，更换装备）或间接的（即对生物多样性和生态系统服务的影响）。为了更好地了解海洋垃圾对全国旅游业的影响，NOAA开展了一项区域试点研究，首次尝试将海滩旅行选择与海滩海洋垃圾联系起来。这项工作涉及的区域包括大湖（OH）、中大西洋（DE）、墨西哥湾（AL）和西海岸（CA）。利用先前一项研究的信息和数据，旨在根据海洋垃圾增减情况来评估旅游支出的变化，提高对海洋垃圾经济影响的认识，并优先考虑美国可能需要预防和清除的区域。

（二）目标

一是向水产养殖企业提供经济研究和相关的推广计划，以提高其有效性和效率；二是将捕捞行为的社会经济驱动因素纳入种群评估模型，预报渔业动态，预测未来渔获量和种群状况；三是了解环境退化和沿海灾害如何影响沿海社区的经济和社会福祉，包括社会的直接成本和间接成本；四是对实施NOAA精准导航计划的港口进行社会经济分析，包括效益和成本指标；五是改进人类健康风险的信息产品的宣传和推广工作，并在特定事件或现象（如污染事件）发生后，通过社交媒体和网络指标评估社会不同群体的反应；六是改进自然基础设施和功能良好的海岸生态系统减少灾害影响的模型，量化这些系统提供的风险减少服务。

第七节 强大而有效的研究、开发和转化进程

一个强有力的研发进程对于减少危险天气的影响及实现海洋和沿海资源可持续利用与管理至关重要。NOAA研发的所有领域都需要集成模型、最佳观测平台和高效、有效地利用大数据和信息技术，以最好地完成NOAA的使命。NOAA依靠各种传感器和平台（如卫星、雷达、载人和无人驾驶飞机、地面站、海上船只、浮标、潜水器）进行地球观测（包括物理和生物地球化学），采用标准化的数据管理实践，可以确保所提供的环境信

息得到适当的保存、可获取和可用于分析、集成和共享，以支持建模的进步，促进科学和商业创新。将社会科学纳入 NOAA 的数据管理包括对人类行为和反应的理解，以优化数据的可访问性、可理解性和实用性。

一、如何集成和改进统一建模，使其在技能、效率和对涉众服务的适应性方面得到改进

NOAA 的模型可以分析和预测海洋、大气、冰冻圈、陆地和生物圈的状态，发展系统动力学知识，为减轻灾害和优化管理的决策提供依据。然而，物理、生物地球化学和行为现象之间的复杂相互作用，使得难以准确地模拟和预测未来事件。NOAA 的研发旨在通过开发新技术、采用新的或改进的参数、嵌套和耦合地球系统建模和数据同化以及将研发转化为业务应用，提高 NOAA 模型的代表性和预测能力。

（一）研究重点

地球预测创新中心（EPIC）始建于 2019 年，旨在推动美国天气预报能力的协调和发展，恢复天气预报方面的国际领导地位，保护生命和财产，促进美国经济发展。EPIC 将作为一个支持研发的中心，通过 NOAA 及其合作伙伴之间的合作，参与社区建模工作，快速开发新模型。通过指定这个中心，NOAA 正在建立有效机制，正如 NOAA 社区建模审查委员会 2018 年报告所建议的那样，获得整个建模界的投入。天气和气候模型的改进将促进业务化预测产品的进步，对美国经济的许多产业（从农业和渔业管理到能源市场和内陆水管理）都会产生积极影响。

（二）目标

一是采用统一的建模方法，通过与外部研究团体的协作，为跨学科的互操作性应用提供一个公共的、物理上一致的框架；二是推进数据集成、同化和地球系统建模框架的连接，在全球和区域尺度上耦合大气、海洋、陆地和冰的操作模型；三是对所有 NOAA 可操作模型和预测产品模型的不确定性和技巧进行量化，包括在其预测中量化理解不同气候模型之间的不确定性；四是为多种区域时空尺度的气候应用开发健全的建模降尺度技术，包括嵌入和嵌套的区域地球系统投影能力；五是将监测的环境数据集

成到高分辨率的操作模型中，提供决策支持工具，促进海洋资源的可持续利用，确定重要的生境；六是开发并整合先进的数据同化技术，增加对观测能力的利用，并将先进的数值方法纳入 NOAA 模型，以提高预测能力。

二、如何推进地球观测及相关平台的优化以满足 NOAA 的需要

NOAA 联合合作伙伴拥有和利用近 200 个观测系统，提供 1 187 种产品和服务。NOAA 观测系统（例如卫星、浮标、无人系统）生成全球环境数据和图像，用于更好地了解地球动态以及分析和预测。NOAA 的研发工作将通过扩展观测参数，改进其配置、准确性、覆盖范围、分辨率和有效性，优化现场观测系统和卫星，同时最大限度地减少观测系统成本。

(一)研究重点

2016—2019 年，NOAA 发射了 5 颗新卫星：Jason-3、GOES-16、GOES-17、JPSS-1 和 COSMIC-2，为及时和准确的天气预报提供全球数据。这些卫星通过提供对探测和观测环境现象至关重要的数据，促进和加强 NOAA 的研发。例如，来自卫星的数据向联邦应急管理局提供洪水地图，以帮助预测、预警和从重大飓风灾害中恢复。NOAA 研发结合人工智能从数据中更好地提取信息，通过更好的卫星图像和数据更好地进行分析和预测，增强了这些观测系统的力量。如 NOAA 科学家已经开始探索如何利用人工智能来填补卫星数据的时空空白。使用人工智能有可能减少处理大量卫星数据所需的时间，从而增加用于预测的数据量。

(二)目标

一是评估当前商业模型的观测数据和替代技术能力（包括商业产品的使用），以优化 NOAA 当前和未来的观测系统，降低成本；二是引领环境传感器、无人系统和其他观测系统开发和应用方面的创新，以提高效率和有效性并将成本降至最低，如小型化、压缩感知、机会平台开发和自适应采样；三是从卫星传感器获取新的和增强的环境参数（如湿度、海冰），并在 NOAA 的业务和应用中扩大卫星观测的开发；四是引领数据处理和人工智能（包括机器学习等技术）的创新，以提高观测数据的高效利用；五是与

地区协会合作，支持实时数据共享产品的开发，包括来自私营部门、学术界和研究机构的贡献，以确保海洋和沿海数据在 NOAA 预报中得到及时和准确的使用；六是探索利用私营部门数据网络来改进模型初始化。

三、如何加快研发成果转化，形成新的业务和经济增长点

NOAA 每天从卫星、雷达、船只、天气模型和其他来源生成近 20 兆字节的数据。随着数据处理和存储能力的提高，NOAA 越来越多地使用大数据分析来创建更详细和更准确的地球系统图景。为了准确和有效，大数据和其他大型数据集需要技术基础架构、分析专门知识和数据可视化。NOAA 研发将继续改进数据的使用和获取，以减少错误，加快研发成果转化，提高运营效率，并为更好的决策提供信息。

（一）研究重点

NOAA 的大数据项目通过利用公私合作伙伴关系扩大使用范围，通过现代云平台传播 NOAA 数据。截至 2020 年，已有 100 多个 NOAA 数据集通过微软 Azure、Google、Amazon 网络服务、IBM 和开放共享联盟等云平台对外提供。这一努力使美国公众更容易获得和使用 NOAA 的数据，有助于促进商业和经济增长。

（二）目标

一是推进大数据和人工智能分析，利用云计算平台来识别、理解和预测地球系统的变化（例如环流模式、沿海和海洋生态系统、海平面上升）；二是开发新方法，改善数据和信息的互操作性和同步性，通过大数据集成促进创新，提高实用性和可访问性；三是结合预测分析、认知和高性能计算以及自动化，将预测信息与影响信息结合起来；四是利用社会科学的先进技术和领先实践来改进数据访问和数据归档；五是开发经济高效的方法来处理和分析大型数据集，包括图像、视频和基因组数据；六是研究混合和商用云计算平台，以支持与外部研究社区的积极互动，促进科学进步和创新。

四、如何确保其投资得到重点社会科学研究和应用的信息

除了提高对世界的基本理解之外，NOAA 致力于研发有用的应用。将

第十五章　美国《NOAA研究与开发愿景领域：2020-2026》

社会科学、行为科学和经济科学纳入研发活动的整个生命周期，对于满足NOAA利益攸关方的需求和提高公众和其他决策者做出科学知情选择的能力至关重要。NOAA在决策支持和公众参与方面的研发将创造更有效的交流、产品和服务，以吸引目标受众，衡量长期的成功和社会影响。

（一）研究重点

渔业的空间经济学工具箱 FishSET 正在将对人类行为的研究纳入渔业管理决策。FishSET 提供数据、建模和政策工具，有助于更好地理解渔业管理实践的影响，如禁渔区、捕捞份额和气候变化对渔民行为的影响。这些结果将更好地为渔业政策决策提供信息。

（二）目标

一是开发和应用研究方法来评估目标受众，在社区层面调动利益相关群体的积极性，以提高 NOAA 高效且有效地为决策提供信息的能力；二是利用团队科学来确定实施方法和程序（如信心、特殊性、潜在影响、信息传递），以改善公众对 NOAA 公告和警告（如安全航海、国家海洋管理、恶劣天气警告）的认知；三是开发方法，将气候和生态数据与经济和人类维度数据整合到耦合模型和决策支持工具中，以提高对公众如何应对环境变化的理解；四是与 NOAA 科学家合作开发课程、展览、媒体、材料和项目来支持 NOAA 的任务；五是评估 NOAA 和 NOAA 资助的项目的价值；六是评估和优化公众对 NOAA 公民科学项目的参与。

第十六章　英国《国家海洋设施2020/2021年技术路线图》

2020年6月29日，英国国家海洋学中心发布《国家海洋设施2020/2021年技术路线图》，概述了当前英国的国家海洋设施能力，并展望了海洋科学技术的未来和发展。该文件阐述了国家海洋设施在未来几年内将如何支撑英国的"国家海洋装备库"开发计划，及其如何为综合观测系统提供更广泛的目标信息。

第一节　前　言

一、国家海洋设施

国家海洋设施隶属于英国国家海洋学中心，旨在发展、协调和提供主要平台、观测系统和专业技术知识，以支持英国海洋科学界。国家海洋设施建设的重要一环是支持"国家海洋设备库"，该库汇集了10 000多种仪器及技术，可在研究船上或独立于研究船进行科研部署。

（一）国家海洋设施战略目标

国家海洋设施战略目标包括：第一，为英国海洋科学界提供全球最先进的海洋调查船队，以完成科考任务和促进科学发展；第二，通过有效的部署、新颖的能力以及强有力的合作伙伴关系，成为具有综合海洋科学技术的全球领导者；第三，对员工进行培训并留住人才，以引进技术优势和灵活性，同时进一步发展技术能力；第四，发展强有力的内外部合作伙伴关系，利用我们在管理平台和观测系统方面的专业知识，发挥技术开发优势。

（二）国家海洋设施如何与英国海洋科学界展开合作

国家海洋设施团队通过国家海洋中心协会、海洋设施咨询委员会和巡

第十六章　英国《国家海洋设施2020/2021年技术路线图》

航计划执行委员会，与英国海洋科学界展开合作。通过上述关键组织提供的平台，海洋科学界可讨论相关主题，提出新的需求，如通过能力建设扩充国家海洋设备库。

(三)《国家海洋设施技术路线图》

在预算有限、技术开发不断加快、大数据以及海洋自主系统(MAS)日益普及的背景下，国家海洋设施致力于尽可能地为英国科学界提供最大的支持和资金，并且为达成英国海洋科学战略提供支持。国家海洋设施与英国海洋数据中心保持密切合作，为 GO-SHIP、Argo、RAPID、Ellet 和 OSNAP 计划等，对全球海洋观测系统(GOOS)以及联合国推出的"海洋科学十年"计划等具有重大潜在影响的国际海洋观测活动提供支持。

国家海洋设施于2018年受自然环境研究委员会委托，负责"詹姆斯库克"号、"发现"号两艘皇家调查船的运营以及国家海洋设备库及其相关的规划、后勤和维修工作。国家海洋设施从自然环境研究委员会获得了额外资金支持，用于更换、翻新、升级和发展船舶装配科学设备和国家海洋设备库。国家海洋设施评审多个利益攸关方提出的反馈意见，并考虑当前能力相关的技术发展，以确保其更换、升级和开发战略以实证为基础。此外，海洋设施咨询委员会还向国家海洋设施提供其运营的设备系列产品的策略咨询，并为新出现的需求提供进一步指导。

在本《国家海洋设施技术路线图》的五年计划期间，调查船将继续发挥数据收集和物理样本采集的作用。国家海洋设施还将继续部署、回收及维护系泊系统等自主仪器，更为频繁地部署和回收浮标、滑翔机和自主水下航行器等海洋自主系统。但随着对未来全球可持续发展的日益关注，将要求那些具有较大碳排放量的设施最大程度地发挥其每排放一吨碳所发挥的作用。短期内可通过具有多种功能的英国调查船来实现该目标。在中期阶段，可升级船体和机械设备以提升效率，并运行多种船载和海洋自主传感器。从长远看，下一代半自主调查船将利用新能源、配电系统和推进方法，以及机器人技术、海洋自主系统、通信系统和先进制造技术以实现上述目标。

国家海洋中心战略的第四项目标以及第三次海洋观测大会(OceanObs'19)对数据主题的关注体现了《国家海洋设施技术路线图》在数据管理

方面的重要性,表现在以下两个方面:一是确保观测系统的各个环节均具有可互操作性,在开放数据策略指导下合理地管理数据,并及时共享数据;二是在海洋数据的收集和应用过程中,采取最佳实践、标准、格式、词汇和最高的道德规范。

近年来,英国海洋数据中心和国家海洋设施在 Oceanids 指挥控制项目中,针对通过船载传感器阵列实施常规观测,展开密切合作。它们希望通过联合开展上述实践,进一步解决能力和一体化方面存在的不足。本技术路线图的相关章节论述了数据管理和实践在未来迭代中的进一步发展和变化。

(四)国家海洋设施工作流程与科学互动愿景

国家海洋设施旨在简化工作流程,从而有效地为英国海洋科学界提供支持(图 16.1)。

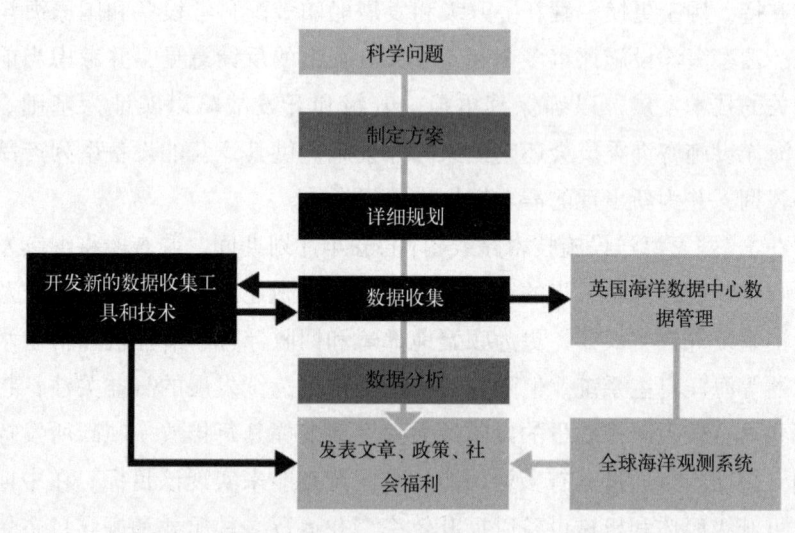

图 16.1 国家海洋设施为海洋科学界提供支持的简化视图

随着国家海洋设施不断优化该工作流程,它正朝着四大"屏幕"的愿景发展,使科研人员和设计人员能够在规划、数据收集和数据管理阶段展开互动。通过四幅"屏幕"相互关联,使数据在系统间共享,并作为研究活动信息的枢纽。这些"屏幕"将由一系列支持数据流的流程和程序提供支持,并随时间推移发生变化，旨在实现自动化和简化相关流程，为科学界带来最大效益。

（五）规划

"屏幕"可显示船舶和自主平台的规划阶段，这项能力将以现有的海洋设施规划网站为基础。预计规划阶段的元数据可共享至实时控制、实时显示和数据存档系统。

（六）实时控制

待某平台系统完成部署后，可通过实时控制系统对该平台实施监控。以 Oceanids 项目开发的现行指挥控制系统基础设施为基础。预计将包括远程船队操作、遥控水下航行器虚拟控制室概念以及系泊系统等其他部署的可控设施。

（七）实时数据显示

与实时控制系统紧密相关，（近）实时数据显示将作为公共门户，使科学数据可视化，但不包括为已部署的系统提供任何控制功能。数据面向公众的开放程度具有可调整性，从完全开放到完全受限。

（八）数据存档

通过数据存档"屏幕"，可访问过往收集的近实时数据和延迟模式数据，并遵循 FAIR（可查找、可访问、可互操作和可重用）数据原则。该"屏幕"将以英国海洋数据中心基础设施为基础进一步发展。

二、基本海洋变量与全球海洋观测系统

英国海洋数据中心和国家海洋设施致力于确保收集的数据遵循 FAIR 数据原则，并易于纳入 GOOS。本技术路线图作为上述重点事项的组成部分，将国家海洋设备库的能力映射至下文所示的基本海洋变量中。尽管部分基本海洋变量已成熟，但国家海洋设施/国家海洋中心具有更广泛的能力，其中包括未列为基本海洋变量的尚未成熟的小生境参数。

三、文件结构

为反映国家海洋设施履行职权的远期计划,《国家海洋设施技术路线图》每年会更新一次,并按结构顺序显示各领域,分类如下:一是基本海洋变量,概述如何体现全球海洋观测系统基本海洋变量;二是当前能力建设,概述相关领域的当前能力建设;三是科学界驱动因素,概述流程和技术发展的科学和操作驱动因素;四是未来能力建设,已制定并获得资金支持的发展计划;五是展望,未来需寻求资金支持的能力发展计划;六是2019/2020年更新,自上一阶段《国家海洋设施技术路线图》发布以来,能力发展情况的简述。

第二节 海洋设施规划门户

一、当前能力建设

海洋设施规划系统是自然环境研究委员会海洋规划和国家海洋中心开展巡航和自主部署方案规划活动的支柱。海洋设施规划系统处于国际领先地位,由以下组成:项目模块、库存管理系统模块、人员规划模块、项目建设模块、项目管理模块和科研人员所用的门户网站。

二、科研界驱动因素

科研界驱动因素包括:一是简化应用,在使用海洋设施规划门户时,应继续简化系统访问,改善用户体验;二是提升设备能力可见性。目前在申请设备时,假设申请人清楚国家海洋设备库中设备的功能和局限性,掌握设备的规范、可测量范围和局限性以及替代设备,将为申请人提供所需信息,使其能够根据目标申请最合适的设备。

三、未来能力建设

未来能力建设包括:一是维护改善,到2020年,升级库存管理系统,包含故障维修和故障事件记录,并将纳入移动应用程序,从而通过便携式/现场设备访问工作历史、文件和记录能力等数据;二是人员能力提高,必须开展人员培训，提升个人能力，同时确保参加考察的技术人员具有满足要求的资质和经验，可安全有效地完成海洋作业任务。目前正开发全新的人员能力模块，用于记录每个已确定的国家海洋设施达到 1 级和 2 级能力所需的教学大纲以及个人达到所需能力的进展情况。在 2020 年，这一模块仅适用于国家海洋设施的技术人员，待完成后将逐步推广至海员。

四、展望

海洋设施规划门户主要用于规划和记录所有模块的国家海洋设施相关活动。因此包含为活动改善计划提供建议的信息。目前大部分信息是通过人工进行筛选，工作强度大且效率低下。随着报告模块的开发，可迅速获取相关信息，并为做出改善提供更多的时间。

在规划特定时期的活动时，对于掌握人员可用性至关重要。在人员计划模块中，可查看已派遣人员的海上航行日，但未与计划维护系统中已分配的维护活动，或国家海洋中心业务管理系统中的计划缺勤情况相结合；通过系统查看个人和团队的所有计划活动，可更好地掌握剩余可分配能力，从而提升整个团队的风险意识。开发海洋设施规划门户的移动应用程序，以简化在现场、研讨会以及远离计算机等场所时软件的应用。

与其他系统整合。为最大程度发挥前文提到的四大"屏幕"的效益，应对海洋设施规划门户与指挥控制系统进行整合，并将数据共享至英国海洋数据中心。通过提升与国家海洋中心业务管理系统的整合程度，进一步简化工作流程，降低系统管理的运营成本。

五、2019/2020 年更新

2019 年，人员能力模块的开发得以推进，正在进行阿尔法测试，预计将于 2020 年完成。

第三节　数据管理与实践

一、当前能力建设

第一，Oceanids 项目指挥控制系统工作流程，可用于从滑翔机获取近实时数据,并通过"自动潜水艇远程型"运载工具恢复数据。第二,为向英国海洋数据中心提交巡航结束后船舶系统的备份数据,建立了完善的人工路线。第三,专门的数据处理小组,负责自然环境研究委员会调查船的固定式传感器阵列的常规航行变量的延迟模式和质量控制交付。第四,由日本财团——大洋地势图海床2030年全球中心项目,负责监测全球海底测绘活动。第五,自然环境研究委员会词汇服务器,负责发布用于标准化海洋数据和元数据信息的术语表。第六,国家海洋中心大量的遥控水下航行器和地球物理数据的手动存档。第七,数据工作组于2019年成立,旨在针对自然环境研究委员会调查船和自主平台的海洋科学数据生命周期相关课题,向海洋设施咨询委员会提供专家建议和意见。

二、科学界驱动因素

第一,海洋设施咨询委员会指导的"易于访问调查船上的科学数据"课题。第二,发表关于FAIR数据原则和海洋最佳实践的文章。第三,OceanObs'19项目及研究数据联盟针对综合科学数据工作流程提出的建议。第四,联合国"海洋科学十年"计划和可持续发展目标14。第五,自然环境研究委员会数字环境战略目标。

三、未来能力建设

第一,将自主平台的数据管理规划和资源配置应用于海洋设施规划门户流程,促进端到端的数据整合管理。第二,提升滑翔机和自主平台数据处理和交付的可扩展性。第三,引入通用元数据、标准化数据格式和开源代码数据处理应用程序,改善自然环境研究委员会调查船的科学数据访问能力。第四,将通用元数据标准应用于事件记录系统,准确地使科学数据和背景相结合。

四、展望

第一,在Oceanids指挥控制项目中为自主平台制定延迟模式工作流程。第二,通过调查船的固定式传感器阵列实施连续海洋监测,为终端用户提供近实时和延迟模式数据。第三,通过管理系统,对从国家海洋设施观测平台收集的水下噪声等大量数据进行归档、处理和传播,并向大洋地势图海床2030计划提供高质量条带测深数据。第四，通过启用应用程序接口，促进与其他传感器网络的开放数据共享和整合。第五，针对与仪器、平台、测量、单位等元数据相关的仪器和标准化受控词汇表，使用持久性标识符管理数据工作流程。第六，研究将国家海洋设施的巡航计划系统与英国海洋数据中心的巡航记录相结合，以减少可能出现的重复工作。第七，加强观测平台收集的近实时数据流的质量控制和保证。第八，整合前沿技术，为观测平台的决策过程提供支持。

五、2019/2020年更新

第一，Oceanids指挥控制项目中关于从滑翔机获取近实时数据，以及通过自动潜水艇远程型（Autosub Long Range，ALR）航行器恢复数据的工作流程已处于运作阶段。第二，为调查船的自动化近实时数据开发提供资金支持的资源招标已启动。第三，制定解决方案，并获得海洋设施咨询委员会数据工作组的批准，应对工作组任务清单上的课题——易于访问调查船上的科学数据。

第四节 调查船

一、当前能力建设

国家海洋设施负责运营皇家"发现"号和皇家"詹姆斯库克"号两艘全球级调查船。尽管卫星测量的精度不断提升，但仍无法收集海面以下较深区域的数据。本技术路线图中列出的各项能力，调查船仍是大部分海洋测量的主要平台。其中关键能力包括：水声学探测、综合数据记录、清洁海水取样、温盐深探测、深水取芯、拖航和拖网作业、自适应实验室空间、地震探测、运行遥控水下航行器。

二、科学界驱动因素

第一，使用双拖曳船舶进行地震探测时，声源稳定性会受到船舶螺旋桨尾流的影响。通过对船舶基础设施进行改造，将双拖曳梁移至螺旋桨尾流外侧，可减少这种相互影响，提高声源的稳定性。第二，提升灰水储存的耐久性，可以延长排放时间间隔，以便在探测时可以暂停排放灰水。第三，科考活动必将产生较高的碳排放量。随着技术的发展，很大程度上可通过对船用设备进行改造和增加，减少或抵消碳排放。

三、未来能力建设

与原始设备制造商协商达成长期服务协议，以确保满足服务需求，并降低反应性使用的相关成本。

四、展望

研究使用混合动力电池的可行性，以减少站内燃料的使用，延长船舶的最大续航里程。

第五节 地震探测

一、当前能力建设

当前能力建设包括：Bolt 1500-LL 型气枪、Sercel GI 250 型气枪、Big Shot 火控系统、Avalon RSS-2 阵列源控制系统、4 x Hamworthy 2000PSI 型集装箱空压机、2.4 千米的多通道拖缆，根据实际需求，可通过释放剩余的 600 米长度使拖缆延长至 3 千米。

皇家"詹姆斯库克"号可容纳全部 4 台压缩机以及任何 1 个声源，但皇家"发现"号仅可容纳 2 台压缩机，因此在实际应用中，后者仅限于 Sercel GI 系统。

目前的震源布置已过时，没有更新过，仅针对过往级别的调查船进行了优化，自 20 世纪 80 年代以来，没有任何能力上的提升。因此可部署的震源体积受到限制，而且流式传输和恢复速度较慢。购买的多通道拖缆仍为最新产品，且符合行业应用要求。

二、科学界驱动因素

第一，降低成本。设备安装和调试需要较长准备周期，占用宝贵的考察船时。由于存在年龄、复杂性以及可靠性不足等问题，实施科学考察前，往往需花费大量资金进行海上试验，以检验设备质量和进行人员培训。为船舶交付集装箱化的预安装系统，最大程度缩短安装时间并降低维护成本，可以优化准备周期并减少技术支持需求。

第二，高性能声源。老旧的 Bolt 1500-LL 型气枪和空气压缩机无法确保信号能量或保真度，无法充分利用国家海洋设备库的现代多通道拖缆传送高分辨率的 3D 图像。GI 型气枪通过两阶段的发射过程，可形成更清晰的波形。

第三，提高可靠性。带有气动脐带的束状气枪阵列系统可靠性较差，在发射时会发生故障，常常导致震源水平的变化。而维修气枪需在维护的科学领域取得相关突破。通过 J 形轨道布置系统、浮标式气枪阵列以及 GI 气枪更小的后座力，可大幅缩短平均故障间隔时间，并加快修复速度。

第四，减少尾流干扰。与之前的调查船相比，皇家"詹姆斯库克"号和皇家"发现"号的双推进设计可产生更大的尾流。气枪在拖行至上述包含尾流的区域中进行发射时，严重影响了声源水平和稳定性。通过对两艘调查船的后甲板进行改进，使声源距离船舶中心线更宽，从而避免上述问题。

第五，灵活性。Bolt 1500-LL 型气枪仅可通过改变整个舱室进行重新配置。舱室体积大、笨重且成本高，而且国家海洋设施仅可容纳有限数量的各尺寸舱室，因此限制了在海上重新配置阵列大小的选择。GI 250 型气枪可通过使用成本较低的塑料插入物，快速进行重新配置，使得主要研究人员几乎可任意选择声源配置。

三、未来能力建设

2020 年，Bolt 1500-LL 型系统和空气压缩机正进行全面改造，计划在 2020 年进行试验，为 2021 年的科学应用做好准备。这不仅可延长声源使用寿命，还可解决声源稳定性和可靠性相关问题。其中包括修订操作程序，以提升甲板上设备装卸的效率和安全性；对实时数据流的改进和增加进行测试。

四、展望

2018 年，地震工作组将探测结果提交至巡航计划执行委员会，建议投资约 200 万英镑，以升级 Sercel G 系列气枪的震源、装卸和牵引系统。以确保：具有较高可配置性的多功能地震气枪震源，最多由 24 个独立气枪组成；震源牵引水深和几何形态控制系统，可为不同科学应用提供支持；通过海洋设备互换委员会的合作伙伴调查船以及自然环境研究委员会的船队对较强适应性的多功能震源部署系统进行全部或部分部署；整套势场传感系统，适用于任何全球科学调查船队的固定或移动式安装；具有高分辨率且拖揽较短的浅层海底成像能力。

第六节 取 样

一、当前能力建设

国家海洋设备库的取样能力主要是取芯，该设备库共有 8 种不同类型的取芯器，分为管状和箱式两种。

管状取芯器包括：①重力取芯器。取样管外径为 63.5 毫米，水深 1~4 米。②开斯顿取芯器。取样面积 150 平方毫米，水深不超过 5 米。③活塞取芯器。取样管外径为 90 毫米或 110 毫米，水深不超过 25 米。④多通道取芯器。最多有 12 个取样管，外径为 56 毫米，水深 0.6 米。⑤大型取芯器。最多有 12 个取样管，外径为 100 毫米，水深 0.6 米。

箱式取芯器包括：①SMBA 取芯器。取样面积 600 平方毫米，水深 0.45 米。②NIOZ（haja）取芯器。取样面积 500 平方毫米，水深 0.5 米。③Day Grab。10 千克表面样本。

二、科学界驱动因素

第一，深海底栖生物取样的持久性要求。第二，取样精度。在未对取样点进行准确定位时，将耗费大量时间用于下降取样系统。

三、展望

第一，40 米活塞取芯器，采用定制的操作和部署系统。第二，使用液压底栖生物交互采样器（HyBIS）平台开发可部署的精确取芯系统的潜力。第三，用于查看和记录取样点的有线摄像系统。

第十六章 英国《国家海洋设施2020/2021年技术路线图》

第七节 系泊系统

一、基本海洋变量

基本海洋变量包括：溶解有机碳、海洋表面热通量、无机碳、营养物、一氧化二氮、海洋水色、氧气、颗粒物、浮游植物生物量和多样性、海表盐度、海表温度、稳定碳同位素、次表层流、次表层盐度、次表层水温、表层海流、瞬态追踪、浮游动物生物量与多样性。

二、当前能力建设

采用国家海洋设备库以及用户提供的各种传感器和取样装置，定制的全海洋深度系泊系统可在长达24个月的时间内根据具体科研要求进行时间序列观测。国家海洋设备库可提供下述传感器类型：声学多普勒海流剖面仪（ADCP）75千赫至1 200千赫、荧光计、光合有效辐射传感器、温盐深仪、溶解氧传感器、大气透射计、反散射计。

三、科学界驱动因素

科学界驱动因素包括：部署新一代低漂移底压着陆器；提高对高50米以上（海洋/大气相互作用最明显的地方）水柱的测量能力；提升防拖网海床基/着陆器的可靠性；加入了生物地球化学传感器并扩展了它的可用性；通过实时数据遥测，获取环境条件，为自然环境研究委员会科学界和广大利益攸关方的最新关键决策提供信息；恢复系泊配重，更好地与国家海洋中心环境责任价值保持一致。

四、未来能力建设

在海洋设施规划门户中开发一个系泊模块，用于定制系泊系统的设计和成本计算。该模块将在2020年进行测试，一旦证明可行，即可付诸应用。

五、展望

第一，结合海洋自主机器人系统，研究开发原位系泊电源的效益和可行性，通过对自主水下航行器再充电来延长其部署时间。第二，开发适用于全海洋深度的烟雾立标，并且能在返回海面时通过压力或传导性激活，以提供准确的定位。第三，为特定和个别项目设计空心浮箍，在某些情况下，可减少系泊系统中内嵌玻璃的使用，以缩短系泊设备的长度。第四，采购用于系泊的双向遥测系统，以便在部署期间进行实时数据传输和修改取样程序。

第八节 温盐深仪

一、基本海洋变量

基本海洋变量包括：溶解有机碳、无机碳、营养物、海洋表面热通量、一氧化二氮、海洋水色、氧气、颗粒物、浮游植物生物量和多样性、海表盐度、海表温度、稳定碳同位素、次表层流、次表层盐度、次表层水温、表层海流、瞬态跟踪、浮游动物生物量与多样性。

二、当前能力建设

国家海洋设备库拥有不锈钢和钛两种材质的温盐深仪。温盐深仪框架可配备10升(仅针对钛材质温盐深取样框架)和20升两种规格的样品瓶(每种24个)。取样框架带有可测量传导性、温度、压力、浊度(大气透射计和反向散射仪)、氧气、叶绿素、光合有效辐射和水流速度的传感器。它们可部署在整个海洋领域6 000米深的位置。

三、科学界驱动因素

第一，通过温盐深取样框架和相关传感器采集的瓶样数据是海洋学各领域的基础，可能占海洋生物地球化学和物理海洋科学的75%以上。至少在未来十年内，收集样本以及通过传感器传输"标准"数据流仍将发挥重要作用。采用技术最先进的传感器，或部署领先于当前技术的传感器，将成为推动未来发展的主要驱动因素。第二，对溶解和颗粒成分进行二氧化碳分压和pH值现场实时测量，高分辨率的营养分析以及更全面的光学特性描述，目前已具备可行性和/或得以广泛应用，可促进海洋酸化和海洋碳

第十六章 英国《国家海洋设施2020/2021年技术路线图》

循环的物理和生物成分等科研新领域的发展。上述领域均与自然环境研究委员会发现和资助的 NC/战略计划相关。

四、未来能力建设

第一,已采购具有较快响应时间的全海洋深度碳酸盐系统传感器,旨在通过 2020 年豪猪湾深海平原观测台测试温盐深取样框架,测试成功后将被纳入国家海洋设备库。第二,计划在 2020 年通过皇家"发现"号部署水下图像剖面仪,将评估该传感器的优点,确定是否将其纳入国家海洋设备库,以及是否纳入温盐深取样框架。第三,在可行情况下,采购钛材质仪表作为新型温盐深取样框架传感器,用于在深海(10 500 米深)进行完全无微量金属取样。

五、展望

继续应用并发展温盐深取样框架旋转装置,防止电缆扭矩,提高船用电缆的使用寿命并降低成本。

第九节 固定式和拖曳式剖面取样

一、基本海洋变量

基本海洋变量包括:溶解有机碳、无机碳、营养物、海洋表面热通量、浮游植物生物量和多样性、氧气、颗粒物、海表盐度、稳定碳同位素、次表层流、次表层盐度、次表层水温、表层海流、瞬态跟踪、浮游动物生物量与多样性。

二、当前能力建设

第一,15 x 独立泵系统。2019 年在完成对国家海洋设备库的测试之后,独立泵系统重新被纳入该设备库,通过重新设计,解决日益增加的可靠性问题和坚固性要求。其中包括重新设计的高效叶轮和泵头以及更高效的编程计时控制。

第二,2 x 垂直微结构剖面仪 6000(VMP6000)。用于测量垂直剖面中深达 6 000 米的湍流微结构和温盐深的无线自主系统。通过无线电池供电，记录并下载数据，回收时再充电。因此，需要至少配置两个剖面仪进行 24 小时作业。

第三，2 x 垂直微结构剖面仪 2000(VMP2000)。用于测量在垂直剖面中深达 2 000 米的湍流微结构和温盐深的绳索系统。通过绳索系统可实时传输数据。

第四，2 x ISW 微结构剖面仪(MSS90L)。用于测量在垂直剖面中深达 500 米的湍流微结构和温盐深的绳索系统。体积小且重量轻，易于部署，与 VMP 500 型相比，当取样面积小于 500 米时，成本更低。

第五，运动航行器剖面仪(MVP 300-1700)。用于测量温盐深、叶绿素浓度和光强度的拖曳式航行器，最大速度可达 8 节，最大深度可达 300 米。通过绳索系统可实时传输数据。该设备目前尚不"成熟"，未投入使用，以确保优先为已列入国家海洋设施计划的设备提供资金支持，但它仍然可以在延长通知期后使用。

三、科学界驱动因素

由于要求在短时间内对大范围区域进行剖面分析，使得利用温盐深取样框架进行剖面分析不可行。与温盐深取样框架相比，拖曳式航行器的速度和覆盖范围可通过传感器分辨率进行调节。有效载荷传感器分辨率的提升，和/或可测量参数数量的增多，使相关测量作业更具成本效益。科学界可使用具有完全无微量金属取样能力的海雪捕集器。

四、未来能力建设

第一，新型三轴运动参照装置目前处于开发阶段。第二，已采购的第三台 VMP 6000 型，将于 2020 年交付，用于在 24 小时作业和/或国家海洋设备库的可用性方面提供更大的灵活性和冗余性。第三，计划在海洋技术与工程集团完成现阶段的重新设计工作之后，于 2020 年将海雪捕集器纳入国家海洋设备库，以解决安全问题，但海雪捕集器不具备无微量金属取样能力。

五、展望

第一，开发满足能力要求的低成本拖曳式航行器。第二，开发用于

第十六章 英国《国家海洋设施2020/2021年技术路线图》

6000型垂直微结构剖面仪的测流计。第三，评估在拖曳式航行器船队上使用合成导缆的可行性。

第十节 遥控操作平台

一、基本海洋变量

基本海洋变量的描述不容易体现在遥控水下航行器的功能上，因为它在一定程度上取决于航行器配备的传感器，但主要以遥控水下航行器可开展的实验为基础。通过航行器标准传感器收集的基本海洋变量通常包括：硬珊瑚覆盖区域与成分、次表层水温、次表层盐度。应注意，在全球范围内，大部分遥控水下航行器作业无法采集可直接用于全球海洋观测系统的基本海洋变量。

二、当前能力建设

第一，Isis遥控水下航行器。成熟的世界级深水遥控水下航行器系统，是欧洲可下潜最深的科研遥控水下航行器，并且是欧洲5台6000米级科研遥控水下航行器中能力最强的一艘。自2003年投入使用后，已经对仪表和子系统进行了一系列的升级改进，以保持其世界级的作业能力。预计在未来五年间，将继续对该水下航行器进行升级。

第二，HyBIS水下机器人。模块化远程操作平台，与遥控水下航行器极为相似，但未采用复合泡沫材料，因此直接与船舶相连。HyBIS系统由一个船舷动力控制系统、一个带摄像头和照明的底端命令模块以及可互换的有效载荷模块组成。使每个有效载荷模块可在海底精确定位定向，完成视频引导的海底取样。HyBIS系统的重型起重功能使其成为进行视频引导布置和恢复海底实验结果的理想操作平台，从而有可能改变海底着陆器的部署方式。

第三，Mojave遥控水下航行器。小型浅水(300米)额定系统，配有照明、摄像头以及三重功能机械臂。

三、科学界驱动因素

第一，降低运行成本(Isis)。Isis是一种复杂程度较高的大型深水遥控水下航行器，与其他研究使用的类似系统相比，该航行器效率较高，但耗材和劳动力等方面的运行成本也较高。为最大程度提升水下航行器对科学界的效用，应降低其运行成本。

第二，加强科学互动。目前，仅巡航人员能够指导遥控水下航行器或利用 HyBIS 水下机器人完成作业。创建虚拟控制室，可增加能够参与以及指导水下航行器部署的人员。虚拟控制室还可进一步扩展，并得到国家海洋中心位于南安普敦的创新中心操作室的支持。

第三，老化管理及系统升级（Isis）。尽管 Isis 系统在过去几年间得到大幅升级，但并非所有系统都已升级。因此，当系统损坏或过于老旧时，则需对其进行升级。

第四，提高系统运行可靠性（HyBIS）。尽管当前的 HyBIS 平台功能强大，但成熟度较低，存在较多设计问题，难以维护和操作。需解决上述问题，提高系统运行的可靠性和有效性。

第五，扩展运行能力（HyBIS）。目前 HyBIS 系统的有效载荷模块为科学界提供的开放选项较少。通过开发新的有效载荷模块（如精密推芯、系泊重量回收系统），可提升平台效用。

四、未来能力建设

第一，遥控水下航行器虚拟控制室。目前可创建虚拟控制室，但对于带宽的要求极高且昂贵。由于计划将船舶的数据传输速度升至 2 MB/s，因此，应该提供足够的带宽以创建一个简单的虚拟控制室。由于船舶上行传输（船到岸）的利用率与下行传输不同，因此可实现从遥控水下航行器向海岸传输实时数据流。上述工作将与调查船系统小组合作完成。

第二，更换遥控水下航行器电源。遥控水下航行器电源装置属于航行器的初始系统，且接近其使用寿命。替换单元将在工作组支持的远程操作平台的电源更换的更广泛的背景下进行研究，并在船上进行操作。

第三，遥控水下航行器软件升级。当前的遥控水下航行器软件仍基于伍兹霍尔海洋研究所早期的 Jason 2 代码。该代码使新传感器难以与控制系统相连。这次的软件升级将以现代化控制架构为主，并试图降低操作员在测试遥控水下航行器时的负载。

第四，模块化有效载荷水下系统（MPUS）指挥模块升级（HyBIS）。当

第十六章　英国《国家海洋设施2020/2021年技术路线图》

前的HyBIS系统指挥模块缺乏可靠性，维护成本高且升级能力有限。为提升系统能力，将开发新的指挥模块。其中包括物理硬件和相关控制软件，可大幅提升系统能力。由于相关模块经过全新设计，系统已重新命名为MPUS。

第五，MPUS的主动升降补偿。MPUS具有极高的灵活性，可在海床上进行精确控制；但由于其直接与船舶相连，因此会受船舶运动的影响。皇家"发现"号和皇家"詹姆斯库克"号对深拖绞车的升降补偿可大幅降低上述影响，并扩大系统的应用范围。

第六，MPUS的回收有效载荷模块。有时温盐深取样框架、着陆器和自主水下航行器等设备会在海上丢失。一般来说，可大致确定设备的位置，但通常无法追回。此种情况下，要么需要开展成本较高的营救任务，要么任由设备报废。通过在MPUS中配置回收模块，可在最低成本的基础上追回丢失的设备。该模块也可用于回收捕捞作业密集区域内的着陆器。

第七，通用接口模块。MPUS可灵活地将不同传感器有效载荷集成至特定任务的有效载荷模块上。为此需遥控水下航行器团队投入大量资金。为简化相关过程，将创建一个通用的有效负载模块，并提供相关的详细接口文档。同时，也使外部用户进行有效负载自定义设计。

五、展望

第一，将Isis系统更紧密地整合到调查船上。将水下航行器更紧密地整合到自然环境研究委员会调查船上，并利用调查船的基础设施，降低Isis系统的部署成本以及甲板的占用面积。上述紧密整合的示例包括：使用船载深拖绞车部署Isis系统、使用船舶超短基线(USBL)系统以及传输船舶周围的控制数据。

第二，进一步加强遥控水下航行器控制软件的性能。尽管我们计划将遥控水下航行器的控制软件升级作为航行器老化管理的一部分，但这次升级不会特别侧重于降低和简化驾驶负荷。通过自主操作有可能使驾驶更容易，这将降低对新驾驶员和作业技术人员的培训要求。未来五年间，将对上述升级展开背景研究。

第三，创建新的有效载荷模块并改进MPUS的操作概念。很有可能会有其他对科学界大有裨益的MPUS模块，以及可开发利用的新操作模式。

我们的目标是在资源和科学优先事项允许的情况下，与科学界合作探索、开发相关模块和操作模式。

六、2019/2020 年更新

第一，MPUS 指挥模块升级。MPUS 指挥模块升级进展顺利，现已完成系统设计以及大部分硬件的采购，下一阶段将进行设备组装和软件开发。

第二，升降补偿。通过 HyBIS 系统对升降补偿进行了短暂测试，但证明效果不佳。随后经过修改、测试以及与 HyBIS 系统一起共用，为 2019 年的 DY108 巡航提供支持。主动升降极大提升了皇家"发现"号的 HyBIS 系统和温盐深的操作能力，之后通过皇家"詹姆斯库克"号的温盐深仪绞车进行了主动升降测试并取得了一定成功，目前正研究将主动升降补偿应用至深拖缆上。

第三，老化管理及系统升级。目前正在对遥控水下航行器的 Isis 系统的光纤遥测系统进行重大升级。由于备件不可用，且当前系统已出现磨损迹象，因此目前该系统正向新平台转移。计划将在 2020 年第三季度末完成该操作。

第十一节 大功率海洋自主系统平台

一、基本海洋变量

通过水下航行器可采集的基本海洋变量取决于其上可装配的传感器类型，包括硬珊瑚覆盖区域与成分、大型海藻藻华覆盖区域与成分、海洋表面应力、海表盐度、海冰、海表温度、次表层流、次表层盐度、次表层水温、表层海流。

二、当前能力建设

第一，Autosub6000 型自主水下航行器。自 2007 年首次应用以来，已对型号较老的水下航行器进行过数次升级，额定作业水深为 6 000 米，并配有可充电电池。由国家海洋中心开发的大功率自主水下航行器正成为收集科研数据的常规工具，特别适合于进行高分辨率深海声波探测。

第二，C-Worker 4。大功率海洋自主系统于2018年采购了一台C-Worker 4型无人水面航行器，并编入相关航行器船队使用。尽管C-Worker 4型不属于大功率自主水下航行器，但主要作用是为大功率自主水下航行器作业提供支持。由于该航行器配有一个模块化有效载荷，因此可完成一系列任务，其中包括以下几部分：一是跟踪次表层设备并与其通信，C-Worker无人水面航行器配有一个Sonardyne超短基线立标，可跟踪Autosub6000、ALR6000以及海底着陆器并与其通信。通过该设备追踪可大幅提升自主水下航行器的导航精度，减少船舶的监控时间；二是浅海水深测量，模块化有效载荷使EM2040型多波束系统可用于高分辨率水深测量；三是传感器测试，C-Worker还可用于测试海洋传感器。

三、科学界驱动因素

第一，提高系统可靠性。在航次后评估过程中，发现Autosub6000存在严重的可靠性问题，这些问题一定程度上与水下航行器的使用年限以及老旧的内部控制系统有关。

第二，减少船舶监控时间。许多科研人员强调，监控Autosub6000下潜至深海，并追踪其返回海面所需的时间是一个问题。罗素·韦恩（Russell Wynn）教授通过皇家"詹姆斯库克"号参加第27次巡航时曾首次对上述问题进行了论述，并在航次后的评估中重申了这一点。

第三，改进避障系统和自主水下航行器的态势感知功能。目前自主水下航行器更多是在海床附近进行摄影测量，并在极端地形进行测量作业。为了使其更坚固并扩展作业范围，必须改进自主水下航行器的避障系统和态势感知功能。

第四，提高航行器的自主性。原因在于：对改进避障系统的要求、对自主水下航行器执行适应性任务的要求可能会提高、对改良的航行器运行状况监控等。

第五，提高Autosub6000的导航精度。Autosub6000曾在进行高分辨率导航和姿态测量时出现过问题，这些问题在摄影测量、声呐测量作业中都曾出现过。通过解决上述问题可大幅提升自主水下航行器收集的数据质量。导航精度的提升被看作是海洋保护区测量时的一项具体需求，因为在此过程中需对相同区域重复进行经线方向研究。

第六，替代 Autosub3 的冰下作业能力。随着 Autosub3 的停用，使其失去了在冰下进行大功率声呐测量的作业能力。从 2021 年起，作为 Oceanids 项目的组成部分，开始强化冰下作业的能力。

第七，水样采集能力。根据海洋设施咨询委员会对《2019 年国家海洋设施技术路线图》的反馈，强调了可使用自助水下航行器进行水样采集。

四、未来能力建设

第一，Autosub6000 更新计划。此更新计划是在《2018/2019 年国家海洋设施路线图》中期调整之后制定的。该计划包括进一步更新供电系统，更新日志记录系统以解决部件老旧的问题、改进导航系统从而改善与 Kongsberg EM2040 型多波束回声测深仪的整合。

第二，与船舶超短基线系统的整合。目前，Autosub6000 跟踪和遥测系统使用了 Linkquest 公司独立推出的一个超短基线定位系统（USBL fish）。为避免对该系统的需求，并提高与其他国家海洋设备库系统的互操作性，将开发跟踪和遥测系统，使其能够使用皇家"詹姆斯库克"号和皇家"发现"号上的 Sonardyne 超短基线系统。

第三，开发 Autosub2KUI 替代 Autosub3。Oceanids 项目正在资助开发第四代 Autosub2000，包括将建设一座 2 000 米深的泡沫中心，由于泡沫密度较低，使得自主水下航行器可装配两倍于 Autosub6000 的电量，这将使自主水下航行器可在冰下以类似 Autosub3 的方式展开作业。

第四，开发新的船载控制系统。Autosub6000 的船载控制系统以 20 世纪 90 年代中期的分布式计算系统 Lonworks 为基础，该系统与自主水下航行器的匹配性较好，但现阶段已过于老旧，且愈发难以提供支持。另外，内部控制和电子系统随着不同需求的出现而不断发展，目前已出现文件记录不足的问题，且难以维护，从而导致自主水下航行器的运行需使用各种软件工具，使系统较为复杂且易出错。为解决上述问题，将开发新的船载控制系统，以提高系统的可靠性，使其易于与新型传感器整合，并为正在进行的开发工作提供一个可应用于现阶段和未来的保障系统。该开发项目作为 Oceanids 项目的一部分获得资助，并将与 Autosub2KUI 进行整合。待充分验证后，将应用于当前的 Autosub6000。船载控制系统的开发也将整合至 Autosub 远程控制系统的升级工作中，同时还将开发新的冰下作业技术，确保自主水下航行器能够在冰下安全作业。上述能力建设将以初始 Autosub3 为基础完成，并与新的船载控制系统和避障系统整合，以进一步强化冰下作业能力。

第五，前座/后座架构。海洋自主机器人系统旨在采用船载控制系统软件架构，使科学用户能够在使用前座/后座架构的船载控制系统航行器上，部署特定的算法公式。

第六，更新避障系统和态势感知功能。Autosub6000 目前采用的避障系统是 2009 年在开曼群岛中部海隆进行巡航时开发的。该系统经过优化，可在大洋中脊附近的崎岖地形中运行，但仍然受水深传感器系统和 Lonworks 系统处理能力的限制。现阶段，自主水下航行器需在更复杂的地形以及靠近海床的区域开展摄影测量作业。当前系统将作为 Oceanids 项目 Autosub2KUI 开发的组成部分进行升级，以提供更好的态势感知能力，并与新的船载控制系统结合，以增强 Autosub2KUI 的作业范围。待充分验证后，新的避障系统将应用于 Autosub6000。

第七，通过无人水面航行器来监控 Autosub6000/Autosub2KUI。C-worker 4 型无人水面航行器，通过整合的超短基线系统，监控并跟踪自主水下航行器。通过航行器的监控，可大幅降低在任务执行过程中跟踪自主水下航行器所需的船时。由于无人水面航行器将不断发送超短基线的位置更新，因此，可降低航行器的航行误差。航行精度的改善将大幅提高所生成的声波和摄影数据集的价值。持续监控还可降低丢失航行器的风险，观察到偏离航道或与海底发生碰撞等情况。

五、展望

第一，与新型传感器整合。为确保自主水下航行器有效运行，其有效载荷必须与科研要求保持一致。通过持续与科学界保持密切合作，推动传感器的改进，并使英国的相关技术保持领先水平。

第二，强化不同航行器之间的协作。随着多航行器执行任务的情况增多，需进一步发展相关系统，使其像船队一样协调作业，这将与远程船队的指挥和控制相关联，但对于当前的航行器而言仅进行局部控制。

第三，加强航行器自主性。作为新开发的船载控制系统的组成部分，我们将为自主水下航行器制定强大的基本控制系统，通过提升自主行为水平，提高航行器对于科学界的效用，目标是形成广泛的行为能力库从而为数据收集提供支持。

第四，数据处理工具的开发与管理。作为国家海洋设施为科学界提供支持的组成部分，我们将通过开发和管理工具，快速处理数据，从而生成作业数据产品。上述作业数据尚未达到可发表的水平，但能够快速评估收集数据的质量，并突出需进一步调查的数据领域。

第五，可悬浮自主水下航行器。Autosub6000仅可在平坦的地形上进行摄影测量。可悬浮自主水下航行器可在靠近峡谷壁、海山和其他崎岖地形的区域开展作业。

六、2019/2020年更新

第一，Autosub2KUI的设计。Autosub2KUI的开发已进入了详细设计阶段，预计2021年第一季度进行初步试验。第二，Autosub6000中期调整。由于存在一系列可靠性方面的问题，对Autosub6000实施了迫切需要的中期调整。对供电系统、管道、工场和控制容器进行了升级。通过上述升级提高了航行器的性能，预计2020年底完成全部升级工作。第三，调试C-Worker 4。在采购C-Worker 4之后即进入了试验阶段，但在试验过程中发现了一系列问题，需要厂家进行整改。目前整改工作正在推进中，预计2020年底完成系统交付。

第十二节 水下滑翔机平台

一、基本海洋变量

通过水下滑翔机平台可采集的基本海洋变量取决于平台可装配的传感器类型，包括：营养、海洋表面热通量、海洋表面应力、氧气、颗粒物、海冰、海表盐度、海表温度、次表层流、次表层盐度、次表层水温、表层海流。

二、当前能力建设

海洋自主机器人系统远程船队中的水下滑翔机有10架海洋滑翔机、20

架史洛坎滑翔机(200米和1 000米)、1架华盛顿大学深海滑翔机(4 000米)等,可配备各种不同的传感器和辅助系统,以强化其基础能力。

三、科学界驱动因素

第一,降低运行成本。降低运行成本有助于提高船队利用率,强化科研影响力。

第二,提高系统稳定性。尽管滑翔机已投入商用,但仍存在可靠性问题。改善过程控制可提高其可靠性,从而促进科研成果的交付。

第三,冰下作业能力。理论上,滑翔机可在冰下以及距离冰锋较远的区域收集数据,但要实现上述目标还需克服较多挑战。

第四,提高航行精度。滑翔机的水下导航精度较差。在较多应用情景下,导航精度较差并不是问题,但如需长时间执行水下任务则应当改进。

第五,深水作业。目前滑翔机仅可在水深不超过1 000米的区域作业。无法满足更多的应用要求,因此需开发可在深水作业的滑翔机。

第六,仪器校准。目前在部署前后需花费大量时间进行校准,每次需占用滑翔机数月时间。缩短校准时间可提高船队的可用性。

第七,整合新型科研传感器。随着新型科研传感器的发展趋向成熟,科学界迫切希望能应用于滑翔机上。

四、未来能力建设

第一,深海滑翔机。目前的深海滑翔机最多仅可降至4 000米水深区域,这对大多数科研要求是可行的,但是没有备用系统。我们将继续与深海滑翔机制造商进行讨论,以期在未来几年能生产出可靠的产品。

第二,可充电的史洛坎滑翔机。现在的滑翔机使用的是一次性(原)电池,以最大程度地提升单次应用所需的电量。但对于较短时间或较大功率的应用情况,可充电电池组更合适,而且还可以大幅降低应用成本。海洋自主机器人系统已对上述可充电电池组的优势进行了评估,并于近期采购了一套进行实际评估。

第三,冰下作业。要求滑翔机具备在北极和南极冰层下作业的能力,但目前还不具备。我们将尽力对滑翔机软件进行升级,将避冰行为整合至滑翔机软件中,从而尽量降低在冰层覆盖区域作业的危险性。Oceanids项目已采购声呐定位仪(RAFOS)，从而能够通过远程声信标在冰下航行。该技术需要大量低频声源在已知的地点和时间发射信号，滑翔机接收信号，并通过掌握时间偏移量推算位置。我们已经采购了声源，并将在未来几年内开发接收信号的部件。

第四，传感器的整合。新型传感器正陆续投入生产，且需要整合到远程船队中。作为 Oceanids 传感器项目的组成部分，远程船队将配有通用传感器接口，这将简化未来与新型传感器的整合操作。

第五，提高系统可靠性。我们将继续改良过程控制，并通过引入新的检查方法尽早发现错误。另外，还需检查现场故障，明确某些连接器的问题，并在资金允许情况下，逐步对船队升级。

五、展望

第一，新型低成本滑翔机一次电池组。目前的滑翔机通常使用的是电化学锂硫酰氯电池，成本极高，而整个电池组构成了电池应用的主要成本。也可以采用含有其他化学物质的电池，目前正在研发一种具有相同能量密度的低成本电池组。如果研发成功，将大幅降低滑翔机的应用成本，并且不会影响其测量范围。

第二，传感器的整合。我们将进一步提高开发整合新型传感器与滑翔机的能力。我们的目标是将以目前掌握的操作专业知识为基础，通过科研团队发展领先的机械、电子和软件集成专业知识。

第三，检查滑翔机的性能。现役滑翔机产品正逐步老化，将通过对史洛坎滑翔机展开大规模的维修工作来应对这一挑战，确保在维修预算范围内尽量延长滑翔机的使用寿命，还将进一步评审不断变化的科学和商业需求，并在资金允许的情况下，采购新型滑翔机平台，以满足未来十年的需求。当前希望采购史洛坎 G3 型滑翔机和深海滑翔机。

第四，提高滑翔机感应能力。按照英国滑翔机科学界和欧洲滑翔观测站(EGO)研讨会提出的建议，将新型传感器有效载荷与滑翔机进行整合。

六、2019/2020 年更新

第一，测试深海滑翔机。深海滑翔机计划将于 2020 年首次进行科学应用。第二，氦检漏仪。氦检漏仪目前是常规使用仪器，可在设备应用前成

第十六章 英国《国家海洋设施2020/2021年技术路线图》

功识别出故障部件。第三,校准。泵送和非泵送史洛坎温盐深传感器目前可进行内部校准,大幅度缩短了传感器的停用时间,并为内部海洋滑翔机温盐校准节约了开发资金。第四,冰下作业。国家海洋中心已开始与合作伙伴共同开发冰下滑翔机。目前这项工作尚处于早期阶段,但将为能力建设提供制度框架。

第十三节 远程水下自主航行器平台

一、基本海洋变量

水下航行器采集的基本海洋变量包括:硬珊瑚覆盖区域与成分、大型海藻藻华覆盖区域与成分、海洋表面应力、海冰、海表盐度、海表温度、次表层流、次表层盐度、次表层水温、表层海流。

二、当前能力建设

远程水下自主航行器可配备各种不同的传感器和辅助系统,以提高基础能力。新型航行器尚未完全纳入国家海洋设备库,但科学界可通过海洋自主机器人系统开发组的协作获取使用权,包括 3 x Autosub 远程 6000 型(ALR6000),额定水深 6 000 米系统;开发中的 3 x Autosub 远程 1500 型(ALR1500),额定水深 1 500 米系统,其电量是 ALR6000 系统的三倍。

三、科学界驱动因素

第一,提高系统电量。目前额定水深 6 000 米的系统缺乏足够电量完成其拟进行的作业应用。因为在相关应用情况下,传感器具有更高负载,并且需提升运行速度。

第二,改进船载控制系统。目前倾向于使用远程海洋自主系统的大型混合船队来进行大面积的数据收集。因此,需将 Autosub 远程系统与船队整合。

第三,休眠。在多种应用情况下需进行长期定期监视。无法通过单次 Autosub 远程系统任务完成这种长期定期监视,但可通过海底休眠继续执行相关任务。

第四,水样采集能力。根据海洋设施咨询委员会对《2019年国家海洋设施技术路线图》的反馈,强调了可通过自主水下航行器进行水样采集。

四、未来能力建设

第一,ALR1500。为提高电量,Oceanids ALR1500项目开发了额定浅水应用(1 500米)改进型ALR系统。与额定水深6 000米系统相比,ALR1500使用的是单中心压力航行器,它具有更大的浮力,因此,可以在航行器上安装更多的电池。ALR1500航行器将主要用于冰下作业,也可用于碳捕获和储存监测等其他领域。

第二,改进ALR控制系统。当前的ALR控制系统已根据具体应用项目进行了量身定制。因此需进一步开发控制系统,为未来的各种应用情况创建一套更通用的系统。为简化上述开发过程,ALR控制系统的开发将整合至高功率自主水下航行器的船载控制系统开发计划中,从而最大程度地发挥海洋自主机器人系统软件开发成果的作用。ALR船载控制系统开发还将包括前座/后座模型,使用户自定义算法能够应用于ALR航行器。

第三,冰下作业。理想状态是,ALR航行器能够在北极和南极冰层环境下运行,但目前几乎缺乏在此特殊环境下作业的相关能力。未来五年间,我们将以新型船载控制系统为基础,开拓ALR航行器的冰下作业能力,包括使用地形辅助航行技术穿越北极海盆。

第四,ALR航行器可充电电池组。目前ALR航行器均使用的是一次锂电池组,对于功率大且时间短的作业任务,成本极高。使用大容量的可充电锂电池组可使航行器以更具成本效益的方式,执行高功率且短时间的作业任务。未来,我们将为ALR航行器开发/采购合适的电池组。

第五,提高航行精度。将提高远程自主水下航行器在多个领域的航行精度,引入高精度姿态航向基准系统和开发新航行技术。

第六,模拟环境。海洋自主机器人系统将开发工具,在实际应用前,精确模拟ALR航行器任务,以帮助识别软件系统中的错误。

五、展望

第一,ALR航行器休眠功能。为提高ALR6000的续航能力并对特定区域进行定期监测,将开发可使ALR航行器在休眠期依旧保持航行精度的技术。

第二，自主水下航行器一般性能的改进。为满足进一步提高航行器电量的需求，还将加强航行器间的协作、增强航行器的自主性、开发全新的操作理念并进行特定应用的开发、开发和管理运行数据处理工具。

第三，ALR 航行器连接与充电。通过开拓与海底平台对接、下载航行器数据以及给电池充电的能力，可进一步提升 ALR 航行器的能力。为驻现场的自主水下航行器进行相同的能力建设，但随着 ALR 航行器航行范围的扩大，将提高系统的操作使用率。

六、2019/2020 年更新

第一，ALR 运行团队。建立 ALR 运行团队，将 ALR 系统纳入国家海洋设备库，并引导 ALR 运行向未来发展。

第二，商业运行。已成功签订第一份商业合约，第二份合约计划将于夏季完成签订。

第三，调试 ALR1500。ALR-4、ALR-5 和 ALR-6 已在尼斯湖和海洋环境中开展试运行作业。

第四，ALR1500 远程验证测试。ALR-4 计划将在 2020 年进行远程验证测试，测试范围计划超过 2 000 千米，以测试其耐久性和用于地形辅助航行的 4 000 米水深回声探测仪。

第五，传感器的整合。已成功完成了多个定制整合项目，显示了 ALR 和国家海洋中心开发和运行团队具备的全球领先特性。

第六，强化指挥控制系统和船载控制系统。随着 ALR 平台实际应用的增多，需进一步提高指挥控制系统和船载控制系统接口的可用性。

第十四节　低基础设施自主水下航行器平台

一、基本海洋变量

基本海洋变量包括：硬珊瑚覆盖区域与成分、大型海藻藻华覆盖区域与成分、海冰、海洋表面应力、海表盐度、海表温度、次表层流、次表层盐度、次表层水温、表层海流、氧气。

二、当前能力建设

Gavia 自主水下航行器。Gavia AUV Freya 属于较小的轻型系统，可在小船上操作，深度等级为 500 米，配备了 GeoSwath+声呐系统、摄像系统，并在 2019 年进行了升级，增加了一个浅地层剖面仪，以及带有一架 Seabird 公司的 GPCTD 型水下滑翔机和一个溶解氧传感器的科研区。

三、科学界驱动因素

第一，近海应用。目前国家海洋设备库船队主要以公海作业为目标。小型便携式平台可在监测近岸海洋保护区方面发挥作用。

第二，低基础设施航行器。全球挑战研究基金项目强调了与发展中国家合作需开发低成本和低基础设施需求的工具。

第三，用于降低测试风险的替代航行器。国家海洋设备库中的大型自主水下航行器的测试费用较高，因此，经常在科学活动现场对新功能进行测试。对于部分开发项目，通过成本较低的方式测试替代航行器，可降低项目开发的风险。

四、未来能力建设

第一，低成本平台。海洋自主机器人系统始终与海洋星球组织保持合作，以开发成本极低的 ecoSUB 系列自主水下航行器平台。第二，替代航行器。海洋自主机器人系统开发组已采购了一台 Sparus2 型自主水下航行器，用于测试避障性能。

五、展望

为加强国家海洋设备库，国家海洋设施计划根据资金情况，进一步开发小型后勤平台。

六、2019/2020 年更新

第一，低成本自主水下航行器技术项目。2019 年 7 月，创新英国提供资金支持了低成本自主水下航行器技术项目，10 艘 ecoSUBs 航行器部署在普利茅斯，用于展示航行器间的协作运行和定位，旨在建立长基线网络，

第十六章 英国《国家海洋设施2020/2021年技术路线图》

以提高上述低成本设备的航行精度和协调性。

第二，Gavia自主水下航行器在皇家"詹姆斯库克"号上的应用。Gavia自主水下航行器增加了一个全新的浅地层剖面仪模块，一个电池组以及配有温盐深仪和溶解氧传感器的科研区，用于进行JC180巡航。在本次巡航任务中，Gavia航行器表现良好。

第十五节 远程无人水面航行器

一、基本海洋变量

基本海洋变量包括：海况、海面高度、海表盐度、海表温度。

二、当前能力建设

第一，成熟平台：2 x 波浪滑翔机 SV3。第二，测试平台（不推荐科研应用）：1 x AutoNaut、1 x C-Enduro。

三、科学界驱动因素

第一，数据采集声学网关。无人水面航行器提供了一个理想平台，可作为从水下系泊系统和着陆器获取数据的声学网关。第二，声学网关和助航设备。无人水面航行器也可以作为远程水下航行器应用声学网关和助航设备的理想平台。第三，测量海气交换。测量海气交换对于了解海洋与大气如何相互作用具有重要意义。通过无人水面航行器可在海气交界面处直接监测海气交换的相关数据。

四、未来能力建设

第一，声学网关和助航设备（无人水面航行器）。无人水面航行器船队作为水下航行器的助航设备，通过声学方式，从海底固定式阵列中采集数据。为进行上述能力建设，海洋自主机器人系统已被纳入北大西洋气候系统综合研究试验，该试验将使用一台波浪滑翔机从RAPID项目阵列中收集声学数据，并纳入创新英国的水面/水下自主测量系统项目——通过将远程水面航行器与ALR进行连接，作为声学网关和助航设备。未来将继续发展上述技术，预计在数年内可交付科学界应用于常规作业。

第二，测量海气交换。无人水面航行器可直接监测海气交换。海洋自主机器人系统将与科学界合作，改进无人水面航行器，使其能够对海气交换进行测量。在空气和海面传感器上校准二氧化碳分压的项目将通过无人水面航行器测量海气中的二氧化碳分压，从而证明海气交换的真实发生。

五、展望

第一，开发 AutoNaut 无人水面航行器用于国家海洋设备库。AutoNaut 航行器的"行器"Naut 已被证明可靠性较低，虽可作为观测平台，但不适合长期科研。希望对该平台进行升级，解决现有的可靠性问题，并整合至指挥控制系统中，待完成升级后，可进一步对大型 AutoNaut 平台进行升级。第二，评审 C-Enduro 的应用情况。对 C-Enduro 用户案例进行评估，以掌握它在国家海洋设备库中的增值所在。

六、2019/2020 年更新

整合波浪滑翔机传感器。Oceanids 项目资助的碳酸盐化学自主传感器系统、AutoNuts 以及在空气和海面传感器上校准二氧化碳分压正被整合至波浪滑翔机中，并将在 2020 年进行测试。

第十六节 远程海洋自主系统平台指挥控制系统

一、当前能力建设

目前远程舰队的指挥控制系统由以下部分组成：ALR 控制接口（整合至统一的指挥控制基础设施中）；史洛坎滑翔机控制接口（整合至统一的指挥控制基础设施中）；海洋滑翔机控制接口（整合至统一的指挥控制基础设施中）；波浪滑翔机控制界面；海洋自主机器人系统入口；海洋自主机器人系统测试入口。

二、科学界驱动因素

第一，简化测试流程。当前的测试系统由各平台不同的用户界面组成,导致测试培训成本昂贵,且由不同航行器组成的船队难以协作运行。第二,半自动/自动测试航行器。为减少测试需求,应开发半自动测试系统,既可降低应用成本,还可优化数据收集。第三,降低数据处理成本。处理远程海洋自主系统平台收集的数据并转化至英国海洋数据中心将耗费大量的时间和资金,但通过自动化技术可以大幅减少这些消耗,节约成本。第四,提高应用的透明度和扩展性。目前科学界以及民众对于远程海洋自主系统船队的应用情况并不清楚,提高透明度将有助于推广和展示英国的科研行动。

三、未来能力建设

第一,统一的控制界面。将开发统一的控制界面,以简化混合船队的应用。控制界面应简单直观,但功能强大,使测试员能够创建复杂的任务计划。控制界面将以该区域已实施的投资为基础,并将整合至所有远程船队中。因此,在整个项目期间,系统将进行迭代升级。

第二,航行器数据的处理、管理和可用性。航行器产生的近实时数据需进行自动收集、处理、质量控制并应用于英国海洋数据中心或类似的管理设施。应尽量以近实时的方式完成该操作,以便为测试员提供数据,并可纳入预测模型中。将以标准格式存储数据,简化分配过程。收集的数据也可通过测试网站实时获取。

第三,自动测试基础设施。为减少任务所需的测试负荷,将建设自动测试基础设施,快速开发自动测试程序/综合第三方测试算法,以适用于各种航行器。

第四,科研数据融合。通过指挥控制系统的开发,将从远程海洋自主系统平台的近实时数据中生成数据产品。这些数据产品可与其他数据源相结合,既可以验证收集的数据,也可以指导平台优化收集的数据。

第五,工程数据融合。该工作将制定出自动船队健康监测和任务风险评估方法,以便更好地为测试员或自动船队控制员提供建议和意见。

第六,海洋自主系统控制室。将在国家海洋中心开发一座定制的海洋自主系统控制室,使利益攸关方可参与"超越地平线"的运行。

四、展望

第一,将指挥控制基础设施扩展至其他国家海洋设施。通过开发网站工具为航行器测试员提供实时数据,同时可供科学界广泛使用。我们将考虑在国家海洋设施的其他方面应用该功能,特别是在英国海洋数据中心使用网站前端和后端摄取系统。还可以将其应用于系泊系统和国家海洋中心调查船的近实时数据。第二,进一步开发指挥控制系统。我们计划在出现新需求时,进一步加强指挥控制系统。第三,与船载控制系统整合。将指挥控制系统基础设施与自主水下航行器船载控制系统更紧密地结合,从而提高远程船队的控制能力和自主性。第四,将海洋设施规划门户与指挥控制系统进行整合,允许在指挥控制系统中自动配置已编程活动、自动纳入英国海洋数据中心的校准表以及自主部署海洋设施规划门户中的自动报告。第五,开发生态系统应用程序。指挥控制系统设计能够在基础设施上创建生态系统应用程序,以最大程度地利用观测平台及其收集的数据。其中测试应用程序最为重要且广为人知,但还有一些应用程序正在准备中:元数据应用程序——英国海洋数据中心和船队管理者可通过该应用程序引入标准化数据输出集合所需的元数据;主要调查人员应用程序——该应用程序可使主要调查人员和参与活动(包括自主资产)的科学家进行任务规划并发送至测试组,允许主要调查人员跟踪任务进展,在同一系统下汇集不同信息,以便在应用期间做出知情决策;海洋自主机器人系统新门户——将在指挥控制系统基础设施上利用 Oceanids 项目期间应用的所有现代技术,开发海洋自主机器人系统新门户。

五、2019/2020 年更新

第一,Oceanids 测试工具。已向 beta 测试人员推送统一的 Oceanids 门户网站,用于测试史洛坎滑翔机、海洋滑翔机和自动水下远程航行器。目前已在尼斯湖的多次试航以及现阶段的滑翔机作业期间得以应用。第二,滑翔机近实时数据处理。海洋自主机器人系统的滑翔机采集的近实时数据,目前可自动整合至英国海洋数据中心,并以 EGO-NetCDF 格式输出。第三,Ellet 阵列演示。计划将于 2020 年开展一次演习,部署一架史洛坎滑翔机、一架深海滑翔机和一台自动水下远程航行器,同时在水下部署一架 OSNAP 海洋滑翔机。所有平台都将使用指挥控制系统进行测试,从而使来自苏格兰海洋科学协会和国家海洋设施的测试员可以使用同一系统进行测试。

第十六章 英国《国家海洋设施2020/2021年技术路线图》

第十七节 重 力 仪

一、当前能力建设

国家海洋设施船舶科学系统拥有两台 L&R 型重力仪：S084 Micro-G LaCoste 重力仪和 AT1M-12U 动态重力系统仪，对旧款 S 系列重力仪进行了改进升级，通过全力反馈系统控制横梁，将其锁定在传感器的读数线上，从而无需使用沉头螺钉或弹簧张力电机。另外还配有改进的平台稳定系统，旨在改善天气骤变和恶劣天气下的性能。

二、科学界驱动因素

第一，维护重力仪的可靠性和可用性。S084 的许多部件已无法获取支持或供货保障。

第二，AT 系列重力仪与 S 系列重力仪性能对比。已进行了两项试验，其中一项同时使用了国家海洋设施 S 系列重力仪和英国南极调查局 AT 系列重力仪。科研人员、技术人员和制造商对相关数据进行了检验。

第三，提供检查重力仪数据质量和验证系统性能的方法。国家海洋设施的船舶科学系统小组正在与海洋地球物理学界成员协商，研究简化重力数据以及纠正重力数据常见问题的方法，如交叉耦合和平台调平误差。

第四，研究将垂直约束加速度计型重力仪纳入国家海洋设备库。已与科研人员和洛克希德马丁公司展开初步协商，研究采购 BGM 系列重力仪的可行性。不幸的是，该系列产品已不再生产，大家正在探索其他可行途径。

三、未来能力建设

第一，将 S084 升级为 AT 系列重力仪，或使用新型控制模块替代老旧部件。第二，根据研究结果，为国家海洋设备库采购一台 BGM 系列重力仪。第三，提供船载设备监测重力仪性能，并纠正因平台或天气问题导致的"不良"数据问题。

四、展望

与海洋地球物理学界合作，运行并维护技术最先进的海洋重力仪。

第十八节 磁 力 仪

一、当前能力建设

国家海洋设施船舶科学系统负责运行：3 架 SeaSPY1 磁力仪（老款）和 1 架 SeaSPY2 磁力仪（新款）。

二、科学界驱动因素

第一，升级并获取冗余，从而确保其可靠性和可用性。两款磁力仪的部件无法兼容，增加了调配两种磁力仪的难度。新型 SeaSPY 磁力仪重量更轻，更易于在甲板上操作，并且具有更出色的绝对精度。第二，提供检查磁力仪数据质量和验证系统性能的方法。

三、未来能力建设

第一，2021/2022 年的目标是采购新型 SeaSPY3 磁力仪（可与 SeaSPY2 设备兼容），为我们提供两种可通用调配的设备。第二，2022/2023 年（或在可行情况下提前完成）的目标是将剩余两台 SeaSPY1 磁力仪替换为 SeaSPY3 磁力仪。

四、展望

通过与低分辨率参考磁场进行比较，开发或获取检查磁力仪数据质量的方法。

五、2019/2020 年更新

第一，由于需满足其他承诺，另一台 SeaSPY2 磁力仪的采购计划推迟至 2021/2022 年。第二，在 Techsas 试验系统中加入了一个模块，用以收集 SeaSPY 数据，并将其与船载数据采集系统整合。第三，在网络通用数据格式（NetCDF）数据产品中加入磁力仪数据，使海洋地球物理学界的合作伙伴能够为数据集开发质量检查工具。

第十九节 船用水声套件和水文软件

一、基本海洋变量

基本海洋变量包括：鱼类丰度和分布、次表层流、表层流。

二、当前能力建设

国家海洋设施船舶科学系统在船舶上设有船用水声套件，包括：Sonardyne Ranger2 USBL 水下定位系统、Kongsberg EM122 深水多波束、Kongsberg EM710 多波束、Kongsberg EA640 单波束、Kongsberg SBP120 浅地层剖面仪、Kongsberg EK60 鱼类回声测深仪、Kongsberg SIS、Teledyne CARIS、Teledyne RDI OS75 声学多普勒海流剖面仪、VMDAS ADCP 软件、Teledyne RDI OS150 声学多普勒流速剖面仪、UHDAS+CODAS 声学多普勒海流剖面仪软件等。

三、科学界驱动因素

第一，通过升级旧系统为回声探测仪功能提供支持。Kongsberg SBP120 的升级支持接近尾声，预计 2021 年停止使用。EK60 已停止升级，因此无可更换的替代传感器。

第二，研究皇家"发现"号声学多普勒海流剖面仪的性能。皇家"发现"号的深度穿透比预期低了约 50%，且背景噪声更大，已明确部分潜在原因，并将在 2020 年上半年进行测试，从而在 2020 年中期调整时进行整改。

第三，维修皇家"发现"号的 EK60 系统。2019 年，皇家"发现"号上的 18 千赫和 38 千赫传感器被检查出故障，由于 EK60 系统无可替换的传感器，因此需将 EK60 升级到 EK80，以恢复系统的全频率范围。

第四，准备另一台 EK60/80 校准控制箱。当前使用的校准控制箱过于老旧导致无备件可用。

第五，自动处理多波束数据，减少后续处理的工作量。强化对大洋地势图海床 2030 计划做出的贡献，需建立自动化系统，对多波束数据进行标准化的一次通过处理。

第六，最大限度地为大洋地势图海床 2030 计划提供收集的多波束数据。为强化对大洋地势图海床 2030 计划做出的贡献，我们需获取资源来收集各程序化科研巡航和航段的多波束数据。

四、未来能力建设

第一，Kongsberg SBP27。计划于 2020/2021 年，在两艘调查船进行中期调整时，将 SBP120 升级为 SBP27，包括更换顶部放大器和处理装置，然后在完成中期调整后在深水区进行调试，必须在通过调试后方可完成升级。

第二，Kongsberg EK80。计划于 2020/2021 年中期调整时，将皇家"发现"号上的 SIMRAD EK60 升级为 EK80，包括在 2020 年更换顶部放大器以及故障传感器，并于 2021 年完成对剩余传感器的更换。皇家"詹姆斯库克"号上的 EK60 也将从 2021 年开始更换。

第三，自动化处理数据包。计划 2020/2021 年开始测试多波束数据的自动处理过程。

第四，EK80 校准控制箱。计划 2020/2021 年开始测试正在内部构建的新型控制箱。

五、展望

第一，与厂家合作，管理老旧船用水声套件的升级，测试新技术。第二，与科学界合作，探索如何调整我们的能力建设，以最好地满足科研的需求。

第二十节 海洋和大气监测

一、基本海洋变量

基本海洋变量包括：海洋表面热通量、海况、海表盐度、海表温度。

二、当前能力建设

国家海洋设施船舶科学系统负责运行每艘调查船上的海洋和大气监测

站并提供支持。可测量浪高和浪向、风速、风向、空气温度、湿度、太阳辐射、气压、盐度、传导性、水温、流速、海水荧光性以及海水透过率。通过近实时处理系统，自动将测量数据定期传输至英国海洋数据中心，为近实时连续海洋监测提供支持。另一套自动处理系统将收集近期的温盐深投射数据，汇总并传输至英国气象局，与预测模型进行整合。

三、科学界驱动因素

第一，加强基本海洋变量的数据采集。为确保英国海洋数据中心稳步发展，将开发并实施基本海洋变量近实时监测的更新，以简化数据采集渠道以及元数据的整合。旨在能够轻松地调整海洋和大气监测，使用新型传感器收集所有重要的海洋变量。第二，为海洋碳吸收研究提供支持。海洋约占人为碳净吸收量的25%，因此，持续获取表层二氧化碳水平数据，对于监测和预测未来的碳吸收量至关重要。第三，提高海浪雷达数据采集的有效性。在缺乏参考数据集的情况下，船用海浪雷达无法准确测量浪高，从而降低了相关数据集的可用性。

四、未来能力建设

第一，为海浪雷达提供参考数据集。计划于2020年在船首安装浪高传感器，为海浪雷达提供参考数据集。第二，改进海洋和大气数据采集套件。旨在开发并应用独立的系统控制与数据采集海洋和大气监测站——具有综合数据库和配置界面，采用Influx、noded和Python等最新web技术。第三，与调查船的数据采集系统、元数据管理器和近实时传输模块相连，为测量海洋基本海洋变量提供一个可扩展且可靠的渠道。

五、展望

第一，与英国海洋数据中心和指挥控制系统开发人员合作，开发与英国海洋数据中心数据接收服务整合的应用程序。第二，将两艘调查船的二氧化碳分压系统，通过自动数据处理，与综合碳观测系统–海洋主题中心以及《表面海洋二氧化碳地图集》进行整合，可根据要求收集数据或在航行中连续收集。正在评审当前的普利茅斯海洋实验室Dartcom系统的重新调试过程，确保在成本和时间上高效完成上述能力建设，以期在未来对两个系统进行升级。

第二十一节 船载数据采集系统

一、当前能力建设

国家海洋设施船舶科学系统可支持一个采集网络，该网络从我们的传感器套件中收集串行数据报协议和用户数据报协议信息，以供技术传感器采集系统和国家海洋设施调查船数据采集系统进行采集。通过采集系统可采集位置、姿态、航向、海洋、大气、深度、重力、海浪雷达和船舶超短基线定位等信息。

二、科学界驱动因素

提高船载数据采集的严谨性，增加对用于监测和船上科研工作的近实时数据产品的可访问性。采集系统的发展分为收集、评估、组织和传播等领域。

收集——数据产品对广大终端用户的重要性日益增长，需采取措施，通过冗余存储和并行采集网络消除单点故障，确保数据安全。

评估——近实时数据的传输和共享需求日益增长，要求将质量检查扩展到包含自动化工程设计质量检查，这样就可以对未通过基本完整性检查的数据进行处理和标记。此外，在与科学界合作的过程中，需整合专业质量检查流程，以便根据参考数据集评估采集到的数据。

组织——为向船上和岸上的广大消费者传输有效数据，需将数据存储组织到数据库中，并在创建数据产品时应用元数据。

传播——使用户可访问数据以及对结构化数据和元数据进行处理，需为数据库开发合适的接口。此类接口能够开发模块化"后处理器"，以查询数据库并生成特定的数据产品。

三、未来能力建设

旨在建立一个综合模块化接口驱动系统，可扩展地采集和收集事件和其他元数据、插入质量检查程序、存储结构化数据以及将数据产品可扩展

第十六章　英国《国家海洋设施2020/2021年技术路线图》

地传播至广大消费者。

2020—2021年目标：一是继续与英国南极调查局合作开发事件记录器，最终将采用英国海洋数据中心词汇表、自由形式输入和预配置事件类型来记录科考期间的上下文信息；二是为国家海洋设施调查船数据采集系统提供元数据模块，通过有效的方式配置、存储和传播与船舶传感器相关的信息；三是为国家海洋设施调查船数据采集系统提供 NetCDF 模块，以扩展国家海洋设施调查船数据采集系统可生成的数据产品类型，并允许自定义数据输出；四是继续改进已实施的国家海洋设施调查船数据采集系统原始数据采集模块、数据获取模块、数据存储模块、数据查询和可视化模块。

四、展望

第一，与英国海洋数据中心和英国南极调查局开展合作，确保发展方向符合数据中心和科研利益攸关方的需求。第二，与英国海洋数据中心合作开发数据获取服务整合的应用程序。第三，与海洋自主机器人系统合作，在国家海洋中心/海洋自主机器人系统门户网站上访问船舶数据快照。

第二十二节　绞　　车

绞车在各种科考和学科研究中一直用于部署和回收国家海洋设备库设备，是确保科学研究成果交付的关键条件。为满足不同国家海洋设备库设备和用户设备的各种要求，国家海洋设施的两艘调查船上配有多套便携式绞车以及一套船用绞车。

一、船用绞车

（一）当前能力建设

两艘调查船按标准配有表16.1所列出的绞车。

表16.1　船用绞车的具体情况

绞车	最大运行荷载	标称长度	用途	主动升降补偿
温盐深仪	3.36吨	8 000米	温盐深仪 SVP	皇家"詹姆斯库克"号、皇家"发现"号

续表

绞车	最大运行荷载	标称长度	用途	主动升降补偿
深拖绞车	7.62 吨	10 000 米	HyBIS/MPUS 二次温盐深仪	皇家"发现"号
拖网	5.20 吨	15 000 米	拖网疏浚	不适用
GP（堆芯）绞车	7.42 吨	7 000 米	取芯	不适用
等离子体（深水堆芯）	30.0 吨	8 000 米	深水取芯	不适用

（二）未来能力建设

第一，在 2021 年中期调整期间，将为皇家"詹姆斯库克"号上的深拖绞车安装主动升降补偿装置。第二，审查温盐深仪和深拖绞车未来的电缆规范要求。第三，审查等离子体（深水取芯）绞车索规范，并在 2020 年中期调整期间，继续在两艘调查船上进行调试，以改进已发现的滚动问题。

（三）展望

通过深拖绞车测试 Isis 遥控水下航行器的应用。

（四）2019/2020 年更新

将在完成中期调整后的测试阶段，对两艘调查船进行绞车测试。主动升降补偿系统已完全投入使用，并成功完成超过 4 000 米的深度测试。根据试验结果，所有主动升降补偿系统均可使用。

二、便携式绞车

（一）当前能力建设

国家海洋设备库中包括如下多种便携式绞车：1~5 吨通用绞车、系泊部署绞车、无金属便携式绞车（电动式和光电式）、拖曳航行器和地震作业专用绞车。

（二）科学界驱动因素

第一，通过对国家海洋设备库中便携式绞车的评审，表明对绞车索输出长度和张力反馈功能具有一致性要求。第二，船队主要采用通用绞车，更易于互换和维护，可最大程度提升在海上的灵活性。

(三) 未来能力建设

第一，将于2020年采购计数滑轮，为国家海洋设备库中的所有绞车提供绞车索输出长度读取能力。第二，2018/2019财年采购的绞车未能在2019年国家海洋设备库测试中通过海上验收试验。在原始设备制造商完成整改后，计划于2020年国家海洋设备库测试中再次进行海上验收试验。第三，当前船队中，仅Romica 5T GP绞车具有绞车索输出长度和张力反馈功能，因此，该绞车需求量较大。已订购第二台具有相同功能的小型绞车，将于2020年交付。

(四) 展望

随着船队绞车使用寿命的结束，将使用具有绞车索输出长度和张力反馈功能的绞车来替代。在可行情况下，将对供应商的部件和技术相似性进行标准化规定。

第二十三节 附属设备设施

一、校准实验室

(一) 当前能力建设

国家海洋设施目前拥有一套定制的海洋仪器校准设施，可追溯至国家标准，对内外部客户开放，并可以进行高质量的温度、传导性、盐度和压力校准。国家海洋设施力求最大程度使用国家海洋中心的校准实验室，并在设施的资源能力范围内，减少国家海洋设施以外的分包设备校准量。

(二) 科学界驱动因素

第一，任何科研的完整性都是以测量的准确性为基础。校准工作将消耗大量的资金和时间。通过内部设施，可为科研人员和技术团体提供具有竞争力的快速服务。第二，在研制过程中协助测试传感器。第三，建立 pH 值、营养和氧传感器的校准能力。

(三) 未来能力建设

第一，为所有传感器开发滑翔机校准设备，包括 Seabird 911+。第二，我们的目标是在 2020 年全面通过 ISO 9001 认证。

(四) 展望

扩展可提供的校准服务，包括营养传感器的校准。

二、集装箱实验室

(一) 当前能力建设

集装箱实验室可作为两艘调查船实验室的补充。国家海洋设备库目前拥有以下集装箱实验室：3 间超净/清洁化学集装箱实验室；2 间放射性核素集装箱实验室；1 间恒温集装箱实验室；2 个冷藏集装箱。

(二) 科学界驱动因素

集装箱实验室对于在环境控制和清洁化学条件下进行分析至关重要。集装箱实验室可作为船舶实验室设施和空间的补充，是在挑战性环境中进行科研的有效方法。此外，还可降低在对船舶采集样本进行处理、分析和储存的过程中发生污染的风险。这是进行微量金属分析的基础，也是微塑料和纳米塑料污染等新兴科研领域的基础。为了模拟海洋变暖和海洋酸化等未来全球变化情景，更严格的环境控制条件对于进行多应力培养实验至关重要。

(三) 未来能力建设

作为五年升级计划的组成部分，国家海洋设施每年将采购一台全新的清洁化学集装箱实验室，以便在当前使用的集装箱实验室结束使用寿命时替换。替换新的实验室容器后，旧的清洁化学实验室将作为放射性核素实验室或通用集装箱实验室。

第十七章 俄罗斯联邦北极国家基本政策

2020年3月5日,俄罗斯联邦总统普京签署第164号总统令,批准《2035年前俄罗斯联邦北极国家基本政策》,该政策在明确俄罗斯联邦北极国家利益、分析国家北极安全风险与挑战的同时,确立了未来15年俄罗斯联邦北极政策的目标、主要方向和任务以及实施机制等。

第一节 俄罗斯联邦总统令

根据2014年6月28日签署的第172-Ф3号《俄罗斯联邦战略规划法》第17条做出以下决议。

1. 批准以下所附《2035年前俄罗斯联邦北极国家基本政策》。

2. 对2014年5月2日签署的第296号《俄罗斯联邦北极地区陆地领土》俄罗斯联邦总统令(2014年第18号俄罗斯联邦法规第2136条,2017年第27号俄罗斯联邦法规第4021条,2019年第20号俄罗斯联邦法规第2424条汇编)进行修订。

3. 为保障俄罗斯联邦在北极的国家利益特此决议。

4. 本令自签署之日起生效。

俄罗斯联邦总统
弗拉基米尔·普京
莫斯科克里姆林宫
2020年3月5日
第164号

第二节 总 则

1. 本政策系保障俄罗斯联邦国家安全的战略规划性文件,其目的在于维护俄罗斯联邦在北极的国家利益。文件对俄罗斯北极国家政策的目标、主要方向和任务、实施机制进行了规定。

2. 俄罗斯联邦宪法、2014年6月28日签署的第172-Ф3号法案《俄罗斯联邦战略规划法》、《俄罗斯联邦国家安全战略》、《俄罗斯联邦对外政策构想》、《2025年前俄罗斯联邦地区发展国家基本政策》、2018年5月7日第204号总统令《2024年前俄罗斯联邦发展国家目标和战略任务》构成了本文件的规范性法律原则。

3. 本政策适用于以下区域：

（a）北极–地球北极的区域，包括欧亚的北部边缘和美洲北部（除拉布拉多半岛中部和南部）、格陵兰岛（除岛屿南部）、北冰洋诸海（除挪威海东部和南部）及岛屿、大西洋和太平洋的接邻部分；

（b）俄罗斯联邦北极地区，由2014年5月2日第296号总统令《俄罗斯联邦北极地区陆地领土》所确定的陆地领土，以及与该领土相接邻的俄罗斯联邦内水、领海、专属经济区和大陆架构成。

4. 俄罗斯联邦北极国家政策的实施将结合俄罗斯联邦的国家首要任务开展。

5. 俄罗斯联邦北极主要国家利益包括：

（a）保卫俄罗斯联邦的主权及领土完整；

（b）维护北极的和平、稳定和互利伙伴关系；

（c）保障俄罗斯联邦北极地区人民的生活质量及福利；

（d）将俄罗斯联邦北极地区发展成为战略资源基地，实现对北极地区的合理利用，以加快俄罗斯联邦的经济发展；

（e）发展北方海航道使其成为具有世界竞争力的俄罗斯联邦国家交通运输通道；

（f）保护北极环境、俄罗斯联邦北极地区土著少数民族的世居地和传统生活方式。

第三节 俄罗斯联邦北极国家安全状况评估

6.《2020年前俄罗斯联邦北极国家基本政策》的实施为以下方面提供了保障：

（a）建立维护俄罗斯联邦北极国家利益的规范性法律基础及必要的组

织条件；

（b）为在俄罗斯联邦北极地区实施大型经济项目创造条件；

（c）启动北方海航道综合基础设施建设，创建沿北方海航道航行的水文气象、水文地理及通航保障系统，对破冰船队进行现代化改造；

（d）拓宽针对俄罗斯联邦北极地区自然资源利用及环境保护的专门制度规范的运用范围；

（e）积极推动俄罗斯联邦同其他北极国家在国际法框架内的互利合作；

（f）建立俄罗斯联邦武装部队北极地区通用部队集群，以在各种军事政治条件下保障北极地区军事安全；

（g）在俄罗斯联邦北极地区建立积极运作的联邦安全局海岸警卫队体系。

7. 俄罗斯联邦国家安全在北极地区的主要威胁为：

（a）俄罗斯联邦北极地区人口数量逐渐减少；

（b）俄罗斯联邦北极地区陆地领土内（包括土著少数民族的传统聚居地）社会、交通及信息通信基础设施发展水平低下；

（c）对俄罗斯联邦北极地区潜在矿物资源中心的地质研究进展缓慢；

（d）在俄罗斯联邦北极地区实施经济项目时缺乏能够降低费用和保障安全的国家支持体系；

（e）北方海航道基础设施建设，破冰船、事故紧急救援及辅助舰船的建造任务未按期限完成；

（f）适合在北极自然气候条件下进行工作的航空技术研发及陆上交通设施建造工作进展缓慢，北极开发所必需的国内技术发展进程缓慢；

（g）俄罗斯联邦北极地区环境监测系统对生态挑战应对能力不足。

8. 保障俄罗斯联邦北极地区国家安全的主要挑战为：

（a）一些国家企图重新修订规范北极经济和其他活动的国际条约基础条款，无视据原有国际条约及地区合作平台而建立的北极国家法律规范体系；

（b）依据国际法律而进行的北极海洋划界工作尚未完成；

（c）外国和（或）国际组织阻碍俄罗斯联邦在北极进行合法的经济和其他活动；

（d）外国逐渐增大在北极的军事存在，地区潜在冲突增加；

(e)俄罗斯联邦在北极活动的威信受损。

第四节 俄罗斯联邦北极国家政策的目标、主要方向及任务

9. 俄罗斯联邦北极国家政策的目标为：

(a)提高俄罗斯联邦北极地区居民(包括土著少数民族)的生活质量；

(b)加快俄罗斯联邦北极地区经济发展，提升北极地区对国家经济增长的贡献率；

(c)保护北极环境，保护土著少数民族的世居地和传统生活方式；

(d)开展互利合作，在国际法基础上和平解决北极争端；

(e)维护俄罗斯联邦在北极包括经济利益在内的国家利益。

10. 俄罗斯联邦北极国家政策实施的主要方向为：

(a)发展俄罗斯联邦北极地区基础设施，实现地区的社会经济发展；

(b)发展北极开发所需的科学和技术；

(c)保护北极环境并保障地区生态安全；

(d)发展国际合作；

(e)保护俄罗斯联邦北极地区人口及领土免遭自然和技术性紧急情况的灾害；

(f)保障俄罗斯联邦北极地区的社会安全；

(g)保障俄罗斯联邦北极地区的军事安全；

(h)保卫俄罗斯联邦的国家边界。

11. 俄罗斯联邦北极地区社会发展领域的主要任务为：

(a)保障俄罗斯联邦北极偏远地区、土著少数民族世居地及传统活动地居民点的基本医疗卫生救助，优质的学前、初等普通、基础普通、中等职业及高等教育，文化和体育事业服务；

(b)为北极地区公民提供完善优质的住房保障，提高市政住房服务质量，优化土著少数民族游牧和半游牧人口的居住条件；

(c)加快俄罗斯联邦北极地区负责保障国家安全和(或)发展矿物资源基地、实施经济和(或)基础设施项目的机构和组织所在的居民点的社会基础设施发展；

(d)建立向俄罗斯联邦北极偏远地区居民点运输燃料、粮食及其他生活必需品的国家支持体系,保障上述商品价格对当地公民和经济主体可接受;

(e)保障跨地区和地区内航空干线以可接受的价格开展全年运输;

(f)确保国家履行其为从极北部地区迁出的居民提供住房补贴的义务;

(g)宣传健康的生活方式,保持公民的在岗健康状况。

12. 俄罗斯联邦北极地区经济发展领域的主要任务为:

(a)对地区内包括中小型企业在内的企业活动给予国家支持,为私人投资和保障投资经济效益创造具有吸引力的条件;

(b)在国家监督下,扩大私人投资者对北极大陆架投资项目实施的参与度,为与北方海航道物流相关的矿物资源中心装备基础设施;

(c)依靠国家和私人投资,加大碳氢化合物原料和固体矿物产地开发的地质勘探工作量,刺激开发难以提取的碳氢化合物原料储备,提高石油和天然气的提炼率,生产液化天然气和天然气化学产品;

(d)为提高水生生物资源开发效率创造条件,刺激具有高附加值的鱼类产品生产,发展水产养殖;

(e)加快森林恢复,刺激林业基础设施和林业资源深加工发展;

(f)刺激地区农业原料和粮食生产;

(g)发展水上、民族、生态和工业旅游;

(h)对北极地区传统经营领域以及有助于保障土著少数民族人口就业和自谋职业的渔猎及民族手艺予以保护和发展;

(i)确保北极地区土著少数民族人口对开展传统生活方式和进行传统经济活动所必需的自然资源的使用权。

(j)发展北极地区土著少数民族人口及其全权代表参与在土著少数民族世居地和传统生产活动地区开展工业活动问题决议的机制;

(k)根据对高技能人才需求的预测,引入俄罗斯联邦北极地区中等职业教育和高等教育体系;

(l)对于准备迁入俄罗斯联邦北极地区从事劳动活动的经济活跃人口给予国家支持。

13. 俄罗斯联邦北极地区基础设施发展领域的主要任务为:

(a)组建保障沿北方海航道及其他海上运输通道全年不间断安全且经

济有效航行所必需的破冰船队、紧急事故救援及辅助舰船；

(b)建立俄罗斯联邦北极地区船只密集活动区航行安全和交通管控系统，实施系统的水文气象、通航和水文地理保障措施；

(c)建立有效的北方海航道和其他海上运输通道内石油及石油产品泄漏事故后清除(最小化)和事故预防体系；

(d)在北方海航道及其他海上运输通道内建设海上港口并对已有港口进行现代化改造；

(e)提高俄罗斯联邦北极地区河流的通航能力，开展疏浚工作，装备港口；

(f)建设铁路干线，保障俄罗斯欧洲和亚洲地区产品沿北方海航道的输出；

(g)扩大航空港和着陆场网；

(h)保障未与北极地区公路网络相连的居民点的出行交通；

(i)发展北极常设宇宙综合监测系统与装备，摆脱对国外信息保障技术和设备的依赖；

(j)完善能给予俄罗斯联邦北极地区人口和经济主体以通信服务的信息通信基础设施，铺设沿北方海航道的水下光纤通信线路；

(k)发展能源供应体系，更多使用可再生能源、液化天然气和当地燃料。

14. 发展北极地区开发所需的科学和技术领域的主要任务为：

(a)加强科学技术发展优先方向的基础研究和应用研究以及北极综合考察研究活动；

(b)研发并应用对北极开发、国防和社会安全保障具有极重要意义的技术，研发适用于北极自然气候条件的材料和技术；

(c)加强对北极地区危险的自然和自然-技术现象的研究活动，研发并应用在变化的气候条件下对以上现象进行预报的现代技术和手段以及能够降低以上现象对人类生命活动所构成威胁的技术和手段；

(d)研发并应用有效的工程技术方法，防止全球气候变化所导致的基础设施损坏；

(e)研究并发展北极自然气候条件下居民的健康保养和寿命延长技术；

(f)发展俄罗斯联邦科学研究船队。

15. 俄罗斯联邦北极地区环境保护和生态安全保障领域的主要任务为：

（a）科学地发展北极地区受特殊保护的自然领土和水域，以保障生态系统稳定并使其适应气候变化；

（b）维护北极的动植物资源，保护稀有和濒危的动植物及其他有机体；

（c）持续消除对北极环境的累积危害；

（d）完善对北极环境的监测系统，运用现代信息通信技术及通信系统，实现卫星、海上和冰上平台、科研船及观测台的测量活动；

（e）运用先进可行的技术，保障经济和其他活动过程中大气、水体污染物排放最小化，降低对环境的不利影响；

（f）保障包括土著少数民族世居地和其传统生产活动地在内的北极地区自然资源的合理利用；

（g）发展各类危险等级废物处理的综合系统，打造现代环保的垃圾处理综合体；

（h）采取系统措施，清除俄罗斯联邦北极地区的毒性物质、传染性疾病病原体及放射性物质。

16. 俄罗斯联邦北极地区发展国际合作的主要任务为：

（a）在双边基础上及多边地区合作平台框架内（包括北极理事会、北冰洋沿岸五国、巴伦支海欧洲－北极理事会）巩固同北极国家的睦邻友好关系，扩大经济、科技、文化和边境等领域的合作，加强全球气候变化研究、环境保护、依照高生态标准有效开发北极自然资源等领域的协作；

（b）加强北极理事会框架内协调北极国际合作的关键性区域组织的作用；

（c）在同挪威及《斯匹次卑尔根群岛条约》其余签订国进行平等互惠合作的条件下，保障俄罗斯在斯匹次卑尔根群岛的力量存在；

（d）遵守国际法准则及相关协定，维护俄罗斯联邦的国家利益，保障俄罗斯联邦同北极国家在北冰洋大陆架划界问题上的协作；

（e）敦促北极国家加强力量，建设统一的北极地区搜救、技术性灾难预防、灾难影响清除系统并协调救援力量；

（f）广泛吸引北极及北极域外国家参与俄罗斯联邦北极地区的互利经济合作；

(g)推动俄罗斯联邦北极地区土著少数民族同生活在俄罗斯联邦域外的同源民族开展边境合作、文化和经济交流，依据俄罗斯联邦参与和承认的国际条约，促进俄罗斯联邦北极地区土著少数民族参与跨国交流框架下的民族文化发展问题国际合作；

(h)向国际社会公布俄罗斯联邦在北极地区的行动结果。

17. 保障俄罗斯联邦北极地区人口及领土免遭自然灾害和技术性紧急情况的灾害领域的主要任务为：

(a)在保障俄罗斯联邦北极地区人口及领土免遭自然和技术性紧急情况引发的事故灾害、保障北极地区消防及水上设施安全时，提供科学技术、法律法规及方法上的指导与服务；

(b)发展北极综合事故救援中心和消防救援部门，以清除北极地区水上、陆地区域的事故及紧急突发情况，完善其结构、物质技术保障及基础设施，结合北极地区当前任务，为其配备新技术装备；

(c)为实施保障俄罗斯联邦北极地区人口及领土免遭自然和技术性紧急情况灾害的措施提供航空保障。

18. 保障俄罗斯联邦北极地区社会安全领域的主要任务为：

(a)结合保障社会安全的需要，简化俄罗斯联邦北极地区内政部门及国民近卫军的结构，缩减其人员数量，建立和更新相应的基础设施，并保障住房建设；

(b)提高俄罗斯联邦北极地区公民维护社会秩序的积极性，动员他们自愿参与维护社会秩序的活动，加大社会护法联盟活动，尤其是在法律秩序匮乏的偏远地区；

(c)制定措施，防范和杜绝侵占为俄罗斯联邦北极地区发展而划拨预算资产的犯罪行为；

(d)降低俄罗斯联邦北极地区道路交通事故数量，减轻事故后果的影响。

19. 保障俄罗斯联邦北极地区军事安全领域的主要任务为：

(a)采取系统措施，防止针对俄罗斯联邦的军事力量的动用，保卫俄罗斯联邦的主权和领土完整；

(b)提高俄罗斯联邦武装力量在北极地区的作战能力，保持其作战潜能，以击退针对俄罗斯联邦及其盟国的侵略；

(c)完善对俄罗斯联邦北极地区空中、水上和水下情况的综合监控体系；

(d)建立并更新俄罗斯联邦北极地区军事基础设施，保障俄罗斯联邦武装力量在北极地区的活动。

20. 保卫俄罗斯联邦国家边界的主要任务为：

(a)发展能够保障对海洋及海岸情况进行监测、对监测情况进行分析并制定协同解决方案的信息技术，提高对边防活动的国家管控质量；

(b)发展同外国边防部门(海岸警卫队)的合作；

(c)完善边防基础设施，在投资项目实施期限内装备俄罗斯联邦国家边境口岸；

(d)为边防部门更新技术设备，建造具有航空综合体的现代化冰级船队，并更新飞机机队；

(e)提高俄罗斯联邦空中侦察和监控的联邦系统的能力；

(f)完成俄罗斯联邦领海及俄罗斯联邦北极专属经济区宽度测算基线系统的更新工作。

21. 本政策中所规定的任务由俄罗斯国家权力机关、地方自治机关、各主体及民间团体依据相关俄罗斯联邦国家法律及俄罗斯联邦参与和承认的国际条约协同完成。

第五节　俄罗斯联邦北极国家政策的主要实施机制

22. 俄罗斯联邦北极国家政策的主要实施机制为：

(a)出台协调俄罗斯联邦北极地区经济活动和其他活动的法律规范条款；

(b)完善对俄罗斯联邦北极地区发展的国家管控；

(c)制定并实施《2035年前俄罗斯联邦北极地区发展和国家安全保障战略》及《俄罗斯联邦北极旅游发展战略》；

(d)使在联邦主体一级的目标定向、预测及规划框架内制定的战略规划文件、行业战略规划文件和市政构成与本政策相符；

(e)建立统一的数据和信息分析系统，以实现对俄罗斯联邦北极地区社会经济发展的监管。

23. 俄罗斯联邦总统负责总领俄罗斯联邦北极国家政策的实施。

24. 俄罗斯联邦北极发展问题国家委员会负责协调各联邦执法机关和各联邦主体国家权力机关在实施俄罗斯联邦北极国家政策过程中的活动，并对政策的实施进行监督。

25. 本政策的实施依靠俄罗斯联邦预算体系的预算资金、为实施俄罗斯联邦北极地区社会经济发展国家计划而划拨的资金及预算外资金。

第六节　俄罗斯联邦北极国家政策实施效能主要指标

26. 俄罗斯联邦北极国家政策实施效能的主要指标为：

（a）俄罗斯联邦北极地区人口的预期寿命；

（b）俄罗斯联邦北极地区移民人口增长率；

（c）依据国际劳工组织的方法所统计的俄罗斯联邦北极地区失业率水平；

（d）俄罗斯联邦北极地区新开设企业的工作岗位数量；

（e）在俄罗斯联邦北极地区进行经营活动的单位人员平均薪酬；

（f）俄罗斯联邦北极地区内拥有互联网宽带连接的家庭比重；

（g）俄罗斯联邦北极地区所生产的地区产品总量在俄罗斯联邦各主体所生产的地区产品总量中所占的份额；

（h）高技术和技术密集型产业附加值在俄罗斯联邦北极地区总产值中所占的份额；

（i）俄罗斯联邦北极地区固定资产投资在俄罗斯联邦总固定资产投资中所占的份额；

（j）俄罗斯联邦北极地区用于科学研究的内部开支及各单位进行技术创新的费用在俄罗斯联邦科学研究内部开支和各单位技术创新总费用中所占的份额；

（k）为保护和合理利用自然资源而进行的固定资产投资在俄罗斯联邦北极地区总固定资产投资中所占的份额；

（l）在俄罗斯联邦北极地区所开采的原油（包括凝析油）和天然气在俄

罗斯联邦开采的原油(包括凝析油)和天然气总量中所占的比重;

(m)俄罗斯联邦北极地区液化天然气的生产量;

(n)北方海航道水域的货物运输(含过境运输)量;

(o)现代化式样武器、军事及特种技术设备在俄罗斯联邦北极地区的武器、军事及特种技术设备中所占比例。

27. 第26项中所列各项指标的意义将在《2035年前俄罗斯联邦北极地区发展和国家安全保障战略》中确定。

28. 俄罗斯联邦北极国家政策的实施将保障:

(a)俄罗斯联邦北极地区的稳定发展;

(b)俄罗斯联邦北极地区居民(包括土著少数民族)的生活质量和收入增长速度领先全国;

(c)俄罗斯联邦北极地区产品生产总量增长,并创造新的劳动岗位;

(d)沿北方海航道的国内和国际货物运输总量增加;

(e)保护北极环境,维护土著少数民族的世居地和传统生活方式;

(f)实现同北极国家致力于维护北极和平、稳定和互利伙伴关系方面的高水平合作;

(g)禁止北极地区内一切针对俄罗斯联邦的军事行动。

第十八章 挪威《基于生态系统的海洋综合管理——海洋经济可持续发展框架》

2020年3月,挪威世界自然基金会发布了《基于生态系统的海洋综合管理——海洋经济可持续发展框架》报告(以下简称《框架》)。《框架》对海洋发展的现状及未来发展趋势进行了总结,并结合可持续发展目标进行了相关评估,提出了一个系统性的海洋综合管理框架,为发展海洋经济提供了战略管理框架,以指导海洋经济的健康发展。

第一节 全球海洋环境状况

一、全球海洋环境状况

海洋是地球上最大的生态系统,对数十亿人的生计和粮食安全以及大多数国家的经济繁荣至关重要。但越来越多的证据表明,不可持续的人类活动正导致全球海洋生态系统退化,从而威胁人类福祉,破坏海洋经济健康发展。

气候变化正在影响全球海洋生态系统及其功能,包括海洋酸化、海洋热浪的频率和强度增加、海面温度上升以及海洋缺氧。海平面上升造成的海岸侵蚀现象以及恶劣天气事件的频发,导致沿海栖息地消失,并对人类沿海社区构成严重威胁。

气候变化是大气污染对海洋造成的间接影响,还有一些直接造成海洋污染的因素,如海洋垃圾(特别是塑料垃圾),近年来已成为突出问题。大多数海洋塑料垃圾来源于陆地,但遗失或丢弃的渔具也是重要塑料垃圾来源;化学污染对海洋的影响也正在加剧,如溢油、航运和海洋污染扩散、农业排放中的杀虫剂、防污剂和采矿活动中的各类化学药品等都严重污染着海洋。

海上航运、海上施工和地震勘测产生的噪声污染对海洋哺乳动物及其

第十八章 挪威《基于生态系统的海洋综合管理——海洋经济可持续发展框架》

他生物也会产生严重影响,对人类形成了旷日持久的管理挑战。由于外来物种入侵,船舶压载水中海洋生物在全球范围内偶发性的输送也对部分生态系统造成了严重影响。此外,海洋光污染的影响(海岸线和船舶上的灯光以及渔业中使用的灯光)也刚刚进入人类的研究范畴。

然而人类对海洋造成的最严重、最直接影响是不可持续的捕捞活动,从合法但管理不当的捕捞活动到非法、不报告、无管制的捕捞活动皆是如此。后者多发生于包括公海和各个国家管辖的海域内。在可持续有效管理措施执行方面,有些国家能力不足,有些国家则缺乏政治意愿。全球渔业活动主要集中在浅水大陆架海域,与深水区和远海区相比,这些海域的生产力更高,更容易进入。而某些物种的深海捕捞遍布全球大洋,据估计,全球49%~55%的海洋面临着巨大的捕捞压力,这一面积约为全球农业区域的4倍。

全球过度捕捞导致鱼类种群数量锐减,遗传多样性丧失,种群规模结构发生变化,渔获量和渔获物尺寸显著下降。海洋生态系统丧失抵抗其他扰动因素的适应力,整个生态系统结构也发生根本变化。

捕捞对生态系统层面造成影响的起因是:目标物种的消失和非目标物种因误捕而导致死亡,以及海底拖网渔具和炸药的使用对海底栖息地的物理损害。有记录显示,海底拖网影响的水深超过1 000米,影响范围可能遍及全球海洋。

其他各类活动也加剧了对海底栖息地的物理干扰,包括物理基础设施建设(海上石油和天然气基础设施、海底电缆管道、可再生能源设施、水产养殖设施和分布于港口码头以及堤岸上的沿海基础设施,譬如防波堤、码头和海堤)、疏浚施工和海底清淤或向海床上丢弃某些材料(如其他地方的疏浚材料)。深海稀土开采未来可能也会对海洋生物多样性构成新的严重威胁。

因此,气候变化所造成的广泛影响是叠加在过度捕捞、直接污染和物理破坏影响之上的,对全球海洋生态系统结构和生态功能的完整性的影响日趋严重,甚至对珊瑚礁等一些海洋生态系统构成生存威胁。

二、海洋管理现状中的不足之处

海洋管理的重点主要是管理海中、海上和海底的人类活动。一般来说，这些治理往往是孤立的，不同的法律和管理机构管理各自特定领域的活动，无法考虑到管理决策对其他海洋使用者的影响，或充分管理对生态系统的累积影响。同样，带有保护性质的立法往往侧重于个别物种或特定栖息地类型，而没有对广泛的生态系统进行充分保护。这种零敲碎打的管理方式加剧了环境退化、海洋资源过度开发等问题，还引发了海洋使用者间的冲突。因此，有更多人强调应采取更综合性的管理措施。

国家管辖范围外海域的治理情况也说明了这一问题。《联合国海洋法公约》（以下简称《公约》）为全球海洋治理提供了一个总体性的法律框架，但《公约》没有提供一个协调所有人类活动的机制，也没有解决海洋生态系统养护和可持续利用问题。对国家管辖范围外海域内的人类活动的管理既复杂又零散，涉及过多多边协定和相关管理机构，这些机构的任务是管理特定类型的活动或保护特定物种，一些机构在全球范围内活动，还有一些机构在区域范围内活动。

存在于国家管辖范围外海域的治理组成在国家管辖范围内也存在。由不同部门来管理运输、能源、旅游、粮食生产（包括水产养殖和渔业）和环境保护，往往缺乏海事活动的跨部门协调机制。国家以下层面（州、省、市）往往也是如此。在管辖水域内的法律框架也缺乏连贯性，有时包含多个层次，不同层次中又包含相互竞争、重叠或矛盾的元素。

缺乏综合治理就意味着没有一套有效应对环境累积影响的机制，或者没有执行跨部门保护措施的机制。这也意味着没有一个解决使用者间冲突的有效机制。使用者间冲突不是孤立的一对一冲突，而是会相互作用，产生难以预料的间接连锁反应。如果不能更好地实施海域综合管理，随着对海洋空间和海洋资源需求的增加，使用者间的冲突和使用者与环境间的冲突必将进一步加剧。

人们越发认识到需要采取综合性管理来更好应对使用者间的冲突，同时加强环境管理。根据《公约》有关规定，国家管辖范围外海域生物多样性养护和可持续利用问题的第三届政府间会议已经召开，旨在通过谈判达成一项具有约束力的法律文件。

各国同意通过谈判就国家管辖范围外海域生物多样性问题签订一项新的具有法律约束力的文书，承认国家管辖范围外海域现有的海洋空间和资源管理安排中存在碎片化和空白化问题，并致力于改变这种现状。

第十八章　挪威《基于生态系统的海洋综合管理——海洋经济可持续发展框架》

预计新的国家管辖范围外海域生物多样性法律文书将进一步加强合作机制，促进各国、区域和全球部门和机构更好地整合决策。如能最终通过一份强有力的条约，就意味着通过了环境影响评价的国际化、战略环境评价的常规化使用和包括海洋保护区的区域管理工具的系统性使用，为国家管辖范围外海域生物多样性的养护和可持续利用提供了保障。从而有望从以部门为基础的分散的海洋管理方法转向基于生态系统的海洋综合管理，有助于更好地处理累积影响，减少海洋使用者间冲突，保护海洋生物多样性，改善海洋环境的总体状况。

第二节　对可持续海洋经济的展望

本节首先简要探讨了海洋经济的含义，随后讨论了可持续性的概念，重点放在可持续战略目标上，特别是全球可持续发展目标、其与海洋经济的相关性以及如何优先考虑这些目标，以便在生态系统边界内实现人类福祉。报告的后续章节将深入探讨基于生态系统的海洋综合管理概念和过程，并以此作为实现该构想的手段。

一、海洋经济

海洋经济一般包括海洋活动以及为海洋经济提供支持或从海洋经济中受益的陆上活动。海洋经济包括与之高度相关的上游产业（如船坞和设备供应商、科技咨询服务、相关高等教育等）、下游产业（如渔业和水产养殖加工及产品零售业、使用海洋骨料的建筑业等）和与海事活动密切相关的服务业（如潜水度假区的酒店餐厅）。因此，海洋经济植根于广泛的地方、国家、区域和全球经济之中。

目前，很难直接比较不同国家或不同地区所做的海洋经济评估，也很难将国内评估扩大应用到区域评估和全球评估。但确实也有一些全球性评估阐明了全球海洋经济的重要性：有科研人员估计，全球海洋资产的基础价值为24万亿美元，全球海洋年生产总值为2.5万亿美元。本《框架》编写人员估计，到2030年，海洋经济的增长潜力将远超全球经济总体增长潜力，对全球价值链的贡献将增加一倍以上。

海洋经济还包括与盈利活动没有直接关系的价值和利益。例如，海洋产生氧气和调节气候的功能，能带来人类文化、精神和健康方面的广泛利益。海洋经济中的这些无形价值很难用货币价值量化，因此，尽管海洋经济中包括一些对人类最为重要的价值，但却没有被完全纳入海洋经济的主要数据。从这个意义上讲，海洋经济对人类至关重要，确保海洋经济的可持续发展关系到人类生存。

二、可持续发展目标与可持续海洋经济

可持续性一般是指经济、生态和社会三个领域内的价值、利益和福祉的持续和长期保护。2015年，联合国大会拟定了17项全球可持续发展目标，每一项目标进一步细分为多个目标和指标，实现时间为2030年。这些目标被国际社会认可，涵盖环境、社会和经济领域。

保护大自然本身至关重要，因为人类的幸福依存于此。逾越生态系统边界就会对大自然造成破坏，从而破坏社会和经济系统基础。因此，可持续经济的发展在于承认人类福祉与生态健康之间存在多重关系，以及确定不同可持续发展目标之间如何相互关联和相互依赖。例如，可持续发展目标14，即海洋的可持续发展目标，在一定程度上取决于可持续发展目标13（采取紧急行动应对气候变化及其影响）以及可持续发展目标6和可持续发展目标15（保护、恢复和促进可持续利用陆地生态系统、可持续森林管理、防治荒漠化、制止和扭转土地退化现象、遏制生物多样性丧失）。反过来，可持续发展目标14也有助于其他可持续发展目标的实现，包括社会和经济领域内的目标。世界自然基金会的数据（2020年）显示，38%的可持续发展目标与目标14及其他目标之间存在正相关关系。可持续发展目标1和目标2（无贫穷和零饥饿）与海洋健康的关系十分密切，人类福祉与海洋健康是相互交织的。

因此，罗克斯特伦和苏赫德夫提议，不要将可持续发展目标视为平行且各自独立的条条框框，而应将其分为三个层次。在此叙述中，环境可持续发展目标构成了一个圆环（相互关联），这是实现社会可持续发展目标的基础。社会可持续发展目标反过来又为经济可持续发展目标（顶层）奠定了基础。生态系统方法本质上承认系统规模的相互关联和人类福祉对健康生态系统的依赖，该内容反映在可持续发展目标的表述中，突出强调基于生态系统的海洋综合管理作为发展可持续海洋经济的战略方法的重要性。

三、从蓝色增长到蓝色"甜甜圈"图

过去几十年间，全球经济政策的核心目标一直是经济增长，国内生产总值（或总附加值）的高低是评判地方、国家和地区经济成功与否的指标。然而，推动经济永续增长的经济发展模式取决于可持续性范式。一旦人们认识到人类离不开健康的生态系统，并且这些生态系统有其边界，一个显而易见的问题就出现了，即在有限的自然系统中，有可能实现永久的经济增长吗？

在某种程度上，技术创新可以提高能源和材料的使用效率，循环经济方法可以最大限度实现产品的再利用和材料的循环利用。因此，诸如"绿色增长"和"可持续增长"（类似于海洋的"蓝色增长"）之类的限定词在经济发展话语中越来越受青睐。尽管技术创新和循环流动对发展可持续经济至关重要，但在遏制正在逾越生态系统边界的累积影响的同时，能否维持经济持续增长，这一点很值得怀疑。

更为根本性的问题是，我们是否需要永久的经济发展，才能使人类和地球繁荣？究竟要发展什么？为谁发展？将发展视为人类福祉和自然保护的必要驱动力和保障越来越遭到质疑。不可否认的是，在过去半个世纪的全球经济增长期内，我们创造了前所未有的财富，数以百万计的人摆脱贫困，提高预期寿命，极大地拓展了全球获得营养、卫生、保健、教育和消费品的机会，但这些成就的分布并不均衡（数百万人仍然生活在贫困之中）。此外，人类取得成就的同时也付出了极大的环境成本：地球自然系统出现了前所未有的退化，地球上多个关键边界正在被打破，人类面临气候变化和生物大规模灭绝的威胁。

可持续发展迫切要求我们对经济进行重新规划和设计，其中就包括海洋经济。但经济增长仍然是核心的政治目标，其正在推动世界各地海洋经济发展的研究和政策形成。

海洋综合管理的目标应该是什么，该问题与海洋经济应该是什么的问题相辅相成。一方面，有一种"蓝色增长"的核心是以增长作为繁荣发展的驱动力和衡量经济成功的尺度；另一方面，有一种"基于生态系统"是以环境健康为核心。这两种现象将经济增长与保护大自然对立起来，将两者视为相互冲突的目标，这种试图通过促进增长和环境的"双赢"来弥合两者间紧张关系的做法已经受到质疑。同时，也有人认为，海洋管理没有对社会的可持续性给予足够重视。

因此，现在应该重新定义什么是可持续海洋经济，同时设定全面可持续海洋经济的战略目标。一些新的经济范式可以支持该进程的发展，并将以增长为核心的目标转向有利于环境、社会和人类福祉的多个目标上。这些新范式的核心是在生态系统内公平分配人类福祉。

罗克斯特伦等将此表述为"人类安全活动空间"的需求。一方面，以社会和福利基准为界，任何人都不应低于这个基准；另一方面，不得逾越环境边界。拉沃斯将其描述为"为人类提供一个安全公正的空间"，她以中心有个空洞的甜甜圈的视觉隐喻来形容：甜甜圈的外缘代表生态系统的"天花板"，即经济发展不能逾越地球边界，而内缘代表社会基础，即必须达到的幸福指标，以防止任何人掉进空洞。

因此，可持续海洋经济可以被视为一个安全公正的"蓝色甜甜圈"空间，人类和海洋生态系统在这里蓬勃发展。人类应优先考虑直接解决特定规划区内人类福祉不足的活动和投资问题（把人们从空洞中拉出来或防止人们掉进空洞），同时还包括减少在现有地球生态系统边界上进行的、用来解决或防止当地环境退化和恢复当地生态系统（特别是影响严重的海岸带）活动的过度投资，其中应包括资源高效利用技术、分配和再生活动以及循环物质流方面的投资。在每一项投资或规划决策中，都必须考虑"甜甜圈"的两个边缘。用这种方法解释，蓝色增长本身既不好也不坏；而是从一个核心目标转向一种潜在负效应，即实现多个真正重要的目标。

"蓝色甜甜圈"的愿景代表了世界自然基金会对可持续蓝色经济的定义，其中包括一系列以人为本的宗旨和生态系统目标。可持续蓝色经济是一种以海洋为基础的经济，能够：促进粮食安全、消除贫穷，促进生计、收入、就业、健康、安全、公平和政治稳定，为当代和子孙后代提供社会和经济利益；恢复、保护和维护海洋生态系统的多样性、生产力、恢复力、核心功能和内在价值；以清洁技术、可再生能源和循环物质流为基础，保证经济和社会长期稳定，同时使其发展维持在地球的极限范围内。

可以说，"蓝色甜甜圈"完全囊括了基于生态系统的管理的内在价值，即外缘代表了人类赖以生存的相互关联的生态系统，内缘代表了人类福祉

第十八章　挪威《基于生态系统的海洋综合管理——海洋经济可持续发展框架》

的意义。因此,"蓝色甜甜圈"表达了基于生态系统的海洋综合管理应该带我们去往何方的愿景。

第三节　基于生态系统的海洋综合管理

基于生态系统的海洋综合管理是一个相互补充和相互强化的方法组合,其中包括海洋空间规划、适应性管理和系统性保护规划等。其共同点是致力于全面、综合和有效的海洋和海岸带管理,强调尊重生态系统的必要性。

一、生态系统方法和基于生态系统的管理

生态系统方法和基于生态系统的管理是20世纪70年代环境相关文献中出现的一个多层次概念,但其基础科学已在多个领域中实践了很久。其核心就是生态系统和人类福祉相互关联。因此,须在生态的时空尺度上采取综合措施,对人类活动进行管理,维护生态系统的完整性,同时明确承认生态系统的界限,越界就会破坏生态系统的稳定。生态系统方法的概念在20世纪90年代开始引起人们的极大关注。当时环保相关文献越来越多地提出整体性原则和方法,将人类作为生态系统的一部分加以管理。比如,曼格尔等将生态系统方法的原则概括为以下内容:一是人类无节制的消耗和资源需求与维护野生生物资源种群的长久健康相矛盾;二是保护的目标应是通过保持遗传、物种、种群和生态系统层面的生物多样性来确保当前和未来的发展,对生物资源和生态系统其他组成部分的干扰不应超过大自然的承受范围;三是应在资源利用之前或在限制或扩大资源利用之前,评估资源利用可能产生的生态和社会影响;四是对生物资源利用的管理必须以了解资源所属生态系统结构和生态系统动力学为基础;五是必须利用自然科学和社会科学的全部知识和技能来处理保护问题;六是考虑所有使用者和利益攸关方的动机、利益和价值观,而非单一考虑各自立场;七是有效保护需要互动、互惠和持续的沟通。

麦克劳德等将基于生态系统的管理界定为:"将整个生态系统(包括人类)都纳入考虑范围的综合性管理方法,目标是维护健康、高效和富有弹性的生态系统,让生态系统提供人类期望的服务。基于生态系统的管理不

同于当前一般只注重某个单一物种、部门、活动的方法,而是考虑不同部门的累积影响。"麦克劳德等进一步指出,基于生态系统的管理"专注于管理人类活动,而非有意操控或管理整个生态系统"。

还有专家从不同的基于生态系统的管理定义中提炼出了 15 项关键原则。其中最重要的是考虑生态系统的关联关系、生态系统和生态系统动力学的时空尺度管理、适应性管理等。尽管人们对这些核心原则有着广泛的共识,但在基于生态系统的管理的细节方面却持不同观点。韦伦等归纳了三类不同的解释,这些解释分别强调不同的方面。第一类以生态为核心的观点强调保护生态系统;第二类更多强调满足生态系统内的人类需要;第三类强调生态系统服务的分析和评价。这三类观点相互关联,相互补充,并都与基于生态系统的海洋综合管理相关。

很多文献资料强调,基于生态系统的管理应将不确定内容解释清楚。事实上,适应性管理(基于生态系统的管理的一个核心要素)是专为在不确定性环境中实施规划而设计的。为预防逾越生态系统边界,适应性管理应当和预先防范原则共同推进,其可概括为"当一项活动对人类健康或环境造成威胁和损害时,即使某些因果关系没有充分的科学证据作支撑,也应采取预防措施"。

某些地方已将生态系统方法纳入海洋政策。如挪威环境部主张在挪威海实施"基于生态系统的综合管理"。联合国环境规划署的报告以海洋为重点对生态系统方法做了全面的讨论,提供了明确的文本和图表,帮助非专业领域用户了解这方面内容。

二、海洋管理相关理念

(一)生态或生物重要海区

基于生态系统的管理的核心是对被管理的人类活动所处生态系统的认知。根据《生物多样性公约》中的重要海洋生态或生物区标准,生态或生物重要海区被定义为分散的地理或海洋学区域,为多个物种、种群或生态系统提供重要服务。虽然这些标准应当和海洋保护区的选址标准有所区别,但生态或生物重要海区的设立可确保从一开始就将重要生态区纳入海洋保护区规划程序。

第十八章　挪威《基于生态系统的海洋综合管理——海洋经济可持续发展框架》

（二）海洋保护区网

由于对海洋空间利用的争夺日益激烈，海洋保护区有助于保护自然空间及其范围内的生物多样性，也有利于海洋保护区范围外的生态系统服务。为扩大海洋保护的全球覆盖面积，人类已经设定了多项国际目标。《生物多样性公约》中的"爱知目标"要求到2020年，保护区覆盖率达到10%，该数字针对全球管辖水域范围，但不包括国家管辖范围外海域。2016年，世界自然保护联盟的一次重要国际会议提出，到2030年保护区的覆盖率应达到30%。

海洋保护区的规划最好以保护网的形式将大洋和海岸带都包括在内。保护区网设立的目的是以最低的社会成本实现最大的保护效益，设立原则为代表性、重复性、连通性、充分性或可行性。

并非所有海洋保护区都得到有效管理，但若能有效管理，便可限制或消除其范围内损害环境的活动。因此，海洋保护区网可视为一种与其他保护网具有竞争关系的海洋利用方式，对生计可能具有潜在影响，或可能驱逐部分海洋使用者，加剧地方冲突。但海洋保护区也可成为管理和预防冲突的工具，例如，支持环境影响较小的利用活动，维护其他海洋使用者长期依赖的生态系统服务。

通过系统性规划原则，规划人员可以灵活构建保护区的空间，在不同选择方式之间进行权衡，尽可能利用协同效应管理使用者之间的冲突。规划者还可利用这些原则对现有保护区进行有效补充和完善，提出要求并对任何特别有价值但易受伤害和威胁的生态或生物重要海区进行保护，确保海洋保护区网内的生态价值得到保护。规划海洋生态系统空间，明确强调生态系统的连接和生态系统的保护，为人类福祉需求和自然保护提供空间，确保系统规划的海洋保护区网与生态系统密切相关。

（三）海洋空间规划

联合国教科文组织政府间海洋学委员会将海洋空间规划定义为"对海域内各种人类活动的时空分布进行配置，由社会各界广泛参与，实现通常由政治决策确定的生态、经济和社会目标。海洋空间规划的特征不仅包括生态系统基础和地区基础，还兼有综合性、适应性、战略性和参与性"。

因此，海洋空间规划对海洋空间进行不同用途的分配（包括通过海洋保护区实施的保护），其成果包括海区图，标识着海区内允许或禁止开展哪些活动，或哪些活动受到监管。联合国教科文组织政府间海洋学委员会的海洋保护区网站上有海洋空间规划指导文件的相关链接和世界各地海洋保护区进程的详细介绍。

海洋空间规划概念实际上源于国际倡议，即在更广泛的空间尺度中嵌入系统的海洋保护区网，与此同时，实现环境、社会和经济目标。因此，大多数海洋空间规划文献都根源于生态系统方法，很多海洋保护区框架类似于一般的基于生态系统的管理框架，都强调采取跨部门的综合性、适应性和战略性方法。这种方法涉及利益攸关方，并可在生态系统边界内提供社会经济效益。

从这个角度来看，海洋空间规划是基于生态系统的海洋综合管理的核心，解决了谁可以在哪里、做什么、如何做以及何时做的问题，符合生态系统方法的要求。跨部门战略性海洋空间规划应同时规划海洋保护区网和多用途区域，将无法兼容的活动分隔开来，共同划定相容或互利活动区域，有助于解决累积影响，为自然和人类提供充分的生存空间。

但在政策上和实践中的海洋空间规划实施往往缺乏真正的跨部门综合战略，最新的一些海洋空间规划文献已开始将海洋空间规划框架化，不作为基于生态系统的管理工具，而是通过最大限度提高海洋空间的经济利用率来支持"蓝色增长"。这说明自然保护与经济增长之间的关系紧张，应将可持续海洋经济定义为"蓝色甜甜圈"来规避这种紧张关系，在基于生态系统的海洋综合管理中占据中心地位的不是经济增长，而是人类的需求和生态系统边界。

（四）海岸带综合管理

海岸带综合管理的概念是在20世纪90年代确立的，当时生态系统方法也取得了重大进展。海岸带综合管理本质上是将基于生态系统的管理用于海岸带区域的人类活动，解决陆海的影响。另一方面，基于生态系统的海洋综合管理将基于生态系统的管理应用于管理海上活动。

虽然海岸带综合管理在技术上超出了海洋管理的范围（《框架》界定的范围），但生态系统方法包括保护海洋免受海洋之外人类活动的影响。因

第十八章 挪威《基于生态系统的海洋综合管理——海洋经济可持续发展框架》

此,基于生态系统的海洋综合管理不仅需要海岸带综合管理的补充和支持,还需要综合流域管理、废物减少和陆地经济管理,当然,也需要控制全球温室气体排放。海洋管理者可能无法做到这一切,但他们应尽其所能查明人类活动对海洋的影响,并从源头上解决这些问题(或促使其他利益攸关方来解决)。

三、基于生态系统的海洋综合管理的理念

(一)基于生态系统的海洋综合管理中的五类综合

为实现"蓝色甜甜圈"愿景,需要从战略层面对多项环境、社会和经济目标进行整合。管理措施的制定必须同时解决生态系统环境的累积影响(维护生态"天花板"),最大限度地减少使用者间的冲突并追求人类福祉(建立社会基础)。在任何新的基于生态系统的海洋综合管理程序或计划中,从业人员均应遵循以下五个类别:一是纵向(行政层级)和横向(跨部门)的治理机构、组织和程序的综合;二是多学科或跨学科综合;三是通过参与流程实现利益攸关方的整合;四是通过跨行政部门和跨生物物理边界实现的跨界综合;五是将系统动力学(生态、经济和/或社会)综合到基于生态系统的海洋综合管理研究模型或支持规划和决策的模型中。

(二)综合治理

综合治理意味着通过建立机制来加强各机构在各管理层(横向)内部和跨行政层(纵向)之间的合作。综合治理在实践中有不同的含义,包括:制定新的法律(或对现行立法进行改革)来重新界定不同机构的职权范围和任务及其相互关系,特别是在相互重叠或相互影响的领域中如何运作;成立新的常设治理机构(根据需要支持立法),促进现有机构之间的合作,或接管与海洋活动相关的多种任务组合;支持纵向综合的辅助治理或权力下放;四是建立非正式的治理结构和治理程序,包括永久性的或临时性的(在具体项目或倡议实施期间)。

综合治理的优势并非无限地超越专业化治理的效率优势,专业机构往往更适合管理几乎或根本没有跨部门影响的特殊进程。此外,为发挥综合机制的功能,需要对机构和组织改革进行管理,这本身就是一项重要任

务。某些条件下，大范围的政府机构改革或法律改革为从根本上调整任务和职权范围创造了条件，并且在这些情况下，可以对建立具有综合性跨部门职权的新海洋治理机构有所裨益。然而，这种规模的变革过程可能需要很多年，并可能会困难重重，而且通常会超出新的基于生态系统的海洋综合管理的计划范围和能力。在许多情况下，要取得进展，最务实的方法是在现有治理环境基础上，在最需要的地方建立综合机制。

综合治理是指公共部门组织之间的沟通、信息交流、协调或协作机制，这些组织有权规划和管理海上活动。在国家层级，不同的涉海部门往往承担不同的职能。同样，次国家层级（如省、州或市）通常也设有不同的部门管理机构。因此，需要横向和纵向的综合机制。为协调治理跨国际边界和跨海陆边界及推动信息交流，需要进行跨界综合治理。利益攸关方参与是指利益攸关方参与管理措施的规划、决策、实施、监测和评价的机制。

（三）利益攸关方的参与

利益攸关方的成功参与，需要经过审慎的规划和适当的扶持，尽管海洋管理实践在这方面明显落后于学术知识。虽然人们几乎一致认为，利益攸关方的参与是基于生态系统的管理和综合性海洋管理的"必然要求"，但相关文献通常连最基本的问题都没有说清楚，比如：为什么利益攸关方的参与很重要？利益攸关方如何更好地参与进来？利益攸关方什么时候参与（即参与进程中的哪个或哪些阶段）？哪些是需要在不同阶段参与或承担职能的利益攸关方？利益攸关方参与的风险和动机是什么？参与过程及其结果的风险和成本是什么？

从业人员应清楚地回答每一个问题，并确保参与任何过程的所有主体都对这些问题有共同的理解。此外，利益攸关方参与标准虽然仅涉及一般问题，但其中包含一套非常有用的实用指南，有助于制定稳健的参与程序。

《框架》要澄清的第一个问题是为什么要让利益攸关方参与基于生态系统的海洋综合管理。

该问题有两种答案。一种答案将利益攸关方参与视为提高程序质量的一种方式，确保公正、透明、公平、负责和包容。在很多领域，法律要求

第十八章 挪威《基于生态系统的海洋综合管理——海洋经济可持续发展框架》

利益攸关方最低限度地参与公共环境规划。不过，人们有充分的理由突破上述基本的法律要求，包括伦理考虑、当地文化习俗、实现注重平等和善政的可持续发展目标，以及防止将海洋保护区或海洋空间规划视为"海洋争夺"的方式，导致沿岸社区被边缘化或服务于海洋管理以外的议程。另一种答案是把利益攸关方的参与视为提高成果质量和效力的一种方式。

第二个问题是利益攸关方该如何最好地参与进来。

阿恩斯坦提出了"参与阶梯"理论，即在不同的参与程度中，将不同的权力授予利益攸关方。参与程度取决于所处理的问题类型和参与目的等因素。尽管利益攸关方的参与是基于生态系统的海洋综合管理的核心组成部分，但每种程度的参与都可以发挥作用，包括利益攸关方根本无权影响其决策的最低程度。

莫尔夫等基于对欧洲海洋空间规划过程中利益攸关方参与情况的研究，提出了新版的阶梯理论。其中包括六个程度递增的授权等级，并且其中的两个等级（审议和合作）都支持利益攸关方彼此进行跨部门合作。由于该版理论的侧重点是欧洲，所以该阶梯理论无法完全代表全球基于生态系统的海洋综合管理各类有效的利益攸关方参与方式，但它为新接触该主题的从业人员提供了经验。

阶梯理论有两个重要基准，标志着两种常见但区别明显的参与类型："协商"和"审议"。在"协商"程序中，公布新的发展或措施规划，便于利益攸关方发表意见，但无法保证意见对最后决定产生任何实质性影响。协商一般是双边的，这意味着每个利益团体单独提出自己的意见，不同利益攸关方之间很少（如果有的话）有机会相互沟通并达成一致。协商在公共规划中非常普遍，也是环境影响评价的要求。这意味着，在海洋管理方面可以有完善的协商程序，这些程序已经制度化，利益攸关方对此也非常熟悉。

相反，"审议"是不同的利益攸关方共聚一堂，针对某一进程提出意见。利益攸关方可能无权做出决策，但审议为其提供了一个契机，使其可以交流知识和观点，阐释并解决冲突，提出任何一方都无法单独找到的解决良策。审议可以作为综合跨学科知识和综合跨部门治理组成的工具，还可以通过促进社会投资和增进信任关系，促进与其他进程的融合。

该阶梯理论需要从管理部门到利益攸关方的不同等级授权。如果授权是真实的，上级授权可以减轻管理部门的负担，提高管理效能。审议与协商两个层面要求不同的利益攸关方相互参与其中，开展跨部门分工协作。跨部门因素在该阶梯的两个最高级别中并不存在，该阶梯所依据的海洋空间规划案例研究的地理范围十分有限，全部在欧洲。如果有足够的力量能让利益攸关方齐聚一堂，制定共同工作的机制，跨部门参与就可以带来重大利益。没有哪一种参与形式具有内在的优越性，在适当的条件下，每一种参与方式都可称为基于生态系统的海洋综合管理的有效因素，而且同一程序中的不同阶段需要不同的参与方式。

但在双边协商已成为惯例的情况下，由于相关体制的惰性，在新的基于生态系统的海洋综合管理计划中推行参与阶梯理论可能会遇到挑战。因此，必须确保现有的治理机构真正承诺实行更高程度的参与，包括在必要的权力和控制方面赋权。若非如此，参与过程可能会成为一纸空文，最终在期望破灭时导致社会投资减少。

第三个问题是利益攸关方应在哪个阶段或哪些阶段参与进来。

基于生态系统的海洋综合管理的每个阶段都可能需要不同的参与形式。应该采用哪种参与程度，完全取决于特定计划的范围和背景。某些情况下，在最初阶段制定合作目标可能是利益攸关方有效提供支持的必要基础。如果治理机构非常强，且在社会上拥有良好的信任基础，那么由专家引导，自上而下地设定总体目标可能是最有效的，选择规划和实施阶段较高的参与程度，有助于利益攸关方选定总体目标的实现方式。

在规划利益攸关方参与时，适应性管理周期可以作为一个方向。针对周期中的每个单独阶段，了解原因、方式、内容和人员问题，有助于在自上而下和自下而上的方法之间平衡任何指定的过程。

利益攸关方在基于生态系统的海洋综合管理中可能承担多种不同职能，如信息接受者、信息或知识提供者、针对某一特定问题制定潜在管理方案或解决方案的合作者、冲突解决过程中部门利益的代表、决策顾问或（共同管理的）决策者。这些职能与先前讨论的参与程度密切相关，无论利益攸关方承担何种职能，所有参与主体都应对职能及其内容有共同的认识。海洋管理者应确定任何特定计划中每个阶段的职能和参与程度，并进行相应管理，同时还应向利益攸关方提供适度的支持，帮助其开展能力建设。

第十八章 挪威《基于生态系统的海洋综合管理——海洋经济可持续发展框架》

第四个问题是参与进来的利益攸关方有哪些。

不同的利益攸关方群体在不同阶段承担不同的职能，所以谁应参与的问题取决于时间和内容。在任何情况下，海洋管理者都应进行深入的利益攸关方分析，识别并勾画出利益攸关方的主要利益、相对权力和影响力以及和其他利益攸关方之间的关联图。需要特别强调的是，应确定哪些可能被忽视的群体，以及哪些需要特别支持或激励措施才能积极参与的群体。海洋管理原本就是一个政治舞台，综合利益攸关方本身无法消除利益攸关方之间的权力失衡，也不会自动解决冲突。我们建议从业人员听取社会学家的建议，寻求能够解决这些问题的更好工具和方法。

解决了原因、方式、时间、内容和参与人员的问题以后，还有最后两个问题，即利益攸关方参与的风险和动机，以及利益攸关方的参与过程及其参与结果的风险和成本。海洋管理人员的参与成本和参与风险已经包含在"方式"问题中，但利益攸关方的参与也有成本，不应低估参与过程中付出的商誉、时间和努力。利益攸关方可能会有实际的经济损失（工作时间、参加会议的差旅费等方面的支出）；参与程度越高，支出成本就越大。为了确保参与的公平与公正，对于那些从日常工作中抽身出来参加研讨会的利益攸关方，至少应承担其参会的成本。同样，利益攸关方也承担着社会风险。他们参与到进程中来，被视为进行建设性接触，而如果该进程对利益攸关方的活动施加了限制，参与人员会遭到其他方的敌视。因此，要求利益攸关方参与的程度越高，对他们的回报就应该越大。这种回报可能有机会对决策产生实质性影响或带来社会资本利益。

（四）综合认知

生态系统方法的关键是，管理决策应以现有的最优信息库为基础。这意味着利用现有最科学方法，同时借鉴各门类科学知识，全面了解生态系统及其与社会经济系统间的相互关系，以及利用相关传统认知和当地的知识信息。

因此，有效的基于生态系统的海洋综合管理需要综合多个学科的专业知识，以及各利益攸关方掌握的相关传统知识。

正如利益攸关方的参与程度各不相同，知识综合的程度也各不相同。虽然提高知识综合水平的好处显而易见，而且也是可持续发展所必需的，但多学科和跨学科并非简单地把相关人员聚集在一起就能实现。此外,学术界从事跨学科研究工作可能也存在风险,例如申请资金的成功率会降低,职业发展会放缓。

因此,利益攸关方综合考虑当中适用的多项因素在综合认识中也适用,所以必须同时参与这两种综合领域的人员和机构可能会有重叠。在恰当的时间明智地选择恰当的利益攸关方参与机制,可以显著提高综合认识的效率。

海洋管理者可以从已有的和经过测试的框架当中汲取经验,为基于生态系统的管理综合认识提供支持,例如美国国家海洋与大气管理局专门为支持基于生态系统的管理而开发了生态系统综合评估框架,该框架侧重于汇集学术专家和其他具有不同知识和专长的利益攸关方,形成对社会生态系统、环境风险及其驱动因素的共同认识,辅助制定应对风险的管理方案。生态系统综合评估方法已有成功应用的先例,形成了对复杂生态系统(跨陆海界面)的多学科共同认知,向佛罗里达和加利福尼亚的决策者有效传递科学认识,其他大型海洋生态系统亦是如此。

(五)跨界融合

因为生态系统跨越了地理边界和管辖边界,所以基于生态系统的管理规划也应跨越地理边界和管辖边界。跨不同管辖边界的跨界融合应同时结合横向综合治理,因为这需要负责不同辖区的机构之间开展知识共享、合作与协同。在国际层面,区域海洋合作机制已经存在,如区域海洋方案和大型海洋生态系统项目。在海洋空间规划过程中打破传统地理边界有助于推动其他形式的融合,这也将要求不同的管理机构齐心协力,考虑到生态的相互依赖性,但不必局限于各自的地理范围。

打破生态系统边界的跨界融合是基于生态系统的管理中的一项关键内容。该点已得到广泛认可,并在世界部分地区付诸实施,例如瑞士。瑞士是《东北大西洋海洋环境保护公约》的缔约国,该公约致力于保护东北大西洋海洋环境免受河流污染物的污染。

(六)系统动力学融合

社会生态系统的相互关联性是动态的,因为系统的很多方面都随着时

第十八章 挪威《基于生态系统的海洋综合管理——海洋经济可持续发展框架》

间的推移而发生变化。政策措施或经济变化可以推动人类行为的变化，这种变化会产生连锁反应，从而对生态系统产生影响，而生态系统的变化又可以推动人类行为的变化，从而对经济和社会产生影响。

海洋管理领域也有重要的框架，即 DPSIR（驱动因素、压力、状态、影响、响应）框架。DPSIR 是一个分析管理框架，旨在分析人类行为的驱动因素、人类行为对生态系统组成部分产生的压力、这些压力造成的系统组成部分的状态变化、这些状态变化对生态和（处在较新框架中）人类福祉的影响，从而制定适当的管理对策。这种应对措施可以针对驱动因素，减轻压力或减缓系统变更及其引起的影响。此外，还有一些成熟的工具可用于建立生态系统动力学模型等。

研究中的一个关键性挑战是开发工具并提出方案，这不仅使人们能够展望更加美好的未来，而且有助于提高对复杂系统的认知水平，将上述愿望变为现实。跨学科研究现在开始研发各类社会生态模型，借助这些模型有望预测复杂的系统动力学。通过采取措施对生态系统进行实时远程监测，新技术为动态管理方法创造了条件。随着跨学科建模、计算机技术和遥感技术的不断进步，这类工具可能很快就会成为海洋管理者标准目录中的组成部分。

第四节 实施基于生态系统的海洋综合管理

本节重点是基于生态系统的海洋综合管理的实际执行情况，将适应性管理周期作为一种总体方法进行介绍，讨论在管理周期各个阶段内支持海洋管理者的各种工具。

适应性管理是在20世纪70年代发展起来的，旨在对具有不确定性的动态系统的管理进行优化。适应性管理是基于生态系统管理的核心内容。适应性管理周期包括一个迭代过程，在这个过程中设定生态、社会和经济目标，评估现状，找出与目标不相适应的地方，筹划和确定实现目标的解决方案。然后对相关措施进行实施、监测和评估。通过监测和评估的结果，管理人员可以评估所采取的措施是否有效实现了最初的目标，然后进入下一个迭代周期的起点。

前文介绍的生态系统综合评估是用于支持综合管理的实用方法，在本质上是适应性管理周期的一个措施，在美国国家海洋与大气管理局网站上有相关介绍。DPSIR框架用于制定合适的管理决策，通常为一个封闭的周期，采取措施后可在该周期中进行重复评估，因此可以根据需要进行调整。

一、预规划和跨领域要素

"综合"作为一个重要的跨领域要素，在规划周期的每个阶段都很重要。基于生态系统的海洋综合管理应遵循明确阐述的总体目标，与愿景保持一致。这些广泛的目标应当作为一个框架，用来阐述一些更为具体的目标，这些目标能指导具体措施或作为检测评估成功与否的基准。有时表示为周期开始时需完成的一次性行动，一般用缩写SMART表示，这是黄金目标标准，每个目标都至少与一个管理措施和一个指标相关联。

重要的是要有明确的目标和宗旨，以及前面探讨的综合形式（综合治理、利益攸关方参与、综合认知、跨界融合和系统动力学融合）。管理周期分为四个阶段。第一是评估规划区内的社会生态系统现状，找出当地或全球生态系统的问题，并将现状与预期目标进行比较。第二是制订管理计划，详细说明实现该目标所需的措施，维护社会生态系统的社会基础和生态。第三是实施和执行这些措施。第四是监测和评估上述措施的有效性，并根据需要在持续不断的过程中加以调整。上述四个阶段都是在有利条件下开展的，这些条件是每一阶段开展相关活动的基础。一方面是法律和治理框架，另一方面是有效管理所需的资源。这些措施包括充足的财政支持（需要长期持续，以便通过周期的不断迭代进行持续的适应）和力量（个人、组织和机构网络在战略和有效行动方面的能力，涵盖从技术能力到每个行为主体履行职责所需的设备和基础设施的各个方面）。

但基于生态系统的海洋综合管理行动是嵌在动态复杂的社会生态系统中的，这样一来，设定SMART结果目标就会非常困难，因为管理措施中的连锁反应总是难以估计。高度具体的目标也不适合准确监测或评估系统等级结果，因为试图为整个生态系统设定SMART目标很快就会变得难以实现。

因此，海洋管理者应将适用于不同目的的各类目标区分开来。成果管理是一种行之有效的方法。通过这种方法，可以针对结果链条上的不同步

第十八章 挪威《基于生态系统的海洋综合管理——海洋经济可持续发展框架》

骤,制定具有不同程度的针对性和可监测性的目标和指标。该链条上的早期步骤是完全可控的,这意味着 SMART 目标可以有效确保过程不但对捐助者负责,还能监测进展情况,评估具体行动的直接结果。后续步骤需要更加广泛地制定各类长期目标,这些目标都是最重要的目标,但因为受到系统动力学的影响越来越大而变得更难监测。

二、现状评估

为指明实现总体目标的途径,海洋管理者必须了解社会生态系统的现状,包括治理背景以及社会、经济和环境特征、规划区域内的问题和趋势。这一社会、经济和环境基线可以通过科学方法及专家和利益攸关方驱动的程序来确定,过程可以借鉴生态系统综合评估现有做法或为海洋环境状况报告而制定的专家启发方法。该阶段至少应查明该区域内的海洋活动(包括过去、现在和将来的活动)、社会和文化背景,并对该区域内海洋生态系统的现状和趋势进行评估。在绝大多数情况下,这其中包括整理空间数据集(例如在重要海洋生态或生物区)、海洋活动的空间足迹以及与不同地区相关的经济价值和文化价值,数据来源从卫星数据到通过参与性制图取得的利益攸关方的知识。

三、管理规划的制订

这是适应性管理周期的主要规划阶段。在该阶段中,为维护系统的社会基础和生态"天花板",制订规划,解决现状当中与总体目标不相适应的地方。场景设计是一种常见的方法,旨在探索多种备选途径来解决已发现的主要问题,并从多个角度评估其优缺点。

该步骤的关键方法是战略环境评价程序,该程序已编入一些领域的法律和政策中,比如欧盟就已编制战略环境评价指令。联合国环境规划署将战略环境评价描述为一个系统性程序,对拟议的战略行动(政策、方案和计划)影响进行评估,旨在对累积影响、跨界影响和大规模变化进行预警。战略环境评价不应与环境影响评价混淆。战略环境评价过程用于跨部门和跨多种活动的战略政策、方案和大规模公共规划,而环境影响评价侧重于新项目或新建设的影响。在许多国家,新的基础设施建设,如近海能源设施、港口建设、疏浚和采矿活动以及水产养殖设施等,都要进行环境影响评价。

四、实施与执行

基于生态系统的海洋综合管理计划的所有参与主体都应该清楚决策权在哪里。决策过程可以是自上而下、自下而上的，也可以两者相结合。一旦作出决策，在实施和执行方面就需要考虑诸多内容，包括向所有利益攸关方告知管理措施；制定合规激励措施，如法律措施、参与或知识激励、文化激励或经济激励和替代生计；监督（通过远程，直接的方式）、监测与合规执行。

无论在任何特定时间采取何种管理措施，都需要实施和执行，即使在对这些措施进行监测的同时，也要对其结果进行评估，并需制订规划来对上述措施进行修正，或用一套更具战略性和综合性的改进措施取代上述措施。

五、监测与评估

监测和评估形成一个闭环周期，并驱动适应性管理周期循环往复。但与实施和执行类似，监测和评估被视为一系列连续不断的活动，而不是零散措施。监测和评估应主要包括两个方面：一是过程（评估某一计划的内部运作情况）；二是结果（从措施的合规到对环境和人类福祉的影响来评估某一计划所带来的社会和环境变化）。

对人类和自然环境进行持续监测的另一个目的应该是了解与环境的新发展或新变化有关的风险和机遇，基于生态系统的海洋综合管理过程可能需要适应和应对这些风险和机遇。与过程和结果的监测与评估不同，该过程与任何预先制定的目标无关，但仍应被视为基于生态系统的海洋综合管理风险管理中的一个重要方面。

第五节 基于生态系统的海洋综合管理工具

定义基于生态系统的海洋综合管理工具是一个视角问题。凡任何措施、方法、技术、软件或物理仪器可用于加强适应性管理周期中任何步骤的实施，都可以被包含在内，其中包括：收集和分析海洋环境、社会和经

第十八章 挪威《基于生态系统的海洋综合管理——海洋经济可持续发展框架》

济方面的科学数据，进行环境、社会和经济底线综合评估，开发并比较良好或优化的潜在未来管理方案，评估替代性管理方案的环境、社会和经济影响，激励符合管理措施的行为，监督和执行合规性，监督和评估管理措施的成果，激励和促进利益攸关方在管理周期不同阶段进行的建设性参与，分析、监测和评估现有治理过程的成效，整合不同形式的相关知识、分析和管理各类不确定性，捕捉、认识和整合多元价值观和认识论。

专为基于生态系统的管理设计的技术工具正在不断开发和更新中，因此在线专家社区(如基于生态系统的管理工具网)会成为从业人员的重要资源。然而，基于生态系统的海洋综合管理中使用的大多数工具都是用途广泛的方法和技术，其中许多工具都拥有大量专属文献并构成相关专业领域。《框架》认为基于生态系统的海洋综合管理工具大致分为四类：决策支持工具、分析模拟冲突和相互作用工具、治理分析工具，以及生态系统服务价值评估工具。

一、决策支持工具

"决策支持工具"是一个用于分析工具的宽泛术语，这类工具处理多个数据集并将其综合到价值层、未来规划场景或模型中。这些工具可以通过多层信息，提出超越人力范围的解决方案和见解，帮助管理者和利益攸关方拟定和评估规划方案。

决策支持工具在某些情况下可能非常强大，但使用决策支持工具并不是获得成功的先决条件。有效使用决策支持工具需要时间和专业技能，而且决策支持工具所能提供的价值取决于数据；如果可用的输入数据不够和/或不可靠，则决策支持工具的输出结果仅是对复杂现实的一个有限的认识。在数据严重不足的情况下，最好基于专家意见来支持决策。

为了提升实际规划的价值，还须将决策支持工具与广泛的海洋综合管理程序设计结合起来。这至少意味着要确保技术分析师和其他程序的参与主体之间进行有效沟通。在某些情况下，这可能意味着要围绕决策支持工具对整个过程的多种要素进行调整，特别是利益攸关方的参与机制。专家可以使用决策支持工具为利益攸关方提供有助于激发兴趣的可视化输出结果，为讨论和学习提供一个起点。利益攸关方可以反过来帮助分析人员通过审议程序确定决策支持工具，但需要适当的激励、支持和培训。如果无法向利益攸关方提供上述信息,那么采用技术水平要求较低的综合利益攸关方的知识和观点的方法可能更为合适。在每种情况下,都应探讨和评估不同决策支持工具的潜在优缺点,以便针对特定情况选择最合适的方法和工具。

另一种与基于生态系统的海洋综合管理关系密切的决策支持工具是空间优化软件。Marxan 是澳大利亚昆士兰大学开发的一套软件工具。该软件用于支持高效、连贯和有代表性的海洋保护区网络的规划和评估,探索海洋多用途规划中的权衡问题,支持海洋用途的有效分区以实现多部门目标。

该软件当前的版本是一个多目标空间规划工具,可以识别多个分区的最优空间构型,每个分区保护价值不一样。例如,如果同时规划海洋保护区、渔业区和休闲娱乐区,分析人员可以针对特定数量的保护区特征(以海洋保护区为单位)、特定数量的高价值渔场(以单独的渔业区为单位)和特定数量的高价值游憩区(以休闲娱乐区为单位)设定目标。在分区内和分区之间设置不同权重目标,在没有"完美"解决方案能够百分百满足目标需求的情况下,该软件可用于辅助研究权衡问题。

二、分析模拟冲突和相互作用工具

使用者与环境间的相互作用是基于生态系统的海洋综合管理的核心问题,主要通过环境影响评价和战略环境评价进行描述和评估。此外,基于生态系统的海洋综合管理还必须处理使用者间的相互作用,包括海洋保护区对某些活动进行限制或取缔后产生的相互作用。不同的方法和框架可用于协助海洋管理者认识和分析使用者间的相互作用。

识别积极的相互作用(而不是冲突)能够让基于生态系统的海洋综合管理实务人员积极创造条件以谋求海洋多用途协同发展,但仅限于环境限制范围内(通过环境影响评价、战略环境评价和生态系统综合评估进行确定)。确定兼容中的积极、中性和消极相互作用,有助于促进海洋空间规划中空间管理区的发展。对 Marxan with Zones 软件而言,分析旨在找到将兼容活动(无害共生、共栖和互惠)和独立冲突活动(对抗、竞争)集于一体的最优空间管理方案,该方案可为保护和恢复海洋保护区的生态系统提供空间。

第十八章　挪威《基于生态系统的海洋综合管理——海洋经济可持续发展框架》

吕克曼等强调，由于"冲突三角"关系，两个使用者间的冲突会导致与第三方使用者的另一场冲突，因为二维关联没有充分反映使用者与使用者的相互作用。事实上，使用者间的相互作用不仅是一种三角关系，也是一种复杂的网络关系。社会网络分析是一种描绘和认识社会关系网络的工具，规划区的利益攸关方就处在该网络中，生成了关系网络图，其中的节点表示社会网络中的个人或其他实体(如组织)，节点间的连线表示它们之间的关系。

社会网络分析通常侧重积极的关系，但也有整合冲突的系统方法。自然资源管理者越来越多地利用该工具描绘和评估社会和环境关系，以了解各种关系如何通过多个节点相互影响。这样是为了说明利益攸关方如何在海洋保护区规划和治理中相互作用、协作及交换信息，分析可持续沿海旅游发展中地方治理结构的演变，了解利益攸关方群体对其相对权力的认知差异，分析当地社会网络的哪些属性有助于海洋保护区的有效共同管理，海洋保护区规划在知识共同开发中的信息流和海洋空间规划中的机构整合与网络构建。

三、治理分析工具

治理是指组织和个体的权力、责任和授权，而管理则包括因这些权力、授权和责任的积极行使而产生的资源、计划和行动。全球海洋管理者面临的治理环境千差万别，一方面影响利益攸关方之间的相互作用，另一方面也影响管理方法的有效性。

环境治理学术文献中包含大量治理质量和治理效能评估方面的概念。洛克伍德列出了良好治理的七项关键原则：合法、透明、问责、包容、公平、一致性和连通性。

治理分析工具专门用于支持从业人员解构、理解、分析、评估、设计和规划环境治理。工具对以下方面做了区分：一是影响人类行为和人类关系的治理机制(法律、政策、文化背景、社会规范等)；二是履行不同职能的政府机构(组织机构、非正式利益攸关方网络、正式机构等)；三是执行治理职能的治理过程(协商、立法、政策制定、沟通、冲突解决、执行等)。

另一种方法是完全基于现实世界中对基于生态系统的海洋综合管理的

实证分析来制定治理工具，为基于生态系统的海洋综合管理从业人员指明了一个简单而非常实用的方向，从而更好地了解其治理环境。

四、生态系统服务价值评估

生态系统服务价值评估是对生态系统提供给人类的商品和服务进行货币化的衡量，从我们吃的食物和呼吸的氧气，到精神、文化和与自然环境相关的福祉都涵盖其中。生态系统服务一般分为供应服务、文化服务、调节服务和支持服务四类。

生态系统服务价值评估已成为保护政策中的核心概念。生态系统服务价值评估综合考虑战略环境评价和环境影响评价中的经济、社会和环境领域，为市场价值和非市场价值进行成本效益整合分析提供了一套共同的标准，为决策者权衡是否批准海洋环境规划、计划或发展提供了参考。然而，生态系统服务价值评估也遭到一些批评。所以，海洋管理者应该在适度谨慎的条件下对海洋生态系统服务进行质疑、传播和阐释。有些情况下，资源可以更好地用于知识综合替代措施并体现决策中的多元价值替代措施。然而，在受经济成本效益影响严重的固有决策过程中，生态系统服务评估提供了一种有益的实用方法，可以用决策者能理解的"语言"计算非市场价值。

第六节 基于生态系统的海洋综合管理实践

一、应对挑战

现实世界中，任何基于生态系统的海洋综合管理计划都会遭遇困难。常见的技术挑战是信息不足，特别是地理空间数据不足。如果使用决策支持工具，会因数据分布不均、数据差距和数据质量问题导致分析结果偏差，降低对规划者和决策者的意义。地球物理学和生物学上的地理信息系统数据层往往比社会经济数据层更容易获得，是决策程序无法充分体现社区需求的根本原因。有一种方法可以解决这一问题，即参与式管理，换言之，要获得利益攸关方在地理信息系统方面的知识。参与式管理将不同海域的价值映射到特定的利益攸关方、社区和海洋使用者上，将海域的文化

第十八章 挪威《基于生态系统的海洋综合管理——海洋经济可持续发展框架》

价值映射到社区以及地方和传统的环境知识中。

此外,如前所述,适应性管理方法正是面对不确定性进行规划而提出的,因此数据差距不应妨碍新的环保措施和维持生态范围的措施,该点与预先防范办法一致。由于不确定因素而推迟采取环保措施,本质上是有意维持现状,却导致已发现的冲突和环境影响无法解决。

实践中,治理障碍和体制障碍对进展的阻碍远大于技术挑战。虽然基于生态系统的海洋综合管理应以科学为基础,但主要不是科学或技术工作,而是一项政治、经济、体制和治理改革。这需要政治意愿和政治支持,包括为海洋管理机构提供充裕的财政资源,支持基于生态系统的管理的长期实施(例如,欧洲海岸带综合管理最大的障碍之一就是要依赖短期项目资金)。

海洋管理本质上是一个政治舞台,在这个舞台上,制度性挑战的根源在于治理体系的复杂性、动态性和不确定性,由经济波动、政治危机和其他海洋管理范围外的因素所驱使。基于生态系统的海洋综合管理中有很多价值冲突,不同利益攸关方之间的权力关系也高度不对称,从而出现价值冲突、既得利益和权力失衡,这些状况会导致利益攸关方的动态、政策、法律和规划决策与公开的可持续目标发生碰撞。

实施基于生态系统的海洋综合管理非常困难,但不是方法本身有缺陷,而是因为它解决的是人类21世纪所面临的最难挑战——进行经济和社会改革,使之满足地球生态系统内所有生物的需要。

二、案例研究

在全球多个地方,生态系统方法、海洋综合管理和海洋空间规划已成为政策和立法的基础,越来越多的实证文献也开始研究真实案例,研究案例中包含有基于生态系统的海洋综合管理的要素。《框架》全篇援引了大量真实案例和实际经验。

案例研究可以提供宝贵的经验。但最重要的是,这些案例表明,尽管存在各种挑战,但《框架》中探讨的概念、方法和工具已经对现实世界产生了真正的影响,并将随着经验累积和规划周期而持续产生影响。

(一)伯利兹《伯利兹海岸带综合管理规划》

伯利兹拥有世界上第二大且未被破坏的热带珊瑚礁系统,海岸带拥有大量栖息地和美景。超过40%的伯利兹人在海岸带生活和工作，海岸带是渔业、水产养殖和旅游业繁荣发展的基础。由于沿海土地用途广泛且需求量日益增大，为解决发展过快、过度捕捞和人口增长等问题，伯利兹政府于1998年通过了《海岸带管理法》。该项立法授权海岸带管理局和研究所负责海岸带综合管理规划。《伯利兹海岸带综合管理规划》于2016年完成，涵盖了伯利兹专属经济区。

规划中包含了生态系统方法，建议在解决本国紧迫的经济和社会需求的同时，采取行动以实现环境保护目标。该规划建立在当地海岸带早期可持续发展原则之上。最终确定的计划包括一个划区方案，该方案划定了允许开展某类活动和用途的空间区域。因此，这是一个跨部门海洋空间规划研究案例。

海岸带管理局为制订《伯利兹海岸带综合管理规划》而采取的方法共包含四个关键步骤，所有这些步骤都属于适应性管理周期的第一部分，即文献综述、数据采集、利益攸关方参与、基于生态系统的海岸和海洋空间规划。在该过程中，海岸带管理局与自然资本项目合作，最初用了几个月时间收集生物多样性、栖息地以及海洋和海岸用途方面的现有数据。这些信息被全面发布出来与公众共享，以供审查和反馈。海洋和海岸带用途要兼容并蓄，并划分为不同的分区类别，在地方和全国范围内制定三个备选分区规划草案，包括优先保护、优先发展和两者相结合的计划草案。

利用生态系统服务和交易的综合评估模型的建模工具绘制价值地图，有效模拟多个生态系统服务的空间分布。这些价值地图用于支持对三个备选分区计划草案的影响进行评估。结果表明，"发展"方案会加剧栖息地退化风险，损害生态系统服务。相比之下，"保护"可以改善生态系统的健康，但却几乎没有人类活动的空间，特别是在对旅游业至关重要的海岸带。最终选定实施第三种方案，因为结合了优先发展和优先保护，对海岸和海洋生态系统的影响降到了最低。

本案例研究提供了一个成功应用生态系统服务价值评估方法的过程示例。该方法将生态系统、使用者和用途关联起来，用于战略分析时评估不同规划方案间的权衡，将海洋空间以不同的用途分配。该案例说明如何通过国家以下各层级的协商成功地实施交流规划、征求反馈意见、建立对过程结果的支持及形成共同认识。这表明，利益攸关方在战略海洋规划中的

第十八章 挪威《基于生态系统的海洋综合管理——海洋经济可持续发展框架》

参与是成功的,无需上升到参与阶梯中的审议或合作阶段。最后,本案例研究是科学知识融入决策的典范,决策者、政策制定者、决策过程中的直接利益攸关方与公众形成了对科学方案的共同认识。

(二)挪威《巴伦支海海洋综合管理规划》

历史上,由于海岸线漫长,海域广阔,人口密度较低,不同的海洋用途与冲突并存,挪威的海洋管理建立在以部门为基础的法律和机构之上。过去几十年间,依靠新的立法部门管理不断强化,引入了海洋管理规划,为海洋监管和部门协调设立了部际委员会。

在部际委员会的指导下,由环境部牵头,其他相关部门代表参与,针对巴伦支海的挪威水域和罗弗敦群岛以南的近海水域拟定了综合管理规划,形成了横向综合治理总体机制,克服了部门之间和机构之间的双重障碍,促进了工作的顺利开展。该规划的实际工作由多个政府机构和研究机构开展。

规划程序包括以下几个关键步骤:确定初始范围阶段(社会经济和环境)、评估经济活动和外部力量的潜在影响(包括协商)、整合活动(评估累积影响、识别有价值的领域、发现知识差距、制定海洋环境管理目标,包括利益攸关方协商)、制订基于生态系统的海岸和海洋空间规划。

该管理规划是通过多部门专家主导的方法制定的,于2006年3月经挪威议会批准实施,其本质上是区域性管理计划,旨在预防各种压力对海洋环境造成的累积影响。自2006年通过该规划以来,规划的执行和修订一直由三个常设工作组负责监督:监测咨询组、环境风险管理工作组和基于生态系统的管理科学事务协调组。

这是一个成功的案例,从规划到实施,在一个清晰、循序渐进的过程中,执行了空间管理规划。为将规划推进到执行阶段,挪威当局制定了明确的程序,成立了常设工作组,职权范围涵盖监测、持续整合科学知识、务实策略和风险管理。

(三)澳大利亚《大堡礁海洋公园规划》

大堡礁是世界上最大的珊瑚礁生态系统。1975年,澳大利亚政府通过立法成立了大堡礁海洋公园,面积为344 400平方千米。该公园由大堡礁海洋公园管理局单独管理，主要是禁止或限制使用或进入海洋公园内的所有或部分海洋公共区域（船舶和飞机通过除外）。大堡礁海洋公园的首个规划于1981年制定，修订后的分区规划自2004年起实施，大堡礁海洋公园网站对此有详细说明。

大堡礁海洋公园推动的重新分区程序由专家牵头开展，其基础是关于公园内不同生态系统的天然状态及其相互联系的现有最佳科学知识。大堡礁海洋公园是在海洋环境中实施跨大尺度应用系统保护区规划原则最早的案例之一，旨在建立一个有代表性和生态关联性，并对海洋保护区高度保护的网络。大堡礁公园不仅是一种空间保护措施，也是一种非空间保护措施。非空间保护措施的范畴包含公共教育、最佳环境实践守则、行业伙伴关系和经济手段。尽管重新划区进程主要是由专家自上而下地主导，但其中也包括完整的利益攸关方双边协商进程，这一进程与决策支持工具的使用成功地融为一体。

由于大堡礁公园与昆士兰广阔的沿海水域和邻近的澳大利亚专属经济区在管理上具有联系，大堡礁海洋公园的实例也为跨界综合提供了经验教训。昆士兰"反映"了几乎所有毗邻水域的联邦分区状况，对大堡礁范围内所有各区和联邦水域起到了补充作用，范围涵盖高水位线到离岸250千米的最大距离。

虽然大堡礁海洋公园的管理从很多方面来讲都非常成功，但也可视为一个警示，说明了在管理整个陆海界面和处理全球环境对海洋的影响时，特别是在应对气候变化影响方面，单靠海洋管理措施还存在局限性。近年来，大堡礁多次遭受与海面温度上升有关的重大白化事件，因此，该大型海洋生态系统仍在遭受严重威胁。

（四）加拿大和美国创立缅因湾海洋环境委员会

缅因湾海洋环境委员会由缅因州、马萨诸塞州、新不伦瑞克省、新罕布什尔州和新斯科舍省政府于1989年合作成立，旨在促进整个海湾流域的环境健康和社区福祉，范围横跨加拿大和美国边境。该委员会是跨国共管的综合实例，采用非正式的综合机制，在两国不同的海洋管理制度上发挥作用。该委员会还为解决社区福祉问题而专门设计了一套制度，跨越了陆海界面，还采用了流域方法。

第十八章　挪威《基于生态系统的海洋综合管理——海洋经济可持续发展框架》

缅因湾委员会的任务是保持和提高缅因湾的环境质量，实现可持续发展。该委员会本质上是一个综合平台，不同的成员通过该平台分享和交流科学信息，为管理决策提供参考，保护和加强自然资源，并为当地社区提供支持。委员会其他活动的重点是制定联合生态系统指标、开展污染研究、监测和制定栖息地恢复方案，涵盖了气候问题以及海岸和海洋空间规划项目。上述领域的工作以文献的形式发布，并通过委员会网站向区域内的管理机构分发。

目前，已经有相关研究对该委员会公布的报告和其他成果的效用进行评估，也有研究评估管理当局在多大程度上来影响管理措施的规划和实施。这是成果监测与评估领域的一个典范。

研究人员分析了缅因湾监测计划中监测缅因湾有毒物质的成效。虽然有关管理当局和政府部门定期查阅委员会网站上的缅因湾监测报告，但并没有对海岸政策或海岸实践产生影响。缅因湾监测报告指出，要改进沟通策略，更为直接地满足管理部门的需求，针对管理问题提供的信息要更注重相关性，积极与主要政府利益攸关方进行互动，并加强互动的连续性。报告还强调，缅因湾监测计划中一些活动的资金有时间限制，阻碍了计划的有效实施和政策上的采纳。

研究人员也对委员会文件的影响做了分析。他们列出了一长串促进和妨碍这些文献传播和理解应用的因素和障碍，并提出了重要建议，即改变研究受众需求的方式，包括通过报告传递信息的方式和持续向受众传递信息的方式。研究人员还建议用其他技术形式和交流形式来补充技术报告。

因此，虽然委员会工作计划专家组和会议专家组之间的综合运作良好，但研究报告发现，不能将之转换成提高现实管理工作。这说明，除了强调结果监测和评估的重要性以外，实施基于生态系统的海洋综合管理的障碍主要是制度挑战和治理挑战。在这种情况下，所面临的挑战是有效地跨越科学与政策的交界。这突出表明，需要在海洋管理方面建立有效的沟通机制，考虑目标受众的需求。不管报告本身的质量有多高，简单地把报告放在一个网站上，无助于改善现实，也不会对现实产生影响。

（五）安哥拉、纳米比亚和南非对本格拉洋流生态区的管理

本格拉洋流海洋生态区沿安哥拉、纳米比亚和南非海岸分布。这里是

世界上生产力最强、生物多样性最丰富的海区之一。由于其独一无二的天然资源，这三个沿海国家已承诺根据相关规定，共同保护这一跨越各自专属经济区的大型洋流生态系统。该项工作由本格拉洋流委员会负责监督，该委员会是一个多边组织，其代表来自三个缔约国。委员会工作重点是为生态系统养护和可持续发展制定协调战略。本格拉洋流保护是联合国大型海洋生态系统项目的一部分，该项目的重点是将基于生态系统的管理作为一种核心方法，促进在跨界生态系统评估和管理方面分享各种策略、方法和最佳实践办法。

目前，本格拉洋流委员会的工作已经得到海洋空间管理和治理计划的支持。该项工作由德国联邦环境、自然保护和核安全部、本格拉洋流委员会及其成员国共同出资，由德国发展合作署与本格拉洋流委员会共同实施。

海洋空间管理和治理计划有三个工作方向：一是专注于开发多部门和基于生态系统的海洋空间规划的联合方案和能力建设；二是专注于数据和信息整理，并通过共享在线数据门户进行数据共享；三是专注于确定和绘制三国专属经济区中的重要生态和生物区。

研究人员对该成功案例做了描述。该项目通过专家主导的协作方式，对整个地区内的重要生态和生物区进行识别和测绘，随后对重要生态和生物区的边界进行反复的细化，并将这些信息综合到系统的海洋保护区规划进程中。

该项目一直在沿用"边推进边研究"的方法进行能力建设。这种行之有效的方法，不仅是一种跨界综合方法，也非常注重参与能力建设方面的国际合作，为基于生态系统的海洋综合管理的长期实施奠定了坚实和可持续的基础。

第七节　结　语

我们需要对可持续海洋经济的前景有一个清晰的认识，其核心是追求"可持续的蓝色增长"，在经济需求和自然保护中实现平衡。关注可持续蓝色增长，会自然而然地造成一种紧张关系，一方面是经济活动对海洋空间和海洋资源的需求量增加，另一方面是海洋生态系统需要更好的保护。对

第十八章 挪威《基于生态系统的海洋综合管理——海洋经济可持续发展框架》

海洋管理者而言,确定以海洋为中心的界限和生态上限的阈值及世界各地海洋经济的社会基础是首要任务,需要自然学家、经济学家、社会学家、土著社区和其他利益攸关方的广泛参与。幸运的是,目前海洋管理者拥有大量完善的、经过透彻研究的、越来越行之有效的基于生态系统的海洋综合管理的概念、方法、框架和工具,帮助他们完成该项任务,以迎接更大的可持续化改革挑战,将蓝色设想变为现实。

第十九章　芬兰《海洋空间规划区域和标志说明》

2020年5月，基于欧盟《海洋空间规划指令》，芬兰沿海地区委员会合作完成了《2030年海洋空间规划(草案)》，并于2020年5月18日至6月17日进行公众咨询。该规划是一份战略发展文件，主要内容包括：能源部门、海上运输、渔业和水产养殖、旅游业、休闲娱乐用途以及对自然和环境的养护、保护和改善，其他包括文化历史价值、采掘业、海洋工业和蓝色生物技术。芬兰海洋空间规划协调机构提供了详细的网络规划图，本文件是配合芬兰海洋空间规划图使用的区域和标志说明。

第一节　海洋空间规划区域

一、海洋区域

(一)海洋空间规划区域说明

海洋空间规划区域包括内群岛和内沿海水域、外群岛和最外围沿海水域、外海。海区划分以芬兰全境沿岸水域分类标准为依据。该材料已进行一般化处理，可满足海洋空间规划需求。此次分区包括内群岛、中央群岛和内沿海水域。

(二)规划原则

所有规划区域的规划均应考虑保护和促进海洋环境的良好状态，保护文化价值，促进水资源保护和海洋养护，发展旅游业和休闲娱乐产业，保护航行条件以及发展国际基础设施和交通线路。所有区域规划和区域开发，均需考虑外海景观和景观价值保护。

第十九章 芬兰《海洋空间规划区域和标志说明》

二、内群岛和内沿海水域

(一) 规划原则

确定适合于内群岛和内沿海水域的作业活动，根据海区优势进行规划。根据规划方案，区域内将包含多类作业人员和作业活动。规划海区核心业务包括旅游和休闲娱乐、居住地和度假村、航行、沿海渔业、水产养殖和海洋产业。

规划和开发时，应考虑海洋区域和沿海地区的作业活动和物流需求，要特别关注海区和内陆之间运输的特殊需求，比如旅游和休闲娱乐、渔业和水产养殖、人员和货物运输、居住地和度假村之间的交通。

在规划和开发过程中，应考虑海洋自然和群岛自然的保护问题。保护对生物多样性具有重要意义的海区、鱼类产卵区和育幼区。在所有规划和项目中，必须始终考虑加强生态系统的功能。

(二) 特征

该海区包括多种多样的作业活动和敏感的自然环境。富营养化、垃圾污染和气候变化等多种因素给沿海地区造成了许多不利影响。一些海上作业活动关系到内群岛和内沿海水域。

该海区拥有多处对生物多样性具有重要意义的浅水区。内群岛的典型群落生境包括河口、沿海潟湖、狭窄的咸水湾和浅水湾、水下沙洲和礁石。该海区内还有多个关键物种和重要鸟类栖息地。海区内有许多珍贵的文化环境和景观区及水下文化遗产。群岛文化是该海区的特色。

(三) 协调配合

海区内需要协调多种作业活动。从海洋空间规划的角度来看，要协调旅游娱乐使用与自然价值之间的关系，确保商船安全和良好运行，改善居民地和度假村的环境。对于海上风力发电，必须调查与其他部门和自然价值的协调。

(四) 海陆交互

海区规划中强调要加强管理，减少沿海作业活动给海洋环境造成的影响。要注意不同业务活动的通道问题，从海区到内地的输电线、电缆和管道以及旅游和娱乐用途、居民地和度假村的需求。

三、外群岛和最外围沿海水域

（一）规划原则

确定适合于外群岛和最外围沿海水域的作业活动，根据海区的优势进行规划。该海区是海岸和外海相结合的区域，要保护群岛文化和传统的群岛生计。该海区的核心业务是旅游与休闲娱乐、航行、水产养殖和渔业。在适当区域可以安排海上风力发电、居民地或度假村。

规划和开发时，应考虑海洋自然和群岛自然的保护需求，保护对生物多样性具有重要意义的海区、鱼类产卵区和育幼区、适合风力发电的区域、航行区、水产深化养殖区和渔业区。

（二）特征

该海区重要的群落生境是沙洲、珊瑚礁以及外群岛中的小岛和岛屿。有多个水下关键物种及其生境，这对海区内的鸟类生存十分重要。海区内有大量珍贵的文化价值区，如灯塔岛、风景名胜区以及水下文化遗产。群岛文化是该地区的特色。

（三）协调配合

规划区域内必须具备保障商船安全及良好运行。规划区域内还必须注意诸如水产养殖和海上航行等作业活动的协调配合。对于海上风力发电，必须调查与其他部门和自然价值的协调。

（四）海陆交互

重要的是要注意作业活动中海区与内陆之间的交通问题，如航行区，渔业所需的交通线以及旅游和娱乐路线。此外，还要注意从海区到内陆的输电线、电缆和管道。

四、外海

（一）规划原则

确定适合于外海的作业活动，根据海区的优势进行规划，旨在发现该海区的蓝色增长潜力。外海海区应考虑各行业的变化与机遇，核心作业活动是海上风力发电、海上物流和商业捕鱼。另外，该海区内也设立了海上自然保护区。

规划和开发海区时，应考虑确保商业海运、捕鱼区和潜在能源生产区的运行环境良好。

(二)特征

外海海域的重要群落生境包括水下沙洲和礁石。此外，规划区域内还有水下文化遗产区。

(三)协调配合

必须注意协调规划区域内各行业的需求，如海上风力发电与航行、渔业与国防之间的协调。

(四)海陆交互

需要重点关注该海区内的交通问题，如从海区到内陆的输电线、电缆和管道以及渔业交通线。

第二节　海洋空间规划标志

一、关于所有标志的原则及规划图

关于所有标志的原则及规划图包括：第一，标志一般用于指示已存在的重要海区及今后可能用于各类用途的海区。在有关海区安排各种活动需要进行详细规划。第二，规划和开发时，应注意明确海洋环境目标。第三，一种标志可能与其他标志重叠。第四，标志不排除其他海区也存在业务活动。

二、能源生产

(一)一般定义

在能源生产方面，海洋空间规划确定了潜在海上风电区域。如有必要，在下一个规划期间，其他形式的能源生产将纳入海洋空间规划。在本规划中，人们已经认识到某些海区（尤其是波的尼亚湾）具备建设大规模海上风电的优越条件。

（二）标志说明

▆▆标志指示出潜在的海上风电区域。这些区域主要位于外群岛和最外围沿海水域及外海海域，距离海岸至少 10 千米，水深 10~50 米。划定潜在海上风电区时，考虑了航行区、水深、Natura 2000 海区、其他自然遗产、风景名胜和芬兰国防军的活动以及其他情况。

（三）规划原则

在开发海上风电中，必须重视海洋生计、景观价值、自然和文化价值、休闲娱乐、海上航行和国防需求。此外，必须考虑海区能源输送线缆以及与主电网之间的连接。

（四）规划区域的特征和优先事项

第一，博滕海北部、克瓦尔肯和波的尼亚湾。该海区具备建设海上风力发电的良好条件，特别是博滕海北部和波的尼亚湾外海海域。该海区特殊之处在于海区水深较浅，而且存在冰情现象。第二，群岛海和博滕海南部。在博滕海和群岛海外海海域中划定潜在的海上风电区域。出于国防需要，可能在群岛海南部和波罗的海北部的潜在能源生产区域设置使用限制。第三，芬兰湾。芬兰国防军、Natura 2000 海区和其他自然遗产约束了芬兰湾海上风电的大规模开发。从长远来看，最有潜力的海上风电区域位于芬兰湾西部外海海域。

（五）海陆交互

从海区到内陆的能源输送线路和内陆上的连接点至关重要。发展风电产业时要重点保护好海区与内陆的景观价值，对发展旅游业至关重要。

三、水产养殖

（一）一般定义

海洋空间规划确定了潜在鱼类水产养殖区。如有必要，在下一个规划期间，其他形式的水产养殖将纳入海洋空间规划。

（二）标志说明

▨标志指示潜在的水产深化养殖区。使用芬兰自然资源研究所制作的模型划定水产养殖区。

（三）规划原则

发展水产养殖要重点调查最适宜的养殖区，同时考虑海洋环境和自然遗产。此外，必须考虑整个水产养殖生产链的基本需要，如基础设施之间的交通线路、港口和不同生产阶段所需的区域。利用新技术寻找水产养殖区位置，尽可能减轻海洋环境负担。

（四）规划区域的特征和优先事项

第一，博滕海北部、克瓦尔肯和波的尼亚湾。除现有水产养殖区外，还可以在克瓦尔肯、博滕海最外围沿海水域和波的尼亚湾划出潜在水产养殖区。第二，群岛海和博滕海南部。芬兰群岛海是重要的传统水产养殖区。博滕海外群岛和最外围沿海水域已经划出潜在的水产养殖区。第三，芬兰湾。除现有水产养殖区外，还可以在芬兰湾划出新的潜在养殖区。

（五）海陆交互

港口在水产养殖的不同生产阶段发挥重要作用。物流对原材料、产品运输和深加工都至关重要。

四、渔业

（一）一般定义

海洋空间规划确定潜在的专业捕鱼区，用于沿海渔网捕鱼和外海拖网捕鱼。其他的专业捕鱼方式（如渔栅的位置）也要在规划程序中考虑，但目前还没有在规划图上标示出来。

（二）标志说明

▨标志指示出用于渔网捕鱼和拖网捕鱼的核心区域。区域划分是以渔网捕鱼和拖网捕鱼材料为依据。

(三) 规划原则

发展渔业应当注意年度和季节的变化、气候变化影响、对渔业有重要意义的港口和可用于休闲娱乐的捕鱼区。考虑与渔业区有关的利用和管理计划也非常重要。

(四) 规划区域特征和优先事项

第一，博滕海北部、克瓦尔肯和波的尼亚湾。沿海水域和群岛在专业捕捞方面具有重要意义。沿海地区最重要的捕捞方法是渔网捕鱼和渔栅捕鱼。博滕海北部是波罗的海重要的鲱鱼拖网捕鱼区，渔港网络完备。波的尼亚湾地区的鱼类加工活动主要在奥卢市。第二，群岛海和博滕海南部。芬兰的波罗的海鲱鱼大多是在该规划区域内捕获的。群岛海是芬兰渔业最集中的地区。重要的拖网捕鱼区位于博滕海南部外海海域和海岸附近。拖网捕鱼区拥有完备的渔港网络。最大的渔业港口是雷波萨里、新考蓬基和卡斯耐斯。第三，芬兰湾。鱼类种群丰富，创造了良好的专业捕捞条件。近岸的小规模专业捕捞通常使用渔栅和渔网捕捞多种海产品。

(五) 海陆交互

卸载渔获物和深加工都离不开渔港和物流，所以渔港和物流对渔业来说非常重要。洄游鱼类的水域、鱼类洄游路线和产卵区对鱼类的繁殖至关重要。

五、文化价值

(一) 一般定义

海洋空间规划确定了与海洋部门相关的文化价值聚集区。

(二) 标志描述

标志指示出重要的文化价值聚集区，其位置基于多种材料来源确定。文化价值区包括国家名胜景观区、国家建设的重要文化环境、水下文化景观、海岸渔业传统区以及海洋文化遗产相关的实体，例如与军事历史、海上航行、传统群落生境、景观以及海岸、群岛文化等相关的实体。

(三) 规划原则

开发上述海区时，必须注意保存海区特色、提升文化价值、区域开放性、自然价值、外海景观名胜以及海洋生计。

(四) 规划区域的特征及优先事项

第一，博滕海北部、克瓦尔肯和波的尼亚湾。该地区的海洋文化价值与捕鱼、海豹捕猎、海上航行和灯塔岛、群岛农业以及沿海造船和其他产业相关。克瓦尔肯的世界遗产是重要的自然和文化遗产。海卢奥托是一个独特的文化实体。关于水下遗迹的位置，目前还没有全面的数据。第二，群岛海和博滕海南部。人们自石器时代晚期就生活在芬兰西南部的海岸和群岛上，萨卡昆达区是芬兰人最早的一个居住地，当地条件很适合畜牧和耕作。除了古老的农业文化外，文化历史对捕鱼和海上航行活动也有所描绘。群岛海是芬兰最具代表性的自然和文化价值区。规划区域内有多个灯塔。第三，芬兰湾。该地区海洋传统的特征是群岛居住地、沿海渔村、沿海城镇、别墅区、军事历史和国防设施。在芬兰，许多著名的沉船都位于芬兰湾。芬兰湾的灯塔群是文化历史的重要组成部分，彰显着芬兰海岸的特色。

(五) 海陆交互

文化价值是活力和魅力的重要来源，是该地区旅游业和娱乐业的支柱。海洋文化名胜大多位于海岸和群岛，或者与内陆相连，如渔村、沿海城镇、港口和造船厂。河谷是连接海洋和内陆的文化纽带，反之亦然。

六、重要水下自然价值

(一) 一般定义

海洋空间规划确定了重要水下自然价值区。确定的区域外也存在重要水下自然价值。海洋空间规划未对依据其他法律文件保护和实施的现有水下自然保护区进行说明，如 Natura 2000 网络、国家公园或其他自然保护区。

(二) 标志说明

▓▓▓标志指示这些区域是潜的生态系统服务区。不考虑行政边界或保护区范围，所指示的区域范围也不是拟规划保护区。

(三) 规划原则

开发利用上述海区时，要重点考虑保护水下生境特征。

(四) 规划区域特征和优先事项

第一，博滕海北部、克瓦尔肯和波的尼亚湾。该海区的水下自然价值包括鱼类产卵区、水下群落生境和植物区系以及地质构造。自然价值主要集中在沿海浅水区和岛屿周围。克瓦尔肯、博滕海中部、博滕海北部及波的尼亚湾底部存在大量水下重要区域。由于地壳均衡抬升，生境在不断变化，波的尼亚湾拥有一些独特的物种。第二，群岛海和博滕海南部。该海区海湾和河口营养丰富，为许多水鸟、海岸鸟类和鱼类育幼区创造了条件。波的尼亚湾的硬质海床上发现了连成一体的大片珊瑚礁，具有很高的水下自然价值。博滕海位于南北生物群落的生态交错带。第三，芬兰湾。该海区的特征是河口、遮蔽的内湾、潟湖、鱼类产卵区、小岛和外群岛的礁脉以及珍贵的地质构造，如水下沙洲、海脊、盆地等。

(五) 海陆交互

海洋环境受到陆地上部分活动的影响，如富营养化和废物流入海洋。洄游鱼类的水域、鱼类洄游路线和产卵区对鱼类的繁殖至关重要。

七、生态通道

(一) 一般定义

海洋空间规划确定了与自然核心区域密切相关的重要生态通道。

第十九章　芬兰《海洋空间规划区域和标志说明》

(二)标志说明

━━ ━━标志指示重要的生态通道，比如河流对洄游鱼类和国际绿色通道非常重要。

(三)规划原则

开展作业时，要注意重点保护和改善生态通道。

(四)规划区域的特征和优先事项

第一，博滕海北部、克瓦尔肯和波的尼亚湾。托尔讷河是芬兰最重要的鲑鱼产地，也是世界上最重要的大西洋鲑鱼产卵区之一。该地区的其他河流也对恢复洄游鱼类种群具有影响，并对海陆相互作用具有更广泛的影响。第二，群岛海和博滕海南部。规划区域的流域很广，沿岸的多条河流和河口已确定为生态通道。第三，芬兰湾。连接芬诺斯坎迪亚和欧洲绿色区域的海洋生态通道贯穿芬兰湾。对洄游鱼类具有重要生态意义的河流也确定为生态通道，其中最重要的河流是屈米河。

(五)海陆交互

河流及其沿海地带是重要生态通道。一些河流是海水鱼的产卵区。其他生态通道(如蓝绿生态通道)对生物多样性具有重要意义。

八、旅游和休闲娱乐

(一)一般定义

海洋空间规划确定了旅游和休闲娱乐潜在发展区。群岛和沿海地区是自然和文化景区。此外，旅游和休闲娱乐标志还包括重要的休闲垂钓地区。

(二)标志说明

▓▓标志指示出潜在的旅游和休闲娱乐发展区域。除文化价值外，这些区域还具有水上和水下价值。

(三)规划原则

发展旅游和休闲娱乐产业时,重要的是要加强海洋旅游的先决条件和开放性,创建功能性实体,减少旅游业对自然的影响。发展旅游和休闲娱乐产业必须考虑可持续性。

(四)规划区域的特征和优先事项

第一,博滕海北部、克瓦尔肯和波的尼亚湾。该海区的旅游业目前主要集中在沿海地区。克瓦尔肯的世界遗产是最著名的海洋景观。部分自然和文化遗址在旅游和休闲娱乐方面发展潜力巨大。休闲垂钓和捕捞是该海区休闲娱乐产业的一部分。托尔讷河作为重要的休闲垂钓地,在国际上享有盛名。第二,群岛海和博滕海南部。规划区域内的群岛海及其沿岸是极具潜力的热门旅游和休闲娱乐地。博滕海和群岛海内的国家公园是该地旅游产业的支柱。第三,芬兰湾。与芬兰其他海区相比,芬兰湾的游客数量最多。群岛、海岸和自然旅游业潜力巨大。最重要的国际旅游中心是赫尔辛基及其周围海区。海洋城镇汉科、拉塞博格、波尔沃、洛维萨、科特卡和哈米纳以及其他群岛也是中心旅游景点。

(五)海陆交互

开放性对旅游和休闲娱乐区至关重要,包括岛上和内陆的物流、基础设施、电力、供水和通信连接、船坞和港口、住宿容量和服务同样重要。文化价值、旅游和休闲娱乐产业往往紧密相连。渔业、旅游业和休闲渔业的发展情况与鱼类种群的健康息息相关,所以保护好鱼类的产卵区、洄游区和觅食区至关重要。良好的海洋环境是发展旅游和休闲娱乐产业的重要前提。

九、旅游及休闲娱乐通道

(一)一般定义

海洋空间规划确定了潜在的国际、国家或区域的旅游和休闲娱乐重要通道。

第十九章 芬兰《海洋空间规划区域和标志说明》

(二)标志说明

●●●标志指示潜在的旅游和休闲娱乐重要通道。

(三)规划原则

开发旅游和休闲娱乐通道时，要重点创建功能实体并关注其开放性。

(四)规划区域特征和优先事项

第一，博滕海北部、克瓦尔肯和波的尼亚湾。波的尼亚湾北部有一条跨国旅游和休闲娱乐通道。该地区的现有港口、港湾和景点等条件有助于发展休闲游船和游轮交通。第二，群岛海和博滕海南部。博滕海南部沿海地区有重要的旅游和休闲娱乐通道。博滕海自然公园为该地区的旅游和休闲娱乐产业提供支撑。在国家和国际上，整个群岛海是著名的旅游和休闲娱乐区。第三，芬兰湾。沿海区域是旅游和休闲娱乐产业发展的核心。主要的小型船舶航线从东部边界起跨越整个芬兰湾，发展该航线时需要重点关注开放性和服务业的发展。

(五)海陆交互

物流通道、服务能力、开放性及电子通信对旅游业和休闲娱乐业至关重要。

十、群岛

(一)一般定义

海洋空间规划确定了海区重要的功能性群岛实体，综合了当地群岛文化、全年居住和休闲居住、若干海洋产业、生物多样性和文化环境。

(二)标志说明

▦标志指示出重要的群岛功能实体，考虑了影响重要群岛实体建设的各种因素，如住房、生计、服务、开放性、良好的基础设施通道和文化环境，这些因素会约束群岛的实体建设。

(三)规划原则

在开发该海区时,应考虑重要群岛文化、多样的商业和区域的全年开放性。应发展区域基础设施,提升区域内的活力和特色。

(四)规划区域的特征和优先事项

第一,博滕海北部、克瓦尔肯和波的尼亚湾。克瓦尔肯群岛是波的尼亚湾最重要的群岛,包括若干可开发的群岛村庄。皮耶塔尔萨里和科科拉之间的卢奥托群岛也是一个重要的群岛实体。海卢奥托岛是波的尼亚湾北部唯一有人居住的岛屿。第二,群岛海和博滕海南部。该海区对于波罗的海和国际都具有重要意义,这里拥有自然特色、文化遗产、全年旅居地和休闲娱乐度假村,也有旅游业和其他服务业。其中包括群岛生物圈保护区。第三,芬兰湾。核心地区是布罗马尔夫、塔米萨-因戈、锡博-波尔沃和洛维萨-皮赫泰-科特卡等重要岛屿实体。

(五)海陆交互

交通和电信对该海区至关重要,因为群岛上有永久居住地和旅游娱乐产业。

十一、功能性通道

(一)一般定义

海洋空间规划确定了在经济上和功能上重要的现有的和潜在的海洋通道,对维护海区内的生计和其他福祉十分重要。这些功能性通道在国际与国内广泛存在。功能性通道可满足旅游、娱乐和基础设施的交通需求。

(二)标志说明

国际功能性通道(全欧交通网络)标志指示出通往全欧交通网络的跨境功能性国际通道。功能性通道标志 ◀▶ 指示出已确定的现有和潜在的功能性通道。

第十九章 芬兰《海洋空间规划区域和标志说明》

(三) 规划原则

建设通道时，必须使用多种方式并考虑不同行业的协调需求。

(四) 规划区域的特征和优先事项

第一，博滕海北部、克瓦尔肯和波的尼亚湾。瓦萨—于默奥通道是波的尼亚湾和欧洲最北端与海卢奥托岛航道之间唯一的通道。第二，群岛海和博滕海南部。图尔库—斯德哥尔摩通道是斯堪的纳维亚—地中海全欧交通网络核心航线的一部分。第三，芬兰湾。赫尔辛基—塔林通道是北海—波罗的海全欧交通网络核心航线的一部分。筹划中的赫尔辛基至塔林的隧道与全欧交通网络关系十分密切。除此以外，货运交通的发展需要与新地省西部和德国以及欧洲其他地方之间的功能性通道密切相关。科特卡—科沃拉通道中的哈米纳港是斯堪的纳维亚—地中海全欧交通网络核心航线的一部分。科特卡—爱沙尼亚与科特卡—圣彼得堡通道属于功能性通道，并将投入建设，此外该通道也有交通发展需求。

(五) 海陆交互

通道穿过海区连接沿海与内陆。

十二、特别协调区

(一) 一般定义

海洋空间规划确定了若干特别协调区，海区内需要对多种现有和潜在的作业活动进行协调。

(二) 标志说明

标志指示出首都地区的沿海地带和内群岛海区，海区内有多种不同的作业活动和潜在活动。为使各类作业活动协调配合，需在区内进行协调。

(三) 规划原则

在该海区内开发时，必须持续协调好休闲娱乐、交通、公众的其他需求与交通管理、旅游业、其他产业活动之间的关系。此外,要重点关注生物多样性保护,并有效协调不同作业活动的关系。

(四)规划区域特点和优先事项

第一,博滕海北部、克瓦尔肯和波的尼亚湾。没有标志。第二,群岛海和博滕海南部。没有标志。第三,芬兰湾。沿海区域大都市化建设蓬勃发展,许多对地方、国内和国际具有重要意义的活动区和作业活动都在沿海区域。

(五)海陆交互

特别协调区内海陆交互作用十分密切,这是因为内陆和沿海地区以及海区内存在多种作业活动。

十三、港口

(一)一般定义

海洋空间规划确定了在国际上具有重要意义的全欧交通网络港口、综合网络港口和其他区域性重要港口。港口是人员和货物运输的中心枢纽。许多与港口相关的工业作业都位于港区范围内。

全欧交通网络和综合网络港口是连接芬兰与欧洲和全球业务的关键环节。全欧交通网络旨在打造安全和可持续的欧盟运输系统,促进人员和货物的流动。

规划中的多个港口均有化工、林业、冶金等重要工业生产基地。港口在这些行业的物流中发挥着重要作用。

(二)标志说明

国际港口(全欧交通网络)标志指示出现有和计划中的全欧交通网络国际港口和综合网络港口。港口标志●指示出其他区域性重要港口。

(三)规划原则

在港区开发过程中,应注意港口的经营和发展状况。规划应考虑航行范围、内陆交通、交通顺畅和安全以及运营环境的质量。内陆通道对港口运营至关重要。

(四)规划区域的特征和优先事项

第一,博滕海北部、克瓦尔肯和波的尼亚湾。全欧交通网络港口包括凯米、奥卢、拉赫、科科拉、皮耶塔尔萨里和卡斯基宁等。其他重要港口包括托尔尼奥、卡拉约基、瓦萨和克里斯蒂娜城等。第二,群岛海和博滕海南部。图尔库港和楠塔利港是全欧交通网络核心网络的一部分。劳马和波里港属于全欧交通网络综合网络港口。该海区主要用于商业海运的港口还有埃乌拉约基、新考蓬基和帕尔加斯等。第三,芬兰湾。哈米纳-科特卡港和赫尔辛基港是全欧交通网络核心网络的一部分。全欧交通网络综合网络的其他港口包括波尔沃的汉科和斯基洛维克。其他重要港口还包括因戈港、坎特维克港和洛维萨港。

(五)海陆交互

物流通道(如海上航线与内陆通道)对人员和货物的流动至关重要。

十四、海洋产业

(一)一般定义

在海洋空间规划中,海洋产业是海洋生计、海洋集群构成实体的核心组成部分。海洋产业往往集中在靠近大型港口的地方。如果需要通过港口来开发海洋产业,则海洋产业属于港口标志的一部分。

(二)标志说明

■标志指示出重要的海洋产业区。

(三)规划原则

开发海洋产业应考虑海洋产业网络和物流通道。

(四)规划区域的特征和优先事项

第一,博滕海北部、克瓦尔肯和波的尼亚湾。该海区有大量与海运和冶金工业有关的商业活动。规划地图上没有标示出重要的海洋产业区。第二，群岛海和博滕海南部。该海区有一些重要的造船厂和其他海洋产业聚集区。规划地图上标出了波里、劳马和图尔库等海洋产业聚集区。第三，芬兰湾。该海区拥有海洋产业技能并提供教育培训。赫尔辛基造船厂是该地区的重要参与主体。与游船和船舶交通有关的业务在该地区也具有重要地位。港口标志中包括芬兰湾海洋产业。

（五）海陆交互

从广大分包商的角度来看，物流通道对海洋产业非常重要。在海洋产业中，港口在对原材料和产品供应方面发挥至关重要的作用。

十五、航行区

（一）一般定义

海洋空间规划将重要的交通区确定为航行区。在当前和今后的海区使用中，航行区都发挥着至关重要作用。

（二）标志说明

标志指示出用于航行的区域。根据海上运输所经过的区域、现有航线的位置以及用一般航行区标志指示新航线的需要来确定航行区。

（三）规划原则

划定航行区时，不仅要注意航行安全，还应注意未来航运和海上物流方面的需求。

（四）规划区域的特征和优先事项

第一，博滕海北部、克瓦尔肯和波的尼亚湾。克瓦尔肯海区在航行中发挥着核心作用。该海区的特点是冬季存在冰情，且克瓦尔肯海区和波的尼亚湾的水深较浅。第二，群岛海和博滕海南部。指示的航行区主要是第一类和第二类商船航运线及其他繁忙海域。第三，芬兰湾。芬兰湾是最繁忙的海域。需要开辟一条通往圣彼得堡的新航线，同时该航线也划定为航行区。之所以一定要开辟这条新航线，是因为需要功能更强的通道来容纳越来越大的船舶吨位。

(五)海陆交互

港口对于海上航行至关重要，因为船舶主要是在港口装卸货物。港区是多种海洋产业聚集区。

十六、特别区

(一)一般定义

海洋空间规划确定了与海洋相关的特殊作业活动和非常规作业活动，将这些区域划定为特别区。

(二)标志说明

■标志指示与海洋相关的重要特别区。特别区可能是发电厂、数据中心(余热和能源强度)以及自动化船舶测试区。

(三)规划原则

开发特别区时，要注意特别区对其他作业活动的限制，并应说明特别区潜在的多功能用途(例如，冷凝水余热的利用)。

(四)规划区域的特征和优先事项

第一，博滕海北部、克瓦尔肯和波的尼亚湾。芬兰国防军的射击和训练区位于波的尼亚湾沿岸的科科拉—卡拉约基附近，在皮海约基筹建的 Hanhikivi 核电站及其附近海域都位于该海区。第二，群岛海和博滕海南部。自动化船舶测试区、Olkiluoto 核电站及其附近海域都位于该海区。第三，芬兰湾。谷歌最先进和最强大的数据中心位于哈米纳，数据中心的冷却系统使用海水。洛维萨核电站和 Kilpilahti 炼油厂和石化集群区利用该海区进行运输和冷却，这些区域都有利用余热的潜力。

(五)海陆交互

特别区对周围海域及其利用潜力具有重大影响。自动船舶测试区与海岸基础设施相连。

十七、管线、电缆和管道

（一）一般定义

海洋空间规划确定了海区内重要基础设施通道，这些基础设施通道连接芬兰与全欧交通网络。

（二）标志说明

— —标志指示出现有和正在建设的国内与国际管线、电缆和管道。

（三）规划原则

建设基础设施通道时，要重点关注施工过程中管线、电缆和管道对海洋环境和水下文化遗产的影响。基础设施通道建设需要与其他业务活动及其价值进行协调。

（四）规划区域的特征和优先事项

第一，博滕海北部、克瓦尔肯和波的尼亚湾。确定规划区域内需要建设一条经克瓦尔肯通往瑞典的输电线。第二，群岛海和博滕海南部。Fenno-Scan 一号和二号输电线及北溪天然气管线。第三，芬兰湾。爱沙尼亚连接一号和二号输电线、北溪天然气管线、Balticconnector 天然气管线。

（五）海陆交互

基础设施通道与内陆上的管线、电缆和管道网络连接。

第二十章　葡萄牙《国家海洋战略（2021—2030）》

2020年11月2日，葡萄牙海洋部发布《国家海洋战略（2021—2030）》（简称《战略（2021—2030）》）。该战略提出10项战略目标和160项具体措施，旨在维护健康的海洋生态系统，促进可持续蓝色经济发展，在科学推动下推进葡萄牙成为全球海洋治理领域引领者。战略覆盖领域包括应对气候变化、防治污染、生态系统修复、发展可持续循环蓝色经济、促进可再生能源发展、保障粮食和水安全、维护海洋健康、促进科技发展、鼓励蓝色创新、加强海洋教育、推动海洋再工业化、生产能力化和数字化、确保海上安全、维护海洋权益、推动全球治理、深化国际合作等，重点提出加大对海水淡化的投资力度，发展更具战斗力的海上舰队及开放深海采矿。

第一节　引　言

葡萄牙是一个海洋国家，海岸线长约2 500千米，拥有面积超过170万平方千米的海洋领土，是世界上拥有专属经济区面积最大的国家之一，因此回归大海是葡萄牙自20世纪末开始并在21世纪持续推进的一项伟大事业。在20世纪，随着海洋科学技术的迅猛发展，海洋的重要性日益突出，海洋更广泛地进入了大众视野。在21世纪，随着海洋战略重要性的不断升级，葡萄牙推出了国家海洋战略。

《战略（2021—2030）》以相关国际文书为基础，加强海洋作为主权空间的地位。葡萄牙迫切需要为海洋政策指明方向，并加强其地缘政治和战略地位。最近几年，葡萄牙成立了首个致力于海洋的国家私人基金会——"蓝色海洋"基金会，旨在通过基金会提升国家影响力。《葡萄牙经济复苏计划战略构想（2020—2030）》中，海洋再次成为焦点。

海洋能够保持这种政治活力，部分原因是人们日益认识到海洋经济活动对创造财富和就业的贡献。2012年，欧盟通过了《蓝色增长战略》，旨在支持海洋经济部门的可持续增长，同时认识到海洋作为欧洲经济引擎的重要意义及其巨大的创新潜力。2013年，葡萄牙国家统计局与海洋政策总局签署协议，通过海洋卫星监测海洋在国民经济中的经济相关性。欧盟委员会估计，到2018年葡萄牙蓝色经济总值占国民经济的3.2%，创造的就业机会占全国就业的5.5%。这些数字在欧盟成员国中位居第一。

蓝色经济的可持续性取决于海洋环境及其生态系统的保护和对海洋文化遗产的保护。《葡萄牙国家海洋空间形势计划》《实施葡萄牙国家海洋保护区网络的战略方针和建议》及《战略（2021—2030）》对海洋环境状况的良好评估，均为确保葡萄牙致力于保护海洋生态系统及水下文化遗产的重要里程碑。

葡萄牙必须发挥其地缘战略地位、技术技能和海洋传统的竞争优势，尽量减少行政或财政障碍，并切实行使国家在海上的权力。我们在海洋可持续管理方面确立的标准将对地球的可持续性做出重大贡献，希望后代拥有更多的蓝色资源。

第二节 愿 景

海洋是葡萄牙历史最悠久、最有影响力的标志之一。一个健康的海洋是葡萄牙从海洋中获得和产生利益的首要条件，包括可持续、循环和包容性的蓝色经济。过去10年，我们面对严重的环境问题，如气候变化、生物多样性丧失和生态系统完整性遭破坏、新型环境污染、海洋酸化和缺氧地区的增加等，迫使葡萄牙在寻找全球环境问题解决方案方面发挥更加积极的作用。决策必须以科学知识为基础，确定保护脆弱物种和生态系统的方案，保护文化遗产并将海洋作为创新的引擎，是经济增长和创造就业机会的基础。安全对于应对威胁和在危及海洋环境、经济活动和海上人类生命时采取行动方面至关重要。

因此，《战略（2021—2030）》的愿景是基于健康的海洋，促进可持续的蓝色经济发展，确立葡萄牙作为海洋治理领导者的身份。

第三节 《战略(2021—2030)》目标

今天及未来10年，葡萄牙和世界都面临重大全球性挑战。气候变化、地球自然资源的过度开发及生物多样性下降、饥渴、人类和生态系统健康以及文化遗产丧失，都是今后10年必须扭转的局面。为明确应对所有挑战的最佳措施，该战略围绕10年的10大战略目标开展。这些目标是基于对优势、劣势、机遇和威胁的判断确定的，并确保其与联合国《2030年可持续发展议程》以及欧洲生态公约的目标一致。战略目标依赖于各个国家合作制定，共同促进蓝色海洋经济发挥更大的作用，同时改善人类与海洋的关系。

一、应对气候变化与污染，恢复生态系统

葡萄牙必须面对气候变化、环境和生物多样性保护的挑战，这些挑战是塑造国家未来的决定因素。

该战略选择意味着在获取科学知识合作方面进行投资，但主要是在不同经济部门开发技术解决方案，减少环境威胁并提高监测能力。虽然主要的目标是防止对生态系统的影响，但也有必要开发可再生的解决方案，以恢复退化的生态系统，固定碳并将其转化为食物链，并加强海岸保护。同样，我们必须鼓励用技术解决污染问题(包括塑料、碳氢化合物或是其他危险物质所造成的污染)。首先须确定受威胁程度最大的生态系统、生境和海洋物种，并开展应用研究，以支持生态系统修复，包括对海洋和沿海地区进行分类保护。

《战略(2021—2030)》将这些挑战列为首要任务。考虑到海洋无国界，葡萄牙必须将主要国家集团纳入应对气候变化、环境及海洋生物多样性保护方面的工作中，动员国际社会寻求全球解决方案。

二、促进就业与可持续的循环蓝色经济

蓝色经济是全球经济的重要组成部分。在《欧盟蓝色经济报告(2018)》中，葡萄牙蓝色经济活动产生的营业额达20.4亿欧元，其中蓝色生物技术、可再生能源、海藻养殖、数字技术等新兴产业贡献约12.9亿欧元。

2018年，欧盟蓝色经济行业增加值总额达 2 180 亿欧元，总营业额约 7 500 亿欧元，就业人数约为 500 万人，占欧盟就业总量的 2.2% 左右。同一份报告显示，葡萄牙同年的海洋经济占国民总增加值的 3.2% 和就业的 5.5%。

根据经济合作与发展组织对 2030 年的预测，无论是在总增加值还是在就业方面，蓝色经济预计均将超过全球经济的整体增长。然而，蓝色经济的发展必须以健康的生态系统和保护沿海社区为基础，遵守循环、包容、公平和可持续原则，只有实现环境、社会、文化和经济的和谐，才能实现真正繁荣。因此，在与《循环经济行动计划》相协调的前提下，以减少、替代、再利用、再循环初级资源为新常态，发展循环生物经济十分重要。此外，还需要维持渔业就业，并确保沿海社区的文化和社会可持续性。

三、经济脱碳，促进可再生能源发展，实现能源自主

根据《巴黎协定》，葡萄牙承诺到 2050 年实现碳中和的目标。《碳中和路线图》将脱碳目标定为与 2005 年排放量相比减少 85% 以上，固碳能力达到 1 300 万吨。因此，未来 10 年内，葡萄牙应更加努力减少温室气体的排放。《2030 年葡萄牙国家能源和气候规划》明确了减排目标，将可再生能源和能源效率纳入其中。

海洋可以在三个领域促进脱碳，这三个领域与联合国《2030 年可持续发展议程》密切相关，即可持续发展目标 7——确保人人获得可靠和可持续的现代能源；可持续发展目标 9——建设具备抵御灾害能力的基础设施，促进具有包容性的可持续工业化，推动创新；可持续发展目标 14——保护和可持续利用海洋和海洋资源，促进可持续发展。在可持续发展目标 14 中，葡萄牙在沼泽和海底草原等生态系统、沿海和海洋地区及其生物和非生物资源中发现的蓝碳具有特殊意义，可以通过特殊措施利用其捕获能力，鼓励海洋再造林或综合多养水产养殖。可持续发展目标 9 意味着海洋经济部门侧重于提高能源效率，将创新技术、新材料和低碳工艺结合起来，保障相关的工业效益，包括减少温室气体的排放，发展绿色航运，同时采用可替代的低碳和零碳燃料（液化天然气、氢和合成燃料）；国家休闲划船、渔业和水产养殖部门也应参与能源转型，以确保遵守并实现碳中和目标。可持续发展目标 7 中，葡萄牙应提高本国的能源自主权具有战略附

加值。必须评估这些活动及其相关基础设施对海洋动植物群和文化遗产造成的影响。

四、加大投资确保可持续性和粮食安全

按照欧洲"从田地到餐桌"倡议，以可持续发展理念指导海洋大型捕捞作业，从而保证海洋生物资源可持续开发以及水产养殖的可持续生产能力。提倡零浪费以及残留物、副产品的充分回收，确保加工过程不妨碍可追溯性，保障食品安全。

开发技术以监测人类消费的海洋产品中新出现的污染物、微塑料和纳米塑料。开展陆上和海上检查是确保渔业发展可持续性和安全性的组成部分。食品的可持续性不仅包括鱼类生产，还包括进口鱼类的消费，应充分考虑进口鱼类生产方式对环境的影响，并评估变化所产生的新风险，这些变化可能决定是否需要改变现有立法，并在食品安全方面做出回应。

五、提升获取饮用水的便捷程度

在葡萄牙，公共供水、农业和畜牧业生产、工业和娱乐等行业对水的消耗日益增加，且这种压力可能在气候变化背景下日益加剧，因为长期干旱的情况可能会日益严重。近年来，干旱的频率和强度及其对环境和经济的破坏急剧增加。

因此，寻找替代水源和提高用水率至关重要。海水淡化是一种重要的淡水来源方式。因此，《战略（2021—2030）》必须在水资源管理的框架内开展海水淡化，填补国家水资源有效利用和水处理残余物生产再利用的法律制度。考虑到葡萄牙已经具备卫生工程方面的相关知识，并且形成机电、电子和纺织等不同的行业，该构想具有特殊意义。此外，还增加了支持工业创新的卓越中心以及多部门进行海水淡化的方法，从而有助于实现联合国《2030年可持续发展议程》的目标。

六、维护健康，提升人民福祉

海洋与人类健康密切相关。海洋生态系统为人类提供氧气和吸收二氧化碳，这是海洋与我们的生存最相关、最易被人忽视的联系之一。就食物而言，经常食用鱼类和其他海鲜是健康饮食的基础之一，对人类健康的影

响众所周知。海洋也是具有巨大潜力的生物活性物质来源，蓝色生物技术可以从各种海洋生物（细菌、藻类、海绵、珊瑚、软体动物和其他无脊椎动物）中提取这些物质。这一活动的发展高度依赖于科学知识且前景光明，有必要对该领域技术和应用研究进行投资。另外，海洋和沿海生态系统提供了各种娱乐活动场所。这些自然和文化服务被视为环境和公民生活的工具，也有助于社区和领土的可持续性和复原力。

七、促进科学知识、技术发展和蓝色创新

科学知识作为支持政治决策的工具必须为公民服务。从本质上讲，研究中心和大学是进行研究和促进科学知识及其与整个社会联系的卓越空间。提供支持公共政策的知识必须成为优先事项，鼓励越来越多学科和协作方法的创造。

公民参与海洋科学发展十分重要，应特别注意将当地的生态和文化知识作为信息来源，并致力于持续观察自然系统、文化遗产和人类与自然的互动关系。另一重要的信息来源是利用海上运输和海上旅游业获得相关数据信息，这些信息与当地的信息在数量和地理范围上存在不同。因此，有必要鼓励通过这些渠道收集和提供数据。

持续观测的基础是从海洋获取原位和异位数据，从传统的物理化学数据，到越来越必要的生物地球化学数据，以了解海洋环境的动态过程。必须以可持续的方式支持海洋观测系统，并通过易于使用的数字应用程序以及与人工智能相关的技术促进其数字化、互操作性和可访问性。

通过创建多学科集群、发展知识产权和使用世界级基础设施，在蓝色经济的不同领域留住并吸引人才和投资至关重要。可以创造具有强大互动和创新潜力的动态环境促进科学家、技术人员、工程师和管理人员培训。必须确保各方参与者的互补性，经济部门、学术界和公共参与者共同参与，并实现能够形成开发、试验和运行的良性循环。

八、加强海洋教育、培训、文化和扫盲

未来10年葡萄牙应该增加和改善海洋相关地区的教育和培训。应本着欧盟委员会《欧洲技能议程》的精神，鼓励海洋专业、创新和创业以及新的专业技能之间的流动，吸引更多的年轻人和妇女从事海洋相关职业。我们

还必须加大对海洋专业高级人才教育培训和专业培训的投入，使海洋经济专业人才具备国际竞争力。

大力开展围绕就业、职业技能资质的培训，将学校和职业培训中心及海洋研究所与社会经济发展的需求结合，推动海洋经济的良性发展。

在联合国《2030年可持续发展议程》中，文化是宽容、责任和多样性的代名词，这些概念对可持续发展至关重要。因此，必须实施促进文化、确认各国身份的海洋政策。知识赋予的生产力、创造力可为地区和国家带来超出国际社会预测的经济回报，创造大量就业机会，影响不可估量。应制定有助于未来教育、科学、空间规划、环境和旅游政策的文化遗产战略。必要结合价值观和传统，促进该领域的培训和创新，并将航海和水下文化遗产作为本国国际宣传战略的一部分，作为与其他海洋国家开展双边关系外交的指导工具。

在这10年里，进一步加强对海洋知识的重视，除了向社会宣传海洋外，还必须使社会(特别是儿童和青年)参与这一转变。有必要建立一个空间网络，揭示海洋的重要性，鼓励所有公民和社会各阶层对海洋采取知情和负责任的态度，以包容的方式，尊重国民意愿的差异性和多样性。

传统的海洋认知价值观是葡萄牙国民和社会生活的组成部分，对于更接近海洋的文化而言，重要的是将科学知识与价值观和传统结合起来。为实现该使命，教育工作者、研究人员、传播者、来自海洋传统部门的专业人员、企业家、律师、政治家、艺术家和年轻人必须共同努力。只有这样，社会才能适应新的海洋文化。

九、鼓励再工业化、生产能力化和数字化海洋

由于部分生产转移至其他地区，葡萄牙和整个欧洲丧失工业生产能力。再工业化是一项必要的战略选择，海洋经济应在这一过程中发挥重要作用，通过采用新的原则和商业模式，吸引传统和新兴行业。

国家和区域智能专业化战略强调海洋经济是一个高度相关的领域。我们必须继续促进商业和渔业港口的集群化，加强研发能力和专利申请。葡萄牙在海洋经济领域中具有很强的内部工程能力，特别是在造船工程和鱼类加工行业有着公认的业绩和能力。另一方面，蓝色经济的新兴部门，如蓝色生物技术、海洋工程、新型水产养殖、可再生能源价值链和与非生物

海洋资源相关的部门等，为葡萄牙进入新的工业和生产时代带来巨大机遇。在数字时代，海洋的数字化将有助于维护海洋环境中传统和新兴活动的生产结构。

葡萄牙是欧盟中海洋经济在国民经济中占比最大的成员国之一。即使在不利时期，海洋经济仍然具有弹性，增长速度远高于国民经济其他部门，企业创造的价值持续增长，海洋经济产品的出口价值也不断增加。葡萄牙以海洋经济为基础的再工业化应以现代逻辑重新确立葡萄牙的海洋性质，对此葡萄牙必须具有包容性，以卓越的人力资本为基础，遵循循环经济和资源节约型经济标准，整合研发。

十、确保海洋安全、主权、合作和治理

葡萄牙与大西洋之间的独特关系是一个关键因素，有助于本国重视、巩固和加强与其他国家的合作关系，参与旨在保障国家地区安全和国际利益的进程。考虑到大西洋和欧洲层面，葡萄牙必须促进全面实施综合的海洋政策。

《战略（2021—2030）》是确认国家主权的工具，需要在创新和科学上加大力度，提高对海洋和沿海地区远程监测的能力，并开发智能技术手段和监测平台。如此一来，科学知识在维护国家海上权益方面的重要作用得以体现。

以海上和港口技术及业务合作为基础的多部门和跨国保险伙伴关系，加强了安全与保护建设，在预防和制止非法行为、人道主义危机管理、救援行动、信息交流、简化程序、海上监测和监督等方面建立了协同联络机制。欧盟的外部边界为 44 752 千米，其中 32 719 千米为海洋边界。拥有 22 个海上边界哨所的葡萄牙是在洲际边界交点上表现最突出和作用最明显的国家之一，它在大西洋和相关海域的地缘政治和地缘战略上的贡献得到各国的肯定，促进了海洋的稳定发展。

《战略（2021—2030）》也应成为海洋外交的指导工具，鼓励加强与其他海洋国家的关系。考虑葡萄牙语国家共同体（葡语共同体）与海洋有着特殊的关系，该战略应有助于深化其在海洋事务方面的合作，执行葡语共同体的海洋战略。该战略还应在《贝伦宣言》的框架下，为继续开展国际合作做出贡献。

在欧盟范围内，《战略（2021—2030）》强调了该国在打击海盗或非对称

威胁等犯罪方面的努力。由于葡萄牙加入了应对混合威胁的欧洲卓越中心,葡萄牙将增加投入以提高应对混合威胁(即与海上安全有关的威胁)的应变能力。

除欧洲和国际合作之外,还需要保证国家本身的能力,在涉及国家利益的领域保障对资源主权。组织跨部门的高效率合作,在制定海洋政策方面需要国家与国际社会协调合作。

第四节 《战略(2021—2030)》优先领域

考虑10年的主要战略目标,有必要确定实现这些目标的优先干预领域。优先干预领域是指在海洋部门或相关领域制定措施,提供奖励和支持,为实现战略目标做出贡献。

一、科学与创新

《战略(2021—2030)》优先干预领域首先是科学和创新。要发展蓝色经济,保护和恢复海洋和沿海生态系统及水下文化遗产,就必须建立牢固的海洋知识基础和技术创新。这项任务需要各国科学机构的承诺与合作及其对欧洲和国际研究基础设施的广泛参与,促进葡萄牙在海洋关键领域研究的领导地位。这也是在公共和私营科学机构合作的基础上发展不受国界限制的海洋知识集群的必要步骤。

促进数据开放政策是干预领域的另一个关键方面,以确保数据透明度并促进所有海洋用户对收集数据的访问。在质量和数量上发展和维护欧洲级实验室或现场基础设施,对于支持葡萄牙在关键领域的科学领导地位同样重要。葡萄牙还必须参与海洋和气候领域的国际倡议,收集和处理有关海洋的信息和数据,确保对海上观测和设备进行必要的监测和投资。通过让葡萄牙科学家参加外国科学航次以整合第三方在国家海洋空间所掌握的科学知识,并获取其研究成果从而产生实际效益,将更多的知识转化为财富和就业机会至关重要。要从经济发展的实际需要出发,加大对战略性行业科技创新的转移力度。与此同时,我们必须像《蓝色生物经济国家路线图》一样,针对不同海域实施国家路线图和计划,明确科技创新领域面临的主要挑战和解决方案。

最后，葡萄牙必须在 10 年间根据《联合国海洋公约》和《联合国海洋科学发展十年（2021—2030）》发挥核心作用，促进海洋科学领域的国际合作。在大西洋领域，葡萄牙应继续在《贝伦宣言》范围内促进研究和创新合作。

二、海洋教育、培训、文化与扫盲

发展海洋文化和可持续的蓝色经济，教育和培训必不可少。这一方法要贯穿所有领域，其执行必须考虑到现实社会和领土问题。

通过对流动人口进行高等教育或双重认证教育和培训，为公共和私营企业提供具有创新能力的劳动群体，增加就业机会，促进和保障各类人才就业的灵活性和流动性。为此，必须确定、分析和评估当前和未来的劳动力市场需求。这一战略的目标是解决失业问题，促进全国各地经济的平衡发展。这些课程必须优先考虑学校与公司之间的联系，以满足具体的区域需要和经济优先领域的部门认证。

考虑到海洋对葡萄牙的战略重要性及其对经济、科学、社会、文化和环境的各种影响，必须制定一项综合的海洋扫盲战略，使之能够惠及不同部门和整个社会。海洋扫盲战略必须以一项具体的执行计划为基础，由适当的筹资机制支持，并纳入可持续发展的目标之中，以直接、综合和一致的方式响应《战略（2021—2030）》的优先目标。根据联合国教科文组织的建议，本十年通过的愿景将使未来社会更具包容性和整体性，以适应不同的现实状况。

值得注意的是，有必要将葡萄牙为社会不同部门制定的具有物质和非物质性的海洋文化、传播沿海文化遗产倡议结合起来。通过促进与葡萄牙参加的国际组织间的合作，对公职人员进行主题培训将更好地加强海洋领域的合作。必须鼓励海洋文化研究，把社会和教育领域的研究人员带到社区，开展海洋文化深度研究。

三、生物多样性和海洋保护区

葡萄牙在海洋生物多样性保护，特别是在海洋保护区的创建和管理方面积累了丰富经验，是划定海洋保护区的先驱。葡萄牙于 2018 年批准了《2030 年国家自然保护和生物多样性战略》，重申了海洋保护区的重要性，2019 年批准了《实施国家海洋保护区网络的战略指导方针和建议》。未来

10 年中，这些战略将对保护自然海洋遗产、海洋和沿海生态系统的结构、功能和复原力做出决定性的贡献。除划定新的海洋保护区之外，迫切需要为现有保护区制订和执行管理计划。

为加强生物多样性保护，必须加大科学和技术研发，一方面，界定分类领域；另一方面，确定生物多样性管理和恢复措施的试验和评估。还必须通过参与机制保护自然资源和生物多样性，使沿海社区、经济主体和民间团体参与进来。

生物多样性保护是环境政策问题，也同样是一个经济问题，因为生物多样性是相关经济活动的目标，沿海和海洋生态系统为社会提供基本服务，如气候调节、初级生产或遗传资源的创造，这些都必须加以重视和考虑。

四、蓝色生物经济与生物技术

生物经济的主要目标之一是用性能优越、对环境影响较小的可再生资源取代化石资源。蓝色生物经济被视为是蓝色经济中最有前途的新兴领域之一，它包括对非传统海洋生物资源进行生物技术开发以及对这些生物资源的衍生品进行商业开发和研究。这类海洋生物包括大型藻类、微生物（微藻、细菌和真菌）和无脊椎动物（棘皮动物，例如海星、海参和海胆）。

目前海洋生物资源的商业应用蓬勃发展，应用领域包括制药、医疗、保健、烹饪、化妆品、生物燃料、生物修复等，当然，这些产品和服务必须通过工业产权保护。

根据定义，可持续性和循环性是蓝色生物技术固有的概念。这项技术的多样化应用使生物精炼厂通过先进技术和可持续理念对蓝色生物资源进行最大价值的开发和利用，不仅为单个生物资源创造了多个价值链，而且为安装和运营这些生物资源的实体提供了更灵活和多样化的商业模式。

未来 10 年中，葡萄牙必须加强蓝色生物技术承诺，发展更强劲的蓝色生物经济。优先向脱碳、循环和可持续项目提供公众和资金支持。为了实现这一点，需要扩大国家蓝色生物技术规模，使其走向国际化。加强蓝色生物技术的投资和生产规模并推进国际化。

继续挖掘葡萄牙在深海生物勘探方面的生物技术潜力和累积的海洋遗传资源的科学知识，加快制定保护海洋资源的相关法律以及规定海洋经济受益群体的义务。葡萄牙必须采用并实施《〈生物多样性公约〉关于获取遗传资源和公正公平分享其利用所产生惠益的名古屋议定书》。加强学术界和产业界之间的合作，开展国际合作，建立一个蓝色数字中心，集中各国关于海洋资源的数据，通过联网综合利用这些数据，与专业的海洋技术公司合作，加大技术研发投入和扩大规模化的生产，发展海洋生物炼制和处理技术，建立合作实验室，在欧洲和国际层面加强海洋领域的合作，从而激发潜力，推动经济增长。

五、渔业、水产养殖、加工和销售

渔业和水产养殖，是为实现这一战略的各项目标而进行干预的优先领域之一。最大限度地减少对海洋生态系统的影响，创造新产品和新流程及基于循环和数字经济发展商业模式是最紧迫的挑战之一。

渔业在若干沿海社区的社会经济平衡中发挥重要作用，必须遵守欧盟共同渔业政策的原则，特别是环境可持续性方面政策。通过国际合作开展渔业资源的合作，进行适当干预，制定合理的政策，调整捕捞船队的作业时间和空间，确保海洋捕捞作业的有序进行。

葡萄牙大多数渔船都已实现现代化，并配备了现代技术设备，但需要继续投资改善船上的工作条件，提高安全和能源效率，并改善鱼的包装条件，以提高其质量和定价。此外，渔业资源的可持续性还必须考虑到市场的差异，实现最优渔业价值。应鼓励对葡萄牙生产的鱼类进行追踪，从而防止非法、不报告、无管制的捕捞活动以及鱼类的非法销售。

要重视对渔民及其代表的培训，避免过度捕捞，努力实现渔获量、价格、质量的最优效益。必须根据市场需要，实现渔获量合理化，避免浪费、丢弃或大幅度降价，对渔民的培训还应有助于海洋专业之间的流动和与旅游业的协同。

应优先研究渔业对海洋和沿海生态系统的影响，并继续向渔业生态过渡，促进放弃更具破坏性的作业方式，转而采用更可持续的捕捞方法。建立更好的渔业资源销售平台，努力为所有消费者提供服务，更加重视对产品质量的监督。在可持续管理和开发海洋生物资源的框架内，在国家渔业生产不足以供应消费和海洋鱼类捕获量有限的情况下，水产养殖越来越受重视。因此，国家水产养殖业是传统养鱼方式的重要替代品，市场潜力很大。要通过对海洋空间的合理规划来促进可持续水产养殖的发展，保护渔业作业环境，提高环保标准，同时要注意保护渔业资源结构的完整性。

此外，应鼓励种植藻类和其他低营养水平的土著物种，以减少对渔业的依赖，拓展对渔业资源副产品和当地资源的开发，通过环保的包装、标签和环保产品新概念促进其发展。水产养殖产品的加工技术和销售手段定价的一个因素，其渔业副产品必须加以利用。渔业和水产养殖业产品的转型和商业化得益于国家鱼类和高质量的产品加工，提高渔业产品的市场定位，创造高附加值，并将越来越多类似的高附加值产品投放到国外市场。

六、机器人技术与数字技术

在过去的 20 年里，葡萄牙在发展海洋机器人及与生活密切相关的海洋科学应用领域确立了其领先地位。除了观测和测绘、环境监测、保护海洋及水下文化遗产、维护葡萄牙的海上主权和管理其资源外，未来机器人将在渔业和水产养殖、生物和非生物资源的领域及海洋遗产价值的确定和保护方面发挥更大的作用。

因此，迫切需要确定战略举措，呼吁在学术界与工业界之间联合建立一支多学科的团队，以集体获得研究和探索海洋生物的有效手段和方法。支持决策和信息交流、监测和识别的数字技术及远程控制工具是人道主义危机管理的基础，也是预测海上事件和非法活动的辅助手段。数字技术还加强了简化机制，提供了近距离的视角观察，这些都与智能港口和智能称重的概念密不可分。

知识和技术能力的结合及明确的战略定位，优先发展领域将促使该行业取得重大进展，并将对其他领域产生重大影响，例如保护生物多样性、保护水下文化遗产，海洋安全、可再生能源、渔业、水产养殖和非生物资源开发等，从而将不同的优先干预领域联系起来。

七、海洋可再生能源

为了实现《2050 年碳中和路线图》的目标，必须在此 10 年中逐步采用成本效益高的技术，以扩大利用本国内源性可再生资源的潜力。因此，葡萄牙将继续转型，首先是对成本效益最低的部门和技术进行转型，然后逐步过渡到成本更高的部门和技术，直到实现预期的减排目标，即 2030 年达到60%，2050年达到90%（与2005年相比）。经过多年的密集研发，葡萄牙终于成功地完成了一个生产海洋可再生能源的商业项目，但这些能源利用成本太高，波浪和潮汐能等可再生能源技术在短期内无法形成竞争力。因此，尽管葡萄牙是欧洲专属经济区面积最大的国家之一，并且具有显著特点，但这一事实本身并不能保证海洋可再生能源的生产，而是构成了一个有待研究、创新和投资的具有巨大潜力差异的机会。

在这10年中，葡萄牙设立了一个试验区，在不同的阶段，无论是处于试运行还是营业状态，在国家运输网络特许权的基础上，均涉及能源交通基础设施（包括海底电缆在内），以确保能源生产与公共服务之间的联系。葡萄牙还注册了几个海洋可再生能源专利，拥有丰富的风能产业知识、海上风能潜力图谱以及面向海洋和可再生能源的科学和技术系统。国家和公共行政部门必须促进简化程序，为海洋使用者、公民和公司服务。

葡萄牙是一个海洋国家，有能力吸引外国直接投资，并在生产和储存可再生能源（如绿色氢气）方面做出探索和尝试。

八、旅游和休闲运动

葡萄牙在旅游、沿海和海上以及航海、娱乐和体育活动方面享有优越条件，海洋性质与本国的国际形象相结合。2018年，全球旅游业占增加值总额的8.0%。同年，娱乐、体育和旅游部门占整个海洋经济的71.9%和增加值总额的69.8%。

然而，旅游、航海和相关体育活动对生态系统、生境和海洋物种以及航海和水下遗产造成了一些压力，必须平衡不同地区，特别是最敏感地区的旅游负荷。因此，必须确保旅游业的可持续性，保证这一重要经济部门的运作。2050年欧洲的旅游业议程旨在为各国提供具有创新性的可持续旅游业路线图。在此背景下，旅游业优先领域的重点是阳光旅游、健康旅游、水下考古公园和潜水点的创建、鲸目动物和其他海洋物种的观察活动以及科学旅游。在这些地区，应进行定期评估，以确定游客负荷最大的地区，并确定其范围。

九、港口、海运和物流

葡萄牙有悠久的海上传统，并在大西洋中心战略上具有举足轻重的地

第二十章　葡萄牙《国家海洋战略（2021—2030）》

位，这使其能够不断加大对海洋的投资。作为全球海上物流链中的重要一环，葡萄牙将继续发挥在大西洋地区的枢纽作用，力争成为欧洲、美洲和非洲大陆之间货物的中转站。

为此，管理和推广"葡萄牙港口"品牌必须优先考虑在国际领域利用港口作为聚合元素，使葡萄牙成为大西洋货物流动的平台，并与欧盟《大西洋行动计划2.0》相结合。在一系列新的港口扩建项目中，与城市联运以及与国际运输网络有关的港口规划能使该国实现新的经济增长，维持和创造更多的就业机会和财富。港口规划应以更可持续为愿景，为河滨地区提供新的机会，重新考虑海洋的未来，发掘其未来作为具有可持续性、包容性的港口社区的潜在机遇。

另一方面，港口运作应在确保工作稳定和经济可持续发展的框架内，优先重视现代港口管理，与国际市场上的参考运营商建立长期关系，实行竞争性关税，吸引国外优质服务和外资设立公司。港口应创新性地重新考虑其存储和处理能力，此外通过实施发展计划和维持适当的作业条件，保障港口及其海上和陆上交通的安全和畅通。

保护海洋资源和安全，实现其可持续发展是未来发展远洋运输的优先事项。应围绕新的建造和维护替代方案，减少排放，发展自主或智能船舶，重新规划海事技术。

在物流方面，政府应该加大财政投入，改造基础设施和设备，以应对未来港口业务的不断增长、船舶规模的增加以及与腹地连接日益增长的需求，特别是在铁路和公路通道以及地区交通衔接方面，所有这些对物流而言均至关重要。

十、造船厂和船舶维修

造船和维修业属于欧洲的战略性部门，有助于确保就业并维持产业结构。上述产业还与葡萄牙的其他优先活动相关，如海上运输、海上安全、海洋可再生能源、渔业、水产养殖、研发和环境监测。这类产业被认为是欧洲战略成功的组成部分，因为它们属于以知识和创新为基础的新经济（智能增长），具有更高效、更绿色和更经济的特点，能够使未来经济更具竞争力，实现可持续增长，同时刺激高就业率，提供社会和地区凝聚力，实现包容性增长。在葡萄牙，造船和维修业被认为是战略部门，能够确保属于各自价值链的不同行业的就业和财富。

十一、非生物资源

认识和利用海洋非生物资源具有超越其经济价值的战略利益，不仅刺激了广泛应用在蓝色经济领域的技术的发展，也提供在实现《2030年可持续发展议程》可持续发展目标及《战略（2021—2030）》目标方面发挥关键作用的各种资源（如饮用水、沙子、盐、氢气或金属等），但需承认该技术存在挑战。

海洋矿物开采广受社会各阶层关注。这种关注通常来自海底资源开采过程可能造成的环境影响。然而，这些资源中的某些金属（即具有高科技应用的矿物）可能在经济脱碳行动中发挥重要作用。欧盟委员会认为，实现能源转型的先决条件是获得可持续的原材料，特别是发展清洁技术、数字、空间和国防所必需的原材料。

国家管辖范围内开采海底现有的矿物资源需依赖丰富的地质调查数据。因此，对国家来说，评估其资源潜力以及储量的空间分布，具有重要的战略意义。该领域的进展与促进科学知识、技术发展和蓝色创新的战略目标相一致。

十二、海上安全、防御和监控

海洋是葡萄牙最重要的战略资产之一，这就决定了葡萄牙在环境、经济、社会和地缘政治层面优先重视海洋安全，也将海洋视为提高环境质量、经济发展可持续性和人类安全的基本条件。

海上安全与此前提及的其他领域间存在相互关联，因为该领域直接推动科技创新、人工智能和数字技术、造船和维修船舶技术等发展海上监视系统甚至应用于海上作战监测系统的关键应用领域。此外，海洋安全为海洋文化、海洋保护区、蓝色生物技术推广、可持续渔业和海洋资源开发等活动提供了必要条件。

整体而言，海上安全可理解为全球海洋的理想状态，通过和平方式解决海洋争端，尊重和适用国际法及国家立法，保障航行自由，保护公民、基础设施、运输、环境和海洋资源。

发展与安全之间是相互依存的，因此葡萄牙必须对危害国家发展和福

第二十章 葡萄牙《国家海洋战略（2021—2030）》

利目标的海上安全风险和威胁做出战略反应。制定并实施国家海洋安全战略是当务之急。该战略应与《国防战略构想》《欧盟海洋安全》《北约海洋战略》等衔接，并与《国家综合边境管理战略（2020—2023 年）》及其行动计划保持一致，以解决海上移民问题。

最后，葡萄牙致力于成为海洋治理的领导者和全球海洋安全的提供者，必须确保各政治、外交、军事和安全部门在国际上协调一致，与其他国家合作开展有助于维护国家利益的海上安全活动。

第五节 《战略（2021—2030）》目标和实施

《战略（2021—2030）》提倡通过在优先领域采取客观措施实现长期愿景，并将其纳入行动计划中，以实现十年战略目标。为严格评估该战略的实施效果，并评判其优劣，必须制订监控计划，并确定体量化指标。本节列出的目标与《战略（2021—2030）》的十大战略目标一致。所有目标均设定为至 2030 年目标。

表 20.1 《战略（2021—2030）》具体量化目标

战略目标	2030 年目标
1. 应对气候变化与污染，恢复生态系统	国家管辖海域 100% 处于良好环境状态
	将全国 30% 的海域划为海洋保护区
2. 促进就业与可持续的循环蓝色经济	所有商业、渔业和海港均具有环境管理系统
	确保国家蓝色经济就业增长
	海洋经济平均薪酬高于全国平均水平
	海洋经济总增加值提高 30%
	提高海洋经济对国民经济增长的贡献率
	增加海产品出口对全国出口总额增长的贡献
	增加与海洋经济相关的海外直接投资
	改善海洋经济的商业环境，降低企业的环境成本
	增加蓝色经济就业支持措施
	为蓝色经济开发新的替代融资形式
3. 经济脱碳、促进可再生能源发展、实现能源自主	根据葡萄牙对欧盟减排目标的贡献（与 2005 年相比减少 17%），确保实现对《巴黎协定》和《2050 年碳中和路线图》的承诺

续表

战略目标	2030年目标
4. 加大投资确保可持续性和粮食安全	实现最大可持续产量,努力将捕捞水平调整至该目标
5. 提升获取饮用水的方便性	提高海水淡化技术对国家供水的贡献
6. 维护健康、提升人民福祉	为海洋健康旅游的多样化和创新性提供支持
	增加参加航海体育活动的人数
7. 促进科学知识、技术发展和蓝色创新	增加蓝色经济企业数量,增加项目融资的创新型蓝色项目数量
	增加海洋科学领域硕士和博士的数量
	增加海洋和相关技术知识产权的申请数量
8. 加强海洋教育、培训、文化和扫盲	1.5%的社区职业培训资金用于海洋经济行业人力资源培训
	海洋职业接受高等教育的工人数量翻倍
	增加在海洋经济部门和活动中具有双重认证资格的人数
	确保将学校生命科学俱乐部20%的海洋探险纳入活动计划
	确保学校体育训练中心(航海活动)和学校体育团体(皮划艇、冲浪、立桨、帆船、划船)数量增加10%
	增加对纳入文化景观的沿海遗产进行清查和监测的资金
	增加海洋和水下文化遗产数量
9. 鼓励再工业化、生产能力化和数字化海洋	提高海洋经济新兴部门的生产能力
	增加海洋经济传统部门生产模式创新和多样化财政支持
10. 确保海洋安全、主权、合作和治理	完成葡萄牙外大陆架划界
	国家和自治区在海洋空间规划方面实现共同管理

第六节 《战略(2021—2030)》监测与评估

监测和评估有助于决策支持,并要求参与《战略(2021—2030)》治理的公共和私营机构进行协调。《战略(2021—2030)》的监测和评估是提高社会透明度和问责的手段,是基于开放数据系统和公共数据再利用功能的具备现代化、灵活性和协作性的框架。在数字化时代,数据共享、系统互操作性和网络服务已实现,《战略(2021—2030)》的监测必须遵循该趋势。

由于《战略(2021—2030)》是整合海洋政策的主要依据,因此必须确保监测过程不受其他因素影响,科学地分析累积数据,实现不同维度的监

第二十章　葡萄牙《国家海洋战略（2021—2030）》

测。明确不同的主体确保其在国际协作方面做出及时反应，并与海域数据相结合，应是《战略（2021—2030）》监测的重点。

对《战略（2021—2030）》实施监测，不仅可确保相关部门向部际海洋事务委员会提供支持信息，还有助于提高社会对海洋的认知和战略交流。同时还应为葡萄牙执行《海洋战略纲要指示》、葡萄牙海洋空间规划执行评估、欧洲环境局和《保护东北大西洋海洋环境公约》及推进联合国海洋领域的合作进程、发展蓝色海洋经济等提供相关信息。

监测基于 SEAMInd 计划，由海洋政策总干事负责协调，旨在确定一套限制性的指标体系衡量海洋政策的实施结果是否符合《战略（2021—2030）》设定的目标。

战略目标被视为长期目标，采用影响指标来衡量。优先领域目标被视为中期目标，由成果指标衡量。拟采用的指标必须考虑与其他指标体系的协调问题。通过确定象征性/结构性行动、成果指标、相关产品和财务指标及各自执行情况，对综合项目、行动、方案和部门战略的行动计划进行监测。《海洋行动计划》中包括一些私人投资项目，这些项目是根据《战略（2021—2030）》确定的，同时由多个公共经济实体共同参与，兼顾公共利益和私营企业的效益。葡萄牙海洋政策总局作为《战略（2021—2030）》监测机构，负责确保监测欧洲共享管理基金在其管辖海域内的项目及计划的实施情况。

结构性质的长期分析必须以国民经济核算为基础，每 3 年发布一次，同时要保障海洋经济长期建设。国家统计局和海洋政策总局为信息发布提供了必要的数据支撑，并将在国民经济核算框架内对加强海洋经济分析的可行性进行评估。

监测最好以公共行政部门已经收集的统计、行政或科学数据为基础，确保与现有系统的互操作性。关于环境数据，监测工作必须确保葡萄牙海洋与大气研究所和水文研究所的领导地位，并利用其先进的国家实验室进行分析研究。

海洋政策总局应在其官网上提供一个矩阵模型，以在《欧盟海洋战略框架指令》层面上对《战略（2021—2030）》进行监测，合理利用海洋资源，加强各国在实施海洋空间规划方面的合作并对执行情况实时监测。海洋政策总局根据目标和指标及相应行动计划的实施情况，编写并发布《战略（2021—2030）》管理实施情况年度报告。

第七节　治理、协调和资源调动模式

海洋的全球性决定了其面临的挑战没有国界，需要国际、国家、区域和地方联合行动。实现海洋经济可持续增长，必须综合考虑自然资本的价值、海洋生态系统的服务以及文化遗产的保护。海洋大气系统及其监测及海洋空间规划与海岸带管理的衔接，是海洋治理的关键问题。

在国际层面，葡萄牙在各种论坛上积极参与包括《联合国海洋法公约》《2030年可持续发展议程》等核心进程，还包括联合国十年生态系统恢复、联合国海洋科学促进可持续发展十年（2021—2030年）等。同时，葡萄牙还确保积极参与其加入的公约和主要机构，包括联合国有关海洋领域的进程、国际海事组织、大陆架界限委员会、国际基金管理局、教科文组织政府间海洋学委员会等组织的活动。

中欧海洋合作是葡萄牙合作战略的重要组成部分。必须确保在《保护东北大西洋环境公约》层面进行协调，以保障在欧盟《海洋战略框架指示》所规定的区域内合作。

在国家层面，《战略（2021—2030）》不但要保证各部门间的横向衔接，还要保证纵向协调，即海洋政策的领土化机制及其在国际方面的衔接。通过保证自上而下和自下而上的有效互补管理，确保相关利益机构能够进行协商、监测和参与。

在葡萄牙国家管辖海域范围内，实施海洋相关发展战略，确保《战略（2021—2030）》战略目标的达成。《战略（2021—2030）》将利用现有财政资源实施，其成功与否很大程度上取决于综合投资工具执行委员会在2020年基础上开展的工作及《新能源管理（2021—2030）》的衔接程度。

为促进《战略（2021—2030）》涉外行动的开展并促进《2030年可持续发展议程》在其他地区的实施，必须考虑（葡萄牙所参与的）由欧盟外部合作融资机制及银行支持的项目中建立伙伴关系。

第八节　《战略（2021—2030）》行动计划

《战略（2021—2030）》行动计划是监测和评估的基础，旨在成为实现

《战略(2021—2030)》目标和指标的路线图。行动计划必须由相关领域的监督机构定期审查。行动计划批准后须由国际监测中心加以分析,负责确定执行期限和协调行动实体。自治区可在职权范围内批准区域行动计划,其中包括有助于实现《战略(2021—2030)》战略目标的措施和项目。

表 20.2 战略(2021—2030)具体行动计划

战略目标	行动计划
1. 应对气候变化与污染,恢复生态系统	实施海洋生境及沿海生态系统服务的国家措施
	根据欧洲目标,对国家管辖范围内至少30%的海域进行分类,并实施国家海洋保护区网络
2. 促进就业与可持续的循环蓝色经济	建立适用的基础设施和网络,包括建立收集生物物种和国家海洋资源信息的"蓝色生物经济"数字中心
	通过拟订液化天然气和氢燃料海洋基础设施战略计划,促进葡萄牙能源战略的发展
	制定激励措施,增加高素质的蓝色工作岗位(蓝色就业券)
3. 经济脱碳、促进可再生能源发展、实现能源自主	鼓励为蓝色经济中脱碳、可持续、循环、高效、普惠的创业创新项目提供优惠融资
	在海洋经济、技术开发和海洋可再生能源生产等领域,实现脱碳并促进能源转型、高效利用和自主性
4. 加大投资确保可持续性和粮食安全	实施国家近海水产养殖路线图,促进研发活动,为发展近海水产养殖系统提供创新的技术解决方案
	通过创新、改善船上工作条件,提高安全性、能源效率、包装和鱼类渠道可追溯性,鼓励鱼类的价值评估
	将国家渔业重新定义为可再生渔业,通过实行新的激励政策,保证行业的健康发展
	在公海和过渡水域发展可持续的循环水产养殖,促进多营养和闭路生产
5. 提升饮用水获取的便利性	通过实施《2030年国家海水淡化路线图》,促进海水淡化技术的发展
	按使用类型(人类消费、旅游业、工业、灌溉业),开发量化沿海地区全年水资源供需的10年预测模型
6. 维护健康、提升人民福祉	到2021年禁止使用一次性塑料,鼓励使用可降解、可分解的生物塑料,促进塑料循环回收再利用和减少使用
	开发和验证工具,监测人类消费或生产、动物饲料成分等的海洋产品中出现的污染物
	开发门户网站推广和营销综合健康旅游产品

续表

战略目标	行动计划
7. 促进科学知识、技术发展和蓝色创新	在专属经济区和大陆架实施国家观测、精密制图和深海计划
	推动科技体系和产业之间的海洋科学多学科研发融资计划,开发蓝色经济中的创新产品和服务
	发展技术和促进研究,以评估深海开采活动对环境、社会和经济的影响
8. 加强海洋教育、培训、文化和扫盲	实施教育、文化、科学、环境等整体海洋扫盲战略
	通过具有资质的专业机构确定相应海洋战略并细化
	支持与海洋相关的各种倡议及当代和传统艺术形式,在葡萄牙国内和海外学校推广国家海洋文化和历史
	促进海洋和水下文化遗产的清查、科学知识和分类,并将其纳入海岸管理和政治决策中
9. 鼓励再工业化、生产能力化和海洋数字化	建立开放的国家海洋学数据库,包括外国研究船在国家管辖水域获得的数据
	促进鱼类、渔业和水产养殖4.0的数字化,以期提高生产效率和可持续性
	在蓝色经济中创建再工业化计划,优先发展生物经济、清洁技术、自然工程、机器人和传感器以及海洋经济部门数字化
10. 确保海洋安全、主权、合作和治理	根据PT2030投资工具以及SEAMInd平台进行相应的监测
	有效分配欧洲结构和投资资金,以加强海洋经济的战略潜力,确保环境可持续性
	与航空中心协调运行大西洋观测台
	制定海军设施建设计划,监控制海洋区域(12海里外)

第二十一章　荷兰《印太：加强荷兰和欧盟与亚洲伙伴合作的指南》

2020年11月13日，荷兰外交部发布《印太：加强荷兰和欧盟与亚洲伙伴合作的指南》。地缘政治和地缘经济关系正迅速变化，印太地区的重要性日益增加。荷兰和欧盟受益于与印太地区国家，特别是与志同道合的国家进行更为密切的双边合作。未来荷兰需在安全和稳定、可持续贸易和经济、有效的多边主义和国际法律秩序、互联互通以及气候和可持续发展目标等方面进行合作。

第一节　政策核心

核心包括以下6点。

第一，地缘政治和地缘经济关系正迅速变化。印太地区的重要性日益增加。为在世界上最重要的增长地区充分体现荷兰和欧洲的经济和政治利益，荷兰和欧盟在印太区域做出更积极的努力并阐明其在该区域的愿景十分重要。

第二，荷兰和欧盟受益于与该区域国家，特别是与志同道合的民主国家和开放市场经济国家进行更为密切的双边合作，这些国家与荷兰一样重视有效的多边主义及正常运作的国际法律秩序。

第三，与这些国家的合作应旨在促进彼此在国际法律秩序、民主及人权、可持续贸易、安全与稳定、自由通行和海上安全、气候变化、全球卫生保健和减贫等领域的利益。这种合作必须根据各国的共同利益和志同道合的程度来确定。

第四，鉴于经济、地缘战略和能源利益情况，该地区大多数国家都希望避免印太地区沦为主要大国博弈的棋子。这些国家面临两个超级大国的竞争，并正在寻找经济和(安全)政治锚。他们做出选择的回旋余地越来越有限。这就要求制定超越贸易和投资的战略方针，但需要从根本调整共同利益。通过更积极地与在该区域拥有共同利益和价值观的国家进行联合，并以积极主动的方式共同促进印太地区的发展，荷兰和欧盟可成为该区域秩序更有效的参与者。

第五，虽然不应过高估计欧盟的作用，但也不应妄自菲薄：欧盟是世界最大的市场，是印太区域最大的投资者和捐助者之一。在欧盟内部，荷兰再次成为最大的投资者和捐助国之一（位列前5名）。荷兰的经济实力使国家能够对此发挥积极作用。

第六，COVID-19危机加速了地缘政治趋势。危机还强调需要开展病毒防治的国际合作并尽可能减轻负面的经济后果，特别是与世界上最重要的经济增长区域合作。对印太区域日益加强重视，而且日益频繁地使用"印太"一词作为地缘政治概念，这意味着承认世界经济和地缘政治重心已经转移到印度洋和太平洋周围的国家。印度洋承担了世界2/3的石油运输量和世界1/3的货运量，取代大西洋成为主要的战略贸易路线。印度洋航线主要航道包括霍尔木兹海峡和马六甲海峡。

COVID-19危机势必影响印太和欧洲国家之间的贸易流动。尽管尚不明确COVID-19危机将产生的长期后果，但很明显，对于印太和几乎所有欧洲国家而言，国际货币基金组织已经预测经济衰退，其严重程度将最终取决于危机的持续时间。为了在COVID-19危机后实现可持续的经济复苏，荷兰必须与世界上最重要的增长地区的国家联合起来。

印度洋和太平洋对亚洲、欧洲、美洲乃至非洲至关重要。鉴于印太地区巨大的经济、地缘战略和能源利益，亚洲和其他地区的许多国家都制定本国的印太战略。其中最著名的或许是美国的"自由开放的印太"，另外澳大利亚、东盟、印度、日本、韩国、法国、德国也都制定了本国的印太战略。"一带一路"倡议，即中国海上丝绸之路，旨在建立新的贸易联系，投资海洋基础设施和两大洋的军事存在，可视为"中国印太战略"。欧盟目前尚未制定印太战略。

第二节　实现欧洲对印太的愿景

荷兰认为，欧盟最好发展自己的印太愿景，重点是欧盟在保护和增进自身利益的议程基础上与该区域国家进行合作。与此同时，荷兰必须考虑

第二十一章　荷兰《印太：加强荷兰和欧盟与亚洲伙伴合作的指南》

如何为加强与印太国家的双边关系做出努力。

荷兰和欧洲在印太地区拥有重要的经济和(地缘)政治利益。必须有效解决气候变化、国际安全、网络安全、海上安全、全球价值链、全球卫生、贫困、移民、人权和国际法律秩序等领域的挑战。印太区域作为主要的经济增长地区和地缘政治中心，在上述所有领域均发挥着至关重要的作用。因此，印太区域的发展直接影响荷兰的繁荣和安全。为了增进荷兰的利益，有必要与印太国家进行更多的合作。

人们对印太确切的地理划分存在不同的观点。对荷兰而言，印太在地理上至少包括印度洋和太平洋周围的国家，也包括南海和东海。印太的核心是连接亚洲、大洋洲、经太平洋和印度洋到达欧洲的航道。该地区从巴基斯坦延伸至太平洋岛屿。

欧盟、荷兰和印太国家已经在欧盟和双边层面的诸多领域开展了合作。根据欧盟关于亚洲和亚洲安全合作的政策文件，我们已采取强化与印太地区关系的行动，包括发布《欧盟-中国：战略展望》和《连接欧洲和亚洲-对欧盟战略的设想》、发展欧盟-印度战略伙伴关系及签署《欧盟-日本经济伙伴关系协定》等。但是，这些文件的范围和执行不足，鉴于COVID-19危机似乎正在加速地缘政治发展，欧盟的承诺需更具战略性。这意味着欧盟必须更为活跃。同样在安全领域，欧盟本身在关于亚洲和亚洲安全合作的文件中也意识到这一点。

在执行过程中，欧盟不应回避现实政治，而应积极追求其战略利益。欧洲关于印太的设想将对此做出宝贵贡献。

在经济上，欧洲和亚洲已经实现完美地交汇。超过35%的欧洲出口总量(每年约1.5万亿美元)流向印太地区市场。世界上90%的货物贸易通过水路运输，大部分通过印度洋和太平洋。马六甲海峡是世界上最繁忙的海峡，全球有25%的海上航运量要经过该海峡。欧洲十大贸易伙伴中，有四个位于印太地区(中国、日本、韩国和印度)，亚太地区是欧洲以外的第二大市场。亚洲和欧洲之间的直接投资约900亿美元/年。

对荷兰而言，亚太地区是欧洲以外最大的市场。11%的荷兰产品出口至该地区，其中大部分出口到中国(1.8%)，其次是韩国(0.9%)、日本(0.7%)和印度(0.4%)。此外，22.5%的荷兰进口产品来自亚洲，其中大多数来自中国。由于年轻中产阶级的人口规模和购买力，亚太地区的增长潜力很大。

COVID-19 危机凸显了战略依赖关系和价值链的可靠性。荷兰必须与欧盟伙伴和其他志同道合的国家合作，寻求减轻单方面的战略依赖关系，并确保可持续价值链的途径，包括提高印太区域供应商的多样性。与此同时，作为贸易国，荷兰在保持国际贸易开放方面拥有重大利益，并持续受益于亚洲市场的增长。

由于在世界范围内，亚太区域的经济和贸易增长利益巨大，欧洲和荷兰必须努力加强与印太区域所有国家（包括小岛屿发展中国家）的经济和贸易关系。

此外，与澳大利亚、日本、新西兰和韩国等志同道合的国家以及东盟国家一道，分享共同的愿景，即建立一个开放和公平的、基于规则的贸易体系以及一个开放、自由和安全的互联网，使国际法适用于数字领域，符合荷兰的地缘政治利益。必须同包括印度在内的该区域国家更密切地合作，建立有效的多边主义并加强国际法律秩序。

在一个民主、法治、人权、自由、自由贸易和正常运作的多边世界秩序价值观日益承受更大压力的世界里，荷兰和欧盟必须与印太区域志同道合的国家和东盟联合起来。

欧洲和荷兰有浓厚兴趣与印太区域各国合作，确保和平与安全，缓解贸易紧张局势，促进航道畅通无阻，确保海上安全，打击经济和网络间谍活动对重要基础设施的网络攻击。虽然与南海和印度洋相距遥远，但该地区的任何冲突都会影响欧洲和荷兰的繁荣和安全。因此，欧洲和亚洲还需要在政治和安全领域开展更多的合作。

第三节 欧洲对印太愿景的要素

发展印太战略的欧洲愿景，即"欧洲对印太的看法"，应基于欧盟在该地区的经济和地缘政治利益，并满足该地区各国在两个超级大国之间权力斗争中的应对需求。欧盟和印太地区的大多数国家都不允许该地区沦为两个超级大国的玩物。地缘政治的发展使得地区国家更密切地关注欧盟，如设在新加坡的 ISEAS 研究所的年度报告《2020 年东南亚国家》就是证明，与以往相比，欧盟在该地区有更多发挥作用的空间。COVID-19 既是危机，

第二十一章 荷兰《印太：加强荷兰和欧盟与亚洲伙伴合作的指南》

也是合作的新机遇，只有共同努力，才能战胜疫情，减轻危机导致的经济后果，实现可持续的重建。

欧洲愿景应基于：①上述欧盟战略和相关文件中提及的现有倡议和欧盟在该区域的政策承诺；②与该区域各国现有和正在谈判的欧盟自由贸易协定；③欧盟作为可持续发展目标主要捐助国的作用；④欧盟-东盟行动纲领和拟议的欧盟-东盟战略伙伴关系。愿景包括以下要素。

一、安全和稳定

主要大国之间的战略竞争最初侧重于经济和技术领域，现在更多的是向安全政策领域扩展。该趋势发展在东海和南海以及具有战略位置的国家中最为凸显，各种借贷和投资令人关注。军事部署和演习进一步加剧了紧张局势。军事部署通常与安全政策领域的民事部署相辅相成，中国以军民结合的方式运用政府工具实现其战略目标。经济、政治、军事、网络、安全和情报活动在中国政府体系中相互交织，不能完全割裂开来。有迹象表明，这些事态发展因COVID-19流行正呈现良好势头。

除大国竞争外，长期区域竞争也对区域稳定产生影响，如朝鲜半岛、克什米尔地区和中印边境地区的紧张局势。目前尚不清楚COVID-19危机和后续经济危机将在何种程度上影响这些对峙局势。

除这些国家对抗外，极端主义和恐怖主义仍是区域局势不稳定的根源。必须继续关注这些事态的发展，包括缅甸和孟加拉国的罗兴亚难民以及菲律宾棉兰老岛的局势。

(1)鉴于该区域的主要经济、政治和地缘政治利益，欧盟必须致力于缓和、包容和维持公共秩序。

(2)必须避免该地区成为主要大国之间博弈的工具；欧盟在国家层面发挥作用，保持权力平衡，必要时平衡一个或多个大国的战略经济和军事影响。

(3)政策出发点是保护和促进国际法律秩序。

(4)欧盟必须寻求与该地区各国的合作，以确保自由通行和海上安全。这首先必须通过遵守以《联合国海洋法公约》为代表的国际法以和平方式解决争端加以实现。继续参与《亚洲地区反海盗及武装劫船合作协定》也对此大有裨益。

(5)欧盟必须更频繁、更有力地对南海违反《联合国海洋法公约》的事态发展发声。

(6)作为独立的观察员或顾问，欧盟可以参加中国与东盟关于"南海行为准则"的谈判。欧盟也可以在执行行为准则方面发挥作用。

(7)欧盟应加大对亚洲安全的承诺，并对国防/安全领域的可能事态进行审查。

(8)鉴于7个拥有核武器的国家(中国、美国、俄罗斯、印度、巴基斯坦、法国和英国)的军事化和部署情况，加之朝鲜，欧盟应在不扩散核武器、裁军和出口管制的框架内与该地区各国积极合作，目标是提升透明度并建立信任。

(9)欧盟还应寻求与本区域各国合作，以进一步普及和有效执行其他军备控制、和平与安全条约，包括《全面禁止核试验条约》、拟议的《裂变材料禁产条约》、《武器贸易条约》、《集束弹药公约》、《渥太华禁雷公约》及《从各个方面防止、打击和消除小武器和轻武器非法贸易的行动纲领》等。

(10)中国必须承担起全球和区域责任。美国努力达成包括俄罗斯和中国在内的三边军控条约，也应该在欧盟内部得到更多支持。

(11)欧盟必须继续通过知识和能力建设为打击该地区的极端主义和恐怖主义做出贡献。

欧盟应寻求与印太地区各国进行更密切的合作，这些国家与欧盟和荷兰一样，对保持开放经济、有效多边主义和维护国际法律秩序有共同的关切。在一个民主、法治、人权平等，思想自由、贸易自由和多边世界秩序的价值观日益受到挤压的世界，必须与民主和志同道合的国家开展更密切的合作，捍卫并促进共同利益。

(1)欧盟必须促进民主价值观和标准，并继续与该区域所有国家开展对话。欧盟可以与志同道合的伙伴基于与澳大利亚、日本、新西兰、韩国和印度的现有(战略)伙伴关系及有望近期与东盟达成的战略伙伴关系开展合作。

(2)欧盟应与该地区志同道合的国家通过战略性的投资和其他"连接"活动推进合作。

第二十一章 荷兰《印太：加强荷兰和欧盟与亚洲伙伴合作的指南》

（3）亚洲与欧洲会议可成为讨论当前战略发展的磋商平台。

（4）欧盟可以通过亚欧基金会提供财政支持，促进欧洲和亚洲在新闻、人权和艺术领域的交流与合作。

（5）欧盟必须与该地区的北约伙伴建立关系。北约加强了与其印太伙伴(澳大利亚、新西兰、韩国、日本)的联系，其中北约与澳大利亚的关系最为密切。

（6）欧盟必须积极与印太国家的政府进行人权对话，公开和批判性地讨论人权状况。

二、可持续贸易和经济

欧洲和亚洲之间存在巨大的经贸利益。对许多亚洲国家而言，欧洲即使不是最大的贸易伙伴，也是亚洲最大的贸易伙伴之一。双方的投资相当可观。地缘政治竞争以及可能的技术和经济脱钩可能对亚洲和欧洲许多国家均产生重大影响。

（1）COVID-19 危机加速对战略依赖关系和价值链可靠性的思考。芬兰与欧盟和该区域志同道合的国家共同研究进一步减少单边战略依赖，可持续地确保价值链的安全，并特别关注关键技术和原材料。欧盟必须更好地、更具战略性地利用经济杠杆来实现(地缘)政治目标，并利用欧盟一体化和广泛的政策工具来实现这些目标。

（2）继续与该区域国家进行自由贸易协定谈判。①积极完成与澳大利亚和新西兰的协定谈判，为现代和开放的贸易政策制定标准。②充分认识与东盟国家谈判取得进展的重要性。2019 年与新加坡达成第一个协议，与越南的自由贸易协定于 2020 年生效，近期即将启动与印度尼西亚的合作，此外荷兰还支持重启与马来西亚的谈判。③重启与印度的贸易协定谈判。

（3）全球能源转型不仅是一个重大挑战，也是未来经济利益来源的机遇。应加强欧盟与印太地区在可持续绿色增长和创新方面的合作，以实现全球气候目标，并促进可持续贸易和经济。

三、有效的多边主义和国际法律秩序

在紧张局势加剧之际，必须加强多边合作和国际法律制度，这对维护和平与安全至关重要。只有通过基于规则的秩序的多边协商，才能找到符合所有国家利益的解决办法。多边合作也是应对气候、减少贫困、移民或流行病等全球性挑战的唯一途径。

（1）欧盟必须通过广泛的合作和能力建设，加强区域机构和区域（安全）合作。

（2）欧盟必须在联合国、世界银行和其他主要组织中做出承诺，不仅要在欧盟内部充分协调，还要与志同道合的国家进行协调。这样，欧盟就可以更战略性、更系统地利用其经济影响力，更充分地体现其政治利益。

（3）欧盟应更好地与小岛屿发展中国家进行多边合作。欧盟是通过欧洲投资银行在太平洋地区的主要投资者。

四、持久连接

在印太地区，许多倡议都侧重于互联互通。除了中国的"一带一路"倡议外，日本、印度、韩国和东盟也有各自的互联战略。欧盟于2018年启动"连接欧亚"战略，旨在成为交通、数字基础设施、能源和人员联系等领域可持续发展的合作伙伴。2019年9月，欧盟和日本签署互联互通伙伴关系，重点是可持续性、共同价值观、高质量的基础设施和确保全球公平竞争环境，特别是在亚洲、印度和太平洋地区。

（1）作为互联互通战略的组成部分，欧盟必须促进社会和环境的可持续性。

（2）继与日本发展伙伴关系之后，欧盟还应与东盟和印度建立战略伙伴关系。印度已经表示希望将互联互通列入下届欧盟-印度首脑会议议程，并就印度境内以及印度次大陆和第三国（特别是东非）的互联互通合作达成协议。东盟已根据区域连通性总计划要求与欧盟建立伙伴关系。

（3）欧盟将进一步探讨美国及其合作伙伴启动的"蓝点网络"计划，因为美国、日本、澳大利亚、加拿大和其他国家都在印太地区采取行动。

五、全球性挑战

印太区域各国的温室气体排放量占全球排放总量的1/3。虽然该区域大多数国家都认识到向清洁能源过渡的重要性，但在实践中，许多经济体仍然依赖（廉价的）燃煤发电厂。印太地区是经济增长最快、基础设施投资

第二十一章 荷兰《印太：加强荷兰和欧盟与亚洲伙伴合作的指南》

水平高的地区，为未来30年的能源消费和能源组合奠定了基础。如果不加速向清洁和可持续能源过渡，就不可能实现国际商定的气候变化目标。

尽管印太国家对气候变化做出重要贡献，但该区域仍有一些最脆弱的国家已经遭受气候变化的影响。这些国家包括面临被淹没风险的小岛屿国家，也包括对农业、脆弱人口和人口稠密的城市地区产生影响的国家。如果本区域各国未能充分应对气候变化的影响，将对经济、贸易和社会产生不稳定的影响。

气候行动正日益成为经济增长的必要条件。因此，在印太国家，如果政府和私营部门认真对待绿色复苏，则该领域将获取巨大利益。全球适应委员会预计到2030年，在发展中国家投资的每1美元均将获得4倍回报，净收入约4.2万亿美元。

该区域一些国家强烈支持雄心勃勃的气候变化政策，并积极参与区域和国际气候论坛。荷兰和欧盟可以与这些国家在应对气候变化领域开展更为紧密的合作。此外，欧盟应承诺加强可持续和绿色能源解决方案的输出，以促进该地区的气候变化行动。目前，欧盟已经在诸多领域与印太区域国家开展合作。第一，欧盟应尽可能深化和扩大在气候变化和可持续发展目标方面的合作，包括与小岛屿发展中国家的合作。第二，欧盟应努力加强绿色贸易，以促进该地区的气候变化行动。第三，欧盟必须在气候适应领域及在国际论坛上加速推进雄心勃勃的气候政策。

第四节 荷兰和印太

在欧洲的印太愿景下，荷兰将加强其双边承诺，与志同道合的民主伙伴合作。更具体地说，荷兰今后将侧重与印太区域国家开展以下几个方面的合作。

一、安全和稳定

第一，荷兰认可欧盟在亚洲安全努力的重要性。

第二，荷兰将同欧盟、北约和亚太地区志同道合的国家一道，通过加强国际海洋法治建设，促进自由通行和海上安全。

第三，荷兰将在欧盟或与德国、法国以及其他一些志同道合的国家组成的较小联盟中,对违反包括《联合国海洋法公约》在内的国际法行为和南海问题,秉持更积极的立场。

第四,荷兰派适当级别代表参加该地区的相关战略会议,包括一年一度的香格里拉(新加坡)和瑞辛纳(印度)对话。

第五,鉴于数字领域的威胁日益增加而尚未达成在数字领域适用的国际标准,荷兰将加强与该区域志同道合的国家在数字网络领域的合作与对话,重点是网络安全。

第六,荷兰将与双边和国际伙伴关系共同加强与该区域国家在应对混合威胁方面的合作。

第七,荷兰将与《不扩散核武器条约》内志同道合的伙伴合作,并通过防扩散安全倡议和出口管制制度,为不扩散和裁军做出贡献。

第八,支持北约与澳大利亚、新西兰、韩国和日本在印太区域开展合作。这些印太伙伴是北约的重要行动伙伴。

二、与亚洲民主与志同道合伙伴的合作框架

第一,荷兰将与澳大利亚、印度、印度尼西亚、日本、韩国、新西兰、新加坡、马来西亚和越南就共同关切问题开展务实合作和年度磋商。

第二,荷兰将加入《东南亚友好合作条约》,进一步加强与东盟的合作。

第三,荷兰作为人权理事会成员,将尽可能与印太区域志同道合的国家开展合作。

第四,荷兰将继续参加亚欧会议,并每年继续为亚欧会议提供财政资助。

第五,荷兰将继续与印太各国政府就有关国家的人权状况和社会问题进行公开和批判性的对话。

三、可持续贸易和经济

第一,荷兰通过欧盟承诺探索与印太地区供应商开展多样化合作的机会,减少单方战略依赖关系,增强价值链的可靠性。

第二,荷兰致力于对印太国家,特别是中国、韩国、印度、澳大利亚、日本和东盟五国开展可持续贸易和投资。

第三,荷兰将积极推进欧盟承诺提到的自由贸易协定谈判。

四、有效的多边主义和国际法律秩序

第一,荷兰将加入德国和法国与印太地区志同道合的国家建立的"多边主义联盟",以促进有效的多边主义和国际法律秩序。

第二,在促进国际法律秩序的优先事项范围内,促进海洋法、网络法、贸易法和气候法有关的(公共外交)活动。

第三,荷兰将与常设仲裁法院和澳大利亚共同为参与南海行为准则谈判的东盟国家举办能力建设研讨会。

第四,荷兰继续通过克林根代尔学院和乌得勒支大学海洋法研究所举办海洋法课程,以加强东盟国家的能力。在可能情况下,荷兰将加入相应的区域倡议和活动。

第五,与澳大利亚和该地区其他志同道合的国家进行磋商,就南海事态发展进行磋商。

第六,荷兰将与新加坡共同为参与国际协议谈判的东盟专家组织能力建设网络对话,并开发建立信任措施数字系统。

第七,荷兰继续在东盟国家提供网络能力建设课程(包括数字领域的国际法课程)。

五、可持续的信息连接

第一,荷兰将在欧盟互联战略框架内重点关注数字连接(数字战略),主题广泛,从网络安全和互联网监管到创新、人工智能、电子商务、跨境数据传输、各国隐私和数字主权。

第二,荷兰还将与该区域志同道合的伙伴合作,加入欧盟加强战略主权的倡议(即目前关于生产和价值链多样化与加强全球和多边自由贸易体系之间的平衡的讨论)和在国际层面执行绿色交易。

六、全球挑战:气候和可持续发展目标

第一,荷兰将尽可能进一步深化和扩大在气候和可持续发展目标领域的合作,包括与小岛屿发展中国家的合作。第二,荷兰将与该地区各国开展更为密切的合作,促进雄心勃勃的国际和国家气候政策,以实现气候目标。第三,荷兰将致力于促进绿色和可持续的能源解决方案,以促进能源转型。

第二十二章　韩国《海洋调查与海洋信息利用法》

2020年2月18日，韩国颁布《海洋调查与海洋信息利用法》（以下简称《海洋调查信息法》），从2021年2月19日起实施。为了主动应对日益深化的海洋管辖权及海洋资源开发竞争，解决气候变化、陆域资源枯竭等人类共同面临的问题，韩国将海洋调查相关内容从空间信息法律中分离出来，专门对海洋调查区域与范围、国家海洋观测网的搭建与运行、海道测量、海洋地名调查等进行规定。

第一节　总　　则

第一条　目的

为规范海洋调查实施、海洋信息运用等事项，确保船舶交通安全及海洋保护、利用、开发及海洋管辖权，制定本法。

第二条　定义

本法所用术语的含义如下。

（一）"海洋调查"，是指以船舶的交通安全，海洋的保护、利用、开发以及确保海洋管辖权为目的，依照本法实施的海洋观测、海道测量和海洋地名调查。

（二）"海洋观测"，是指用科学的方法对海洋特性及变化进行监测、收集相关信息。

（三）"海道测量"，是指下列测量和调查：

1. 海水水深、地磁、重力、地形、地质测量和海岸线及海岸带的测量；

2. 为船舶安全航行开展的航行目标、障碍物、港口设施、船舶便利设施、航线及浮冰资料收集等相关海道调查；

3.《海岸管理法》第二条第一款规定的海岸自然环境现状及变化调查。

第二十二章 韩国《海洋调查与海洋信息利用法》

（四）"基本海道测量"，是指依据第十九条规定由海洋水产部长官开展的作为所有海道测量基础的测量。

（五）"一般海道测量"，是指基本海道测量以外的海道测量。

（六）"海洋地名调查"，是指为了制定、变更或管理海洋地名开展的地形调查和文献调查。

（七）"国家海洋基点"，是指为了确保海洋调查的准确性和效率，依据第八条第一款规定的海洋调查标准，对特定地点进行测定并用坐标等标示，作为海洋调查基准的点。

（八）"国家海洋观测网"，是指海洋水产部长官为开展海洋观测及收集、加工、储存、检索、提取、传输和利用海洋观测资料搭建并运行的海洋观测设施的组合。

（九）"海洋地名"，是指自然形成的海洋、海峡、湾、浦、海道等的名称和礁、堆、海底峡谷、海底盆地、海底山、海底山脉、海岭、海沟等海底地形的名称。

（十）"海洋信息"，是指通过海洋调查结果，包括通过海洋观测资料分析获取的海洋预测信息。

（十一）"海洋信息产品"，是指将海洋信息以图纸、出版物、数据产品（将各种海洋相关信息数据化后，可在信息处理系统中使用的产品）的形态制作的产品。

（十二）"航海书刊"，是指为保证航行安全而在船舶配备的下列海洋信息产品。

1. 海图：按照国际标准，用符号或文字标示海洋水深、航线等船舶航行所需信息的图纸（包括电子海图）。

2. 航海出版物：收录主要港口潮汐资料的潮汐表，收录航标编号、名称、位置的灯标表，收录海岸和主要港口航行安全信息的航路指南及其他由海洋水产部令规定的出版物。

3. 航海通告：海洋水产部长官定期向需求方提供的刊载航海书刊变更、航海警告、船舶交通安全相关事项的海洋信息产品。

4. 其他由海洋水产部令规定的海洋信息产品。

（十三）"海洋调查信息行业"，是指下列工作：

1. 从事海洋观测工作的海洋观测业；

2. 从事海道测量工作的海道测量业；

3. 从事海图制作工作的海图制作业；

4. 从事海洋信息收集、加工、管理、流通、销售或供应及相关软件、系统开发或搭建工作的海洋信息服务业。

第三条　海洋调查的基本方向

国家依照本法开展海洋调查时，应确保下列事项：

（一）确保船舶交通安全；

（二）服务海洋保护、利用和开发，发展海洋产业；

（三）适应和应对气候变化，预防海洋灾害；

（四）加强海洋防卫，确保海洋管辖权。

第四条　适用范围

以下情形不适用本法：

（一）依据《海洋科学调查法》进行的仅以学术研究为目的的海洋科学调查；

（二）以军事活动为目的进行的海洋调查；

（三）依据《海底矿产资源开发法》进行的勘查；

（四）依据《空间信息构建与管理等法》实施的海岸海域测量。

第五条　与其他法律的关系

除其他法律有特别规定外，海洋调查遵循本法规定。

第六条　海洋调查日

为向国民广泛宣传海洋调查的重要性，规定每年6月21日为海洋调查日。

第二节　海洋调查

第七条　海洋调查基本计划与实施计划

一、海洋水产部长官每5年制订海洋调查基本计划（以下简称"基本计划"），应当包括下列事项：

（一）海洋基本构想与实施战略；

（二）海洋调查区域和内容；

（三）国家海洋观测网的搭建、运营等相关事项；

(四)海洋地名的制定、标记和管理相关事项；

(五)海洋地名国际登记、使用及宣传相关事项；

(六)国家海域划界调查相关事项；

(七)海洋信息刊物的发行、推广等海洋信息利用相关事项；

(八)海洋调查长期投资计划；

(九)海洋调查技术研发；

(十)调查船舶等海洋调查装备的获取、管理相关事项；

(十一)海洋调查技术教育和人才培养相关事项；

(十二)海洋调查信息行业的支持与培育相关事项；

(十三)海洋调查相关国际合作事宜；

(十四)其他海洋调查所需事项。

二、海洋水产部长官应当按照基本计划，制定和实施年度实施计划。

三、海洋调查条件等发生变化时，海洋水产部长官可以变更基本计划和年度实施计划。

四、海洋水产部长官拟订或者变更基本规划时，应当予以公告。

五、除第一款至第四款规定外，基本计划和年度实施计划的制订、变更及实施所需事项，由总统令规定。

第八条 海洋调查的标准

一、海洋调查的标准如下：

(一)位置，依照世界大地测量系统测量的地理经纬度和高度(平均海平面以上高度)标示；

(二)水深和退潮露地高度，以基本海平面(对潮汐进行一定时间的观测后得出的最低海平面)为测量基准；

(三)海岸线，以海平面达到最高潮(对潮汐进行一定时间的观测后得出的最高海平面)时陆地与海平面的界线标示。

二、海洋水产部长官应当在官报或官网上公布海洋调查相关坐标系、平均海平面、基准面、最高潮面等事项。有关事项发生变更时，亦如此。

三、第一款规定的世界大地测量系统等海洋调查标准所需事项，由总统令规定。

第九条 国家海洋基点

一、为了确保海洋调查的准确性和效率，海洋水产部长官应当依据总统令确定国家海洋基点。

二、海洋水产部长官依据第一款的规定确定国家海洋基点的，应当按照海洋水产部令的规定设置并管理国家海洋基点标志。

三、海洋水产部长官依照第二款的规定设置国家海洋基点标志的，应当加以公告。

第十条　国家海洋基点标志保护

一、任何人不得擅自转移、损坏国家海洋基点标志或损害其效用。

二、可能损坏国家海洋基点标志或其效用的，依照海洋水产部令的规定，应当向海洋水产部长官提出申请，临时或者永久性转移国家海洋基点标志。

三、海洋水产部长官依照第二款的规定收到转移国家海洋基点标志申请时，研究其必要性后，确有必要转移的，应当转移国家海洋基点标志或允许第二款规定的申请人转移国家海洋基点标志；如无必要转移国家海洋基点标志的，应当向第二款规定的申请人说明理由。

四、依据第三款规定的国家海洋基点转移的费用，由第二款规定的申请人承担。

五、海洋水产部长官依据第三款的规定转移国家海洋基点标志时，应当公告变更事项。

第十一条　海洋调查公告等

有下列情形之一的，海洋水产部长官应当在官报或官网上公布海洋调查区域、期限、内容等海洋调查实施计划，并在航海通告中刊登，可能对国家安全或国家重大利益造成损害的除外：

（一）依据第十四条规定实施海洋观测；

（二）依据第十九条规定实施基本海道测量；

（三）依据第四十四条第一款规定有关机关要求提供海洋调查计划；

（四）依据第五十九条规定受委托开始海洋调查工作。

第十二条　推进研究与开发

一、为发展海洋调查，海洋水产部长官可以推进由总统令规定的海洋调查研发工作。

二、海洋水产部长官可以依据第一款的规定设立研究机构，或由总统令规定的专门机构负责相关工作。

第二十二章　韩国《海洋调查与海洋信息利用法》

三、海洋水产部长官在预算范围内可向依据第二款规定的研究机构或专门机构提供所需全部或部分经费。

第十三条　海洋调查的标准化

一、海洋水产部长官可以为海洋调查项目及作业标准化制定基准，并建议相关机关使用。

二、依据第一款规定的海洋调查标准化基准的相关具体事项，由海洋水产部令规定。

第十四条　海洋观测的实施

一、海洋水产部长官应当按照基本计划及年度实施计划，对潮汐、潮流、海流、海洋气象等海洋特性及变化进行观察、测定，并为收集相关信息进行海洋观测。

二、海洋水产部长官应当系统地收集和管理依据第一款规定的海洋观测信息，并管理各种相关统计资料。

三、海洋水产部长官为了实施第一款规定的海洋观测，必要时可要求《公共机关运营法》规定的公共机关（以下简称"公共机关"）负责人、港口设施管理者或船舶所有人提供资料。被要求提供资料者无正当理由，应当提供相关资料。

第十五条　国家海洋观测网的搭建与运行

一、为有效实施海洋观测，海洋水产部长官可以搭建并运行国家海洋观测网。

二、海洋水产部长官可以与相关行政机关或其他履行海洋观测任务的机关合作推进依据第一款规定的国家海洋观测网的搭建与运行工作。

三、海洋水产部长官为了搭建和运行国家海洋观测网，必要时可要求相关行政机关负责人提供所需资料。被要求提供资料的有关行政机关负责人无正当理由，应当提供相关资料。

第十六条　国家海洋观测网的保护

一、任何人不得做出擅自转移、损坏或损害国家海洋观测网效用的行为。

二、出入国家海洋观测网的，依据海洋水产部令，应当得到海洋水产部长官的许可。

第十七条　海洋预测信息制作

一、海洋水产部长官应当按照海洋观测资料，制作下列海洋预测信息（《气象法》第十三条第一款规定的预报、特报除外）：

（一）潮汐、潮流、海流等与船舶交通安全有关的海洋预测信息；

（二）长期海平面变化、漂浮物移动和扩散等与海洋灾害有关的海洋预测信息；

（三）离岸流等与海洋休闲活动安全有关的海洋预测信息；

（四）海洋防卫相关的海洋预测信息；

（五）其他海洋水产部令规定的海洋预测信息。

二、为制作上述海洋预测信息，海洋水产部长官可以搭建并运行海洋预测系统。

第十八条 海洋中长期变化研究

一、海洋水产部长官应当按照海洋观测资料，对海洋中长期变化及原因进行研究和分析。

二、海洋水产部长官应当按照第一款的研究结果，预测海洋中长期变化趋势，提高预测的准确性。

第十九条 基本海道测量的开展

一、海洋水产部长官应当按照基本计划及年度实施计划，开展包括下列事项的基本海道测量：

（一）为确保航海安全，对港口、海道、渔港进行海道测量；

（二）为确定国家海域划界进行必要的调查；

（三）为收集管辖海域的地球物理基础资料进行勘探；

（四）其他海洋水产部令规定的海道测量。

二、海洋水产部长官为了进行基本海道测量，必要时可要求相关行政机关及公共机关负责人、港口设施管理者或船舶所有人提供所需资料。被要求提供资料者如无正当理由，应当提供相关资料。

三、海洋水产部长官利用船舶进行基本海道测量时，应当在该船舶上悬挂海洋水产部令规定的标志。

第二十条 一般海道测量的开展

一、实施下列工程的，工程结束后应当开展一般海道测量，总统令规定的规模工程除外：

（一）港口、渔港工程或海道疏浚；

（二）海底土、砂、矿物的采集；

（三）向海洋倾泻废弃泥土、砂、疏浚土等；

（四）因填埋、设置或拆除防波堤、人工海防墙等致使现有海岸线或水深发生变化的工程；

（五）在海洋设置人工鱼礁或埋设海底电缆、输油管等构造物；

（六）海道上架设或变更桥梁、空中电线等。

二、向海洋水产部长官请求制作或变更航海书刊的，可以实施一般海道测量。

三、依据第一款、第二款规定实施一般海道测量的，应当依据海洋水产部令向海洋水产部长官申报。

四、海洋水产部长官应当依据第三款的规定，在航海通告上刊登海道测量区域、时间及内容。

五、海洋水产部长官为了海道测量方法的标准化，必要时可以依据海洋水产部令的规定，对依据第三款规定向申报人员提供有关一般海道测量方法的技术指导。

六、利用船舶实施一般海道测量的，应当在该船舶上悬挂海洋水产部令规定的标志。

第二十一条　海洋信息副本的提交与审查

一、凡是依据第二十条第一款及第二款规定实施一般海道测量的，应当及时向海洋水产部长官提交通过海道测量获得的海洋信息的副本。

二、海洋水产部长官收到依据第一款规定提交的海洋信息副本后，应当及时审查其适用性，并将结果告知依据第一款规定提交的人员。

三、海洋水产部长官依据第二款规定审查后，如果认为适用，应当依据总统令规定，在航海通告上刊登海洋信息，并在其他航海书刊上进行更新。

四、除第一款至第三款规定外，通过一般海道测量获得的海洋信息副本的提交和审查所需事项，由海洋水产部令规定。

第二十二条　海洋地名调查的开展

海洋水产部长官为了按照基本规划和年度实施计划，制定、变更或管理海洋地名，应当实施包括下列事项的海洋地名调查：

（一）海洋地名授予对象的位置、形态、种类、地质等的地形调查；

(二)海洋地名的产生和来源、演变过程及相关地理、社会科学信息等的文献调查。

第二十三条 海洋地名的制定与变更

一、申请制定或变更海洋地名的,可依据海洋水产部令的规定,向海洋水产部长官申请制定或变更海洋地名。但有下列情形之一的除外:

(一)已经依据其他法令制定海洋地名的;

(二)其他由总统令规定的。

二、有下列情形之一的,海洋水产部长官应当依据《海洋水产发展基本法》第七条规定,经海洋水产发展委员会审议,制定或变更海洋地名:

(一)依据第二十二条的规定实施海洋地名调查,结果显示需要制定或变更海洋地名的;

(二)依据第一款规定收到申请,且有必要制定或变更海洋地名的。

三、海洋水产部长官为了审查依据第二款规定进行的海洋地名制定或变更,必要时可以请求有关行政机关及国立、公立研究机关等提供相关资料。收到请求的机关如无正当理由,应当接受请求。

四、海洋水产部长官依据第二款的规定制定或变更海洋地名,应当符合国际程序和标准。

五、海洋水产部长官依据第二款的规定制定或变更海洋地名,应当按照总统令的规定予以公告。

六、除第一款至第五款规定外,海洋地名的制定和变更申请程序、审查标准等事项,由海洋水产部令规定。

第二十四条 海洋地名的管理与使用等

一、海洋水产部长官应当依据第二十三条规定建立和管理海洋地名制定、变更相关数据库。

二、海洋水产部长官可以建议有关行政机关、第二十五条第二款规定的海洋调查技术员、第三十条第一款规定的海洋调查信息行业登记人员以及《空间信息产业振兴法》第二条第四项规定的空间信息工作者等,使用本法规定的海洋地名。

三、海洋水产部长官可以向建议使用海洋地名的人员提供数据库使用等技术支援。

四、为了扩大海洋地名的使用范围,向国民提供海洋地名相关网上信息服务等，海洋水产部长官应当努力宣传海洋地名。

五、海洋水产部长官应当使海洋地名纳入国际组织，并在国际上通用。

第三节　海洋调查技术员、海洋调查信息行业和海洋调查装备

第二十五条　海洋调查技术员

一、海洋调查(海洋地名调查除外)及航海刊物的制作，必须由海洋调查技术员进行。

二、下列海洋调查技术员应当具备总统令规定的资格认证：

(一)依照《国家技术资格法》取得海洋、海洋环境、海洋调查、海洋工程、海洋资源开发、测量以及地形空间信息领域技术资格；

(二)具有海洋、海洋环境、海洋调查、海洋工程、海洋资源开发、测量及地形空间信息、航海刊物制作领域的学历或经历；

(三)取得国际海道组织承认的国际资格。

三、海洋调查技术员等级，可按照总统令规定划分。

第二十六条　海洋调查技术员的申报

一、从事海洋调查工作或航海刊物制作的海洋调查技术员，应当按照海洋水产部令的规定，向海洋水产部长官申报工作单位、经历、学历及资格等(以下简称"工作单位及经历等")事项。变更申报事项时亦如此。

二、海洋水产部长官依据第一款规定收到申报时，应当对海洋调查技术员的工作单位及经历等记录进行保存和管理。

三、如果海洋调查技术员申请，海洋水产部长官可以颁发工作单位及经历等相关证明(以下简称"海洋调查技术资格证")。

四、海洋水产部长官为了审查收到的申报内容，必要时可以请求行政机关、公共机关、《中小学教育法》第二条及《高等教育法》第二条规定的学校或依据第一款的规定申报的海洋调查技术员所属海洋调查机构等的负责人提供相关资料。收到请求的机关负责人如无正当理由，应当提供相关资料。

五、依照本法或其他有关法律办理确认、允许、登记、许可等的行政

机关负责人，如需确认海洋调查技术员的工作单位及经历等，应当得到海洋水产部长官确认。

六、除第一款至第五款规定外，海洋调查技术员的申报，记录的保存和管理及海洋调查技术资格证的颁发等所需事项，由海洋水产部令规定。

第二十七条　海洋调查技术员的义务

一、海洋调查技术员应当秉公履行海洋调查工作或航海刊物的制作，如无正当理由不得拒绝海洋调查或航海刊物的制作。

二、海洋调查技术员如无正当理由不得泄露工作期间获悉的秘密。

三、海洋调查技术员不得同时在两个以上第三十条第一款规定的海洋调查信息行业登记。

四、海洋调查技术员不得向他人借用海洋调查技术资格证或者允许他人以其名义从事海洋调查工作或者航海刊物的制作。

第二十八条　停止海洋调查技术员工作的情形

一、海洋调查技术员有下列情形之一的，海洋水产部长官可以责令1年内停止海洋调查技术员的工作：

（一）谎报第二十六条第一款规定的工作单位和资历等的申请或变更的；

（二）违反第二十七条第四款规定向他人借用海洋调查技术资格证或允许他人以其名义从事海洋调查工作、航海刊物制作的。

二、依据第一款规定的停职标准和其他所需事项，由海洋水产部令规定。

第二十九条　教育培训

一、从事海洋调查工作或航海刊物制作的海洋调查技术员，应当依据总统令规定接受教育培训。但是，海洋调查技术员依照其他法令接受的教育培训符合总统令规定的，视为已接受教育培训。

二、聘用海洋调查技术员的，应当承担海洋调查技术员依据第一款的规定接受教育培训所需费用。

三、海洋水产部长官可以对海洋调查技术员以外的有关行政机关海洋调查从业人员实施教育培训。

四、海洋水产部长官实施教育培训，可以指定人力及教育设备符合总统令规定标准的机构为专业教育机构。

五、专业教育机构未能忠实履行教育培训工作，或不符合第四款规定的标准的，海洋水产部长官可撤销指定或限期 6 个月内停止全部或部分工作。

六、总统令规定专业教育机构的指定及撤销事项的标准和程序。

第三十条　海洋调查信息行业的登记等

一、从事海洋调查信息行业的，应当符合总统令规定的技术人员、设施、海洋调查装备等要求，并向海洋水产部长官登记。

二、海洋调查信息行业的具体工作范围，由总统令规定。

三、登记事项发生变更时，应当向海洋水产部长官申报。

四、海洋水产部长官依据第三款的规定申报之日起 7 日内，应当通知申报人是否受理。

五、海洋水产部长官在第四款规定的期限内，未通知申报人是否受理或延长处理期限的，视为该期限结束后的次日受理。

六、海洋调查信息行业的登记及登记事项变更申报程序等相关事项，由海洋水产部令规定。

第三十一条　海洋调查信息商的义务

海洋调查信息商参与海洋调查信息行业相关投标时，不得以欺骗、威胁或其他手段损害招标的公正性。

第三十二条　不合格理由

具备下列情形的，不得登记从事海洋调查信息行业：

(一)无行为能力人或限制行为能力人；

(二)违反本法、《国家安全法》、《刑法》第八十七条至第一百零四条规定，被判处监禁以上实刑、刑满释放或者自执行豁免之日起不满 2 年的；

(三)违反本法或《国家安全法》、《刑法》第八十七条至第一百零四条规定，被判处监禁以上刑罚处缓刑的；

(四)依据第三十六条规定，海洋调查商吊销资格(因符合本条第一项的规定取消的除外)后不满 2 年的；

(五)董事组成中存在具备第一项至第四项情形的法人。

第三十三条　海洋调查信息行业登记证和登记手册

一、海洋水产部长官应当依据海洋水产部令，向海洋调查信息商颁发海洋调查信息行业登记证和海洋调查信息行业登记手册。

二、海洋调查信息商不得出借海洋调查信息行业登记证、海洋调查信息行业登记手册，或允许他人以其名义或商号从事海洋调查信息行业。

三、任何人不得借用他人海洋调查信息行业登记证或海洋调查信息行业登记手册，或冒用他人名义或商号从事海洋调查信息行业。

第三十四条　海洋调查信息商休业、停业等申报

具备下列情形的，应当依据海洋水产部令的规定，自该事件发生之日起30日内向海洋水产部长官申报：

（一）海洋调查信息行业法人以破产或合并以外的理由解散的，由该法人的清算人负责申报；

（二）海洋调查信息商停业的，由停业的海洋调查信息商负责申报；

（三）海洋调查信息商休业超过30日或该期限内休业后恢复业务的，由该海洋调查信息商负责申报。

第三十五条　海洋调查信息商资格的转移

一、存在下列情形之一的，海洋调查信息商的资格转移：

（一）海洋调查信息商转让时的受让人；

（二）海洋调查信息商死亡时的继承人；

（三）法人海洋调查信息商与其他法人合并时，合并后存续的法人或新设立的法人。

二、按照下列程序接管全部营业设施、设备的，取得海洋调查信息商的资格：

（一）依据《民事执行法》规定的拍卖；

（二）依据《债务人回生和破产法》规定的汇兑；

（三）依据《国税征收法》《关税法》或《地方税征收法》规定的扣押财产的出售；

（四）其他第一项至第三项规定中的程序。

三、依据第一款或第二款的规定取得海洋调查信息商资格的，应当在其发生转移事由之日起30日内，依据海洋水产部令的规定向海洋水产部长官申报。

四、海洋水产部长官依据第三款的规定收到申报之日起10日内，必须通知申报人是否受理。

五、海洋水产部长官在第四款规定的期限内，未通知申报人是否受理

第二十二章　韩国《海洋调查与海洋信息利用法》

或依据处理投诉的相关法令延长处理期限的，视为该期限结束后的次日受理。

六、第一款或第二款规定的承受人不合格理由，依据第三十二条规定。

第三十六条　海洋调查信息商吊销

一、海洋调查信息商有下列情形之一的，海洋水产部长官可以吊销海洋调查信息商的登记，或责令停业1年。符合第二项、第四项、第六项至第八项规定的，均可吊销海洋调查信息商的登记：

（一）故意或过失造成海洋调查、海洋信息刊物制作或海洋信息不准确的；

（二）以隐瞒或其他不正当手段进行海洋调查信息行业登记的；

（三）无正当理由，自海洋调查信息行业登记之日起1年内未营业或连续停业1年以上的；

（四）未达到第三十条第一款规定的登记标准的。但，暂时未达到由总统令规定的登记标准等情况除外；

（五）违反第三十条第三款规定未提交海洋调查信息行业登记事项变更申报的；

（六）符合第三十二条任何一项规定的。但，法人高管中有不合格事由者但在2个月内改任的除外；

（七）违反第三十三条第二款规定，向他人出借海洋调查信息行业登记证或登记手册，或允许他人冒用其名义或商号从事海洋调查信息行业的；

（八）停业期间营业的；

（九）其他行政机关依据有关法令要求撤销登记或停业的。

二、海洋调查信息行业商资格受让人或合并后存续或新设的法人，如具备第三十二条不合格条件，自此日起6个月内不适用第一款第六项规定。

三、海洋水产部长官依据第一款规定，吊销海洋调查信息行业登记或给予停业处分的，应当予以公告。

四、海洋调查信息行业登记吊销及停业处分的详细标准，由海洋水产部令规定。

第三十七条　海洋调查信息商行政处分的承担

一、依据第三十四条第二项规定，申报停业的海洋调查信息商重新登记海洋调查信息行业资格的，继受申报停业前的海洋调查信息行业的资格。

二、第一款规定中，停业前因违反第三十六条第一款规定对海洋调查信息商给予行政处罚的，处罚由停业之日起6个月内重新登记海洋调查信息行业的人继受(简称"重新登记海洋调查信息商")。

三、第一款规定中，对于重新登记海洋调查信息商，可以按照申报停业前违反的第三十六条第一款规定处以行政处罚，但下列情形除外：

(一)申报停业至重新登记海洋调查信息行业的时间(以下简称"停业期")超过2年的；

(二)申报停业前受到停业整顿处罚，停业时间超过1年的。

四、依据第三款规定给予行政处分时，应当考虑停业时间和停业原因。

第三十八条 处以吊销等处分后海洋调查信息商的工作履行等

一、处以吊销或停业处分的海洋调查信息商(海洋信息服务业的登记者除外)，可继续履行处分前签订的合同规定的海洋调查工作或海洋信息刊物的制作。但符合第三十六条第一款第二项或第四项规定处以吊销处分的除外。

二、依据第二条第一款规定，继续从事海洋调查业务或海洋信息刊物制作的，应当及时向客户告知其被处以吊销或停业处罚的事实。

三、依照第一款规定，继续从事海洋调查工作或海洋信息刊物制作的，工作结束前仍视其为海洋调查信息商。

四、海洋调查或海洋信息刊物制作的客户，除有特殊原因外，依据第二条规定自收到海洋调查信息商发出的通知或知悉停业处分之日起30日内可解除合同。

第三十九条 海洋调查信息行业的酬劳

一、海洋水产部长官应当在与企划财政部长官协商后，在官报上公示海洋调查信息行业酬劳制订标准(海洋信息服务业除外)。

二、依据第一款规定的海洋调查信息行业的酬劳标准计算方法等事项，由总统令规定。

第四十条 海洋调查装备开发等

海洋水产部长官应当努力开发海洋调查需要的仪器、调查船舶、飞机、卫星等海洋调查装备，并妥善维护和管理。

第四十一条　海洋调查装备性能检查
一、使用海洋水产部令规定的海洋观测或海道测量海洋调查装备的,应当在海洋水产部令规定的期限内,接受海洋水产部长官开展的性能检验,但依据《国家标准基本法》或其他法令,由海洋水产部令规定的经过审定、校正的海洋调查装备不在性能检查范围之内。
二、依据第一款规定的海洋调查装备性能检验标准、方法和程序等事项,由海洋水产部令规定。

第四节　海洋信息的使用

第四十二条　海洋信息保存与查阅等
一、海洋水产部长官应当保存海洋信息,供公众查阅。
二、海洋水产部长官应当依据海洋水产部令的规定,公布海洋信息。
三、依据第三十条第一款规定登记为海洋信息服务业并申请取得海洋信息副本时,依据海洋水产部令规定,应当向海洋水产部长官提出申请。
第四十三条　海洋信息质量管理
一、为确保海洋信息的准确性,海洋水产部长官应当制定海洋信息质量管理措施。
二、依据第一款的质量管理的对象、范围、标准和程序等事项,由海洋水产部令规定。
第四十四条　有关部门的海洋信息运用等
一、有关机关进行下列海洋调查时,海洋水产部长官可以要求提交海洋调查计划或海洋信息:
(一)潮汐、潮流、海流观测及海水物理特性调查;
(二)海底地形、地磁、重力及海底地质调查;
(三)人工鱼礁等风险评估调查;
(四)其他海洋水产部长官规定事项的调查。
二、海洋水产部长官依据第一款的规定,应当努力与报送海洋调查计划的有关机关共享资料、开展共同调查和技术合作。
三、依据第一款规定的海洋调查计划或海洋信息报送等事项,由海洋水产部令规定。

第四十五条　国家海洋信息系统

一、海洋水产部长官可以建立、运行国家海洋信息系统，对海洋信息进行收集、加工、分析、预测及开展综合管理。

二、海洋水产部长官为运行国家海洋信息系统，必要时可以请求有关行政机关及海洋调查相关机关提供有关资料。

第四十六条　海洋信息运行中心的设立等

一、海洋水产部长官为有效履行海洋信息的收集、加工、分析、预测业务，顺利向信息利用者提供海洋信息，可以依照总统令规定在海洋水产部所属机关设置并运营海洋信息运行中心。

二、第一款规定的海洋信息运行中心的设置和运营事项，由总统令规定。

第四十七条　海洋信息刊物的制作等

一、按照基本计划及年度实施计划，海洋水产部长官应当制作发行收录海洋信息的海洋信息刊物。

二、海洋信息刊物的制作标准由海洋水产部长官规定并公告。

三、为了船舶交通安全，海洋水产部长官应当每周刊发航海通告。

四、海洋水产部长官不能及时刊发航海通告时，可以利用有线、无线通信，通过警报提供船舶交通安全紧急事项。

五、依据第三款规定的航海通告、依据第四款规定的警报程序及方法等事项，由海洋水产部令规定。

第四十八条　海洋信息刊物的翻印等

一、翻印海洋水产部长官制作的海洋信息刊物或类似产品的，应当得到海洋水产部长官批准。

二、第一款关于批准程序等事项，由总统令规定。

第四十九条　航海书刊的变更事项通报

具备下列情形的，有关机关负责人应当及时将航海书刊变更事项通知海洋水产部长官：

（一）依据《海洋安全法》第三十一条或《关于船舶入出港等法》第十条规定，受海洋水产部长官委托从事海道指定工作的机关获悉海洋水产部长官制作的航海书刊变更事项的；

（二）依据《航路标志法》第九条第一款规定，受海洋水产部长官委托开

展航标设置和管理工作的机关获悉海洋水产部长官制作的航海书刊变更事项的;

(三)依据《水产业法》第八条规定,负责渔业执照工作的机关获悉海洋水产部长官制作的航海书刊变更事项的;

(四)依据《港口法》第九条规定,受托实施港口开发工作的机关获悉海洋水产部长官制定航海书刊变更事项的;

(五)依据《公有水面管理和填埋法》第三十八条规定,批准填埋公有水面实施计划的机关(海洋水产部长官除外)获悉海洋水产部长官制定航海书刊变更事项的;

(六)其他发现水下沉积物、航海障碍危害物,或发现海洋水产部长官制定航海书刊变更事项的。

第五十条　海洋信息刊物代销商的指定等

一、海洋水产部长官可将具备销售网、技术人员及设备条件等符合总统令要求的机构指定为海洋信息刊物代销人(以下简称"代销商")。

二、具备下列情形的,不得指定为代销商:

(一)无行为能力人或限制行为能力人;

(二)违反本法、《国家安全法》或《刑法》第八十七条至第一百零四条规定,被判处监禁以上实刑、刑满释放或自执行豁免之日起不满2年的;

(三)违反本法,《国家安全法》或《刑法》第八十七条至第一百零四条规定,被判处监禁以上刑罚缓刑,处于缓刑期的;

(四)依据第五十二条规定,取消代销业后不满2年的;

(五)董事中存在具备第一项至第四项情形之一的法人。

三、依据第一款规定指定的代销商销售的海洋信息刊物的种类、销售价格、代销手续费及其他代销事项,由海洋水产部长官规定并公告。

四、代销商应当遵循海洋信息刊物销售价格规定,按照航海书刊最新通报修订后供应。

五、代销商的管理等事项,由海洋水产部令规定。

第五十一条　代销商的申报

一、具备下列情形的,依照海洋水产部令,应当在下列事实发生之日起30日内向海洋水产部长官申报:

(一)代表、商号、主要营业场所或分支机构所在地等发生变更时,由该代销商负责申报；

（二）被指定为代销商的法人因破产或合并以外的原因解散的，由该法人的清算人负责申报；

（三）代销商停业的，由停业的代销商负责申报；

（四）代销商停业超过 30 日，或该期限内停业后复工的，由该代销商负责申报。

二、海洋水产部长官依据第一款第一项规定，应当自收到申报之日起 10 日内，通知申报人是否受理。

三、海洋水产部长官在第二款规定的期限内，未通知申报人是否受理或依据处理投诉的相关法令延长处理期限的，视为该期限（如依据处理投诉的有关法令延期处理或再次延期）结束后的次日受理。

第五十二条　取消代销商的指定等

一、代销商具备下列情形的，海洋水产部长官可以责令取消指定或限期 1 年内责令停止代理工作。其中符合第一项或第二项规定的，应当取消代销商的指定：

（一）不符合第五十条第一款规定的指定条件的，但暂时未达到由总统令规定的指定条件等情况除外；

（二）符合第五十条第二款规定的不合格条件的。法人董事中存在不合格条件的，但在 2 个月内变更该董事任命的除外；

（三）违反第五十条第四款规定，不遵循海洋信息刊物销售价格规定，或未按照航海书刊最新通报修订后供应的；

（四）在无正当理由的情况下，被指定为代销商之日起 1 年内不营业或持续停业 1 年以上的；

（五）被指定的代销商停业的。

二、取消代销商的指定及停业处分的具体标准，由海洋水产部令规定。

第五节　补　　则

第五十三条　推进国际合作

为增强海洋调查、海洋信息技术的信息交流，海洋水产部长官应当推动相关国际机构及国家间的合作活动。

第二十二章 韩国《海洋调查与海洋信息利用法》

第五十四条 韩国海洋调查协会

一、为研发海洋调查技术、加大教育培训、提高海洋资料的供应,可以成立韩国海洋调查协会(以下简称"协会")。

二、协会性质为法人。

三、协会在其主要事务所的所在地登记成立。

四、协会的工作:

(一)海洋调查研究与宣传;

(二)海洋调查国际合作和国外海洋调查技术信息的收集、分析与提供;

(三)海洋调查技术员培养和教育培训;

(四)海洋水产部长官委托的工作;

(五)其他由协会章程规定的工作。

五、协会章程应当包括下列事项:

(一)目的;

(二)名称;

(三)主要事务所的所在地;

(四)资产相关事项;

(五)董事及职工相关事项;

(六)理事会的运营;

(七)工作范围、内容及其执行情况;

(八)会计;

(九)公告方法;

(十)章程的变更;

(十一)其他协会运作相关事项。

六、协会变更章程时,须经海洋水产部长官许可。

七、协会运行等其他事项,由总统令规定。

八、为对协会进行监督,必要时海洋水产部长官可以要求其汇报工作相关事项或提交资料,并可派遣海洋水产部公务员检查工作。

九、关于协会,除本法规定事项外,适用《民法》的财团法人规定。

第五十五条 报告和调查

一、具备下列情形的,海洋水产部长官可以明令相关人员报告,或派遣海洋水产部公务员进行调查：

（一）由于海洋调查信息商的故意或重大过失，造成海洋调查海洋信息刊物的制作或海洋信息的提供不正确而出现信访的；

（二）海洋调查信息商未达到第三十条第一款规定的登记标准的；

（三）代销商不具备第五十条第一款规定的指定条件，或违反同条第四款规定的。

二、依据第一款规定进行调查的公务员，应当携带海洋水产部令规定的证件并向相关人员出示。

第五十六条　听证

处以下述处分的，海洋水产部长官应当进行听证：

（一）依据第三十六条第一款的规定，吊销海洋调查信息商登记的；

（二）依据第五十二条第一款的规定，取消代销商指定的。

第五十七条　进出土地等

一、为从事第九条第二款规定的国家海洋基点标志的设置、第十四条规定的海洋观测和第十九条规定的基本海道测量工作，必要时海洋水产部长官可以令所属公务员（依据第六十条第二款规定向协会委托海洋水产部长官的工作的，包括协会的董事）开展下述行为：

（一）进出他人土地或公有水面；

（二）变更他人土地或公有水面的树、土、石和其他障碍物；

（三）临时使用他人土地或公有水面作为材料放置地或临时公路。

二、依据第一款第一项规定需要进出他人土地或公有水面的，应当在进出日期的 7 日之前向土地所有人、使用人、管理人（以下简称"所有者等"）告知进出时间、地点、内容等。但具备下列情形的，应当在进出日期的 14 日前在辖区事务所或居民中心的公告栏、网站、报纸上公告进出时间和地点等：

（一）无法确认土地或公有水面的所有者的；

（二）无法确认土地或公有水面所有者的住址、居住地或其他联系方式的。

三、从事第一款第二项和第三项规定的行为的，需要取得所有者的同意。但具备下列情形的，在辖区事务所或居民中心的公告栏、网站、报纸上公告该行为的时间、地点、内容超过 14 日的除外：

（一）无法确认土地、公有水面、障碍物的所有者；

（二）无法确认土地、公有水面、障碍物的所有者的住址、居住地或者其他联系方式的。

四、由于因第一款的行为遭到损失的，海洋水产部长官应当依据总统令规定进行补偿。

第五十八条　手续费等

一、具备下列情形的，应当依照海洋水产部令缴纳手续费：

（一）依据第二十一条第二款规定，申请海洋信息副本适宜性审查的；

（二）依据第二十六条第三款规定，申请海洋调查技术资格证的；

（三）依据第三十条第一款规定，申请海洋调查信息行业登记的；

（四）依据第三十三条第一款规定，申请海洋调查信息行业登记证或海洋调查信息行业登记手册的；

（五）依据第四十一条第一款规定，申请海洋调查装备性能检查的；

（六）依据第四十二条第三款规定，以营利为目的，依据第四十二条第三款规定申请海洋信息副本的；

（七）依据第四十八条第一款规定，申请发行海洋信息刊物翻印产品或者申请改动海洋信息刊物发行类似产品的；

二、具备下列情形的，可免除手续费，但属于第二项的，按照协定减免。

（一）符合第一款第七项规定，国家、地方自治团体、《初中等教育法》第二条及《高等教育法》第二条规定的学校以非营利性目的发行的；

（二）符合第一款第七项规定，外国政府与我国政府签订协议的。

第五十九条　业务受托

海洋水产部长官在不影响履职范围内，出于公共利益的需要，可以依据海洋水产部令的规定，受托开展海洋调查工作。

第六十条　权限或业务的授权、委托

一、本法规定的海洋水产部长官权限，依据总统令的规定，可将部分职权委托给所属机关负责人。

二、本法规定的海洋水产部长官职权中，依据总统令的规定，可将下列工作委托给协会：

（一）依据第九条第二款规定，设置、管理国家海洋基点标志；

(二) 依据第十条第三款规定, 转移国家海洋基点标志;

(三) 依据第十五条第一款规定, 运行国家海洋观测网;

(四) 依据第二十六条规定, 受理海洋调查技术员的申报、管理海洋调查技术员的工作单位及履历等记录, 颁发海洋调查技术资格证, 为了确认申报内容要求接收提供的相关资料, 确认海洋调查技术员的工作单位及履历等;

(五) 依据第四十三条规定, 管理海洋信息质量;

(六) 依据第四十七条第一款规定, 印刷、供应和管理海洋信息刊物库存;

(七) 依据第五十八条第一款第二项规定, 收取海洋调查技术资格证手续费。

第六十一条　罚则适用中的公务员身份

依据第六十条第二款规定, 从事海洋水产部长官委托工作的协会干部员工, 适用《刑法》第一百二十七条、第一百二十九条至第一百三十二条规定时, 视为公务员。

第六节　罚　则

第六十二条　罚则

存在下列情形的, 处3年以下徒刑或3 000万韩元以下罚款:

(一) 违反第十六条第一款规定, 擅自转移、损毁或损害国家海洋观测网效用的;

(二) 违反第三十一条规定, 以欺骗、胁迫或其他方法损害海洋调查信息行业招标公正性的。

第六十三条　罚则

存在下列情形的, 处2年以下徒刑或2 000万韩元以下罚款:

(一) 故意造成海洋信息失实的;

(二) 违反第十条第一款规定, 擅自转移、损毁国家海洋基点标志或损害其效用的;

(三) 违反第二十八条第一款规定, 停业期间从事海洋调查工作或航海书刊制作的;

(四)违反第三十条第一款规定,未办理海洋调查信息行业登记,或采取虚假、其他不正当手段办理海洋调查信息行业登记并从事海洋调查信息行业的。

第六十四条　罚则

存在下列情形的,处1年以下徒刑或1 000万韩元以下罚款:

(一)违反第十六条第二款规定,未经海洋水产部长官许可,进入国家海洋观测网的;

(二)违反第二十七条第一款规定,无正当理由拒绝进行海洋调查或制作航海书刊的;

(三)违反第二十七条第二款规定,无正当理由泄露通过工作获悉的秘密的;

(四)违反第二十七条第三款规定,隶属于两个以上海洋调查信息商的;

(五)违反第二十七条第四款规定,向他人出借海洋调查技术资格证或允许他人冒用其名义从事海洋调查工作、航海刊物制作的;

(六)违反第三十三条第二款规定,向他人出借海洋调查信息行业登记证或海洋调查信息行业登记手册、允许他人冒用其名义或商号从事海洋调查信息行业的;

(七)违反第三十三条第三款规定,借用他人的海洋调查信息行业登记证或海洋调查信息行业登记手册、使用他人名义或商号从事海洋调查信息行业的;

(八)违反第四十八条第一款规定,未经海洋水产部长官批准,发行海洋信息刊物的翻印产品或改动海洋信息刊物发行类似产品的。

第六十五条　双罚制

法人代表或法人、个人代理人、使用人、其他职工,作出违反第六十二条至第六十四条规定的行为的,除处罚行为人外,其法人或个人也依据相关条款处以罚款,但法人或个人为防止违法行为已经尽到足够注意和未懈怠监督义务的除外。

第六十六条　罚款

一、具备下列情形的,处300万韩元以下罚款:

(一)无正当理由妨碍海洋水产部长官依据第十一条规定公告的海洋调

查的；

（二）违反第二十条第一款规定，未开展一般海道测量的；

（三）无正当理由违反第二十一条第一款规定，未提交通过一般海道测量取得的海洋信息副本的；

（四）违反第二十六条第一款规定，未申报或谎报海洋调查技术员的；

（五）无正当理由违反第二十九条第一款规定，未接受教育培训的；

（六）违反第二十九条第二款规定，未承担经费或以承担经费为由对海洋调查技术员处以不正当待遇的；

（七）违反第三十条第三款规定，未申报海洋调查信息行业登记事项变更的；

（八）违反第三十四条规定，未申报或谎报海洋调查信息商的休业、停业情况的；

（九）违反第三十五条第三款规定，未申报海洋调查信息商地位承担的；

（十）违反第三十八条第二款规定，未告知处分内容的；

（十一）无正当理由违反第四十一条第一款规定，未接受海洋调查装备性能检查的；

（十二）违反第五十条第四款规定，未遵守售价规定销售海洋信息刊物或未按照最新航海通告修改航海书刊供应的；

（十三）违反第五十一条第一款规定，未申报或虚报海洋信息刊物代销相关事项的；

（十四）无正当理由违反第五十五条第一款规定，未报告或虚假报告的；

（十五）无正当理由违反第五十五条第一款规定，拒绝、妨碍、回避调查的。

二、第一款规定的罚款，依据总统令的规定，由海洋水产部长官给予处罚并征收罚款。

第二十三章　韩国《第三次海岸整治基本计划(2020—2029)》

2020年6月3日，韩国海洋水产部颁布《第三次海岸整治基本计划(2020—2029)》。第三次计划在前两次计划的基础上，将提高海岸灾害应对能力、着力营造环境亲和空间和谋求可持续发展作为本次计划的目标。在海岸保护方面，将海岸保护范围扩大到对海岸线产生影响的整个区域；在海岸整治方面，减少水下防波堤等大型构造物的设置，通过人工沙丘等方式保护海洋环境；在施工方法方面，计划用鹅卵石取代海滩沙石，并收购易侵蚀地区将其设立为缓冲区。

第一节　推进背景

一、制订基本计划的法律依据

根据《海岸管理法》第21条第1款规定，为有效、系统地开展海岸整治工作，每10年制订一次海岸整治基本计划。制订并公告的基本计划根据《海岸管理法》第23条第1款规定，每5年进行一次可行性研究，并采取变更基本计划等措施。

海岸整治工作依据《海岸管理法》第2条是指：保护海岸免受海啸、海浪或海水造成的海岸侵蚀[①]影响、对被破坏的海岸开展整治工作；保护和改进海岸的工作、为国民舒适地利用海岸和提供亲水空间的工作。

二、制订基本计划的必要性

海平面上升、高海浪增加等气候变化导致海岸侵蚀程度持续加深，增加了应对灾害创造安全海岸空间的需求。

---

① 海岸侵蚀：在海浪、海流、海风、海平面上升、搭建设施等的影响下，海岸地表削平或泥沙等流失的现象。

加强海岸地区抗灾能力建设，保障国家经济活动稳定，以优化海岸利用条件、提升海岸价值，并提供亲水空间。

考虑到不断变化的海岸条件，为营造可持续的海岸空间，需要在国家层面制定有效、系统的战略。

第二节　第二次基本计划期间的成果与局限性

一、业绩与成果

《第二次海岸整治基本计划(2010—2019)》期间，共进行了241处(总投资约9 200亿韩元)整治工作，为国土保护和海岸环境整治做出了贡献。一是通过形成灾害缓冲区预防海岸地区侵蚀，通过减缓海浪、浦落(倒塌)地基加固等海岸保护工作(192处)，避免人员伤亡和财产损失。对计划期间完成工作的地区进行侵蚀现状监测，结果显示侵蚀程度(海滨幅度、面积)得到缓解。[①] 二是通过推进建设亲水公园、海岸步行道及搭建眺望台等亲水海岸工作(49处)，整治海岸环境。

海岸侵蚀现状调查、海岸整治工作事后评价、管理区域指定等实行海岸侵蚀相关事前、事后管理及灾前预防制度。

通过现场调查(250处)、录像(40处)、海浪监测(5处)，积累和分析海岸主要地点侵蚀现状资料(2003—)，作为政策资料使用。

通过设施老化检查，维修、加固方案制定，整治效果评估，进行事后管理(事后管理实施指南制定，2017)。

通过"海岸侵蚀管理区域制度"[②](《海岸管理法》，2013)，优先实施海岸整治工作或增建建筑物等预防侵蚀发生的措施。

通过推动科技研发[③]提高海岸整治工作效果，通过召开论坛、研讨会等进行宣传，努力形成政策共识。

[①] 对竣工的44处进行工程效果分析，结果显示施工以后侵蚀等级和分数提升的占64%、维持原等级的占20%(海岸侵蚀现状调查，2019)。

[②] 指定三陟孟芳、元坪、蔚珍凤坪、新安大光、蔚珍金音、泰安花池6处以后，每年召开侵蚀管理协商会。

[③] 国内海岸侵蚀预测模型提升及降低侵蚀技术开发(2018—2021)，航空水深测量雷达装备国产化研究(2014—2019)等。

二、局限性

在设施的配置过程中,由于对周边地形的侵蚀情况考虑不足,发生周边地区进一步侵蚀等问题。

在检查开展工作的地区时,未能充分利用现有侵蚀现状资料且与已有资料的联系不足,对于受灾地区主要开展事后恢复工作。

为了用环保施工法取代水下防波堤、护岸等以设施的搭建为主的工作,需要更加积极的努力。

部分地区将海岸整治当作地区开发工作,在第二次基本计划初期进行了可能引发侵蚀的填埋工作。

第三节 海岸整治基本计划的制订条件

一、海岸人文、社会现状

人口分布:海岸地区人口为 14 308 704 人,约占全国总人口的 27.61%,按户数约占 28.02%。

表 23.1 海岸地区面积、人口、户数现状

类别	面积/平方千米	人口/人	户数/户
全国	100 425.81	51 826 059	22 042 947
海岸市郡区	32 442	14 308 704	6 177 292
比例(%)	32.30	27.61	28.02

出处:行政安全部,2019 年行政区域与人口现状整理。土地利用:海岸土地面积占全国面积的 32.3%,全国工厂用地中的海岸比例为 48.5%、亲水空间公园比例为 37.2%(国土部,2019)。

产业园区分布:全国产业园区共有 1 033 处、面积为 1 421 平方千米,其中有 402 处(38.9%)园区、面积 921 平方千米(64.8%)分布在海岸地区(国土部,2019)。

企业分布:全国 402 万家企业中,114 万家(28%)分布在海岸市郡区,从业人员约有 609 万人(统计厅,2019)。

二、海岸自然环境现状

海平面上升：据政府间气候变化专门委员会第五次评估报告，21世纪地球平均海平面上升将会持续发生，且上升速度加快的可能性很高。相较于1986—2005年海平面上升范围为0.26~0.55米（RCP2.6），2081—2100年海平面上升范围变为0.45~0.82米（RCP8.5）①。相较于过去30年（1989—2018年）的海平面上升速度，②最近10年（2009—2018年）的海平面上升速度更快（调查院，2019）。

台风：由于气候变化加剧等原因，预计到21世纪末台风的发生频率及强度将比过去有所增加。相较于1971—2000年，台风发生频率将增加29.2%（RCP4.5）、57.5%（RCP8.5），强度将增强27.9%（RCP4.5）、42.1%（RCP8.5）。

海岸侵蚀：250处现状调查显示A级（良好）10处（4.0%），B级（一般）87处（34.8%），C级（引起担忧）136处（54.4%），D级（严重）17处（6.8%）。

表23.2 海岸侵蚀现状调查侵蚀等级评估结果各地区分布（2019年）

单位：处

类别	总数	A（良好）	B（一般）	C（引起担忧）	D（严重）	C、D等级比例（%）
总计	250	10	87	136	17	61.2
釜山	9	0	2	5	2	77.8
蔚山	5	0	1	4	0	80.0
仁川	17	3	9	5	0	29.4
京畿	6	2	2	2	0	33.3
忠南	20	1	7	10	2	60.0
全北	10	0	8	2	0	20.0
全南	62	0	27	35	0	56.5

---

① RCP（Representative Concentration Pathways）预测：截至2100年，温室气体排放量、大气浓度变化情况预测（PCP2.6、PCP4.5、PCP6.0、PCP8.5，数值越高越严重）。

② 海平面上升率变化：1989—2018年2.97毫米/年至2009—2018年3.48毫米/年。

第二十三章 韩国《第三次海岸整治基本计划（2020—2029）》

续表

类别	总数	A （良好）	B （一般）	C （引起担忧）	D （严重）	C、D等级比例 （％）
江原	41	0	12	21	8	70.7
庆北	41	0	10	28	3	75.6
庆南	28	3	7	17	1	64.3
济州	11	1	2	7	1	72.7

出处：海洋水产部，2019年海岸侵蚀现状调查。

三、各海域海岸受灾情况[①]

(一)海岸受灾类型

海岸受灾分为海岸侵蚀和海岸浸水。

表23.3 海岸侵蚀受灾类型

受灾类型	内容
横断流沙	海沙因海浪等向海岸线的直角方向流动的现象
海岸流沙	海沙因海浪等向海岸线的平行方向流动的现象
护岸冲刷	海浪碰到护岸而产生的反射波使沙或土沙流失，由此发生侵蚀或冲刷现象
浦落	海水导致沙崩和土沙崩塌现象
飞沙	海风引起海沙流动的现象
缓冲区域减少	由于海岸地区开发腹地面积缩小，使海浪保护的区域范围缩小的现象

表23.4 海岸浸水受灾类型

受灾类型	内容
海水泛滥	因海啸、潮汐等海平面上升而导致的海水泛滥陆地淹没的现象
漫顶	海浪漫过护岸和防波堤的现象

---

① 以新纳入第三次海岸整治基本计划(案)的施工地区为标准，通过分析海岸侵蚀、海岸浸水类型，对各海域海岸受灾情况进行分类。

(二)各海域海岸受灾情况

东海岸的海岸灾害主要是流沙流动造成的海岸侵蚀,西海岸的海岸灾害主要是浦落、海水泛滥,南海岸是各种受灾类型都有。高浪袭击的东海岸是以横断流沙流动(81%)、海岸流沙流动(54%)的海岸侵蚀和漫顶(36%)引起的腹地浸水为特征。潮汐现象严重的西海岸主要发生护岸冲刷(55%)、浦落(71%)、飞沙(83%)形态的海岸侵蚀和海水泛滥(33%)引起的浸水灾害。南海岸由于受高浪和台风的影响,各种侵蚀类型都有,集中发生海水泛滥(67%)、漫顶(56%)。

表 23.5 各海域海岸侵蚀类型分析结果　　　　单位:处

类别	小计		东海岸	南海岸	西海岸
	处	比例(%)	处(比例/%)	处(比例/%)	处(比例/%)
合计	139	100	43(31)	34(24)	62(45)
横断流沙流动	27	19	22(81)	4(15)	1(4)
海岸流沙流动	26	19	14(54)	4(15)	8(31)
护岸冲刷	11	8		5(45)	6(55)
浦落	34	25	3(9)	7(20)	24(71)
飞沙	12	9		2(17)	10(83)
缓冲区域减少	29	21	4(14)	12(41)	13(45)

表 23.6 各海域海岸浸水类型分析结果　　　　单位:处

类别	小计		东海岸	南海岸	西海岸
	处	比例(%)	处(比例/%)	处(比例/%)	处(比例/%)
合计	79	100	22(28)	46(58)	11(14)
海水泛滥	18	23		12(67)	6(33)
漫顶	61	77	22(36)	34(56)	5(8)

受灾类型分析是在第三次海岸整治基本计划制定过程中进行的(海洋水产部,2019)。

第四节　第三次海岸整治基本计划(案)

一、推进目标与战略

推进目标：提高海岸灾害应对能力及营造环境亲和空间，谋求可持续发展。

推进战略：一是营造抗灾能力强的海岸空间。根据海岸受灾类型有针对性地制订应对方案，摆脱灾后修复观念，统筹兼顾、预防灾害；二是提高应对未来气候变化的海岸适应能力。推广预防灾害发生的绿色环保施工方法，采用新模式多角度应对灾害；三是强化亲水性以提高海岸价值。打造提高海岸地区易接近性、可利用性的亲水空间，谋求保护海岸、发展地区的共赢效应。

二、推进战略的详细内容

(一)营造抗灾能力强的海岸空间

一是根据海岸受灾类型有针对性地制定应对方案。对海岸受灾区及存在受灾风险的地区，适用可分析受灾类型及受灾原因、降低灾情的适当施工法。海岸保护工作开展地区，受灾类型分为侵蚀(167处)、海水泛滥(18处)、漫顶(62处)，选择最适合各类型的施工方法(水下防波堤、石堤、海滩养护)。

表23.7　海岸保护工作受灾类型反映情况

经费单位：百万韩元

类别		受灾类型分类			合计
		侵蚀	海水泛滥	漫顶	
针对原因采取措施	减少海浪*水下防波堤等	41处 (773 181)**		35处 (567 985)	76处 (1 341 166)
	制止流沙流动*石堤等	28处 (277 468)			28处 (277 468)

续表

类别		受灾类型分类			合计
		侵蚀	海水泛滥	漫顶	
针对原因采取措施	固定地基*护岸(挡土墙等)	66处 (142 556)	18处 (35 906)	27处 (19 183)	111处 (197 645)
	设置缓冲区域*海滩养护(沙土恢复)等	32处 (322 449)			32处 (322 449)
合计		167处 (1 515 654)	18处 (35 906)	62处 (587 168)	247处 (2 138 728)

* 249处海岸保护工作中,用于监测的2处除外(江源、庆北)。
** 括号中的数字为经费。

二是摆脱灾后修复观念,统筹兼顾、预防灾害。不局限于受灾地区,将周边地区发生灾害的可能性考虑在内,扩大保护范围,使工作效果最大化。设施配置计划将相互影响范围考虑在内,避免因在受灾区段前方搭建构造物而导致附近地区遭到进一步侵蚀。①

对侵蚀等灾害发生的地区进行修复工作的同时,加强有可能遭受灾害地区的灾前预防。根据地方自治团体请求列入计划的地区和侵蚀现状调查结果,将有可能发生灾情的地区也列入工作计划。监测3年连续获得C、D等级的地区中,对地方自治团体提出修复请求的地区以外的31处进行审查。

(二)提高应对未来气候变化的海岸适应能力

一是推广预防灾害发生的绿色环保施工方法。为了防治海岸灾害,持续扩建构筑物(水下防波堤等),寻求绿色环保施工方法的适用扩大方案。清除可能引发侵蚀的现有构造物(海岸道路、护岸等),推广设置沙子捕集器(防止沙子流失)、缓冲坡(防止浸水)等非设施施工法。扩大海滩养护②规模。由于其能在不破坏海岸的情况下有效预防灾害发生而被发达国家(荷兰、美国等)积极利用。由于高浪地区以外的地区不再使用水下防波堤

---

① 地方自治团体要求的项目中应尽量排除造成进一步侵蚀的构造物,必要时考虑整个相互影响范围以扩大项目规模。
② 海滩养护施工法适用(第二次)5 186 951立方米至(第三次)6 176 492立方米。

等,相较于第二次(变更)计划,工程费规模较大的构造物的使用整体上减少。①

二是采用新模式多角度应对灾害。除采用设置构造物、实施海滩养护施工法等已有的海岸整治工作方法外,还将采用能够使社会、经济效益最大化的新工作模式。计划推进土地收购、鹅卵石海滩建造等示范工作(目前反映为海滩养护、构造物清除等)。②

(三)强化亲水性以提高海岸价值。

一是打造提高海岸地区易接近性、可利用性的亲水空间。为了提升海岸的公共资源价值,应配置居民利用设施,③ 提高海岸地区的易接近性并支持地区经济发展。④

表 23.8　亲水设施现状(34 处)及案例

单位:处

类别	步行道、眺望台	公园	海水循环
处	16	17	1

海岸步行道　　　　　　　　　　　亲水公园

二是谋求保护海岸、发展地区的共赢效应。在不会进一步引发侵蚀的范围内开展亲水海岸工作,⑤ 达到保护环境、实现地区发展的效果。利用

---

① 减少大型构造物水下防波堤的规模,增加了小坡堤、石堤等相对较小的构造物的规模。
② 以高敞鸣沙十里地区的土地收购为例,为确保灾害缓冲区进行的海滩养护的费用为 150 亿韩元,但是取代方案土地收购费用为 10 亿韩元(以公示地价为准)。
③ 亲水设施规模:(海岸步行道)42 113 米,(亲水公园)386 343 平方米。
④ 工作选择过程中,为了提高亲水设施的公共性,越是受益范围(人口等)大、易于接近的地区,给予更高的评价。
⑤ 在新亲水海岸工作(30 处)中,利用已有的闲置空间(13 处)和非混凝土铺路等不改变性质的条件下,松林内建造步行道(4 处)。

海岸闲置地、腹地等而非填埋的方式,与已有设施加强联系,通过建设非使用混凝土的路(椰垫等)、植树造林、铺设松林内的步行道等,使其对海滨的影响最小化。

三、列入工作计划

将全国11个广域市道海岸283处(2.300 9万亿韩元①)列入工作计划,包括海岸保护工作249处(21 537亿韩元),亲水海岸工作34处(1 472亿韩元)。

一是新推进工作248个地区、2.891万亿韩元,包括侵蚀、海水泛滥、漫顶预防等新推进海岸保护工作218处(19 803亿韩元),将环境破坏最小化的新亲水海岸工作30处(1 089亿韩元)。二是持续性工作35个地区、2 117亿韩元,包括海岸保护工作31处(1 734亿韩元),亲水海岸工作4处(383亿韩元)。

表23.9 第三次海岸整治基本计划各地区工作分布

单位:处,百万韩元

类别	合计		海岸保护工作		亲水海岸工作	
	地区数	经费	地区数	经费	地区数	经费
合计	283 (35)	2 300 883 (211 744)	249 (31)	2 153 728 (17 364)	34 (4)	147 155 (38 280)
釜山	13 (2)	163 220 (33 720)	10 (1)	144 571 (17 220)	3 (1)	18 649 (16 500)
仁川	5	7 085	4	5 151	1	1 934
蔚山	1 (1)	5 468 (5 468)	1 (1)	5 468 (5 468)		
京畿	4 (1)	58 888 (7 829)	2	35 233	2 (1)	23 655 (7 829)
江原	44 (9)	662 142 (72 137)	42 (9)	660 095 (72 137)	2	2 047
忠南	23 (2)	127 447 (10 995)	19 (2)	115 995 (10 995)	4	11 452

① 计划2020年以后投入的经费,民间资本项目(2处)和沉没成本等除外。

第二十三章 韩国《第三次海岸整治基本计划（2020—2029）》

续表

类别	合计		海岸保护工作		亲水海岸工作	
	地区数	经费	地区数	经费	地区数	经费
全北	9	74 615	8	70 882	1	3 733
全南	89 （9）	296 976 （22 886）	79 （9）	243 391 （22 886）	10	53 585
庆北	42 （7）	636 134 （35 235）	39 （7）	632 169 （35 235）	3	3 965
庆南	38 （4）	257 226 （23 474）	30 （2）	229 091 （9 523）	8 （2）	28 135 （13 951）
济州	15	11 682	15	11 682		

注：（ ）是持续性工作。

四、工作推进体系

表23.10　年度推进计划

工作需求调查	可行性研究	确定工作对象以及制订详细计划
列入基本计划的工作当中地方自治团体对下年度工作对象的需求调查	对工作的优先顺序、急迫性等进行重新评估	考虑财政来源等条件，选定本年度工作并与有关部门协商

表23.11　海岸整治工作流程

预算要求及列入计划	对列入计划的项目提出下年度预算，要求广域地方自治团体申请或交付国库补助金
海岸整治工作设计	调查侵蚀原因、进行基本设计、实施设计
实施计划的制订及协商	制订实施计划，与有关机关（海洋水产部、地方海洋水产厅、所辖地方自治团体、工作区域管理机关等）进行协商
海岸整治工作的实施	各主体（海洋水产部/地方自治团体/其他）负责施工； 国家工作由地方海洋水产厅执行； 地方自治团体工作根据补助金法，按工作类型支援经费

根据《海岸管理法》第 24 条第 2 款规定，海洋水产部长官可以实施的港口区域以外的海岸整治工作范围和国库补助率，经相关机关协商后可以变更。

竣工后的设施，由海岸整治工作实施方进行事后管理①（设施精密检查及效果评价），并在竣工 5 年内，每年进行一次事后管理。根据事后管理现状及效果检查、评价结果，对于维持设施功能有障碍的进行系统管理。

---

① 但是，根据第 24 条第 2 款规定，海洋水产部长官设置的设施，由地方自治团体进行事后管理。

第二十四章　澳大利亚《南极科学战略计划》

2020年4月26日，澳大利亚南极科学理事会发布为期10年的《南极科学战略计划》，指出南极在全球层面的重要意义，并提出澳大利亚要确保其在全球南极科研领域的领导地位。该计划不仅列出了澳大利亚南极科研活动的三大优先领域，包括冰、海洋、大气和地球系统，环境保护与管理，南极洲的人类存在与活动，还强调了数字整合的重要意义，并表示数据收集和分析是科学产出的基础。据悉，澳大利亚南极科学理事会由该国知名南极科学家和参与澳大利亚南极科学计划的主要机构代表组成，这些机构包括澳大利亚南极局、澳大利亚科学院、澳大利亚联邦科学与工业研究组织和澳大利亚地球科学局。

第一节　南极科学战略计划的任务、愿景和原则

一、任务

南极科学战略计划的主要任务是使澳大利亚在南极洲和南大洋地区开展世界一流的科学研究。此类研究将对全球产生较大益处，并有助于支持澳大利亚履行对南极地区的责任。

二、愿景

南极科学战略计划的愿景是使澳大利亚在南极科学领域获得国际领导地位和卓越的科学研究成就。

三、原则

南极科学战略计划遵循如下原则。
(1)通过南极科学研究，发挥澳大利亚在《南极条约》体系中的领导作用；

(2)为追求社会价值实现而开展南极科学研究;
(3)要确保开展跨学科和多元化的南极科学研究团队合作;
(4)要对外公开南极科学研究的成果和相关数据;
(5)要对新一代南极科学研究人员起到引领作用;
(6)要确保南极科学研究相关技术和业务创新均处于全球领先地位;
(7)要确保南极科学研究在安全且高效的环境下进行;
(8)要确保南极科学研究成果能够适应快速变化和发展的世界。

第二节 南极科学战略计划的优先研究领域

一、环境保护与管理

澳大利亚应有针对性地开展南极科学研究和监测活动,以改善对南极洲和南大洋的管理:
(1)开展南极地区气候变化影响判断的科学研究;
(2)开展南极生态系统养护和管理的科学研究;
(3)开展南极地区自然保护区价值的科学研究;
(4)开展南极地区渔业管理的科学研究;
(5)开展南极地区环境监测与评估的科学研究;
(6)开展南极地区环境修复的科学研究。

二、冰、海洋、大气和地球系统

为深刻理解南极洲和南大洋对澳大利亚及整个世界所起的作用,要开展以下方面的科学研究:
(1)对南极地区高纬度气候科学开展研究;
(2)对东南极冰盖在全球海平面上升中起到的作用开展科学研究;
(3)对南极地区过去的气候记录进行分析阐释,作为人类了解未来气候变化的重要依据;
(4)对南大洋环流、升温和酸化等现象开展科学研究;
(5)对南极地区开展地球物理测绘的科学研究;
(6)对南极地区的大气和天气开展科学研究;

(7)在南极地区开展旨在减缓全球气候变化的科学研究。

三、南极洲的人类存在与活动

此类南极科学研究可为诸多社会问题的解决提供实用性建议：
(1)开展极地医学与人类生物学科学研究；
(2)开展关于南极政策和南极法律等诸多社会科学研究；
(3)开展南极地区污染监测的科学研究；
(4)在南极地区开展太空与天文学的研究；
(5)开展关于人类活动对南极影响的科学研究；
(6)开展南极地区生物安全的科学研究。

第三节 数字资源的整合

应根据科学数据管理中的"FAIR"(可找寻、可访问、可交互、可再用)原则，对澳大利亚南极科学研究的数据收集和数据分析等方面不断进行创新：
(1)创新性的技术；
(2)远程系统；
(3)南极洲的数字资源模型；
(4)地理信息系统(GIS)平台的整合；
(5)数据交流；
(6)统计分析和数据分析。

第四节 预期的科学成果

南极科学研究将用于响应并实现《澳大利亚国家科学和研究优先领域》和《澳大利亚南极战略及20年行动计划》，具体包括以下内容。
(1)南极科学研究将用于对南极洲的深入了解和保护，特别是在其环境和生态适应力方面的研究以及思考其与全球系统的联系。
(2)南极科学研究将用于厘清南极洲对澳大利亚的影响，特别是对于澳大利亚人民生活福祉的影响。

（3）南极科学研究将用于支持澳大利亚在《南极条约》体系中继续发挥关键作用，为澳大利亚政府的国内立法工作以及国际义务的履行提供支撑。

（4）南极科学研究将用于支持澳大利亚政府完成当前的优先事项，包括：加强"南极光"号（*Nuyina*）极地破冰船的科学考察能力；为南极磷虾的管理决策提供科学研究依据；整合国家对科学计划的资助措施；为南极戴维斯机场项目提供科学支撑服务；在南极地区寻找百万年冰芯。

第五节 实现上述科学目标和成果的途径

（1）我们将以现有数据和样本为基础，补充和支持澳大利亚在南极的实地科学研究计划。

（2）我们将积极转变科学活动方式，以适应澳大利亚南极计划后勤保障活动的新模式。

（3）我们将与澳大利亚乃至全球范围内的行业和政策伙伴开展广泛的研究合作，并鼓励与初涉南极领域的科研工作者开展合作。

（4）我们提倡开展简单、透明的南极科学研究项目申请及相关的评估流程。

（5）我们将支持开展综合且跨学科的南极科学研究。

（6）我们的南极科学研究将借助数字资源整合平台获得进一步支持。

（7）我们将定期对南极科学研究的相关性和表现进行评估，以追求在世界范围内取得卓越成就。

第二十五章　新西兰发布《2020年海鸟国家行动计划》

2020年5月，新西兰渔业局（FNZ）和保育部（DOC）联合发布《2020年海鸟国家行动计划——降低渔业捕捞过程中海鸟的意外死亡率》（以下简称《2020年海鸟国家行动计划》）。《2020年海鸟国家行动计划》是新西兰制订的国家第三阶段行动计划，以1999年联合国粮农组织提出的《减少延绳钓渔业意外捕获海鸟的国际行动计划》（以下简称《海鸟国际行动计划》）为基础，确定了减少副渔获物、保持健康的海鸟种群、加大研究和信息搜集力度、积极参与国际活动四大目标，并提出了相应具体行动目标、实施及后期评审等具体工作事项。

第一节　前　言

一、目的

《2020年海鸟国家行动计划》强调，新西兰政府将致力于减少渔业捕捞过程中的副渔获物，并降低海鸟死亡率。阐明计划的基本原理、预期目标、实施途径及实施效果的衡量和评审方法。

应结合《2020年海鸟国家行动计划》与《2020年海鸟国家行动计划——支持文件》共同执行。

二、起源

由于国际社会愈发关注渔业活动中意外捕获的海鸟，1999年，联合国粮农组织随即制订了《海鸟国际行动计划》，该计划以1982年《联合国海洋法公约》、1995年《联合国鱼类种群协定》以及粮农组织发布的《负责任渔业行为守则》为基础。

新西兰国内海鸟数量众多且种类丰富，因此有责任执行《海鸟国际行动计划》的目标要求，《2020年海鸟国家行动计划》概述了新西兰执行相关目标要求的方法。

《2020年海鸟国家行动计划》是新西兰制订的国家第三阶段行动计划，以《2004年海鸟国家行动计划》和《2013年海鸟国家行动计划》为基础，并总结了过去计划实施的经验教训。

《海鸟国际行动计划》主要关注延绳钓渔业造成的影响；但新西兰《2020年海鸟国家行动计划》和过去的行动计划则主要关注国内所有渔业领域的渔业方法。

《2020年海鸟国家行动计划——支持文件》第二节详述了《2020年海鸟国家行动计划》的过往历史。

第二节 涵盖范围

《2020年海鸟国家行动计划》涵盖范围为受1953年《新西兰野生动物法》保护的海鸟物种；新西兰渔业管辖海域内的商业、休闲娱乐和传统非商业捕捞活动；新西兰海鸟遭到意外捕获的所有区域（新西兰渔业管辖水域、公海和其他辖区）。

《2020年海鸟国家行动计划》不会通过减少非渔业威胁以加强对海鸟的保护，但《2020年海鸟国家行动计划》在制订行动计划时会分析捕鱼活动给物种或种群造成的危险等级。例如，如果其他人类活动导致海鸟面临重大威胁，则设定的捕捞意外死亡率目标应低于维持该种群存续的死亡率水平。

为重点关注渔业对海鸟产生的直接影响，《2020年海鸟国家行动计划》将不讨论渔业对海鸟产生的间接影响。鉴于该间接影响可能对海鸟种群产生重大影响，应继续将其作为FNZ和DOC海鸟研究及管理活动的重点内容。

第三节 背 景

一、新西兰渔业管理

根据1982年《联合国海洋法公约》及其相关协定，新西兰应履行国际义务，保护并管理其专属经济区内的生物资源。与其他国家相同，新西兰有义务保护并管理公海生物资源。新西兰应考虑人类活动对相关或依附物种(如海鸟)的影响。

新西兰依据1996年《渔业法》及其相关规定对新西兰海洋渔业实施管理。1996年《渔业法》规定了相关责任,要求"避免、补救或缓解渔业对水生环境的负面影响"。应确保相关或依附物种能够长期生存并维持在生存水平以上。上述法律义务将影响渔业和海鸟之间相互作用的管理方式。

二、海鸟

(一)生物多样性

所有海鸟在其生命周期的某阶段前往公海捕食。新西兰地区的海鸟具有生物、生态和行为多样性。约145种海鸟栖息在新西兰水域,并有95种在此繁殖,其中新西兰特有物种超过1/3。海鸟体型差异较大,小至风暴海燕(地球上最小的海鸟,体重不到50克),大到信天翁(地球上最大的海鸟,体重可达9千克,翼展可达3米以上)。图25.1显示了在新西兰栖息繁殖的海鸟种类数量。

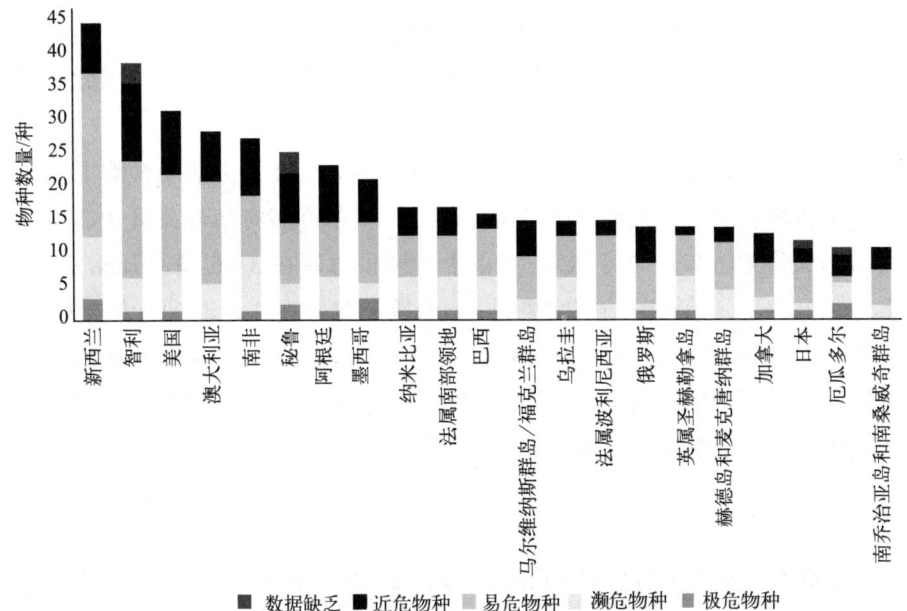

图25.1　2012年世界自然保护联盟各濒危物种名录中的繁殖和栖息海鸟物种数量

(二)分布

新西兰海鸟的地理分布差异较大,部分物种的生存、繁殖和捕食区域相对靠近陆地(如小蓝企鹅),另一部分则进行长距离迁徙(其中部分剪水鹱会迁徙至阿拉斯加;部分海燕和信天翁会在智利、秘鲁和厄瓜多尔沿海水域活动;皇家信天翁则在南大洋地区活动)。

新西兰许多岛屿(包括亚南极群岛在内)均是海鸟的重要繁殖地。无捕食者的近海岛屿对前来繁殖的海鸟而言尤为重要;上述区域是许多海鸟物种唯一已知的繁殖地。除在新西兰繁殖的海鸟外,部分物种也在新西兰水域捕食。

(三)敏感性

尽管新西兰地区对于海鸟具有重要意义,但除渔业造成影响外,海鸟还面临着许多其他威胁,包括捕食者(外来陆生哺乳动物和其他鸟类)、疾病、火灾、杂草、筑巢生境丧失、筑巢区竞争、沿海开发、人类干扰、商业捕获、火山爆发、污染、塑料和海洋废弃物、石油泄漏和勘探、重金属或化学污染物以及全球海洋和大气温度变化。

海鸟物种生物特性(如潜水能力、敏捷性、体型、嗅觉、视力和饮食)以及捕食特性(如捕食范围、对渔业活动的反应程度)差异很大。上述差异影响渔业活动对海鸟造成的威胁、海鸟与渔业活动的相互作用及因此被捕获的敏感程度。

海鸟的繁殖特性和寿命影响种群的生存能力及在人类活动影响下致死的种群再恢复能力。大部分海鸟寿命较长,其中许多海鸟寿命可达20岁,部分信天翁的已知寿命可达45岁以上。许多海鸟在3~6岁时开始繁殖,其中部分海鸟开始繁殖的时间更早(如海鸥和燕鸥在2岁时即开始繁殖),部分海鸟则相对较晚(如信天翁在8~15岁才开始繁殖)。许多海鸟每年只能产一个卵(包括所有种类的信天翁和海燕),而部分海鸟每两年才繁殖一次(如安岛信天翁和吉布森信天翁)。

三、科研

掌握海鸟和渔业之间的相互作用以及渔业对海鸟种群的影响是持续挑战。新西兰通过"空间直观渔业风险评估"方法,预测渔业对海鸟等受保护物种的潜在风险,并根据各物种面临的风险程度确定实施干预措施的优先次序。

第二十五章 新西兰发布《2020年海鸟国家行动计划》

通过"空间直观渔业风险评估"方法分析新西兰商业捕捞直接造成海鸟意外死亡的风险。该评估方法汇总了海鸟种群相关的生物信息(如种群规模及繁殖数据),并将其与预计的渔业死亡数量进行比较,计算渔业对海鸟种群产生不可持续影响的风险。

通过持续的种群监测和生物评估为海鸟风险评估提供数据。对于重点关注的海鸟物种或采集数据可用的海鸟物种,也可通过具体物种种群模型或多重威胁风险评估为管理行动提供信息。

《2020年海鸟国家行动计划——支持文件》第四节详述了海鸟和新西兰渔业之间的相互作用以及"空间直观渔业风险评估"方法。也可从DOC官网及FNZ发布的《2018年水生环境和生物多样性年报:海产品行业和水生环境间相互作用综述》中获取相关信息。

四、渔业

(一)拖网渔业

拖网渔业指使用绞船索在船体水深下方拖曳渔网进行捕捞。海鸟受拖网渔船吸引,以拖网渔船释放的物质(鱼弃物和鱼类内脏)为食,或试图捕捉渔网浮出水面时已捕获的鱼类。

绞船索和拖网是拖网装置的两个主要部分,最易与海鸟相互作用。拖网通常只在浮出或接近水面时(渔具收展时)对海鸟构成威胁,而绞船索在任何时候都可能在水中与海鸟碰撞。

(二)延绳钓渔业

延绳钓渔业共分两类,表层(中上层)延绳钓渔业使用漂浮在海面上的渔具和浮子捕捞;底层(海底)延绳钓渔业使用通过重物下沉至海底的渔具捕捞。表层延绳钓渔业以金枪鱼和剑鱼等为目标物种,而底层延绳钓渔业则以600米深度范围内的鲷鱼和鳕鱼等为目标物种。

丢弃的鱼类内脏和诱饵会将海鸟吸引至延绳钓渔船上,且在布设延绳钓钩时,海鸟可能会被诱饵钩捕获,或偶尔遭到延绳钓的拖曳。

(三)定置网渔业

定置网(也称刺网)会对潜水海鸟(如企鹅、鸬鹚和海燕)构成威胁,这是由于海鸟在捕食过程中可能会被定置网缠绕而溺水。根据海鸟种类和定置网捕捞方式的不同，在布放或下沉定置网时可能导致海鸟遭到捕获。通常认为，布放于繁殖地附近的定置网在夜间对海鸟（特别是企鹅）构成的威胁最为严重，因为海鸟经常在黎明和黄昏时往返于繁殖地。

（四）减少副渔获量

可通过多种不同方法避免海鸟在渔业捕捞过程中成为副渔获物，比如改变渔民的捕捞行为和方法（在船上避免吸引鸟类），使用可惊吓鸟类的设备令其远离渔船，或建立屏障防止鸟类进入高风险区域。渔船和渔场的作业方式各不相同，而海鸟的分布位置和行为习惯也是如此，因此需采取一系列缓解措施，来适应特定的渔船、渔业和海鸟情况。

尽管法规可制定强制性的缓解措施，但非强制性管理措施对有效缓解问题也具有重要意义。例如，通过 DOC 的《受保护物种联络项目》以及深水集团有限公司的《环保联络员计划》，由联络员共享渔业领域相关信息，帮助渔民针对捕捞作业制定和实施最佳缓解措施。

关注海鸟的国际组织和国际协定为制定缓解措施提供指导，减少渔业捕捞过程中海鸟成为副渔获物并降低其死亡率。例如新西兰是《信天翁和海燕保护协定》的缔约国，该协定旨在通过协调国际活动，减少渔业对鸟类造成的已知威胁，从而保护信天翁和海燕。

《2020 年海鸟国家行动计划——支持文件》在第五节详述了如何减少商业捕捞过程中的副渔获物。

第四节 愿景、长期目标和具体行动目标

新西兰通过落实综合报告和管理体制，确保有效管理渔业对海鸟的影响，并持续改善。通过制定下述愿景、长期目标和具体行动目标明确方向，从而有效管理渔业对海鸟产生的影响。

《2020 年海鸟国家行动计划》愿景针对渔业对海鸟产生的影响规划管理范围，并在此基础上为各重点领域制定长期效果目标。五年计划具体行动目标与长期效果目标协调一致，旨在通过现阶段计划达成相关目标，但部分目标可能会延后至下阶段计划。

第二十五章 新西兰发布《2020年海鸟国家行动计划》

《2020年海鸟国家行动计划》的愿景是致力于实现新西兰渔业捕捞过程中海鸟的零死亡率。

一、长期目标

根据上述愿景,《2020年海鸟国家行动计划》制定了以下4个目标。

(1)减少副渔获物：新西兰渔业采取有效措施减少副渔获物。

(2)健康的海鸟种群：新西兰渔业产生的直接影响不会对海鸟种群及其恢复构成威胁。

(3)研究和信息：不断完善相关信息来有效管理渔业对海鸟的直接影响。

(4)国际参与：通过积极的国际参与，宣传相关措施和方法减少对新西兰海鸟的影响。

二、具体行动目标

通过11项可量化的具体行动目标实现《2020年海鸟国家行动计划》相关目标，见表25.1。

表25.1 《2020年海鸟国家行动计划》具体行动目标

减少副渔获物： 新西兰渔业采取有效措施减少副渔获物	1. 确保新西兰渔民依法采取措施，最大程度减少海鸟副渔获物
	2. 支持可有效减少海鸟副渔获物的措施，并推广至非商业渔民应用
健康的海鸟种群： 新西兰渔业产生的直接影响不会对海鸟种群及其恢复构成威胁	3. 研究、监测和管理行动应以重点关注的海鸟种群及降低其风险比例为主
	4. 渔业相关的海鸟死亡数量逐步减少，并以零死亡为目标
研究和信息： 不断完善相关信息来有效管理渔业对海鸟的直接影响	5. 通过在不同领域(特别针对副渔获物比例较高且缺乏有效缓解措施的领域)开展研究以减少副渔获物(缓解措施可能包括空间和时间层面的禁止措施)
	6. 制订并实施新西兰商业渔业监测计划，为评估《2020年海鸟国家行动计划》目标完成情况提供有效数据支持
	7. 各领域参与观测和监测措施的研究、制定与实施
	8. 通过研究计划提供信息，减少各渔业领域对海鸟风险预测造成的不确定性

续表

国际参与： 新西兰通过积极的国际参与，宣传相关措施和方法以减少对新西兰海鸟的影响	9. 评估新西兰专属经济区以外渔业对新西兰海鸟造成的风险，并向国际组织、政府部门和其他利益攸关方通报
	10. 新西兰提倡制定、采纳、改善及推广海鸟保护措施
	11. 新西兰积极开展双边及多边合作，并与国际组织合作以提升能力，降低新西兰海鸟面临的风险

第五节 效果评估

一、目标 1 的效果评估指标

目标 1，即减少副渔获物：新西兰渔业采取有效措施来减少副渔获物。表 25.2 列出了相关效果评估指标，每年使用该指标衡量"减少副渔获物"中两项具体行动目标的完成情况。

《2020 年海鸟国家行动计划——支持文件》第六节确定了效果评估指标。

表 25.2 目标 1 的具体行动目标和效果评估指标

具体行动目标 1：确保新西兰渔民依法采取措施，最大程度减少海鸟副渔获物	
效果评估指标（投入）	
1	各相关渔船制定渔业保护物种风险管理计划以减少海鸟捕获比例（目标：100%）
2	渔业保护物种风险管理计划符合渔业领域缓解标准和规定的比例（目标：100%）
3	遵守渔业保护物种风险管理计划的比例（以当前监测数据为基础）（目标：100%）
4	评审、更新及制定相关法规和缓解标准体现最佳信息（目标：年度评审）
效果评估指标（产出）	
5	足以支撑信息制定缓解目标的渔业领域数量（目标：上升）
6	海鸟捕获率相对于商定的缓解目标（在信息充足的渔业领域中）（目标：海鸟捕获率随缓解目标下降）
7	评估是否符合相关法规的合规检查次数和比例
具体行动目标 2：支持可有效减少海鸟副渔获物的措施，并推广至非商业渔民应用	

	效果评估指标(产出)
8	向非商业渔民推广下述指标并加以评估: (1)海鸟相关推广活动的社交媒体点击量(目标:上升); (2)海鸟宣传材料和缓解措施指南的分发数量(目标:上升); (3)业余租船经营商获取海鸟宣传材料和缓解措施指南的比例(目标:100%); (4)以毛利语和其他语言编写的全新海鸟宣传材料和缓解措施指南
9	覆盖的信息和地理区域内的组织数量(目标:上升)
10	掌握海鸟捕获情况及在非商业渔业中应用副渔获物缓解措施的信息(目标:上升)
11	缓解措施和安全处置技术在非商业渔业中的应用提升(目标:上升)

二、目标 2 的效果评估指标

目标 2,即健康的海鸟种群:新西兰渔业产生的直接影响不会对海鸟种群及其恢复构成威胁。表 25.3 列出了相关效果评估指标,每年使用该指标来衡量"健康的海鸟种群"中两项具体行动目标的完成情况。

表 25.3 目标 2 的具体行动目标和效果评估指标

具体行动目标 3:研究、监测和管理行动以重点关注的海鸟种群及降低其风险比例为主	
	效果评估指标
12	针对重点物种或种群开展研究/管理行动(目标:对重点关注种群 100% 覆盖)
13	风险评估投入的不确定性水平(目标:下降)
14	受关注海鸟种群的风险比例(目标:下降)
具体行动目标 4:渔业相关的海鸟死亡数量逐步减少,并以零死亡为目标	
15	根据海鸟风险评估预测的渔业死亡数对比 2014/2015 年至 2016/2017 年间渔业平均死亡数(目标:所有物种的渔业相关死亡数量均下降)

三、目标 3 的效果评估指标

目标 3,即研究和信息:不断完善相关信息以有效管理渔业对海鸟的直接影响。表 25.4 列出了相关效果评估指标,每年使用该指标来衡量"研究和信息"中四项具体行动目标的完成情况。

表 25.4　目标 3 的具体行动目标和效果评估指标

具体行动目标 5：通过在不同领域（特别针对副渔获物比例较高且缺乏有效缓解措施的领域）开展研究以减少副渔获物（缓解措施可能包括空间和时间层面的禁止措施）	
效果评估指标	
16	经过评估的缓解措施数量
17	得以改善的缓解措施数量
18	缺乏可用或已知有效缓解措施的渔业领域数量（目标：下降）
具体行动目标 6：制订并实施新西兰商业渔业监测计划，为评估《2020 年海鸟国家行动计划》目标完成情况提供有效数据支持	
效果评估指标	
19	每年记录并更新监测目标和需求，通过风险评估和物种保护提供所需信息
20	所有渔业领域的监测覆盖率（目标：上升）
21	由于监测数据有限导致风险评估存在的不确定性（目标：下降）
22	每年发布 FNZ 监测计划及其基本原理
具体行动目标 7：各领域参与观测和监测措施的研究、制定与实施	
效果评估指标	
23	全新观察和监测方法（包括电子监测）与监测方案、分析和报告整合
24	更新观测员和渔民的报告要求，按需对副渔获物及缓解措施应用进行有效分析
25	商业性渔民报告缓解措施应用的比例（目标：到 2022 年达到 100%）
具体行动目标 8：通过研究计划提供信息，减少各渔业领域对海鸟风险预测造成的不确定性	
效果评估指标	
26	由于生物数据有限造成风险评估的不确定性（目标：下降）
27	由于渔业和海鸟相互作用的信息不足造成风险评估的不确定性（例如易受影响性和隐匿死亡率）（目标：下降）

四、目标 4 的效果评估指标

目标 4，即国际参与：新西兰通过积极的国际参与，宣传相关措施和方法来减少对新西兰海鸟的影响。表 25.5 列出了相关效果评估指标，每年使用该指标衡量"国际参与"中三项具体行动目标的完成情况。

第二十五章 新西兰发布《2020年海鸟国家行动计划》

表 25.5 目标 4 的具体行动目标和效果评估指标

	具体行动目标9：评估新西兰专属经济区以外渔业对新西兰海鸟造成的风险，并向国际组织、政府部门和其他利益攸关方通报
	效果评估指标
28	完成并更新海鸟所受渔业风险评估，并与新西兰专属经济区以外捕获的新西兰海鸟数据整合
29	新西兰依法针对海鸟措施的信息共享至相关船旗国、南极海洋生物资源养护委员会以及区域性渔业管理组织
30	新西兰积极与对新西兰海鸟构成严重威胁的国家政府和渔业领域合作
31	新西兰积极推动与相关国际组织、国家政府和利益攸关方共享（新西兰海鸟和渔业相关）数据
	具体行动目标10：新西兰提倡制定、采纳、改善及推广海鸟保护措施
	效果评估指标
32	南极海洋生物资源养护委员会及区域渔业管理组织报告评估海鸟保护措施
33	讨论会制定的保护措施评估了渔业对海鸟造成的风险
34	新西兰根据港口国措施、相关区域渔业管理组织规定及保护和管理措施，视情对到访新西兰港口的所有公海船舶实施检查
	具体行动目标11：新西兰积极开展双边及多边合作，并与国际组织合作以提升能力，降低新西兰海鸟面临的风险
	效果评估指标
35	已完成方案制定（包括研究和推广缓解措施），提升政府和渔业其他利益攸关方能力，从而减少对新西兰海鸟造成的威胁
36	新西兰支持小岛屿发展中国家按需制订实施海鸟国家行动计划

第六节 实　　施

一、《2020年海鸟国家行动计划》

FNZ 和 DOC 致力于实现《2020年海鸟国家行动计划》相关目标，后续5年的工作重点以海鸟执行计划为指导，并通过年度规划和评审过程定期更新。

新西兰商业渔船作业方式多种多样，而当海鸟受到渔业活动的影响时，各物种将表现出不同的行为。采取缺乏灵活性的"统一"海鸟副渔获物缓解策略可能无法实现最优效果，因此根据具体情况制定不同对策对降低海鸟捕获风险至关重要。应通过适当的管理工具（如法规要求以及联络方案等协作方法）避免海鸟成为副渔获物。以国际最佳做法为基础制定缓解标准，为渔业相关风险管理计划提供了明确的指导和展望。

通过年度评审缓解标准的实施情况和有效性，在适用情况下为制定监管措施提供信息支持，确保实现《2020年海鸟国家行动计划》相关目标。

FNZ和DOC将对采取的行动和在实现《2020年海鸟国家行动计划》相关目标方面取得的进展方面开展年度评审，并在《海鸟年度报告》中公布评审结果，为来年行动提供信息支持。

每年向海鸟计划咨询组提交《海鸟年度报告》、多年期海鸟实施计划和研究计划。海鸟计划咨询组将监测并协助实现《2020年海鸟国家行动计划》相关目标。

二、缓解标准

当渔业对海鸟构成威胁时，为实现《2020年海鸟国家行动计划》相关目标，必须采用有效的副渔获物缓解措施。以明确的缓解标准为基础实施风险管理方案，确保采取有效的副渔获物缓解措施。

政府制定的缓解标准记录了有效缓解措施的要求。将在"受保护物种风险管理计划"等文件中确定船舶应用的缓解措施。各船舶运营商负责在政府或行业联络员的支持下制订风险管理计划。

FNZ和DOC负责维护"受保护物种风险管理计划"数据库，并定期评审代表性样本，检查其是否符合相关缓解标准。同时（通过FNZ观测员或其他监测方式）监测海上遵守"受保护物种风险管理计划"的船舶数量，并每年报告合规情况。通过每年统计的海鸟捕获数据预测副渔获物缓解措施的有效程度。

《2020年海鸟国家行动计划——支持文件》第五节详述了缓解标准的实施和评审方式。

第二十五章 新西兰发布《2020年海鸟国家行动计划》

第七节 评 审

五年期结束后将评审《2020年海鸟国家行动计划》，评估具体行动目标的完成情况，并评估具体行动。依据目标和长期目标的关联程度决定需要做出的调整，同时将评估《2020年海鸟国家行动计划》实施的有效程度。

第二十六章　巴布亚新几内亚《国家海洋政策(2020—2030)》

2020年7月9日，巴布亚新几内亚司法和检察总署发布《国家海洋政策(2020—2030)》，成为可持续管理和保护其丰富的海洋资源的指导方针。该政策基于综合海洋管理思路，将适用范围拓展至国家管辖以外水域，并对沿海和岛屿综合管理、海洋空间规划、海洋保护区、蓝色经济、基于生态系统的管理、海洋资源管理等多方面内容进行规定。在蓝色经济部分，政策指出海洋管理者当前面临的主要挑战，是海洋资源利用与海洋环境保护的平衡问题，要基于科学方法来管理海洋资源，实现海洋经济可持续发展。在海洋保护区部分，政策指出巴布亚新几内亚沿用社会习俗，将传统土著居民部落列为"禁区"的水域划为海洋保护区，既保护了传统民族文化，又加强了对当地渔业资源的可持续管理。

第一节　政策背景与方向

巴布亚新几内亚是一个群岛国家，被海洋环绕，主要陆地位于西太平洋(火圈)的新几内亚岛的东半部，因此深受"太平洋暖池"的影响。巴布亚新几内亚主要管辖区域面积为312万平方千米，海岸线长达1 711万千米，海洋面积占管辖区域的80%。

一、政策愿景

恢复海洋健康，实现负责任的可持续发展和巴布亚新几内亚的宏大愿景，同时减轻气候变化、自然灾害、人为废弃物和陆地污染的影响。

二、政策总体目标

在国家管辖范围内及以外海域实施海洋综合管理，对巴布亚新几内

第二十六章　巴布亚新几内亚《国家海洋政策（2020—2030）》

亚海洋资源进行可持续开发和管理，促进与国家管辖范围以外地区的合作与协作。

政策总体目标主要包括以下6点：①通过与国际、区域和国内合作伙伴及利益攸关方开展合作与协作，加大《联合国海洋法公约》和《海域法》的执行力度；②促进《宪法》第4项目标的实现，合理使用和管理巴布亚新几内亚的环境和自然资源；③加强不同利益攸关方之间的合作与协作；④推动国家总体政策（包括《2050年愿景》和《负责任的可持续发展国家战略》）的实施；⑤为海洋空间政策标准化提供战略方向，建立综合管理体系；⑥促进能力建设、海洋技术交流，普及海洋知识，将海洋可持续发展理论运用到实践。

三、政策实施的基本原则

治理和管理：在透明、包容和负责的前提下，共同承担海洋治理与管理的职责。

- 知识和技术：通过科研、知识创新加深对海洋的理解。
- 环境保护与养护：保护和维持海洋健康。
- 可持续发展：海洋及其资源的可持续开发和管理。
- 安全与国际关系：促进海洋的和平利用。

四、政策实施的预期成果

政策实施预期取得（但不限于）以下成果，并需定期对成果进行审查和评估：设立国家海洋办公室，建立有效的领导机制；制定巴布亚新几内亚年度海洋计划；制定巴布亚新几内亚海洋空间规划/战略；签署数据收集、存储和信息共享协议，完成海洋基础设施建设；开展海洋科学研究，制定实用的科学研究指南；制定并优化国家海洋战略；提高对海洋重要性的认识；对巴布亚新几内亚沿海开展脆弱性评估；开发海洋人力资源；加强地区、区域和全球机制构建；对各省沿海水域进行测绘并宣示主权；对翁通爪哇海台外大陆架共同管理；评估环境与气候变化对海洋的影响。

五、国际和区域政策及法律

（一）国际和区域政策

基于以下国际和区域政策制定该海洋政策：《联合国海洋法公约》；《2030年可持续发展议程》及可持续发展目标14；2014年《太平洋区域主义框架》；《太平洋岛屿区域海洋政策》；"蓝色太平洋"倡议。

（二）国际和区域法律

巴布亚新几内亚政府各部门对海洋空间进行开发和管理，并行使和履行《联合国海洋法公约》赋予的权利和义务，这些公约和协定包括《生物多样性公约》《遗传资源获取与惠益分享的名古屋议定书》《联合国气候变化框架公约》《联合国鱼类种群协定》。

同时，巴布亚新几内亚还依法与联合国相关多边机构及地区机构展开合作，达成相关合作约定或安排。这些机构包括联合国、英联邦秘书处、国际海底管理局、国际海事组织、联合国粮农组织、政府间海洋学委员会、国际海道测量组织、太平洋共同体、南太平洋区域环境署、太平洋岛国论坛秘书处、太平洋海洋专员办事处、太平洋岛国论坛渔业局、瑙鲁协定签署国、中西太平洋渔业委员会。

六、国家政策及法律

（一）国家政策

"国家海洋政策"在现有国家政策框架基础上制定完成，这些框架阐明了巴布亚新几内亚的政策纲领，其中包括《2050年愿景》《巴布亚新几内亚发展战略规划（2010—2030）》《负责任的可持续发展国家战略》、中期发展计划、其他部门政策。

此外，"国家海洋政策"还与其他补充性政策，如气候变化政策、国家渔业计划和环境保护计划等完美结合。

（二）国家法律

"国家海洋政策"所依据的国内立法包括：《省级和地方政府组织法》；

2000年《环境法》;《基本法》《风俗习惯法》和《土地争端解决法》中的习俗和传统知识;2015年《海域法》;1992年《采矿法》;1998年《渔业管理法》;2015年《气候变化管理法》;2003年《国家海事安全局法》;2009年《国家信息和通信技术管理局法》;1959年《所得税法》;1997年《国家农业检疫法》;1998年《石油和天然气法》。

第二节 政策与战略

一、现状

巴布亚新几内亚拥有15个沿海省份,专属经济区面积达280万平方千米,在太平洋地区排名第六。巴布亚新几内亚毗邻澳大利亚、密克罗尼西亚联邦、印度尼西亚和所罗门群岛。

巴布亚新几内亚目前缺乏战略性政策方针指导海洋战略性资产的管理和开发,未能实现经济效益最大化。相关机构缺乏沟通与合作,导致海洋及其自然资源管理协调不善。

由于资源和人力有限,海洋意识不强,巴布亚新几内亚的海域边界未能得到有效监管,非法、未报告和无管制(IUU)捕捞活动一直存在,且有报告指出,IUU捕捞量占总渔获量的30%。

目前海洋领域缺乏协调和管理政策,仅以巴布亚新几内亚区域性政策和法律为依据对影响海洋环境的活动进行管理,需要实施海洋综合管理。

二、问题分析

(一)治理和管理

巴布亚新几内亚承诺践行联合国"可持续发展目标",并采取多重举措将"可持续发展目标"纳入其"中期发展计划",并且对部分"可持续发展目标""关键结果领域"及"中期发展计划"指标进行本地化处理。"国家海洋政策"确定了各部门的角色与职责,以顺利推进海洋治理。

巴布亚新几内亚各部门对海洋领域进行开发和管理,行使并履行其在《联合国海洋法公约》下的权利和义务,同时与联合国机构展开合作,达成各项约定及安排，包括《生物多样性公约》《联合国鱼类种群协定》《联合国气候变化框架公约》《关于海洋污染的国际海事组织公约》等。

（二）知识和技术

1. 海洋科学研究

提高海洋和海岸方面的知识储备是保护海洋环境和生态的基本前提。巴布亚新几内亚必须努力发展海洋科学技术，做出科学的决策并付诸行动，实现海洋及其资源的可持续利用。为促进该项政策的实施，"国家海洋政策"为区域和国际研究机构的相关伙伴提供勤勉尽责的基本框架。巴布亚新几内亚必须加强海洋研究机构（包括巴布亚新几内亚大学莫托普雷岛研究中心、国家渔业局纳戈岛渔业研究站、巴布亚新几内亚海事学院）的能力建设和人才培养。

研发领域创新最终将提供先进的研究成果，使人们获得知识产权惠益。依据《海域法》设立的海洋科学研究委员会将与国际机构开展广泛合作，对国家管辖海域的海洋科研工作进行协调监督，包括数据和研究成果收集及数据和知识的交流共享。海洋科学研究委员会将通过国家海洋理事会开展相关工作，审查海洋科学研究指导方针，制定联合研究方案及其他职责。

巴布亚新几内亚将通过"国家海洋政策"参与联合国的"海洋科学促进可持续发展十年"计划，提高海洋科研和海洋开发能力，以实现《2030年可持续发展议程》中关于可持续发展的目标，尤其是"可持续发展目标14"。

巴布亚新几内亚政府参与相关政府间会议，以达成关于国家管辖范围以外海域生物多样性养护和可持续利用协定，并促进能力构建及海洋技术的交流。

2. 海洋技术交流

技术与科学为各部门提供更有效的可持续运作方法，加大渔业部门监管力度，促进污染防治和清理，加强海洋规划，也对"国家海洋政策"的落实起到重要的推进作用。

由于缺乏沟通协调，巴布亚新几内亚难以与参与海洋科学研究的组织达成合作。目前海洋领域的发展协作与科技合作比较松散。

第二十六章 巴布亚新几内亚《国家海洋政策（2020—2030）》

巴布亚新几内亚需要制定海洋科技计划/战略，在海洋事务和法律方面加强人才与技术培养。需要建立全国性或省级基础设施，促进海洋技术交流。

(三)环境保护与气候变化

1. 海洋环境保护

受资源勘探、陆地和海洋活动造成的污染、气候变化、过度捕捞等因素的影响，加上人口增长、生物多样性丧失，海洋保护形势愈加严峻。研究累积效应并在必要情况下采取严格措施，能够确保生态系统和海洋资源免遭人类与自然相互作用导致的不利影响。顺利实施基于地区的管理系统，需要充足的资金、技术和科学支持。

"可持续发展目标"下的子目标14.5设定的养护目标为"到2020年至少完成10%的海洋和海岸养护"。巴布亚新几内亚承诺设立海洋保护区。我们必须确定需要保护的脆弱、敏感海洋区域，从而对这些区域实施相应的管理方法。

巴布亚新几内亚目前有数个保护区。这些保护区位于海岸或海洋，均为生物多样性非常丰富的地区。遗憾的是，这些地区没有实施管理和执行相关法令的足够资源，也没有管理可能存在需求冲突的综合计划，因此设立保护区的实际效果无从得知。

在海洋使用和管理的相关行动和决策中，必须采纳预防性办法，遵循"污染者负责"和"使用者负责"原则。

如果对海洋生物多样性、生态系统和资源缺乏基本了解及相关科学技术，那就难以掌握国家管辖范围以内和以外海域的基本情况。根据具体的管理需求和干预手段弥补此不足，可提升开展测绘、规划和融资工作的效率。我们必须制定具体的海洋法律框架和方针政策，确定海洋领域的环境和规划标准，以确保其合法、透明和当责。

我们必须精简环境指导方针和活动流程，以便更好地开展海洋活动，同时立法工作也必不可少。我们必须开展海洋环境影响评价，明确工作流程，适当咨询利益攸关方的意见，并将意见筛查后提交环境保护局。我们必须配合环境保护局的工作，确保海洋环境影响评价计划顺利实施。

2. 海洋与气候之间的错综复杂关系

无论是从气候减缓角度还是适应角度来看，海洋都是地球气候系统不可分割的一部分。

气候变化导致海洋变化，对不同区域的海洋生态系统和生态系统服务产生了不同影响，加大了相关治理工作的难度，其积极影响和消极影响又通过渔业影响食品安全、当地文化和生计、旅游业和休闲娱乐业，同时其对生态系统服务的影响还对健康、民生、以渔业为生的原住民和当地社区产生了一定的消极影响。

沿海地区面临多种与气候相关的灾害，其中包括热带气旋、极端潮位、洪水和海洋热浪。政府需要针对小岛屿社区进行规划和投资，提出以需求为导向、基于科学的解决方案。这项工作对小岛屿社区而言至关重要。我们可以让最终使用者从开始便参与其中，共同规划。我们需要进行系统层面的观测与研究，在应对气候变化行动中更好地了解和认识海洋和沿海地区。

3. 海洋污染

联合国将海洋污染定义为："人类直接或间接地把物质或能量引入海洋环境，从而造成有害影响，如危害人类健康、妨碍海洋活动、损害海水水质及破坏环境质量。"陆地污染包括一系列的污染源，如农业径流、未经处理的污水和废水、油脂、沉积物和海洋废弃物。滨海旅游、港口开发、采矿、渔业、水产养殖与制造业都服务于国家发展，但必须对其进行可持续管理。

我们必须采取各项措施预防和控制船舶污染，减轻海上作业和事故的不利影响，尤其是要注意预防因石油或船舶污染导致的海洋污染。巴布亚新几内亚应密切关注国际污染防治基金，以获取相关的融资，同时寻求清理和方案执行方面的援助。

巴布亚新几内亚政府应根据国际协定制定有效的控制措施和标准，从国内和国际层面预防和减少海洋污染，并提出应对措施。

4. 深海尾矿

就全球和巴布亚新几内亚（和太平洋）而言，一些深海采矿和尾矿活动可能影响专属经济区。鉴于各种不确定因素，我们需要制定综合的危害管

第二十六章 巴布亚新几内亚《国家海洋政策（2020-2030）》

理方法。鉴于"预防"原则和"污染者负责"原则，所有采矿和相关的采掘活动必须基于地质勘察和矿产勘探的科学依据，尤其需要具备在沿海地区和海域进行采矿作业的成熟技术，杜绝显著的负面环境影响。无论是近岸还是海上采矿作业，所采用的技术必须至少经过10~15年的现场全面测试，并且得到国际或相关方面的认可。"国家海洋政策"要求在巴布亚新几内亚国家管辖区域内开展的、从沿海地区到海域的各项采矿和相关的采掘活动符合《白皮书》的规定，也就是说，必须经过10~15年的科学研究和技术测试才能获得开采许可。

（四）经济的可持续发展

1. 海洋资源的可持续开发

专属经济区的开发、勘探和养护具有重要意义，政府必须采取措施促进专属经济区的开发。我们必须考虑深海采矿可能造成的气候影响，尤其是因释放甲烷和固碳而产生的深海热液喷口，在各类海洋开发活动中践行依据国际法做出的生物多样性方面的承诺。

我们必须根据相关法律框架和各项矿山闭坑政策，对海上采矿或石油设备及其他相关的陆上设施进行报废处理和修复。我们还要建立海洋许可制度，从而以更有效、更可持续和更透明的方式开展海洋活动。

2. 蓝色经济

蓝色经济能够促进经济增长，提高社会的包容性，改善民生，提高海洋和沿海环境的可持续性。因此，渔业、海上运输、科技行业和旅游业等关键经济部门需要合作制订一项蓝色经济计划以实现上述目标。

最重要的是，蓝色经济还包括科学与创新在海洋新兴活动，如海上可再生能源（风能、波浪能和潮汐能）开发、水产养殖、海底开采活动、海洋生物技术和生物勘探等。

蓝色经济能够提供一种新动力，加强不同部门之间的联系，支持重大改革，填补立法和执法机制方面的空白。这些工作可视具体情况在国家、区域和国际等层面展开。

(五)国际关系、公共安全、环境安全与休闲娱乐用途

1. 国际关系

巴布亚新几内亚一直与其他国家、地区以及其他发展伙伴保持着双边关系。在此种双边关系下,巴布亚新几内亚需要重视并鼓励与发展伙伴在海洋领域的合作,尤其是确保巴布亚新几内亚的海洋利益最大化,确保与发展伙伴的利益保持一致,促进国家、区域和全球目标的实现。

巴布亚新几内亚是目前正在推进的促进海洋及其资源可持续管理和利用若干区域和国际倡议的缔约方,其中包括蓝色太平洋议程、联合国海洋会议论坛、支持实施"可持续发展目标14"(水下生物)的倡议、英联邦海洋经济计划及英联邦蓝色宪章。鉴于海洋的重要性、海洋与气候的直接关系以及气候变化对海洋健康和可持续的影响,我们应该更加重视在双边、区域和国际层面解决海洋相关问题。在此背景下,不久将涌现与海洋相关的新倡议及新的发展和论坛。外交与国际贸易部及其外交使团必须确保国家海洋办公室和国家利益攸关方知情,以参与此类讨论并提供建设性意见。

2. 国家管辖范围以外海域

巴布亚新几内亚政府还参与了关于国家管辖范围以外海域生物多样性保护和可持续利用拟定协议的协商,以促进《联合国海洋法公约》的实施。巴布亚新几内亚以及小岛屿发展中国家将长期从参与协定中获益,促进其能力建设及海洋技术的发展和交流。

巴布亚新几内亚政府可以与国际海底管理局进行协商,以考量在其治理和管理框架内开展的研究、技术交流和能力建设方面的惠益。

3. 海上安全

《联合国海洋法公约》有益于加强国家间和平、安全、合作与友好的关系,促进经济和社会进步,促进海洋的可持续发展。巴布亚新几内亚政府必须继续增强对国家管辖海域(包括海上边界)的安全监视和应对能力,以维护巴布亚新几内亚主权,确保巴布亚新几内亚的现有权利得到有效维护,并且不会因气候变化和相关影响而改变。

《海域法》明确、合法地划定了国家边界,阐述了特定机构扮演的角色

第二十六章 巴布亚新几内亚《国家海洋政策（2020-2030）》

和承担的责任。加强安全行动机构间的协调与合作，对于确保巴布亚新几内亚海洋安全所需的监控和监管意义重大，同时也意味着有限的财务资源得到合理分配。

海上安全涉及几个方面，如跨境非法贩运，非法、未报告和无管制捕捞，移民管制和生物安全等。在巴布亚新几内亚水域，虽然现存威胁不多，但考虑到全球海盗活动的日益猖獗，必须确保客轮和货轮的安全通行。

在环境和社会层面，我们需要对交通运输导致的海洋、海岸线及河流面临的环境威胁进行监测，包括石油和货物泄漏、液体和固体废物排放、防污涂料、码头和港口工厂的泄漏和排放、因填海、疏浚进行的海岸线和海滩改造及为建筑和其他目的进行材料提取等造成的环境威胁，还应根据国际海事组织的要求对港口和进港船只进行定期查验。

4. 海事安全

国家海事安全局和交通部应相互配合，就海洋安全问题提供意见与建议。我们必须支持和加强地球观测基础设施建设，并对数据的解释和保存进行必要的投资。我们应提供海况、大气条件和地质灾害方面的准确和最新信息，以预防和降低人员和基础设施风险。

必须将强制领港纳入考量范围，以降低特别敏感海区船舶搁浅和碰撞的风险。所有受管制船舶沿指定航线行驶时，船上应配备一名引航员。

5. 海岸和海洋观测系统

随着对海洋和海岸了解的不断加深，我们确保国家安全、经济安全、环境健康和物产丰富的能力也在不断提升。海岸和海洋观测能够为保护人类生命财产免受海洋灾害的危害、提高公共安全、预测全球气候变化、改善海洋健康、实现海洋资源的保护和可持续利用提供关键信息。虽然目前已掌握整合浮标、船舶和卫星的各种传感器所收集数据的相关技术，但是巴布亚新几内亚尚未完成海岸和海洋观测系统的部署工作，相关机构也应立即着手行动。该系统可以收集有关海洋和海岸的物理、地质、化学和生物方面的参数信息以及影响人类及其活动或者受到人类及其活动影响的海况的相关信息。

三、应对政策

（一）治理和管理

通过提高透明度和建立问责制共同承担海洋责任。一个有效的治理和管理系统必定是高效、透明且有责可究的。法律、政策和计划必须协调一致，以获取监管方和公众的理解。我们应建立一个全面的框架，为各级政府、政府和私营部门及公民分配角色，促进建立良好伙伴关系，在最高层领导下有效管理海洋及海岸资源。包括以下战略行动：确定利益攸关方在海洋治理工作中的地位，重点是建立具有包容性、以权利为本、世代传承的治理方法，作为国家海洋政策的基石；确定利益攸关方在海洋治理工作中的作用和职责；确定利益攸关方之间的协调、交流与合作机制；确定海洋治理和管理中的国际和区域伙伴关系。

（二）知识和技术

通过科研和知识构建加深对海洋的理解。该战略能够加深我们对海洋的认识（包括现代的和传统的），为海洋及其资源的可持续利用、减轻污染、改进实践方法以及预测天气、气候变化和海洋动态奠定基础。包括以下战略行动：确定信息需求、获取、评估和交流的合作机制，并确定优先次序；建立全国信息和数据资源库，确定合作及共享机制；支持国家和区域能力建设，加强区域和国际组织、公共部门和私营部门之间的伙伴关系，从而加深对海洋的理解；促进信息获取，鼓励将信息广泛运用到本政策及任何适用的国家海洋政策中；尊重传统知识，认识其在加深对海洋的理解及有效管理海洋资源方面的促进作用；开展当地人员海洋科学和海事方面的正规教育与培训。

（三）环境保护与养护

该战略强调了海洋健康与生产力之间的自然联系，受区域生态系统过程的影响，保护生态系统的完整性，降低人类活动的有害影响。该战略包括以下行动：采用综合、透明的方法，通过统一的机构安排（包括现有的国际和区域协定），从海洋生态系统管理中长期受益；将合理的环境和社会实践方法融入经济发展活动中,在地方、区域和国际层面保护和养护海洋生态系统及生物多样性;减少各种污染源对海洋环境的影响。

(四)经济的可持续发展

该战略明确指出,巴布亚新几内亚的沿海和岛屿社区严重依赖海洋为社会、文化和经济安全提供的各类资源与服务,包括提供经济活动所需的条件以促进经济发展。该战略包括以下行动:根据"防患未然"原则,确定资源开发和管理行动与制度的优先次序并据此实施;在地方、区域和国家层面进行资源和惠益的公平分享;根据实际情况,使当地社区和其他利益攸关方参与资源管理决策;建设和提高巴布亚新几内亚各级社区开展可持续资源开发和管理的能力;建立尊重传统知识、权利和文化的机制;开展立法建设和保护知识产权。

(五)国际关系、公共安全和环境安全

该战略为和平使用海洋、减少安全风险和海洋面临的威胁奠定基础。该战略包括以下行动:确保所有海洋活动满足相关的国际和区域标准,不会对环境造成损害、引发社会问题或者阻碍国家经济发展;确保海洋和平利用,出现意外情形可立即采取补救措施;确保海洋不被用以开展犯罪活动或者其他违反当地、国家或国际法律的其他活动;鼓励合作。

第三节 体制及安排

一、国家海洋办公室

国家海洋办公室必须通过拟设立的委员会对各类利益攸关方的活动和各方利益冲突进行监督和协调。需要建立有效的治理结构,通过有效的机构协调(地方层面、省级层面和国家层面),有效处理海洋难题。

建议设立相关的委员会,以推动各级决策。我们必须确定国家海洋办公室及其下设委员会的职权范围,明确其职能。拟设立的委员会包括:部级海洋委员会(政治监督);国家海洋理事会(指导委员会);技术工作委员会(跨领域议题和各方利益冲突)。

(一)运行政策

国家海洋办公室应与相关机构进行合作,继续制定实施本政策和《海域法》所需的政策。《合作方针》与《运营指导方针》提出了为解决数据共享和资源短缺所必须开展合作的领域,而此领域必须由相关的委员会制定信息共享与合作协定。

(二)部级海洋委员会

该委员会将就政策制定做出总体决策。司法和检察总署署长为部级海洋委员会主席,根据《海域法》赋予的权限实施监督。联合主席由外交与国际贸易部部长担任。

(三)国家海洋理事会

国家海洋理事会为部长和副部长级单位,其成员来自各部委,承担协商、实施和执行等角色。司法和检察总署署长和外交与国际贸易部部长担任国家海洋理事会的联合主席。国家海洋理事会负责向部级海洋委员会提供意见与建议,如有需要,国家海洋理事会将设立小组委员会,处理技术方面的具体问题。

国家海洋理事会的成员包括核心技术委员会和协助实施海洋领域活动、参与立法工作和政策执行、监管和改革的其他组织。

(四)核心技术委员会

核心技术委员会为首席助理部长或理事级单位,其成员来自各政府机构,负责处理与海洋领域相关的事务。这些机构专门负责技术方面的跨领域议题。大部分事务将在与国家海洋理事会协商后,由核心技术委员会进行制定。跨领域议题可提交至国家海洋理事会,由其向部级海洋委员会提供合理的意见与建议。

(五)国家海洋办公室运营要求

资金充足是国家海洋办公室运作的必要条件。国家海洋办公室必须与国家海洋理事会共同制定年度工作计划,中央政府根据年度工作计划为其

第二十六章 巴布亚新几内亚《国家海洋政策（2020—2030）》

提供资金支持。在过渡阶段，海洋办公室秘书处为司法和检察总署的下属单位，但最终将成为实施和执行《海域法》的独立部门。

（六）应用研究制度工作委员会

研究工作对于环境保护和经济发展的合理决策至关重要。各项活动之间的联系、活动对环境的影响和如何减少对海上环境及深海环境的影响，都应该基于科学建议进行规范和管理。我们应建立海洋科学研究和应用研究的审批制度，分别设立针对研究工作和应用研究的委员会，有针对性地解决这两个领域的问题。

（七）国家咨询委员会

除了国家海洋理事会及其下设的小组委员会外，国家海洋办公室还可以与现有的国家协调委员会进行工作协调，促进"国家海洋政策"总体目标和具体目标的实现。

（八）资源的影响

"国家海洋政策"是否能够顺利实施，取决于其能否及时获得人力、财政、物力和信息资源的支持。其必须在年度计划/战略中因地制宜，列明所需的财政资源。

在外交与国际贸易部的支持下，国家海洋理事会需具备充足的资源管理、监管和更新"国家海洋政策"。政府承诺设立国家海洋办公室并为其提供充足的资金，使其监督海洋治理事务和其他重要事项（包括建立可持续融资机制）。作为"国家海洋政策"的监管机构和国家海洋理事会的管理者，司法和检察总署必须通过中短期资本投资计划进行融资，以立即开始实施这一战略框架。为在一体化进程中采取及时有效的干预措施，必须制定适当的可持续战略和长期融资计划。该政策拟在高层储存专用的资源和资金，向地方社区和区域重点项目优先提供。

（九）资金来源

在规划和实施阶段，政府应积极地向国际、区域和国家财政伙伴寻求资源和融资，并制定投资战略，具体措施包括扩大国内税收范围，如蓝色

(海洋)税收以及信托资金。

国际资金渠道包括多边银行、双边发展合作机构、基金会、国际非政府组织、碳抵消、国家和全球征税、全球环境基金和慈善捐献(国家层面包括蓝色税收、附加费、税收优惠、税收减免计划、私人基金会专项补助、国家环境基金和债务互换等)。

只有在与国家海洋理事会协商后才能建立相关机构和治理框架。机构建设必须综合考量现有和未来计划,并将新兴机制纳入本政策和相关法律之中。

二、组织责任

表26.1概述了主要参与海洋服务的各组织、机构扮演的角色和承担的职责。

表26.1 组织机构和职责

组织机构	职责
国家海洋办公室	(1)监督、协调和实施2015年《海域法》; (2)海域划界谈判及相关工作; (3)海洋科学研究; (4)秘书处为治理委员会提供支持; (5)监督和实施《海域法》过程中的其他工作
司法和检察总署(海洋事务办公室)	(1)将《海域法》和"国家海洋政策"相关事务呈送海洋事务办公室,并向相关委员会汇报; (2)通过其海洋治理分支机构协助海洋事务办公室开展工作,向国际和区域组织汇报,制定《海域法》规定的部级报告; (3)实施"国家海洋政策"中确定的职责; (4)实施法律审查与修订,起草与实施"国家海洋政策"新立法
外交与国际贸易部	(1)巴布亚新几内亚全国执行委员会第3/2015号决定确定的该部在实施"国家海洋政策"中的职责; (2)全力支持司法和检察总署实施"国家海洋政策"
国家规划与监测部	(1)负责预算审核; (2)根据中期发展计划设定国家目标; (3)"国家海洋政策"的监督和评估; (4)为"国家海洋政策"制定成果框架和监督、评估框架; (5)汇报"国家海洋政策"的实施成果; (6)负责"国家海洋政策"实施监督和评估工作; (7)与利益攸关方合作制定"变革理论",跟踪、更新和修订"国家海洋政策"年度成果

第二十六章 巴布亚新几内亚《国家海洋政策（2020—2030）》

续表

组织机构	职责
财政部	（1）为"国家海洋政策"的实施提供资金支持； （2）为"国家海洋政策"的制定提供支持； （3）为省级、地区和地方政府服务改进计划提供资金
省级、地方政府部门	（1）根据1995年《省级和地方政府组织法》、1997年《省级政府行政法》和《地方政府行政法》履行法定职责； （2）向各省宣传政策； （3）汇报省级政府和地方政府成就； （4）将自上而下的战略与自下而上的需求结合起来； （5）向省级、地区和地方政府报告沿海事务，听取省级、地区和地方政府关于沿海事务的工作汇报
交通部	（1）依据《港口法》《商船法》和相关条例制定海运政策和战略； （2）与国家海事安全局合作开展国际海事（安全）事务和船舶注册
巴布亚新几内亚科学技术委员会	（1）将国内外研究、创新活动与国家重点工作相结合； （2）与国家规划与监测部、外交与国际贸易部合作，协调国内科技合作； （3）对涵盖海洋科学研究在内的、跨领域的国内外研究进行审批
发展伙伴、捐助者、区域和国际组织	（1）为"国家海洋政策"的实施提供技术和资金支持； （2）为"国家海洋政策"的省级和社区实施工作提供资金支持； （3）支持能力建设
非政府组织	（1）实施农村和城市周边地区的清理和养护计划； （2）宣传和推动参与联合国"海洋科学促进可持续发展十年"计划

第四节　实施计划

我们必须制订巴布亚新几内亚行动计划，详细阐释政策实施及各项行动的责任机构。行动计划必须在本政策通过后12个月内制订，且每隔两年进行一次审核。在监督方面，联合主席领导下的国家海洋理事会必须为执行行动计划提供指导意见。与海岸和近海相关的任何政策必须在得到部级海洋委员会批准之后，才能提交全国执行委员会审议和批准。巴布亚新几内亚行动计划必须纳入本政策所述的战略。行动计划必须能够促进海洋综合管理。

一、第一个实施阶段

实施活动	2020—2022 年			责任机构
	2020 年	2021 年	2022 年	
将"国家海洋政策"提交全国执行委员会审议	■			司法和检察总署、规划与监测部、财政部
在司法和检察总署设立海洋事务办公室	■			司法和检察总署
区域意识培养(阶段 1——新几内亚岛;阶段 2——马丹、莫罗比和东塞皮克;阶段 3——南部;阶段 4——高地)	■			司法和检察总署
海洋科学研究指导方针审核与行使海洋科学研究委员会职能	■			司法和检察总署、外交与国际贸易部、科学技术委员会

二、第二个实施阶段

实施活动	2020—2022 年			责任机构
	2020 年	2021 年	2022 年	
建立国家海洋办公室,明确其职责	■			司法和检察总署
与海洋科学处共同起草条例	■			司法和检察总署
向中央协调委员会提交法令草案		■		司法和检察总署
将法令提交全国执行委员会审批		■		司法和检察总署
将法令"条例公报"列入议程		■		司法和检察总署

三、第三个实施阶段

实施活动	2020—2022年			责任机构
	2020年	2021年	2022年	
年度报告				司法和检察总署、外交与国际贸易部
推动实施中期发展计划（2021—2026年）				司法和检察总署、外交与国际贸易部、规划与监测部
每三年开展"国家海洋政策"审核				司法和检察总署、国家海洋理事会

第五节 监督和评估

本政策突出了海洋在为人类生存提供所需的重要资源和服务方面的重要作用，包括食物、休闲娱乐、交通、能源、营养、循环与气候调节及海洋对经济的重大贡献。因此，政府和其他利益攸关方必须做出承诺，不仅要推动"国家海洋政策"目标的实现，而且要定期跟进进度和成果，并对管辖范围内海洋的"健康"状况进行评估。本政策的监督、评价和报告旨在评估各利益攸关方在计划实施、系统变革和创新方法中的贡献，以推动国家海洋政策总体目标和具体目标的实现，其中包括在接下来5~10年内各利益攸关方对《负责任的可持续发展国家战略》和"可持续发展目标14"（水下生物）的贡献。

在国家层面，"国家海洋政策"的监督及评估程序将决定巴布亚新几内亚推动国家、区域和全球海洋共同体制定海洋综合管理方法的方式，填补关键政策空白，促进海洋科技发展，将海洋科学与国家的人口需求相结合，并对以下国家层面的成果进行评估。

一、国家海洋政策在国家层面的成果

改革	推进构建国家、区域和全球海洋科技知识体系，促进可持续发展
优化	制定并升级国家海洋观测和数据系统

续表

评估	记录并定期报告有效解决方案的累积成果和影响
传输	决策者可获取最佳的信息、数据系统和技术
减缓	在与所有利益攸关方的共同努力下,降低海洋脆弱性和沿海灾害的影响
促进	促进海洋技术的交流、培训和教育

为实现上述"国家海洋政策"在国家层面的成果,各部委、部门、机构、学术界、各省区及其他各方(如私营公司、研究机构、多边和双边伙伴及其他国际合作伙伴)必须共同推动"国家海洋政策"的实施计划和具体目标。国家海洋办公室、国家规划与监测部和"国家海洋政策"的机构间工作小组将相互协作,依据"中期发展计划Ⅲ"、《负责任的可持续发展国家战略》和"可持续发展目标14"下的监督与评估框架,对国家海洋政策的实施进度进行跟踪。

二、巴布亚新几内亚"可持续发展目标14"的具体目标和指标

"可持续发展目标14"具体目标的本地化处理	"可持续发展目标14"指标的本地化处理
14.1 预防和大幅减少海洋污染,特别是陆上活动造成的污染,包括海洋废弃物污染和营养盐污染	14.1.1 富营养化指数和漂浮塑料污染物浓度
14.4 有效规范捕捞活动,终止过度捕捞,非法、未报告和无管制的捕捞活动及破坏性捕捞,执行科学的管理计划,尽快使鱼群量至少恢复至生态特征允许的、可持续产量最大化水平	14.4.1 生物可持续量水平范围内的鱼类种群的比例
14.5 根据国内和国际法,基于现有的最佳科学资料,保护至少10%的沿海和海洋区域	14.5.1 巴布亚新几内亚保护区面积占海洋区域的比例
14.7 增加可持续利用海洋资源获得的经济收益,包括可持续地管理渔业、水产养殖和旅游业	14.7.1 巴布亚新几内亚的可持续性渔业占国内总产值的比例
14.a 根据《海洋技术转让标准和准则》,增加科学知识,培养研究能力,促进技术交流,改善海洋健康并增加海洋生物多样性对国家发展的贡献	14.a.1 投至海洋技术领域研究占总研究预算的比例

续表

"可持续发展目标14"具体目标的本地化处理	"可持续发展目标14"指标的本地化处理
14.b.1 向小规模个体渔民提供获取海洋资源和市场准入的机会	14.b.1.1 是否存在针对小规模渔业部门的专门政策(是=40;否=0)
	14.b.1.2 是否存在实施小规模渔业指导方针的专门倡议(是=30;否=0)
	14.b.1.3 是否存在推动小规模渔民和渔业人员参与决策的机制(是=30;否=0)
	14.b.1 综合指标:14.b.1.1+14.b.1.2+14.b.1.3 分数总和

"国家海洋政策"年度进度报告重点应放在上述成果、目标、指标和巴布亚新几内亚行动计划上。海洋事务办公室负责政策的定期审核,并向部级海洋委员会提供合理建议。另外,每年对巴布亚新几内亚的行动计划进行审核,确保其与"中期发展计划"的年度审核相一致。所有的"国家海洋政策"报告及其他信息材料均发布在国家规划与监测部的官方网站上。

三、政府机构

(1) 在年度计划和预算书中使用具体目标和指标作为政府内部监督管理的基础。

(2) 在年度计划、预算书和执行情况报告中指明哪些行动促进了行动计划的实施。

(3) 向海洋事务办公室提交年度计划、预算书和执行情况报告,以纳入巴布亚新几内亚的年度进度报告(进度报告)。

四、巴布亚新几内亚海洋事务办公室

(1) 向部级海洋委员会提交年度进度综合报告,内容包括:取得的成果,包括实施行动计划对实现政策目标和"中期发展计划"相关指标的影响;经验教训;采取哪些行动来提高执行情况或化解问题或风险;未来12个月内海洋事务办公室的工作计划。

(2) 向相关的发展伙伴提交区域和国际报告。

第二十七章　萨摩亚海洋战略 2020—2030

2020 年 10 月，萨摩亚自然资源与环境部发布《萨摩亚海洋战略（2020—2030）》（以下简称《战略》），为可持续管理和保护该国丰富的海洋资源提供明确的指导方针。该战略指出，萨摩亚的海洋当前面临塑料污染、不可持续发展、气候变化、物种入侵等严峻威胁。为此，应当以近海水域、海事安全与保障、具有特殊意义的物种、沿海生态系统和物种、粮食安全、海洋知识六大领域为抓手，结合治理与协调、海洋财务可持续性、科学研究与数据收集、监测和控制、政策和立法、意识和能力建设等解决方案，加快推进海洋事务的综合管理。

第一节　概　要

萨摩亚早就认识到海洋是其世代赖以生存的社会效益和经济效益来源，需要对其进行负责任的管理。作为一个海洋大国，萨摩亚需要相关工具、资源和规划来有效管理其广阔海域。

《战略》概述了萨摩亚对海洋及海洋资源实施可持续管理的政策框架，确定了优先专题领域，其中涵盖萨摩亚人从海洋获取的生态、文化和社会经济价值。为了保护这些价值，《战略》还确定了当前海洋健康状况面临的主要问题或威胁。此外，《战略》还介绍了对海洋价值造成负面影响的各种因素，最后确定了所需的综合性管理方案，以降低已确定的威胁并推进有效的海洋保护。

《战略》概述了与政府和其他利益攸关方共同推进海洋优先事项的必要措施，并为所有相关合作伙伴和赞助人、国际组织、私营部门、民间团体和社区搭建了参与平台。

《战略》旨在促进和鼓励合作，完善萨摩亚对海洋的管理，从而促进地区发展以及经济的可持续增长。

第二节 引 言

海洋是生命之源。海洋供养着萨摩亚及其世代子民,对于该国经济、文化和福祉至关重要。早在几千年前,萨摩亚人的祖先就已经是航海好手,与海洋建立了持久深厚的联系。这种深厚的纽带仍然是这个国家文化和传统的核心——根植于对海洋的尊重和依赖。

萨摩亚是一个海洋大国,海洋占其领土的98%。萨摩亚拥有海峰、珊瑚礁、红树林和海盆等珍稀海洋生境,这些生境对萨摩亚的国民经济和民众身份认同做出了重大贡献。

萨摩亚海洋带来的主要效益包括:

(1)渔业具有巨大的经济价值,鳍鱼类渔获量的年估值为8 900万萨摩亚塔拉(约合人民币2.25亿元),无脊椎动物渔获量的年估值为8 600万萨摩亚塔拉(约合人民币2.18亿元);

(2)沿海红树林和珊瑚礁是抵御海啸和强风暴的天然屏障,是保障生物多样性、粮食安全和污染控制的重要途径;

(3)沿海红树林和海草在隔绝和储存大气中的二氧化碳方面起着重要作用;

(4)峡谷、海峰、水柱和海床等近海生境带来了额外的资源与服务,如营养循环、碳储存和封存、矿物资源和生物多样性等;

(5)近海捕捞是生计和海外收入的重要来源;

(6)萨摩亚的海洋和沿海海洋生境吸引着国际游客,促进了国民经济发展;

(7)萨摩亚的近海水域是全球和区域船只以及移栖物种的重要通道。

然而,海洋环境正面临着诸多挑战,如生境破坏、过度捕捞和污染。这些挑战正在减少至关重要的海洋生态系统服务及其给人们带来的效益,如粮食安全、民生和气候调节。最后一点尤为重要,因为气候变化正导致海洋温度升高、海平面上升,增加了自然灾害的频率和强度,导致沿海地区洪水泛滥。

如同其他太平洋岛国一样,萨摩亚处于这些挑战的风口浪尖。选择何种海洋管理方法将决定子孙后代的福祉。答案显而易见,对萨摩亚海洋资源必须采用综合的可持续利用方法和管理来代替不可持续的管理和利用。

《战略》旨在：

(1) 确保萨摩亚的海洋以及海洋内所有生物和非生物资源未来得到可持续发展、管理和保护；

(2) 促进并指导海洋管理的综合办法，在中央政府管理的同时加强传统资源管理，考虑并尊重萨摩亚海洋利益攸关者的共同利益；

(3) 确保其符合并支持萨摩亚的经济发展和社会文化目标；

(4) 将全球和地区倡议、科学知识以及传统知识作为重要工具和资源；

(5) 承认从海洋获得的经济和粮食安全利益，并考虑生态系统内的各种相互作用，强调维持上述关键功能的重要性。

总而言之，《战略》旨在确保萨摩亚海洋资源得到综合可持续管理，从而促进社会、文化和经济繁荣。

第三节 萨摩亚海洋战略制定背景

各职能部门实施的战略和政策，为萨摩亚海洋资源的管理提供了指导。一项关键立法是 2016 年的《渔业管理法》，其概述了综合管理萨摩亚渔业资源的各项原则。该法案以预防性措施和可持续发展价值观为指引，成为利用海洋资源的基本准则。《萨摩亚途径》基石的文化价值观——尊重、爱与服务，成为指导战略实施的重要原则。

《战略》重要性还体现在与《萨摩亚发展战略（2016—2020）》的协调一致上，该发展战略提出了萨摩亚的发展愿景、国家中期发展目标以及不同部门的计划。其中，环境是《萨摩亚发展战略（2016—2020）》的四大战略核心之一，包括强调海岛与海洋之间的相互联系，可持续生产和保护海洋资源之间的平衡，促进萨摩亚的繁荣发展。2020 年后就海洋和海洋相关利益对《萨摩亚发展战略（2016—2020）》进行评析时，《战略》也可以作为一项理论依据。

萨摩亚政府已将《战略》的目的与多项国家承诺结合起来，包括在"社区综合管理计划"（CIM 计划）中概述的与海洋相关的气候变化干预。CIM 计划与《战略》相互联系，绘制了气候变化干预措施蓝图。该计划涵盖各个发展部门的社区海洋优先事项，反映了萨摩亚就适应气候变化所采用的方案性方法。《战略》还将进一步提高萨摩亚对其专属经济区的管理水平,保障海龟、鲨鱼和鲸的生境,完善萨摩亚的海洋空间规划,并加强海洋保护区网络建设;促进多个部门计划内海洋相关活动的一致性以及促进将国家战略纳入地区和国际公约。

在区域层面,太平洋一直是太平洋区域主义的有力推动因素(载体)。作为"蓝色太平洋"参与者,萨摩亚和太平洋岛国论坛成员国在重新认识到共同海洋身份、海洋地理和海洋资源的基础上,发挥共同管理太平洋的集体潜力。《战略》通过将"蓝色太平洋"置于地区决策和集体行动的中心,谋求加强"蓝色太平洋大陆"的集体行动,从而加快实现"论坛领导人对地区的愿景"。

为了实现该愿景,《战略》遵循《太平洋弹性发展框架》和《太平洋大洋景观框架》中的价值观和原则。前者将太平洋设想成一个"和平、和谐、安全、包容和繁荣"的地区;后者则旨在保护、管理和维护太平洋丰富多样的文化和传统,确保全世界海洋表面的自然完整性,从而维护地球上海洋生物多样性最丰富之所。《战略》采用一种"全域"方法来管理太平洋的大型海洋系统,基本上就相当于管理一个国家的专属经济区。

在全球范围内,《战略》符合萨摩亚在包括《生物多样性公约》、《联合国气候变化框架公约》、《联合国海洋法公约》、可持续发展目标以及《萨摩亚途径》中所做出的承诺。《战略》还就以下方面为萨摩亚提供了进一步支持,包括实施《联合国鱼类种群协定》、《中西太平洋高度洄游鱼类种群养护和管理公约》、《湿地公约》(《拉姆萨尔公约》)、"国际珊瑚礁倡议"以及以萨摩亚对《巴黎协定》中"国家自主贡献"所做出的承诺为优先行动。

《小岛屿发展中国家行动纲领》强调了制定综合性海洋管理战略的必要性和机遇,实现从单一部门政策向综合性管理政策转变,包括纳入在海洋生态系统中开展的各种活动。

作为萨摩亚对可持续发展目标14的自愿承诺之一,《战略》还进一步支持对联合国海洋大会的其他自愿承诺进行综合实施,包括:

(1)通过强化科学信息和知识,加强对萨摩亚渔业的管理;

(2)通过禁止和管制捕捞方法和渔具,确保萨摩亚的专属经济区免遭破坏性捕捞;

(3)海洋保护区和萨摩亚的海上禁捕区;

(4) 对萨摩亚的渔业水域实施有效的监测、控制并提高执法力度；

(5) 加强对萨摩亚专属经济区的鲨鱼、鲸、海豚和海龟的保护、养护和管理；

(6) 萨摩亚社区渔业管理方案；

(7) 社区综合管理计划；

(8) 废物分类、储存和源头处置；

(9) 河流和海岸健康生态系统监测；

(10) 减少和阻截海洋塑料；

(11) 萨摩亚航海；

(12) 萨摩亚海洋健康网络。

《战略》的实施有助于萨摩亚在《生物多样性公约》下实现"爱知目标"（如《国家生物多样性战略与行动计划》所概述），并认识到海洋与气候之间的重要关系。这是实现海洋发展目标的关键。

第四节 萨摩亚海洋战略愿景

一、愿景

通过综合管理、有力协调、合理使用和管理等方式，支持萨摩亚人民文化、社会和经济发展，进而维持萨摩亚海洋的健康和繁荣。

二、宗旨

《战略》旨在树立一个长期综合愿景，指导萨摩亚海洋及其资源的可持续综合管理。《战略》应该有助于整合、补充、支持而非破坏与海洋有关的现有国家战略和部门计划。

萨摩亚政府以《战略》作为指导框架和工具，通过所有参与者设定的共同目标，履行其在国家和国际协定中所做出的与海洋有关的承诺。参与者包括各利益攸关方：上到政府决策者，下至产业负责人、沿海小规模渔民、旅游经营者和自给自足的社区。

为确保《战略》的有效性，至为关键的是《战略》必须承认萨摩亚现行的沿海和海洋管理机制，并在此基础上开展建设工作，从而避免重复管理，确保提出的综合性管理方案在纵向和横向上保持一致。

通过上述努力，《战略》所树立的愿景和宗旨将有助于保护具有复原力的海洋生态系统，支持萨摩亚人民的可持续发展。

三、地理范围

根据萨摩亚《2017年海洋区域法》最终确定的群岛基线点，《战略》涵盖的地理范围包括萨摩亚整个领海、毗连区和专属经济区。

四、方法

《战略》是萨摩亚政府到2030年管理其主权水域及所有生物和非生物海洋资源的总体框架，将全球和区域性倡议、科学知识及传统知识作为重要工具和资源，承认人类所依赖的经济、社会和文化利益取决于海洋的健康状况。《战略》认识到，海洋和沿海生态系统的气候适应能力和缓解效益增强了复原力，降低了脆弱性。《战略》也承认包括人类在内的生态系统内部的各种相互作用，而不应孤立地考虑单个问题、物种或生态系统服务。

《战略》是在自然资源与环境部的领导下，与地方合作伙伴国际保育组织共同制定的，以"开放式实践保护标准"的方法论体系为指导。该体系采用多利益攸关方协商的方式来确定复杂问题，并积极制定综合性解决方案。《战略》制定的过程是循序渐进的，首先认同萨摩亚海洋的重要价值，然后识别为保障海洋价值务必消除的突出威胁，最后通过一系列具有时限性和可衡量的目标来确定综合管理方法。

为制定《战略》，萨摩亚各利益攸关方进行了5次磋商。第一次是政府内部磋商，由各部门代表参加。此次磋商有助于确定和指导《战略》制定过程的结构和目标。随后的两次全国性磋商在政府与利益攸关方之间展开，包括地方非政府组织、国际非政府组织、地区组织、学术机构和地方民间社会团体。最后两次磋商则是在乌波卢岛和萨瓦伊岛举行，与会社区代表审查了《战略》所确定的优先事项，并确保上述内容与代表们在2019年全国审议期间制定的"CIM计划"所确定的事项保持一致。参与磋商和制定《战略》关键步骤的利益攸关方名单见附件1。

五、战略制定过程

(一) 确定专题领域

萨摩亚的海洋状况经过桌面评估,形成了 6 份主题简报文件,并分发给了政府和各利益攸关方,以获取反馈意见。《战略》的专题领域代表了人们所重视的各类海洋价值。海洋价值包括从文化到休闲娱乐服务,从交通运输到渔业的一系列要素,可以是单个物种,也可以是整个海洋生境。例如,珊瑚礁生态系统为沿海地区和城市中心提供了一系列生态系统服务和利益,支持鱼类资源以保障粮食安全,同时提供生计和创收所需的海洋资源。同样地,海龟这样的单一物种,与萨摩亚海洋生态系统密不可分,这些生态系统有助于维持海草床和珊瑚礁等重要生境的健康,而这些生境对于具有商业价值的物种(例如鱼类、龙虾、小虾和金枪鱼等)也至关重要。此外,海龟还具有文化意义和旅游价值。在萨摩亚文化中,海龟只有高级酋长和牧师在特殊场合才可以食用。海龟经常出现在萨摩亚的神话、民间传说和传统歌曲中。

(二) 识别威胁

除了确定海洋价值以外,识别对萨摩亚海洋价值产生负面影响的威胁也同样至关重要。威胁识别指导了利益攸关方找到弱化危险的有效解决方案。利益攸关方经过磋商确定了损害萨摩亚海洋价值的威胁及其成因。例如,下游的泥沙淤积对沿海珊瑚礁的健康构成了直接威胁,不可持续的陆地活动或土地利用管理不善是泥沙淤积增加的一大成因。识别直接威胁及其成因有助于利益攸关方设计和优先考虑最重要、最有效的解决方案,以实现他们的目标。将类似的威胁进行归类,在可能的情况下,用同一种解决办法予以共同应对。

(三) 制定综合性管理解决方案

如上所述,在确定了直接威胁及其成因后,可以制定综合性管理方案来处理或缓解这些威胁。《战略》提出了 13 套解决方案,每套方案均有一系列衡量实施进展和成功与否的目标。海洋综合性管理解决方案的例子包括传统和现代海洋资源管理及知识和信息系统，用以保护和保障萨摩亚海洋未来10年的可持续生产。

第五节　萨摩亚海洋战略优先专题领域

萨摩亚同太平洋地区其他岛国一道，共同积极解决威胁海洋健康的问题。通过《战略》，萨摩亚政府承诺将工作重心放于6个优先等级相同的专题领域。

专题领域代表价值。这些价值包括定义海洋对萨摩亚人民价值的所有生态和社会经济属性。附件2列出了该《战略》为每个专题领域制定的长期目标以及每个目标的指标。

一、近海水域

萨摩亚的近海水域为该国人民带来了诸多利益，促进了国家经济和社会福祉。这些福祉包括但不限于商业捕捞、就业、交通运输和粮食安全。《战略》定义的近海水域包括从"礁坡"到专属经济区边界的全部水域。萨摩亚近海水域包括各类地形要素（例如海峰、峡谷和海沟）、海床、海床上方的水柱（中上层、底层和底栖）以及金枪鱼等全部物种。近年来，国内外离岸商业捕捞和金枪鱼捕捞船队在萨摩亚专属经济区内进行作业，因此，需要采取多部门协调合作的方式来对此进行管理。

二、海事安全与保障

海事安全与保障是使航运保持安全、可靠和清洁的基础。2019年9月，萨摩亚在其主办的海运部长会议中强调要保障国内船只航行和国内水域安全。其中，关键是要通过制定更有力的措施来执行国内航运安全标准，从而保护海上安全。必须加强对海上和港口的监视，确保国内以及国外船舶符合国际安全标准。海运业脱碳是萨摩亚实现"国家自主贡献"的重点工作。完善协调、监督和执行，对于确保萨摩亚水域不受非法活动和跨国犯罪影响至关重要。

三、具有特殊意义的物种

海洋移栖物种是萨摩亚海洋的重要组成部分，具有特殊意义。萨摩亚专属经济区栖息着以下海洋移栖物种：软骨鱼(如鲨鱼、蝠鲼和其他鳐鱼)、鲸类(如鲸和海豚)、海鸟及海栖爬行类动物(如海龟)。虽然国家已为这些海洋动物制定了各种形式的保护措施，但还不足以确保其种群安全。许多具有特殊意义的物种数量一直在锐减，这在一定程度上是由于污染、副渔获和有针对性的过度捕捞所致。为了更好地了解这些物种在萨摩亚的现状，以及导致其数量下降的主要成因，有必要进行更多研究和监测。金枪鱼是具有重要经济价值的洄游性鱼类，萨摩亚已制定具体的地区、国家协议对其进行管理，上述协议也已得到有效执行。

四、沿海生态系统和物种

沿海生态系统和物种专题领域涵盖海岸沼泽、湿地、海滩、海草床、红树林和珊瑚礁，包括与这些栖息地相关的鱼类、无脊椎动物和海藻等。

萨摩亚群岛周围的裙礁数量不多，且深度和位置不一。在20世纪90年代和21世纪初，还曾受到飓风、海啸等自然灾害的严重影响。已知萨摩亚有50种硬珊瑚，其中很多珊瑚礁为健康多样的鱼类和其他海洋生物提供了栖身之所。

红树林为萨摩亚带来了诸多效益，包括提供木柴、染料、鱼类养殖场、海岸污染控制和风暴潮防护。目前，乌波卢岛和萨瓦伊岛的红树林总面积为374公顷。萨摩亚有3片大面积的红树林区，面积最大的红树林区位于东海岸，靠近首都阿皮亚。这片红树林区受到的威胁也是最严重的，主要原因是沿海开发和废弃物污染。另外两片大面积的红树林区位于萨达亚的乌波卢岛南部和勒萨加海湾。这两片红树林区的情况要明显优于阿皮亚。

尽管还需要更多的研究来记录它们的位置和分布，但喜盐草、喜盐草属布略萨和针叶藻是萨摩亚唯一记录的海草类群。

这些生态系统是许多沿海海洋物种的家园。许多直接威胁正影响着这些生态系统和物种，如(陆地活动与船舶)污染、过度捕捞、其他形式的不可持续捕捞、采砂、土地复垦和侵蚀。它们还受到气候变化的威胁，包括酸化、海水变暖、海平面上升。然而，在萨摩亚完善管理的具体政策中却并未见到红树林的身影。

五、粮食安全

"当所有人始终可以获得足够、安全和营养的食物，满足他们对积极健康生活的饮食需求和食物偏好时，就实现了粮食安全。"

对萨摩亚人民而言，海洋食物安全是一个非常重要的专题领域。由于大部分萨摩亚人都是靠海而生，当地消耗的大约90%的蛋白质均源自海洋。未来的粮食安全将取决于萨摩亚对所有海洋生态系统资源的有效、可持续管理。另外，由于超过80%的人口都是沿海居民，所以当地经济高度依赖于渔民和妇女获取的沿海海产品收入。

萨摩亚沿海渔业的生产力水平远高于其他太平洋岛国，因为萨摩亚的沿海捕捞不局限于浅水珊瑚礁区域，而是延伸到聚集了大量岩礁鱼类的沿海地区深水区（200~300米深）。这一独有的海洋特征对于支持萨摩亚的沿海可持续渔业生产，进而保障萨摩亚未来的粮食安全至关重要。农渔部主导的管理措施已经成文，以确保沿海和近海海洋资源的可持续利用，如人工集鱼装置的使用、水产养殖、乡村鱼类保护区的开发与建立。然而，加强监测与执法力度是维持生境和鱼类资源开发与保护之间微妙平衡、保障粮食安全的关键解决方案。

六、海洋知识

现代海洋科学和传统知识仍然是指引管理办法和制定解决方案的重要手段，尤其是为了应对气候变化所带来的不断加剧的威胁。传统知识是特定地区的人们基于经验以及对当地文化和环境的适应情况，随着时间的推移慢慢获取并不断演变的信息，涵盖了一代又一代获取、积累以及代代相传的知识、创新、诀窍、技能和实践、观点和学习总结，这些知识通常构成社区文化或精神特征的组成部分。人们也越来越认可资源管理的文化传统具有可持续性。当代萨摩亚人在追求现代方法和技术的过程中丢失了部分传统实践方法。《战略》将传统方法与现代科学知识进行了结合。

为了推动实施上述办法，需要对下一代进行教育，强化参与性决策，进一步加强地方和国家治理。

第六节　萨摩亚海洋面临的威胁

许多威胁对萨摩亚海洋的健康产生了负面影响。《战略》将13种威胁及其成因作为萨摩亚海洋资源健康所面临的主要问题。为了改善萨摩亚的海洋健康状况，实现10年愿景，《战略》旨在制定有效的综合性管理解决方案，减少或消除这些已识别的威胁。

《战略》将已识别的13种主要威胁分为6组。

一、海洋渔业

有两种与捕捞活动相关的主要威胁正影响着各专题领域：
(1) 不可持续的开采、捕捞设备和方法；
(2) 非法、不报告、无管制捕捞活动。

关键原因是资源有限，例如缺乏资金和能力，难以有效执行现行条例。萨摩亚面临设备差、技术弱、人员专业素质低等困难。其他原因还包括意识薄弱、知识水平不高以及保护濒危物种的规章制度不健全。

二、海洋污染

萨摩亚的海洋污染有两大威胁：
(1) 陆地污染；
(2) 船舶、港口和干船坞造成的污染。

必须引入新的减污技术，提高地方一级对污染进行有效监督和追踪的能力。

引入新技术减少船舶的碳排放量是大势所趋。有了新技术，还需要培养相应的能力，消化吸收并传授这些知识。陆地污染主要是河流排放以及陆地废物管理不力所致，可通过其他途径解决该问题。塑料污染也是海洋和鱼类面临的主要威胁。2019年，萨摩亚开始进行禁止一次性塑料袋和吸管立法工作，并计划扩大该违禁物清单，例如将包括但不限于聚苯乙烯泡沫塑料的其他有害塑料纳入其中。

三、不可持续发展

《战略》强调了在发展过程中萨摩亚海洋面临的一些威胁，并将其归为

4大类，包括：

（1）当地的红树林滥伐；

（2）不可持续的采砂；

（3）不可持续的沿海开发；

（4）潜在不受监管控制的深海采矿。

红树林滥伐的原因包括管理政策不奏效以及对红树林生态系统的忽略、不重视。对于采砂/疏浚而言，对海滩健康状况不够了解以及缺乏监管是主要成因。不可持续的沿海开发一定程度上是由于政策执行不力所致。此外，20世纪90年代的研究结果表明，在萨摩亚开展深海采矿不具有经济可行性，但未来很可能会在当地出现不受监管控制的深海采矿。因此应当通过改善开采方式，收集海床生态系统的最新生物数据，尽快从源头上解决这个问题。

四、气候变化

与气候变化相关的威胁有：

（1）海岸侵蚀；

（2）珊瑚白化。

气候变化被视为太平洋岛国和所有沿海地区面临的最严峻威胁。气候变化的影响贯穿各个领域，影响着各领域的健康和繁荣。不过，可以从地方、国家和区域层面应对与气候变化相关的一些直接威胁。海岸侵蚀和珊瑚白化被视为萨摩亚与气候变化有关的两大威胁，可以通过国家层面应对与消除威胁，前提是提高监测与执行力度。

五、知识和数据

《战略》提出了与知识和数据相关的两大威胁：

（1）没有充分结合传统知识；

（2）当地海洋科学知识有限。

知识和数据是指引当前与未来管理决策的基础。在萨摩亚，传统知识未与海洋科学进行充分结合，难以贯穿各个领域并指引海洋管理决策，从而影响了海洋健康与国家层面的管理工作。

对传统知识不够重视的部分原因包括意识薄弱以及全国的学校课程中

没有充分纳入传统知识。此外，我们需要新的数据和信息，从而通过差距分析与研究来扩充在海洋科学领域的现有知识储备。加强各部委、合作伙伴之间的数据收集、存储和共享，同时要加强各部委之间以及与当地社区之间的重要协调。从目前情况来看，有效管理萨摩亚海洋尚面临诸多困难，一定要加大资源投入，提高能力，从而加强海洋知识与海洋科学的收集、存储、共享、结合及交流。

六、入侵物种

入侵物种的有意或无意引入是近海水域健康、海事安全、海上运输、沿海生态系统、物种健康和粮食安全面临的一大直接威胁。

生物安全部门一直在努力消除入侵物种带来的负面影响。

第七节 萨摩亚海洋综合性管理解决方案

各利益攸关方在萨摩亚的共享海域开展活动。为尽量减少海域冲突，《战略》提出了综合性管理办法，来解决海洋利益攸关方的问题，从而推动政府、民间团体、私营部门和当地社区等单位开展可持续利用和保护工作。《战略》一共提出了干预方面的六大战略重点，另外还制定了13套综合性管理解决方案（简称"解决方案"，下文进行概述），以解决共同威胁萨摩亚海洋环境完整性和健康状况的诸多相互关联因素。

一、治理与协调

（一）成立国家海洋指导委员会

对于《战略》而言，成立国家海洋指导委员会可满足最基本的总体治理需求。国家海洋指导委员会的成员将包含负责海洋事务和海洋资源管理的主要相关部委高级代表以及萨摩亚伞式非政府组织团体的1名代表。成立国家海洋指导委员会的关键是要在最初便提名一个独立部委来主持委员会。建议由外交和贸易部主持或由成员部委轮流主持。主持委员会的部门将在协调所有国家机构方面发挥主导作用，负责制定海洋战略的解决方案并监督进展。

国家海洋指导委员会的具体治理和报告部门待定。预计会调整现有国家海洋委员会和工作组的现行职责与报告结构，以便向国家海洋指导委员会进行工作汇报。这就需要对萨摩亚的所有海洋相关活动进行协调。

国家海洋指导委员会的关键职责包括但不限于：

(1) 协调、监督和评估《战略》的实施；

(2) 确定并支持负责规划、磋商、监督、合规、执行和评析等各方面执行工作的牵头部门；

(3) 建立清晰明确的沟通渠道，以便纳入和协调各层级所有利益攸关方；

(4) 明确处理涉海各部委的必要职责；

(5) 鼓励公共和私营机构、非政府组织和政府组织以及民间团体参与《战略》实施。

委员会还拟设立由各部委、政府间和非政府机构的技术官员组成的技术工作组，并由国家海洋指导委员会负责工作组成员审批，提供技术支持，因地制宜地指引战略的协调与实施。

国家海洋指导委员会将保持透明化运作，并采用包容性的决策办法，具体表现为鼓励并接纳民间社会组织、学术机构及地区机构的意见和建议。

(二) 正式划定萨摩亚的海上边界

萨摩亚正与美国（美属萨摩亚）、汤加、新西兰（托克劳群岛）和法国（瓦利斯群岛和富图纳群岛）进行谈判，以期最终划定萨摩亚的海上边界。该工作将有助于界定《战略》本身的地理范围，对于《战略》的实现至关重要。我们的目标是到2025年与所有邻国就边界划定达成一致。

在海平面上升这一全球形势下，萨摩亚和"太平洋岛国领导人"还强调了维护成员国在海区现有权利的重要性，表示要通过现行和未来的区域机制来协调海上边界的划定。萨摩亚将与"蓝色太平洋"一道做出共同努力，包括制定一项国际法，确保一旦根据《联合国海洋法公约》划定了论坛成员国的海区，相应海区的范围不会因海平面上升和气候变化而受到质疑或导致缩减。

专题领域	具体目标
近海水域	到2025年,最终确定萨摩亚专属经济区边界,确保符合《联合国海洋法公约》的规定并进行公示,并将其纳入《海洋区域法》

二、海洋财务可持续性

《战略》规定,到2030年要实现若干总体目标和具体目标,包括建立萨摩亚海洋的综合性管理制度、程序和机制。为此,萨摩亚将努力确定可持续的创新融资机制与资源,从而永久守护萨摩亚的海洋。国家海洋指导委员会将从一系列可用的海洋融资机制和渠道中进行合理选择。全球各个国家/地区正在越来越多地采用创新的海洋可持续融资机制,这一机制将有利于《战略》的实施并长期保持可持续性。

专题领域	总体目标	具体目标
所有专题领域	到2021年,确定《战略》的实施成本。 到2023年,制订萨摩亚海洋的商业计划。 到2025年,确定海洋融资的法律和制度考量因素。 到2030年,确立并实施已确定且合法化的海洋融资机制	到2030年,设计并构建可持续的海洋融资机制,支持萨摩亚海洋的管理和开发

三、科学研究与数据收集

(一)提高萨摩亚海洋的科学研究、数据收集和监测能力

为补足信息和知识方面的差距,我们提出了该解决方案,加强对重要海洋生态和生物系统要素的科学研究及监测,包括:

(1)海峰和海床(生态过程);

(2)海洋移栖物种(包括鲸、海豚、海龟、鲨鱼、蝠鲼和海鸟的种群状况);

(3)沿海物种(包括海参、礁鱼、龙虾、螃蟹和库氏砗磲的种群状况);

(4)沿海生态系统(包括珊瑚礁、红树林、海岸沼泽、海滩、海草床)。

此外还将与国家和地区学术机构建立合作伙伴关系，如萨摩亚国立大学和南太平洋大学等国际学术机构。另外，制定有针对性的科学战略是实现此解决方案的重要环节。

专题领域	总体目标	具体目标
所有专题领域	到2021年，与国家、地区和国际学术机构及研究中心建立合作伙伴关系。 到2022年，制定科学战略。 到2025年，补足当前在海洋生态系统方面的知识和数据差距，有效执行科学监测	到2030年，海洋科学、数据和信息足以为管理活动提供指引。 到2030年，通过合作伙伴关系和教育将获得科学知识，推动可持续发展

(二)完善针对萨摩亚的海洋空间规划

一定要建立针对萨摩亚的海洋空间规划，确定生产和人类利用的区域以及采取保护和养护行动的重要区域。

海洋空间规划包括设计人们在时间和空间上如何利用海洋，降低使用者之间的冲突，维护生态系统健康。这对于萨摩亚而言尤为重要，因为其超过90%的领土都是海洋，并且民生、粮食安全、文化福祉和经济都与海洋有着千丝万缕的联系。

建立海洋空间规划需要以透明和有组织的方式确定并实现经济、社会和生态目标。因此，海洋空间规划是实现海洋综合管理的关键。

专题领域	总体目标	具体目标
近海水域；沿海生态系统和物种	到2021年，确定并批准海洋空间规划下的特殊海洋区域，收集、存储基准线数据并保证其可供访问。 到2022年，界定并批准所有相关海区。 到2023年，建立海洋空间规划的法律和制度基础，最终建立海洋空间规划并实施	到2023年，通过海洋空间规划完成对萨摩亚所有沿海地区和近海水域(包括整个专属经济区)的测绘工作

四、监测和控制

(一)加强对萨摩亚海洋的监测、控制、监督和执行

该解决方案满足了提高对沿海和近海地区非法、不可持续活动进行监管的能力和资金需求。该方案旨在培训更多人员,使用更多现代技术,加强相关部委内部和部门之间以及与邻国和区域国家的合作。如此强有力的监管和执行将提高合规性,减少甚至杜绝沿海和近海水域的非法、不报告、无管制捕捞,减少船舶污染和跨国犯罪,加强海洋资源的可持续利用。

专题领域	总体目标	具体目标
海事安全与保障;沿海生态系统和物种;粮食安全	到2022年,确认监测和执行方面的主要政府官员和社区成员并对其进行培训。到2022年,测试萨摩亚的现代海洋监测和执行技术。到2022年,加强与地区和国际合作伙伴在监测方面的合作,并充分利用相关资源。到2024年,提高资源利用效率,加强萨摩亚海洋的监测与执行。到2025年,扩大沿海和近海的监测与执行活动。	到2030年,实施有效的监测措施。在2020年基础上将萨摩亚海洋非法、不报告、无管制捕捞减少一半(包括所有沿海、近海和移栖物种)。到2030年,在2020年碳排放水平的基础上将船舶、港口导致的大气和海洋污染减少一半。到2030年,在2020年基础上将萨摩亚专属经济区的国际犯罪活动减少80%。到2030年,萨摩亚所有的登记注册船舶必须符合国际安全标准和国际安全条例,杜绝海上人员伤亡和事故发生。到2030年,通过加强生物安全控制,在2020年基础上将萨摩亚海洋(海上运输、港口和干船坞)报告的入侵和/或拦截入侵和/或外来物种的事件数量减少80%。到2030年,加强监测与执行,及时发现包括高价值和低丰度物种(包括海参、库氏砗磲、鱼类、龙虾、螃蟹等)的种群数量正增长和多样性趋势在内的任何变化。到2030年,加强监测与执行,有效保护珊瑚礁和红树林,从而逐渐提高覆盖率,使白化、酸化和自然灾害导致的枯植慢慢复原。到2030年,对鱼类生境和种群进行有效管理,满足萨摩亚未来预期鱼类需求(全国是15 600吨)

(二)加强全国海洋保护区网络建设

《生物多样性公约》下的爱知目标11由可持续发展目标14.5推动,旨在到2020年通过具有生态代表性的良好海洋保护区系统来保护全国至少10%的沿海和近海面积。许多国家/地区甚至无法达到10%的目标。不过,从2006年开始,海洋保护区覆盖率开始加速增长,到2020年,帕劳等数个国家/地区将超过10%的爱知目标。此外,得益于太平洋小岛屿发展中国家在保护海域以及满足10%目标中的极大努力和承诺,南太平洋的海洋保护区覆盖率在全球排名第二。

2016年,在世界自然保护联盟世界保护大会上,成员国约定为国际海洋保护设定一个新的宏伟目标:(到2030年)"加紧扩大由具有生态代表性的良好海洋保护区系统或其他有效保护措施进行有效公平管理的海洋区域范围。该网络应以保护生物多样性和生态系统服务为目标,至少涵盖每种海洋生境的30%。终极目标是创造一个完全可持续的海洋,保证至少30%的范围不会进行开采活动"。

该承诺得到了"2020年后全球多样化框架联合声明"的支持,全球最大的环保组织均加入了该声明。声明制定了《2030年自然与人的新政》,其核心是实现30%的目标。

新设定的30%目标超越了2020年至少10%的目标,后者因无法充分保护生物多样性、保障生态系统服务和实现社会经济重点目标而受到批评。另外,基于成本效益分析将海洋保护区的覆盖范围从10%扩大到30%将显著提高净社会经济效益。若要以数据进行证明,则实现30%海洋保护区覆盖率的生态系统服务总效益(海岸保护、渔业、旅游、休闲娱乐和碳储存)将在7 190亿~11 450亿美元之间。相较而言,10%覆盖率之下的效益为6 220亿~9 230亿美元。

目前萨摩亚海洋保护区对其水域的保护水平较低,并且仅限于沿海生境。划定海上边界将有助于提高萨摩亚的海洋保护能力,可由此将海洋保护区从沿海水域扩大到专属经济区的近海水域。这样一来,萨摩亚便可实现国际科学界建议的30%目标,并为联合国《2030年可持续发展议程》指引方向。

专题领域	总体目标	具体目标
近海水域； 沿海生态系统和物种； 粮食安全	到 2021 年，萨摩亚承诺保护好其 30% 的水域。 到 2021 年，萨摩亚政府和相关合作伙伴之间签署谅解备忘录，促进实施萨摩亚 30% 目标的承诺。 到 2022 年，基于海洋空间规划确定海洋保护区。 到 2023 年，对适合保护的沿海地区和近海地区进行测绘，并通过所有利益攸关方的审批。 到 2025 年，将萨摩亚 30% 的海洋纳入海洋保护区	到 2025 年，将萨摩亚 30% 的海洋纳入具有生态代表性的良好海洋保护区系统。 到 2025 年，萨摩亚专属经济区的全部海峰得到保护或可持续管理。 到 2030 年，建立起涵盖鱼类保护区和海洋保护区在内的沿海和社区管理的地区官方网络

(三) 切实保护和管理濒危海洋移栖物种

该解决方案旨在通过加强立法框架保护濒危海洋移栖物种（鲸、鲨鱼、蝠鲼、海鸟和海龟）。

在萨摩亚的海洋中总共发现了 12 种鲸目动物。

萨摩亚的洄游性座头鲸数量仍然很少。预计大洋洲有 3 520 头座头鲸，每年很可能只有几百头洄游到萨摩亚海域。为了加强对鲸和海豚等濒危动物的保护，必须评估其种群丰度、生境利用、栖息模式和遗传多样性。

在萨摩亚发现的 3 种海龟分别是绿海龟、玳瑁龟和棱皮龟。巢居在萨摩亚的海龟物种是极度濒危的玳瑁龟。主要的海龟巢居点位于阿莱帕塔群岛。正如我们所知，来筑巢的海龟数量正在减少。由于副渔获、污染和非法捕捞，萨摩亚海龟的总数量也正在下降。

在阿莱帕塔和法拉利利调查的初步结果显示，目前此地只剩下礁鲨和虎鲨两种鲨鱼，为了更好地保护鲨鱼，还须对鲨鱼种群动态进行更多研究。

专题领域	总体目标	具体目标
具有特殊意义的物种	到2025年,确定鲸、鲨鱼、海豚、蝠鲼、海龟和海鸟的种群状况,探讨开展生态旅游的可行性。 到2026年,制定并采纳鲸、海豚、鲨鱼、蝠鲼、海龟和海鸟的综合性管理计划	到2030年,建立支持移栖物种可持续管理的监测系统,并通过许可证制度来监管这些物种与人类的关系。 到2030年,全面了解萨摩亚海洋所有海洋移栖物种的活动,并开展切实保护。 到2030年,在2020年水平基础上,将报告和记录的任何海洋移栖物种的个人或船舶副渔获物、捕捞或撞击船舶事件减少一半

五、政策和立法

(一)完善沿海生态系统保护方面的政策和立法

该解决方案反映了当前对沿海生态系统的保护不力。沿海生态系统包括珊瑚礁、红树林、海岸沼泽/湿地、海滩和海草床。该解决方案下的保护措施包括建立保护机制以及制定部门和跨部门法律规定,用以规范可能影响整个沿海生态系统的活动。沿海生态系统领域不成体系的立法阻碍了对这些系统的有效管理和保护。

专题领域	总体目标	具体目标
沿海生态系统和物种	到2022年,收集关于珊瑚礁、红树林、海滩、海岸沼泽/湿地、海滩和海草床分布的数据,并进行绘图和汇总。 到2022年,评析沿海管理的所有相关政策和立法,发现不完善之处。 到2023年,开展并完成沿海生态系统服务分析。 到2025年,评析保护沿海生态系统的现行立法和政策框架,制定并实施完善措施。 到2025年,将传统知识纳入所有相关的海洋和陆地管理政策	到2026年,通过反映传统知识和科学办法的国家政策来评价并保护沿海生态系统。 到2030年,制定并实施相关政策,切实保护珊瑚礁,维持高价值和低丰度物种(包括海参、库氏砗磲、鱼类、龙虾、螃蟹等)的种群数量正增长和多样性趋势。 到2030年,通过国家政策切实保护或恢复红树林,使沿海地区更多地享受到最大化气候变化适应和减缓措施所带来的效益

(二)将基于生态系统的办法与现行的气候变化适应管理计划和倡议相结合

气候变化导致太平洋地区每年有许多珊瑚礁中的活珊瑚死亡率达到1%。我们无法通过局部措施来解决如此大范围的问题,但是可以通过适应及减缓措施来减少气候变化所带来的危害。另一方面,当地人的活动正在对珊瑚礁造成负面影响,导致活珊瑚数量缩减,须对其进行管理。

红树林有助于吸收和储存二氧化碳、保护海岸、保障粮食安全和生物多样性,是支持沿海生态系统的重要组成部分。过去砍伐红树林旨在获取木材,为建造房屋和其他便利设施清理土地。直到最近,人们才发现红树林对于生物多样性和富碳海岸生态系统的重要作用。因此,须尽快制定红树林保护政策。萨摩亚亟须从国家层面制定保护红树林的政策和法律。

该解决方案旨在通过适应和减缓措施来应对气候变化带来的影响。某些气候变化的成因是很难消除的,比如全球范围内温室气体排放量的增加。然而,制定包含基于生态系统办法的地方适应计划对于应对气候变化所带来的影响至关重要。

专题领域	总体目标	具体目标
粮食安全;沿海生态系统和物种	到2025年,对城市规划管理局现行立法和(生态系统评估相关的)政策进行修订,将珊瑚礁包括在内,并强调基于生态系统的办法对于气候变化问题的重要性。 到2025年,确定全部的珊瑚礁退化区域,制订相应的恢复计划。 到2025年,确定全部的沿海脆弱地区,制订相应的恢复计划,最大限度地提高气候变化局势下的复原力和适应能力	到2025年,所有的海岸管理和社区保护计划均采纳基于生态系统的办法和减轻灾害风险的战略。 到2030年,通过基于生态系统的办法提高海洋物种(海参、礁鱼、库氏砗磲等)的复原力。 到2030年,通过基于生态系统的办法有效保护或恢复海洋生境,使沿海地区更多地享受到实施气候变化适应和减缓措施所带来的效益

(三)反思现行政策,适时制定相关法律,应对深海与海床开发带来的风险

虽然仍未研究确保粮食安全和生物多样性的相关生态过程和功能,但萨摩亚海洋的海峰位置已确定,萨摩亚专属经济区的海床上已发现了矿产资源,将来也有可能为开发这些资源开展勘探活动,这就对深海生态构成了潜在威胁。

20世纪90年代对萨摩亚水域深海矿物潜力进行的研究表明,萨摩亚的深海采矿不具备经济可行性。但关于萨摩亚的海峰和海床生态的信息非常有限。因此,《战略》提出的该解决方案旨在确保遵循海底勘探的最佳做法,并为改善管理和保护深海生态系统的生物多样性制定相关的规章制度。

专题领域	总体目标	具体目标
近海水域	到2024年,完成对萨摩亚专属经济区所有海床和海峰的测绘。 到2027年,了解萨摩亚所有深海生态系统的生态意义、过程和功能,并将其纳入管理考量	到2030年,对萨摩亚专属经济区所有具有重大生态意义的深海地区进行保护或可持续管理,维持其生态过程、代表性和功能

六、提高意识和能力建设

(一)运用传统知识、创新和海洋科学强化海洋管理

萨摩亚的沿海地区在粮食、生计、海岸保护、文化效益和其他重要的生态系统服务方面严重依赖其海洋资源。完善海岸管理对于维持这些服务以及应对可能导致沿海资源枯竭的非法或不可持续活动至关重要。该解决方案满足了提高当代和后代认识与尊敬海洋环境的需求。我们可以重新运用传统知识并将海洋科学纳入基于地区的管理来促进方案的实施,也可以采用创新体验式教育模式在年轻人及其他利益攸关方中传播传统知识,并将现代海洋科学与传统资源管理相结合。该解决方案努力让新一代的萨摩亚人接纳传统知识,确保海洋资产和文化遗产拥有一个更加可持续的未来。

专题领域	总体目标	具体目标
沿海生态系统和物种；海洋知识	到 2023 年，所有地区和国家学术机构都会将传统知识纳入知识体系，并采集和分析当代海洋科学数据。 到 2027 年，所有的中小学生都将接受传统知识和当代海洋科学教育。 到 2028 年，所有学生和学校青年都将对萨摩亚的海洋环境有更深的了解、关联和尊重。 到 2028 年，所有的地区对传统环境知识和现代海洋生态将有更深的了解	到 2030 年，传统知识将被记录、保存并运用于文化和传统活动中，如资源管理、天气预报和节气。 到 2030 年，所有沿海地区对资源管理方面的规章制度将有更深入的了解，遵守程度提高，高价值物种和生境（珊瑚礁、红树林、礁鱼、库氏砗磲等）的种群数量呈正增长和多样性趋势

（二）从国家层面改善废物和海洋污染管理

该解决方案解决了村落层面和国家层面关于废物管理系统不健全的问题，减轻了固体废弃物和陆地污染对沿海生态系统的影响。由于使用化肥、农药和其他土地利用管理办法，农业成为污染的主要成因。有机农业将有助于减轻陆地污染及其对沿海地区的影响。在有机农业和增值有机产品的生产方面，萨摩亚已经取得了不小的进展。另外，国家和村庄层面管理、重复使用以及循环利用塑料是萨摩亚废物管理的关键挑战。应确定循环和重复使用塑料的最佳做法，并将其纳入相关的地方和国家计划，包括村级社区综合管理计划。

专题领域	总体目标	具体目标
粮食安全	到 2023 年，萨摩亚 80%的地区均开展废物管理方面的教育计划。 到 2025 年，萨摩亚的所有村庄都将接受有机生产系统的培训。 到 2025 年，60%的村级社区综合管理计划纳入反映减废计划的废物综合管理计划。 到 2025 年，有机生产在 2020 年的基础上提高 50%。 到 2026 年，50%的家庭将用上循环系统。 到 2028 年，萨摩亚 80%的村庄将建设有机生产系统	到 2030 年，影响沿海粮食来源的陆地污染在 2020 年的基础之上将减少 80%

附件1 利益攸关方名单和制定战略的关键步骤

一、政府部门和组织

①萨摩亚外交和贸易部；②萨摩亚农渔部渔业司；③萨摩亚首相和内阁部；④萨摩亚旅游局；⑤萨摩亚工程、运输和基础设施部；⑥萨摩亚工程、运输和基础设施部(海事)；⑦萨摩亚妇女、社区和社会发展部(施政司)；⑧萨摩亚警察部；⑨萨摩亚港务局；⑩萨摩亚运输合作局；⑪萨摩亚运输服务局；⑫萨摩亚通信和信息技术部；⑬萨摩亚教育、体育与文化部；⑭萨摩亚自然资源与环境部环境与自然保护司；⑮萨摩亚自然资源与环境部法律服务司；⑯萨摩亚自然资源与环境部水资源司；⑰萨摩亚自然资源与环境部气象司；⑱萨摩亚自然资源与环境部环境司；⑲萨摩亚自然资源与环境部土地管理司；⑳萨摩亚自然资源与环境部可再生能源司；㉑萨摩亚自然资源与环境部全球环境基金与气候变化司；㉒萨摩亚自然资源与环境部林业司；㉓萨摩亚自然资源与环境部空间信息司。

二、政府间机构

①南太平洋区域环境署秘书处；②世界自然保护联盟。

三、非政府组织和学术机构

①萨摩亚伞式非政府组织；②萨摩亚保护协会；③萨摩亚航海协会；④萨摩亚青年气候行动网；⑤萨摩亚国立大学。

关键步骤	时间
第一次全国磋商(仅政府各部委)	2019年5月
《战略》初稿和第一轮评议(各部委)	2019年6月
修订版《战略》初稿和第二轮评议(各部委)	2019年7月
第二次全国磋商(政府和关键利益攸关方)	2019年8月
《战略》第二稿和第三轮评议(各部委)	2019年9月
与地区的第二次全国磋商(乌波卢岛和萨瓦伊岛)	2019年10月
第三次全国磋商(政府和关键利益攸关方)	2019年10月

续表

关键步骤	时间
《战略》第三稿和第四轮评议（各部委和关键利益攸关方）	2019年10月
第五轮评议	2019年11月
关键部门最终磋商	2019年12月
分发最终草案	2019年12月
收到了关键部门的最终评议，并对《战略》进行了审核	2020年1月
《战略》成文	2020年6月

附件2 目标的指标

目标	指标
到2021年，成立由多部门参与的国家海洋指导委员会	委员会成立
到2030年，设计并构建可持续的海洋融资机制，支持萨摩亚海洋的管理和开发	依法采纳和实施可持续融资机制
到2023年，通过海洋空间规划完成对萨摩亚所有近海水域（包括整个专属经济区）的测绘工作	通过海洋空间规划绘制的萨摩亚近海水域的百分比
到2023年，通过海洋空间规划完成对萨摩亚所有沿海地区的测绘工作	通过海洋空间规划绘制的萨摩亚沿海地区的百分比
到2025年，最终确定萨摩亚专属经济区边界，确保符合《联合国海洋法公约》的规定并进行公示，并将其纳入《海洋区域法》	萨摩亚最终商定、批准专属经济区边界，并告知联合国海洋法会议。这个专属经济区边界涉及的国家数量
到2026年，通过反映传统知识和科学办法的国家政策来评价并保护沿海生态系统服务	依法采纳沿海生态系统保护方面的国家政策
到2030年，加强监测与执行，及时发现包括高价值和低丰度物种（海参、蛤蜊、鱼类、龙虾、螃蟹等）的种群数量正增长和多样性趋势在内的任何变化	纳入沿海生态系统保护政策的珊瑚礁和高价值、低丰度物种
	健康活珊瑚覆盖率上升百分比（2019年）
	高价值和低丰度物种的种群数量和多样性趋势

第二十七章 萨摩亚海洋战略2020—2030

续表

目标	指标
到2030年,通过国家政策切实保护或恢复红树林,使沿海地区更多地享受到实施气候变化适应和减缓措施带来的效益	红树林被纳入沿海生态系统保护政策
	健康红树林覆盖率上升百分比(2019年)
到2030年,实施有效的监测措施,在2020年水平基础上将萨摩亚海洋非法、不报告、无管制捕捞活动减少一半(包括所有的沿海、近海和移栖物种)	萨摩亚海洋报告的非法、不报告、无管制捕捞活动的数量
到2030年,在2020年碳排放水平的基础之上,将船舶、港口导致的大气和海洋污染减少一半	船舶和港口温室气体排放水平
	取得积极环境影响结果的海上和港口船舶检查次数
	船舶向水域排放废物的报告次数
到2030年,在2020年水平基础上将萨摩亚专属经济区的国际犯罪活动减少80%	国际犯罪报告次数
到2030年,萨摩亚所有的登记注册船舶必须符合国际安全标准和国际安全条例,杜绝海上人员伤亡和事故的发生	萨摩亚遵守安全和保障规章制度并登记注册的船舶百分比
	萨摩亚专属经济区发生海上人员伤亡和事故的次数
到2030年,通过加强生物安全控制,在2020年水平基础上将萨摩亚海洋(海上运输、港口和干船坞)报告的入侵和/或拦截入侵和/或外来物种的事件数量减少80%	港口报告的入侵和/或外来物种事件的次数
到2030年,加强监测与执行,及时发现包括高价值和低丰度物种(海参、库氏砗磲、鱼类、龙虾、螃蟹等)的种群数量正增长和多样性趋势在内的任何变化	高价值和低丰度物种的种群数量和多样性趋势
到2030年,加强监测与执行,切实保护珊瑚礁和红树林,从而逐渐提高其覆盖率,并使由于白化、酸化和自然灾害导致的枯植慢慢复原	健康活珊瑚覆盖率上升百分比(2019年)
	健康红树林覆盖率上升百分比(2019年)
到2030年,对鱼类生境和种群进行有效管理,满足萨摩亚预期的未来鱼类需求(全国是15 600吨)	全国需求量(吨)

续表

目标	指标
到 2030 年，传统知识被记录、保存并运用于文化和传统活动中，如资源管理、天气预报和节气	运用了传统知识的文化和传统活动的数量
到 2030 年，所有沿海地区对资源管理方面的规章制度将有更深入的了解，遵守程度提高，高价值物种和生境（珊瑚礁、红树林、礁鱼、库氏砗磲等）的种群数量呈正增长和多样性趋势	社区层面不符合自然资源管理规章制度的报告数量
	健康活珊瑚覆盖率上升百分比（2019 年）
	高价值和低丰度物种的种群数量和多样性趋势
	健康红树林覆盖率上升百分比（2019 年）
到 2025 年，将萨摩亚 30%的海洋纳入具有生态代表性的良好海洋保护区系统	被纳入具有生态代表性的良好海洋保护区系统的萨摩亚海洋百分比
到 2025 年，萨摩亚专属经济区的全部海峰得到保护或可持续管理	萨摩亚专属经济区得到保护或可持续管理的海峰百分比
到 2030 年，建立起涵盖鱼类保护区和海洋保护区在内的沿海和社区管理的地区官方网络	建立起涵盖鱼类保护区和海洋保护区在内的沿海和社区管理地区的官方网络
到 2030 年，影响沿海粮食来源的陆地污染在 2020 年的基础之上将减少 80%	海岸带富营养化指数与漂浮塑料碎片密度
到 2030 年，建立支持移栖物种可持续管理的监测系统，并通过许可证制度来监管这些物种与人类的关系	针对海洋移栖物种建立的监测系统的数量
	有许可证的海洋野生动物旅游经营者的数量
到 2030 年，全面了解萨摩亚海洋所有海洋移栖物种的活动，并开展有效保护	纳入综合性管理计划的移栖物种的数量
到 2030 年，在 2020 年水平基础上，将报告和记录的任何海洋移栖物种有关的个人或船舶副渔获、捕捞或船舶撞击事件减少一半	记录的与任何海洋移栖物种相关的副渔获、捕捞或船舶撞击事件的数量
到 2025 年，所有的海岸管理和社区保护计划均采用基于生态系统的办法和减轻灾害风险的战略	采纳基于生态系统办法的海岸管理和社区保护计划的数量
到 2030 年，通过基于生态系统的办法提高海洋物种（海参、礁鱼、库氏砗磲等）的复原力	高价值和低丰度物种的种群数量和多样性趋势

续表

目标	指标
到2030年，通过基于生态系统的办法有效保护或恢复海洋生境，使沿海地区更多地享受到实施气候变化适应和减缓措施带来的效益	健康红树林覆盖率上升百分比(2019年)
	健康活珊瑚覆盖率上升百分比(2019年)
到2030年，对萨摩亚专属经济区所有具有重大生态意义的深海地区进行保护或可持续管理，维持生态过程、代表性和功能	萨摩亚专属经济区内得到保护或可持续管理的具有重大生态意义的深海地区的百分比

第二十八章　斐济《国家海洋政策》

2020 年 5 月 12 日，斐济经济部发布该国首个《国家海洋政策》，提出当前该国海洋生态系统面临来自资源开采、污染、土地开发、气候变暖带来的多重压力，未来将增强对斐济水域及海洋资源的可持续管理。为此，斐济将设立具有部际协调职能的国家海洋政策指导委员会，持续推进海洋政策中确定的合作、可持续性、人类、发展、知识、倡导六大目标。同时，政策还对斐济当前的海洋遗产、海洋资源价值、海洋管理进行了梳理。

第一节　斐济国家海洋政策执行概要

斐济是一个由 332 个岛屿组成的国家，其过去、现在和未来均与海洋息息相关。与斐济广阔的海洋区域相关联的财富和资源代表着该国重要的自然资本，并构成了保障斐济粮食安全的重要支柱之一。海洋也是该国诸多文化和社会活动(包括艺术、研究和教育)的核心要素。

斐济在国家和地方层级已经提出了诸多关于增强海洋及海洋资源可持续利用的方案，旨在促进海洋的可持续发展。这些方案举措得到了政府、非政府组织、社区团体、发展伙伴和特殊利益团体的广泛支持。

斐济的海洋生态系统面临着多方面的压力，包括资源开采、污染、土地开发影响以及气候变化导致的海水变暖。基于此，斐济目前已经形成了一套涉及国际、区域及国家多个层面的政策工具，以致力于为海洋创造一个安全的未来。无论如何，当下我们仍有机会去减少海洋保护措施的碎片化，并整合相对分散的海洋保护活动，以确保海洋健康且充满活力。

国家海洋政策致力于支持、促进和提高斐济政府及其他利益攸关方(个人及机构)现行海洋保护措施的有效性。国家海洋政策的愿景是建立"一个健康的海洋以维持斐济今世后代的生计和愿望"，使命是"保护和可持续管理斐济的全部海域及海洋资源"。

国家海洋政策将由国家海洋政策指导委员会负责落实和管理，该委员会人员组成包括政府各部门代表，并在必要情况下设立具有明确任务和规程的附属工作组。国家海洋政策将至少在每5年进行一次审查和更新。

第二节 斐济国家海洋政策简介

一、斐济的海洋遗产

斐济是一个岛屿国家，尽管在全球层面被定义为小岛屿发展中国家，但却一直自视为"海洋大国"。斐济的专属经济区总面积为129万平方千米，是其陆地面积的近70倍。在过去近4 000年时间里，斐济人民一直依赖沿海及海洋资源为生。他们利用被称为"druas"的传统航海独木舟，在斐济群岛之间开展长距离航行。这些独木舟由工艺娴熟的造船厂负责建造，并交由经验丰富的航海家操纵。这些航海独木舟为斐济独特而多样的海洋文化遗产奠定了基础。

根据1982年《联合国海洋法公约》，斐济和其他太平洋岛国及领地在近3 000万平方千米的太平洋上获得管理的权利和责任。斐济1977年《海洋空间法》对内水、群岛水域、领海和专属经济区进行明确定义，并确定超出斐济领土及内水的主权归属，包括群岛水域、领海及其上空、海床和底土。

斐济及其沿海社区享受着超过10 000平方千米的珊瑚礁。这些珊瑚礁包括世界面积第三大和第四大的离岸礁，总计面积约占太平洋全部珊瑚礁面积的9%，为斐济提供了丰富的海洋及沿海生物多样性，包括1 200余种鱼类、800余种软体动物以及350余种硬珊瑚。同时，珊瑚礁还有利于促进自给性捕鱼和手工捕鱼的蓬勃发展，并有助于塑造斐济的公共生活和文化习俗。但是，这些珊瑚礁及其所支撑的当地生活方式面临的压力日益增大，包括来自径流、沉积物、污染以及气候变化的影响（诸如珊瑚礁白化）。

近来，太平洋地区在海洋领域面临的压力正明显加大。譬如，各国争相在太平洋地区勘探深海矿产，还在沿海地区扩大了对矿产和建筑材料的开采。人们在对经济活动及基础设施建设日益重视的情况下，增强了滨海旅游业及工业和商业基础设施的建设，但这种发展也会严重影响海洋生态系统。

斐济拥有悠久的海洋资源管理历史。古时候，在斐济部落高级首领去世后，部落民众会选择暂时关闭沿海捕鱼区，而这也是世界上最早有记录的关于海洋管理和保护的做法之一。这种做法已被调整并被正式纳入400个近海地区的传统管理方案中，并在全球公认的基础上建立了斐济本地管理海洋区域网络，以暂时关闭沿海捕鱼区作为管理手段之一。

太平洋覆盖地球表面近1/3，是自然界最大的碳汇之一。斐济位于太平洋的中心和枢纽地带，地理位置极具优势，这种优势对于斐济实现海洋领域的可持续发展至关重要。

二、海洋资源的价值

海洋是斐济文化的中心，其价值不能单纯以金钱来衡量。根据《联合国生物多样性公约》的承诺，斐济正在努力解决其关于海洋的全部社会、经济和环境成效问题，包括开展评估以及将生物多样性价值纳入发展、减贫战略及规划过程。斐济统计局正在将这些价值纳入国家会计和报告系统。

斐济发布的《海洋生态系统服务评估》报告考虑了自给性捕鱼、商业性粮食收获、矿产和海洋集料开采、旅游业、海岸保护、碳固存、研究和教育等要素。据该报告估计，以上7种环境服务要素在2014年为国家创造约25亿斐济元（约合12亿美元）的价值。涉海旅游业创造的价值约占生态系统服务总价值的一半，高达12亿斐济元（约合5.74亿美元）。每年从近海渔业及沿海资源获取的自给性食物价值为5 900万斐济元（约合3 000万美元）。每年近海小型商业捕鱼创造的国家价值高达5 400万斐济元（约合2 700万美元），而近海商业捕鱼所主要依赖的长鳍金枪鱼捕捞，每年可创造总净值为2 000万斐济元（约合1 000万美元）。

确定海洋和沿海生态系统的经济价值，并在国家规划中对上述门类予以侧重考量，将有助于政府制定出更具有激励性质的措施，以便于对海洋生物资源实行更为有效的保护和可持续利用，而这也将形成良性循环，使人们得以从海洋和沿海生态系统中获得更多效益。

三、正在开展的海洋管理

斐济已经采取了诸多重大行动,以保护其海洋资源,并有助于可持续发展。这些具体行动不仅包括在地方、行省和国家各层面实施的方案,还包括在太平洋地区和国际舞台上的各项努力,这些务实工作将为斐济带来一系列成果。上述提及的非政府性质的方案包括以下九个部分。

一是无数利益攸关方提供的 100 余个数据集组成了斐济的海洋地图集。此工作使得斐济的海洋和沿海信息可首次被用于查阅和使用(世界自然保护联盟的"太平洋岛国的海洋和沿海生物多样性管理"项目)。

二是政府通过了一项海洋经济规划,以进一步促进斐济海洋资源的可持续发展(英国政府的"联邦海洋经济"项目)。

三是在世界自然保护联盟、国际野生生物保护学会、世界自然基金会的支持下,斐济保护区委员会分析了建立国家海洋保护区网络的成本以及潜在的可持续融资机制。

四是设计了整个垂直和多层次的治理结构,以确认当前实施有效沿海管理的困难和瓶颈,并决定如何协助利益攸关方解决上述问题(世界自然保护联盟的"太平洋岛国的海洋和沿海生物多样性管理"项目)。

五是向斐济塔韦乌尼岛提供的关于生态系统、社会经济、复原力的知识和分析,为该岛基于生态系统的适应性方案提供了选择(南太平洋区域环境署的"基于太平洋生态系统的气候变化适应性项目")。

六是通过与海产品供应链中的各类伙伴开展合作,使海产品的供应行业发生变化,从而为可持续渔业发展奠定坚实的基础(世界自然基金会)。

七是对譬如海参在内的主要渔业种类进行重点研究,关于价值链的科学分析和进展的管理(国际野生生物保护学会),将为政府进一步的管控提供支持。

八是跨学科研究方法将被用于预测、利用和公平分享海洋保护和可持续利用所带来的环境、社会经济和文化效益(英国政府)。

九是已经采用跨学科方法来预测、利用和公平分享海洋保护和可持续利用所带来的环境、社会经济和文化利益(英国政府、南太平洋大学、"同一海洋"中心)。

国家海洋政策的制定旨在支持上述方案的实施,并为今后方案确定更为有效的实施路径。同时，斐济政府将与其他利益攸关方共同开展面向海洋未来的工作。

第三节　斐济海洋事务面临的新挑战和新机遇

由于斐济的土地面积十分有限，过多的经济活动将增加国家对海洋和沿海地区食物和生计的需求。利益攸关方的各项会议以及某些独立评估工作强调了广泛领域下的多项威胁，具体威胁有如下 5 点。一是土地开发：对城市和沿海地区发展、农业土地扩张、不良土地利用的规划和实施不力。二是资源开采：沿海地区的过度捕捞和破坏性捕捞、中西太平洋地区捕捞效率提高而导致近海物种过度捕捞、红树林和人工林开采、采石和沙砾开采、采矿、石油和天然气勘探。三是消耗、污染和废物：固体和液体废物、噪声、工业及其他形式的污染、沉船、海洋垃圾、海上事故和燃油泄漏、排放物和船载废物、放射性物质及塑料等远距离传输污染物、能源生产。四是气候变化的影响：气候变化预计将加剧海洋酸化，并产生包括海洋和陆地入侵物种在内的其他新威胁。五是领土完整和安全：涉及地震及飓风、安全、偷猎、人权、野生动植物贩运、毒品走私、入侵物种、国际犯罪在内的多项事件。

这些活动产生的后果包括：使斐济海洋水域及珊瑚礁发生退化，并导致该国生物多样性及本地物种、鱼类种群的大量减少。上述问题凸显了国家对海洋实施可持续管理的必要性。

一、国际政策和承诺

斐济拥有悠久的参与国际海洋事务的历史。作为全球首个签署《联合国海洋法公约》的国家，斐济致力于建立一个总体的国家法律框架，并承诺在全球和区域等层面建立类似的框架。此外，斐济还是诸多海洋类国际文书的缔约国。

斐济还在以下多边国际论坛中作出了多项重要承诺，包括联合国环境与发展大会(1992 年)、可持续发展问题世界首脑大会(2002 年)、联合国可持续发展大会(2012 年)和联合国小岛屿发展中国家可持续发展国际会议(1994 年、2004 年和 2014 年)，特别是签署并落实了《小岛屿发展中国家快速行动方式》(又称为《萨摩亚途径》)。

2015年9月,各国通过的《2030年可持续发展议程》将可持续发展目标正式纳入文件。这是一项关于人类、地球和繁荣的计划,17个可持续发展目标及其相关的169个目标在本质上是完整且不可分割的。斐济及其他太平洋岛屿国家大力倡导专门针对海洋的可持续发展目标14。实现可持续发展目标14也将有助于其他可持续发展目标的实施。

二、地区政策

现有的区域机构和组织大力支持域内国家执行、监测和报告相关活动,关于海洋事务的国际承诺在区域层面得到了有效增强。

《太平洋岛国区域海洋政策》(2002年)不仅为海洋综合战略行动提供了框架,还在《太平洋大洋景观框架》(2010年)的支持下得到了进一步提升。太平洋是唯一具有海洋管理综合框架的地区。《太平洋大洋景观框架》确立了可持续管理的衡量目标,并提出了海洋综合管理的方法和机制。

渔业管理是所有太平洋岛屿国家共同关注的优先事项,斐济致力于达成与渔业相关的各类程序,包括在中西太平洋渔业委员会和"可持续太平洋渔业区域路线图"(涵盖金枪鱼渔业和沿海渔业)等诸多区域承诺的指导下,得到了太平洋岛国论坛成员国渔业局的广泛认可。此外,斐济总理还与美拉尼西亚先锋集团共同领导了"美拉尼西亚先锋集团近海渔业管理和可持续发展路线图(2015—2024年)"。上述所有文书都致力于通过生态系统方法进行渔业的可持续管理。

同时,斐济还曾签署过两项区域环境公约,可帮助该国建立一个关于环境治理的区域框架。这两项公约分别是《南太平洋地区自然资源和环境保护公约》(《努美阿公约》)(1986年)和《威加尼公约》①(1995年)。

三、国家政策

在国家层面下,斐济的许多总体政策均可为该国主要发展目标的实现提供指导。目前,各类涉海政策行动,分散于政府各部委和机构之间。相关政策的清单如下:绿色增长框架;斐济国家生物多样性战略行动计划;

---

① 该公约禁止将有害废物和放射性废物进口至太平洋岛国论坛成员国,并控制危险废物的越境转移和管理。

斐济森林政策声明；斐济贸易政策框架；斐济农村土地使用政策；斐济国家综合废物管理战略；斐济农业部门政策；斐济 iTaukei[①] 事务部战略发展计划；斐济国家气候变化政策；斐济综合农村发展框架；斐济液体贸易废物政策；斐济近海矿产政策；斐济国家水和卫生政策；斐济运输政策。

四、在可持续海洋管理方面的进展

斐济人民与周边环境的密切关系，为其带来了独特的韧性。但现如今，这种韧性正不断受到现代化带来的压力影响。斐济正努力将这种以环境为中心的传统知识，与现代化技术和资源管理相互结合，以促使该国迈向可持续发展之路。若上述愿景得以实现，斐济人民不仅能够改善自身的经济生活条件，还可确保其生活在充满活力的健康环境中。

斐济已经制定了多项旨在减少国家排放的政策，包括《国家自主贡献》《低排放发展战略》《国家气候变化政策》等。斐济计划到2050年在其所有经济部门（包括国内和区域航运）内实现碳净零排放。然而，斐济作为一个小国，并不能对全球产生较大影响。所有国家都必须采取重大而深远的行动以减少温室气体排放，并有效降低对海洋的影响程度。

国家海洋政策认识到，全球温室气体排放量的快速减少，对于海洋及其提供的生态服务的长期可持续性至关重要。气候变化将对海洋和沿海系统产生明显影响。此外，大气中温室气体的含量升高，还将导致海水中二氧化碳的吸收率升高，从而直接形成海洋酸化。国家海洋政策将与现行的其他斐济国家减排政策保持一致，并不断敦促全球经济体快速脱碳。

斐济政府与民间团体开展了广泛的合作。在过去10年间，多个政府部门与民间团体实施了具体行动，以促进海洋资源的保护和可持续利用。

在2017年召开的联合国海洋大会上，斐济提交了一项覆盖面较广的国家自愿承诺书，以支持可持续发展目标14的实施。该承诺书包括减少塑料污染、保护鲨鱼和鳐鱼、在可持续渔业管理中促进性别平等。以下示例概述了斐济各行业在塑造其可持续发展未来中发挥的积极作用。

（一）气候变化与低碳发展

第一，《国家气候变化政策》旨在促进斐济复原力和繁荣的实现，并通

[①] 斐济原住民。——编者注

过社会包容、公平、环境可持续的净零排放经济发展,以支持和保护后代的生活福祉。

第二,《国家适应计划》是增强斐济气候适应力的途径,为周边环境的适应能力设定了清晰的愿景,并确定了与学术机构、发展伙伴、私营部门之间合作解决的优先事项。

第三,《绿色增长框架》是旨在加快斐济可持续发展的综合性方法。框架的制定基于一个强有力的协商程序,并特别强调在部门间开展海洋资源管理的重要性。

(二)环境

第一,颁布《2005年环境管理法》,并在斐济政府各部门内设立环境机构,包括建立国家环境委员会。

第二,修订和更新《斐济国家生物多样性战略行动和计划》,通过六个重点领域加强各方对海洋的关注,这些重点领域包括增进知识、发展保护区、物种管理、外来物种管理、有利的环境和主流化、可持续利用与发展。

(三)渔业

第一,沿海地区(传统渔场)的管理面积迅速扩大。截至2014年,斐济近80%的沿海地区都处于某种形式的管理之下。沿海地区物种和栖息地的多样性达到最高水平,这对于斐济人民的健康、财富、粮食安全和福祉至关重要。

第二,2012年颁布的《近海渔业管理法》旨在通过新成立的咨询委员会(人员组成包括政府、非政府组织、渔业行业的代表),保护、管理和发展斐济的近海渔业,以便维护斐济今世后代的公平利益。

第三,斐济渔业部制定的《渔业战略发展规划(2019—2029年)》概述了关键的发展战略和优先领域,其实施重点是增强该国渔业的适应力,并通过实现生态、经济、福祉领域的积极效果,确保斐济人民从中获得长期的利益。

第四节 斐济国家海洋政策

斐济一直致力于对其海洋和海洋资源的综合管理,先后在全球、地区、国家多个层面提出过海洋承诺，而此政策则是为上述承诺下的综合行动及伙伴关系提供框架。该政策将与政府涉海部门制定的现行措施保持一致，从而为上述涉海部门提供资源整合及总体支持。此政策框架旨在2030年前对斐济整个专属经济区实行综合管理，以确保当地海洋生态系统的复原力和持续性，并最大限度地增加社会经济效益的实现机会。

一、国家海洋政策愿景

保持一个健康的海洋，可维持斐济今世后代的生计和抱负。

二、国家海洋政策任务

保护和可持续管理斐济的全部海域及海洋资源。

三、国家海洋政策原则

（一）管理和有意义的公众参与

海洋利益攸关方的知识、技能、观点、需求将会被公平地纳入决策过程。值得注意的是，妇女、残疾人、青年以及依赖于健康海洋生存的全体斐济人民，都将成为政府决策过程中的主要参与者。

（二）可靠的科学和循证决策

关于此政策的决策制定将利用最佳可用的数据、研究和分析进行。"最佳可用"将被定义为斐济决策者可获得的最准确以及最新的数据。相关信息的涉及范围将从传统和女性社区知识扩展至现代或创新的制图技术。

（三）生态系统和综合资源管理措施

要积极就我们区域内部相互联系的生态、经济、社会、文化及其他需求进行"全局性"思考，并在一切决策过程中关注人类权利及社会性别。

（四）透明、负责任和综合性的政府决策

政府部门之间的协调应基于共同的愿景、共同的信息来源以及明确的决策流程，并需要每个受到影响的利益攸关方共同参与。

(五)适应性和预防性的管理

随着环境、社会和经济的状况不断变化以及我们对海洋利用方式和影响的了解日渐增多,应当对相关决策进行更新。预防性原则建议,若某项决定可潜在地防止社会或环境出现严重或不可逆转的损害,那么即使此项决定尚未有明确的科学论证或公众广泛共识,也不应阻止其实施。换言之,在此种情况下预防性措施可能胜于适应性措施所取得的效果。

(六)为今世后代能够公平参与及公平分享收益

资源所有者及其他利益攸关方参与确定自然资源使用和保护水平所产生的收益数额,以确保在代际之间实现公平分配。让青年人成为全领域下海洋政策的决策者、实施者和使用者。

(七)性别平等和公正是任何发展的基础

认识到女性在小规模渔业及其他涉海活动中的关键作用,应积极维护妇女的平等权利。

(八)跨界损害

由于某种作为或不作为,所有主权国家的政府和实体也应对其领土外的社会、经济和环境的破坏及损害负责,其中包括外国政府和公司对斐济海洋系统产生的任何不利影响。

(九)责任制、透明度和公众信任

决策过程应便于社会公众的理解,应允许公民了解决策的制定方式、资源分配及使用方式的权责划分。

四、国家海洋政策目的

该政策确立了进程和原则,以鼓励跨部门协调、促进利益攸关方之间的协作,并最终通过整合管理方式保护健康的海洋。本政策旨在:一是提供一个高层领导,以承认并优先考虑海洋及相关资源的综合管理,并思考将其作为可持续发展基础的重要意义;二是建立并确保高层协调,以改善我们的海洋和沿海资源的联合规划和协同管理；三是确保所有利益攸关方参与计划和管理，并保障所有斐济人民从海洋资源中获得公平和公正的收益；四是履行斐济关于海洋及沿海资源管理的现有国际和国家承诺，并在全球应对海洋挑战中发挥领导作用。

五、国家海洋政策适用范围

作为一个海洋国家，斐济的发展不仅要依赖于跨越国界自然流动的海洋资源，还应依靠于对利益攸关方的负责任管理。因此，该框架将包括以下内容。

（一）地理范围

涉及沿海地区、内水、群岛水域、领海和专属经济区，其中包括土地、河流和流域以及公海或国家管辖范围以外的地区。

（二）生态联系

各类联系广泛的栖息地，包括但不限于：红树林、海岸、海草、珊瑚礁、海山、海底和广阔海水以及水路、农田、森林等与海洋相连的陆地系统。

（三）多种用途

当前及未来关于海洋资源使用活动之间的联系，是斐济许多传统文化、粮食安全、经济活动、运输网络的基础。

（四）多样且传统的知识和技能

斐济丰富多样的文化遗产包括代代相传的生态知识和治理方式，例如"管理权"和传统任期。

（五）交叉方法

向斐济所有人民传达其文化及知识的多样性，包括妇女和女童、残疾人、青年人和老年人、生活在城市贫困社区、农村和偏远地区的人们以及其他边缘化群体和弱势群体。

(六)海洋酸化在内的气候变化及其相关影响

气候变化及海洋酸化的影响对斐济的海洋构成了重大威胁,是一个需要进行深入研究的主题,并以此确定何种干预性措施可提供最有效的解决方案。

如有必要,此政策框架将在每5年完成一次审查和更新。

六、国家海洋政策目标

(一)合作

以综合且合作性的国家手段增强对海洋的管理,促进安全、谋求可持续以及确保所有斐济人民实现共同繁荣。

(二)可持续性

保护、恢复和改善海洋生态系统及生物多样性,以便通过对斐济全部海域(包括其内水、群岛水域、领海、专属经济区)的可持续管理来公平分享收益。

(三)人类

以公平性和包容性的方式尊重传统文化知识,增强传统知识及文化所产生的成效,并推进"以人为本"的海洋管理措施。

(四)发展

为可持续发展奠定坚实基础,其中包括以海洋为基础的机遇性和创新性活动,以确保形成健康的生态系统,并取得良好的海洋经济民生。

(五)知识

将传统知识、遗产和文化实践与科学研究成果相结合,以提供一个足以应对当前海洋挑战的整体性平台。

(六)倡导

既认识到海洋事务之间的自然内在联系以及对海洋实施雄心勃勃管理

计划的必要性，又加深了对海洋气候关系的认识。因此，该政策提出了协调全球性倡议与区域性倡议的方式，并指出斐济应对执行现行措施加强努力。

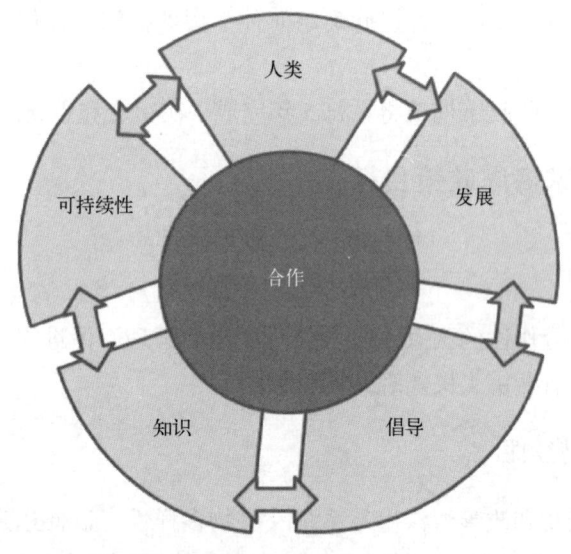

图 28.1　国家海洋政策

第五节　斐济国家海洋政策行动计划

一、关于目标"合作"的行动计划

一是为海洋政策制定治理框架，包括设立国家海洋政策指导委员会和附属工作小组，并规定其职权范围、相关协议和会议日程。二是制订、通过和实施一项涉及活动到任务级别的监控、评估和学习计划，并制定一系列可被用于验证的指标，每年向国家海洋政策指导委员会报告上述进展。三是对政策、法律和机构安排采取图表绘制和分析等形式的研究，以查明现有的各项信息和诸多差距，为跨部门的政策改革和决策增强提供必要的参考依据。四是强化机制并采用额外的工具，以促进政府内部（包含不同层面的政府）、政府与非政府利益攸关方之间的协作，包括在资源调动方式上的协作。五是国家海洋政策指导委员会应对监控、评估和学习计划实施审查，并根据实际需要每5年修订一次国家海洋政策。

二、关于目标"可持续性"的行动计划

一是对生态系统、生物多样性以及相关的经济性和非经济性收益进行解释，并对其建立相关的认知。二是确定并加强部门政策和进程，或通过建立新的方法，在国家管辖范围海域内确保和改善服务的供给和公平性。三是使用基于区域的管理工具来确保可持续且公平地提供海洋服务，包括到2030年建立覆盖海洋面积达30%的海洋保护区。四是依据前沿知识和最新认知以及对未来变化的预测，定期审查和评估海洋服务供给和收益的公平性。

三、关于目标"人类"的行动计划

一是通过改进跨部门资源管理、提升认识、能力建设、构筑适应力、多样化收入来源等方式，促进、支持和扩大与海洋相关的可持续生计。二是使用结构性措施及其他手段，并通过经济、传统知识、文化及其他形式，促进社会各界在参与海洋事务时都应遵循性别平等和社会包容原则。三是通过增进对包括边缘化群体在内的整个社会群体收益流动的理解和监测，确保全社会在增强海洋收益公平性方面取得进展。

四、关于目标"发展"的行动计划

一是通过提高认识、增强合作及把握创新机遇，加强包括边境、粮食、金融和气候安全在内的多维安全。二是把握并实现与国家发展战略相统一的新兴海洋机遇和创新，大致存在于技术、经济和社会层面，特别是那些采用基于自然的解决方案的机遇和创新。三是通过国家海洋预算、推广蓝色投资工具、取消补贴等方式，并进一步利用"以人为本"公平方式所创造的机遇，为海洋的可持续发展调动资源并设置目标资源。

五、关于目标"知识"的行动计划

一是通过不受约束、事先和知情的批准，获取、记录和保护与海洋相关的本地传统知识。二是通过研究伙伴关系加强对科学知识的了解，增进对海洋的认知，提升海洋管理的方式。这种研究伙伴关系包括联合国海洋科学促进可持续发展国际十年计划。三是在2020—2030年期间，斐济将暂

停开展深海采矿活动,以提高对此新兴产业在斐济水域内可能产生的严重性和规模性影响的认知。四是结合并平衡传统知识和科学知识,通过对海洋关键挑战地区内多部门或跨学科的了解,制定和支撑各项涉海决策。五是在所有学校中开设并教授海洋通用类课程。

六、关于目标"倡导"的行动计划

一是通过在各层级进行持续且全面的沟通,加强斐济国内各机构之间的相互认识及伙伴关系。二是使青年人成为海洋的拥护者,并倡导建立一个关于海洋的可持续未来。三是在区域和国家范围内倡导增强海洋的可持续性,并明确海洋气候联系对太平洋小岛屿发展中国家的重要意义。

第六节 结 语

国家海洋政策是一份"动态的"文件,在此出版物中所表达的信息,代表了斐济政府致力于对海洋和海洋资源实行保护和可持续利用,并谋求促进其可持续发展的愿望。斐济政府将保留对此政策实施更新的权利(即使在 5 年更新期限之外),以确保政策的有效性、透明度和准确性。国家海洋政策是基于斐济经济部的不断指导,并在世界银行的大力支持下而制定的。

斐济经济部在此要感谢国际、区域、国家各层面的利益攸关方,对国家海洋政策制定中关于信息收集、讨论协商等相关工作的参与和贡献。这些利益攸关方包括:斐济经济部气候变化与国际合作司、斐济灾害管理和气象服务部、斐济农村和海洋发展部、斐济国土资源部、斐济 iTaukei 事务部、斐济水道与环境部、斐济国防和国家安全部、斐济渔业部、斐济外交部、斐济海军、斐济环境法协会、南太平洋大学、南太平洋区域环境署秘书处、国际自然保护联盟、国际野生生物保护学会、世界自然基金会和妇女渔业网络。

第二十九章　智利国家南极规约

2020年8月，智利通过《国家南极规约》，明确该国在南极的主权权利，这是该国首次出台法律对国家南极存在做出规定，是巩固智利作为南极"桥梁"国的一项重大举措。《国家南极规约》通过法律和行政手段为智利开展南极事务提供支持，加强南极事务相关机构间的有效协调，维护智利在南极大陆的主权。皮涅拉总统一直将南极作为国家发展的优先事项，首届政府在距南极仅1 000千米处建立了联合冰川基地，第二届政府就职时恢复了《国家南极规约》的立法程序，重点考虑智利南极领土(包括大陆架)主权；通过科学部和智利南极研究所加强南极科研工作；重新建立南极体制，每10年更新国家南极政策、每5年更新南极战略计划、每年更新南极方案；实施对包括科研活动在内的南极活动管控措施。

第一节　一般规定

第1条　目标

本法旨在：

1. 保护和巩固智利在南极的主权，智利南极主权拥有明确的地理、历史、外交和法律基础。

2. 明确智利通过有关机构执行南极政策及行使南极权利所依据的原则。

3. 通过加强和深化南极条约体系，促进对南极环境及生态系统的保护和关注，并提高南极专门用于和平与科研目的的区域地位。

4. 促进和管理智利的南极活动，提高其作为南极业务、后勤、技术和科学服务提供者的服务质量，增进在南极相关国家和非国家活动中的参与。

5. 鼓励智利开展南极活动，促进麦哲伦-智利南极区的社会和经济发展。

第2条　智利南极领土

根据1940年外交部第1747号令，智利在南极领土拥有的所有土地、岛屿、小岛、珊瑚礁、冰川（浮冰）和其他土地，无论是否探明，位于西经53°到西经90°范围之间。

同样，智利南极领土还包括冰障、领海、毗连区、专属经济区、大陆架、外大陆架以及国际法规定的相应海域。

在不违反南极条约体系原则和规范的情况下，智利南极领土是智利的边界区，并受法律保护。

第3条 智利南极领土的主权

在南极条约体系框架内，根据智利法律规定，智利的南极主权行使应充分尊重国际法规则并遵守智利的国际承诺。

第4条 适用范围

该法案适用于共和国所有领土，特别是智利南极领土。

除了出于遵守智利在南极条约体系框架内承担的义务并行使权利的目的，该法案还适用于南极洲其他地方，包括海洋和空域。

第5条 定义

本法案规定：

1. 南极洲或南极大陆包括大陆、冰块和冰障以及位于南纬60°以南的岛屿及南大洋，但出于特定目的，《南极条约环境保护议定书》《南极海洋生物资源养护公约》以及适用于该区域的其他国际协定不受此地理概念限制。

2. 南大洋包括南纬60°以南的所有海洋、水体、海盆和海域，与1959年《南极条约》的适用范围一致。

3. 南极辐合带是海里的生物地理分界线，根据水的盐度、海流和温度变化等自然因素，南极生态系统向外扩展开来。

4. 南极条约体系包括：

（a）1959年12月1日在华盛顿签署的《南极条约》，1991年10月4日在马德里签署的《环境保护议定书》以及目前在南极条约协商会议上通过的建议、措施、决定和决议；

（b）1972年12月28日在伦敦签署的《南极海豹保护公约》，1980年9月11日在堪培拉签署的《南极海洋生物资源养护公约》以及南极海洋生物资源养护委员会批准的有效措施。

5. 南极活动环境影响评估是一种科学、技术和管理程序，旨在确定环境主管部门计划在南极开展的活动或项目对南极环境或生态系统的影响。

6. 特别保护区或特别管理区是指协商缔约国根据《南极环境保护议定书》附件五指定的海洋或陆地地区，包括土壤或底土。

7. 根据《南极条约环境保护议定书》附件二第1条第g款规定，"获取"指杀害、伤害、捕捉、处置或骚扰当地哺乳动物或鸟类，移除或大量损害本地植物致使其分布或丰度受重大影响。

8. 按照《南极条约环境保护议定书》附件二第1条第h款规定，有害干扰包括：

（a）直升机或其他航空器的飞行或降落干扰现有动物群聚集地；

（b）车辆或船舶（包括气垫船和小船）的使用干扰现有动物群聚集地；

（c）使用炸药和枪支干扰现有动物群聚集地；

（d）行人故意干扰正在孵化或换羽的鸟类及海豹聚集地；

（e）航空器降落、车辆驾驶或在陆地上行走或以其他方式对本土陆地植物造成重大损害；

（f）所有使本土任何种类或种群哺乳动物、鸟类、植物或无脊椎动物栖息地受到重大不利改变的活动，但紧急情况下必须优先考虑乘客和机组人员或船员安全时，直升机和航空器的飞行或降落，车辆或船舶的使用不被视为有害干扰。

9. 搜救责任区指智利政府通过其机构，根据现行国际条约负责提供搜救服务的区域。

10. 南极运营商是指在《南极条约》区域内组织活动的任何自然人或法人、国家或非国家组织。其中不包括员工、承包商、分包商、代理及提供服务的自然人或法人、国家或非国家组织。南极运营商在南极条约规定的地区范围内组织活动是一种有效管理的承包或分包方式。

11. 南极运营商可以是任何公共机构，能够在南极洲开展业务、物流、科技活动，智利南极研究所与对外关系部门及武装部门的密切合作属国防部管理范围。

第二节　权责分工

第6条　《国家南极政策》

《国家南极政策》确定智利的南极目标。该政策由南极政策委员会提出，并由共和国总统以外交部令的方式予以批准。此外，该法令将由内政部长、公共安全部长、国防部长、财政部长和经济部长共同签署。

《国家南极政策》须从颁布之日起至少每10年进行一次评估和更新。

第7条　南极政策委员会

根据第21080号法案设立的南极政策委员会由外交部长主持，负责向共和国总统提供建议，以在南极实施政治、法律、科学、经济、环保基地、后勤、体育、文化和宣传国家行动，并提出《国家南极政策》的主要指导方针。

南极政策委员会可在外交部各办事处举行会议，外交部将为其运行提供物质保障，并在麦哲伦-智利南极区举行会议。

南极政策委员会的职能和组成依据《外交部组织规约》确定。

第8条　南极战略计划

南极战略计划的有效期至少为5年，内容包括每年通过国家南极计划落实的具体任务和行动。外交部将根据《国家南极政策》确定的目标拟订任务及行动，以指导相关职责部门和机构的行动。在拟订上述计划时，应纳入指导科学和技术活动的标准，以促进智利在上述领域的发展。

为拟订南极战略计划，外交部应与负责南极事务的不同部委和机构进行协调，并将此提交南极政策委员会审议。

第9条　国家南极计划

国家南极计划是符合当前南极战略计划和《国家南极政策》目标的一系列特定任务和活动，由外交部协调，包含以下活动：

1. 南极战略计划确定的为实现《国家南极政策》目标而设置的活动；

2. 南极运营商在其基地、研究站或庇护所开展的作业活动及其自身后勤活动，此类活动须向国防部报告；

3. 涉及自然科学、社会、法律和历史科学等学科的南极研究活动，此类活动由智利南极研究所协调；

4. 国家行政机关主管的其他全国性南极活动。

为起草国家南极计划，外交部将于每年8月31日前，向国防部及其附属机构和组织外的其他政府部门和公共机构发函确定次年在南极开展的活动，并确保其符合相应的战略计划。

国防部下属机构和组织须向国防部提出次年的南极活动计划，国防部须在每年 9 月 30 日前向外交部报告。

第 10 条　执行《国家南极政策》过程中的部门协调和国家作用

根据职能，外交部负责了解和协调与智利南极领土及整个南极洲有关的所有事项，确保在该大陆开展的活动符合《国家南极政策》指导方针及国家和国际标准。

此外，外交部配合共和国总统负责规划、指导、协调、执行、控制和报告智利关于南极的外交政策，并在南极条约体系和双边关系中发挥国家作用。

南极活动相关职责部门和国家机构通过外交部协调其工作。如南极运营商属国防部管辖，则按照第 16 条规定进行协调。

第 11 条　外交部在南极事务方面的职能

1. 监督和协调《国家南极政策》的执行。

2. 在国家南极计划框架内协调在南极洲开展的国家活动。

3. 就《国家南极政策》的政治和外交执行情况向共和国总统提供建议。

4. 与各国、国际组织、论坛和南极条约体系等保持多边和双边关系。

5. 确保遵守南极条约体系的各项规则，且不违反第 19300 号法案第 70 条关于环境的规定。

6. 协调南极事务相关职权部门和机构参与的所有南极洲相关事务。

7. 根据本法案及其条例规定，授权在南极洲进行非政府活动。

第 12 条　国防部在南极事务方面的职能

国防部的具体职能是计划、协调和指导国防部下属武装部队和机构在南极进行的活动。

国防部行使职权及使用其人员或军事装备时，须考虑到南极洲应完全用于和平与科学目的。

第 13 条　科学、技术、知识和改革部在南极事务方面的职能

科学、技术、知识和改革部将按照《国家南极政策》确定的目标促进南极洲及生态系统战略发展计划和科学研究，并与外交部协调。同样，该部将在职权范围内保障科学研究的开展，促进科学合作，并掌握智利在南极的学校、学术人员、科学家及国民和国际公民所进行的活动。

第 14 条　南极运营商

智利国家南极运营商负责组织和实施智利在南极的运营、后勤和科技

活动，维护南极基地和研究站，在符合国家南极计划的情况下按照南极政策委员会确立的指导方针规划并组织工作。

第15条 智利南极研究所

智利南极研究所的主要任务是规划、协调、授权和开展有关南极事务的科学、技术和宣传活动。为履行其任务，将开展和组织一切必要的业务和后勤活动。

智利南极研究所在履行其任务时，可在行动和后勤方面直接与国防部下属的南极运营商进行协调。

第16条 国防部下属的南极运营商

国防部下属的南极运营商将通过国防部协调其活动，该部门根据《国家南极政策》的目标及为实现这些目标而制订的战略计划开展工作。

武装部队之间的行动和后勤协调将通过参谋长联席会议进行，南极运营商和相关职责部门之间的协调将通过国防部副部长进行。

国防部下属南极运营商将根据自身能力、角色和职责，为国家科学计划提供业务服务和后勤支持。

第17条 南极环境影响评估委员会

南极环境影响评估委员会负责开展环境影响评估，并核实计划在南极开展的活动和项目是否符合相关国际或国家环境标准。

南极环境影响评估委员会由环境部管理，其组成和运作依环境部发布并由外交部签署的相关规定而进行。

第18条 国家南极事务职责部门和委员会

设立国家和部门咨询委员会，支撑智利参与南极条约体系下的各类论坛，并酌情负责确保国际会议上通过的各项协定和决定得到遵守。

各级咨询委员会的组成和运作依据外交部颁布并由国防部及经济、发展和旅游部签署的条例规定。

第三节 智利南极领土的治理和管理

第19条 麦哲伦-智利南极区主席代表在南极事务中的权利

麦哲伦和智利南极地区主席代表应按照内政部和公安部指示，行使其处理南极事务的权利，并与外交部协调执行：

1. 确保在南极洲适用国家和国际条例；

2. 推广关于南极环境保护的规定和措施；

3. 酌情管理分配至南极政府内部活动的资金；

4. 执行和监督南极政策委员会分配的任务；

5. 促进智利南极基地间的协调；

6. 在不损害其他主管机构权利前提下，受理违反《南极环境保护标准》及国内一般南极活动控诉事件；

7. 现行法律赋予的其他权利。

麦哲伦-智利南极大区主席在履行职能时，应与各类国家行政机构协调，按照18575号法案第5条规定采取行动，避免重复工作。

第20条　麦哲伦-智利南极大区政府在南极事务方面的权利

麦哲伦-智利南极大区政府按照《宪法组织法》（第19175号法案），在智利南极领土行使下述权利，并与外交部协调。

1. 促进南极身份认同；

2. 决定智利南极领土上的计划发展项目及国家区域发展基金的资源分配，根据《预算法》规定，制定相关部门的年度投资计划；

3. 促进和确保智利南极领土环境的保护、养护和改善，但须遵守《南极条约环境保护议定书》及相关规定中的法律和管制标准；

4. 按照南极条约体系规定，促进智利南极领土的旅游业发展和环境保护；

5. 按照智利《科学、技术、知识和改革促进发展的国家战略》和第21105号法案第18条、第20条所述的与科学、技术、知识和改革相关的国家政策，促进科学和技术研究；

6. 资助和宣传智利南极领土与南极洲有关的文化活动；

7. 现行法律赋予的其他权利。

上述工作将以符合《国家南极政策》和其他现行国家公共政策的方式进行。区域政府职能行使不得违背《国家南极政策》和其他国家公共政策，且符合其中确定的原则或定义。

同样，须从实际出发采取协调行动，统一各类活动，避免重复或彼此干扰，使之遵循18575号法案第5条。

第四节 国家南极活动资助

第21条 为南极活动提供资金

《公共部门预算法》须根据第9条编制的国家南极方案规定,特别是第5条第11款所提到的南极运营商规定,每年为国家南极活动提供资金。

国家南极方案的资金来源每年在《公共部门预算法》中确定。

第五节 南极活动管制

第22条 南极洲及其资源的利用和开发

南极洲应完全用于和平目的,并充分尊重环境保护原则和本法、南极条约体系以及其他适用的国内法和国际法相关条例。

和平利用南极包括开展科学、技术、商业、旅游、体育、艺术和文化活动。应以理性和可持续的方式开展上述活动,活动的计划和实施要防止并限制对南极环境及生态系统造成有害影响。

第23条 禁止活动

禁止在南极洲进行以下活动:

1. 核爆炸和处理放射性废物;

2. 与矿物资源有关的任何活动(科学研究除外),除非具有法律约束力的国际制度对此类活动的条件做出规定,并保障智利在南极的主权;

3. 引入外来动植物物种,但符合第24条特别规定者除外;

4. 按照《南极条约环境保护议定书》附件四第3条的规定,将石油碳氢化合物或石油混合物排入海洋;

5. 按照《南极条约环境保护议定书》附件四第4条的规定,将有害液体物质排入海洋;

6. 在南极洲及其周围海域的任何区域处置各种类型的垃圾和废物,但《南极条约环境保护议定书》及其附件或国际海上航行标准特别核准的情况除外;

7. 按照《南极条约环境保护议定书》附件四第6条的规定向海洋排放废水;

8. 根据南极条约体系，破坏、移动或毁坏国家遗址、纪念碑和指定的历史遗址或纪念碑；

9. 违反《南极海豹保护公约》的规定猎捕或捕杀海豹；

10. 捕捉、故意干扰或危害信天翁和海燕的产卵或筑巢地点，但《信天翁和海燕保护协定》及其附件明确授权的情况除外；

11. 不具备相应授权和环境评估的情况下进行的任何类型活动。

开展本条所禁止的任何行动，将根据第七条的规定予以惩罚。

第 24 条　需要事先授权的活动

除非得到智利南极研究所的明确授权，禁止在南极进行以下活动：

1. 进入《南极条约环境保护议定书》附件五指定的南极特别保护区；

2. 按照本法案定义，特别是按照《南极条约环境保护议定书》附件二的规定，对南极动物和植物进行有害捕捉或干扰；

3. 在南极引入外来动植物物种；

4. 向南极洲引进可能对环境有害的产品或化学品。

依照《南极条约环境保护议定书》及其附件，监管部门颁布并由外交部长签署的法案将对上述行为的授权确定相关要求及行政程序。

第 25 条　授权进行非国家南极活动

在不违反第 27 条和第 32 条规定的情况下，公民或外国人在南极洲进行的所有活动须获得本法案规定的主管部门的事先批准。

如果居住在国外的法人或自然人已经在南极洲或国家领土的其他地方组织或开展任何活动，须得到国家边界管理局的授权。

在南极洲进行的任何活动，包括参与主体是外国人的活动，均需获得主管机关事先授权。其他国家的组织或个人须遵守智利规定的程序，获得事先授权。根据《南极条约环境保护议定书》第 17 条，南极环境影响评估委员会提交报告之后，外交部对授权申请做出指示。

核准授权进行非国家南极活动的程序须考虑到《南极条约环境保护议定书》第 3 条之规定。

由外交部发布并由内政和公共安全部、国防部、经济、发展和旅游部、环境部以及科学、技术、知识和创新部签署的条例，确定申请获得本条所述授权的程序。

第 26 条　在南极洲开展国家活动

国家部门或机构开展的一切活动,除南极运营商所进行的专门业务和后勤活动以及第27条和下文所列的活动外,须由负责其规划的国家机构向外交部报告。

如果外交部认为该活动可能导致某种紧急情况发生或造成国际影响,则须发布报告说明其执行可能造成的不利法律或政治后果。

第27条 批准及协调南极科学和技术活动

智利将在南极事务职责部门和机构优先开展科学和技术研究,并保护南极洲及其生态系统。

智利南极研究所负责规划、协调、指导和控制国家机构或个人在智利南极领土或南极大陆其他地方进行的科学和技术活动。

智利公民或外国人,无论自然人、法人或机构、公司,在南极洲进行任何科学技术活动,除遵守本法案规定的各项规范外,还须事先获得智利南极研究所的批准。

同样,在南极开展的任何科技活动或外国人参与、组织的任何活动,都须得到授权。根据第17条,由南极环境影响评估委员会提交评估报告,申请活动资质审查的外国活动者须遵守《南极条约环境保护议定书》。

批准进行南极科学或技术活动的程序须考虑《南极条约环境保护议定书》第3条之规定。

依照《南极条约环境保护议定书》及其附件,外交部发布并由科学、技术、知识和创新部签署的法案,将对上述行为进行规范,并确定获得授权的行政程序。

第28条 准许本国船舶和飞机,或参加任何国家南极活动的船舶和飞机起航和起飞,每艘/每架从国家港口或机场前往南极洲的船舶、飞机,必须从相应海事或航空当局获取证明:

1. 参加第25条或第27条授权的活动;

2. 该活动已进行第37条所述的环境影响评估;

3. 根据目前的国际和国家航空和海事安全条例,该活动已制订应急计划,以应对可能对南极环境及其生态系统产生不利影响的意外事件;

4. 该活动有本法案规定的有效保险;

5. 为保护南极环境,当智利南极研究所授权的活动涉及运输到南极洲的外来动植物物种，或对环境有害的产品或化学品时，依照《南极条约环境保护议定书》第 24 条第 3 款和第 4 款规定处理。

从事捕捞作业的船舶，必须符合本法案第 32 条有关规定及特殊要求。

智利所有的船舶或飞机适用同样的程序。

使用智利港口或机场的外国船舶和飞机，若免除此程序，须证明在其原籍国已执行相同程序。为此，船舶、飞机或使用飞机的探险队负责人（视情况而定）须提交一份原籍国授权书。上述船舶或飞机仍要遵守智利海事或航空当局所规定的关于符合起航要求的其他一般要求。

智利将与多次从国家港口或机场前往南极洲的国家签署批准协定。

未能遵守本法案以及其他法律法规的船舶或飞机，不被批准起航或起飞，从南极洲返回后也不得在智利停靠和降落。

第 29 条　科学活动的特别规定

所有在南极洲进行的科学活动，包括智利公民、外国人、自然人、法人或机构、公共机构或私人，除遵守所有规则和原则外，还须获得智利南极研究所的授权。

智利南极研究所每年向科学、技术、知识和创新部报告国家科学计划。

第 30 条　艺术、文化和体育活动的特别规定

国家促进和支持与南极洲有关或将在南极洲发展的艺术、文化和体育活动，以鼓励增强智利在南极洲的影响。

向特定的艺术、文化和体育活动提供支持。这种支持不影响依照国家南极计划开展活动的要求，也不会影响需获得授权和通过环境影响评估的要求。

第 31 条　旅游活动的特别规定

国家将促进和支持南极旅游活动，并监督其遵守本法案的规范和相关条例，促进智利南极活动的增加，并拓宽活动范围。

在南极洲管理或开展旅游活动，无论是自由行还是代表第三方、公民或外国人，都须购买保险，以便此类活动造成环境破坏时支付修复费用。

用于旅游活动的船舶、航空器，适用本法案总则的规定。

由外交部颁布并由经济、发展和旅游部长以及环境部长签署的法案确定在南极洲开展旅游活动的条件和要求。

第32条 关于捕鱼活动和其他南极海洋生物资源捕捞活动的特别规定

自然人或法人、智利公民或外国人可进行捕鱼活动和其他商业活动，但南极海洋生物资源受渔业和水产养殖法律法规保护。《南极海洋生物资源养护公约》保护南极海豹、信天翁和海燕，其他保护南极动物的法律均为《南极条约》的补充条款，由外交部长签署，以促进经济和旅游业发展。

将按照《国家南极政策》和其他适用条例的规定，促进关于渔业的南极科学研究。

第33条 搜救行动

阿雷纳斯角海上和空中搜救协调中心以及在智利南极领土上建立的分中心负责协调各自行动。

为履行职能，从智利港口或机场起航或起飞前往南极洲的所有船舶或飞机，无论其国籍还是公私性质如何，也无论其属于科学、旅游、渔业还是其他行业，必须定期并至少每天向智利搜救中心或分中心通报航行或飞行计划，并在航行中向智利搜救中心或分中心通报位置。

第34条 关于执行南极探险的事先通知

基于国家南极计划中包含的信息和授权，依照本法案有关政府和非政府探险计划，对于每年计划在南极洲探险的其他国家组织，外交部秘书处每年10月15日前发出通知，将相关资料发送至南极条约体系的缔约国。

未按前款规定通知南极考察队的，应当自得知之日起10个工作日内报告。

特别是，南极政策委员会将获悉：

1. 任何通过其他国家船舶或飞机前往南极洲的远征队以及在本国领土组织或前往南极洲的远征队；

2. 智利管理的所有南极研究站；

3. 为支持科学研究或得到《南极条约》授权而计划引进南极洲的所有军事人员或设备。

第六节 南极环境的保护和养护

第35条 南极环境的保护和养护原则

《南极条约环境保护议定书》规定，所有计划在南极洲开展的活动必须考虑南极环境及生态系统，防止生态系统遭破坏，且应修复因活动被破坏的生态系统。

为此，所有前往南极洲和在南极境内的探险活动、乘坐智利船舶或飞机参加的活动及在南极进行的探险活动，依照本法案和有关规定，其组织者和机构都必须遵守南极条约体系规定的保护措施。

环境部门颁发的法案，须由内政部、公安部、外交部和国防部签署，所有在南极洲及其相关生态系统中进行的活动都必须遵守相关规定。

智利督促南极活动者在活动中使用对环境影响最小的能源。

第36条 废物的清除和处理

所有在南极洲进行的活动，应尽量减少资源浪费，降低对南极自然环境的影响和干扰，保护南极洲的科学研究或其他合法使用价值。

废物管理将遵循预防原则、分级制度以及环境合理性原则。

任何个人、机构或组织获得智利相关部门的授权，乘坐智利或其他国家船舶或飞机前往南极，在南极洲探险或活动期间产生的废物，在技术允许范围内，将被送回本国国土。其余废物应进行处理或清除，以尽量减少其破坏或环境影响。

废物的储存、处置、处理及移除，将按照有关规定程序进行。同样，根据智利签署生效的国际协定，禁止在南极洲排放废物。

为进一步减少废物对南极环境的影响，环境部和卫生部将在其职权范围内审查国家南极基地的废物管理计划及在南极开展活动的船舶和飞机的废物管理计划，该计划的制订和更新须符合相关规定。

第37条 南极活动的环境影响评估

在规划阶段发生在南极洲的任何活动，包括科研项目、旅游、政府和非政府活动，特别是那些需要严格遵守第34条第3款的活动及后勤支持活动，必须遵从对南极环境及生态系统的影响评估程序。第32条中，捕鱼和开采活动不受本条评估的影响。

此外，经过南极环境影响评估提交项目或活动申请的申请人须依法向外交部提出正式申请，外交部将审查该项目或活动是否符合《国家南极政策》或智利在南极条约体系中的外交政策。申请必须在项目或活动开始前至少6个月提出。在国家南极计划框架内的公派活动或项目，无须外交部审核。

第一款条例所列活动，须接受新的环境影响评估，保证不会因活动增减而对环境产生任何重大变化。

由智利和一个或多个其他缔约国共同开展的活动，受南极条约体系管制，外交部将协调南极环境影响评估程序，以确定该活动的可行性。

环境影响评估将由第17条所述的南极环境影响评估委员会进行。为编制计划、评估项目或开展活动符合资格，申请者、上述委员会和国家主管行政机构将遵守由环境部令颁布的条例，并由外交部长签署。需详细说明下列事项：

1. 确定在进行南极环境影响评估程序之前必须提交的活动或项目；

2. 在3种适用的环境影响评估中，建议者必须提交项目和活动的建议书、文件和附件的详细内容；

3. 在科学基础上确定活动可能产生的最小或短暂影响的标准、参数和指标；

4. 评估南极环境影响的行政程序应考虑到各个阶段、最后期限、国家行政机关与部门环境机构的协商形式，必要时澄清、修正和扩大提交评估的项目或活动的内容和机制，第17条所述委员会就所评估项目或活动发表声明的通知形式。

在制定该条例时，应特别考虑《南极条约环境保护议定书》第3条之规定。

在收到第17条所述报告后，根据《南极条约环境保护议定书》第3条规定，如果某个活动或项目会影响或可能影响南极环境及其相关的生态系统，外交部和委员会有权修改、暂停或取消该项目或活动。

第38条 环境影响评估的类别

对南极活动的环境影响评估可以分为：

1. 初步环境影响评估，适用于计划开展的活动可能造成的最小或短暂影响；

2. 初期环境影响评估，适用于计划开展的活动之影响不仅仅是轻微或短暂影响；

3. 全球环境影响评估，适用于计划开展的活动之影响不仅仅是轻微或短暂影响。

可根据计划开展的南极活动可能造成的影响程度，提出其认为适当的初步、初期或全球环境影响评估。

如已提交初步环境影响评估，且在进行背景研究后，按照第17条，委员会认为计划的南极活动需要进行初步或全球环境影响评估，则通知相关机构或组织，根据规例要求进行相应的环境影响评估。

如果南极环境影响评估委员会在进行相应研究后，确定初步的环境影响评估符合要求，应核证并通知其据此开展活动。同样地，如果确定最初的环境影响评估符合相关要求，委员会应予以证明并通知利益攸关方。通过评估和核实环境影响后，申请者可开始该活动。

南极环境影响评估委员会批准对南极环境的影响评估及第25条的授权和背景信息后，外交部提交给南极条约体系负责人，在开始活动前，将遵循《南极条约环境保护议定书》附件一第3条规定的国际程序。

第39条　向运营商发布的信息

根据第19300号法案第31条，运营商能够通过国家环境信息系统获取南极环境保护的资料。这些信息将包括南极洲禁止活动、特别保护物种名单、特别保护区或特别管理区、历史遗迹、违法或犯罪构成及相应的制裁措施。

第40条　破坏南极环境的报告义务

任何人知悉南极环境发生破坏，无论其是否参与破坏活动，都有义务立即通知第47条涉及的国家部门。

第41条　环境紧急情况

在南极洲或其生态系统发生环境紧急情况时，有关当局应利用环境紧急情况领域内的一切手段迅速采取有效的应对，必要时可请求其他缔约国提供必要支持。

环境部将与内政部、公安部、外交关系和国防部协调，制定准则或措施，以应对可能对南极环境或生态系统产生不利影响的事件。

第42条　南极环境损害赔偿

受本法案管辖的自然人或法人因疏忽或故意在智利南极领土、南极或南大洋造成的一切环境损害，将根据第19300号法案承担环境赔偿责任。

第43条　南极环境破坏程度的法律推定

依照《南极条约环境保护议定书》及其附件的规定或规范，如果南极活动导致环境破坏，违反本法案规定的准则，将由法律推定对南极环境的破坏程度。

第 44 条　南极环境修复行动

国防委员会代表智利执行旨在修复被破坏的南极环境的行动。

该规定不妨碍任何因环境损害而遭受损失的自然人、法人、公司提起赔偿诉讼。

第 45 条　管辖

相关环境法院有权根据第 20600 号法案第 17 条第 2 款规定和该法规定的程序规则，审理因南极环境遭损害而提起的赔偿申诉。

法院的管辖范围不包括《南极条约》第 8 款和《南极海洋生物资源养护公约》第 24 款所列的外国人。

第 46 条　其他环境问题

本法未涉及的环境问题，只要不与第 19300 号法案相冲突，支付一定赔偿金即可开展。

第七节　监查和制裁

一、主管机关、违规行为及处罚

第 47 条　监查

下述人员和机构对本法案第五节、第六节、第七节及本条例的执行情况进行监督：

1. 在南极大陆上进行活动的陆、海、空军和智利南极研究所的官员，负责行使该监督职能的南极基地负责人应具有相当于部长的素质和能力；

2. 在国内其他地区由相应当局根据所涉事项办理，任何人都有权报告违反本法案规定以及南极条约体系规则的行为。

第 48 条　违规

自然人或法人在南极洲或南大洋开展活动具备下列情形的，予以处罚：

1. 未经本法案批准和环境影响评估，在南极洲从事活动的；

2. 未严格遵守环境规划和相关环境影响评估程序却获批在南极开展活动或项目，按照第 25 条到第 27 条进行处理；

3. 根据《南极条约环境保护议定书》附件四第 5 条的环境保护条款，在南极海洋中处置废物的，如有任何类型的垃圾残留在南极，无论是在大海、冰上还是在陆地上，将处以每月 100~10 000 智利比索的罚款；

4. 违反《南极条约环境保护议定书》附件四第 6 条的规定向南极排放废水的，将处以每月 100~10 000 智利比索的罚款。

第 49 条　部门职责

环境监督部门有权对 48 条第 1 款和第 2 款违规行为进行听证。

海事领土总理事会和商船总局应知悉 48 条第 3 款和第 4 款的违规行为。

环境监管部门及海事领土总理事会和商船总局处理上述违法行为的权限不包括《南极条约》第 8 条和《南极海洋生物资源养护公约》第 24 条所列的外国人。

第 50 条　相关程序

环境监督机构将根据第 20417 号法案第 2 条规定的程序知悉违规行为。环境监管局发布的监督制度也应遵循其组织法的规则。

根据 1978 年第 2222 号法案第九章所规定的制裁程序，海事领土总理事会和商船总局有权获悉违反行为。

根据海事领土总理事会和商船总局关于罚款的决议，受罚者可在接到通知后 15 个工作日内，向阿雷纳斯角上诉法院提出诉讼。上诉法院有关索赔的裁决将是最终裁决。但受罚者可以根据《民事诉讼法》的规定，向最高法院上诉。

第 51 条　通知责任

在违反本法案的程序中重新做出的最终判决，必须由主管法院尽快通知外交部。

第 52 条　追诉

制裁应自最终审判之日起计算的 5 年内执行。

二、关于南极问题的特别罪行

第 53 条　司法对接

本章条例列明彭塔阿雷纳斯地区检察官办公室调查和起诉犯罪的职责，在南极领土和南部海洋管辖范围的有关刑事案件中，彭塔阿雷纳斯地区检察官办公室对接法院，并向初审法院做口头陈述。

第54条 危害南极环境的罪行

未经授权，具备以下情形的，处以有期徒刑、每月100~5 000智利比索罚款：

1. 处置或虐待南极或南大洋本土哺乳动物、鸟类或头足类动物；
2. 大量迁移或破坏南极或南大洋的本地植物或藻类，严重影响其在当地的分布或丰度；
3. 引入外来动植物物种至南极洲或南大洋；
4. 对本法规定进行有害干涉。只有在本法案第5条第8款情况下，认定相应处罚，但超出的处罚并不视为罚款；
5. 破坏或重新设置根据南极条约体系分类的历史遗址或纪念碑。

对未经相应批准或违反南极条约体系要求在南极洲或南大洋进行捕猎的人，最高处罚为轻微制裁，每月缴纳100~5 000智利比索罚款。

关于捕捞，所有违法犯罪行为和处罚将适用《一般渔业和水产养殖法》、渔业和水产养殖副秘书长制定的条例以及《南极海洋生物资源养护公约》规则。

具备以下未经授权或违反南极条约体系的情形，处以中等至最高刑期的短期监禁，每月缴纳100~10 000智利比索罚款：

1. 在南极洲、南大洋或南极大陆架进行勘探、探测或采矿活动；
2. 向南大洋倾倒污染物质，严重影响海洋环境；
3. 向南大洋排放石油碳氢化合物或石油混合物。

任何人未经授权在南极洲或南大洋提取、生产、持有、销售或引进核物质、放射性物质或处置这些物质，将最高处以监禁，并处每月100~5 000智利比索罚款。如果发生核污染，将遵循第18302号法案第47条规定予以处罚。

第八节 最终条款

第55条 生效日期

1. 本法案在官方公报公布180天后生效。
2. 自本法案施行之日起两年内，发布本法规定的条例。
3. 本法生效期与区域总统代表和当地州长任职期限同步，上述官员有义务监督本法案的执行情况。

第三十章　哥伦比亚《海洋可持续发展政策(2030)》

2020年3月31日,哥伦比亚国家经济和社会政策理事会(CONPES)批准了哥伦比亚《海洋可持续发展政策(2030)》。该政策由19个部门共同制定,以海洋强国概念为基础,列出5大目标和66项行动,为哥伦比亚928 660平方千米的海洋和沿海地区制定了战略发展路线图,旨在将海洋作为未来11年可持续发展的因素列入国家公共议程。政策目标是:至2030年,提升哥伦比亚在太平洋和加勒比海地区的国家形象;充分利用国家战略位置及毗邻巴拿马运河的地理优势;提升在公海和南极事务中的参与度;提升陆地、海洋和沿海地区的管理成效,提高海洋产业对国民经济的贡献率。

第一节　序　　言

哥伦比亚拥有2 070 408平方千米领土,其中55.15%(1 141 748平方千米)为大陆和岛屿,44.85%为海洋领土(在加勒比海域589 560平方千米,在太平洋339 100平方千米)。哥伦比亚还拥有4 171千米的海岸线(加勒比海沿岸2 582千米,太平洋沿岸1 589千米)。此外,哥伦比亚是南美洲唯一一个可以进入两个大洋的国家,跻身全球拥有此先天优势的21个国家之列。然而,哥伦比亚尚未充分发挥其海洋及其资源的潜力,也没有将其战略地理位置转化为国家发展的引擎。

哥伦比亚国家海洋公共政策始于20年前。2000年,《哥伦比亚海洋、沿海及岛屿地区可持续发展环境政策》(PNAOCI)获得批准。2007年,哥伦比亚颁布了《国家海洋及沿海空间政策》(PNOEC),并在2017年对政策进行了更新。这些政策的特点是政府机构治理的范围有限,无法将更多的部门和单位与国家、区域、地方以及国际组织机构之间的高度合作和协同作用联系起来,因此限制了国家海洋可持续利用方面的潜力。

本文件向 CONPES 提供了一套战略和行动考量，目标是在 2030 年将哥伦比亚发展为一个具有两洋实力的可持续发展国家。该政策符合《国家发展规划(2018—2022)》"为了哥伦比亚而协约，为了平等而协约"的方针，其中海洋作为国家领土的重要组成部分，是国家重要战略资产，是国家发展和平等的引擎。同样，这项政策与 2030 年可持续发展目标息息相关，特别是目标 14（保护和可持续利用海洋和海洋资源，促进可持续发展）。最后，随着联合国宣布 2021—2030 年为"联合国海洋科学促进可持续发展十年"，强调此 10 年间要促进海洋科学的研究和创新，以掌握更多海洋知识，发展海洋新技术。

本文件共由以下部分组成：首先，政策的制定背景以及发展哥伦比亚两洋潜力的理由；其次，目前国家海洋开发中存在的主要问题；再次，政策的目标、策略和行动，监管和融资方案；最后，向 CONPES 提出执行该政策的建议。

第二节 制定背景

近 20 年来，哥伦比亚政府在制定并执行促进本国海洋和沿海、岛屿地区可持续发展的公共政策方面取得了一定进展。2000 年，国家环境委员会（CNA）批准了 PNAOCI，该政策和 2002—2004 年的行动计划同时发布，确定了领土环境规划的三大区域，即加勒比海岛屿区域、加勒比海陆地和海洋区域以及太平洋区域。在上述 3 个区域，针对海洋和沿海地区可持续发展的公共及私人政策和行动是完整的。每个区域都有相关责任单位，有些属于沿海性质，有些属于海洋性质。

PNAOCI 建议执行以下方案：①海洋、沿海和岛屿地区的环境管理；②地区环境可持续性；③恢复和复原退化的海洋和沿海生态系统；④海洋和沿海保护区保护；⑤物种保护；⑥评估、预防、减少海洋污染；⑦加强海洋和沿海地区的风险管理。政策方案是长期的，须在适当的机构间框架内执行上述方案。

为保持政策连续性，有必要分析近年来相关政策的变化，特别是对比《领土规划组织法》（2011 年第 1454 号法律）及其监管法令与其他政策的相关规定，但海事不纳入领土事务范围内。

第三十章 哥伦比亚《海洋可持续发展政策（2030）》

该政策建议设计并开发国家海洋信息系统（Sinoc）作为支持手段，建立海洋和沿海空间综合管理系统，以改善国际、国内、区域和地方治理体系及体制协调。然而，建立海洋和沿海空间综合管理系统的建议并未被采纳，很大程度上限制了国家对 PNAOCI 实施成效的预判。

国家审计署在《国家海洋可持续发展政策评价（2003—2014）》中阐释了国家海洋、沿海和岛屿地区管理体制的薄弱性，缺乏 PNAOCI 明确的落实措施，并指出该不足已影响本国海洋发展和沿海生态系统保护。2013 年，根据《国家发展规划（2010—2014）》"全民繁荣"方针及哥伦比亚加入经济合作与发展组织（经合组织）过程中提出的建议，国家规划局（DNP）对 PNAOCI 进行了评估。评估显示，海洋及沿海事务的管理体制存在严重制约，特别是与领土相关的单位和部门之间协调程度较低，与海洋、沿海事务有关的政策和行动缺乏规划和监测工具，这仍然是哥伦比亚海洋、沿海和岛屿地区可持续发展的主要瓶颈之一。

2007 年，由 17 个机构组成的哥伦比亚海洋委员会牵头编制了《国家海洋和沿海空间政策》（PNOEC），并由各部门批准。PNOEC 汇集了若干国家战略举措，包括外交政策指南、国家现代港口政策、国家海洋科学技术计划、气候变化适应计划、综合海洋安全战略、国家保护区系统准则以及 2019 年哥伦比亚百年愿景，即以有效和可持续的方式利用海洋和沿海空间。政策确定了五大战略方针：①海洋空间整合和规划；②海洋经济发展；③海洋治理；④海洋可持续利用和生物多样性；⑤海洋文化、教育和科学。2015—2017 年间，哥伦比亚海洋委员会（CCO）牵头更新了 PNOEC，并规定使用 Sinoc 定期系统审查政策行动的合规性。此后，在 PNOEC 审查过程中发现了诸多不足：首先，PNOEC 的目标范围具有局限性，无论是在 2007 年制定时还是更新后，该问题都未得到解决；其次，PNOEC 制定的目标没有明确时间表，行动计划只在前 4 年进行更新，此后再无独立的政策指标，因此，PNOEC 的有效性尚不可知。

但无论是 PNAOCI 还是 PNOEC 都是国家致力于改善海洋、沿海和岛屿地区管理所做出的努力。根据对上述政策的评估结果和 2014 年经合组织在环境绩效评估文件中提出的建议，现将继续强化机构治理，加强国土单位、有关部门和行动主体之间的联系，为促进哥伦比亚海洋发展更好地开展协同合作。国家审计署在评估文件中明确表示，为拯救受威胁的海洋生态系统，减少持续的海洋污染，需要与环境和可持续发展部、国家规划局及哥伦比亚海洋委员会就推进 PNAOCI 和 PNOEC 开展一系列政策讨论会议，以改善机构间协作，共同制定相应措施。

为解决 PNAOCI 与 PNOEC 之间缺乏联系的问题，根据 2015 年第 1753 号法律第 247 条，在《国家发展规划（2014—2018）》"一切为了新国家"框架中，规定需要制定海洋、沿海和岛屿地区的综合管理政策，其基础是将海洋问题纳入《国家发展规划（2018—2022）》"为了哥伦比亚而协约，为了平等而协约"之中，并作为国家发展的战略行动之一。这也是哥伦比亚在国家发展规划中第一次将海洋作为国家领土的一部分。

同时，可持续发展目标框架，特别是谋求保护和可持续利用海洋及其资源以促进国家可持续发展的目标 14，通过减少海洋污染，保护沿海和海洋区域，为制定和执行全面的海洋管理政策提供了机会。与可持续发展目标 9"产业、创新和基础设施"以及可持续发展目标 13"气候行动"的关系，也在发展海洋产业、跨学科和机构间科学考察等专题中得以确认。

哥伦比亚通过 PNAOCI 和 PNOEC 政策，在开发海洋、沿海和岛屿地区的进程中迈出了重要一步。然而，鉴于这些政策的局限性，并考虑到这是国家发展规划首次将海洋视为国家战略资产和发展与平衡的引擎，需要制定更高等级、更具战略性和长期性的新政策。

第三节 主要问题

海洋占地球总面积的 3/4，蕴藏着地球上 97% 的水。海洋与人类关系密切，超过 30 亿人依靠海洋维持生计，超过 26 亿人以海洋作为蛋白质的主要来源，海洋作为世界最大的蛋白质来源意义重大。海洋和沿海资源及相应产业的市场价值每年约 3 万亿美元，相当于世界各国国内生产总值（GDP）的 5%。海洋中已查明的物种近 20 万种，吸收人类约 30% 的二氧化碳排放，可减缓全球变暖影响。

同时，海洋也具有一系列社会和经济效益。海洋提供了食物和栖息地，还是交通、娱乐和学习的重要媒介，维持地球上的生命得以生息繁衍。此外，人类社会还开展了很多与海洋环境有关的活动，如航运、修造船、旅游、渔业和水产养殖、海洋资源和矿产开发、潮汐和非传统能源开

第三十章　哥伦比亚《海洋可持续发展政策（2030）》

发、沿海城市占地和规划、海洋安全与防御、海洋生态系统的保护和可持续利用、海洋文化和海洋意识等。

哥伦比亚的两洋条件和地缘战略位置决定了其发展的独特优势。哥伦比亚领土面积约为 2 070 408 平方千米，其中 55.15%（1 141 748 平方千米）为大陆和岛屿，44.85% 为海洋（在加勒比海的面积约 589 560 平方千米，在太平洋的面积约 339 100 平方千米）。哥伦比亚 32 个省份（46 个市）中的 12 个为沿海地区，其中 8 个在加勒比海沿岸，4 个在太平洋沿岸。此外，本国约有 100 个岛屿、17 个群岛、42 个小港湾、5 个海湾及大片珊瑚礁和红树林。特别是圣安德烈斯岛、普罗维登西亚岛和圣卡塔利娜岛的历史、社会文化和战略价值，在加勒比海地区有着特殊意义，并在《宪法》中得到特别确认，因此必须根据具体情况采取专门的公共政策。

在太平洋地区，马尔佩洛岛具有重要的意义，是国家海洋空间规划的重要标志。马尔佩洛岛位于布埃纳文图拉以西约 500 千米处，在北纬 3°58′30″ 和西经 81°35′20″，由长 1 850 米、宽 600 米、高 376 米的马尔佩洛主岛和一个包含 10 个小岛的群岛组成，包括西北部的莫斯基特罗斯岛，东南部的萨洛蒙岛、索尔岛、拉格林加岛和莱茵岛等。哥伦比亚对马尔佩洛岛的主权基于合法的实际占有、在历史上和平且不间断地行使主权以及在与邻国的边界协定（1976 年《利瓦诺-博伊德条约》和 1984 年《洛雷达-古铁雷斯条约》）中被承认。1919 年 9 月 16 日，哥伦比亚通过第 23 号法律承认其群岛性质。1986 年，贝里萨里奥·贝当古总统命令海军在群岛永久驻军，并在 1995 年宣布建立马尔佩洛岛保护区（动植物保护区）。鉴于其特殊的地理位置，马尔佩洛岛对本国和邻国的海洋空间利用具有重要的战略意义。

尽管存在上述优势条件，但哥伦比亚并未充分开发其海洋和资源的潜力，也没有充分利用其在太平洋和大西洋，特别是加勒比海之间的地缘战略位置优势，同时没有发挥靠近巴拿马运河以及公海和南极的优势。

存在的主要问题可以简要归纳为以下 5 方面：①沟通不畅和治理水平低下，国家海洋治理机构脱节，需加强国家机构参与海洋和海洋利益相关的国际活动，优化信息系统、管理指标和海洋政策；②须全面提升维护主权和海上安全的能力，提升海上能力并确保有效覆盖国家全海域，提升执行能力以符合世界海上交通管制标准；③欠缺对海洋的认知，海洋文化和科学技术创新匮乏，对海洋认知和海洋知识的基础教育缺失，针对海洋和沿海问题的教育和培训有限，提升海洋科学和技术水平的战略可持续性较低；④海洋生态系统管理不足和海洋空间规划缺失，对海洋、海岸和岛屿的空间规划缺失，海洋生态系统管理及生态系统服务不足，海洋自然灾害风险管理技术落后；⑤海洋经济活动发展缓慢，沿海地区发展滞后，沿海经济活动生产力低下。

第四节 政策内容

就本政策而言，可持续发展两洋实力应成为国家的主要职责，包括：①行使主权，充分利用其海洋地缘政治、海洋生态系统和生物多样性；②开发海洋通道和航线；③开展可持续和有竞争力的海洋活动；④发展海军实力和国家海洋意识；⑤维护国家海洋利益；⑥统一管理陆地和海洋领土；⑦在国际上主导并参与海洋和海洋资源的保护及可持续利用，促进可持续发展；⑧认识到海洋基础研究和应用研究是认识海洋、开发国家海洋资源的重要方法。

一、2030年愿景

哥伦比亚应认识到，拥有太平洋和加勒比海的沿岸、海洋和岛屿是其国家特征的一部分。哥伦比亚位于太平洋和大西洋之间，靠近巴拿马运河，具有重要战略位置，应独立自主地利用其两洋和赤道的位置、海洋生态系统及其资源，维护国家海洋利益，培养影响区域和国际局势的能力，并积极参与公海和南极的相关活动。同时认识到其领土（陆地和海洋）的重要性，并以整体、可持续的方式，通过知识和创新进行领土管理。国家的进步和发展很大程度上源于对海洋的保护，实现海洋可持续利用将造福人民和子孙后代。

（一）整体目标

通过整体、可持续地利用哥伦比亚的战略位置、海洋条件和自然资源，到2030年，将哥伦比亚发展成为一个具有两洋实力的国家，为本国的经济增长和可持续发展做出贡献。

第三十章 哥伦比亚《海洋可持续发展政策（2030）》

（二）具体目标

（1）实施两洋治理，实施国家海洋综合管理。

（2）增强国家维护主权、国防和海上安全的能力。

（3）推进海洋知识、文化、研究和创新，成为海洋大国。

（4）完善规划文本，确定领土和海洋空间发展规划。

（5）促进海洋经济和沿海地区发展，服务国家经济和社会进步。

二、行动计划

为完成政策目标，确定了五项战略，分别制定相应的行动方针，并确定责任机构。政策的时间跨度为11年（2020—2030年），最终将哥伦比亚发展为一个具有两洋实力的国家，并服务于实现可持续发展目标。

战略一：加强机构间两洋治理

通过以下3项行动方针来实现：①建立国家两洋系统（SBN）并加强管理；②积极参加与海洋和国家海洋利益相关的国际活动；③推进制定海洋及海洋资源相关政策。

1. 建立国家两洋系统（SBN）并加强管理

旨在通过建立一个具有国家、区域和地方特点的跨部门两洋系统，发挥CCO的作用，强化两洋治理体制框架，以确保政策的执行。为此，哥伦比亚总统府行政部（Dapre）将负责规范和实施国家两洋系统，以协调与落实《哥伦比亚海洋可持续发展政策（2030）》的执行和监管，包括由公共和私营单位开展的相关活动。SBN的设计工作将在2020年进行，并在2021年完工提交给CCO。

2. 积极参加与海洋和国家海洋利益相关的国际活动

旨在提升哥伦比亚作为一个海洋国家在国际活动中的参与度。由外交部负责执行。

3. 推进制定海洋及海洋资源相关政策

旨在为海洋和沿海事务的决策提供信息，并促进数据的收集和处理。总统府行政部、海事总局、国家规划局和国家行政统计局将共同采取行动,以充分掌握哥伦比亚的海洋和沿海信息。总统府行政部负责强化哥伦比亚国家海洋和沿海信息系统;海事总局负责哥伦比亚海洋和沿海数据基础设施建设,打造海洋地理信息中心,为使用、规划、管理国家海洋和沿海空间提供地理数据和信息。国家规划局与国家海军、CCO成员协调,在国家省、市和地区级实现可视化,在与海洋有关的领土数据中加入标准化和可比较的指标。国家统计行政部门负责更新对海洋经济活动附加值的预估。该行动方针同时由需要海洋相关信息以供决策的学术界、国际组织、社会及公私单位指导。

战略二:主权、国防和海洋安全

旨在提高国家维护主权、建设国防和提升海洋安全的能力。通过以下2项行动方针来实现:①保障海洋领土的有效覆盖;②按照国际标准实施海上交通管制。

1. 保障海洋领土的有效覆盖

旨在提升国家覆盖和管理本国海洋空间的能力。外交部将重申对马尔佩洛岛和其他具有战略意义的地区以及海洋和岛屿的主权与管辖权,并制定具体战略,以保护和利用国家的海洋空间和资源,发展海洋事业,提升国家影响力。2020年前制订并发布《海军发展计划》,提升对长期规划的海域覆盖的有效性,并起草《哥伦比亚领土覆盖指数方法指南》,拟于2021年完成。

2. 按照国际标准实施海上交通管制

旨在履行监督和管理海上交通的国际义务。DNP、国家海军和海事总局将在2022年完成对海洋和河流安全的评估,国家海军将于2021年编制完成综合性海洋和河流安全指数方法指南,以减少和避免影响或危及人类生命和海洋环境的海上行为和事件。海事总局将对国际海事文书的内容和优先次序进行分析,对接已在哥伦比亚生效的国际海事文书。海事总局和国家海军将在2020—2021年安装3个控制站并投入使用,以加强对海上交通的管制。哥伦比亚自然公园特别管理局将采用技术手段,改善国家保护区内的海洋、沿海及岛屿保护区的管制和监视系统,并与其他主管部门进行协调。

第三十章 哥伦比亚《海洋可持续发展政策（2030）》

战略三：知识、研究与海洋文化

旨在通过知识积累，推进关于海洋和沿海问题的培训和研究，发挥本国的两洋潜力。通过以下3项行动方针来实现：①通过基础和文化培训加强对海洋和沿海事务的认识；②加强对海洋和文化问题的培训及研究；③增加国家和国际科学考察活动，了解海洋和国家海洋利益。

1. 通过基础和文化培训加强对海洋和沿海事务的认识

旨在提高对海洋的认识，在基础教育、中等教育中加入海洋知识相关内容，了解国家海洋文化遗产，同时加强对海洋从业人员的综合、专业培训。为此，Dapre通过CCO开展庆祝"世界海洋日"活动，并号召沿海城市市政当局参与其中。教育部将在基础教育和中等教育参考书目及其他出版物中加入与海洋、沿海相关主题，在2020—2023年间完成此项工作。哥伦比亚人类学和历史研究所将推进《哥伦比亚岛屿和沿海地区被淹没的文化遗产研究、保护和普及方案》，并制定公共政策，该项工作在2021—2027年间进行。

2. 加强对海洋和文化问题的培训及研究

旨在制定一项鼓励和宣传科学领域学术方案及科学出版物的战略，推动和加强海洋事务相关的培训和研究以及与国家海洋利益相关的技术创新，制定针对海洋从业人员的综合、专业培训方案。Dapre将在2020—2030年间制定并实施战略，为学术方案和科学出版物的推广和传播创造空间，主要面向学术领域。科学、技术与创新部将发布通知，鼓励相关教育机构就海洋科学等主题开展研究项目，开展一系列与海洋、沿海和岛屿生态系统利用和生物勘探有关的活动，加强与国家海洋利益相关的科学、技术和创新研究。哥伦比亚国家学习服务中心将为加勒比和太平洋沿岸地区的居民提供全面的专业培训，行动将在2020—2030年间展开。同时，国家水产养殖和渔业管理局将编写2020—2030年间渔业和水产养殖研究文件，更新渔业资源状况的科学和技术知识。

3. 增加国家和国际科学考察活动，了解海洋和国家海洋利益

旨在将促进科学考察作为战略之一，提高对海洋科学和技术能力的了解。Dapre将把国家科学考察计划作为一项长期的机构间战略加以巩固，

通过开展与海洋知识、资源用途和生物勘探有关的项目加深对海洋的了解和利用，推动科学考察成为跨学科和机构的国家战略。Dapre 通过 CCO 为拟定、征募和执行南极科学考察行动起草提案，为《国家南极探险计划》提供部门和机构间的方案，推动国家探险项目，并对考察成果进行全面分析。海事总局将加强措施，提高开展海洋科学研究的技术能力。该行动将于 2020—2022 年间进行。

战略四：海洋、沿海和岛屿地区的规划和管理

通过以下 3 项行动方针来实现：①制定海洋领土规划管理工具；②管理海洋生态系统及其服务；③制定沿海自然灾害风险管理计划，提升防灾能力。

1. 制定海洋领土规划管理工具

为更好地规划海洋、沿海和岛屿空间，更好地管理和使用自然资源，将采取下列行动加强海洋和沿海区域的活动，维护国家利益。NP 作为土地规划委员会（COT）的技术秘书处，将与海事总局和 CCO 的其他成员单位协调，就海洋、沿海和岛屿地区的规划提出建议，并纳入《国家综合领土规划政策》。该行动将在 2020—2022 年进行。海事总局将与环境和可持续发展部及住房、城市和国土部协调，制定 13 个港口的海洋和沿海空间规划指导文件。该行动将在 2020—2030 年进行。

海事总局和住房、城市和国土部作为国土规划的牵头方，将与 COT 的其他单位协调，对指导文件的范围进行评估，负责文件与其他规划和命令的衔接，并更新相关现行法规。

2020—2026 年间，海事总局将与商务、工业和旅游部协调，制定滨海旅游业和海滩管理方针指南，并与住房、城市和国土部协调，商讨将方针指南与城市或地区规划工具进行衔接。

为缓解因缺乏领土规划工具（例如非法占用海滩）和风险管理计划而造成的不良影响，建议采取下述行动，行动将于 2020—2030 年进行。国家总检察署牵头制定一项全面的机构间战略，回收非法占用的海洋、沿海空间公共资产。总检察署将签署一份确定相关单位职责的机构间协定，并编制战略监督和管控追踪文件。环境和可持续发展部将在技术委员会和联合委员会的框架下推进实施《海洋环境机构规划和综合管理计划》。预计实施

《海洋环境机构规划和综合管理计划》将有助于提升上述单位对其管辖空间的规划和管理成效。

2. 管理海洋生态系统及其服务

鉴于当前战略实施在生物多样性和海洋生态系统保护方面面临的困难，行动方针提出了若干具体行动，并制定了管理工具，旨在提升战略的实施效果。行动将于2020年4月至2030年12月期间完成。

第一，为确定和优化国际、国内、区域、地方、社区和民间社会海洋环境保护管理战略，国家自然公园特别管理局拟出台并使用能效管理工具，在国家保护区系统中保护海洋、沿海和岛屿地区，预计将有16个海洋、沿海地区得到保护。通过与国家水产养殖和渔业局（Aunap）、海事总局和商务、工业和旅游部进行协调，共同制定、调整和实施国家综合管理区管理计划，加强对保护区内的海洋、沿海空间的可持续管理。同时制定与《加勒比和太平洋区域综合行动方案》之间的协调战略，以维护海洋保护区子系统，并拟订在东热带太平洋海洋走廊框架内加强区域管理的技术建议。

第二，为确保水生生物资源的保护和可持续利用，环境和可持续发展部将设计、更新和协调实施保护计划方案，保护因生存状况恶化或受影响处于危险境地而需要特别关注的物种。此外还将制定海洋、沿海和岛屿生态系统的保护和恢复方案。在以上行动框架下，通过确定重点保护对象、规划拟开展的活动、设置保护目标、明确主要行动者，使方案成为指导相关区域可持续管理的有效路线图。

第三，为改善海洋资源状况，减轻水生生物资源流失，环境和可持续发展部将制定一项技术战略。同时，环境和可持续发展部以及住房、城市和国土部将根据国家循环经济战略的指导方针，制定海洋、沿海地区的固体废料管理战略。Aunap将制订区域渔业管理计划，以实现渔业和水产养殖业的协调发展。此外，Aunap将重新审核和修订渔业法。

3. 制订沿海自然灾害风险管理计划，提升防灾能力

在2020—2025年间，国家灾害风险管理局将向遭受沿海自然灾害（海啸、飓风、海岸侵蚀等）的重点城市提供技术援助，并修订《国土规划方案》中自然灾害风险管理章节。在2020—2024年间，国家灾害风险管理局将协助受沿海自然灾害（海啸和飓风）影响的区域和岛屿制订应急计划。

在基础设施方面，国家灾害风险管理局将在住房、城市和国土部、国防部和环境与可持续发展部的支持下，制定技术准则，将气候风险分析和适应标准纳入沿海地区建筑和基本卫生设备的设计、施工和完善中。沿海和岛屿地区的不同准则可列入《区域气候变化管理综合规划》中。

同时，为将适应气候变化的措施纳入沿海和岛屿地区《领土规划方案》中，住房、城市和国土部在环境和可持续发展部的支持下，通过国家灾害风险管理局、海事总局、海洋和水文学研究中心以及 DNP，制定技术准则，加大领土管理单位对该问题的重视程度，配合市政当局实施这些准则。住房、城市和国土部将优先考虑从此行动受益的城市。上述内容是主管单位为评估海洋风险进行的技术性投入。

战略五：海洋经济和沿海城市发展

通过以下两项行动方针来实现：①促进海洋经济活动；②制定有助于沿海城市社会经济发展的战略。

1. 促进海洋经济活动

提升海洋经济在国民生产总值中的占比，提升海洋经济为国家生产发展的贡献度。国家水产养殖和渔业局，商务、工业和旅游部，矿业和能源部，出口、旅游和投资促进局，国家碳氢化合物机构，矿业和能源规划局以及科学、技术和创新部将根据各自的职能和权限，分别负责渔业、旅游业、造船业、近海碳氢化合物开发、非传统海上能源和生物勘探有关的管理活动。该战略将为渔业、造船业、旅游业的生产者和消费者，沿海生物勘探活动的参与者及有管理和规划矿产和能源职能的单位提供指南。具体而言，该战略将采取行动促进渔业发展，扩大产业规模，管理哥伦比亚在太平洋沿海的旅游目的地，发展与造船业有关的产业链和项目，评估碳氢化合物的发展潜力，编写海上碳氢化合物的勘探和生产相关技术文件，扩大参与非传统海上能源开发主体的范围，推动海洋生物产品的制造。

2. 制定有助于沿海城市社会经济发展的战略

该行动方针旨在促进本国太平洋、加勒比海和加勒比岛屿沿海城市发展。为此，DNP 和 Dapre 将在 CCO 成员的参与下，制定促进本国沿海城市社会经济发展的战略。该项行动将在经济、社会和环境领域进行。Dapre

第三十章　哥伦比亚《海洋可持续发展政策（2030）》

将支持海洋、沿海的计划、方案和项目，这些计划、方案和项目可由地方政府和沿海城市政府负责开展。这些行动将依照哥伦比亚宪法第287条规定，在宪法和法律范围内，遵守领土管理机构自治原则的情况下开展。

第五节　工作安排

国家计划部，外交部，国防部，农业和农村发展部，劳动部，矿业和能源部，商务、工业和旅游部，教育部，环境和可持续发展部，科技和创新部、国家经济和社会政策委员会(CONPES)，根据各自的中期工作计划，优先安排执行相应的战略资源。

(1) 国家规划局负责：
- 在与海洋有关的领土数据中加入标准化和可比较的指标。
- 对哥伦比亚的海洋和河流综合安全性进行评估。
- 支持国家沿海城市制定社会经济发展战略。

(2) 总统府行政部负责：
- 开展"国家两洋系统"(SBN)的设计、规范和实施。
- 为支持公私部门和学术领域的信息决策，制定"哥伦比亚国家海洋和沿海信息系统"战略。
- 将"国家科学考察计划"作为一项长期的机构间战略加以巩固。
- 加强"国家南极考察计划"，加大部门和机构间的联系。

(3) 外交部负责加强在与海洋和国家海洋利益相关国际活动中的参与度。

(4) 国防部负责：
- 编写并提交《海军发展计划》。
- 编写哥伦比亚海洋领土覆盖指标的方法指南。
- 编写海洋和河流综合安全指标的方法指南。
- 编写海洋和沿海空间规划的指导性文件。

(5) 教育部负责在基础教育、中等教育中纳入海洋知识相关内容，在教育部的出版物中纳入与海洋和沿海相关的主题。

(6) 哥伦比亚人类学和历史研究所负责：
- 制定哥伦比亚沿海和岛屿地区已被淹没的文化遗产的研究、保护和普及方案。

• 制定保护、恢复和宣传哥伦比亚已淹没的文化遗产的公共政策。

(7) 科学、技术和创新部负责：

• 加深对国家海洋空间的了解和利用，推动科学考察，使之成为跨学科的机构间战略。

• 加强与国家海洋利益相关的科技创新研究。

• 提高从海洋生态系统中开发生物产品的技术成熟度。

(8) 环境和可持续发展部负责：

• 制定、更新或协调关于海洋、沿海和岛屿地区生态系统保护及恢复计划和方案的实施。

• 制定、更新或协调海洋生物资源保护计划和方案的实施。

• 完善哥伦比亚海洋环境质量相关的技术战略。

(9) 国家灾害风险管理局负责：

为修订《国土规划方案》或《国土规划计划》风险管理章节中关于沿海自然灾害(海啸、飓风、海岸侵蚀)的内容提供技术支持。

(10) 农业部负责：

• 更新渔业资源现状，并提高科技水平。

• 开展促进渔业和水产养殖业的活动。

(11) 商务、工业和旅游部负责：

• 制定并实施旨在提高竞争力、推动基础设施建设和旅游业发展等在内的行动计划。

• 通过生产链项目，促进造船业发展。

(12) 矿业和能源部负责：

• 开展碳氢化合物潜力评估，吸引新投资。

• 通过采矿能源规划局绘制风能图集，以确定海上风能资源的开发潜力。

• 明确参与近海碳氢化合物勘探和开发的单位及其权责范围。

(13) 国家行政统计局负责更新和增加对海洋经济活动附加值的预估。

第三十一章　南非《南极洲和南大洋战略》

2020年12月，南非内阁批准《南极洲和南大洋战略》。鉴于南非认识到南极条约体系的战略意义以及本国在该体系及在南大洋和南极科学研究与保护方面发挥引领作用的地理战略优势，该战略表达了南非的意图，即通过有针对性、协调的方法，最大限度提高本国科学能力和影响力，保持其在国际气候变化、海洋保护和可持续利用方面的引领作用。

第一节　战略介绍

一、概述

随着南非社会历史进程不断发展，其参与南极洲事务并成为主导大国的地缘政治愿望不断强化。1994年随着民主的新南非诞生，其对本国所有政策和战略目标进行了审查。对于南极洲、亚南极洲和南大洋的审查工作则始于制定其首部正式的南极洲和南大洋战略（简称"战略"）。

该战略首先介绍了南非与南极复杂环境相关的重要内容。从最初的南非到如今民主南非的历史演变角度看，南非需要一项旨在指导国家优先事项的成熟政策。其次，战略讨论了南非对《南非国家南极洲计划（SANAP）》的投资。战略指出，南非是迄今为止唯一活跃在南极洲的非洲国家。

该战略概述了南非的国家战略利益，阐明了其参与南极洲和南大洋活动的国家愿景，并描述了具体的国家战略目标。总体目标声明将愿景、《南非南极条约法》（1996年）的目标与本战略的目标联系起来。

该战略是对可持续发展目标（SDGs）和国家发展计划的回应，并与之保持一致。与该战略紧密联系的可持续发展目标包括：

- SDG13：气候行动。
- SDG14：保护和可持续利用海洋和海洋资源促进可持续发展。

- SDG17：加强执行手段，重振可持续发展全球伙伴关系。

该战略认识到南极洲和南大洋是全球气候系统至关重要的组成部分，将根据SDG13采取气候行动，支持保护南极洲和南大洋的行动。

该战略通过提高南极洲和南大洋生态完整的重要性，并促进建立特别保护和管理区域，为SDG14做出贡献。

在SDG17方面，该战略寻求使南非能够建设性的影响南极条约体系下的全球谈判，并与其他各方进行合作。

该战略还对《国家发展计划愿景（2030）》做出贡献，以实现南非经济和社会向环境可持续发展、向适应气候变化过渡。其优先研究了南极洲和南大洋在全球气候系统中的作用，并强调正在开展的研究对加强气象和气候预测能力的重要性，这在气候迅速变化的背景下至关重要。

二、南极的环境

南极洲是地球最南端的大陆，被南大洋所包围。南极洲是世界第五大洲，其98%的面积被平均厚度为1.9千米的冰层覆盖。

南极洲是最冷、最干燥且风力最大的大陆，平均海拔2 000米（其他大陆平均海拔700米）。南极的平均气温为零下49摄氏度，平均年降水量从内陆的2毫米到沿海地区的200毫米不等（南非平均为464毫米），平均风速为100~200千米/小时，环境极端恶劣。

南极洲和南大洋在全球气候系统中起着重要作用。南大洋是世界上生物生产力最高的海洋，也是热量和二氧化碳的重要储存库，对过去、现在和未来气候变化的演变至关重要。南大洋是温度最低、密度最大的水产地，这些水参与全球海洋循环，因此对气候变化至关重要。吹过南大洋的强烈西风驱动着世界上最大、最强的洋流系统——南大洋环流。

1959年，包括南非在内的12个国家签署了《南极条约》，此后又有41个国家签署该条约。该条约禁止军事活动和矿物开采，禁止核爆炸和核废料处置，支持科学研究，并保护南极大陆的环境。

三、历史背景

从1910年南非联邦成立到第二次世界大战结束，南非对南极事务的参与并不积极。前英国殖民地与布尔共和国共同成立了联邦，但其对英帝国的态度难以调和。联邦并不情愿接受英国，并认为其参与南极事务只能促进英帝国实施南极探索、发现和吞并计划。

1948年种族隔离制度之后的时期，南非为结束其遭受的日益严重的国际孤立而进行的斗争可能对南非的发展选择和行动带来沉重负担。南极条约体系即使不是唯一的，也是南非可以参加的为数不多的多边组织之一。直到1959年，南非才进行了第一次南极探险。

从1961年南非共和国宣布成立到1994年民主南非诞生是一个独特的时代。1994年是一个里程碑，使南非有机会回顾历史，并更好地制定一项适合南非国情的政策方针。这个时代的特点是在新民主体制下和全球重新结盟所带来的新多边联盟出现背景下，重建和发展各项计划。因此，南非继承了英国对南极洲事务的利益并参与其中。

四、南极条约体系

1959年，包括南非在内的12个国家签署了《南极条约》，在1957—1958年国际地球物理年期间，南非科学家一直在南极洲及其周边活动。1961年《南极条约》生效，此后许多其他国家也加入了该条约。南极条约体系是为了协调各国在南极洲和南大洋的关系而做出整体安排的体系，包括《南极条约》《关于环境保护的南极条约议定书》《南极海豹保护公约》《南极海洋生物资源保护公约》《信天翁和海燕养护协议》等。

《南极条约》旨在确保"为了全人类的利益，南极洲不应成为国际纷争的场所或对象，仅用于和平目的"，禁止"任何军事性举措"，但"不阻止为科学研究或任何其他和平目的而使用军事人员或设备"。《南极条约》规定"自由在南极洲进行科学调查，促进在南极洲进行科学调查的国际合作"，鼓励"与在南极洲有科学/技术兴趣的联合国专门机构和其他国际组织建立合作关系"，禁止"在南极洲进行任何核爆炸以及处置放射性废料"，并规定详细的信息交流。

南非遵从《南极条约》宗旨，并支持第四条关于"禁止对现有或新的领土主权提出要求"的规定。南非认为，南极洲应属于全人类，决不应按照先到原则对南极进行势力划分。此外，南非支持《关于环境保护的南极条约议定书》关于禁止采矿的规定。

《南极条约》适用于南纬60°以南的陆地和海洋区域。由马里恩岛和爱德华王子岛组成的爱德华王子群岛是南非领土，本文件只讨论南非在亚南极洲和南大洋的利益。

《南极条约》有53个成员国，覆盖大多数的大陆，主要是欧洲、亚洲和南美洲，南非是非洲大陆的唯一成员国，这为南非代表非洲和发展中世界的利益提供了机会。此外，加入《南极条约》的缔约国数目有所增加，许多缔约国自此确定或重新确定在南极条约体系内的战略利益，并在整个南极大陆的战略区域建立更多的研究基地以扩大其足迹。

第二节 南非国家南极洲计划（SANAP）

南非环境、林业和渔业部通过《南非南极条约法》领导南非参与南极洲和南大洋事务。在执行SANAP的过程中，环境、林业和渔业部与科学和创新部、国际关系与合作部、公共工程和基础设施部、交通部以及国防和退伍军人部进行密切合作。

SANAP包括3个主要部分：①由高等教育、科学和技术部与环境、林业和渔业部负责研究和长期监测；②由环境、林业和渔业部负责后勤支持及提供用于研究的基础设施（如"SA Agulhas Ⅱ"考察船）；③由公共工程和基础设施部负责基础设施维护（包括研究基地和设备的维护）。交通部及国防和退伍军人部提供搜救服务以及医疗、食品和出行服务。参与SANAP的其他主要政府机构包括南非国家航天局、科学和工业研究理事会、南非气象局和南非海事安全局。

南非国家航天局隶属科学和创新部，致力于提高对南极洲和南大洋空间物理的认知。南极（南极洲）的条件和地理位置为空间物理观测提供了绝佳位置。南非国家航天局拥有非洲唯一的空间天气区域预警中心，通过监测太阳及其活动，为国家提供空间天气预警和预报。空间天气产品和服务主要用于国防、航空导航和通信部门的通信和导航系统。

科学和工业研究理事会是南非的国家研究组织，根据南非联邦议会的《科学研究理事会法案》成立，负责制订并实施南大洋碳气候观测站计划，重点关注南大洋在全球百年尺度大气中二氧化碳变化趋势及在区域气候变化中的作用。

南非气象局的职责是提供天气和气候相关数据。该局设在SANAE Ⅳ

基地的气象站，为全球数值天气预报和气候变化模型做出贡献，并依托南非海洋气象观测系统向南非邻近海域直至南极大陆架的所有船只提供海洋气象预报。

南非海事安全局隶属交通部，负责确保海上生命财产安全和保护海洋环境。因此，南非海事安全局负责指挥海事救援协调中心，在南大洋和南非大陆附近的南极洲地区进行海上搜索和救援。

航空救援协调中心隶属交通部，其职责是在南非、纳米比亚、莱索托和斯威士兰进行航空搜索和救援。

第三节　南非在南极洲、亚南极洲和南大洋的投资和足迹

1949年1月，南非首次正式进入南大洋和亚南极，并占领了爱德华王子群岛。1965年，南非首次对爱德华王子群岛进行科学考察，并扩大了岛上的基础设施，以容纳更大规模的越冬队伍。2011年，气象站更新为现代化综合结构，此次更新耗资约2.8亿兰特，保证更多研究人员/科学家在此活动。至今，爱德华王子群岛的供应及救援航行仍在继续。

1960年1月，第一支南非南极考察队乘坐挪威船只"Polarbjorn"号离开开普敦，并在挪威基地过冬（该基地后来被捐给南非使用）。南非于1961—1982年建造了其首个南极基地——SANAE Ⅰ，这是一座木结构建筑的气象研究站。1971年，新南极基地SANAE Ⅱ建立，并取代了SANAE Ⅰ基地。1979年，第三个南极基地SANAE Ⅲ建成。该基地建于冰架之上，由波纹钢建筑和走廊组成，但两年后被堆积在海岸和冰架上的积雪掩埋。恶劣的气候条件迫使南非每5~10年建造一座新基地，于是南非决定向内陆迁移，并在距离海岸约200千米的裸露岩石上建造了SANAE Ⅳ基地。该基地于1997年投入使用，耗资8 500万兰特。目前基地正在整修，耗资约为3亿兰特。自1960年以来，南非不仅一直不间断地存在于南极，在南极大陆保护和可持续利用方面也发挥了积极作用，为科学知识获取做出贡献。

戈夫岛是英国领土，位于大西洋、南非西南部，对于南非的气象观测和预报意义重大。1956年，南非与英国签订了租岛协议，随后在此建

立了一座气象站以提供长期天气观测数据。自1956年起，南非气象局开始运营戈夫岛气象站，提高了南非的全球和区域气象预报准确性。

最初，一艘破冰补给船对这三座基地提供补给和救援。1980年，具备大气、气象和海洋研究能力的"SA Agulhas"号考察船将其取代，这对南非南极和南大洋活动是一项重大投资。34年来，该考察船为基地提供服务，并在南大洋进行考察研究，多次成为多国的科研考察平台。2012年，"SA Agulhas Ⅱ"号考察船取代"SA Agulhas"号考察船。"SA Agulhas Ⅱ"号造价17亿兰特，兼具补给、研究与破冰能力。此外，SANAP筹资措施每年提供1亿兰特支持南极洲和南大洋地区的研究。该措施是一种针对特定区域、以主题为导向的供资措施，支持在南大洋和南极洲进行的研究。

对南非在南极足迹的评估，是以投入产出比进行的。其投入包括基地、船只、飞机、越冬人员、在夏季进行研究的科学家数量；产出则包括知识产出（研究论文）和对南极洲事务的影响。尽管各国南极计划不同，很难直接进行比较，但很明显与其他签署国相比，SANAP的足迹并不多。正如南非科技部《海洋和南极研究战略（2016年）》指出，南非的雄心是将其战略地理优势利益最大化，以便进行世界级的海洋、南极和气候变化研究。

"SA Agulhas Ⅱ"极地考察船驶向所有研究基地，运送南非环境、林业和渔业部、各高等院校和科研机构的科学家。补给航次如下。

（1）马里恩岛补给航次于4月出发，5月返回。该航次包括一份完整的船舶科学活动清单，涉及生物、化学和物理海洋学以及底栖生物多样性。在船上进行研究时，使用高清摄像机和录像来监测底栖生物的生物多样性群落和海底栖息地。此外，还使用精密设备测定马里恩岛海洋保护区周围5 000米深海水的盐分和热量。

（2）戈夫岛补给航次于9月出发，10月返回。戈夫岛自1956年起由南非气象局运营，南非气象局长期保管包括南非西南部海域高质量气象观测数据在内的数据集。这些数据集是提高南非对全球和区域气象预报准确性的关键。

（3）南极SANAE IV基地夏季航次，12月出发，翌年2月返回。SANAE基地的研究分为物理科学、地球科学、生命科学和海洋科学4个领域。只有物理科学计划全年在 SANAE Ⅳ 基地进行，其他计划只能在夏季进行。

近年来，"SA Agulhas Ⅱ"号极地考察船增加了专门用于研究的航程，包括：

(1) 南大洋 (SEAmester2019) 7月为期11天的实验。大约有40名来自南非各地的大学生从开普敦出发，搭乘"SA Agulhas Ⅱ"号考察船，沿海岸航行至伊丽莎白港，在那里船只转向深海，沿着阿古拉斯系统气候线航行，并进行电导率、温度和深度测试。

(2) 南大洋季节实验 (SCALE) 在7月进行为期3周的冬季航行。SCALE冬季航行是在南大洋进行的一项跨季节、跨学科实验，目的是增进对南大洋气候敏感性的了解。

(3) 春季航次：10—12月 (6周)。该航次由多国家、多机构的16个团队组成，集中研究物理、海冰、海浪、机器人、化学、塑料和鸟类等领域，以更好了解南大洋重要的生态系统。

第四节 持续参与南极洲事务的理由、愿景、目标和战略目标

一、南非的国家利益

南非持续在南极洲和南大洋进行投资并参与南极事务的国家利益在于：

(1) 南非是《南极条约》最初的12个签署国之一，有责任维护和影响南极条约体系的法律和体制框架演变。

(2) 南非地理位置靠近南极洲，需要建立一个活跃的南极部门，服务于经济利益、科学认知和环境管理。南非毗邻南极洲的地理条件使其成为南极大陆的门户。

(3) 南极洲和南大洋对世界气候模式起决定性作用。南非有能力在南大洋和南极科学中发挥引领作用，为气候变化对南极洲和南大洋影响的全球研究做出贡献。此外，南非在加强预测天气和气候能力方面存在切身利益（如在缓解气候变化对渔业、农业、粮食安全的潜在风险以及

对建筑环境和生命安全的潜在威胁方面），特别是预测极端天气事件（如干旱、洪水和暴风雨）。

（4）南极洲和南大洋环境是专门用于研究和认识自然过程的户外实验室，为研究不同学科的不同现象提供了条件（包括空间科学、卫生、气象学、海洋学、海洋资源管理、冰川学、地质学、农业和各种工程学科）。

二、愿景

为了南非、非洲和全世界的利益，南极洲和南大洋应得到认识、重视和保护。

三、目标

在南非有效协调和执行南极条约体系中遵循有关研究、养护、资源可持续利用和环境管理的规定，并支持非洲议程。

四、价值

（一）身份的认知

我们应当认识南非身处非洲大陆，是非洲大陆的重要组成部分。

（二）秉持的态度

- 重视跨领域合作和治理；
- 有抱负、有胆略、有雄心；
- 重视与其他国家的合作项目；
- 重视能力发展。

（三）行动的方向

- 诚信服务；
- 追求持续改进；
- 予以重视。

五、南极战略的支柱

南极战略的 5 个支柱如下。

(一)国际交流与合作

优化南极条约体系内的国际交流与合作。组建世界一流的多学科团队,承担复杂的研究和管理问题,分担科学和后勤成本。

(二)研究

增进对南极洲历史及现状的了解,了解其自然和物理资源、南极洲在全球变化中的作用和影响、南极气候系统和天气模式在南非干旱中的作用和影响以及遗传资源在发展未来生物材料方面的潜在作用。

(三)保护和可持续利用

促进南极洲和南大洋海洋及陆地生物多样性的保护和可持续利用。南非将倡导基于实证的保护管理措施。

(四)能力开发与培训

促进研究人员的技能提升,使其获取新的不同方法。

(五)公众

提高公众对南极洲和南大洋的认识和兴趣,支持南非公民参与南极洲事务。

六、战略目标

南非在南极洲和南大洋的战略目标是以其支柱和战略利益为基础的。南非协调和执行南极条约体系相关研究、养护、资源可持续利用和环境管理是对总体目标的回应。南极洲和南大洋战略的总体战略目标是确定南非在《南极条约》地区的战略利益,并提供一个在现有范围内实现利益,并在未来鼓励必要的制度安排,以实现效率最大化的框架。以下是目标和次级目标。

(一)加强南非在《南极条约》中的地位、作用和影响

- 最大限度提高知名度和自信,在南极条约体系的谈判进程中推动非洲议程。
- 建立和维持有效的地缘政治联盟,通过非洲联盟进行非洲大陆南极活动区域合作,并充分把握金砖国家的关系和机遇。
- 评估和实施制度改革,提高效率。
- 倡导南极洲和南大洋海洋资源的公平获取和共享。
- 利用南极和南大洋门户优势:利用与毛德皇后地航空网络项目参与国家的伙伴关系和合作;加强与亚南极邻国(法国、挪威、英国和澳大利亚)的伙伴关系和合作;依托联盟关系推进南非国家议程,并激发非洲国家和其他发展中国家的兴趣。

(二)利用南非的战略定位,推进符合相关国家战略需求的世界级科学研究,根据《海洋和南极战略(2016年)》在区域和全球范围内开展活动

- 采取多学科和综合办法,加强面向国家和区域优先事项的前瞻性海洋和陆地科学研究。
- 进行基础研究以认识南极生态系统。
- 开展海洋生物资源利用研究,以优化可持续利用和渔业管理。
- 扩大南极和南大洋研究范围。
- 为其他在南极开展活动的国家提供更优化的科学支持和后勤服务。
- 与有关部门和机构合作,协调管理南极和南大洋科学研究活动。

(三)增进和保护南极洲和南大洋的特殊性和生态完整性

- 制定并实施相关政策,保护南极洲和南大洋的特殊性和生态完整性。
- 开展物种和生态系统变化趋势研究和长期监测以支撑管理。
- 支持设立特别管理区/保护区。
- 了解人类活动对南极洲的影响,为相关管理/干预提供依据。
- 与有关各方合作,推进南极和南大洋协调管理。

(四)提高公众对南极洲和南大洋事务的认知和兴趣

提高南非科学家、决策者和公众南极认知的计划和措施包括:
- 建立南极中心和分局;
- 为所有南极门户信息查询建立南极社区和后勤网络;
- 加强南极拓展计划;
- 加强 SANAP 的资料宣传;
- 促进高等教育机构纳入关于南极知识的教育。

(五)南极洲和南大洋运营的基础设施的保障与维护

保障南非南极和南大洋基础设施的重点是确保其符合南非的目标,支持南非的地缘政治、管理和研究职责,并满足必要的安全标准。该目标通过以下子目标实现:
- 改善基础设施功能,优化运营;
- 加强伙伴关系以支持基础设施的供应,满足南非国家日益增多的南极计划;
- 根据《非洲海洋整体战略(2050)》的目标,促进基础设施发展,增强非洲大陆参与南极事务的能力。

第五节 治理和体制安排

一、介绍

在南极洲的活动极为困难,是在高度变化、不可预测和危险的环境中进行的。因此,支持南极洲和南大洋计划的体制结构必须既果断又灵活,必须充分了解在这种环境中运作的各部门之间的相互依赖关系。关键是南非政府部门之间以及与主要利益攸关方之间的有效协调与合作。为达到最佳的合作及协调,建议做出以下体制安排。
- 设立南极洲和南大洋论坛。
- 设立南极洲和南大洋技术委员会。

二、南极洲和南大洋论坛

作为执行《南极条约》体系的核心，建议南非环境、林业和渔业部总干事主持南极洲和南大洋论坛，为 SANAP 提供政策指导，并评估 SANAP 的成果。该论坛每年召开两次会议。

三、南极洲和南大洋技术委员会

科学是南极工作的一项主要活动。建议设立南极洲和南大洋技术委员会。

该委员会的主要目的是解释南极洲和南大洋论坛的政策指南并确定研究的优先事项。有提议称，该委员会将由高等教育、科学和技术部担任主席，并由科学机构负责人和高等教育机构代表组成。

这些机构将包括南非国家航天局、南非气象局、科学和工业研究理事会、人类科学研究理事会、医学研究理事会、农业研究理事会、地球科学理事会和环境事务部。

四、南非南极部

大多数南极国家都设置了专门的组织与其他南极洲和南大洋利益攸关方进行协调和合作。建议重新设定目前由 23 名工作人员组成的理事会工作人员职务，在环境、林业和渔业部内设立南非南极部，负责促进南非在南极洲和南大洋的战略、科学和环境利益，并负责维持南非在南极和亚南极群岛的存在。

五、长期的体制考虑

2007 年，SANAP 专家审查小组报告强调了未来建立一个连贯、透明的治理结构的必要性。统一和透明的治理结构和体制安排有助于最大限度地提高效率，创造新机会，并提高南非的全球形象及在南极洲和南大洋的投资回报。

第三十一章 南非《南极洲和南大洋战略》

第六节 实施计划

目标	次目标	第1年	第2年	第3年	第4年	第5年	部门
加强南非在《南极条约》中的地位、作用和影响	最大限度地提高知名度和自信，并在南极条约体系的谈判进程中推动非洲洲议程	就南极条约协商会议议题酝酿并提出立场	就南极条约协商会议议题酝酿并提出立场	就南极条约协商会议议题酝酿并提出立场	就南极条约协商会议议题酝酿并提出立场	就南极条约协商会议议题酝酿并提出立场	环境、林业和渔业合作部/国际关系与合作部/科学和创新部
	评估并实施机构改革，以提高效率	成立南极洲和南大洋论坛（ASOF）委员会机构对SANAP进行审查	建立南极和南大洋技术委员会（ASOTC）通过改革提高SANAP效率	ASOF和ASOTC管理会议 机构审查研究报告	ASOF和ASOTC管理会议 利益攸关者参与	ASOF和ASOTC管理会议 启动实现机构审查研究报告	环境、林业和渔业部/科学和创新部
	充分利用南极和南大洋门户的优势	提升门户服务功能	与毛德皇后地和纳米比亚邻国成员制定并签署谅解备忘录	开发业务范围，增加从开普敦出发前往南极国家数量	利益攸关者参与以增加从开普敦出发前往南极的国家数量		环境、林业和渔业部

527

续表

目标	次目标	第1年	第2年	第3年	第4年	第5年	部门
优化使用南非和非洲科学家定位，推进符合战略需求的国家战略和南极战略相关的世界级科学研究，具有全球影响力，符合《海洋和南极战略》（2016年）	南非和非洲科学家在影响力大的期刊上发表南极和大洋科学的同行评议论文	增加南非和非洲科学家同行评议论文数量	增加出版数量	增加出版数量	增加出版数量	增加出版数量	科学和创新部
	长期研究计划	建立信天翁长期监测系统	建立南极企鹅长期监测系统	建立鲸鱼长期监测系统			环境、林业和渔业部，科学和创新部
	扩大南极和南大洋研究范围	利益攸关方参与、促进设立新确定领域的研究项目	利益攸关方参与、促进设立新确定领域的研究项目	极端微生物和极基因组学项目启动	开展健康和社会研究项目	冰川学（干旱动力学）研究计划启动	南极洲和南大洋技术委员会/环境、林业和渔业部
促进和维护南极洲和南大洋的特殊性和生态完整性	制定实施促进南极洲和南大洋的特殊性和生态完整性的相关政策	制定南极法案法规	制定南极法案法规	最终制定南极法案法规		执行南极法案法规	环境、林业和渔业部

续表

目标	次目标	第1年	第2年	第3年	第4年	第5年	部门
提高公众对南极洲和南大洋事务的认识和兴趣	建立南极中心和管理区	建立南极中心和管理区的范围研究	建立公私伙伴关系以确保资金	确保站点安全并制定站点计划	建设	成立南极中心和管理区	环境、林业和渔业部
	加强南极拓展计划	审查和更新南极拓展计划	审查和更新南极拓展计划用具	执行修订后的南极拓展计划	推出修订后的南极拓展计划材料	执行修订后的南极拓展计划	环境、林业和渔业部
为南极洲和南大洋的运营做计划，提供和维护基础设施	改善基础设施功能、优化运营	进行年度基础设施审计报告以告知未来的需求和更新计划	执行年度基础设施审计报告	3年基础设施审计和更新报告	执行3年基础设施审计和更新报告	执行3年基础设施审计和更新报告	环境、林业和渔业部

第七节 结 语

南非认识到了南极条约体系的重要意义，也充分认识到本国在该体系以及在南大洋和南极科学研究与保护方面发挥领导作用的地理战略优势。因此，战略充分表达了南非的国家意图，即通过有针对性的协调方法，最大限度提高南非的科学能力和影响，保持其在国际气候变化、海洋保护和可持续利用方面的引领作用。此后南非还将对该战略定期审查，确保新的发展与国家利益相适应。

第四篇

国际组织海洋政策

第四编

国家行政管理卡来

第三十二章 《海洋脱氧：事关每一个人——原因、影响、后果和解决方案》

2019年12月，世界自然保护联盟（IUCN）发布《海洋脱氧：事关每一个人——原因、影响、后果和解决方案》（以下简称《脱氧报告》）。该报告是迄今为止规模最大的同行评议研究，探讨了海洋缺氧的原因、影响和可能的解决方案。报告指出，因气候变化和营养污染等因素导致的海洋脱氧，对金枪鱼、马林鱼和鲨鱼等物种构成日益严重的威胁，破坏海洋生态系统，严重损害渔业。报告警告称，低氧浓度的海域正在扩大，目前全世界约有700处海域受低氧条件影响。如果各国继续以目前的平均水平排放温室气体，那么到21世纪末，全球海洋的氧气储量预计将损失3%~4%，最终影响数亿人的粮食安全。

第一节 前 言

登上月球的人多于探寻海底的人。生活在地球上的77亿人口均依赖健康的海洋环境。20世纪70年代，太空探测器"旅行者1号"从遥远的60亿千米外拍摄到地球图像。已故的美国著名天文学家卡尔·萨根（Carl Sagan）指着这个"暗淡蓝点"说："……那是我们的家园。在地球上，我们深爱的每一个人，认识的每一个人，听过的每一个人，都生活在这里。"

令人惊讶的是，人们甚至还未意识到自身的活动对维持生命的海洋所产生的影响，海洋在遥远的地方影响着我们的世界并给我们的世界增添了色彩。2019年政府间气候变化专门委员会（IPCC）发布的《关于气候变化中的海洋和冰冻圈特别报告》对人类造成的影响提出了严正警告，《脱氧报告》是该报告的组成部分。报告呼吁采取紧急措施，提高全球认识，以推动更雄心勃勃的目标和更迅速、果断的行动。

2000年以来，国际社会一直开展重要的和有针对性的行动，以提高人们对海洋温室气体排放影响的认知和理解。我们现在知道，人类活动所排放的二氧化碳正导致海水逐渐变酸，即所谓的海洋酸化现象。仅过去 10 年间，地球大气层中的二氧化碳和其他强效温室气体严重影响了全球海洋的温度，且影响范围日益广泛。自 20 世纪中叶以来，约 93%的造成大气升温的碳排放已被海洋吸收，从而导致海洋变暖现象。除过度捕捞、污染和栖息地遭破坏等现有问题外，人们已经开始关注海洋变暖现象对海洋生物多样性及整个海洋功能的影响方式及影响程度等问题。

该报告和其他综合技术报告共同表明，海水变暖和逐步酸化不是全球温室气体排放对海洋领域造成的唯一影响。几十年来，人们已经认识到，由于氧气在水体和海床中被耗尽，农业中的养分流失会在海洋中形成贫氧区。但是被称为"海洋脱氧"现象的原因和真实影响范围仍然难以确定。该现象与气候变化有联系吗？该现象在当下与未来会对人与环境产生何种影响？IUCN 与来自 17 个国家/地区 51 个研究单位的 67 位科学家合作，开展了迄今为止最大规模的有关海洋脱氧的同行评议研究。世界顶级科学家对这一主题的研究表明，人类活动正在影响海洋中维持生命的氧含量，这是不可回避的事实。我们现在需要变革全球治理体系，各国政府和社会也需要为减缓这种影响而采取行动。

人们对海洋脱氧的认识正在提高，但是现有问题仍令人担忧。相关工作应该引起所有人的关注，激励人们更为重视相关基础研究，尤其是在即将步入联合国海洋科学促进可持续发展十年（2021—2030）之际。这 10 年的重点是支持各国为扭转海洋健康水平下降而做出的努力，因此，提高人们对海洋脱氧的认识非常必要。海洋科学十年致力于使全球海洋利益攸关方在一个共同框架下保持协调一致，这将确保海洋科学能够有效支撑各国改善海洋可持续发展条件。

这份有关海洋脱氧的报告也许会最终唤醒人们的决心，采取行动解决并立即遏制二氧化碳和其他温室气体（如甲烷）的排放。

海洋脱氧的相关过程大致如下。

温室气体排放导致气候变暖，而排放的大量热量正在被海洋吸收。由于氧气在较温暖水中的溶解度较低，垂向温度梯度更强，抑制了氧气从海表到深海的扩散并使深海氧气循环更缓慢，从而减少了向深水区的氧气供应，因此所有水深范围的海洋均发生脱氧现象。除此之外，通过河流径流和大气沉积物增加的对海洋的营养物质输入促进了藻类繁殖，增加了氧气

第三十二章　《海洋脱氧：事关每一个人——原因、影响、后果和解决方案》

需求量，导致数百个沿海缺氧区的形成以及自然形成的低氧区缺氧情况加剧。

- 1960—2010 年期间，全球海洋氧气存量减少了约 2%。
- 海洋模型模拟预测，到 2100 年，全球海洋中的溶解氧存量将进一步下降 1%~7%，海洋变暖引起氧溶解度下降和深水流通减缓的现象。
- 海洋中氧气含量的下降影响海洋养分循环和海洋生境，并且对人类生计和沿海经济造成潜在的不利影响。
- 海洋氧气损失、海洋变暖和酸化与人类活动排放的二氧化碳增加以及农业施肥等导致的生物地球化学变化密切相关。因此，我们需要共同努力研究不同的因素，以帮助人们进一步了解海洋未来的变化。

第二节　何为海洋脱氧

尽管海洋治理行动通常集中在诸如捕捞、污染、栖息地破坏、物种入侵和塑料污染等造成的影响上，但对于海洋生态系统而言，由于人类活动而造成的溶解氧变化是十分重要的生态环境变量，会在短时间内发生巨大的变化。如今，海洋脱氧以损害那些对缺氧敏感的物种为代价，开始逐渐改变生态系统的平衡。我们可以将海洋中氧气的损失大致归结为两个主要原因：一是土地养分流失，二是化石燃料燃烧产生的氮沉积导致的富营养化。气候变化导致海水变暖，并降低了海洋保持可溶性氧的能力。

自 20 世纪中叶以来，人们已经意识到，营养物质或有机物（富营养化）在水域过度富集，产生威胁，造成近海生态系统退化，影响渔业以及世界许多地区人类的健康。研究已经确定全世界有 900 多处近海和半封闭海域正承受富营养化造成的影响。其中，有 700 多处存在缺氧问题，但通过对周边土地进行养分和有机负荷物管理，现在约有 70 处（10%）正在修复中。富营养化引起的缺氧及其对全球范围生态系统服务的威胁已有大量的文献记载，但是这些问题对于人类健康、社会和经济的长期影响及其与其他海洋压力因素的结合所产生的影响，仍存在很多未知数。

《脱氧报告》的特别之处在于，它更加关注于最近发现的因海洋变暖引起的氧气减少所产生的影响，这种影响目前正在影响广大海域。海水大量吸收那些导致大气变暖的温室气体，推动了海洋的物理和生物构成发生巨大变化。这些因素也相互作用，变暖引起的氧气损失使沿海地区陷入富营养化驱动的缺氧，并可能导致沿海缺氧情况的急剧恶化。富营养化引起的缺氧（如果采取必要的措施可以相对容易且迅速地逆转）与气候驱动的变暖引起的缺氧（很难根本逆转）结合在一起，正推动着海洋脱氧成为全球性新问题。

人类活动不仅改变了沿海和远洋的氧气含量，而且改变了可能在生理和生态过程产生负面影响的其他物理、化学和生物环境。海洋脱氧是人类活动造成的，应当引起人们的关注。海洋变暖、海洋脱氧和海洋酸化是海洋系统的主要"压力源"，通常由共同的原因引发。大气中二氧化碳排放量的增加一并引发海洋系统的变暖、脱氧和酸化，而养分污染又导致海洋脱氧和酸化日益严重。目前，海洋系统正承受着多重压力源累积作用的巨大影响，而且随着目前预期的温室气体排放量的持续增加，海洋的变化只会持续并加剧。这些"压力源"的组合效应可能大于、小于或等于每个压力源的总和，这些"压力源"的综合影响仍然存在很大的不确定性。

海洋中确实还存在自然缺氧的区域，维持着具有特殊生物和行为特征的物种，但是所有生物都有其局限性，即使细微的氧气含量下降，都会造成生物和生态影响。美国肺脏协会的座右铭可以很好地概括维持海洋中充足氧气水平的重要性，即"如果不能呼吸，那将别无所求"。

第三节 已经造成何种影响

水中呼吸是艰难的，因为一定体积的水所含的氧气要比等量的空气少很多。这决定了海洋生物的生理性能和行为构成在很大程度上取决于其从周围海水中获取氧气的能力。海洋氧气含量的任何变化都可能对已经适应日常活动所需氧气量的物种构成威胁。

自20世纪中叶以来，河流中氮和磷的输出量增加，化石燃料燃烧产生的氮在大气中沉积，导致世界范围内近海地区（包括半封闭海域）的富营养化。人为活动导致的高养分负荷使沿海水域营养丰富，增加了浮游植物和其他生物的生物量。随着这些生物的死亡和排泄，有机物沉积并腐烂。在这种腐烂过程中，微生物利用氧气呼吸，消耗了周围水体中的氧气。水体在区域和局地尺度上如何发挥作用，取决于水体的物理结构和分层。水中

第三十二章 《海洋脱氧：事关每一个人——原因、影响、后果和解决方案》

的盐或热分层，或两者兼而有之，表明水体中密度差异增大，这可以阻止溶解氧扩散。水体流动受阻还增加了近海地区发生氧气消耗的可能性。诸如深水基石和近海平流之类的物理障碍也会正面或负面影响脱氧水平。

在过去几十年中，海洋-大气系统平衡状态受到干扰，海洋现已成为大气中的氧气来源，尽管其氧气存量仅占大气中氧气存量的0.6%。在较长的时间内，由于变暖导致的呼吸增强更易在海面附近造成氧气不足。近海面垂直氧梯度的增加甚至可能增加海洋从大气中吸收的氧气。

自20世纪中叶以来，全球海洋中的氧气含量减少了1%~2%。从气候变化的角度来看，海水温度升高一方面减小了氧气（和其他气体）在水中的溶解度。其中的物理原理是，较冷的液体会容纳更多的溶解气体。但这仅部分归咎于观察到的海洋氧气的总体损失。有充分的证据表明，这类海水温度的升高导致水深1 000米以上海域约损失50%的氧气。到目前为止，氧气溶解度变化致使水深1 000米以下海域的氧气约损失2%，根据最新估算的全球脱氧值，1960—2010年间，氧气溶解度发生变化导致的脱氧量占氧气总损失量的15%（范围为10%~30%）。

大部分的氧气损失是由海洋循环的变化和相关的气体交换引起的，这些气体交换将氧气从大气层和海面带入海洋深处，洋流和风向的变化使情况更加复杂。氧气含量下降15%可以归因于海水变暖引起的颗粒物和有机物变化。

尽管与海洋变暖、脱氧和酸化有关的生物地球化学和物理变化发生在世界各地的海洋中，但这些全球压力源具有强烈的区域性和局部特征。波罗的海和黑海或许是受海洋脱氧困扰最为严重的地区之一。这些海域是世界上最大的半封闭式低氧海洋生态系统。尽管黑海的深海区域本身是缺氧的，但黑海西北部的氧气消耗却可归因于高营养负荷。目前在波罗的海观察到的广泛低氧条件是来自陆地径流的营养物输入增加的结果，全球变暖加剧了这种情况。

海洋脱氧的影响不仅限于封闭海域。东边界上升流系统（EBUS）处于海洋中生产力最高的生物群落区域之一，为世界1/5的野生海洋鱼类提供了良好的生存条件。

洋流将营养丰富但缺氧的海水带到了全球海洋的东部边缘。EBUS本身作为贫氧区域，尤其易受全球海洋脱氧进一步变化的影响，因此如果

EBUS 的氧气含量改变，将最终波及亿万人的生存。

与公海相比，EBUS 中溶解氧的长期变化更具挑战性。尽管如此，重要的变化趋势已经开始出现。在许多东边界上升流系统中，溶解氧每 10 年下降约 10 微摩尔/千克。这是一个非常令人担忧的问题，因为许多东边界上升流环境已经接近甚至超过部分人认为的缺氧关键阈值（60 微摩尔/千克）。由气候变化驱动的风力增强导致一些系统中低氧和营养丰富的水向上升流输送，这增加了生态系统的变化风险，超出了人们所预期的海洋脱氧风险。海洋和大气连接开阔海域、对流层和陆地的过程是十分复杂的，东边界上升流区是气候系统的关键区域，拥有最低氧含量区域，这是世界上水体反硝化作用最大的部分，其温室气体一氧化二氮的排放量估值最大。

由于许多东边界上升流区已经暴露于低氧条件下，因此超过重要的生物阈值的风险就更大，该阈值可调节渔业种群的分布和生产力以及生态系统的功能。浅水缺氧已经导致某些东边界上升流区中的鱼类和贝类大量死亡。低氧区域的扩大导致耐缺氧的巨型鱿鱼迅速而短暂地侵入其他物种群。尽管人们对于应对气候变化管理工具的需求日益增长，但鱼群迁出低氧区也影响了渔业独立调查工作的准确性。

东边界上升流区还易产生高生物量的有害藻华（HAB），并与一些最早出现的赤潮有关的缺氧事件相关。亚洲的藻华扩张比世界上其他海洋区域都更为明显，而且越来越多的报告显示，亚洲 HAB 和水产养殖活动都很频繁。一些预测模型表明，养分污染可能会增加，相应地，区域和全球近海缺氧和与有害藻华相关的缺氧将继续扩大。

现有数据显示，过去 50~100 年间，缺氧区、最低含氧区和次低氧区域在大西洋大部分地区急剧扩张，这显然与人类活动有关。现在，在大西洋的许多近海地区，包括地中海、墨西哥湾、黑海和波罗的海等海域，都发现了低氧甚至缺氧的水域。与此同时，尽管人类活动对海洋环境产生影响的时间很早，但深海中却存在着这样的情况，即氧气含量的下降正影响着赤道和大西洋南部的大范围海域。除许多沿海水域外，在大西洋的多数海区的中层水深处，即 300~1 000 米深处也发现了氧气缺乏的水域。在过去的 60 年中，这些区域的氧气浓度有所下降，部分是由于海洋变暖，还有是由于水体混合和流通的减少。

第三十二章 《海洋脱氧：事关每一个人——原因、影响、后果和解决方案》

预计印度洋其他地区的低氧区域将继续扩大和加剧。北印度洋大陆边缘区域约占全球2/3，可与氧含量非常低的（<0.2毫升/升）水体接触，并且还存在世界最大的自然形成的浅层低氧区域（印度以西海域）。半封闭海区沿岸国家拥有全球人口的1/4，其环境、生物多样性和生物资源最容易受到人为活动的影响，特别是海洋脱氧。

海洋脱氧区域的扩大对海洋生物产生许多有害影响，包括栖息地丧失、食物网变化、生物生长和繁殖减少、生理压力、迁移、易被捕食、生命周期受干扰以及在极端情况下死亡。当溶解氧消耗至低于检测水平时（如阿拉伯海大面积水域所发生的情况），微生物群落会进行厌氧呼吸，该过程主要利用硝酸盐（一种重要的营养物）并将其转化为惰性分子氮，即温室气体一氧化二氮。虽然通过此过程（脱硝化）产生的分子氮调节了反应性氮的平衡和海洋生物生产力，但海洋一氧化二氮的排放在地球辐射平衡中也产生了重要影响。

孟加拉湾的低氧区域含有微量氧气，但仍足以抑制大规模反硝化作用。印度洋北部的水中含微量氧气（<0.2毫升/升）的水量比阿拉伯海的功能性缺氧范围大得多。因此，由于活性氮损失，海洋脱氧的扩大和集中将对生产力产生重大影响，并通过增加一氧化二氮的排放而对气候产生重大影响。

但是，人们仍然严重缺乏对潜在脱氧热点地区（包括印度洋、恒河-布拉马普特拉河和伊洛瓦底江）缺氧信息的了解。因此，需要开展能力建设，扩大和改进对于脱氧和全球变化所造成的其他海洋影响的监测。

海洋脱氧造成的生物量损失包括：
- 渔业物种的直接死亡；
- 被捕食物种的直接死亡；
- 生长和产量下降；
- 补充量减少。

海洋脱氧造成的生物多样性损失包括：
- 敏感物种死亡；
- 多样性降低；
- 对疾病和其他压力因素的易感性；
- 食物网的复杂性降低。

海洋脱氧造成的栖息地损失包括：
- 生物体涌入次优栖息地；
- 自然捕食和捕捞压力导致死亡风险增加；
- 被迫迁离首选栖息地；
- 改变或阻碍迁徙路线。

海洋脱氧造成的能源和生物地球化学循环的改变：
- 微生物能量流增加；
- 产生有毒的硫化氢；
- 磷和其他营养物质从沉积物中释放出来，为藻类繁殖提供了动力；
- 反硝化作用损失。

第四节 对未来的影响

目前，我们利用气候变化模型模拟21世纪末在高排放和低排放情景下的海洋氧气减少情况，而对河口和近海的海洋情况预测表明，许多地区的富营养化情况可能继续恶化。气候变暖预计将通过加强和扩大海水分层进一步加剧富营养化并影响沿海区域的脱氧问题。

随着海洋变暖，海水分层增加，海洋环流出现减缓的趋势。人们尚未很好理解海洋脱氧的空间模式和机制，因此需要对模型做进一步的改进以便改善预测能力。预计海水中溶解的有机物（DOM）的呼吸速率也会随着温度的升高而增大。实验结果表明，气候变暖导致水中有机物呼吸加快，观察区域的海洋氧气损失10%。

由气候进一步驱动的海水变暖还可能导致甲烷水合物的不稳定增加，并使沉积物中释放的甲烷量增加。但是，没有证据表明海水升温会引起甲烷加速释放。

由于温度对气体溶解度的直接影响，海洋持续变暖将使海水损失更多氧气。另外，与上层海洋浮力分层增加相关的水体垂向混合也将减少，这导致深度氧气消耗。如果"一切照旧"（RCP8.5），那么到2100年，整个海洋预计将损失其氧气存量的3%~4%，大部分损失集中在水深1 000米以上，而此处水体物种丰度也最高。

因为微生物对元素氧的依赖性会改变养分的供应，在极端情况下会导

第三十二章 《海洋脱氧：事关每一个人——原因、影响、后果和解决方案》

致有毒的硫化氢气体含量增加，未来低氧区域缺氧程度加剧和面积扩大可能进一步威胁生态系统。因为溶解氧的损失与二氧化碳的产生有关，低氧的东边界上升流系统也是二氧化碳富集的区域。东边界上升流系统中的二氧化碳水平以及海洋吸收的人类二氧化碳排放量，已经达到了使海洋生物碳酸钙很容易溶解的水平。因此，东部边界上升流系统是缺氧和海洋酸化的热点地区，迫切需要制定缓解和适应性解决方案。

预计氧气损失的程度以及生态和生物地球化学影响将存在明显的区域差异。多个模型之间存在共识，受氧溶解度降低和呼吸作用增强的影响，中高纬度地区的氧气损失将变大。模型表明，在热带地区，由于溶解度降低而引起的氧气减少与累积呼吸减少而引起的氧气增加将可能实现平衡。因而，当今最低含氧区域核心区域的氧浓度可能会增加。但是，"缺氧"和"低氧"的水域仍可能会大幅增加。

低氧条件和温度升高共同限制了海洋生物的生存环境。持续的海洋变暖伴随着脱氧，将会在氧气水平降至新陈代谢需求以下的地区导致栖息地收缩和破坏。亚缺氧区域的扩大可能会破坏海洋中氮的循环。反硝化作用可能会增加，从而使海洋中氮的损失率更高。氮循环的扰动可能包括一氧化二氮生产的实质性变化，尽管人们对此仍十分不确定。

在短期内，海洋脱氧已造成海洋生物生理和行为的变化。人们已经观察到生物的哺育行为和分布方式发生了改变，海洋脱氧还可能导致生物生长减慢，并难以完成其整个生命周期。预计海洋上层和沿海水域中生物的垂直生境可能会压缩。从中期来看，生物遗传进程可能为海洋种群提供一种迅速适应方法来改变氧合作用状态。然而，发展迅速的生物学科学领域还不足以全面评估遗传反应对海洋生物适应海洋脱氧的影响。人们尚未观察到与海洋脱氧有关的海洋物种物候学（特定生命阶段的时间）的变化。但是，海洋脱氧通常与其他环境干扰因素（海洋变暖和酸化）同时发生，这些环境干扰因素也容易影响海洋环境。

目前，人们缺乏对物种的生命周期之间相互作用和协同作用的理解，这限制了我们评估海洋种群对海洋脱氧的物候学反应的能力。

我们难以预测海洋物种是否能够成功适应目前观察到的海洋含氧量的变化，更难以确定哪种海洋物种能适应上述变化。

从长远看，物种可以通过自然选择逐步适应，但最有可能发生在短世代型物种中。然而,对于大多数以长世代为特征的商业鱼类来说,这种适应进化是很难想象的。从现在到 2100 年,约经历 80 代沙丁鱼(1 年成熟)。这些物种世代数量很少,这尤其使人怀疑商业鱼类适应瞬息万变的海洋条件的能力。

在自然界中,个体间和物种间对氧气供应量减少存在较大差异。人们目前尚未理解海洋物种反应的多样性。此外,海洋脱氧与海洋变暖和海洋酸化等其他环境压力源(自然的或人为的)的协同作用增加了人们的认知难度。在过去 30 年中,海洋生物学家和生理学家努力了解海洋生物如何对环境条件的变化和氧气供应量减少做出反应。尽管付出了很多努力,我们在科研上还有很长的路要走,这就需要加强生理学家、生态学家、建模者和管理者之间的协作。这对于为决策者和海洋资源管理者提供完全可操作的和基于科学的信息至关重要。

第五节 海洋脱氧为何会产生严重影响

海洋脱氧影响的增强将在不同尺度的地球和海洋系统上显现出来。在河口内,低氧状况的恶化会减少渔业物种的关键栖息地,并有利于食物网中耐氧物种(如水母)的生存。在风力驱动的近海上升流区,物理机制发生在寒冷、营养丰富和低氧的水向上流的区域,从而支持大量的海洋植物(即初级生产力)。未来,全球变暖可能会改变这些水域的含氧量,从而影响渔业等领域。在更大范围内,海洋脱氧可能会影响海洋与大气之间的相互作用。这是因为,当最低含氧区向上并冲击到富营养区时,可能会将诸如一氧化二氮、二氧化碳和甲烷之类的温室气体释放到大气中,这将进一步加剧全球变暖,并随后对海水分层、生物生产力和生物多样性产生影响。

最低含氧区在全球氮循环中发挥至关重要的作用,其中,各种化学物质(例如铵、亚硝酸盐、硝酸盐、一氧化二氮和氮气)混合其中,参与了从一种化学物质到另一种化学物质的转化。在最低含氧区中可观察到大量的氮损失,这些约占全球反硝化作用的 10%。当氧气不存在时,微生物将硝酸盐还原为氮气。在陆地上,该还原过程对于地球系统中土壤的健康、微生物和植物生长以及生物健康都至关重要。但是,反硝化也会通过产生一

第三十二章 《海洋脱氧：事关每一个人——原因、影响、后果和解决方案》

氧化二氮而加剧全球变暖。随着全球变暖，最低含氧区预计将显著扩大，导致海洋氮平衡的变化以及海洋中一氧化二氮产量的增加，从而进一步加剧大气层和海洋的变暖。

除了氮循环受影响外，当海水中的氧气含量极低或不存在时，海洋系统中磷（P）的再循环也会增强。磷的利用率增加，可以进一步提高生产率，从而提高深水中的氧气需求。生产力、氧气损失和磷利用率增加之间的相互作用可导致海洋和沿海系统进一步脱氧。最接近陆地的海洋区域（大陆边缘）的沉积物可以作为微量营养铁（Fe）的来源，向邻近开放海域释放营养铁。铁的这种沉积物释放对海洋脱氧是非线性响应，当海床附近的氧气浓度较低且不存在硫化物时，沉积物释放铁的量最大。这意味着海洋脱氧最初可能会提高初级生产者的铁利用率，然后当水变成硫化物时，铁利用率会下降。增加对耦合元素循环及其与海洋氧含量联系的了解，可以增强我们预测气候变化影响的能力。全球变暖将改变流通和水源属性、海洋分层、近地表风、中尺度活动、上升速率、低云量以及空气和颗粒物的海气交换。了解这些变化及其对海洋脱氧的未来轨迹的补偿和协同作用都非常重要，但由于我们缺乏可用的生物地球化学数据，并且全球模式存在偏差，因此这方面的研究具有挑战性。

除氧气减少对地球化学循环的影响外，海洋脱氧还对物种及其提供的服务产生重大影响。海水中氧含量降低还可能对单个生物体产生一系列影响。最明显的是与呼吸面（腮、皮肤）接触的水中的有效氧减少。这导致氧气在呼吸器官上皮中的扩散减少，从而减少了由内部循环液（血液、细胞外液）传输到细胞的氧气。循环液氧合的减少反过来又导致细胞动力室（线粒体）的氧利用率降低，导致产生的能量减少，进而降低了生物生长和繁殖等能力。这种影响可能导致捕食风险增加，影响种群增长补充，并改变种群生产（生物量）和种群结构。

海洋脱氧还损害了海底海洋生物的适宜生境，将水中物种引向了含氧更好的表层水，破坏了生物地球化学循环。物种受到的影响和海洋群落物种构成发生的变化充分说明了这些现象。

世界海洋中的氧气含量在过去已经减少了，这与生物多样性的变化和丧失有关，类似于我们今天看到的那样。从历史记录可以明显看出，当前海洋生态系统的严重退化，包括多样性丧失、丰度下降以及生物组成的变化(往往伴随着机遇种优势度的增加),与过去状况中的古生物指标相吻合。综合受低氧浓度和其他环境参数影响的多种指标,结果可以表明上覆水域出现了缺氧现象。与长期的水质数据比对,这一结果更加令人震惊,因为这些数据表明氮或有机碳负荷增加了。大型底层生物(软体动物)的区系变迁在过去曾随富营养化和含氧量下降而发生。

科学界已经关注海洋脱氧并采取了行动。联合国教科文组织政府间海洋学委员会(IOC)建立了全球海洋氧气网,致力于提供全球范围内跨学科的脱氧观点,重点是促使人们了解海洋脱氧的多方面影响。这个网络极大地促进了本报告的编制。在2018年德国基尔举行的海洋脱氧会议上,来自33个国家的300名与会科学家讨论了氧气的下降及其原因和后果,并发布了《基尔宣言》。该宣言的副标题为"海洋在呼吸",呼吁所有国家、社会组织、科学家和联合国机构提高全球对海洋脱氧的认识,并立即采取果断行动以限制污染,尤其是过多的营养物输入并通过决定性的减缓气候变化的行动抑制全球变暖。当前,政策顾问、决策者和公众必须听取《基尔宣言》的呼声。

第六节 海洋脱氧对沿海及海洋物种、生境和生态系统的影响

一、河口和沿海底栖生物

河口和沿海底栖物种也受到一系列影响。漂流的底栖无脊椎生物将会从溶解氧低的水团中迁移出来。研究表明,在季节性严重的沿海低氧区,当溶解氧接近0.05毫克/升时,会导致底栖生物组合多样性降至1/13,底栖生物丰度降至1/4,生物量降至1/10。当底层水严重缺氧时,每年有高达343 000~734 000吨碳以二次生成碳的形式从超过245 000平方千米的生态系统区域流失。在氧气条件改善的情况下,恢复底栖生物群落可能需要数年至数十年时间,并且可能无法恢复至此前的环境状态。

在沿海水域,季节性严重脱氧会改变底栖生物的构成。随着溶解氧浓度的降低,生物多样性、种群数量、丰度和生物量也随之降低。沉积物不会产生氮,除了少数生物适应严重的缺氧环境,多细胞生物几乎全部受

第三十二章 《海洋脱氧：事关每一个人——原因、影响、后果和解决方案》

损，而微生物群落却蓬勃发展。脱氧的严重程度对底栖生物的影响不同，生物在发育阶段通常比成年时对脱氧更敏感。不同类群生物对低氧的敏感性也有所不同。

脱氧引起的生物迁移会影响生态系统的功能。底栖生物的丧失和次级生产力的降低减少了较高层级消费者的食物供应，而在氧气水平极低的情况下，沉积物中的铵盐和正磷酸盐向外排放，导致进一步脱氧。

河口和沿海环境中的脱氧区域减少了商业重要物种的适宜生境，反过来，这可能导致物种生产量下降并影响其市场价格。

二、海带和大型藻类

海带和其他大型藻类吸收二氧化碳并产生氧气，是氧气的主要生产者，但它们也要呼吸，也需要氧气，因此，缺氧可能会对诸如净初级生产之类的过程产生有害影响（净初级生产提供有机物质以支持海藻食物网和生态系统）。但是，缺氧的影响会因大型藻类物种及其栖息地的不同而有很大差异，因为此类生物的形态和分布各不相同。

海带和其他大型藻类分布在世界各地的近岸系统中，这些系统是动态的，并且会经历氧气、pH 值和温度的较大幅波动。在充满活力的近海上升流区域，低氧事件通常更容易发生。与海湾和河口的呼吸所驱动的缺氧不同，这些上升流驱动的低氧往往是突然发生且迅速恢复的，通常持续时间不超过 24 小时。这些生态系统中的生物是否因适应了溶解氧的自然变化而不太可能直接死亡，或者它们已经接近了生理极限，还有待进一步观察。

人们对于海洋脱氧对大型藻类的直接影响还知之甚少。一方面，缺氧可能给代谢过程带来有害影响，导致净初级生产力较低。预计大型藻类生命周期的各个阶段也可能受影响。但是，许多海藻会进行光呼吸（使用氧气代替二氧化碳），降低了光合效率，因此氧气浓度降低实际上可能会提高某些海洋大型藻类的光合速率。考虑到海洋脱氧与海洋酸化和海洋变暖等压力因素共同发挥作用，预测结果变得很复杂。鉴于钙化、与底栖生物的接近程度、生长速率和碳浓缩机制等因素，预计这几种应激源会对大型藻类群造成不同的影响。

除了对大型藻类造成直接影响外，低氧（以及与上升流相关的 pH 值和温度波动)还可能对驱动海藻生态系统结构和功能的分解者和捕食者产生深远影响。人们目前对于海带生物对低氧反应的研究还很少,但是已有研究表明,海带生物的觅食、进食和运动均发生改变。底栖无脊椎生物(例如鲍鱼)可能会受到不利影响,因为岩石底部的洼地在内波通过后的数小时内可能会保留冷的、酸性和低氧的海水,就像潮汐区会保留退潮时的水一样。此外,对生物体的脱氧作用可能会改变营养物的相互作用和能量流。

三、热带生态系统——珊瑚、海草和红树林

海洋脱氧影响热带沿海生态系统,但相对而言,人们对此研究不足,了解甚少。由于研究能力的缺乏,热带地区低氧生态系统的数量可能被人们低估一个数量级。例如,珊瑚和海草为易受低氧浓度影响的各种生物群落提供了栖息地,这些群落本身易受缺氧的影响,还具有影响周围水中氧气浓度的能力,从而可能影响海洋脱氧率。热带生态系统具有典型的较暖温度,加上珊瑚礁对钙化的依赖性,这需要利用多应力因子的观点来预测该地区的海洋脱氧作用。

有证据表明,热带地区脱氧影响的规模和性质如下:

- 75%:巴拿马缺氧区的珊瑚多样性下降的百分比;
- 1 000 000:在澳大利亚发生的一次缺氧事件中死亡珊瑚礁的数量;
- 13%:世界范围内具有较高脱氧风险的珊瑚生态系统的百分比;
- 8.66毫克/升:在24小时内,红树林池塘中记录的溶解氧浓度范围从最低点0.46毫克/升到最高点9.12毫克/升。

在陆地输入和海洋冲刷出的梯度连通性所形成的缺氧区域,物种可能被隔离或限制在以前活动范围的一部分中,渔业产量也可能会因此下降。低氧还可以触发生物地球化学变化,加剧缺氧和低氧,促进有毒硫化物的产生,导致底栖植物和藻类进一步死亡。珊瑚、海草和红树林基础物种的不同耐受性和适应能力会导致基础物种的整体多样性下降。因为相互作用因子的耐压性不同,这意味着病原体可能会比受胁迫的宿主获得优势,例如,在珊瑚黑带病中,压力的增加可能会增加共生的依赖性。藻类可能在珊瑚礁上繁殖,因为在极低的氧气条件下,它们比珊瑚更具耐受性。

第三十二章 《海洋脱氧：事关每一个人——原因、影响、后果和解决方案》

低氧事件还可能导致形成栖息地的海草和珊瑚大量死亡，从而丧失包括苗圃功能在内的生态系统功能，并且由于建造的珊瑚礁和海草床等结构的丧失，栖息地的结构复杂性也趋于简化。尽管珊瑚和海草的健康和生存状况可能对溶解氧浓度的变化做出非线性反应，但热带生态系统中的缺氧可能会与其他全球压力因素相互作用，包括海洋酸化和变暖。珊瑚和海草的光合作用消耗的二氧化碳和产生的氧气可以缓解与海洋脱氧和酸化有关的压力，而另一方面，光合生物（特别是因海洋变暖）增加的呼吸作用，则可能产生相反的作用。

四、中层生物群落

中层的鱼类和其他生物生活在水深200~1 000米之间。中层生物群落的结构直接取决于有氧代谢所需的氧气量。

中层物种的多样性、丰度、分布和组成均受氧气在大尺度和小尺度范围变化的影响。海洋脱氧会降低中层水体中的最低含氧量，导致氧跃层在水体中垂直移动（即最低含氧带核心区扩张）。在这个海洋领域中，物种从海水中获取氧气的能力得到了发展，可以满足特定的氧气需求。对于中层物种来说，氧气的减少会降低它们捕获猎物和逃避捕食者的能力，根据缺氧程度和温度上升的相互作用，可能导致物种特有的生存、生长和繁殖的减少。

对于中层浮游生物来说，水温和氧分布的变化可能会减弱或增强不同中层浮游生物物种与大型捕食者之间的竞争，这些捕食者通过改变浮游动物的丰度、分布和层的深度，改变物种组成和多样性。依赖于浮游动物群落的生物地球化学循环（即生物泵和微生物组合）将发生重大改变。

降低任何栖息地中的氧分压都会降低生活在其中的所有物种的有氧代谢能力（但与大气平衡的地表水中的氧分压不会降低）。对于中层物种而言，氧气的减少将降低生物捕获猎物和逃避捕食者的能力，并且，随着脱氧的程度与温度升高的相互作用，可能会导致特定物种的生存、成长和繁殖力的降低。

较浅的上层氧化层和低氧层可能会导致物种特定的垂直运动受到抑制，有氧垂直生境向海表面压缩。这可能会改变生活在不同深度层的物种之间的生态关系，并且可能会迫使这些生物进入具有更高捕食压力的较浅但光线充足的水域，从而降低了物种的丰度。此外，这也可能会减少最低含氧区核心的多样性，并改变生态系统的物种构成和生物地球化学循环以及生物碳泵的效率。最低含氧区的扩大将迫使一些生物群落进入更深的水域。这可能会改变季节性滞育和繁殖，捕食者、猎物与浮游生物的相互作用，并可能进一步改变生物地球化学循环和生物泵的效率。

五、大陆边缘中层生物群落

全球气候模型预测，全球变暖将导致中层水中的氧气浓度下降，对沿大陆边缘的最低含氧区影响最大。这些区域的氧浓度已经发生了显著变化，表明近几十年来年代际变化和长期下降趋势都得以证明。近几十年来，随着沿大陆边缘的低氧边界层的显著减少，低氧和亚低氧水的面积和体积已大大增加。

中层生物适应低氧和亚缺氧环境的能力相差很大，因此海洋脱氧和变暖可能导致高度适应最低含氧区条件的亚热带和热带生物的优势增加。

海洋最低含氧区域内的反硝化细菌约占海洋固定氮损失的1/3。在过去的50年中，东部热带太平洋的反硝化作用发生了很大变化，其中约一半的改变是由于太平洋中亚氧化水量的变化所致。长期持续脱氧可能导致营养成分减少，从而降低海洋生产力并减少海洋对二氧化碳的吸收。海洋脱氧还可能导致海洋中一氧化二氮释放量的增加。一氧化二氮是一种在亚氧条件下通过微生物而产生的强大温室气体。

人们很少利用时间序列来评估氧气减少对大陆边缘中层生物群落的影响。但是，一些中层鱼类的数量下降了约77%，这与中层水中氧气浓度下降22%密切相关。几种热带-亚热带生物分类群因适应低氧条件而占主导地位。洪堡鱿鱼适合捕食低氧边界层中的中层鱼类，其生活范围和丰度大大增加。

微浮游生物是浮游生物与各种捕食者之间的主要营养纽带，包括：鱿鱼、金枪鱼、鲨鱼和其他鱼类以及许多具有特殊保护意义的海洋哺乳生物和海鸟。因此，海洋脱氧可能会对全球海洋生态系统和渔业产生深远影响。上升流区的大陆边缘暴露于自然缺氧条件，面积为110万平方千米。由此产生的氧梯度为了解适应性、耐受性、阈值和生态系统对海洋脱氧的反应提供了良好的自然实验环境。

第三十二章 《海洋脱氧：事关每一个人——原因、影响、后果和解决方案》

最低含氧区的扩大通过改变生物分类构成、体型、食物网结构、生物扰动因素和碳循环，将改变大陆边缘底栖生物群落的结构和功能。群落多样性对缺氧特别敏感，在缺氧条件下，所有大小类别的生物（从小型生物到深海鱼类）都出现多样性不断下降。多样性的丧失会导致自适应能力降低和对各种干扰因素的抵抗力降低。大陆边缘的脱氧已经导致不耐缺氧的底层和底栖物种的栖息地被压缩以及耐缺氧物种的栖息地不断扩张，从而导致物种的相互作用（包括与人类的相互作用）发生了变化。

六、河口和沿岸浮游生物

河口和沿岸生态系统的季节性脱氧对河口和沿岸浮游生物产生各种影响。对于浮游生物，影响包括：总体丰度降低；群落结构改变，那些较小的、携带卵的种群和胶状浮游生物随着溶解氧的减少而增加；垂直分布和垂直迁移范围减小；亚致死影响，包括成年后体型缩小；增长率降低。如果浮游动物捕食者利用低氧水作为鱼类捕食的避难所，则上层捕食者与猎物之间的相互作用将会改变。相反，避开低氧底层水会导致浮游动物聚集在缺氧水域的界面上。

在表层与深层之间具有流量差异的沿海生态系统中，需要避免低氧底层水通过改变迁移方式以及停留时间来影响浮游生物种群的空间动态。我们有必要建立一个河口和沿海海洋生态系统模型，纳入季节性缺氧的底水，以更好了解当前和未来海洋脱氧对远洋食物网的影响。

氧气含量低的底层水可能导致浮游动物总体丰度降低，对浮游植物的压力影响降低。这可能会限制以浮游动物为食的鱼群的食物水平。低氧水也可能导致浮游动物种类的变化，向较小的个体转变。因此，较小浮游动物猎物的存在可能会促使鱼类消耗更多的浮游动物以满足其营养需求。

浮游动物利用轻度低氧底层水作为躲避捕食时的避难所，可能会造成多种后果。以浮游动物为食的鱼可能会避开低氧底层水，从而减少了对浮游动物的消耗。相比之下，以浮游动物为食的水母比鱼类更能耐受低氧水环境，因此有可能取代鱼类成为浮游动物的主要消费者。

浮游生物可能会避开严重缺氧的底层水域，在溶解氧迅速减少的深度界面聚集，这可能增加浮游动物捕食者的觅食区。

氧气供应环境与生物体对氧气的需求之间的差异驱动了浮游生物对海

洋脱氧做出反应。缺氧以浓度来界定不能说明氧的溶解度随着温度的升高而降低和生物体代谢速率的增加。在高温下，即使溶解氧的浓度高于缺氧水平(<2毫克/升)，生物也可能处于致死状态。缺氧的实际影响很可能是特定的，与每种浮游动物的需氧量有关。

七、软骨鱼类

超过1 000种鲨鱼、鳐鱼都是水中呼吸者，这些体型较大的活跃的食肉动物对氧气的需求量较大。由于在水生生境中广泛分布，其包括氧浓度在内的理化变量的变化也很大，这表明软骨鱼类的生理、行为和生态都受到氧耗竭的巨大影响。许多软骨鱼类表现出回避缺氧水的快速行为反应。尽管如此，软骨鱼类也似乎能够抵抗轻度的缺氧，甚至可以坚持较长时间。但是，这种反应可能不足以耐受中度或长期缺氧。水温随着气候变暖而升高，大多数软骨鱼类将表现出新陈代谢速率提高，甚至无法承受与海洋脱氧有关的轻度缺氧的影响。因此，温暖的沿海水域如果持续缺氧就很可能导致软骨鱼类分布的变化。

尤其是在远洋环境中，最低含氧区的扩大对深海软骨鱼类种群产生严重影响，因为它们的栖息地被缺氧水压缩至表层，因此面临从表层被捕获的更大风险。随着海洋最低含氧区的扩大，这些鱼类越来越有可能经历重大的"栖息地压缩"(栖息地数量减少)。众所周知，最低含氧区的上方水域是商业捕鲨热点区域，而最低含氧区的扩大可能进一步导致这些受威胁物种的过度捕捞，例如已经被过度捕捞的短鳍鲨。因此，当务之急是减轻海洋脱氧对软骨鱼类的影响，根据气候变化控制未来的捕捞力度，而不是因为海洋缺氧而加剧过度捕捞。

八、金枪鱼和比目鱼

我们应特别注意低氧环境下的金枪鱼和比目鱼，因为它们的新陈代谢率很高，并且其静息代谢率和最大代谢率之间相差很大。尽管不同物种之间在行为上存在许多相似之处，但在生长速度、最大成年个体大小、生理、低氧耐受性和优选环境条件等方面存在明显差异。

预计气候变化将改变整个开放海洋中的氧气浓度，由于海洋流通速度的降低和表面氧气溶解度的下降，大多数地区的氧气含量将下降。在

第三十二章　《海洋脱氧：事关每一个人——原因、影响、后果和解决方案》

200~700米深度（垂直范围包括金枪鱼和比目鱼一般觅食的深度）之间，已确定的氧浓度的最大下降量将发生在北太平洋和南大洋大部分地区，而最小下降预计发生在热带太平洋区域。沿着穿过太平洋中部（西经160°）的南北线，预计在北纬15°~50°、深度250~750米之间和南纬50°以南、深度50~300米之间的区域，氧浓度下降最明显。

氧气浓度降至3.5毫升/升以下的情况（这是包括黄鳍金枪鱼、马林鱼和旗鱼等几种金枪鱼和比目鱼的低氧浓度阈值）预计将遍及全球海洋，这可能导致广泛的垂直生境压缩和物种垂直运动方式的变化。在亚热带和中纬度太平洋地区，预计3.5毫升/升阈值的深度变化特别明显。在相同的太平洋区域以及整个南大洋大部分区域，氧跃层深度变浅将超过150米。因此，未来生活在北太平洋温带地区的物种（如箭鱼和黄鳍金枪鱼、大眼鲷、太平洋蓝鳍金枪鱼和长鳍金枪鱼）都可能受到影响。

温度和氧气含量的变化或在三个方面改变金枪鱼和比目鱼的分布和捕获能力。由于这些鱼的流动性很高，金枪鱼和比目鱼会因环境条件的变化而呈现出复杂的分布变化。如果表层温度变得过热，它们可能在深处待更长时间（假设氧气浓度充足）；在低氧层变浅或扩大时，它们可能在含氧表面附近待更长时间（假设温度不太高），这增加了其被水面渔具捕获的风险。如果没有条件适合的垂直避难区，其分布可能出现水平移动。由于金枪鱼和比目鱼对温度和缺氧的耐受性是随物种而定的，因此，水体中任何温度和氧气含量的变化都可能改变不同物种之间的生境竞争，从而改变已建立的食物网、生态系统结构和兼捕率。猎物对环境条件变化的不同反应也可能影响食物网的结构、金枪鱼和比目鱼寻找食物的能力、首次繁殖的年龄以及平均体型。

未来金枪鱼和比目鱼的分布变化可能会使种群评估复杂化，并产生重要的社会经济影响。随着金枪鱼和比目鱼物种的空间栖息地的变化，除非基于单位捕捞量的标准化方法能够与之适应，否则人们依赖渔业的、基于单位捕捞量的丰度指数来准确捕获种群动态的能力将受到影响。在金枪鱼和比目鱼物种数量大量减少或远离传统渔场的情况下，渔民不得不使用更多的资源定位和捕捞这些物种，或重新配置其捕捞对象以捕捞新物种。但是，经济、政治和法规上的限制可能阻碍渔民有效适应的能力，尤其是在物种跨越管理边界发生变化的情况下。发展中国家的小规模渔业和航程有限、技术能力低的船只可能最易受航程或迁徙方式变化的影响。

九、海洋大型动物

海洋哺乳动物的分布主要由捕食猎物的可获得性驱动。因此,物种受到的影响会改变海洋哺乳动物的行为。在重要的海洋哺乳动物栖息地区域,沿海缺氧现象正在加剧。在北加利福尼亚洋流系统、黑海、波罗的海和墨西哥湾的低氧影响区域,大约生活着47种海洋哺乳动物。

以下为海洋脱氧带来的后果。

- 海洋生物需要氧气才能将食物转化为能量,用于生长和繁殖以及逃避、适应和修复其他压力源造成的损害。当海洋中的氧气含量不足时,有机体可能没有足够的能量承受其他压力。全球温度升高使氧气下降程度加剧,并增加了依赖有氧呼吸的生物体的氧气需求。
- 越来越多的大陆架区域出现了脱氧和近无氧的区域。全球海洋溶解氧含量持续减少的后果是生态系统改变,当前生物可利用的生境被压缩,生态系统功能也发生重大变化。
- 低氧单独发生作用或与其他应激源共同作用会降低生物抵抗病原体和寄生虫的能力,导致许多海洋生物疾病的强度和患病率增加。低氧造成的能量缺失也会增加疾病的发病率和死亡率。
- 物种躲避低氧可能导致生物时空分布发生变化,如果捕捞者将捕捞目标确定在氧含量高的区域,此区域可作为被迫避开缺氧生境的生物的避难所,那么生物的捕捞死亡率可能会更高。氧气充足的栖息地也可能不适合成为缺氧地区物种的避难所,因为还同时存在其他压力源(例如高温和掠食性生物)。
- 预计沿海国家的渔业捕捞量将会减少,经济利润将下降。特定的生态系统功能会受到脱氧、污染和海洋酸化的多重不利影响。预计这会对生物调节、养分循环和生产力、食物、观赏资源(如珊瑚、珍珠、贝壳)、旅游和休闲业产生负面影响。
- 脱氧直接影响物种、生态系统以及由开放海洋和沿海水域提供的生态系统服务的许多方面。因脱氧的影响被气候多变性所覆盖,人们对相互作用和影响的认知受到限制。
- 氧气减少导致物种范围发生变化,垂直和跨陆架移动方式发生改变

第三十二章 《海洋脱氧：事关每一个人——原因、影响、后果和解决方案》

以及产卵栖息地遭受损失，从而导致：捕食者与被捕食者之间以及争夺资源的物种之间的生态相互作用发生改变；随着耐缺氧物种入侵的数量增加，生态相互作用发生变化；由于底栖产卵物种和对生境有强烈依赖性的物种的种群补给减少，渔业生产力降低；将多个目标物种压缩到有限的氧气充足的避难区域加剧了渔业冲突；因鱼类生存方式变化难以进行渔业调查，增加了渔业管理的不确定性。

- 目前受亚低氧或缺氧影响的区域在空间和时间上扩展，缺氧或几乎无氧的栖息地的新变化将导致：随着反硝化作用的加剧，氮养分的损失增加；随着硫酸盐还原的增加，水体中硫化氢积累效应的风险增加；随着沉积物中铁和磷的通量增加，养分利用率发生变化。

- 海洋变暖、酸化和其他海洋压力加剧，加上近海缺氧，将导致：受影响的种群更加广泛；现代海洋研究迅速转变为无法模拟的状态，近海海洋环境的多个方面都偏离自然变化范畴。

近海缺氧事件导致生物分布、活动、捕食者和生物的死亡率发生了变化。严重或长时间的缺氧将导致食物网的变化，并可能影响海洋哺乳动物的觅食。海洋变暖加剧，海水中的氧气保留能力降低，提示着全球缺氧状况将恶化。这些模式可能导致已受到威胁或濒危的海洋哺乳动物的压力增加。相反，由于缺氧而丧失功能或在空间上受挤压的物种的被捕食率增加，可能会使某些海洋哺乳动物受益。近海低氧与海洋哺乳动物之间的直接联系可能难以量化，但是丰富的近岸海洋哺乳动物可能是人们研究该问题的首选研究物种。

海洋脱氧驱动了海上最低含氧区的扩大和变浅。这种扩张可能会对北象海豹的觅食效率产生积极影响，原因是：①增加了其以不移动的猎物为食的能力；②减少了其下潜时间和能量消耗成本，相应增加了寻找猎物的时间；③与猎物分布的垂直压缩有关的猎物密度升高。这些物种在最低含氧区中对猎物的依赖性增加，可能会导致中层群落内部物种组成发生变化。觅食效率的提高可能导致象海豹种群进一步增多，并可能通过自上而下的营养效应导致中层生态系统功能的改变。

抹香鲸和喙鲸是近中层典型的深层潜水生物，以在中层中部觅食、且通常在最低含氧区中休息的鱿鱼为食。尽管人们尚不了解鱿鱼的觅食和垂直迁徙，但最低含氧区变浅将导致该"休养区"的垂直压缩，因此为以鱿鱼为食的抹香鲸和喙鲸提供了觅食优势。在最低含氧区变浅的生境中,觅食效率的提高将通过从最低含氧区向表层水泵送养分来增强深潜哺乳动物在养分循环中的作用,从而导致向深海的生产和营养流通量的增加。由于氧气限制区内的微生物呼吸和硝化作用,这种增加的通量可能最终引发氧气消耗,从而导致海洋脱氧区进一步扩大。由于氧气限制区内微生物的呼吸作用和硝化作用,这种增加的流通量最终会影响耗氧量,从而导致最低含氧区的进一步扩大。

第七节 对生态系统功能的影响

海洋脱氧对人类的影响尚未得到充分研究,且该研究存在一定的挑战性。目前,国际上鲜有研究涉及该主题,而多数研究往往涉及与海洋脱氧有关的更易量化的经济损失,忽略非利用价值以及文化服务价值,并且集中关注面积较小且受约束的系统。尽管目前缺乏有关该主题的广泛研究,但基于自然科学和社会科学的最新认识仍可以提高对该问题的认识,从广义影响角度,继续研究海洋脱氧带来的影响。

人类从海洋生态系统服务中获得收益和福祉(资产、健康、良好的社会关系、安全),生态系统服务通过社会调解转化为人类福祉,因此权力和脆弱性水平的差异决定了不同的社会群体承受持续海洋脱氧危害的方式和程度。尽管不掌握海洋脱氧驱动的生物物理变化的确切机制,但已有明确的证据表明,海洋脱氧将加剧现有的社会不平等和社会干扰。

溶解氧的减少会破坏生态系统的功能并导致栖息地退化,这将给现有的海洋资源利用系统带来挑战并产生新的成本。珊瑚礁、湿地和沼泽以及鱼类和甲壳类生物最易受到海洋脱氧作用的负面影响,相应地,依赖于这些系统的人类活动也极易受其负面影响。一些耐缺氧的物种可能会因溶解氧水平降低(如果是暂时的)而暂时受益,因此应在适应策略中加以考虑。

低纬度地区的人群、沿海城市和农村人群、发展中国家的贫困家庭以及边缘化群体(例如妇女、儿童和土著居民)最易受海洋脱氧的影响。而这些特征重叠的社区就更加脆弱,特别是西非的沿海区域和低收入的发展中国家。更好地了解海洋脱氧对人类福祉的影响途径对于有效规划应对未来的海洋脱氧至关重要。即使在无法量化的情况下,生态系统服务分析也应

第三十二章 《海洋脱氧：事关每一个人——原因、影响、后果和解决方案》

考虑整个生态系统服务的类型范围，以便提供适当规划所需的准确信息。跨学科评估系统的整体方法为获得与政策相关的复杂而且动态的社会生态系统动力学知识提供了有效的手段。

适应和减轻海洋脱氧的政策和行动应着重于通过解决引起高敏感性和高暴露的最根本、最直接问题，减轻富营养化等问题并建立适应能力，减少群体和个人对海洋脱氧影响的脆弱性。应注意社会机构在调解生态系统服务方面发挥的核心作用，并正视人类遭受自然灾害方式的固有不平等现象。

海洋脱氧对生态系统服务的影响一目了然，海洋脱氧的后果可能并且很可能对人类社区、经济和整个社会造成越来越多的影响和挑战。

上层、中层和底栖生物可利用的栖息地减少可能导致的后果包括：

- 物种分布的变化导致栖息地丧失的区域生态系统服务的可用性下降，在某些情况下，含氧水域中生态系统服务的可用性增加，在缺氧地区出现具有竞争优势的物种；
- 人类从那些承受负面影响的生物体及其相关领域（如渔业和旅游业）获取的收益将会减少；
- 受影响物种的领域和群体发生变化将产生相关成本以适应新的或越来越难以预测的生态环境条件；
- 弱势群体的福祉进一步减少，而适应能力强的群体将从生态系统服务可用性不断增强中受益。与那些具有更强适应力的群体相比，缺乏适应能力的群体会遭受更多的负面影响。

低含氧量区域中的鱼类和其他海洋生物种群的丰度和补充量减少可能导致的后果包括：

- 溶解氧含量低的区域食物供应会减少，低纬度海洋系统和邻近的沿海人口密度高的地区将遭受不利影响；
- 那些最依赖于受影响的生态系统服务并且最不适应变化的群体将因生态系统服务的丧失或减少而承受最大风险；
- 那些依赖鱼类、珊瑚礁和双壳类等更易受低氧影响的物种将受到更大的负面影响；
- 级联效应和食物网结构的改变可能使某些生态系统服务功能增加，但只有那些有能力利用此增加的生态系统服务功能的群体才会从中获益。

模型开发和观测质量面临的挑战意味着：

- 模型开发需要开展新的观察和专门的实验，这些实验对资产和社会能力提出了更高的要求；
- 模型不确定将导致人们认识不足和管理效率降低；
- 不确定性成本增加，人们需要适应新的条件。

海洋脱氧对渔业造成影响。渔业（商业、手工捕鱼、娱乐性捕捞）是一种生态系统服务方式，可为全球粮食系统提供就业机会和营养资源。全球渔业捕捞产量趋于平稳，而需求也持续增长。过度捕捞以及对生境和食物网的影响使渔业从一种生态系统服务转变为一种压力源。预计海洋脱氧在未来几十年内还将会扩大，对生物的生长、存活和繁殖产生负面影响从而影响生物量，对鱼类的移动产生影响从而影响渔业。脱氧作用对渔业的影响范围预计将持续增加，因为越来越多的脱氧海区与支持渔业高产的近海和大洋区域重叠。

不断变化的环境因素和其他压力因素会影响目标物种的种群动态变化，因此量化脱氧对渔业的影响变得日益复杂。全球气候变化评估涉及温度、酸度和氧气的变化以及海平面上升等其他压力因素造成的影响。

海洋脱氧以多种方式影响渔业。从基于现场数据的环境证据到广泛的数据和。模型分析表明，在缺氧单一条件下，种群水平受到的影响可能较小或中等，当缺氧与其他应激因素协同作用时，这种影响可能会变大或放大。

脱氧的普遍影响是，由于缺氧引起的目标物种小尺度分布发生变化，捕捞位置发生改变，进而影响捕捞的可捕量和生物经济性。可捕量是有效渔业管理的基础，如果不考虑脱氧对捕捞量的影响，可能导致信息不充分的管理分析和不正确的捕捞建议。

目前支持渔业的鱼类的栖息地氧浓度持续降低，这将导致特定物种的个体生长、存活和繁殖力降低。当影响超过一定程度时，将会减少可捕捞生物量，降低捕获鱼的质量（例如骨感瘦弱的捕捞鱼），鱼种群受到影响从而对渔业造成影响。

越来越多的海域将面临氧气浓度较低的局面，这将导致生物体避开致命缺氧区域，在某些情况下，还会导致个体聚集在缺氧区域周围或改变其空间分布。反过来，这种现象又会影响渔业发展。船只需要前往更远海域

第三十二章 《海洋脱氧：事关每一个人——原因、影响、后果和解决方案》

从事捕捞，这将增大经济成本，从而影响捕鱼活动。在某些情况下，鱼类因缺氧而聚集在岸边，当地渔民因而更容易捕获这些鱼。在上述两种情况下，由于捕捞活动将不再遵循种群评估所使用的可捕性的基本假设，所以脱氧会影响依赖于捕捞量与种群丰度（可捕性）相关的管理（甚至高于预期风险）。

在世界范围内，海洋脱氧区域越来越多，特别是在沿海地区，这也改变了世界许多商业和自给渔业的捕捞量。随着野生鱼类产量接近最大可持续水平，人们对管理建议的需求越来越高。管理层需要在其评估和审议中充分考虑脱氧的影响。

我们需要进一步开展对海洋脱氧问题的科学研究，以便更好地预测海洋氧含量下降的方式和后果，并为减轻海洋脱氧的程度提供政策和技术解决方案。重点研究领域如下。

- 扩大开放海洋和沿海水域的氧气观测范围，包括与现有计划和网络整合，利用更多数据改善人们对氧气变化的现状和模式的评估。
- 通过实验和观察提高对氧气下降模式和影响的关键机制的认识。
- 数值模型具有较高的预测能力，能够预测低氧和其他压力因素的影响、氧气水平的变化以及全球、区域和地方范围的管理方式的潜在收益。
- 评估海洋脱氧对人类经济和社会的影响，特别是氧气减少对渔业、水产养殖和生计的威胁。
- 开发数据管理系统，由全球公认的海洋学数据中心进行严格的质量控制，数据中心提供开放的访问权限供科研和政策使用。
- 持续改进氧气监测设备，包括精确测量超低氧气浓度的传感器和低成本传感器，便于人们在缺少采样的沿海水域中进行更广泛的监测。
- 优先考虑在发展中国家沿海地区进行能力建设，以观察含氧量等核心参数以及海洋脱氧对渔业和生物多样性的影响。

第八节 如何应对海洋脱氧

20世纪中叶以来，开放海域和沿海水域的氧气含量下降，而且由于气候变化和养分排放量的增加，预计21世纪这些区域的含氧量将进一步下降。海洋氧气减少的影响后果包括生物多样性减少、物种分布变化、渔业资源减少以及生物地球化学循环的变化。

化石燃料燃烧和农业发展加剧了全球变暖以及营养物质的过度富集。污水中的生物量以及氮、磷等营养素也是造成沿海水域氧气消耗的主要因素。目前已利用法律规定来减少营养素，设定具体目标，采用监测方式发现问题并对管理策略进行相应调整。还有一些减少营养素的潜在解决方案，可以针对当地需求和经济情况制定。对比模型预测结果与观测结果，比较结果表明，模型低估了海洋氧损失的实际进展速度。海洋脱氧速度可能比模型预测得要快，且后果可能更为严重。

想要减缓全球海洋中氧气的下降速度，并使气候变化对沿海水域脱氧的影响最小化，就需要人们做出更多的努力，主要是大幅度、大规模地减少人类活动造成的温室气体排放。如果想快速恢复过去一个世纪中损失的氧气量，还需要通过主动消除温室气体量，将大气中的温室气体浓度降低到当前水平之下。升温驱动的海洋脱氧不会轻易逆转，因此应尽早采取行动限制二氧化碳排放并减缓气候变暖，这将会带来更大的益处。

我们还需要进一步量化脱氧趋势并预测未来的氧气状况，了解脱氧对生物、生物地球化学和生态过程的影响，并将脱氧纳入渔业发展和其他管理策略中。必须要促使各级治理机构（从地方管辖区到联合国等国际机构）在确定脱氧问题和制定减缓和适应的解决方案以减少海洋脱氧及其负面影响方面发挥重要作用。

海洋脱氧的解决方案以及在海洋脱氧的情况下制定适应策略，取决于健全而充分的科学认知。科学工作组和专家组可以促进不同利益攸关者之间进行沟通，并支持决策者采取必要的措施，阻止地方、区域和全球范围内越来越多的海洋脱氧情况的发生。但是，海洋脱氧领域的科学研究还需深化，尤其是要提高人们对未来状况及其对人类福祉影响的预判能力。

海洋脱氧问题需要立即引起人们的注意。升温驱动的脱氧不会被轻易逆转。确实，海洋氧气可能需要几个世纪的时间才能从常规排放情况下的变暖进程中恢复。脱氧与气候变暖有着内在的联系。减少人为驱动的变暖是防止广泛的海洋氧气流失的唯一方法。但是，稳定气候变化中的碳排放量可以使海洋环境恢复到一定程度，从而减少氧气损失。如果继续拖延全球大幅削减温室气体排放量的时间进程，那么未来人们需要面对的后果就会更加的严重。

第三十三章　欧盟《大西洋行动计划2.0》

2020年7月，欧盟委员会发布《大西洋行动计划2.0》。该行动计划将为《大西洋海洋战略》提供新动力，为《欧洲绿色协议》做出贡献，维护海洋和沿海环境，保障海洋健康。同时，该行动计划还将为大西洋"蓝色经济"的发展指明方向，以应对挑战。

第一节　引　　言

《大西洋海洋战略》于2011年通过，旨在促进大西洋沿岸欧盟成员国"蓝色经济"的可持续发展。为促进该战略实施，欧盟委员会在2013年提出《大西洋行动计划》。可持续的海洋经济能够创造更多的就业机会，为大西洋沿岸的欧盟成员国注入新鲜血液，促进其进一步发展，尤其是在与利益攸关方协商之后，调整区域合作势在必行，同时这项举措也将缓解由新冠病毒疫情触发的空前的欧洲社会经济危机。

2017年，大西洋地区"蓝色经济"的总增加额达734亿欧元，为欧洲创造129万个就业岗位。大西洋是欧盟地区面积最大的海洋盆地，占欧盟"蓝色经济"总增加额的36%。预计2020年大西洋地区"蓝色经济"的几个部分都将受到新冠病毒疫情的影响，尤其是占比最大的海洋旅游业——总增加额达270亿欧元且创造76万个就业岗位。

欧盟委员会已经采取了一系列措施来应对新冠病毒疫情危机。需要着重说明的是，为弥补新冠病毒疫情造成的经济和社会损失、启动欧洲复苏、保护和创造更多就业机会，欧盟委员会于5月27日提议启动重大复苏计划。为确保所有成员国复苏的可持续性、公平性及包容性，欧盟委员会提出了一项名为"下一代欧盟"的复苏计划——这是一项金额高达7 500亿欧元且经不断修改后的欧盟长期预算。

欧盟复苏工作的重点在于可持续，这为欧盟委员会于2019年12月通过的《欧洲绿色协议》奠定了坚实的基础。这一系列雄心勃勃的计划旨在使欧洲到2050年成为第一个气候中立的大陆，促进地球、经济和人类的健康发展。

《欧洲绿色协议》强调了"蓝色经济"作为实现这些目标的关键载体的核心作用。海洋在适应与减缓气候变化中所扮演的角色日益受到人们的认可和重视。通过可持续地开发海上可再生能源及管理海洋空间，"蓝色经济"将有效促进清洁能源的转型发展。另外，通过优化基于自然的解决方案，改善水产资源和海洋资源的开发利用，还有助于缓解气候变化。为此，作为《欧洲绿色协议》的核心部分，欧盟委员会于2020年5月20日通过了新的《2030年欧盟生物多样性战略》，以期实现保护自然、扭转生态系统退化的目标。与此同时，欧盟委员会还通过了《农场到餐桌战略》，以建立一个公平、健康和环保的食品体系。

此外，作为复苏工作的一部分，欧盟还制定了旅游业相关的政策指导方针，以营造一个闲适宁静且安全（最重要）的旅游环境，让整个欧洲都能从中获益。关于2020年及以后的旅游、交通运输等相关文件也强调了保护和恢复欧洲陆地和海洋资源的重要性——这符合"蓝色经济"和"绿色经济"可持续发展的战略方针。

经修订的行动计划有助于推动"蓝色经济"相关的复苏工作，重点是既能促进大西洋沿岸社区的可持续转型，又能为其创造大量就业机会的关键领域。例如，向海洋可再生能源转型，不仅能够实现沿海旅游业的可持续发展，还能为大西洋地区创造大量的工作岗位。该行动计划提出的绿色航运及建设创新型港口将有助于减少欧盟的碳足迹和环境足迹。

该行动计划经过了长期周密的准备——从2018年公布的中期审查，到与利益攸关方及大西洋地区欧盟成员国展开自下而上的讨论。中期审查表明，《大西洋行动计划》促成了1 200多个新兴海洋项目，投资金额达60亿欧元。中期审查还着重强调了该计划的重点主题、政府治理结构以及监测框架制定的优化需求。

第二节　在欧盟大西洋地区实现
"蓝色经济"的共同愿景

经修订的《大西洋行动计划2.0》，旨在保护海洋生态系统、适应与减缓气候变化的同时，开发大西洋地区"蓝色经济"的发展潜力。该行动计划符合可持续发展的全球承诺，并且被完全纳入欧盟委员会2019—2024年政治方面的重点事务，以期建设让人民惠益的经济，并建立一个更强大的欧洲。

该行动计划分为四大核心和七大目标，通过实际行动来动员所有大西洋地区的相关利益攸关方。

第三节 行动计划四大核心

新版行动计划有4个核心，通过切实有效的方式让美好的共同愿景变为现实。这4个核心针对关键难题，本质上是相互联系且跨区域的，旨在促进"蓝色经济"的可持续增长，推动更大范围的区域性合作，并提高欧盟在大西洋地区的凝聚力。在《戈尔韦宣言》和《贝伦宣言》下开展的研究活动以及全大西洋研究联盟开展的研究活动都对这4个核心有所涉及。这些研究活动有助于我们从国际视角去审视该行动计划，并通过加深对不断变化的大西洋及沿岸社区的了解，制定创新性解决方案来推动行动计划的开展。

这些核心重点关注单个沿海区域和国家无法独立解决或者多个区域和国家联合可以事半功倍的问题，也致力于解决沿海社区居民在日常生活中所面临的主要挑战。5个欧盟成员国对此进行了一系列的讨论，协商过程中得出的相关结论确定了具体、相互关联、相辅相成的目标和行动。以下是4个核心的简要介绍。

一、港口作为蓝色经济的门户与枢纽

滨海旅游业、水产养殖、造船以及海洋可再生能源等新兴产业以港口活动为中心或与港口活动密切相关。港口在这些方面的可持续发展以及向无碳经济转型的过程中扮演着重要角色。为了抓住该机遇，我们需要重新审视大西洋沿岸港口所扮演的角色及其开发潜力。与此同时，还需进一步加强港口责任人作为"蓝色业务"推动力量的角色转变。另一方面，港口之间必须相互合作，推动智能基础设施的融资，更好地规划能力建设，以促进贸易增长。

海洋创新有助于实现海洋资源的脱碳目标。比如，我们现在已经掌握

可以降低船舶碳排放的技术,其中包括液化天然气、制氢、空气润滑、风力推进和排气技术。在港口和货运码头(包括为停靠船只)安装替代燃料的充电和加油基础设施将显著改善沿岸社区的空气质量。

为满足上述需求,该核心包括港口作为大西洋贸易门户、港口作为业务的推动力量两个目标及具体行动。

其中,针对港口作为大西洋贸易门户这一目标的具体行动主要有以下6项:一是在大西洋地区建成"跨欧洲交通运输网海上高速公路";二是到2025年建成绿色港口网络;三是促进大西洋地区短途海运的建设,与爱尔兰建立更为紧密的联系;四是发布与液化天然气相关的大西洋战略;五是制定生态激励计划以升级港口基础设施;六是共同制定针对大西洋沿岸港口的废物处理计划。

针对港口作为业务的推动力量这一目标的具体行动主要有以下4项:一是制定针对大西洋沿岸港口的"蓝色激励计划",以扩大创新业务的规模;二是分享最佳实践方法,加强沟通交流,共同解决问题;三是扩大数据收集,不仅限于传统(物流)数据;四是增加与港口经济潜力相关的数据传输与获取。

二、着力推动未来"蓝色技术"的发展,提升国民海洋素养

具备一定的技术水平对于充分利用创新及快速部署"蓝色技术"至关重要。基于商业智能计划的专业"蓝色"教育和培训可以吸引年轻人才加入"蓝色经济",提高生产力,并提升欧盟在大西洋地区的竞争力。

虽然在地方和区域层面已经形成了专业集群,但切实的海域合作能够促进人才的跨境流动,从而满足不断变化的劳动力市场需求。另外一个需要重点关注的方面是国民海洋素养的提升。具有较高海洋素养的国民会规范个人日常行为,以做出明智和负责任的决定,即作为参与者来优化海洋管理工作。

为了满足上述需求,该核心包括素质教育、培训与终身学习,提升国民海洋素养两个目标及具体行动。

其中针对素质教育、培训与终身学习这一目标的具体行动主要有以下5项:一是确定自身在与欧盟大西洋地区相关的"蓝色技术"方面的不足;二是协调"蓝色"领域的数据收集;三是制定商业智能计划,建立联络中

心,以促进企业与培训机构之间的合作;四是通过互相学习确定最佳实践方法,为合适的雇主与求职者牵线搭桥;五是充分利用现有的信息平台来创造工作岗位,并发掘其潜力,创造更多的"蓝色"工作岗位。

针对提高国民海洋素养这一目标的具体行动主要有以下6项:一是推出大西洋国民海洋素养培养试点课程;二是到2025年建成25所大西洋"蓝色"院校;三是在相关项目中开展国民海洋素养培养(海洋知识宣传)工作;四是充分利用全大西洋青年论坛;五是鼓励国民参与欧盟大西洋地区海洋相关活动;六是鼓励国民参加欧洲海洋日、国际海洋日以及未来EU4Ocean平台下组织的活动。

三、海洋可再生能源

《欧洲绿色协议》强调了海上风能在向气候中立型经济转型方面的潜力,还强调了我们需要对海洋空间进行更加可持续的管理,以充分开发海上风能的潜力。该工作需要建立在《大西洋海洋战略》及其行动计划大力倡导的区域合作的基础上。从这一方面来讲,欧盟委员会将在2020年第四季度敲定一项欧盟开发海洋可再生能源的战略。该战略应建立在《大西洋行动计划2.0》的基础上。

欧盟大西洋地区是开发新型海洋可再生能源,尤其是海洋能和漂浮式海上风力发电项目的领头羊和试验基地。为使相关开发工作更上一层楼,即初步获得商业上的成功,至关重要的是保持技术领先、注重人才培养以及开发经济实惠的清洁能源,同时考虑到能源开发对海洋环境的潜在影响以及消除这些影响的方法。

这一核心是为应对若干相互关联的挑战,包括扩大融资渠道、获得必要的政策支持和公众认可、促进知识共享以及充分利用大西洋地区的最佳实践方法。

为了满足上述需求,这一核心的具体目标是通过海洋可再生能源实现碳中和。该目标主要有以下7项具体行动:一是在考虑环境影响的基础上设定大西洋地区海洋可再生能源的具体开发目标;二是将其对环境的潜在影响纳入考量,确定海洋可再生能源(包括海上风力发电)发电厂的最佳位置以及整个大西洋地区的相邻港口;三是实施创新型可再生能源设施的激励措施;四是基于倡议理念,综合各项欧盟大西洋地区海洋可再生能源倡议,促进《战略能源技术计划》目标的实现;五是采用合理的宣传方法,提高公众对大西洋海洋可再生能源的认识;六是加强欧洲海洋能源社区的合作;七是制定针对大西洋地区欧盟海岛的具体海洋能源框架。

四、健康、有弹性的海岸环境

由于人类活动频繁,欧盟的大西洋海岸环境比较脆弱。同时大型风暴、洪灾和其他侵蚀也对大部分海岸产生了不利影响,未来还可能因气候变化而加剧。联合国政府间气候变化专门委员会的一份气候变化报告和哥白尼地球观测计划的年度海洋状况报告都对海洋和冰冻圈进行了预测,结果表明海平面上升速度继续加快,极端天气事件(海洋热浪、风暴潮)也将继续增加。

气候风险管理及适应措施对于保护海洋环境和生物多样性,维护脆弱的基础设施和经济活动至关重要。我们应加强对海洋生境和沿海生境的保护——尤其是在发展新型海洋和滨海旅游业的形势之下。在海洋这一特殊的经济方面,循环经济、零污染、能源效率和生物多样性保护应作为制定更加可持续实践方法的指导原则,以在一整年内持续促进当地发展,改善当地就业形势。

尽管航运在过去的几十年间变得日益安全,但是因蓄意和意外泄漏石油和其他有害物质造成海洋污染的情况仍然十分严重。对泄漏及其影响进行切实的风险管理需要跨部门、跨区域层面的合作。

海洋污染,尤其是塑料污染,是另一个重要问题。具有回收价值的材料正在污染着大西洋海滩,破坏着环境。我们可以对这些材料进行收集、再利用,实现循环经济。作为对《东北大西洋海洋环境保护公约》《欧盟海洋战略框架指令》《欧盟塑料战略》现行举措的补充,沿海地区及其公民可以通过协调一致的行动,制定针对大西洋海洋垃圾的应对措施。研究表明,水下噪声也会对海洋生物造成各种类型的不利影响。《欧洲绿色协议》中"健康的海洋、沿海及内陆水域"的使命对于呵护和恢复大西洋的健康,建设有弹性的海岸环境具有重大意义。

为了满足上述需求,该核心包括提升海岸的弹性、与海洋污染做斗争两个目标以及具体行动。

其中,针对提升海岸的弹性这一目标的具体行动主要有以下 9 项:一是建立全面的预警和观测系统，以应对由于气候变化导致的风暴和洪灾；二是在现有的欧盟海岸观测和保护基础设施以及预警和监测基础设施之间建立协同关系，并促进现有海洋观测站的发展；三是建立测试空间和试点区，以测试海岸保护方法，优化基于自然的解决方案；四是发展可持续的滨海旅游和海洋旅游；五是编制与风险评估和风险管理计划相关的国家和区域层面的气候变化沿海适应战略和措施清单，以分享最佳实践方法；六是在大西洋沿岸社区开展宣传活动；七是对年轻人和沿岸社区的居民进行教育，使其了解海岸线演变以及适应海平面上升的方法；八是分享海洋空间规划的最佳实践方法，将其应用于环境影响评价、战略环境评价和适当评价；九是绘制海岸湿地保护图并监测海岸湿地在碳汇过程中所起的作用。

针对与海洋污染做斗争这一目标的具体行动主要有以下9项：一是开展"零垃圾"沿岸社区试点项目；二是充分利用现有方法确定海洋垃圾以及蓄意和意外污染的主要来源、产生途径和热点区域；三是优化以循环经济为基础的商业行动，制定激励措施和环境认证计划；四是发起提高公众危机认识的联合行动；五是大力开展捕捞垃圾行动，鼓励渔民将捕鱼作业期间意外捕捞到的垃圾带上岸；六是加入《东北大西洋海洋环境保护公约》下的海洋垃圾区域行动计划，参与集体行动；七是针对海洋垃圾和水下噪声，依据《欧盟海洋战略框架指令》，切实开展协调一致的行动；八是为欧盟公民保护机制及《波恩协定》《里斯本协定》下的工作提供支持，以切实防范和应对蓄意、意外污染；九是促进各部门之间的合作，以在海洋和海岸线方面开展协调一致的行动。

第四节 行动计划的管理

一、行动计划的协调

政治协调由参与国指定的负责海洋事务的部长负责。成员国负责确定广泛的政治指导方针（包括《大西洋海洋战略》的地理位置）、评估实施情况以及强调倡议的责任方。成员国与欧盟委员会商议后，可将任何有意加入的国家纳为《大西洋海洋战略》成员国。

行动协调由大西洋战略委员会负责,作为行动计划的决策(行政)机构,适当安排代表参与沿海地区的工作(与欧盟成员国的各自宪法框架保持一致)。可视具体情况而定(如根据会议的议程),邀请相关融资机构以及其他机构的代表担任观察员。欧盟委员会为该委员会的常设成员,将进行独有的工作安排,以确定治理机构的确切形式、角色和程序规则。

二、实施与报告

该行动计划号召沿海地区、私营部门、研究人员、国家公共机构和其他行为体制定及开展相关项目,以期推动上述目标的实现。欧盟大西洋地区现有和新的合作伙伴应利用一系列行动计划进行沟通交流,实现创新。

为有效推动计划实施,应尽早做出明确决策并满足诸多重要条件。这些条件如下所述。

一是计划实施前成员国必须认可经修订的行动计划;参与国必须认识到该行动计划的重点事务是跨政策、跨部委和跨政府的;成员国负责确定重点事务,作为责任方承担相关责任,在国家层面和区域层面协调政策和资金,鼓励区域的政府机构、个体投资者在现有机制和框架内参与该行动计划,并根据国家的能力提供相关的措施和资源。

二是大西洋战略委员会负责定期审查和更新该行动计划,提出/批准重点行动,并对项目进行标记。

三是欧盟委员会负责在欧盟层面促进战略方针的实施,并在可能的情况下,就现有的与欧盟相关的倡议和与该行动计划核心相关的计划进行协调和融资。

四是各国政府视情况在国家层面对行动计划的进展进行监督和评估,为计划的实施提供指导。

五是邀请关键利益攸关方参与进来,包括国家、区域和地方当局、经济和社会行为体、民间社会、学术界和非政府组织等,通过开展相关公共活动增加其参与程度(如年度论坛、企业间以及企业和投资者之间的推介/快速融资活动)。

六是大西洋战略委员会将通过定期报告和进展情况跟踪报告向当局反映情况,并负责确保行动计划的顺利实施。

七是建立专门的协助机制,以向欧盟成员国提供支持,促进实现行动计划每个核心的目标；支持还应包括邀请各利益攸关方参与进来，协助其建立伙伴关系以及收集建立基准、监督和报告进度情况、维护大西洋海洋数据中心所需的任何数据。

八是欧盟及其成员国负责在各个层面(国家、区域和地方)就"大西洋行动计划"和总体的"大西洋海洋战略"进行沟通交流；协助机制将在欧盟大西洋地区制定和协调出统一的沟通交流办法。

三、推动融资

欧盟预算中没有大西洋行动计划的专用资金。大西洋行动计划的主要资金来源为欧盟援助、国家拨款以及与各项目标和行动相关的融资。该行动计划在这时提出，就是为了推动欧盟成员国以及沿海地区的管理当局达成合作伙伴协定，并在2020年年底之前敲定相关计划。区域性合作计划，尤其是大西洋区域间计划，促进了该行动计划旨在实现的跨国合作。

欧盟成员国及其沿海地区的融资渠道主要有：欧洲结构与投资基金下的欧洲地区发展基金以及欧洲海事和渔业基金、"地平线2020"以及"地平线欧洲"研究计划、针对中小企业的"企业和中小企业竞争力计划"、"连接欧洲设施"计划、"伊拉斯莫斯+"教育、培训、青年和体育计划、环境与气候行动生命计划、改革支持计划(提供资金与技术支持)、防范跨境风险以及海洋污染、海岸污染的欧盟公民保护机制。

欧盟希望通过贷款为该行动计划提供大力支持。2013—2017年间，欧洲投资银行为欧盟大西洋地区的互联互通和"绿色"技术项目提供了近30亿欧元的贷款——欧洲投资银行的贷款成为继欧洲地区发展基金之后的第二大资金来源。欧洲战略投资基金也通过提供担保，减轻公共和私人投资者的风险，为该行动计划提供支持。这些贷款、担保是欧盟计划资助的一部分。2019年9月开始运营的"蓝色投资"平台将帮助中小企业获得融资。通过提供有关筹备方面的指导以及进一步开发或演示等活动的资助，让中小企业能够向市场提供新的产品或服务。作为欧洲战略投资基金的继任计划，欧盟委员会提出了《投资欧洲计划(2021—2027)》，以加快实现脱碳或循环经济等目标。

第五节　更广泛的联系和脱欧

该行动计划的实施不需要修改欧盟法律法规，旨在强化与欧盟大西洋地区相关的欧盟政策，并加强政策之间的协同，尤其是与港口和连通性、可再生能源、教育和技能、缓解措施相关的欧盟方针政策和计划，特别是"技能议程"下的行动，适应气候变化、环境以及研究与创新，以在欧盟大西洋地区实现可持续、有弹性和竞争性的"蓝色经济"。

拓宽行动计划的支持基础，意味着与成熟的网络互相配合，从而与专业的利益相关团队合作，如欧洲企业网络、区域和地方团体等。寻求与其他政府间机构的协同，如《东北大西洋海洋环境保护公约》和大西洋研究联盟，因其地理范围与该行动计划的地理范围相似。

第六节　结　语

欧盟委员会希望欧洲议会和理事会能够批准本函中提出的行动计划和行动方向，同时恳请区域委员会和欧洲经济与社会委员会就该倡议提出相关的意见与建议。

第三十四章　可持续海洋经济高级别小组《运用技术、数据和新模型可持续管理海洋资源》蓝皮书

2020年1月23日，可持续海洋经济高级别小组发布题为《运用技术、数据和新模型可持续管理海洋资源》的蓝皮书，指出海洋数据和技术革新能够帮助保护和可持续利用海洋资源，而这一革新需要数据和技术的共享。蓝皮书提出了创建开放、可操作和公平的海洋数字生态系统需要的3个关键步骤：一是创建共享和自动化的数据访问系统；二是利用数据和技术改善海洋管理；三是鼓励创新促进可持续发展。

第一节　关键信息

- 缺乏与海洋环境影响相关的信息，阻碍了人类对海洋资源的有效管理。
- 当前，海洋新数据爆炸式增长，新技术蓬勃发展，在海洋资源的理解与管理方面存在巨大的发展空间。
- 通过企业、科研人员以及政府间协作，可形成先进的传感器网络，为有需求的人群提供高分辨率的实时海洋信息，即海洋"物联网"。
- 在建立公平、开放且可访问的数字化海洋生态系统方面，仍存在重大的技术和非技术障碍。为推动数据和技术革命的有效利用，需在多个方面取得突破。
- 政府、科研人员以及企业掌握了大量海洋数据，但这些数据未被结构化，且无法访问或应用。此类海洋数据应(尽可能)通过数据标记、联合网络和数据湖的方式得到开放与应用。
- 技术可推动管理相关的重大创新。实时信息和自动化可促进灵活有效地适应不断变化的环境，并为政府和企业创造新职责。当务之急是确保

全体海洋利益攸关方都能够拥有上述能力。

● 打破市场壁垒对于成功推动创新以支持未来的科学和管理发展至关重要。为发挥技术的非凡潜力，各国政府和其他方面必须采取行动，通过制定新型市场创新激励政策、创造公私投资工具和商业模式推动必要的创新，从而服务于海洋资源管理人员。

第二节 引 言

我们正处于海洋新数据爆炸式增长时期，因此在海洋资源的认识和管理方面存在巨大的发展空间。海洋观测系统和其他新数据源的数量与种类呈指数级增长，奠定了海洋生态系统数字化发展的基础。处理技术和可视化的进步迅速提升了我们从相关数据中提取信息的能力。各类工具因处理技术和可视化的进步发挥了实际作用，可以向诸如政策制定者、资源管理者、资源使用者、消费者和民众提供实时信息。

为有效利用数据和技术革命，需在多个方面取得突破。首先，必须避免数据巴尔干化，确保数据访问的开放与自动化，使企业、科研人员和政府掌握的数据能够得到更广泛的应用，并使海洋物联网蓬勃发展。其次，应通过数据和技术革命推动管理方面的重大创新。通过实时信息和自动化可灵活有效地适应不断变化的环境，并为政府和企业创造新职责。再次，应推出激励政策、提供资金支持并建立商业模式，为创新提供支持，从而不仅服务于富强国家和资源使用者，同时还满足所有依靠海洋资源生存并致力于推动海洋未来发展的群体需求。本文概述了创建公平、开放且可行的数字化海洋生态系统最具前景的方法。

第三节 数据爆炸式增长

一、促进对海洋新科学知识的理解

沃尔特·芒克曾表示，20 世纪是"数据采集不足的世纪"。海洋对光线的不透明性是大气的 100 000 亿倍。因此，与陆地生态系统不同，人类无法通过肉眼观察海洋生态系统，必须通过在海洋环境中放置设备进行观察。

第三十四章　可持续海洋经济高级别小组《运用技术、数据和新模型可持续管理海洋资源》蓝皮书

海洋及其生态系统在时间和空间层面会发生不同规模的变化。浮游植物的生长速度通常在1~10天内翻一番，虽然海洋平均深度约为3 700米，但大部分光合作用发生在水深小于100米的海洋上层区域。同时，洋流在水平和垂直方向均流动缓慢，使海洋留存有地球生态系统的"记忆"。上层海洋中产生的有机碳可能埋藏于深海沉积物中数千年之久。几十年以至几百年来，海洋不断影响着陆地和大气变化。为避免"数据采集不足"，观测系统需要实现根本性变革，即在海洋固有范围内，而非仅在目前技术水平能够探索的范围内进行数据采集。

过去30年间，海洋观测系统的数量和种类呈指数级增长。从Argo一类的剖面浮标到海底有缆观测系统，新工具的出现推动了人类对海洋环境变化的认识。上述观测系统不仅在海洋环境中得到应用，同时还可用于太空环境中。自1978年美国成功发射SeaSat卫星和配载海岸带水色扫描仪的NIMBUS-7卫星以来，海洋遥感技术从科研界的试验任务转变为支持广泛管理和应用需求的连续操作系统。

受限于海水的基本物理特性，海洋环境永远无法实现与陆地和大气观测系统相同的普适通信水平，但是新型通信技术将为海洋互联愿景勾勒蓝图。海底有缆观测系统，如美国海洋观测计划，可将海洋数据直接上传至互联网。尽管声频调制解调器的数据传输量有限，但在一定程度上可实现互联性，最终使大量不同的观测平台形成相互协作的网络系统。目前采用水下和水面观测设备的混合系统正处于测试阶段，其中水面观测设备将作为数据传输的"骡子"，从水下观测设备接收低带宽的声频数据流，并将其转换为高带宽无线电数据流，传输至飞行器或卫星。随着以成百上千颗小型卫星为基础的高带宽通信网络的形成，有望在全球海洋表面实现千兆/秒的网络传输速率。

随着微电子技术和机械设计的发展，目前可在海底环境中开展的测量形式正迅速增多。从最初仅可测量物理特性（温度、传导性、速度等），到目前已能够测量海洋环境中的各种化学和生物特性。例如，最初作为人类血细胞分析工具的流式细胞仪，目前可通过原位分析识别海洋中的多种微生物。除了广泛的生态研究领域，相关工具目前正应用于识别有害藻华。环境DNA分析正成为掌握生态系统组成的有效工具，并且除实验室水样分析外，目前还可进行原位分析。

上述示例证明了可以通过微型化、降低电力需求以及自动化等过程将传统实验室分析技术调整后应用于海洋环境。但部分过程需要全新传感工具，例如，通过新型光缆制造技术，将传感器预埋至光纤中。海底光缆是全球信息流的重要通道，传输着超过95%的国际数据，随着带宽需求不断增长，越来越多的光缆项目正迅速投入建设，为推广海洋传感技术创造了大量机会。目前，设计人员正探索在光纤结构中预埋数据处理和通信半导体的可能性，由此创建密集型智能传感器网络，使光缆可同时发挥传感器和平台的作用。海底电缆中的光纤传感器同时广泛应用于环境传感，包括地震活动。

上述新型传感系统的种类和能力正不断增长，目前已广泛应用于各种观测平台。过去几十年，传感器通常安装在固定浮标或船舶上。随着微型化以及电力需求降低，目前传感器正应用于水下被动探测平台，如拉格朗日漂流浮标、浮力驱动滑翔机，或自走式设备，如REMUS。同时适用于水面平台。波浪滑翔机可穿越整个海盆，也可停留在对传统船舶存在较多危险的区域。Saildrone公司正寻求不同的海洋数据采集模式。相比于将观测设备销售至终端用户并由其自行管理的模式，Saildrone公司可提供"以观测项目为基础的服务"，由用户说明观测项目计划（数据类型、位置等），Saildrone公司负责对项目进行设计和管理。

上述新型观测平台在时间和空间层面显著拓展了数据采集的"范围"。与固定浮标和传统船舶相比，可在更长的时间段和更广泛的空间内进行数据采集。

随着数据采集成本降低、效率与数据可用性提升，"实时在线互联"的海洋环境很快将变为现实。而芒克认为的"数据采集不足的世纪"终将成为历史。但技术障碍和发展机会仍然并存。

在技术层面，电力供应仍然面临挑战。浮标和滑翔机等慢速移动或被动观测装置可在数月内进行海洋数据采集，但仅可覆盖较小区域。因此，上述两种装置在观察快速变化过程和绘制大范围数据方面的应用能力极为有限。由于电力需求随速度呈非线性增长，自走式设备需较大电量才能穿越海洋，然而电池电量根本无法满足自走式设备的要求。

目前正在研发可应用于各类水面平台的能量采集设备，如波浪滑翔机或Saildrone无人机。这些平台可采集风能和太阳能，确保其能够持续作业

第三十四章 可持续海洋经济高级别小组《运用技术、数据和新模型可持续管理海洋资源》蓝皮书

数月至数年。采用微生物燃料电池的底部安装设备也得以应用。微生物燃料电池通过海底有机物质的自然氧化获取能量。新型电池技术(如使用海水的铝基系统)前景被看好,这一技术可显著提升电池容量。

除电力外,海底环境对通信和导航也存在较大影响。与陆地环境不同,海洋环境中缺乏无线射频基础设施,无法支持 WiFi、蜂窝网络和定位系统(如 GPS),电磁辐射几乎无法穿透海水介质,因此必须采用声波信号和其他方法作为通信和导航基础。

声频调制解调器的数据传输量正逐步提高,虽然目前海洋环境允许传输的数据量仍远远小于陆地环境中可实现的数据传输量,但随着微处理器尺寸减小,电力要求不断降低,计算性能不断提升,目前正在研发装载于观测平台的数据处理和分析系统,此系统仅传输分析处理结果,而不传输完整的观测数据流。例如,资源管理者只需掌握有害藻类的存在情况,无需了解海洋中每种微生物的详细信息。长光缆可串联大量观测平台,并与单个数据"骡子"进行通信,由后者将数据传输至表面。下一代可联网微型卫星可在全球任意海域进行高带宽通信。尽管海洋环境中进行高带宽通信始终存在困难,但分布式智能海底网络有望克服上述基本物理障碍。

导航系统情况也存在类似改善。少量定位精确的海底信标可作为观测平台集群和网络的定位点,通过彼此之间的相对距离形成精确的"协作"地图。根据梅特卡夫网络定律,网络价值随网络节点数量呈非线性增长趋势。因此,智能观测平台集群可在导航和运营效率方面提升价值。

除技术障碍外,实现海洋环境实时在线互联还面临着较多非技术障碍。维持长期海洋观测系统始终面临威胁。美国国家科学、工程和医学院近期的一份报告记录了长期海洋观测系统的重要意义,并指出政府维持相关系统的能力不足。全球海洋观测系统相关的较多报告中同样强调了上述问题。长期观测系统可显著提升对海洋环境的了解,但每年仍面临维护成本高昂以及基础设施偏远等问题。即使是由约 3 800 个浮标组成的 Argo 系统,也必须花费大量财政资源进行维护,确保剖面浮标的数量和能力得到适度提升。

大部分海洋观测设备旨在满足科研需求,因此,相关成本和进度要求往往受科研需求限制。大部分海洋观测设备和平台成本高昂,并且通常为手工制作。由于相关商业市场规模较小,难以制造出满足科研需求、先进

且独特的观测设备。尽管部分观测系统从科研需求"过渡"到商业应用,但往往仍然局限于规模较小的海洋科研市场。几乎没有给予资金支持机构任何激励(或压力),使其参与可持续设计工作,以支持多用途设备系统开发的可扩展架构。相反,解决方案往往是单一的,专注于满足具体科研问题的特定需求。因此,海洋科学观测工具具有设备系统技术被锁定,发展相对缓慢,并且商用设备开发商普遍资本不足的特点。

巴克等 2019 年发表的文章中描述了围绕"门户和下载"构建的数据系统并行计算的环境,较少考虑如何在用户驱动的服务框架中使用数据。巴克等提出应从根本上重新考虑数据系统架构,对数据进行大众化,使用户可构建自身的知识系统。在某种程度上,与预定义的数据组织结构不同,标记数据可存在于非结构化的数据湖中,在访问数据时写入架构。虽然数据湖正改变机器学习和分析能力,但仍需为海洋观测系统创建类似的开发环境,由用户推动知识服务。

为定义并实现上述愿景,需开展大量工作,然而为不断变化的海洋环境制定适宜且灵活的管理方法,必须重新思考如何收集和传输数据。与自然生态系统类似,上述知识生态系统也将提供关键服务。

二、监测人类活动

技术正改变人类对于海洋生态系统的理解能力以及利用(和滥用)相关资源的方式。由于缺乏人类影响海洋环境方式的信息,难以对相关资源进行有效管理。与采集科学数据类似,重大技术进展还为在全球与地方层级有效地监督人类活动提供了新机遇。

在国际层面,卫星技术的不断进步确保可进行精确的实时船舶跟踪。当船舶脱离监管机构的监管范围时,全球定位系统(GPS)的普及可使各国政府强制要求大部分商业船舶装载自动识别系统(AIS)设备,对所在位置进行自动跟踪和传输。诸如深海采矿观察和全球渔业观察等将相关信息发布于互联网,因此全体民众能够掌握船舶在任何海域中的动向。

功能愈发强大的成像卫星数量迅猛增长,加深了国际社会对海洋环境影响的理解。成像卫星可跟踪海岸和海洋生态系统的变化,掌握海岸发展模式,监测养分流失,同时跟踪船舶造成的污染。

无人机可提供类似的成像图片。无人机监测是一种具有较高成本效益的近海监测方式，管理者可通过实时视频观察远距离区域的状态。

无人机也可配备化学传感器，实现多种管理目的。例如，丹麦通过无人机监测船舶废气排放，使执法机构能够确定船舶是否使用法律规定的低硫燃料。

无人机也可在水中使用。自主水下航行器和传感器可用于收集船舶的视觉和化学信息。利用装配有声波传感器的无人机和浮标可有效掌握人类活动情况。声音在海洋环境可传播较远距离，不同类型的船舶具有特定的声波特征。声波传感器使管理人员能够识别船舶进入禁止作业区域（如海洋保护区）的时间，同时识别具体的有害船舶。

船舶配备的传感器可提供更详细的信息。渔船甚至是渔网上的摄像头可用于监测渔获量，并有望识别劳工侵权行为。渔具传感器在投放捕捞装置时将被激活，可与摄像头协同作业，使监管机构能够准确掌握捕捞的实际位置。

船舶烟囱和水中的化学传感器可用于监测空气污染和水污染，确定是否符合环境法规要求。上述传感器还可为世界气象组织提供重要的科学数据，通过船舶上的传感器采集偏远区域的关键现场数据，作为天气预报的依据。

传感器互联也有助于形成供应链中的可追溯性。通过物联网（IoT）可有效对各类海运货物从生产、集港到运送至目的地的整个价值链实施全过程有效跟踪。通过数字化跟踪可提升全球供应链的效率和透明度。

最后，人与人之间的联系日益紧密，社交媒体为我们掌握人类活动提供了新途径。深入挖掘社交媒体和暗网数据可揭露劳工侵权和其他过去很难发现的违法行为。在线论坛可揭露资源使用者罔顾法规要求的方式和原因，监管机构往往无法准确获取此类信息，但此类信息对于有效管理的进行至关重要。社交媒体也可为科研人员提供新型数据来源。民众可以通过民众科学应用程序上传有关物种识别的照片，除了可以发现新物种外，还可以更新物种分布图。在提交照片的同时有助于监管机构确定问题的所在地。例如在洛杉矶，市民跟踪了洛杉矶河的塑料污染情况，明确了最需采取干预措施的区域。科研人员利用推特上关于洪水的报道，生成高分辨率的城市洪水图，提升了模型准确性和预测能力。

三、海洋"物联网"愿景

智能互联设备大量投入应用,因此陆地环境中出现了大量全新的服务形式。物联网尚处于初级阶段,但随着数以万亿计的互联设备投入使用,不断推动网络通信技术(如 5G 技术)和微处理器发展。物联网并非简单的互联网扩展,它将促使软件设计和网络架构发生根本性转变。开发人员不再仅仅考虑为高速数据接收系统提供"简易"传感器,而是赋予上述"边缘"传感器计算能力。提供的具体服务推动实现工作流程智能化。准实时数据流和衍生服务的需求压力要求将"对时间的洞悉"转变为基本指标。尽管传统的历史数据分析(以及相关的数据获取引擎)将继续发挥重要作用,新实时数据流的重要性将不断提升。

建立海洋物联网仍需采取数据通信和传感器定位的新方法。陆地环境可依靠卫星定位系统和无线电网络,但不适用于海洋环境。但未来 10 年,物联网模型有望使其变为现实(图 34.1)。随着功能强大且耗电量小的微处理器投入应用,网络能够传输内容较少但数据丰富的信息(例如,识别船上的有害藻华物种,随后向传感器发送"有或无"的确认信息)。随着传感平台数量的增长以及相互之间通信的建立,梅特卡夫网络定律将在海洋环境中发挥作用,即网络中每个节点的价值随着每个新节点的增加而增加。

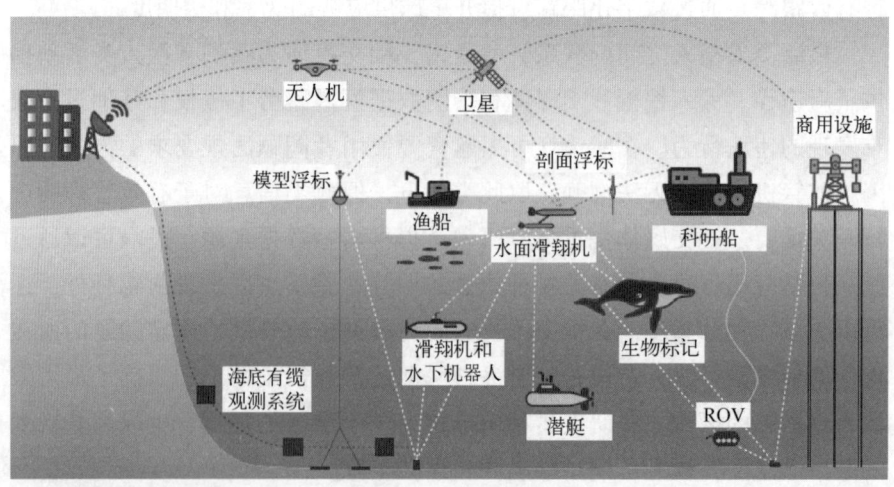

图 34.1　海洋物联网

第三十四章 可持续海洋经济高级别小组《运用技术、数据和新模型可持续管理海洋资源》蓝皮书

只有私营企业、政府部门和研究人员确保海洋传感器可互联操作，网络架构支持互联智能传感器，才可实现海洋物联网愿景。如果无法通过协作实现上述目标，仍采用旧模式，就会造成用于生成专有数据的大量传感器处于断连状态，不利于实现海洋物联网愿景。智能传感器网络还必须兼容不同类型的数据访问机制，包括开放访问。新型平台和传感器可最大程度减少研究人员和管理人员自行采集数据的负担，但往往成本高昂。在可行情况下，必须确保观测平台生成的数据可供相关研究人员和管理人员使用，而非依赖成本高昂的专用系统。

物联网传感器同时易受攻击。尽管与家庭智能传感器相比，海洋传感器存在的安全和隐私问题较少，但由于传感器网络较为脆弱，相对易于发生大规模篡改输入数据的情况。企业、科研人员以及政府必须协同致力于开发能够克服上述问题的网络体系结构。

第四节 有效利用数据爆炸式增长

海洋新数据的爆炸式增长可能会改变人类对海洋的认识和管理方式。由于对海洋资源状况、人类活动及其影响缺乏及时且准确的相关信息，海洋管理始终受到阻碍，常常无法达成预期效果。新技术的应用正在显著提升数据收集能力，目前亟待解决的问题是确保能够获得数据，并且应用于海洋管理。

单靠数据本身无法达成预期效果。必须从中提取相关信息，并与其他信息相结合，转换为决策者易于理解、可行且可掌握的内容。随着海洋"大数据"的发展，不应夸大知识有效转化的重要性，但这一方面始终是科研知识和政策制定过程中的薄弱环节。未来的主要挑战是建立"数字化海洋生态系统"，能够使用各种海洋数据，并将海洋数据转化为可供决策者采取行动的信息。

一、增强数据的可用性

"水，到处都是水，却没有一滴能喝。"尽管柯勒律治的诗句描述的是海洋本身，但海洋数据同样如此。人类可能掌握了浩瀚的海洋数据，但却缺乏可提升认知或通过数据做出科学决策的信息。从数量角度看，政府、

研究机构和企业每年采集和管理的非结构化数据量呈指数级增长。从质量角度看，相关转变过程更为彻底，因为数据管理的概念框架从历史、分类和静态模型管理，转变为动态、非结构化和协作使用的模型管理。提取知识需要新型工具实现不同以往的协作、可视化和综合水平，其中不仅是为了适应工作量增多而扩展传统工作流程。数据分散广泛，而集中研究具体经济和科研问题的团队也将是如此，并且随着协作需求改变，上述多对多网络将不断变化。因此，需建立可为数据管理、分析和协作提供系统基础的新框架，而非不同领域间的临时性协作。

未来10年将通过尖端技术努力创建"数字化生态系统"，整合众多数据来源，为决策者提供及时且优质的信息。目前已有多个旨在建立上述数字化生态系统的举措，包括联合国教科文组织政府间海洋学委员会创建的全球海洋观测系统（GOOS，"真正意义上的全球综合性海洋观测系统，可为人类的可持续发展、安全、福祉和繁荣提供所需的基本信息"）以及REV Ocean等私营企业建立的海洋数据平台（"全球统一的海洋数据平台，旨在进行公平公正的研究，同时推动以数据为基础的讨论，改善决策过程，使海洋资源保护和利用取得更大成功"）。目前的主要工作重点是将数据集整合至统一的数据库中，进一步强化传统的门户数据下载模型管理模式。

但创建统一数据平台面临着严峻的挑战。数据集间通常不一致或缺乏互联性。数据所有者往往不愿共享数据，因为一旦数据合并，数据所有者会失去访问和使用数据的控制方式。此外，缺乏支持数据集可持续使用的必要激励措施（包括资金或专业技术方面的激励措施）。

而在海洋环境之外，谷歌和其他科技企业已开发出多种工具，如谷歌的 BigQuery，通过检索网络，梳理并整合不同数据，从而形成独到见解。通过上述工具可采取全新方法访问过去缺乏互联性的数据，但与海洋环境的解决方案相同，仍面临着较多困难。研究人员和政府不允许通过上述工具访问或共享数据信息，同时缺乏激励措施，因而无法调整相关工具使其适用于海洋问题。

应重新评估当前的基本战略（和文化），坚持发展数据体系结构，使研究和管理人员可以在此数据体系结构下自动访问各种数据集。制定通用的数据标记标准对新型海洋数据基础设施建设至关重要，可使数据整合至联合数据网络和数据湖中，支持国际验证和自动访问。通过联合数据网络，可开放目前掌握在私营企业和政府数据库中的海洋数据,而通过数据湖可整合数据,支持实时管理,同时发展以新数据(及预期范围外的数据)为基础的服务。

(一)标记标准

完成数据标记和元数据协议的标准化是实现全球海洋数据可访问性的第一步。标准化元数据包括常规指标,如数据采集地点、时间和方式。数据标记以此为基础,说明是否及如何存储、传输和使用数据以及数据是否适用于管理和执行决策。数据经过正确标记后,用户可根据标记标准自动访问符合的数据。数据所有者可随时更新数据标记,确保按需修订访问限制。部分人担忧科学研究过于依赖联合网络,即数据整合将消除数据提供者和用户之间的关联,难以表明数据采集方式间的细微差别。通过数据标记可解决上述问题。

通过数据标记创建数据网络,还可使新型知识更为全面地整合至管理决策过程中。传统知识虽然不符合标准化科研要求,但愈发被视为管理决策过程中的重要组成部分,可包含在正确的数据标记中。数据标记涵盖船舶日志、报纸和手册等不同来源的历史数据,可加强对历史基准的理解。

(二)联合数据网络

标记的数据可通过联合数据网络进行存储和连接,因此研究和管理人员可访问不同的海洋数据。通过全球标准可查询不同数据集并提取相关信息。由可信代理人创建并维护系统,包括访问验证和运行其他可增进信任的工具。

联合数据网络可用于解决商业和其他保密性问题。目前联合数据网络已在几种情况下得以成功应用。因为使用联合数据网络访问数据不会违反各种监管健康数据共享的隐私法规,所以医疗保健领域对联合数据网络的关注度较高。创建通过外部查询从数据中提取所需信息的系统而不共享实际数据,使研究人员可在保护患者隐私的前提下访问医疗数据。

(三)数据湖

如果用户愿意放弃对其所有数据的某些控制权,则可将数据湖作为扩展联合数据网络中的节点。数据湖将数据传输至云架构，旨在尽可能将数据缩放至数据处理管道。

上述云计算架构以及以云计算解决方案为基础运行的工作流程并非新兴事物。从早期的大型计算机，到IBM于20世纪70年代发布的虚拟机操作系统，随着整个互联网生态系统(从微处理器到服务)的商业化，共享访问服务的概念早已出现并得到发展。

数据湖以服务驱动的数据架构为基础，而非"数据仓库"中使用的预定义架构，特别适用于需进行密集计算且对数据隐私关注度较低的科研数据。这说明通过缩放和紧密耦合的数据计算、存储及服务，用户访问和使用数据的方式发生了重大变化。通过该流程可更有效地访问数据，并形成对数据规模的认识。

无线通信技术(5G、卫星和其他无线技术)的发展推动着观测技术实现预期增长，数据接收和呈指数级增长的存储量因此面临巨大挑战。因此科研界对数据的获取已成为通过转移设施生产可用产品的物流问题。通过有效利用数据湖架构，可使数据更接近于计算结果，同时能够访问无数的组件服务数据，使数据用户能够加快获取科研结果。

数据湖带来了全新的工作流程，这将改变跨领域科研方式。全新的工作流程将创造新的模型化方法，有助于解决算法和分析差异，该差异可导致在当前科研工作流程体系中出现重复性错误。通过数据湖应用云服务可以避免下载和数据传输，使研究人员和民众直接参与数据交互，仅提供衍生品或用户体验来实现规模。

数据湖为科研界提供了前进的道路，以通用标记标准为基础，可整合至海洋数据网络中，使各利益攸关方能够自动访问和使用数据。美国地质调查局和美国国家海洋与大气管理局已成功将部分卫星遥感数据转换成以云计算为基础的数据湖，其用户群也因此呈现出指数级增长。数据湖可通过允许用户分析多种数据类型以及向广泛用户群开放海洋数据，形成新的价值。

通过将数据标记、联合数据网络以及数据湖相结合，有望显著扩展可用的海洋数据，并扩大访问范围。

- 访问更多数据：通过将数据标记与联合数据网络相结合，可开放目前因安全、商业或隐私等因素而无法访问的数据。其中备受关注的是国防

第三十四章 可持续海洋经济高级别小组《运用技术、数据和新模型可持续管理海洋资源》蓝皮书

部和私营企业收集的数据,许多组织数十年来已收集了与海洋环境相关的可靠的长时间序列的数据集。上述部分是保密(与国防部相关)或机密(与企业相关)数据,尽管其中许多数据与海洋环境相关,并没有安全风险。新型数据标记标准可将企业和军队收集的数据(在满足安全或时间等限制后)自动提供给研究人员。

- 供更多用户访问:通过数据标记可自动访问数据,从而降低难度并提升效率。目前,研究人员和管理人员通过双方之间的一次性协议访问所需数据。通过有效的数据标记系统,可在初始阶段将上述协议内容纳入数据。例如,如果相关方是经核实的研究机构,则可按照规定的条件,自动访问标记为"学术研究"的数据。

通过上述自动访问可建立更为公平公正的数据访问方式。目前,许多海洋数据集原则上可供其他研究人员使用。但实际上,海洋数据集通常仅共享至已知的研究伙伴或顶级学术机构。执行复杂的谅解备忘录往往需要数月才能达成一致,这是小规模机构和资源有限的管理者难以逾越的障碍。

与联合数据网络相结合,自动数据访问可使管理者按需访问可操作的信息。可在数据网络基础上开发专业应用程序,专用于解决常见管理问题,并提供可靠的专业知识解决方案。

- 全球访问:联合数据网络和数据湖可为科研人员、管理人员、社区、消费者和其他群体提供全球数据访问,上述目标也是建立数据网络和数据湖的基础。缺乏政府部门、研究机构和技术服务供应商的协作,可能导致相关解决方案在本已破碎化的海洋数据环境中进一步遭到孤立。

随着上述解决方案的启动,各国政府和其他组织也必须确保民众能够访问数据网络和数据湖。联合数据网络和数据湖的部分优势在于,其支持的商业模式允许进行免费数据存储,而以数据为基础的知识服务,或是通过存储计算数据提升速度,可产生相应的收益。第五节将进一步讨论上述商业模型可支持的广泛且免费的数据访问。各国政府必须与网络服务供应商合作,确保相关系统可实现上述愿景,而非仅仅为付费用户提供数据访问。最需要获取数据来支持海洋管理的数据稀缺区域通常不会付费进行数据访问。

除确保公平公正获取数据外,各国政府还需解决数据开放引起的重要

隐私和安全问题。网络架构必须保护数据在整个生命周期中的完整性，包括防止将错误数据添加到数据网络的品质保证机制。随着手机等个人设备以及视频监控设备愈发成为海洋管理的数据源，必须通过管理体系保障用户隐私。此外，随着政府部门逐步开放海洋数据的访问权限，需评估可能产生的社会和经济成本，例如，开放访问权限将为部分私营企业提供实际补贴，或为数据使用能力最强的群体提供政策影响的渠道。

为开放数据访问，需制定新的激励措施使政府部门、企业和研究机构共享数据。政府部门可通过直接引导，采取大刀阔斧的政策支持创建联合数据网络。各国政府还可以规定取得公共资源的前提条件，即承诺共享所产生的数据，无论这些资源是鱼类资源还是矿藏资源，或是用于沿海管理或研究的资金。

通过围绕"联合国海洋科学促进可持续发展十年（2021—2030）"开展的国际间合作，有望采取协调一致的行动克服当前存在的障碍，并切实完善综合海洋数据。必须确保有效把握上述机遇。

二、信息提取与转化

通过近期的技术创新可提升将数据转化为有用信息的能力。先进的数据处理技术以及新型可视化门户，使多种数字化决策支持工具能够为决策者提供可操作的信息。

人工智能和机器学习的迅速发展，包括神经网络和机器视觉等深度学习方法的出现，有效推动了海洋数据的发展。随着海洋数据种类和数量的增长，人工智能和机器学习工具同样应用于提升认知以及更具重要意义的复杂过程预测，例如，大规模降雨或强烈风暴，最终应用于生态系统复原和人类活动等更复杂的过程。对于上述复杂过程而言，进行数学公式推导以及收集重复性数据面临着极大困难，在此方面大数据以及人工智能和机器学习的应用备受关注。

在物理领域中，人工智能和机器学习可显著改善为过程预测而采取的传统方法。例如，美国垦务局近期赞助了一项关于美国西部降雨模式的次季节气候预测竞赛。优胜参赛团队使用人工智能和机器学习方法，取得了比基准预测模型更精准的预测结果。美国国家海洋与大气管理局正制定一项综合战略，通过人工智能和机器学习方法将其掌握的大量数据与数值模

第三十四章 可持续海洋经济高级别小组《运用技术、数据和新模型可持续管理海洋资源》蓝皮书

型相结合,应对地球过程预测中长期面临的挑战,如飓风行经路线和强度。

对新方法的重点关注很大程度上是由于为复杂多重比例过程制定数学模型的难度较大。例如,全球气候模型中缺乏可解析云层微观物理的比例。并且上述过程难以同时测量。但不应忽略此类过程,必须对其进行参数化处理。新方法以上述过程的随机公式为基础,并与大比例过程的确定性模型相结合。随着人工智能和机器学习技术的出现,从随机/确定性模型向人工智能和机器学习模型的转变是一次科技力量的直接飞跃。

与传统方法相比,人工智能和机器学习的显著发展可提升对语言等复杂过程的认知。因此部分科研人员认为"大数据"是一种全新的科研典范。在复杂的多重比例过程中,人工智能和机器学习可加深理解相关过程中的联系,解决其中遇到的问题,而通过传统科研方法则无法提供理论基础或数学模型。实际上部分观点认为,上述情况说明传统科研方法的时代已经结束,此类方法以客观实验(或数据收集)与数学和建模分析之间的关联为基础。

苏吉(Suci)和科文尼(Coveney)的论文对大数据和科研方法之间的相互作用进行了深入回顾。两人认为,"大数据"必须与"大理论"相结合,尽管制定数学公式的过程困难且缓慢。以人工智能为基础的模型极易受影响,难以在模型开发相关的数据领域以外运行。论文指出需注意四大要点:

(1)复杂过程极少以高斯分布为基础;

(2)复杂过程对微小错误极为敏感,因此数据集的规模"越大越好";

(3)相互关联不等于因果关系,特别是随着数据集规模增大,相互关联程度将逐步降低;

(4)数据过多可形成与缺乏数据相同的负面影响。

尽管预期人工智能和机器学习有助于推动观测系统和数据分析发展,但仍必须继续推进复杂系统的基础科学和数学模型发展。

除更准确地预测和分析科学数据外,人工智能和机器学习同时可推动管理模式的发展。例如,随着计算机视觉进步,可通过视频自动识别海洋物种。由此开启了渔业电子管理的新时代,由摄像头取代观察员的

工作，后者在执法过程中经常受到骚扰，甚至在极端案例中遭到杀害。机器学习算法可自动分析摄像头捕捉的视频，确定被捕获的物种以及船舶作业是否合法，与观察员的工作相比，可大幅节约人力和物力成本。

功能更为强大的人工智能和机器学习分析技术同时可支持开发高级知识产品，满足关键的海洋管理需求。例如，全球渔业观察通过大型船舶装载的全球定位系统设备（船舶自动识别系统 AIS）使渔业活动可视化，作为观测全球渔业的窗口。全球渔业观察通过机器学习算法，分析船舶采集的大量数据，可确定船舶开展捕捞活动的时间和区域，并进行活动分类，同时可识别船舶的其他行为，如转运及非法侵入保护区等。大量新型执法工具同样广泛采用机器学习技术，用于识别海上非法行为。通过新兴技术和新网络数据来源采集了大量数据，而人工智能和机器学习能力是分析大量采集数据的基础，可支持管理人员开发新一代知识产品。

人工智能发展前景巨大，可将不断增长的大量海洋数据转化为用于科研、海洋资源利用和管理的重要信息。为实现上述发展前景，需要通过联合数据网络和数据湖更好地进行数据访问。同时需在机器学习方面进行创新。尽管目前神经网络的训练方法需使用大量标记数据集，但通过新方法可在相对较小的标记数据点上进行学习。新方法为解决标记数据量过少而引发的许多海洋问题提供了方向。随着新方法的应用，海洋管理模型的预测功能将更为强大。

除数据使用相关问题外，当前的机器学习还面临着大量的计算需求。未来的计算能力将呈指数级增长，使人类能够更深入地掌握海洋环境。但计算能力的增长需以巨大的能源消耗为基础，未来的机器学习计算必须采用可再生能源。

人工智能和机器学习解决方案目前十分适用于具体的海洋问题。例如，图像识别算法可用于识别具有某种特性的个体鱼类物种，但难以识别其他鱼类物种。通过改善计算和方法，可避免机器学习预测局限于具体问题，有助于综合了解海洋环境。随着机器学习技术与物理模型相结合，模型技术有所进步，可将此类模型技术与根据数据形成的认知和理论知识相结合，形成可靠、可解释的研究结果，并可根据物理现实验证此结果。将上述方法应用于大量数据集，可避免分析问题过于单一，并且有助于理解不同海洋环境之间的新关系。

尽管机器学习具有良好的发展前景，但在广泛应用于管理领域之前，还需解决部分重要的偏差问题。机器学习结果的有效性取决于其进行学习的数据基础。通过复杂的机器学习算法识别非法行为（如许多先进的非法捕捞监测工具），在某些情况下可能加剧当前的不公平现象。例如，如果某个算法以过去的执法行动为基础，建立预测未来非法活动发生情况的模型，则该算法会进一步加剧过去已存在的偏差，往往将船舶类型或船旗作为执法目标。人工智能和机器学习算法同时易受到虚假或"欺骗性"数据的影响。少部分不准确或虚假的数据可能导致上述复杂且易受影响的算法形成错误的预测结果。与人工智能可解释性相关的新研究成果可有助于解决上述问题，使管理人员能够深入掌握人工智能的工作原理，识别系统性偏差，明确管理成果基础，从而形成法律效力。

第五节 通过技术革命推动海洋管理发展

近几十年间，在海洋管理以及通过市场激励可持续利用海洋资源等方面发生了重要创新。通过技术进步可利用上述创新，提升能力，制定新型激励措施并赋予新责任（表34.1）。

一、公共管理

历史上，海洋环境始终被作为公共资源进行管理，公共管理相关工具有限，并且受到政治、实际情况以及信息严重不足等因素的制约，因此导致管理体制静态且粗放，有时会形成不正当的激励措施。

（一）管理创新

近年来，愈发强调通过生态系统管理方法进行海洋环境管理。通过生态系统管理方法，针对个体资源的传统孤立管理转变为了将生态系统视为整体的管理方式，并且涵盖各种人类活动。为确保生态系统管理方法体制有效，需掌握大量科学数据，理解并预测海洋环境中的复杂关系和发展动态。生态系统管理方法还必须灵活应对不断变化的生态系统以及利益攸关方的需求和利益，需对海洋环境进行综合管理。

表 34.1 技术推动管理创新

		管理创新			
		动态和自动化管理	综合海洋管理	产权管理	推动市场发展
可实现的技术进步	传感器	通过原位、远程和船舶安装传感器可对当前海洋环境进行高精细度观测	通过自主航行器、剖面浮标以及其他新型传感器平台可研究在无法抵达的区域	通过低成本传感器可支持海洋资源的社区管理	通过 DNA 条形码和其他生物技术工具可验证整个供应链中的产品标识
	通信网络	通过 5G 网络和卫星可将海洋数据实时传输至管理者和资源用户	通过声学网络、海底有缆观测系统和卫星传输可实现远距离传感器与海岸互联	通过 5G 和蜂窝网络技术可使渔民和其他资源用户访问并参与资源管理	通过使用区块链技术的应用程序可创建不可变的产品转移记录
	数据系统	通过数据湖和联合数据网络可访问不同来源的数据从而实现动态管理	通过数据湖可使科研人员访问非结构化数据集来支持多种不同分析	通过本地数据网络可使用户共享并访问同有关资源使用情况的数据	通过联合数据网络可使企业共享相关数据，并可同时尊重其隐私和所有权
	数据处理	通过高级模型分析可实现准实时数据处理和分析	通过机器学习可对与住过完全不同的大型数据集进行全新分析	通过模型可更准确地预测资源使用和分配	通过机器学习可分析大量行业信息，确保保合合规要求
	知识工具	通过区块链与实时传感器数据相结合，可用于创建智能合约，使管理决策自动化	通过海洋环境准实时可视化分析可为管理者提供关键信息	通过在渔业中使用以新数据和模型为基础提升渔获量，同时减少大程度提升智能渔获应受保护的副渔物捕获	通过应用程序和其他工具在销售点为消费者提供说明相关情况

586

第三十四章　可持续海洋经济高级别小组《运用技术、数据和新模型可持续管理海洋资源》蓝皮书

通过动态管理和产权管理两方面进行管理创新，可有效将能力和激励措施与可持续性相结合。新技术可利用上述政策工具提升海洋管理有效性。

动态管理：海洋管理始终需面临资源和环境不断变化的问题。随着气候变化和其他压力因素增多，上述问题形成的挑战会愈发严峻。但目前的海洋管理属于静态管理，以固定区域、季节和渔获量等限制因素为基础。管理人员通过动态管理策略能够随机应变，进行准实时调整。例如在渔业方面采用动态管理策略，需从渔期开始时设定静态捕捞空间限制的模式，然后转变为动态空间封闭的调整模式，可根据鱼类种群状况、副渔获物种和其他关键指标，调整允许捕捞面积。动态管理重点支持了新一代以生态系统为基础的响应型海洋空间规划。

技术创新推动动态管理成为现实。新兴工具可监测海洋环境，支持与位置分散的资源用户进行通信。管理人员利用此类工具能够迅速决策并推广意见。动态管理相关的典型案例之一是，在波士顿港繁忙航道的浮标上安装了一系列水听器。当水听器探测到濒临灭绝的露脊鲸发出的声音时，会把信号自动传送至靠近港口的船舶，并强制其降低限速，而当区域内无鲸鱼出没时则允许船舶保持高速航行。上述方法减少了船舶撞击鲸鱼的事故数量，同时最大程度地提升了航运效率。动态管理相关的其他案例包括，将海龟副渔获物高风险区域的实时信息推广至夏威夷渔民。近期一项研究表明，针对加利福尼亚地区难以管理的流刺网捕捞作业实施动态空间封闭，不仅可显著降低总禁渔面积的比例，还能达到相同的保护效果。

产权管理：侧重于调整激励措施，实现海洋政策的另一项重要前沿管理目标。已逐步采取许多渔业相关管辖措施，通过形成产权管理，更好地将针对资源使用者的激励措施与长期可持续性相结合。产权管理体制通过将资源产权分配至资源使用者，力求解决与公共资源相关的常见问题，一般是通过配额制度向每户分配一定比例的渔获量（个体可转让配额），或通过领土权赋予利益攸关方群体在特定区域捕捞的专属权利（渔业领土使用权）。

通过正确规划，证明产权管理是一种高效的管理解决方案。为确保有效性，领导者只有在利益攸关方之间达成共识才能实施政策。领导者应完善体制，使产权与口碑和行为激励措施相结合，并通过强制制裁措施确保

产权得到保护。

但产权管理并非解决渔业管理问题的灵丹妙药。部分观点认为，为渔民提供渔获配额并非真正意义上的产权分配，并且由于针对渔民的激励措施不完全适合渔业的长期发展，可能将导致未来出现持续性管理问题。另一部分观点指出，配额分配决策往往以过往渔获量为基础，可能会加剧不平等现象，使激励政策偏向于最具经济影响的群体。

部分过程已明确了针对上述问题的创造性解决方案。例如，在白令海部分渔业产业将一定比例的渔获量分配给沿海社区作为社区发展配额。沿海社区可自行捕捞，或将其配额出租至渔业企业，并使用获取的收益进行投资。此类案例有效缓解了渔业私有化产生的主要股权问题。

以生态系统、产权和动态发展为基础的新型管理模式，帮助管理者应对海洋资源管理面临的各种问题和困难。功能更为强大的传感器以及智能合约等新技术，为政策创新提供了基础，开创了海洋管理新时代，进而提升了管理能力并完善了激励机制。

（二）制定灵活有效的管理方式

未来数年间，在收集资源状况数据、应用较高空间和时间分辨率并且将数据转化为用户和管理者可操作的信息等方面的能力将取得重大进展。卫星和远洋无人机持续大量投入使用将提升监测水上和水中活动的能力。渔船和渔网上安装的摄像头使渔民能够更精确地控制渔获量，进一步提升管理和问责的精细化程度。大量的水下通信传感器可识别紧急问题，并推动调查。

气候变化与其他问题导致海洋环境恶化，因此能力建设对于进行以生态系统为基础的有效海洋管理变得愈发重要。必须实时掌握海洋环境信息，从而有效管理热浪、鱼类资源转移、有害藻华和其他突发变化。

通过新技术可更好地掌握人类对于海洋生态系统的利用情况。监测人类利用活动的相关数据可指引执法工作，提出更有针对性的执法实施方案，强调按照法规证据要求，准实时提供相关数据。通过对遥远水域进行视觉监控的无人机（如 ATLAN Space 公司）以及渔船装载的强制防篡改 GPS 设备等新技术，可为执法人员提供所需信息。

实时数据可为海洋综合管理方法提供支持。通过海洋综合管理制定全面管理计划,协调海洋环境中的各种竞争性利用,确保生态系统健康(见"海洋综合管理"蓝皮书)。海洋空间规划等海洋综合管理工具是海洋管理领域的重要组成部分,但需要生态系统基准和人类海洋利用相关的广泛数据作为支持。

技术进步对于帮助渔村社区管理渔业资源具有深远意义。例如,可通过小型GPS跟踪器,准确掌握小规模渔场渔民每天的捕捞地点。渔民可通过在智能手机上安装mFish等应用程序,接收天气、市场价格以及其他关键数据,同时通过渔民的手机也能够收集与其渔获物和捕捞地点相关的关键数据。买方可通过Fishcoin向小规模渔业渔民提供数据收集的费用,通过区块链在手机端进行支付。区块链技术还可帮助小规模生产者与全球供应链互连。

以更准确信息作为基础的有效管理在未来的发展目前尚不明确。即使可使用相关数据,但由于管理者无法直接使用数据,或者缺乏科研人员通过数据解决政策相关问题,管理者往往无法获取所需信息。即使是为海洋管理人员专门开发的决策支持工具,也往往由于技术性较强,而只有开发人员才懂得工具的使用方式。在消除科研与决策之间的鸿沟方面,非政府组织和跨学科研究组织发挥了重要作用,使科研和管理人员能够共同制定研究重点。

(三)通过智能合约实现自动化管理

未来10年间,技术进步不仅可推动动态管理体制的发展,还将形成完全自动化管理的新领域。动态管理仍必须通过人工过程将数据转换为管理决策。将动态管理与智能合约等技术进步带来的可能性相结合,为实现部分领域的自动化海洋管理创造机会。

在其他行业中,智能合约是遵守法规要求的前沿领域。智能合约以验证为基础,一旦满足议定条件,智能合约即可自动执行。例如,通过在线航班追踪显示航班延误已超出约定时长,则旅行保险智能合约可自动向乘客完成赔偿。智能合约通常以分布式账本技术为基础,因此不可变且防篡改。自动执行合约降低发生腐败的可能性,可以提升透明度。

通过智能合约与环境传感器相连,可能实现自动化环境管理。智能合约已在澳大利亚用于点对点水资源管理。众所周知,用水权管理和转让较为复杂，智能合约使用户之间可根据达成一致的条件便捷地转让用水配额（例如，如果某个用户的用水量低于其每月用水配额，传感器可自动进行探测，并根据达成一致的条件将剩余配额立即转移至其他用户）。例如，在控制海洋污染方面，当废气浓度超过标准要求时，安装在船舶排气管上的传感器可自动对相关企业处以罚金。

> **案例研究——防止副渔获**
>
> 日本海洋研究开发机构（JAMSTEC）通过高频（HF）雷达数据掌握海况与定置网（setnet）捕获的太平洋蓝鳍金枪鱼（低于30千克）之间的关系。每30分钟准实时采集一次观测数据，并且立即（通常在1小时内）生成表面流图，并发布在JAMSTEC网站。当前捕捞方式可能导致大量捕捞受限的金枪鱼成为副渔获物，此时定置网可进行标记，并提醒当地渔民注意大量金枪鱼幼鱼存在被定置网捕获的风险。因此，渔民可根据定置网发出的警报安排释放金枪鱼幼鱼。

将智能合约技术创新与动态管理政策创新相结合，有望重塑海洋管理职能。应用智能合约和其他工具取代目前需人工验证的工作，可释放管理资源，并将其应用于更为重要的人工处理监督职能。

在渔业领域，通过政府和企业职能，可在日益强大的监测功能基础上建立准自动化进港系统。针对符合预设信息透明度要求（例如，共享船舶自动识别系统数据、船载电子监测数据以及提供许可证和所有权信息）的渔船，"全球进港"系统可使其快速进港。渔业组织可通过相关数据降低船舶进行非法、不报告、无管制捕捞行为的风险，使其在港口享受优先清关和处理的权利。上述体系可激励渔民的良好行为，同时降低港务人员的腐败影响。

自动化系统也可强化缓解措施。及时发现并预测风暴、热浪和有害藻华等环境威胁，可与自动化系统直接关联，主动保护生态系统。自动化系统已开始应用于暴风雨雨水管理：通过预测暴风雨来临的时间，或检测到水质参数超出正常范围时，可自动采取其他处理措施，防止营养负荷过高。此外，在电力行业，自动化系统可通过预测热浪来限制使用制冷设备。应扩大应用范围，在环境威胁实时检测和预测与其他情况下采取的自动缓解措施之间形成关联。例如，为防止影响人类健康，有害藻华的预测方法已十分先进。将有害藻华预测与相邻区域自动减少施肥量或提高水处理量进行关联，不仅有助于提升预测准确度，同时可降低环境威胁程度。

通过自动化系统可促进有效执行与渔业权利转让，使产权管理高效且公平公正。此外，通过区块链等新技术可采取全新方式，来更为透明且可靠地快速转让配额，并且降低过往存在的多种交易成本。

区块链技术的支持者认为，未来将向分权管理进一步发展，并完全消除不同国家间的限制。他们认为，随着管理体制完全以智能合约为基础，管理者将无需制定法规以及确保合规。但在海洋管理体系中，未来可能无法实现完全无人管理的情况。制定法规的过程较为复杂，需与多个利益攸关方进行协商，并掌握生态系统动态，这均需通过人为决策完成。因此，专业知识丰富的管理者仍发挥着重要作用。可以预见，在未来，自动化能减轻大部分执行层面的工作负担。

然而与此同时，威胁依然存在。尽管以区块链为基础的技术可形成不可变记录，但这些不可变记录只有与有效信息相结合才具有意义。因此，智能合约解决方案必须包括有效措施，才能确保其数据基础的准确性。利益攸关方的参与可作为数据验证系统的组成部分。例如，颁发企业许可证如果需根据某些环境条件的清理情况，当地利益攸关方可通过照片等证据的提交情况来验证是否满足要求条件。

自动化管理也带来了对反乌托邦式未来的担忧，在此情况下，决策过程以复杂且不透明的算法为基础，无需人为判断。政府部门必须形成对自动化决策进行批判和审查的有效流程，方可采用自动化管理。自动化管理也应仅适用于指标可量化验证(如海洋温度变化)且其结果不损害基本公民自由的管理问题。需根据上述标准对每次自动化管理申请进行具体评估。例如，在渔区或允许使用的渔具类型变化方面，自动化管理可在海洋条件发生变化时实现快速且实时变化，同时不损害受保护的合法权利。另一方面，尽管人工智能算法可根据具体行为判断潜在的非法渔船，但自动化执法无法完全以此为基础，因为执法依据不完全明确，可能导致刑事责任后果。

通过自动化管理，可将人力管理资源从常规的数字工作，转化为复杂程度更高的生态系统层面的分析和决策。随着利益攸关方的参与、激励机制的转变以及基准数据的改善，自动化和动态管理将有助于海洋管理以及以生态系统为基础的综合管理取得成功。

二、推动市场发展

在私营企业中，技术进步带来的透明度和可追溯性会激励形成更具可持续性的方法。

在过去20年间，"可持续海产品运动"表明市场参与方（包括消费者、零售商、加工商、渔民）可进一步激励渔业管理发展。通过供应链进行渔业和监管链独立认证，例如，通过海洋管理委员会以及评级系统（如海产品观察），有助于买方识别管理效果较好的渔业海产品。越来越多的跨国企业在促进可持续海产品方面发挥了愈发积极的作用，其中包括沃尔玛和特易购等零售商、国际水产永续基金会下属的领先的金枪鱼加工商、SeaBOS论坛（海产业守护海洋倡议）中10家最大的海产品企业。

近年来，消费者对鱼类来源以及企业对供应链控制的日益关注，显著提升了供应链的可追溯性。2017年，66家企业签署了《金枪鱼可追溯性宣言（2020）》，承诺到2020年，所有购买的金枪鱼完全实现可追溯。包括SeaBOS论坛在内的30多家大型企业已签署《海产品可追溯性全球对话》，明确了企业供应链中需收集的关键数据，同时创建了确保IT平台互操作性的标准。

区块链和其他分布式账本技术备受关注，用于为供应链可追溯性提供支持。但如前文所述，数据系统需要录入可靠的货物来源数据，因此需通过市场形成有效的激励措施，来提高分布广泛的供应链透明度。通过新兴技术提供渔船捕捞位置以及渔获物相关的准实时信息，可进一步提升从捕获到超市货架整条供应链的透明度和可追溯性。

目前能够通过公开的船舶跟踪数据对大型船舶进行跟踪。随着越来越多的国家共享已收集的高精细度数据以及卫星监测能力的提升，可对全球范围内更多的捕捞船进行跟踪。例如，全球渔业观察计划到2029年将监测覆盖范围从目前的6万艘扩大至30万艘。随着用于处理视频监控和卫星数据的人工智能和机器学习工具不断进步，渔业活动监测能力可以得到提升。透明度的提升可不断增强可追踪性，通过使用遗传工具、传感器和电子标签或二维码，跟踪供应链中的鱼类产品，并验证其来源和物种。

数据系统可确保加工商和零售商等买方购买的鱼类产品合法，且符合环境和社会标准。通过为决策过程提供可操作的信息，也可推动消费者做出可持续选择。通过销售点的应用程序可向消费者展示鱼类捕获位置以及加工和运输方式等相关数据。例如，消费者可访问数据，掌握鱼类产品是否属于非法捕捞，或是否受到汞或微塑料污染，可以促使其做出更明智的决定。

历史上渔民通常对捕捞地点相关信息采取较为严密的保护。但随着近几十年的发展，系统已掌握最具生产力区域的详细信息，推动主要渔业国家实现全球化发展。由于船舶航行位置会随鱼类种群每日波动而变化，为保护船舶位置具体信息，全球渔业观察以及其他观测平台会延迟72小时公布船舶位置。

严格的透明度和可追溯性要求，可能会加大小规模捕捞渔民进入全球供应链的难度。大部分小型渔场已无法承担船舶跟踪系统的成本。可在智能手机安装的低成本可追溯性应用程序极为适合小规模捕捞渔民使用，但企业需将此类解决方案与其可追溯性系统相结合。通过《海产品可追溯性全球对话》等全球标准协议，也可促进工具开发。

随着技术不断改进，加上海产品行业领导者也在履行承诺，完全透明化和可追溯性不仅将成为未来市场的发展期望，还是开展相关业务的前提，这将开启全新的问责制时代。

三、确保技术进步促进可持续性

历史上的技术进步通常可提升海洋资源的开发能力，功能更为强大的船舶和渔具使渔业从沿海活动转变为全球产业，并导致较多鱼类种群数量下降；随着深海平台以及钻探技术的创新，实现了大规模石油开采，而在不久的将来，海底矿物开采也将实现。正如前文所述，信息技术能力迅速发展，这同样可促进资源开发能力的提升，例如，有助于渔民追踪鱼类资源。伴随着资源开发能力的提升，需掌握两个必要条件：其一是管理，随着资源开发能力的不断提升，对相关资源进行有效管理将变得愈发重要；其二是问责制，必须公开资源状况和使用信息，使公共资源的使用者对政府、市场和民众负责。

为实现新技术对可持续性的支持，不仅应确保资金充足的政府部门、企业和机构等可应用新技术，同时需将新技术提供至资金有限的政府部门和社区。因此，既要求可广泛访问海洋数据，同时要求可进行数据访问的硬件和软件易于获取，且价格合理。可在智能手机应用的低成本技术具备较好的发展前景，凭借智能手机不断普及的优势，使用者既可访问全球信息，也可生成本地相关数据。这有助于提升管理效果，强化问责制，推动进入全球市场。但需发展能力，建设好物理和知识基础设施，从而促进全球各领域的发展。

本文重点关注新型传感器和其他来源的有关海洋健康、资源及其利用方面新数据的爆炸式增长以及从这些数据中提取信息以支持研究和行动的日益强大的技术能力。遗传学和生物技术的进步说明相关领域前景广阔，有望在海洋资源可持续发展方面发挥重要作用。例如，珊瑚遗传学研究有助于科研人员识别对热浪抵抗能力更高的物种，从而提升物种在变暖的海洋环境中繁衍生息的能力。研究人员已研发出新型微生物，这种微生物可分解海洋环境中的塑料或泄漏的石油。

生物技术也可用来缓解水产养殖造成的一系列环境影响，例如：为建设渔场破坏沿海生境；使用杀虫剂和抗生素造成污染；捕捞野生鱼群来获取干鱼粉和鱼油以满足急剧增长的饲料需求。培育可抵抗疾病的新型鱼类品种，从而减少使用抗生素。开发新型植物性饲料，降低对干鱼粉和鱼油的需求。

基因驱动技术可通过引入变异基因使某种遗传变异得以传承，消除入侵物种并恢复生态系统（通常是可使入侵物种不育的变异基因）。上述解决方案可用于消除对生态系统已造成严重破坏，并且无法通过常规方法进行控制的入侵物种。但引入变异基因类似于将另一种入侵物种引入生态系统，并且可入侵所有存活种群，其后果可能远超预期。

部分创新者目前希望在不依赖鱼类的基础上生产海产品，从而减少过度捕捞。Finless Foods、Wild Type 和 BlueNalu 等企业正在实验室培育金枪鱼、虾和其他海产品。可通过人工养殖保护野生鱼类种群，从而减少对整体海洋环境的影响，并减少污染风险（野生种群中汞和其他重金属的生物富集作用是高营养层次鱼类中存在的主要问题）。

第六节　促进海洋技术创新

为促进海洋可持续利用,需确保新技术在研究人员、管理者、资源使用者、沿海社区、企业、消费者以及海洋管理的其他利益攸关方中的应用。但海洋管理的攸关重要技术通常面临着较大阻碍,如启动资金不足、存在法规限制以及缺乏明确收入来源。因此,通常由政府和大规模商业利益推动海洋技术创新。针对科学仪器及其他要求,从小规模市场往往无法得到具有商业适用性的专业解决方案,造成技术封锁,所以许多需求无法得到满足。

创新可支持未来的科学和管理发展,而克服市场障碍对促进创新至关重要。当下的创新局面较为复杂。为实现技术发展前景,促进海洋管理,需政府部门和其他组织采取行动,制定市场激励措施,并为资金支持及全新商业模式创造公共和私营相关工具。

一、制定促进创新和推广的市场激励措施

政府部门和私营企业可在鼓励技术创新方面发挥关键作用,而创新是保障海洋环境健康和可持续利用的必要条件。

(一)政府部门

以往的环境政策表明,制定以技术为导向的有效法规可促进创新。例如,出台限制汽车或发电厂排放污染物的法规,不断推动相关企业进行技术创新,从而降低减排成本。同时,《国际防止船舶造成污染公约》则激励整个船舶行业实施创新。此外,国际海事组织近期要求全球范围的航运船舶在2050年前必须将温室气体排放量减半,这将促进船舶动力的重大技术进步,为2030年前零排放船舶投入使用奠定了基础。同样,政府部门对船舶监测和安全准备做出的相关规定,也为确保企业合规性的技术开辟了市场。

政府监管对于促进新技术的大规模应用同样至关重要。例如,近年来,通过较多创新技术显著减少了渔业的副渔获物,但仍有较多创新未得到广泛应用。随着政府加强对副渔获物的限制,可迅速推动相关创新解决

方案的广泛应用。

海洋环境受多辖区监管，但其他领域的经验表明，单个国家政府制定的措施仍可推动整体发展。例如，德国和其他几个管辖区采取措施，推广应用太阳能，从而推动了全球太阳能领域的大规模创新。美国要求在捕虾装置中使用海龟逃脱装置，从而推动了海龟逃脱装置在全球范围的应用和创新。单个国家政府可通过制定具有前瞻性和技术性的法规要求，激励海洋领域创新，从而领先于全球范围的行动要求。

具体而言，政府部门应优先考虑制定具有前瞻性和技术性的法规要求，从而可实时监测捕捞情况、航运排放、矿产开采、沿海开发和污染，并实现公共问责制。上述领域目前已存在部分技术解决方案。政府部门通过制定上述技术解决方案，可从根本上激励创新。就渔业而言，主要海产品捕捞国（如欧盟国家、美国和日本）要求对所有船舶使用电子监测，这一规定可推动创新浪潮，从而将技术领域的现有人工智能专业知识加速运用到海洋管理。

政府也可间接推动创新。信息差距往往是创新面临的一大阻碍：技术人员不清楚管理者需解决的具体问题，而管理者缺乏专业技术知识，不清楚可采取的解决方案。通过消除管理者与技术企业之间的差距，政府部门可利用现有资源推动创新管理工具的开发。例如，加勒比地区的海洋保护区管理者和技术专家共同开发了低成本的声波传感器，可与智能手机相连来检测船舶在禁航区内的活动。当传感器检测到声波信号时，手机会向当地执法部门发送短信，从而实现有效且低成本的海洋保护区执法活动。

需建立国家海洋经济核算模型，从而准确掌握海洋技术创新可带来的经济收益。目前基于 GDP 的国民经济核算模型无法有效掌握技术创新带来的收益，所以导致海洋创新往往没有得到应有的重视。通过一套指标掌握海洋生产力、收益以及可持续性，可推动经济投资、创新和管理（见"海洋和海洋经济核算"蓝皮书）。

通过贸易和进口管制可扩大国家在全球的影响力。相关规定要求进口产品的生产须符合法律、劳工或环境标准，这也是通过激励创新来保证供应链的透明度和可追溯性。例如，美国《雷斯法案》要求进口商证明自己符合生产国的法规要求。根据《欧盟非法、不报告、无管制捕捞行为管理条例（2008）》，欧盟拒绝从非法海产品管制不严的国家进口相关产品，并向其他国家发出"黄牌"警告,表明除非该国采取有力措施,否则将拒绝从该国进口海产品。

(二)私营企业

至关重要的是,私营企业采取的行动往往可在制定市场创新激励措施方面发挥相似作用。在过去20年间,许多全球性企业已开始解决其经营过程和供应链较远环节中存在的环境影响和劳动条件问题。典型案例包括前文所述的"可持续海产品运动"和"全球塑料行动合作伙伴"。企业推动自身经营方式的变革,提高供应商标准,为技术创新人员提供了机会,促使其开发技术,从而改善环境、强化供应链问责制并提升可持续性。

企业对其供应链透明度和可追溯性的承诺表明了企业的发展前景。企业已开始利用迅速扩展的海洋活动监测能力,如船载和水中的视频或其他遥感监测手段,提升其业务的透明度并落实问责制。由此可在降低成本的同时推动技术进步,随后将相关能力逐步推广至欠发达市场。同样,随着企业越来越关注可追溯性,全新的解决方案应运而生,例如近期推出的区块链平台OpenSC。与非政府组织和大型海产品企业合作的技术创新人员,可将创新能力推广至小规模捕捞渔业,例如,走在创新前列的Fishcoin公司,应用区块链技术不仅为收集捕捞活动关键数据的渔民提供报酬,还实现了可追溯性。

(三)国际标准

最后,政府部门和私营企业均可在制定技术标准方面发挥重要作用,为技术创新提供良好的生态系统。在过去,私营企业、政府部门和学术界展开合作制定新标准的案例屡见不鲜,其中互联网领域拥有最典型的技术合作成果。在此案例中,政府部门(美国国防部高级研究计划局)通过与少数学术研究人员合作,创建了全球互联网始祖阿帕网所需的传输控制协议/网际协议基本结构。随后,由于美国国防部高级研究计划局要求所有承包商使用阿帕网,使传输控制协议/网际协议在互联网界得到广泛应用。最初由政府制定标准,随后通过私营企业出资收购,成功形成标准化互联网平台,并引发创新浪潮。

国际协定也在创造海洋新技术全球市场需求方面发挥作用。例如,联合国粮农组织的《港口国措施协定》对港口监测和控制提出了新要求：港口监测和控制不仅要适用于全球范围，并且要在数据收集和共享方面实现技术创新。《港口国措施协定》等国际协定通常还包括技术转让和能力建设目标，要求各国政府确保发展中国家同样可获取有效的管理解决方案。

二、推动资金支持

目前海洋创新集中在高度资本化的私营企业中，如石油和天然气、工业捕捞和航运以及政府资助的国防部门。由于从20世纪以来情况一直如此，当前科研和管理人员应用的许多技术均是根据政府国防合约或针对海洋工业应用开发的。相关案例包括多种深海潜水器和自主航行器，科研人员采用上述设备前要先由国防部门奠定技术基础。同样，石油、天然气和渔业的创新技术能够使企业在水下基础设施上作业，并提高已在相关行业中广泛应用的鱼群探测能力。与政府国防部门做出的努力相同，上述高盈利产业可支持重大研发的投资开支，而海洋研究或管理人员往往无法承受此类巨额的研发开支。

该模式已在许多领域取得成功。利用企业和政府的市场能力为海洋提供技术解决方案，使科研和管理人员受益于技术创新，同时避免承受高额开支。政府为技术早期阶段提供资金支持的模式已取得重要进展，这既体现在研发项目投资上，也体现在对政府所需创新的直接投资上，特别是国防工业。上述两途径均产生了关键的海洋创新成果，如果没有这些创新，管理者不会具备当前的技术能力。

仅依靠商业和国防技术的贡献无法满足海洋管理者和其他利益攸关方的需要。例如，通过石油的有效开采或精准勘探技术可能无法填补海洋生态系统存在的信息空白，其相关信息缺乏商业价值。有些技术受产业市场力量激励后迅猛发展，但用于填补信息空白的技术则发展得较为落后。

总体上，环境创新在新一轮技术创新浪潮中始终缺乏代表性。以美国为例，联邦政府的研发支出总额约为1 250亿美元。其中，用于太空飞行和太空研究的支出约为100亿美元，而用于海洋科学的支出不足20亿美元。此外，美国和其他国家的政府开支主要集中用于早期研究，而用于后期开发的投资会逐渐减少。

近年来，私人投资金额已超过了传统海洋产业研发所需的经费投入，

第三十四章 可持续海洋经济高级别小组《运用技术、数据和新模型可持续管理海洋资源》蓝皮书

风险投资资金和创业加速器进入海洋创新领域。虽然与能源和医疗保健等其他行业相比，海洋创新的可用资金还远远不足，但仍通过强大的商业模式扩展了技术解决方案。

部分与海洋相关的专项技术加速器可为创新技术提供早期资金，从而促进海洋资源的可持续利用和管理（如 Katapult Ocean 公司和可持续海洋联盟）。获取资金的初创企业正致力于解决一系列问题，包括海产品可追溯性、生物塑料和波能开发等。在创新提供强劲市场回报潜力的情况下，上述问题的解决方案是处理海洋问题的重要步骤。

大型奖项也可激励海洋技术创新。由个人、企业和大型基金会共同为奖项出资。例如，XPRIZE 基金已成功推动突破性技术发展，如私人太空飞行和自主海洋测绘机器人。尽管通过奖项推动了重要的技术进步，但在当前市场条件的限制下，仍有许多人担忧技术进步能否进一步推广。

为明确创新驱动框架已开展大量学术研究。创新驱动框架的内容来源于公共、私营和研究机构等相关方的广泛参与，框架形成的体系结构复杂但适应性强。可借鉴其他领域的发展经验明确海洋产业生态系统的体系结构。农业在技术创新和应用方面面临着许多与海洋产业相同的问题，包括生产者分散、缺乏技术孵化支持以及资源投入要求较高。通过合作伙伴关系可使私营企业投资、政府孵化器以及慈善事业等不同机构相结合，从而克服各种障碍。

对于海洋产业，经济合作与发展组织建议形成各相关方参与的工作组，推动在"海洋经济创新网络"下的技术创新。上述合作创新网络通过在创新过程的不同节点进行互补性创新以及向发展中国家提供技术转让，实现多种潜在收益。通过多领域参与的方法更有效地促进互补性创新，提升新技术的潜在影响和应用水平。通过在多层级体系中组合多种技术，可使技术影响力成倍增加。例如，创新生态系统可在确保传感器处理技术发展的同时，推动新通信和平台工具的发展，既可进行独特协作，也确保了新兴技术与范围更广的创新生态系统相结合。

通过技术集群（如经济合作与发展组织推荐的技术集群），海洋产业创新已从早期政府资助阶段成功转化为繁荣的多种商业市场。例如，专业海上清洁技术集群挪威中心在推动游轮和渡轮采用清洁能源创新方面发挥了关键作用。通过在清洁能源创新相关的新兴参与方、成熟企业、政府部门

以及学术研究人员之间创建协作平台，使集群推动第一艘全电动汽车渡轮的开发以及零排放和混合动力船舶等其他创新。在不断发展的过程中，应创建相似的海洋技术创新集群，推动新兴技术解决方案得以应用并进入市场。另一方面，尽管技术创新集群数量较多，但大部分难以获取支持实现独立生存。在早期阶段，政府应重点关注市场需求和市场供应。通常创新集群仅采取"建立后自然发展"的模式。应该鼓励政府发挥作用，在市场引导和市场推动之间建立合作伙伴关系。

三、创造新型商业模式

除投资和管理外，商业模式创新还可提供新途径，通过经济工作支持海洋管理者和其他利益攸关方访问和收集数据。同时可进一步开辟现阶段的欠发达市场。对能源和其他市场的研究表明，创新速度与公共研发投资和市场发展均密切相关。

政府部门对海洋数据的供应可视为一项重要的公共事业，但相关成本极高。除直接经济成本外，数据开放涉及的间接成本还包括可能为私营企业活动提供的补贴，企业影响力的推广费用以及需考虑的数据开放的目的和潜在收益。现有的几种模型可用于支持海洋和环境数据库的研究和管理。

大部分现有研究型数据库的经费来源于政府、大学或其他研究机构提供的公共资金，少部分经费来源于用户缴纳的数据使用和访问费用。

存储大量数据所需的成本极高。但可采取部分创造性解决方案。例如，美国国家海洋与大气管理局就与亚马孙网络服务公司针对关键海洋数据的存储达成协议。美国国家海洋与大气管理局将数据存放于亚马孙网络服务器上，缩短了数据和计算操作之间的距离，支持了天气预报等关键知识服务，同时提升了亚马孙网络服务公司的流量。作为回报，美国国家海洋与大气管理局可免费将千兆字节的数据存储于亚马孙网络服务器中。

通过商业模式创新，可创造能够同时满足管理和行业需求的解决方案。其中部分方案具有较大发展前景。

（一）细分市场

例如，当前卫星数据具有较大的商业市场。Planet Labs 以及其他许多新兴企业，免费向研究人员提供略微降级的数据。数据收集费用由支付数据费用的商业实体承担，而降级数据质量较高，可为研究提供支持。上述二级市场是海洋管理和其他用途的重要发展机遇。

(二) 数据服务

数据网络可由数据构建的知识产品提供支持。海洋和气候数据已作为产品研发的基础，支持复杂的保险决策、精准农业天气预报以及其他盈利知识产品的发展。Descartes Labs 等企业已利用此模式取得了成功。"数据服务"模式还可创造机会，一直为研究数据库提供可持续支持。

数据和知识服务市场也可为数据收集创新提供支持。低成本的分布式传感器系统可收集分辨率极高的数据，直接支持具有商业价值（如具有明确市场用途）的知识成果。

(三) 支付方式创新

通过支付方式创新可推动整个供应链的数据收集和可追溯性。相关的案例之一是前文所述的 Fishcoin，通过手机向提供数据的渔民支付费用。其他应用区块链技术的农业解决方案有望直接在消费者与小规模生产者之间建立关联，例如，消费者可通过所需的生产技术直接向小规模农户支付费用。通过支付方式创新与新数据服务相结合，可使民众更为直接地参与环境保护。中国通过一个植树应用程序已种植了 1 300 多万棵树，该应用程序允许民众捐赠资金进行重新造林，随后通过卫星图像跟踪树木的生长情况。

第七节 行动契机

人类正逐步迈向数字化海洋管理。为实现该愿景，积极发展理解和管理海洋资源的新能力，政府部门、企业、研究人员和民间团队必须各司其职。相关过程共涉及六大关键步骤。

一、通过"联合国海洋科学促进可持续发展十年（2021—2030）"创建全球数据网络，提供广泛的自动化海洋数据访问

目前政府部门、研究人员、企业及其他领域掌握了大量海洋数据，可

通过数据标记、联合数据网络以及尽可能地通过数据湖向所有人开放数据。

(1)联合国教科文组织应在现有基础上,为元数据、数据查询和数据标记建立全球标准,使现有数据集能够相互连接并进行自动化访问。

(2)政府部门、企业和研究机构应使用上述标准,通过全球联合数据网络广泛提供已掌握的数据。

(3)数据所有者和云服务提供商应合作在数据网络的基础上创建数据湖,以方便访问大型科学数据集,并开发新型数据服务。

(4)通过投资开展能力建设,确保全体海洋用户可获取及使用数据,并能够承担相关费用。

二、开放海洋数据

在联邦数据网络支持下,数据所有者应允许将海洋数据(明确涉及安全性、所有权或其他利益问题的海洋数据除外)公开提供给其他用户。

(1)政府部门应:

①在不损害安全利益的情况下,向公众提供国防和安全部门收集的所有数据;

②允许使用船舶自动识别系统,并共享渔业基本数据,包括所有渔船的船舶所有权、许可证和跟踪情况;

③要求渔业、矿产或沿海土地等海洋资源使用者向民众提供其环境数据。

(2)企业应允许科研人员、管理者及民众访问其收集的环境数据。

(3)科研人员应向所有人提供已掌握的数据。

三、创建海洋"物联网"

企业、研究人员和政府部门应协助创建先进的传感器网络,为所需人员提供高分辨率的实时海洋信息。

(1)政府部门应为水下通信和定位制定新的数据开放标准。

(2)私营企业应与政府和研究人员合作,确保传感器间的可互操作性,并以标准格式生成数据。

(3)陆地物联网系统需制定安全和隐私标准,并应用于海洋物联网系统。

四、根据海洋环境和资源利用的准实时数据实现自动化海洋管理

（1）政府应扩展动态管理应用，尽可能通过智能合约实现自动化管理。上述解决方案在渔业管理中具有较大发展前景，可根据条件变化自动更新种群限制、捕捞区域和允许使用的渔具类型。

（2）政府部门应自动采取预警措施，及时应对风暴、热浪、营养盐通量过高等严重的环境威胁。例如，如果天气预报显示有害藻华或风暴即将到来，这时可自动减少化肥施用量并增加雨水处理量，主动保护生态系统。

（3）政府部门和企业应合作建立以数据为基础的合规验证机制。例如，实行无偿的渔船"全球进港"制度，向港务人员提供所有权证明、许可证和活动信息的船舶能够迅速进港，从而提升了透明度与合规性。

五、制定创新激励措施

当前市场无法激励海洋管理和研究所需的许多技术创新，可通过政府部门和企业的努力改变这一现状。

（1）对于海洋活动管理，政府部门应制定规章制度，以促进创新，从而实现更有效的管理。例如，要求对捕捞、航运排放、矿产开采、沿海开发和污染进行实时监测。

（2）企业应要求业务经营和供应链具有充分的透明度和可追溯性，以促进更好的资源管理和技术创新，并使消费者能够对生产者进行问责，为有效的管理方式提供奖励。

（3）政府部门应与私营企业合作，按市场需求创建创新集群，支持各领域合作，并在新兴技术研究和创新方面与成熟的行业参与者之间建立关联。

（4）政府部门和企业应支持创新商业模式，结合商业可行性与管理支持，例如，政府和大型企业购买私人卫星和无人机供应商的数据，来研究管理使用获取的延迟或略微降级了的数据。

六、为欠发达市场提供技术支持资金

许多海洋技术市场缺乏商业回报,因此需创新金融手段,来平衡不同投资者的不同预期和风险承受能力。各国政府、慈善机构和私人投资者之间应展开协作:

(1) 创建混合型金融机构,整合风险抑制、影响力投资以及市场资本等功能;

(2) 为缺乏资金的技术开发商提供资金支持,并为发展中国家、沿海社区、民众和消费者提供保护、管理和可持续利用海洋资源的培训。

附录 A 日本海洋研究开发机构案例研究

海洋和沿海区域拥有的生态系统多种多样且充满活力,同时还蕴藏着其他资源,这些资源对维持全球人类生命的延续至关重要。为可持续管理相关资源,日本海洋研究开发机构的科研人员开展了部分试点研究。在具体案例研究中,通过高频(HF)雷达数据掌握海况与定置网捕获的太平洋蓝鳍金枪鱼(<30千克)之间的关系。日本海洋研究开发机构自2014年以来持续通过高频海洋雷达系统观测津轻海峡东部及其周边地区的表层流速空间分布(附图 A.1)。

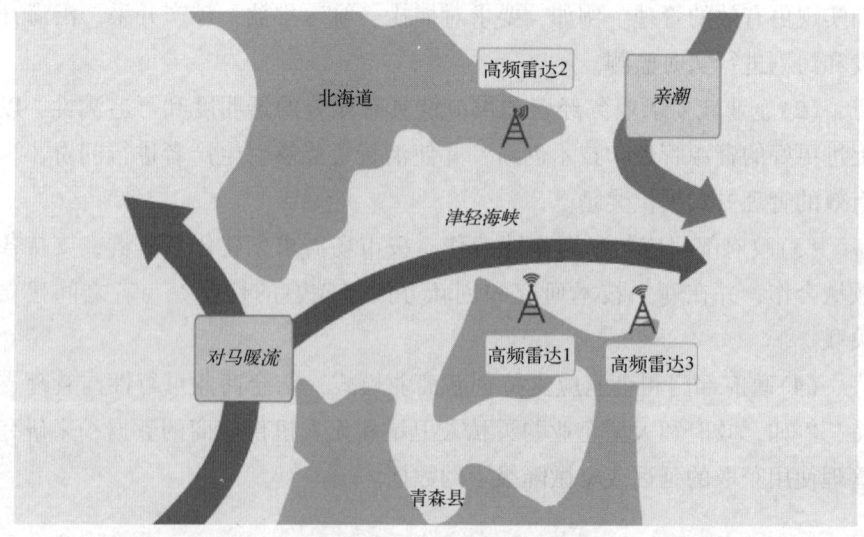

附图 A.1 高频雷达的位置

每 30 分钟准实时采集一次观测数据,并立即(通常在 1 小时内)生成表层流图,在日本海洋研究开发机构官网(http://www.godac.jamstec.go.jp/morsets/e/top/)发布。数据完全公开,表层流图可通过桌面或移动/智能手机设备访问。网站访问日志的分析表明,网站的主要用户是在该区域作业的渔民。

2017 年秋季,高频雷达测量区域附近的两个定置网记录到大量金枪鱼幼鱼副渔获物。当时高频雷达观测到的表层流图表明了该地区的典型洋流分布。应严格限制金枪鱼幼鱼的捕获量,从而维持珍贵鱼类种群的数量。基于此次试点研究,目前可通过日常收集的高频雷达沿岸局部洋流数据,安全释放定置网捕获的金枪鱼幼鱼。例如,当 2018 年 8 月观察到与 2017 年相似的洋流分布时,函馆市渔业与海洋研究中心的一名研究员立即提醒当地渔民,大量金枪鱼幼鱼可能遭到定置网捕获。因此,使用定置网的渔民可根据提醒准备释放金枪鱼幼鱼。

日本海洋研究开发机构的研究人员同时尝试通过超级计算机将数值模拟技术应用于渔业管理。由于老龄化和其他因素,作业渔船以及渔民数量不断减少,严重影响了沿海和海上渔业资源勘探的发展,所以这一问题备受关注。因此,探索渔场的难度进一步加大,渔民只能继续进行低效捕捞作业。提升捕捞作业效率的方法之一是提供高度精确的渔场信息,降低渔船燃料消耗。为此,日本海洋研究开发机构在 2010 财年开始研发鱿鱼捕捞预测技术,而鱿鱼是青森县最重要的渔业物种之一。通过研发,日本海洋研究开发机构建立了一套鱿鱼捕捞预测系统,实时提供渔场信息。日本海洋研究开发机构进行了示范试验,通过以网络为基础的系统向渔民提供洋流预报。每周对两个渔季(6—8 月和 1—3 月)进行洋流预报,根据海洋环境与渔场和渔获量之间的统计关系,使用数学模型对渔场进行预测,并通过网站向渔民提供预测结果(附图 A.2)。此外,通过渔民每天实时报告的渔场位置和渔获量数据对模型进行微调,从而重新生成预测结果。上述示范试验表明,渔民极其希望能够持续获取渔场的实时预测信息。为了实时满足作业需求并维持可持续捕捞,先进技术将被转让给私营企业,用于发布有关捕捞业务的日常信息。

日本海洋研究开发机构还通过在超级计算机上运行海况预测模型,预测的时间和空间范围十分广泛(包括全球范围/季节性,以及沿岸范围/每

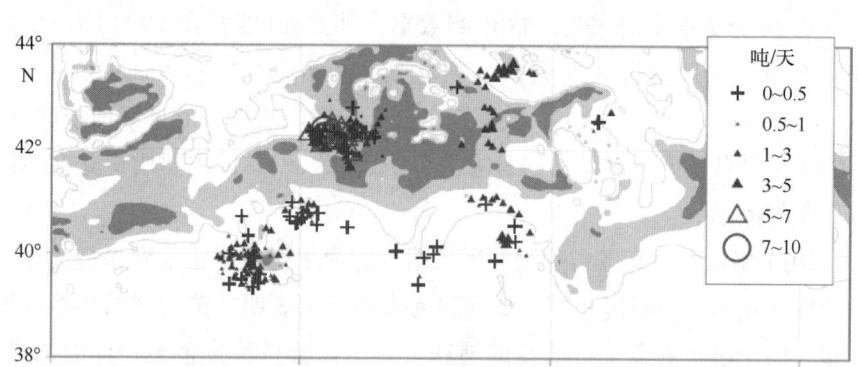

附图 A.2 2012 年 7 月 20 日的潜在渔场

北太平洋中部从 38°N 到 44°N，从 164°W 到国际日期变更线的潜在渔场和捕鱼点。捕鱼点和渔船汇报的数量用符号（加号、三角形和圆形）表示。潜在的渔场用生境适应性指数（HSI，等高线）表示，在 0~1 之间归一化。等高线间隔为 0.2。浅灰色阴影表示 HSI 值超过 0.6，深灰色阴影表示 HSI 值超过 0.8

小时等），为各种海洋应用提供便利。季节性预报旨在体现全球气候模式带来的影响，对于海盆范围海面温度变化的季节性预报具有重要意义，通过海气耦合模式预测获取海面温度变化数据。此外还可通过以天气预报为基础的高分辨率海洋环流分布模型，对海流和中尺度涡旋进行预报。海流预报的主要目标区域之一是日本周边的西北太平洋。每天预测的主要洋流具体变化包括日本暖流/亲潮路径变化，并为航运公司提供相关信息，从而规划最佳航线并确保安全航行。此外，通过降尺度技术对部分目标区域的海流进行高分辨率解析。附图 A.3 显示了在日本西部四国地区的宿毛湾应用降尺度技术的案例。利用该技术能够每天以 200 米的分辨率对宿毛湾的当地海流进行预报，并将预报信息直接提供给当地渔民使用。

日本海洋研究开发机构不时地会与该地区渔民开展会议交流，并根据研究结果说明沿海环境的情况。根据会议讨论结果，当地渔民更希望确保其利益长期稳定，而避免无节制捕捞；换言之，渔民希望确保渔业生产的稳定性。部分渔民提出具体希望：

- 减少无渔获天数，避免浪费渔船燃料；
- 避免过度捕捞导致海产品价格下跌；
- 避免捕捞幼鱼渔获物，提高成本效益。

渔民提出的上述希望是渔业可持续发展的关键，而且渔民是通过个

第三十四章 可持续海洋经济高级别小组《运用技术、数据和新模型可持续管理海洋资源》蓝皮书

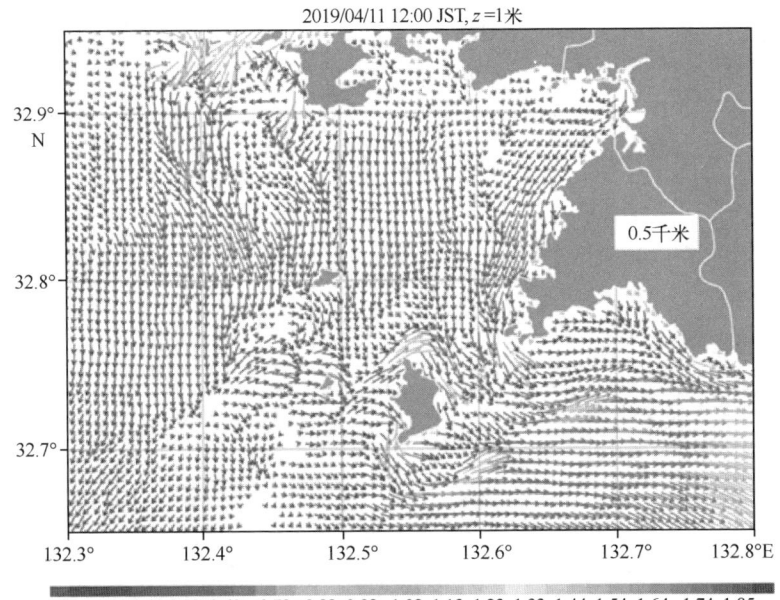

附图 A.3 2012 年 7 月 20 日的海流预报图

箭头和颜色分别表示表层海流的方向和大小(以"节"为单位),
该图可体现表层海流的相关情况

人经验认识到渔业需要可持续发展,这一点值得称赞。为实现可持续发展,渔民们要求日本海洋研究开发机构为捕捞作业提供以下实时信息和数据:

- 为沿海渔民提供未来几小时温度、海流和离岸流的三维分布图,并为沿海渔民提供未来几天的相关信息,避免渔民前往不适宜捕捞的区域;
- 具体鱼类种群的"热点"位置,避免过度捕捞;
- 产卵场和幼鱼生境详细信息,避免在相关区域进行捕捞。

日本海洋研究开发机构目前正处于为满足上述需求进行相关研发的初级阶段,有望在不久的将来向渔民提供所需数据和信息。尽管研发面临巨大的科学和技术挑战,但为实现可持续发展目标,该研发仍是科研和社会福祉领域的最重要任务。因此,日本海洋研究开发机构的研究人员正探索通过谐波分析和模式分析,对未来几小时的津轻海峡表层流速进行预测,从而初步满足当地渔民的要求。

但需建立以更广阔海域为基础且更全面的实时数据采集系统以及先进的模拟模型来进行实际有效的预测。为了实现上述系统，必须研发轻型自动化观测仪器（容易使用，且可在渔船上安装），并改进数据收集、处理、大规模高速计算和信息分发服务技术。此外，当系统在日本国内投入运行并在全国范围推广应用后，未来可进一步推广至海外非商业和商业领域。

第三十五章　欧盟《海洋与人类健康战略研究议程(2020—2030)》

2020年3月30日，欧洲海洋局发布了《海洋与人类健康战略研究议程(2020—2030)》(以下简称"战略研究议程")，作为"欧盟地平线2020研究与创新计划"(EU Horizon 2020)资助的协调与支持行动——欧洲海洋与公共卫生研究(SOPHIE项目)的研究成果。SOPHIE项目始于2017年，至2020年结束，由欧洲8个合作伙伴组成，英国埃克塞特大学环境与人类健康欧洲中心(ECEHH)负责协调。本战略研究议程全面概述了欧洲开发海洋和人类健康所需的研究、能力和培训需求、政策含义以及利益攸关方要求，确定重要的研究优先事项和必要的合作，为保护海洋与人类健康的政策和实践提供指导。

第一节　摘　要

海洋与人类健康是一门元学科，专门探索海洋健康与人类健康之间存在的复杂且不可分割的关系。我们的愿景是使海洋与人类健康成为地球健康理念的核心组成部分，使海洋与人类健康意识在相关领域和社区中得到广泛传播，这有助于构建必要的海洋与人类健康研究能力，掌握海洋健康与人类健康之间的关联，并且提升上述增进海洋与人类健康方面的成果。

本战略研究议程提出了必须开展的海洋与人类健康研究，这种研究有助于解答基本问题，为政策制定提供依据，并提高欧洲及其他地区的海洋与人类健康知识水平。

- 可持续的海产品和人类健康

我们的愿景是，人人均可食用健康、营养、安全的海产品，同时确保渔业和水产养殖的可持续性。

- 蓝色空间、旅游业和福祉

我们的愿景是,通过加强与可持续健康蓝色空间的相互作用,改善个人和社区的身心健康与福祉。

- 海洋生物多样性、医学和生物技术

我们的愿景是,通过更有针对性的方法,探索、识别并掌握海洋生物多样性在生物技术、医学和疾病预防方面提供的支持,阐释海洋生物多样性以及海洋生物多样性保护的重大意义。

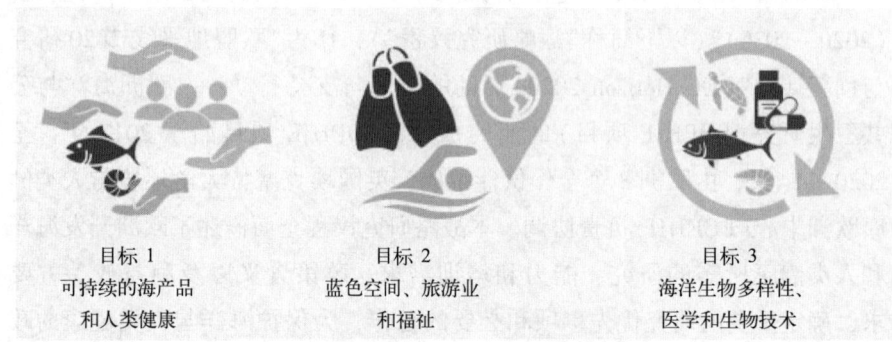

目标1
可持续的海产品和人类健康

目标2
蓝色空间、旅游业和福祉

目标3
海洋生物多样性、医学和生物技术

图 35.1 战略研究议程主要目标行动领域

一、总体建议

除开展上述三个主要目标领域研究外,本战略研究议程还提出了以下重点事项和总体建议。

- 应建立正式的跨学科论坛/平台,鼓励海洋与人类健康领域研究人员在本项目研究基础上进行合作。
- 应制定与利益攸关方以及公众在海洋与人类健康研究方面进行合作的最佳实践经验指导。
- 应进行系统评审及纵向研究,以更好地掌握海洋与人类健康研究的最新进展,同时更准确地理解两者之间的关联。
- 应说明特定海洋保护区对海洋与人类健康的作用。
- 应制定不同学术水平的跨学科培训和教育方案,支持人类与海洋健康研究。
- 应建立适宜的青年贡献和参与机制。
- 应针对海洋与人类健康的其他数据收集和监控需求向决策者提供建议,以便更好地认识和证明两者之间的相互作用。同时应考虑现有数据和监控系统的可读取性与可用性问题，并展示相关指标。

以下标志将证明本愿景已经实现：

- 为利益攸关方在海洋与人类健康领域的合作和参与提供最佳实践经验指导。
- 在跨政策协调支持下，要求成员国监控并报告海洋与人类健康整体指标。
- 开发海洋与人类健康专项社区平台，进行交流与合作，并访问数据源和产品。
- 组织专项跨学科系列会议/论坛，广泛讨论本研究。
- 研究征集以及后续开展联合资助跨学科国际项目，由海洋科学、医学/公共卫生等多领域参与。
- 向海洋与人类健康专业研究生提供海洋与人类健康跨学科课程，包括校内课程或公开在线课程。

二、欧洲海洋与人类健康战略研究议程

制定海洋与人类健康研究议程并执行相关行动，可提高欧洲人民、海洋以及全球海洋环境的健康程度。本战略研究议程旨在提出一种方法和框架，在欧洲发展必需的海洋与人类健康研究能力，并概述发展相关能力的短期和中期研究议程。本战略研究议程不涉及具体方法的探讨。

目标行动领域中存在多个重要的跨领域课题，包括全球气候变化、污染、海洋知识和公民科学、公平与平等、可持续性、创新和就业等。本战略研究议程未明确对上述课题进行讨论，但与三个主要领域相关，概述了需要回答的关键研究问题，并强调了应予考虑的需求（通过研究为政策制定提供建议、提供能力发展和培训机会以及满足公众需求）。本战略研究议程提出了满足海洋与人类健康领域研究需求的总体建议，以及成功具备所需能力应采取的措施。

SOPHIE 项目专家组由 20 名跨学科的国际专家组成，通过 2018 年 4 月和 2019 年 1 月两次专项研讨会，确定了三个主要目标行动领域和研究问题。随后通过综合其他 SOPHIE 项目的实践经验（包括公众和其他专家的意见），进一步完善行动领域。

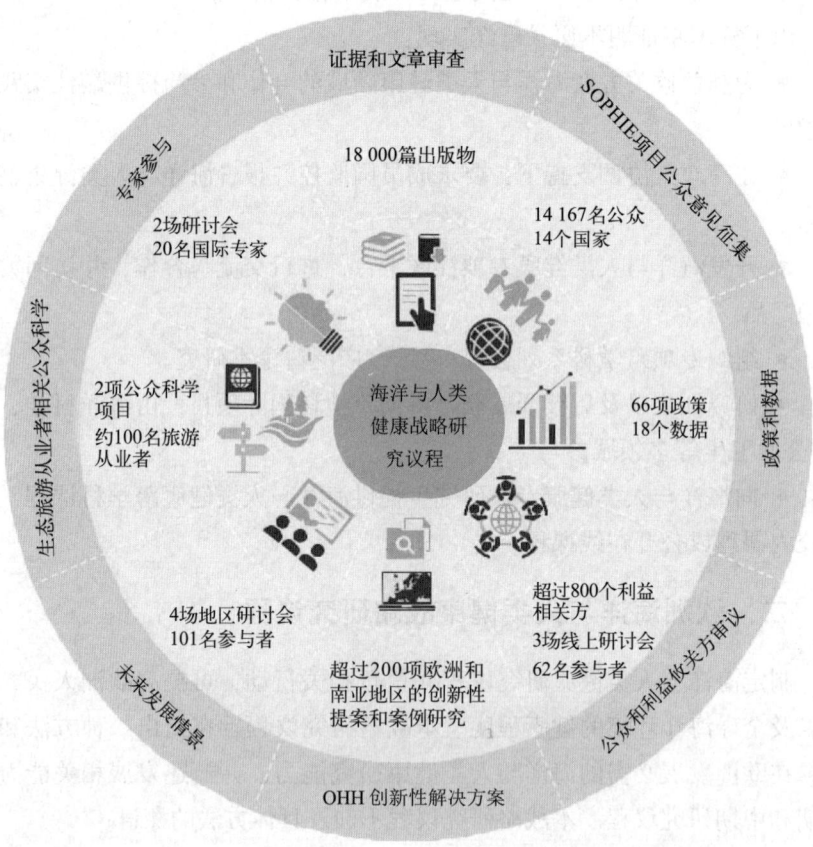

图 35.2　SOPHIE 项目为本战略研究议程提供的经验和意见
（2017 年 12 月至 2020 年 1 月）

第二节　前　言

人类与海洋之间的相互关系由来已久，从海洋获取食物，进行海上航行、开展娱乐和文化活动，再到现代能源开采。当今社会逐步认识到，海洋健康对人类健康和福祉同样具有重要作用。

尽管海洋可通过提供资源和服务造福人类，但也可能带来洪水和污染等风险。气候和其他环境变化是影响人类健康的最主要风险，尽管目前海洋环境在减缓上述风险方面发挥了重要作用，但随着全球变暖，洪水和风

第三十五章 欧盟《海洋与人类健康战略研究议程（2020—2030）》

暴等灾害频发，风险将增大。海产品等既可造福人类，也会产生风险。

欧洲本质上属于海洋大陆，欧洲人民既依赖于海洋，又受其影响，需要更好地认识并预测海洋环境蕴藏的威胁、机遇及相互关系。探索上述关系是"海洋与人类健康"这门新兴的元学科的基础。该领域属于跨学科研究，需要医学和公共卫生专家、海洋、环境和社会科学家、经济学家、律师、决策者、公众以及其他各领域人士之间的合作。

如图35.3所示，人类健康与海洋健康之间并非单向线性关系，而是一种循环、多向的相互关系，人类行为和活动可对人类健康与海洋健康同时产生影响，并且正日益影响海洋环境。

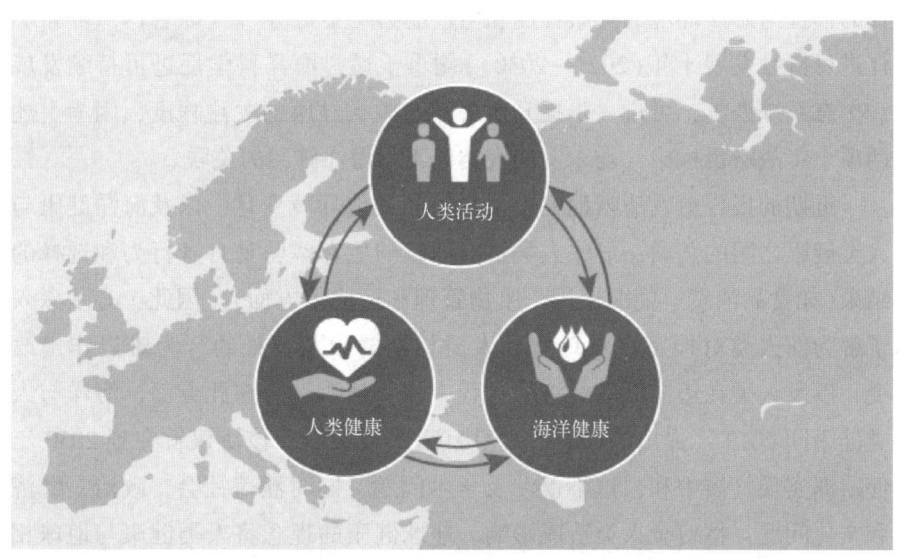

图35.3　人类健康、人类活动与海洋健康的循环关系

随着医疗费用上升、不平等现象加剧及人口不断增长，进一步掌握海洋与人类之间的关联及其可能产生的共同效益变得愈发重要。尽管越来越多的医疗界人士认同"预防胜于治疗"，但欧盟2018年发布数据显示，欧洲目前只有约7%的医疗资金用于预防和公共卫生研究。如果重心调整，则能够节省开支；而通过对海洋与人类之间相互作用进行可持续管理，可使海洋环境为上述开支节省提供支持。

在当前政治议程框架基础上，海洋与人类健康的跨学科性极其重要。世界卫生组织2013年发布的《健康2020年规划——欧洲21世纪政策框架和战略》将"创建有恢复能力的社区和支持性环境"定为四大重点领域之一，海洋与人类健康在此领域处于优先地位。2015年，联合国通过了《2030年可持续发展议程》，议程17项可持续发展目标（SDG）中，许多目标和海洋与人类健康直接相关，包括SDG 2（零饥饿）、SDG 3（良好健康与福祉）、SDG 10（减少不平等）、SDG 12（负责任消费和生产）、SDG 13（气候行动）、SDG 14（水下生物）和SDG 15（陆地生物）。普遍认为上述可持续发展目标无法单独实现，必须通过跨学科合作方可取得进展，而海洋与人类健康则可为实现目标做出直接贡献。在2017年联合国海洋大会发表的《我们的海洋，我们的未来：行动号召》中，各国元首和政府首脑明确指出："今世后代的福祉与海洋环境的健康程度和生产能力密不可分。"《联合国海洋科学促进可持续发展十年（2021—2030）》侧重于通过海洋科学促进可持续发展和生态系统恢复，可进一步提升对海洋与人类健康的关注程度，因为上述两项十年战略目标中，均未明确人类健康与海洋健康的关联。

　　近期的报告愈发清晰地突出了气候和其他环境变化，以及海洋健康与人类健康之间的关联。显然人类目前面临的生存威胁是自身行为和选择的结果（如食品消费、能源使用、废物管理和运输等方面）。因此，必须深入了解为何人类对损害自然环境和人类长期健康及福祉的行为难以作出改变，以及人类在迈向低碳经济的过程中该如何改变。在此方面，海洋与人类健康同2019年提出的《欧洲绿色协议》高度关联，该协议旨在到2050年使欧洲实现气候中和，这不仅涉及学术问题，同时涵盖社会、政治、经济和文化问题，将对全人类造成影响。地球健康的理念将人类健康与地球相联系，并在医疗和公共卫生领域不断发展。海洋与人类健康属于这一较大范畴的环境与健康研究领域，鉴于迄今为止，海洋与人类健康关联领域受到的关注相对较少，因此应进一步加强此方面的认识。

　　塑料是另一热门全球性问题。国际社会对塑料污染的认识日益提高，已采取了一系列行之有效的措施，包括欧盟一次性塑料禁令。值得注意的是，海洋塑料污染对人类健康影响的研究文献仍然较少，人们的担忧仍然以存在的风险为主，而并非基于事实依据。除塑料外，还必须着眼于海洋环境中的其他污染物（包括自然污染物和人为污染物），从而提高认识，并推动采取类似的政治和创新性行动。

　　图35.4反映了海洋健康、人类活动和人类健康之间的部分关系，但未

第三十五章 欧盟《海洋与人类健康战略研究议程（2020—2030）》

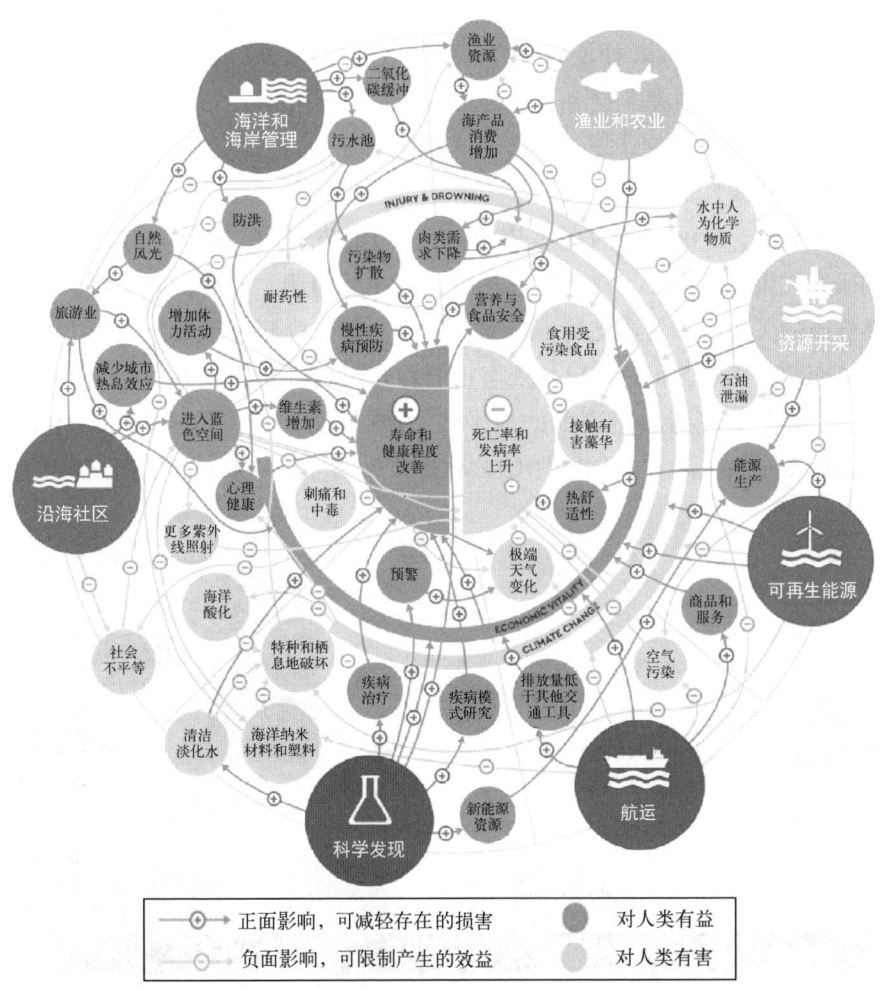

图 35.4 相互交织的关系网——海洋环境及周边部分人类活动与人类健康的关系

图片来源：威尔·斯塔尔·蒂明斯（Will Stahl-Timmins）和弗莱明（Fleming）等编制，2019 年

得到系统性研究。图示关系较为复杂，应作为重点研究领域。本战略研究议程将深入研究上述关联，并突出重点研究领域。

一、海洋与人类健康概述

千禧年到来之际，"海洋与人类健康"元学科概念开始出现，美国国家研究委员会、克纳普等分别在 1999 年和 2002 年发表了相关研究。

在美国，海洋与人类健康研究首次获得大量资金支持时，其研究内容通常侧重于解决有害藻华、化学品和微生物污染对人类健康的主要威胁，以及通过使用海产品（如使用海绵开发抗癌药物）解决人类健康问题。2018年，美国国家科学基金会和国家环境健康科学研究所宣布了新一轮的海洋与人类健康资金支持计划，增加了气候变化方面的内容，显示出对海洋与人类健康重要性的持续认可。

在欧洲，2006年鲍文等发表的《海洋污染公告》和2013年摩尔等发表的研究成果先后介绍了海洋与人类健康的相关问题。此后，对于海洋与人类健康的关注度和资金支持不断增长。最初研究仅侧重于海洋和人类之间的负面相互影响，但近期已扩展至正面相互影响以及使双方均可受益的研究方法。其中包括欧盟资助的地平线2020框架计划，如SOPHIE、BlueHealth、SeaChange和BONUS ROSEMARIE等项目及一系列其他倡议、出版

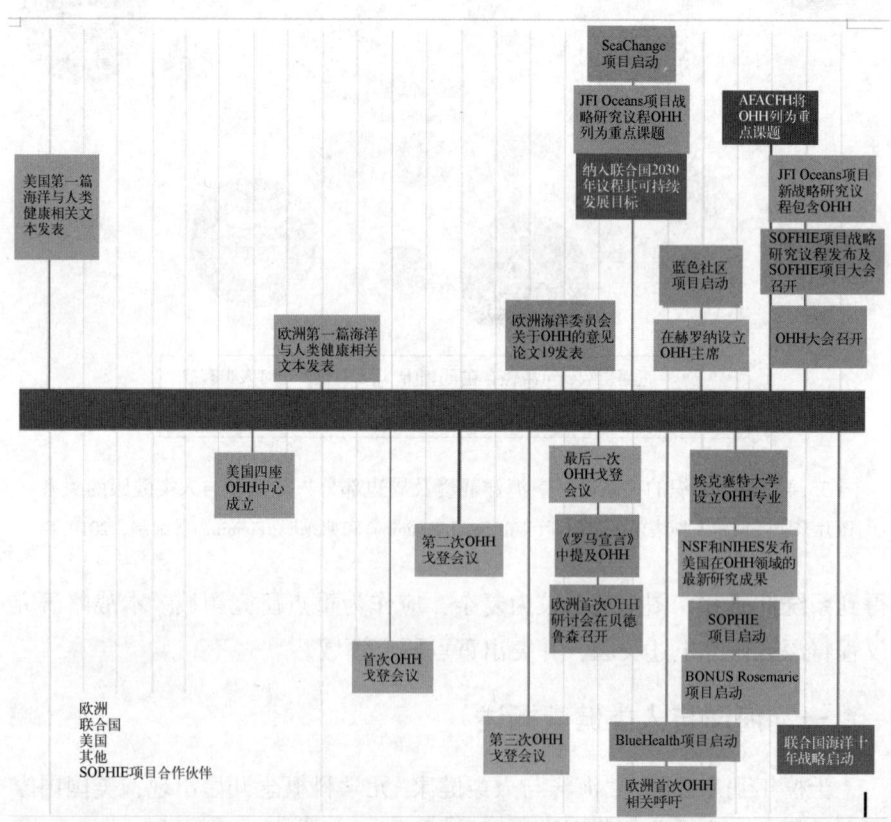

图 35.5　海洋与人类健康元学科发展主要里程碑

第三十五章 欧盟《海洋与人类健康战略研究议程（2020-2030）》

物和活动。在《战略研究和创新议程（2015—2020）》中，JPI Oceans 项目将"建立海洋、人类健康和福祉间的关联"列为计划启动研究资金的十大战略领域之一。

BANOS CSA 项目目前正在制定战略研究和创新议程，其中主要领域之一即人类健康，其主要目标与 SOPHIE 项目战略研究议程一致。海洋与人类健康课题主要由欧洲海洋系列大会提出，在 2014 年和 2019 年大会期间分别召开专项研讨会，并在《罗马宣言》中明确提出。

海洋与人类健康理念已开始受到国家层级重视，并通过英国全球研究挑战基金蓝色社区等项目提高了东亚和东南亚国家对此议题的认识。2019年11月，亚洲太平洋公共卫生学院协会通过决议，将地球健康，特别是海洋与人类健康列为重点项目，使全球职业健康卫生专业人员可以通过合作，共享方案和经验，促进该领域进一步发展。

二、通过现有研究文献可获取的信息

回顾现有研究，对确定未来研究方向以及明确须制定措施的领域至关重要。SOPHIE 项目以现有文献为基础进行评审，用于确定海洋环境与对人类健康和福祉的正负影响之间的关联。本次评审系统收集同行评审文章，并绘制了与沿海或海洋环境接触以及可量化人类健康结果相关的经验证据图。应当注意的是，上述评审过程无法面面俱到，受限于所选同义词数量和精确查找范围，并且要求具有针对人类健康的可量化结果，不可避免地排除了部分文章，但必须确保筛选文章数量在可控范围内，并充分考虑针对广泛课题进行证据绘图的难度。上述方法无法提供研究质量信息，或推断出相互关系的总体方向，而是体现整体研究，有助于明确认识差距以及进一步整合的优先次序。

这些研究主要集中在沿海国家，侧重于与渔业、油气开采、航运和紧急服务等活动相关的健康影响。其他重要课题包括农业和微生物污染、化学污染、沿海居住、海产品消费、沿海娱乐以及海洋微生物、毒素和寄生虫。值得注意的是，由于本次评审聚焦可量化结果，已发现了那些明确对人类健康存在潜在风险和机遇但尚未开展相互关系的研究领域的新研究方向（如塑料污染的影响）。图 35.6 展示了不同海洋环境接触与人类健康相互关系的研究数量。

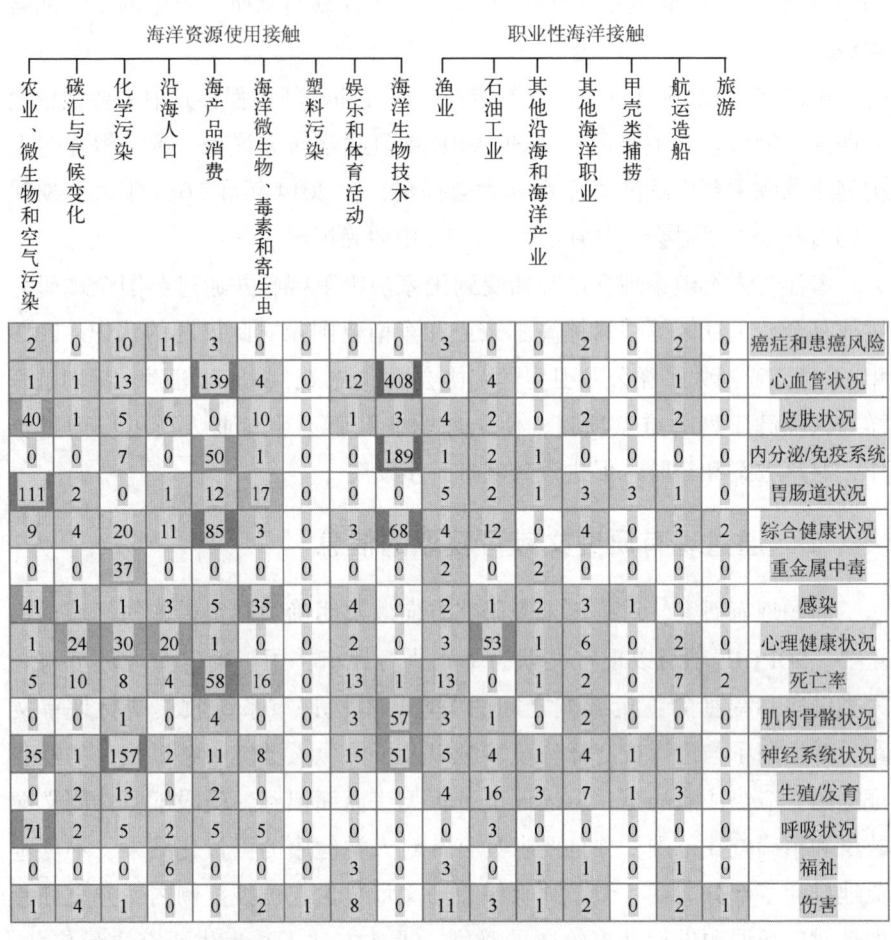

图35.6 海洋环境接触与人类健康关系现有证据和文章数量矩阵
(深色表示文章较多；浅色表示文章较少)

图35.7展示了六大研究领域累积的代表性研究，其中生物技术是主要课题。目前，积极健康结果研究大约仅占消极健康结果的一半。

海洋生物技术研究(特别是心血管健康相关研究)，始终通过系统性评审进行证据整合工作。目前已对鱼类食物和健康、重金属污染以及微生物污染的相关证据进行整合，但仍有较多海洋健康问题尚待探索。

第三十五章 欧盟《海洋与人类健康战略研究议程（2020—2030）》

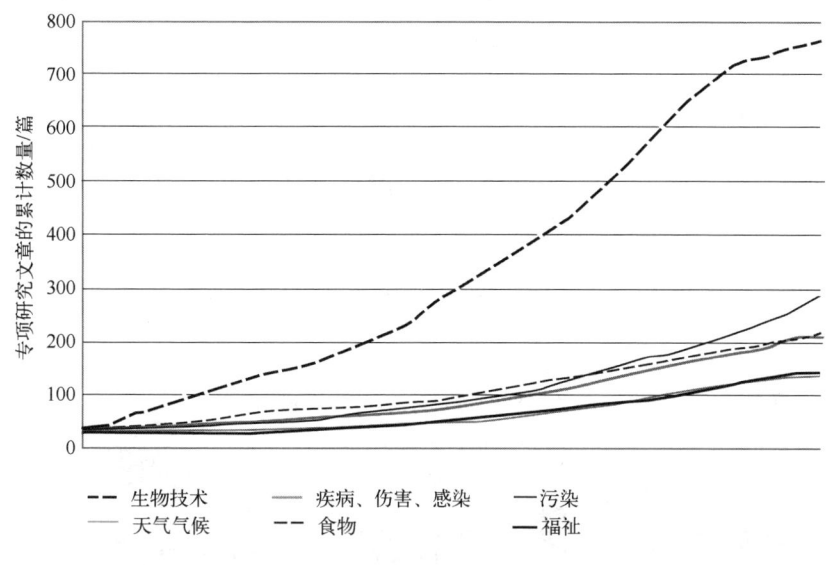

图 35.7 海洋与人类健康研究的起始与发展历程

三、确定海洋与人类健康研究同政策制定的关联

现行的政策制定方法可能对海洋与人类健康研究发展造成阻碍，因此应首先明确存在的困难，然后提出解决困难需要进行的研究。

鉴于海洋政策旨在规范海洋环境中的人类活动并为海洋环境保护提供支持，海洋政策制定过程在欧洲地区具有较大影响。成员国根据欧盟指令制定国家法规，并有义务报告相关方法和进展情况。

海洋问题（例如污染和海洋生物）不受国界限制，可在欧洲和其他地区扩散。相反，卫生服务和医疗保健由各成员国负责，因此欧盟相关卫生政策旨在保护和改善欧盟民众健康，并补充国家政策。与海洋政策相比，欧盟卫生政策的监管权重较低，且民众近期方对海洋与健康问题的认识有所提高，因此欧盟目前缺乏明确涵盖海洋与人类健康的相关政策。尽管《浴场水指令》等政策涉及上述内容，但在管辖范围和应对风险方面均存在局限性。上述情况对开展研究和制定政策均产生影响。图35.8体现了海洋与人类健康相关的政策现状。

研究领域第一大难题是，无论是欧盟还是国家层面，海洋与人类健康均与多项政策相关，因此难以获得研究资金支持，并且缺乏清晰的需求和结果沟通机制。通过在各个相关政策层面，进一步提升对海洋与人类健康以及研究政策差异的认识，可应对上述困难。

图 35.8　海洋与人类健康相关政策综述及其相互关系

第二大难题是缺乏关联海洋与人类健康的数据（以及现有数据缺乏可用性），特别是在新污染物等新兴领域。后续海洋与人类健康研究应进一步探索现有及潜在数据，明确通过现行监测方案易于收集的数据，制定与人类健康以及海洋健康相关的新指标，形成完整证据，向政策制定者提供更直观的因果关系。

第三大难题是不同利益攸关方对政策及其他治理方法的期望。在 SOPHIE 项目的各利益攸关方相互关系中，公众倾向于根据行业责任确定措施的优先顺序，而其他利益攸关方则更倾向于监管和治理体系。自上而下的传统政策措施发挥着重要作用，并将长期存在，但这并非唯一的解决方案。科研人员、决策者和公众愈发认识到自下而上和地方性措施的重要性。由于欧洲人口和海洋环境具有多样性，这一点尤为重要。部分问题在某些海域和/或国家范围内的重要性将进一步凸显，因地制宜非常必要。海洋与人类健康研究可进一步探索自上而下和自下而上的双向方式，识别

第三十五章　欧盟《海洋与人类健康战略研究议程（2020-2030）》

不同利益领域的关键利益攸关方，并确定具体的最佳实践，确保政策制定过程采纳利益攸关方和公众的意见及建议。

四、公众与利益攸关方针对海洋与人类健康明确的重点事项

在 SOPHIE 项目实施过程中，利益攸关方和公众了解并认同海洋与人类健康的关联，但应当对上述关联有更深入了解，从而为政策制定提供意见和建议。

在推进形成海洋与人类健康重点事项和解决方案共识的研讨会上，社会利益攸关方和公众认识到海洋与人类健康及其因果关系方面存在差异。在利益攸关方和公众针对海洋与人类健康明确的重点事项中，图 35.9 所示的九大课题对欧洲最具影响力。其中，第一阶段课题对后续课题及整体研究影响最大，而第六阶段课题则受前期过程和结果的影响最大，且对海洋与人类健康的影响程度较低。

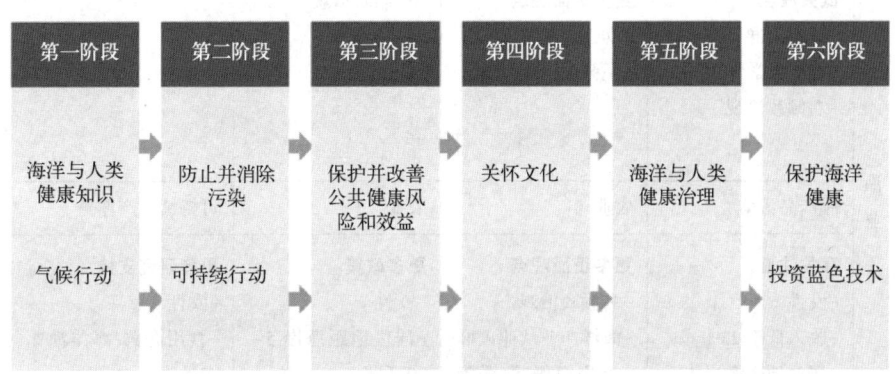

图 35.9　通过元分析图回答"你如何看待何为保护公众和海洋环境健康以确保可持续发展的首要任务？"问题

图 35.9 表明，同时实施海洋与人类健康重点事项的效果更好。无论在哪个领域进行研究/采取行动，图 35.9 均可就研究和行动可能产生的影响及重点事项对成功实施的作用问题提出建议，因此可作为有效的规划工具使用。图 35.9 强调应当将知识与实践相结合，推进可持续行动并提升公众参与度，为海洋与人类健康和海洋科学、社会科学以及公共卫生科研人员创造跨学科研究和建立伙伴关系的机会。

SOPHIE 项目调研深入调查了 14 000 多名欧洲公民的意见，了解其对课题相关海洋活动的观点，其中包括与本战略研究议程三大目标行动领域相关的课题。表 35.1 体现出调研总体结果，结果显示，公众更加重视环境和健康，而决策者更重视经济发展。

表 35.1 SOPHIE 项目调研总体情况汇总

	关注度	观点	政策	研究
渔业	鱼类种群崩溃 **高关注度** -女性 -收入低于25% -居住地距海岸1千米以内 -食用海鲜/海洋渔业产品 **低关注度** -青年人群 -拥有大学学历 -右倾政治观	商业捕捞 **更多正面观点** -退休人群 -居住地距海岸5~20千米 -海洋产业从业人群 -食用海鲜/海洋渔业产品 **更多负面观点** -女性 -左倾政治观	商业捕捞 **更多政策** -女性 -拥有大学学历 -食用海鲜/海洋渔业产品 **更少政策** -青年人群 -右倾政治观	研究
	海产品污染 **高关注度** -女性 -收入低于25% -居住地距海岸1千米以内 -水上娱乐活动 -食用海鲜/海洋渔业产品 **低关注度** -青年人群 -拥有大学学历 -右倾政治观	农业 **更多正面观点** -右倾政治观 -海洋产业从业人群 -食用海鲜/海洋渔业产品 **更多负面观点** -女性 -拥有大学学历 -未报告收入	农业 **更多政策** -女性 -居住地距海岸5~20千米 -食用海鲜/海洋渔业产品 **更少政策** -青年人群 -退休和失业人群 -右倾政治观	可持续水产养殖 **更多研究支持** -女性 -食用海鲜/海洋渔业产品 **更少研究支持** -青年人群 -未报告收入 -右倾政治观

第三十五章　欧盟《海洋与人类健康战略研究议程（2020–2030）》

续表

	关注度	观点	政策	研究
	出现耐药微生物	使用海洋生物生产药物	使用海洋生物生产药物	使用海洋生物生产药物
医药	**高关注度** -女性 -收入低于25% -水上娱乐活动 -食用海鲜/海洋渔业产品 **低关注度** -青年人群 -拥有大学学历 -收入高于25% -右倾政治观	**更多正面观点** -退休和失业人群 -收入高于25% -居住地距海岸1千米以内 -食用海鲜/海洋渔业产品 **更多负面观点** -青年人群 -女性 -左倾政治观	**更多政策** -女性 **更少政策** -青年人群 -右倾政治观	**更多研究支持** -拥有大学学历 -海洋产业从业人群 -食用海鲜/海洋渔业产品 **更少研究支持** -青年人群
	娱乐活动中溺水	休闲旅游	休闲旅游	海上休闲对健康和福祉的影响
休闲娱乐活动	**高关注度** -女性 -收入低于25% -居住地距海岸5~20千米 -海洋产业从业人群 **低关注度** -青年人群 -拥有大学学历 -未报告收入 -食用海鲜/海洋渔业产品	**更多正面观点** -女性 -居住地距海岸1千米以内 -水上娱乐活动 -食用海鲜/海洋渔业产品 **更多负面观点** -青年人群 -拥有大学学历 -海洋产业从业人群	**更多正面观点** -女性 -居住地距海岸1~5千米 -海洋产业从业人群 **更少政策** -拥有大学学历 -退休和失业人群 -未报告收入 -水上娱乐活动 -食用海鲜/海洋渔业产品	**更多研究支持** -女性 -收入低于25% -居住地距海岸1千米内，1~5千米，5~10千米 -海洋产业从业人群 -水上娱乐活动 -食用海鲜/海洋渔业产品 **更少研究支持** -青年人群
	海洋物种丧失	保护活动	保护活动	海洋物种保护
野生动植物	**高关注度** -女性 -收入低于25% -居住地距海岸1千米以内 -水上娱乐活动 -食用海鲜/海洋渔业产品 **低关注度** -青年人群 -右倾政治观 -海洋产业从业人群	**更多正面观点** -女性 -收入低于25% -居住地距海岸1千米以内 -食用海鲜/海洋渔业产品 **更多负面观点** -青年人群 -退休人群 -右倾政治观 -海洋产业从业人群	**更多政策** -女性 -食用海鲜/海洋渔业产品 **更少政策** -青年人群 -右倾政治观	**更多研究支持** -女性 -收入低于25% -居住地距海岸1千米以内 -水上娱乐活动 -食用海鲜/海洋渔业产品 **更少研究支持** -青年人群 -拥有大学学历 -右倾政治观

欧洲区域研讨会探讨了公众对于特定活动的重视程度，侧重于明确未来海洋与人类健康的发展趋势和重点事项。通过四次海域研讨会，要求与会者就相关海域的六大趋势达成一致，结果如图35.10所示。

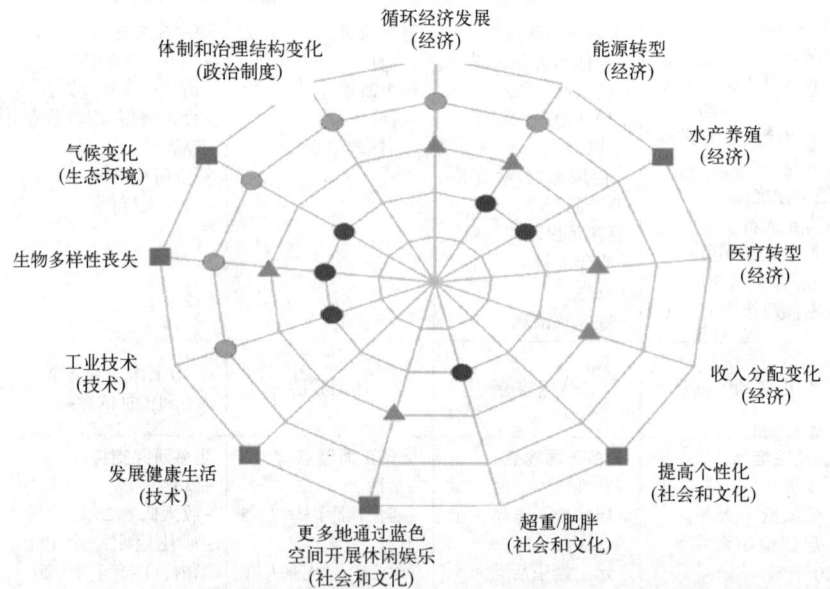

图 35.10　海域研讨会与会者认为最相关的发展趋势

东斯海尔德河（荷兰）的案例研究对当地利益攸关方的现有做法和未来困难进行了调查。尽管不同利益攸关方的合作程度因所涉问题而异，但多项政策范围涉及同一具体问题并不会造成阻碍。与会者对新出现的污染物表示关切，并认为由于现行政策尚未覆盖上述污染物，因此目前未充分考虑其对人类健康可能产生的影响，应当更准确地掌握两者之间的相互关系，但仅通过监测手段收集数据的成本过高且耗时较长，建议通过建立模型加深对海洋与人类健康相互关系的理解。

SOPHIE项目的创新性措施清单中明确列出重点事项，其中涉及海洋与人类健康。通过自下而上的地方性措施通常可解决海洋垃圾和生物多样性丧失等相关环境问题。此外还包括公众科学项目以及其他措施，通过海洋生态旅游与海上运动疗法改善人类健康。图35.11重点展示了符合可持续发展目标及其指标的措施数量。如果地方性措施在更大范围内推广，可进一步扩大上述创新性措施的影响力。

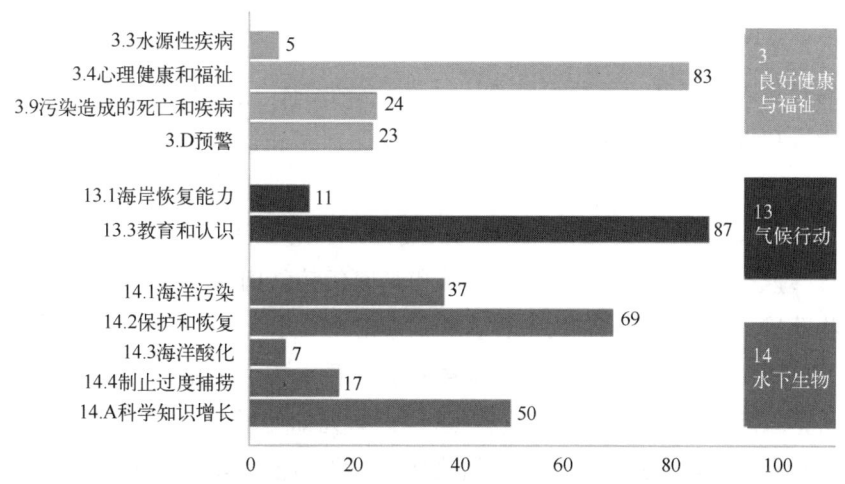

图 35.11　清单中有助于实现可持续发展目标的创新性措施数量(单位：个)

第三节　目标行动领域

一、可持续的海产品和人类健康

我们的愿景是，人人均可食用健康、营养、安全的鱼类和海产品，同时确保渔业和水产养殖的可持续性。

(一)为何如此重要

海洋作为食物来源的重要性主要体现在以下几点：健康效益，在人口不断增长的情况下解决食物供应及日益严重的海洋污染影响。缺乏对海产品健康效益的整体认识，将影响人类适应未来变化的能力。在食物链污染方面，SOPHIE 项目评审中发现了大量关于汞对人类健康问题的研究，并提出了适当建议，但一些新出现的威胁(如持久性有机污染物、塑料污染中添加剂等问题)，尚未得到全面应对。

根据估算，2015 年欧洲年人均消费 25.1 千克鱼类或海产品，超出全球平均值近 4 千克。鱼类和海产品属于瘦肉型蛋白质，且为 ω-3 脂肪酸的主要来源，在健康均衡饮食中发挥着重要作用，有助于减少非传染性疾病(如肥胖症、糖尿病、心脏病和中风)的发生。

此外，鱼类还含有其他对人类健康有益的营养物质，但 SOPHIE 项目证据系统图显示目前对此方面的认识较少，尚未掌握较多鱼类和其他海产品的营养成分信息。鱼类和海产品对营养安全的作用可能被低估，应当对生物量和蛋白质以外的信息进行分析。发达国家和发展中国家均需要改变管理模式，优化鱼类和海产品资源。

出于人们对肉类生产导致的气候变化影响的关注，产生了"地球健康饮食"理念，建议食用更多的海产品和鸡肉代替红肉，并大幅增加植物性食物数量，由此引发当前对海洋食物需求的增长。

应时任欧盟环境、海事和渔业委员会专员卡梅努·维拉之请，欧盟首席科学顾问小组编写了《海洋食物报告》，研究如何增加从海洋可持续获取的食物和生物量。报告建议与本战略研究议程高度关联。由于自然资源有限，且目前过度捕捞现象仍然存在，为了实现代际公平，为后代保留相关资源，应充分分析《海洋食物报告》以及其他报告（如粮农组织 2018 年发布的报告）中的建议，并因地制宜、综合权衡。

在人口不断增长的背景下，目前尚无以可持续方式解决食物供应问题的全球性解决方案。尽管欧洲以及国际卫生和海洋领域均认识到，食用优质鱼类和其他海产品对于人类均衡饮食十分重要，但仍应解答以下重要问题。

- 何种食物可在未来为人类提供所需的营养成分？
- 渔业、海产品和水产养殖业产生了多少碳足迹？当前捕捞方法和预计的需求增长是否具有可持续性？
- 鱼类和海产品中各种化学和微生物污染物可能造成何种累积影响？
- 上述污染如何影响海洋生态系统的健康程度、鱼类和海产品的供应量及人类食用后的健康状态？
- 哪些人群已经掌握并正在收集相关数据？这些证据能否支撑政策更新？
- 气候变化在何种程度上影响海洋生产力，并导致生物多样性的变化（如物种丰度、大小和位置）？
- 人们是否愿意食用更具可持续性的新型海产品？
- 气候变化及其他全球性变化将对鱼类和海产品的关键营养成分的数量、质量和多样性产生何种影响？

- 上述营养成分的变化对人类健康产生何种影响？
- 如何解决不同社会经济群体获取营养安全的鱼类和其他海产品的不平等问题？

为平衡需求，并确保海产品来源安全且可持续，有必要对传统方法以外的领域展开研究。目前已通过"未来海产品"等项目对可持续生产方法等领域展开探索，但仍应对渔业和人类健康问题进行深入的关联性研究。

(二)待填补的研究空白

为实现保持人类健康所需可持续海产品的愿景，应当解决如下三个关键的研究问题。

第一，关于化学和微生物污染及海产品：

(1)污染物对食物来源和人类可产生何种综合/累积影响("鸡尾酒效应")，并且如何从源头传递至消费者？

(2)上述结果受气候变化和全球性变化以及不同人群(如社会经济背景、过往健康水平等)的影响程度如何？

(3)如何实现饮食益处和食用污染物造成的安全问题之间的平衡？

第二，鱼类和海产品的营养成分以及分布将如何随着地理位置、气候和全球性变化而变化；如何在此基础上建议医疗卫生从业人员、渔业和海洋领域采取适宜的最佳可持续捕捞和消费模式？

第三，关于通过可持续和公平方式供应海产品：

(1)如何改善欧洲各社会经济群体对高质量鱼类和其他海产品的可持续获取和吸收？

(2)可持续水产养殖能否提高优质海产品的供应量，并继续为公众产生健康效益？

(三)研究时间计划

上述研究存在空白，尚无具体时间计划。由于不同领域之间存在相互关联和互补性，因此须同步对问题进行解答并产生相关效益。

(四)建立海洋与人类健康研究同政策的关联

欧盟层面已通过一系列相关指令和政策对渔业和水产养殖活动进行监

管,其中主要是《共同渔业政策》。该政策"旨在确保渔业和水产养殖具有环保、经济和社会可持续性,并为欧盟公众提供健康的食物来源",但未明确如何衡量或确保"环境、经济和社会可持续性"以及"健康食品来源",需要在成员国的国内立法中进行详细阐述。

《水框架指令》等政策涵盖了陆地和海域(距海岸不超过1海里)的污染情况和水平。尽管相关政策旨在确保上述区域产出食物的安全性,但近期的研究表明,仍未能全面落实相关政策。此外,并非海域内所有的污染物(包括化学品和病原体)均有法可依,或根据《水框架指令》进行监测,且监测措施往往属于反应型,而非预防型和预警型。因此,海洋与人类健康研究应支持定期修订/增加与食品安全相关的海洋污染物要求和指标,特别是对于新出现的污染物及其安全食用标准。SOPHIE项目在东斯海尔德河的案例研究表明,目前已对海产品的病原体(大肠杆菌)、藻毒素和汞、镉、铅、多环芳香烃和多氯联苯五种已知有害化学物质进行监测,但普遍缺乏对其他化学和微生物污染物的监测数据,并且通过监测获取所有物质和生物体的时空分布信息需要大量的成本与时间。可行方法之一是通过建模分析潜在有害物质的使用、变化和转移情况,以更好地确定人类健康风险及其缓解措施。

《海洋战略框架指令》是欧盟补充指令,同样涉及污染物相关问题,旨在更大程度地保护欧洲水域的海洋环境,其中涉及一系列渔业和水产养殖相关问题,如污染物、生物资源开采和生物多样性等。目前,该指令仅有两处直接提及人类健康,并且两处的表述均较为宏观。为支持成员国制定和实施相应的国家措施,海洋和人类健康研究将协助制定与海洋和人类健康相关的指标,并将其纳入《海洋战略框架指令》。

欧盟委员会的蓝色增长战略是支持整个海洋和海事领域可持续发展的长期战略,明确了在未来短期内具有较高发展前景的五大关键领域,包括水产养殖。该战略要求水产养殖具有经济可行性以及环境可持续性,同时可使欧盟公众以平等方式获取安全、营养、可持续的海产品及公平的就业机会。衡量战略实施情况时,需在经济增长和创造就业机会的同时,加入其他人类健康和福祉相关指标。

欧盟也有部分政策与健康和营养相关,如《粮食战略(2030)》及《营养、超重和肥胖相关健康问题战略》,组建了与营养和体育活动相关的高级工作组。应进一步掌握上述健康目标与对安全鱼类和海产品需求的关联程度，突出资源供应的不同需求。由于欧洲各国在资源获取和消费水平方面存在巨大差异，上述研究对于国家层级政策的制定尤其重要。

（五）SOPHIE项目明确的公众与利益攸关方需求

海洋与人类健康利益攸关方的重点事项是调研确定海洋食品的安全、保障和可持续性。来自海洋和公共卫生领域的270多个社会利益攸关方将食品安全和供应以及可持续渔业管理确定为重点事项，评审研讨会也将食品安全和供应列为重中之重。社会利益攸关方还明确将促进地方和可持续食品供应。参加类似研讨会的公众也有类似结论，并高度关注仅表面具有可持续性或"漂绿"（假借绿色环保之名蒙蔽公众）的行为。上述行动还将重塑蓝色经济明确为首要任务，呼吁重新制定涵盖社会、环境和文化方面的欧盟蓝色经济发展政策重点事项，并对蓝色经济征税以及对污染者罚款。对比可见，社会利益攸关方更关注监管和治理制度以及社会公正问题，而公众则倾向于通过制裁和更严格的惩罚措施追究行业责任。在SOPHIE项目调研中，14个欧洲国家的公众代表将可持续渔业管理以及平衡人类行为与海洋保护的必要性列为重中之重。

在SOPHIE项目调研中，食用海产品被列为沿海区域五大休闲娱乐活动之一。值得注意的是，当被问及商业捕捞和水产养殖对环境、人类健康和福祉的影响时，公众普遍将两者列为中性活动。而SOPHIE项目的另一项调研，在公共健康和福祉相关的16项潜在威胁中，海产品污染和鱼类种群崩溃分别位列第4和第5，是受访者最为关注的问题。调查结果差别明显，说明需要对公众开展更多教育，使公众认识相关活动在正面影响和负面影响之间的平衡。

（六）能力和培训需求

为解决文中所述的研究问题，必须横跨海洋生物学和渔业科学、公共卫生、营养和饮食以及气候变化等相关领域建立专项研究团体，同时应从社会和经济科学角度纳入以人为本的观点。相关研究人员应突破所在领域的专业知识，着眼于"整体系统"。目前医疗和公共卫生参与的效益甚微，必须进一步探索解决方案。

在校生和毕业生具有跨学科研究经验和专业基础知识，是跨学科海洋与人类健康研究团队的重要组成。这就要求在校生在学习过程中更多接触相关领域知识。例如，营养和公共卫生课程至少要设置一个海洋食品资源单元，海洋生物学和渔业科学课程也要设置营养和公共卫生知识课程。同时建议开设海洋与人类健康具体课程，如英国埃克塞特大学开设了相关本科课程，西班牙 AZTI 技术中心于 2019 年开设了暑期学校。

相关领域的研究人员必须能够进行终身学习、持续专业发展课程学习并获取在线资源等，从而掌握更多知识，并与最新发展形势同步。

为学术研究领域以外的人员提供学习机会以及普及海洋知识同样重要，这些知识可作为海洋和公共卫生政策制定、渔业管理和区域发展等工作人员专业发展的组成部分，使其具有深刻的亲身经历及与其他相关参与方对话的经验，并可在短期和长期内更详尽地掌握海洋与人类健康的背景、问题和决策影响。海洋文化的发展，以及相关风险与效益普及，对公众也具有重要意义。

二、蓝色空间、旅游业和福祉

我们的愿景是，通过加强与可持续的健康蓝色空间的相互作用，改善个人和社区的身心健康及福祉。

（一）为何如此重要

欧洲一项精神疾病流行病学研究指出，25.9%的欧洲受访者表示曾患过精神疾病（包括焦虑症和抑郁症）。2015 年的一项预测显示，欧盟成员国每年在精神卫生保健方面的支出超过 6 000 亿欧元。此外，世界卫生组织预测，欧洲 77%的疾病为非传染性疾病，包括肥胖、糖尿病、心脏病和中风，其中多种疾病可预防。上述情况造成了较大的公众负担，应当探索解决这些问题的全新方法。

研究表明，体育活动可对非传染性疾病和心理健康产生积极影响；与自然环境接触有助于改善心理健康指标，因此"自然环境"被视为某些心理健康疾病药物治疗的替代或辅助治疗方案；"自然治疗方案"的理念已在部分国家得以应用。2016 年 Papathanasopoulou 等研究显示，仅在英国，水上休闲娱乐每年可产生的身心健康效益的社会价值约为 1.76 亿英镑。

第三十五章 欧盟《海洋与人类健康战略研究议程（2020—2030）》

SOPHIE 项目创新性措施清单中包括较多通过海上运动改善心理健康的治疗案例。对于上述治疗方法可产生的健康效益还应进一步深入研究。针对英格兰成年人群的研究结论显示，居住地距离海岸越近，人体健康状况越好，心理健康状况也相对较高。在社会经济较为贫困的社区中，靠近沿海地区可产生更大的积极影响。

到目前为止，绝大部分关于自然环境和人类健康/福祉的研究都集中在"绿色"空间，而非"蓝色"空间，说明大部分欧洲国家对于与海洋、沿海区域以及内河航道关联的潜在益处知之甚少。已开展部分研究，探讨与绿色空间以及蓝色空间相互关联之间的差异，其中包括 2015 年沃尔克和基斯特曼关于德国城市地区的相关研究及布里顿、加斯科、格雷利耶等相继发表的蓝色健康项目成果。应当将此研究扩展至欧洲其他地区，从而确定不同地区的研究结论是否一致。

与蓝色空间的相互关联既存在风险（如水母叮咬、有害藻华影响、污染物和水传播疾病），也可产生效益（如体育运动和海洋空气带来的益处）。近年来，围绕效益的研究有所发展，但通过 SOPHIE 项目系统性评审发现，仅有 7.4% 的研究关注人类福祉相关效益，远远落后于对沿海休闲娱乐和生活风险的研究数量。而对于如何平衡上述效益和风险，从而为未来发展情况提供意见和建议的相关研究则更少。相关研究主要侧重于心理健康或整体福祉相关指标。尽管对许多其他健康效益（如心血管、神经和呼吸系统健康）进行了分析，但相关影响的范围和基础尚不明了。

风险和效益平衡研究不仅应扩展至人类健康领域，还应扩展至海洋，确保为人类创造更大效益时，沿海环境中人类活动增多产生的压力不会进一步恶化环境。此外，在退化的环境中开展活动可能削减效益，这说明采取适当的折衷方案和创新性措施可同时惠及人类与海洋。以旅游业为推手，提高公众的海洋知识水平，可大幅提升公众对于与海洋环境相互关联对其健康可产生的风险和效益的认识及对有助于缓解海洋生态系统、生境和物种压力措施的认识。SOPHIE 项目的东斯海尔德河案例研究表明上述措施行之有效。目前应回答下述问题：

- 与沿海和海洋区域相互关联可产生哪些不同的身心健康效益？
- 为何会产生这些效益？这些效益通过何种机制得以保障？
- 人类可从哪些区域受益，与不同空间（例如欧洲不同的蓝色空间）

相互关联是否存在显著差异？
- 哪些人可从上述关联中最大程度受益，其是否能全年公平地进入上述环境？
- 考虑到与环境接触的质量及可能风险，应当进行何种程度的环境接触方可产生效益？
- 气候和其他全球性变化如何影响效益和风险的平衡？
- 如何在进入蓝色空间与沿海和海洋生态系统面临日益增长的压力间寻求平衡以及解决不同区域存在的差异性？

避免人类活动导致蓝色空间承担更多压力并导致进一步退化至关重要，需要不断进行监测和保护。如果采用适当的折中方案，蓝色空间蕴藏的自然资本可能会带来巨大的发展潜力，同时产生健康和经济效益。创新性措施将发挥重要作用，我们无法实现所有人都居住生活在沿海区域，但是否可考虑通过艺术、声景、虚拟现实体验和模拟的蓝色空间等方式拉近人与海洋之间的距离？

（二）待填补的研究空白

为实现蓝色空间、旅游业和福祉愿景，应当解决以下四大关键研究问题。

第一，目前正进行的英国研究和绿色健康研究，可提供哪些与蓝色健康和全欧洲健康影响相关的证据？

第二，机制和途径：

（1）哪些与沿海和蓝色空间的相互关联（活动类型、持续时间等）可改善人类健康和福祉？

（2）哪些相互关联会增长疾病/身体风险？

第三，人类越来越多地使用蓝色空间对沿海和海洋生态系统以及生物多样性将产生什么影响？

第四，如何改善海洋与人类健康的相互关系，从而可持续地为全人类和物种带来身心健康和福利？

（三）研究的时间顺序

为解决问题，应当确定清晰且具有逻辑性的顺序。为确保着手研究前统一认识，应同时解决前三个问题，最后解决第四个问题，以在改善海洋与人类健康相互关系效益之前，收集相关方面具有代表性的证据。

(四)建立海洋与人类健康研究和政策的关联

欧盟委员会的蓝色增长战略明确了五大关键领域，短期内海洋领域经济增长具有较大前景，关键领域之一即沿海旅游业。该战略的重点是经济发展和创造就业机会，对人类健康和福祉具有重要意义。

但该战略并未明确分析追求经济增长所产生的其他人为或环境效益或风险。沿海旅游明显属于季节性活动，该战略明确规定应"采取措施，帮助改善淡季的旅游需求，减少沿海旅游产生的高碳足迹和环境影响"，但尚不清楚应如何实现上述目标。海洋与人类健康研究可发挥作用，突出蓝色活动对人类健康的益处，同时可促进传统旅游季节以外时段的海洋环境相互关联(例如散步、冲浪、潜水、划独木舟、野泳等)。

如前文所述，人类与蓝色空间的相互关联同样存在风险，部分海洋政策与此相关。例如《浴场水指令》指出了在污染水域游泳可能引起的部分严重健康问题。按照预期实施该指令将在一定程度上支持并强化安全、健康且有益的相互关联，但近期欧洲环境署的一项研究结果显示，欧洲水域中受污染的"问题区域"比例较高，仍有较大改善空间。该指令仅涵盖官方指定浴场，不包括公众为应对气候变化带来的热浪在城市内避暑的部分场所。此外，尽管欧盟启动的抗击耐药性《One Health行动计划》中宏观地提及了《水框架指令》，但《浴场水指令》并未提及耐药性等问题。耐药性是指在部分区域细菌和寄生虫等微生物对抗生素等抗微生物物质产生了耐受性。证据表明，在海域中存在接触耐抗生素大肠杆菌菌株的风险。欧洲环境署公布了有关欧洲水域化学物质认知发展的调查结果。应进一步研究确定其他适宜性风险指标、数据收集和监测需求、其他污染源(如帆船)以及区域或季节性实施存在的困难(如在旅游旺季，地方污水处理基础设施由于大量游客涌入而不堪重负)。应考虑《海洋战略框架指令》中已规定的污染物相关要求。

海洋空间规划已将旅游业纳入评估范围，允许采取以众多利益攸关方为基础的方法，可扩展至健康和福祉领域。海洋与人类健康研究应进一步探讨上述发展空间。

(五)SOPHIE 项目明确的公众与利益攸关方需求

SOPHIE 项目调研涉及超 14 000 名公众的参与,并将海滩/海岸散步、观景、日光浴/野餐以及游泳列为与海洋或海岸环境相关的四大娱乐活动。调研结果显示,不同国家公众前往海岸的周期存在较大差异。在公众健康和福祉的潜在威胁方面,浴场水中污水含量关注度相对较高(在 16 项因素中排名第 6 位),而水母叮咬、溺水和晒伤/中暑关注度最低(分别排在第 14 位、15 位和 16 位)。上述信息对于政策制定、开展公众宣传和提高认识等活动具有重要意义。

欧洲公众认为,海洋环境对公众健康的影响是重点领域,并认为改善水质以降低人类皮肤感染和其他感染风险及海洋环境退化和污染对人类健康构成威胁同样重要。同时表达了对环境问题的关注,如过度使用/海上人员造成的海洋污染或塑料沉积等问题。作为解决方案之一,欧洲公众建议应创造关怀文化,采取环保措施,鼓励负责任地使用海洋和河流资源,确保相关使用行为不会对海洋环境造成损害,并研究如何推动上述负责任的使用行为。

应注意,公众对于投入更多研究资金以确定在海边生活以及在海洋环境中和周围进行休闲娱乐可产生的健康和福祉影响的关注度相对较低,上述两点在 16 项因素中分别排在第 12 位和第 13 位。总体上,与可产生的效益相比,公众更支持降低风险。

相反,调研和研讨会显示,与海洋与人类健康相关的不同背景社会利益攸关方认为,进入并体验蓝色空间以及认识海洋对人类健康的福祉属于重中之重。社会利益攸关方和公众在侧重点方面存在差异,应研究确定产生上述差异的原因及其对研究和政策制定的影响。

(六)能力和培训需求

海洋知识水平或关于海洋与人类之间相互影响的认识,具有十分重要的意义,因为沿海旅游或沿海生活可能是公众与海洋环境建立相互关联的主要方式。提高公众具备的海洋知识水平同时有助于提高对于与海洋环境相互关联可产生的健康风险和益处的认识。应当投入资源支持海洋知识水平的发展,且与简单的信息发布相比,采取与公众接触并告知相关内容的方法更为有效。迄今尚无证据表明，知识的提升可导致行为变化，因此仅仅提高认识是不够的，还应当通过进一步的研究以更好地将设想转化为行动。应当展示具有成效的行动、解决方案和最佳实践案例，从而创造关怀文化。

公众科学为方法之一，由公众与科研人员在研究项目中展开合作，为数据收集/分析提供支持。与身心健康及沿海环境相互关联项目，可提高海洋知识水平，同时有助于突出与海洋和蓝色空间相互关联可产生的风险和效益。SOPHIE项目措施清单中列出了较多创新性措施，包括公众科学项目，有助于改善海洋与人类健康问题相关教育以及提升公众意识。

在SOPHIE试点项目中，海洋生态旅游运营商为其客户提供了参与公众科学项目的机会，其内容与参加海上活动的福祉相关。试点项目结果表明，由运营商发挥推广和倡导作用，有助于传播信息及提高公众的海洋知识水平。此外，旅游运营商认为，上述方法也有利于业务开展，相关科研结果表明，此类活动有益于健康，同时可推动业务发展。为进一步推动上述过程，应探讨涵盖更多不同的蓝色空间使用人群，特别是对于已展现出较高环境意识和参与意愿的青年人群。

尽管有部分公众已认识到与海洋相互关联可能产生健康风险（如溺水、水母叮咬），但上述认识范围有限，而且在部分问题（如水沙污染、接触水传播疾病等）上可能尚属空白。应当通过进一步研究，寻找有效途径提高公众风险认知，帮助社区减少负面事件。

三、海洋生物多样性、医学和生物技术

我们的愿景是，通过更有针对性的方法，探索、识别并掌握海洋生物多样性在生物技术、医学和疾病预防方面的作用，并说明海洋生物多样性及对其进行保护具有较高重要性。

（一）为何如此重要

海洋是地球上最后待开发的辽阔区域，目前仍有多达2/3的海洋物种有待发现。到目前为止，海洋环境的独特多样性仍有待探索，是地球上未开发的化合物和其他生物技术产品最大的来源，其中包括保健品、酶和生物材料，如珊瑚制成的人造骨及海绵中的二氧化硅、几丁质和胶原蛋白。

目前地球正面临史上最快速度的物种灭绝风险，必须尽快掌握并保护海洋生物多样性，促进海洋健康和恢复能力，确保海洋环境得到保护并持续为人类健康提供生态系统服务。

由于耐药性增强，研发新药的需求比以往任何时候更为迫切，海洋生物在为药物开发领域提供新的化学物质多样性方面发挥着重要作用。尽管已发现了超过 34 000 个可用于药物或化妆品生产的分子，但目前市场上仅有 10 种以海洋物质开发的药物，包括 4 种抗癌药物和 1 种抗病毒药物。全球仍有 28 种药物正处于临床试验阶段。将海洋物质生产的化合物产品推向市场面临着若干困难，其中包括高昂的成本及 20 年的研发周期投入。相关化合物产品中的绝大部分为合成生产，但是以可持续方式从海洋生物中获取足够生物量从而扩大目标化合物产品生产方面存在技术障碍，而且尽管通过新的组学工具可提升生产可行性，但目标化合物产品通常在自然界中数量稀少。虽然当前趋势集中于开发针对癌症和艾滋病等流行性健康疾病的新型治疗方法，但海洋生物可提供独特的遗传资源，可用于治疗通常受到较少关注的罕见疾病。

尽管目前已获取的生物资源较少，但通过勘探获取新的生物技术产品时，往往会对海洋环境造成潜在的负面影响，特别是对于珊瑚礁或深海等敏感性较高的生态系统。在各国专属经济区内开采生物资源通常受到管制，近岸捕捞通常属于国家管辖范围，应当进行环境影响评估并获得许可证，而且限制捕捞数量。在国家管辖范围以外的区域，包括大部分深海区域，缺乏生物勘探的相关规定。因此，必须谨慎行事，并为生物勘探制定适宜的规则。

欧洲蓝色生物样本库等生物样本库可储存生物样本，推动可持续利用海洋生物多样性。生物样本库是发现生物的重要方式，可作为生物勘探活动的组成部分提供协商意见。如果应用得当，上述基础性措施有助于缓解同一物种的过度采集。生物样本库可作为保护生物多样性的方法之一，但应扩展其范围，从而更广泛地体现海洋生物多样性，而非仅仅针对可养殖的海洋生物。

应当制定针对性的生物发现方法，最大程度地识别受关注的特定化合物，因此应当提高对海洋化学和分子生态学的认识，明确可开采的区域和生物。受关注区域可能包括极端或特定环境，例如深海或珊瑚礁、"蓝色

第三十五章 欧盟《海洋与人类健康战略研究议程（2020–2030）》

区域"、高压或受污染区域，或物种之间竞争激烈的区域。应当重点关注的生物包括依靠"化学战"生存的固着物种，以及大部分海洋衍生化合物已明确的特定生物（即无脊椎动物、藻类和海洋微生物）。海洋科学、生物技术、医学和制药等领域应当保持密切合作，简化生物发现过程，并共享专业知识。已有和现行项目证实跨领域合作可取得成功，例如 FP7 项目、地平线 2020 项目、SPECIAL 项目、BluePharmTrain 项目、PharmaSea 项目、MarPipe 项目以及 TASCMAR 项目。

对海洋物种的关注不仅局限于单纯用于药物和治疗的化合物。海洋生物多样性在基础生物学研究中占有重要地位，如从水母中分离的绿色荧光蛋白被广泛应用于细胞和分子研究，并且在海蛞蝓中发现了记忆相关的分子基础。海洋物种具有独特的适应能力、行为模式和生存方式，可能会在人类健康和福祉方面得以应用。通过海洋与人类健康研究，可采取诸多积极措施，例如禁止拖网作业及通过扩大海洋保护区的范围和数量以保护珊瑚礁和深海环境等。

SOPHIE 项目发现生物技术研究占原始研究的 46%。由于生物技术研究属于时间和资源密集型研究，因此仅仅依靠研究文章的数量无法真实反映海洋化合物的研究程度。大部分此类研究涉及对于海洋衍生 ω-3 脂肪酸的补充以及其他应用形式的开发。

现阶段研究尚未确定的主要问题如下：

- 健康且具备生物多样性的海洋环境与人类健康之间存在什么基本关联？
- 如何证实保护海洋生物多样性、生态系统功能和生态系统服务对于保证人类健康具有的重要性？
- 应在哪些区域探索可能具有医疗效果的化合物或物种？
- 如何应对目标生物和化合物可持续供应的困难，从而扩大有效产品的产量？
- 海洋生物多样性可为基础生物医学研究以及与人类健康和福祉相关的仿生应用方面做出什么贡献？

（二）待填补的研究空白

为实现生物技术和医学愿景，应当解决以下三大关键研究问题。

第一,应当更好地了解海洋生态系统,针对性地在海洋中发现生物。继续研究海洋生物通过什么方式、基于什么因素、在哪些区域产生生物活性化合物和其他产品,以确定含有对人类健康有益的产品的生境和物种。应整体考虑对海洋生物多样性的威胁,分析人类活动和全球气候变化导致的海洋物种丰度和分布的现有变化与潜在变化。

第二,继续开发新技术,克服当前海洋生物发现领域存在的瓶颈,其中包括组学技术、培养方法、高级筛选技术、化学合成技术和合成生物学方法。应提高对具备医药价值的物种的基本认识,还要提高对产生相关产品的环境条件的基本认识,促进在受控情况下扩大产品产出量。应当采用跨学科方法,充分利用海洋科学家、化学家、分子和合成生物学家、制药科学家和中小企业具备的专业知识。

第三,研究海洋物种的特性及其在基础生物医学研究及与人类健康和福祉相关的仿生应用。

(三)研究的时间顺序

应同步解决该愿景中已明确的研究问题。第二项问题,即如何联合学术界制定战略方针,将更多地从技术层面为其他两个问题提供支持,但三项问题均具有内在关联性,涉及具有较多创新发展空间的多个领域。

(四)建立海洋与人类健康研究和政策的关联

该愿景与政策之间的关联较为复杂,涉及不同的政策和道德领域。

在人类健康和医疗方面,海洋生物发现的方式受严格管控,主要出于安全考虑,这说明必须充分证实化合物的有效性和安全性。欧洲药品管理局简要概述了欧洲现行的流程,美国食品药品管理局也采用了类似流程。应注意,环境可持续性在此领域具有重要意义但尚未得到足够重视,可通过海洋科研提供更多的意见和建议。

相比之下,该课题在海洋环境方面的规定较少。欧盟《海洋战略框架指令》论述了在不损害生态系统前提下保护生物多样性和开采资源的问题,并推广采取基于生态系统的管理办法。《欧洲生物多样性战略》和《生物多样性战略计划(2011—2020)》(包括爱知生物多样性目标),以及目前在编的《欧盟生物多样性战略(2030)》则更多地涉及资源开采。《海洋空间规划

第三十五章 欧盟《海洋与人类健康战略研究议程（2020—2030）》

指令》《海事综合政策》《生境指令》以及《蓝色增长战略》也具备一定的管理能力。海洋与人类健康研究领域应当更广泛地掌握上述政策的补充关系，并确定政策间的差异。还应当加大科研投入，进一步掌握海洋生物多样性对海洋健康的重要性及健康且具备生物多样性的海洋环境与健康人类之间的关联。

在国际上，《关于获取遗传资源以及公平公正分享利用遗传资源所产生的惠益的名古屋议定书》（ABS）是对《生物多样性公约》的补充协定。欧盟是 ABS 的签约方，因此设置了严格的法规确保遵守相关规定。成员国必须确保在海洋化合物取样方面遵守规定，并出台相关规定，要求在专属经济区内取样必须获得许可证，这样可确保公平公正地从相关资源中获益。国际社会自 2014 年起致力于以《联合国海洋法公约》为基础制定一项保护和可持续利用国家管辖范围以外区域海洋生物多样性的国际法律文书。为实现本课题愿景，应当填补海洋政策和治理方面存在的空白，同时需要海洋与人类健康研究领域提供意见和建议。

（五）SOPHIE 项目明确的公众与利益攸关方需求

公众对生物多样性丧失表示担忧。在 SOPHIE 项目调研中，超过 14 000 名欧洲公众将海洋物种丧失列为 16 项潜在威胁中的第 3 项。海洋物种和野生动物保护领域获得的研究资金支持最多（16 项因素中排名第 1 位），以便更好地掌握其对公共健康和福祉的影响。

SOPHIE 项目清单中有较多自下而上的创新性措施提及生物多样性丧失的问题，表明地方利益攸关方和公众有意愿保护生物多样性。

特别是在生物技术方面，公众认为采用海洋生物制药有利于经济、人类健康和福祉，且对环境无害，但对于资助更多海洋生物技术及其对公众健康和福祉影响相关研究，仅在 16 项因素中排名第 14 位。这充分说明提高公众对海洋生物技术、海洋化合物的生产区域和方式认知的重要性，也说明了应充分调研并深入理解其他问题相关的优先次序（如生物多样性保护）。

保护海洋环境（包括生物多样性和所有海洋生物）是公众调研和研讨会参与者最常提及的重点事项。

公众同样认识到应当在人类行为与海洋保护之间寻求平衡。海洋自然环境如果无法保持平衡，将无法产生任何效益，人类作为自然环境的组成部分应回归自然，但受访公众未具体提到海洋药物的重要性或海洋物种生物技术可产生的潜在效益等，再次说明上述领域并非公众广泛讨论的焦点，应当提高相关认识，而另一调研结果显示，社会利益攸关方将海洋生物技术明确为促进海洋与人类健康协同作用的重点优先领域。

（六）能力和培训需求

SOPHIE 项目创新性措施清单显示，公众科学是收集海洋生物多样性数据、提高海洋空间利用的可行性的通用方法。

目前反映生物多样性与人类健康（医疗/生物技术效益）关系的研究较少。"海洋生物医药"及海洋自然解决方案在主流媒体中未大篇幅推广，因此公众对其缺乏认识。这也恰恰说明提高公众对与海洋物种和海洋环境相关的医疗和其他福祉以及无法适当"重视"和保护海洋生物多样性的危害的认识的重要性。

对于海洋与人类健康相关专业的学生而言，需要系统掌握体系如何可持续运行、化合物如何获取、如何扩大产出规模及如何通过试验从中获益。应当开设专门的跨学科课程并提供相互学习的机会。

第四节　推动合作

海洋与人类健康研究的发展需要与所有利益攸关方群体进行跨学科和跨领域合作。由于三大目标行动领域较为复杂且具有跨学科性，任何一个利益攸关方群体均无法单独解决相关研究问题。

为推动研究合作，不同利益攸关方群体应当在公平公正的基础上展开讨论。此前，海洋与人类健康两大领域的研究人员进行专业探讨的机会/兴趣有限。需要推动并支持上述沟通互动，并在公平公正的基础上组织相关会议。同时，研究人员无法单独解决三大目标行动领域的相关问题，应当与外部利益攸关方展开合作。这说明应尽可能地让所有相关方参与其中。同样，应当通过跨学科平台进行上述沟通互动，使相关群体能够提供意见和建议。应通过提高认识为沟通互动提供支持，强调海洋与人类健康的重要性及沟通互动并开展合作的互惠性，提供适当的参与奖励。考虑到

第三十五章 欧盟《海洋与人类健康战略研究议程（2020—2030）》

学术界和利益攸关方参与自下而上措施的难度较大，应当通过经验分享等方式，建立长期的信任关系。通过 SOPHIE 项目明确参与意愿和兴趣，建立相互关系后，合作就更容易维持。

爱尔兰环境医生组织的 SOPHIE 项目成员在参加研讨会前，与当地冲浪旅游供应商共同体验了其经营的"蓝色空间"，并参与了海滩清理工作。这种直接的学习和跨领域协助经验有助于加强互动，填补知识和沟通的差距。

还应进行条理清晰且便于开展的对话，设定明确、可行的目标。重点是各方可分享观点、目标和困难，并在落实研究合作之前充分掌握这些方面。SOPHIE 项目的社会利益攸关方和公众调研采取了"集体智慧"方式，这种方式在很大程度上取决于与会方，因此须确保与会代表的公众均衡性。

为目标行动领域相关研究筹措资金，应当建立跨学科和跨领域的联合体。

应考虑设置更长的项目周期，从而便于利益攸关方在新研究开始前建立共同理解以及相互关联，并应考虑解决不同研究问题而确定先后顺序。同时应为区域性研究和提出解决方案提供适宜的资金支持，因为 SOPHIE 项目研究结论已表明了不同区域存在的较大差异。

不同群体在语言使用上差异较大，包括字面表述和象征性表述。例如，公众较少使用"气候变化"一词，而更常使用"全球变暖"一词。上述差异虽然只是术语方面的较小变化，但对于确保准确沟通非常重要。在与不同利益攸关方群体沟通时，应考虑适宜的语言表述以及讨论基础。

同时应注意由哪方提供信息，以及以何种方式确保最大程度地获取信息。例如，在 SOPHIE 项目的公众科学试点项目中，关键的海洋与人类健康信息被称为生态旅游运营商可直接与客户分享的"有趣事项"。目前，在使复杂问题简单化和向生态旅游运营商提供所需信息和背景知识两方面已取得较为成功的结果，并提高了游客参与活动的趣味性，提升了运营商的"知识权威性"及其作为理解并关注海洋环境专业人士的形象。

最后，应当通过系统性分析以及行为改变推动海洋与人类健康发展，相关学术界和决策者需要考虑如何在实践中应用 INHERIT 模式。

第五节 重点事项和总体意见

战略研究议程提出了以下重点事项和总体建议:

- 应建立正式的跨学科论坛/平台,鼓励海洋与人类健康领域研究人员在本项目建立的研究团体基础上进行合作。
- 研究团体应制定与利益攸关方以及公众就海洋与人类健康研究进行合作的最佳实践经验指导。
- 应进行系统性评审及纵向研究,更好地掌握海洋与人类健康研究的最新进展,同时辨别理解两者之间关联存在的差距。
- 应说明特定海洋保护区对海洋与人类健康的作用。
- 应制定不同学术水平的跨学科培训和教育方案,支持海洋与人类健康研究。
- 应建立适宜的青年贡献和参与机制。
- 应针对海洋和人类健康的其他数据收集和监控需求向决策者提供建议,并考虑现有数据和监控系统的可读取性与可用性问题,明确相关指标。

同时提出了下述几点宏观建议:

- 在医疗保健领域,应掀起以预防为主、治疗为辅的运动。
- 应强调正视必然存在的不平等现象,并将其纳入政策制定过程。
- 应形成关怀文化,为实施海洋与人类健康以及可持续利用广阔的海洋和沿海生态系统提供支持。
- 促使健康(如《将健康融入所有政策》中提出的理念)、可持续性和环境等因素体现在所有政策中。

第六节 如何体现效果

所有目标均应可衡量且可实现。评定欧洲已实现所需的海洋与人类健康研究能力的标准是:

- 承认海洋与人类健康是更广泛的地球健康理念的关键组成部分;
- 为利益攸关方在海洋与人类健康的合作和参与提供最佳的实践经验

指导；
- 要求成员国在跨政策协调的支持下监测并报告一系列海洋与人类健康的具体指标，并探讨与可持续发展目标指标的关联；
- 开发海洋与人类健康专项社区平台，并访问数据源和产品；
- 就本研究组织专项跨学科系列会议/论坛；
- 研究呼吁联合资助的现有及后续跨学科国际项目有海洋科学、医学/公共卫生等多领域的参与；
- 向海洋与人类健康相关专业的研究生提供海洋与人类健康跨学科课程，包括校内课程并大规模开放在线课程。

第三十六章　海洋基因组：海洋遗传资源保护与公平、公正和可持续的利用

2020年4月17日，可持续海洋经济高级别小组发布了《海洋基因组：海洋遗传资源保护与公平、公正和可持续的利用》蓝皮书。该蓝皮书考虑了与海洋基因组学相关的现有和潜在利益、面临的威胁以及至关重要的海洋遗传多样性保护，对包容性创新和更好的治理努力将如何促进更公平地利用和分享海洋遗传资源及其所产生的惠益进行了探讨。

第一节　海洋基因组简介

一、概述

"海洋基因组"是所有海洋生态系统赖以生存的基础，在这里被定义为所有海洋生物多样性中存在的遗传物质的集合，包括物理基因和编码信息。海洋基因组使生物能够适应各种不断变化的环境条件，决定着包括渔业和水产养殖在内的生物资源的生产力和复原力，这些资源共同支持全球粮食安全、人类福祉和可持续的海洋经济。

对海洋基因组的更深入了解有助于提高人们对海洋生物多样性所面临压力的认识，包括生境丧失和退化、过度捕捞和采矿、气候变化和入侵物种等带来的压力。测序技术和生物信息学的快速发展使得对海洋基因组的探索成为可能，这不仅为海洋保护区的规划提供了信息，还为保护提供了创新的方法，例如建立时间遗传监测数据集并将其纳入保护规划和管理以及资源的可持续利用。探索海洋基因组还使从多种抗癌治疗扩展到化妆品和工业酶的越来越多商业生物技术应用成为可能。

随着人们对海洋基因组的独特性质和随之而来的价值的认识日益增强，确保保护和可持续利用海洋基因组变得越来越紧迫，管理海洋基因组的国内和国际法律、制度和伦理环境也越来越复杂。在国家管辖范围内，

第三十六章 海洋基因组：海洋遗传资源保护与公平、公正和可持续的利用

《生物多样性公约》及其《名古屋议定书》构成了保护和可持续利用海洋生物多样性的主要治理机制。对于国家管辖范围以外地区的海洋生物多样性，一项新的政府间协议正在谈判中，包括基于区域的管理工具，海洋遗传资源的获取和知识产权保护及其商业开发和能力建设。

分享因利用海洋基因组而产生的利益是一个中心问题，迫切需要促进包容性和负责任的研究与创新，以解决公平差异，促进能力增强，并增加获取技术的机会，同时促进实现保护和可持续利用海洋遗传多样性的承诺。

以下简要介绍与本文相关的当前或正在出现的法律术语。

生物多样性：陆地、海洋和其他水生生态系统及其所属的生态综合体，包括物种内部、物种之间和生态系统的多样性。

遗传资源：具有实际或潜在价值的遗传物质。

遗传物质：任何植物、动物、微生物或其他来源的含有遗传功能单位的物质，如单个基因或遗传序列。

数字序列信息：与研究和开发以及遗传资源的使用相关，这是《生物多样性公约》下的国际讨论中的一个占位词，包括各种类型的信息。该词通常用于与《生物多样性公约》《联合国海洋法公约》(简称《公约》)和《粮食及农业植物遗传资源国际公约》等国际协议相关的谈判过程。

遗传序列数据：核酸分子中发现的核苷酸序列，其中包含决定生物或病毒生物学特性的遗传信息。这一术语在科学界被广泛使用，并被《生物多样性公约》的一些缔约方所青睐。

核苷酸序列数据：核苷酸在自然发生的脱氧核糖核酸或核糖核酸链上的排列。有关遗传资源的信息是通过对这些数据的分析而产生的。

海洋遗传资源：来源于海洋植物、海洋动物、微生物或其他具有遗传功能单位，具有实际或潜在价值的遗传物质。这一术语的范围取决于与国家管辖范围以外的地区的生物多样性有关的谈判，但是就其本身而言，《公约》并没有对其进行定义或使用。

二、从海洋基因组中获益的途径

海洋基因组是所有海洋生态系统赖以生存的基础，因此它与地球上包括人类在内的所有生命的存在有着不可分割的联系。纵观人类历史，各种

文化、社会和知识的发展都与海洋和沿海生物多样性有着内在联系，随着时间的推移，沿海地区出现了丰富多样的社会生态系统和世界观。作为多个沿海区域的管理者和相关传统知识的宝库，地方和传统社区在向我们提供与食物、药品、化妆品和与海洋的情感联系有关的知识方面发挥了关键作用。

海洋植物、动物、真菌和微生物已经进化到占据了各种生态位，能够在海洋中极端的高温、低温、水化学和黑暗中茁壮成长。由此产生的适应性被记录在它们的遗传密码中，使其能够产生各种各样具有重要生物活性的初级和次级代谢物，这些代谢物已经吸引了一系列行业越来越多的商业兴趣。应用领域包括工业酶、药物、化妆品、营养保健品、防污剂、黏合剂和用于研究和保护目的的工具开发。目前已经发现了34 000多种海洋自然产物——由海洋生物产生的天然分子，其中许多具有显著的生物活性，使海洋生物的药物发现率高达行业平均水平的2.5倍。

除这些商业用途，还出现了一系列基于海洋基因组的非商业应用。通过使用基因序列数据，已经在进化和生态学领域做了大量的工作，为我们提供分类、连接性、人口学和进化方面的知识，同时还提供了新技术，如环境DNA采样，正在增强我们对海洋分类学的理解，并使无创研究方法成为可能。基因编辑工具作为新的保护技术的潜力正在被探索，尽管其应用仍停留在理论阶段。

三、海洋基因组面临的风险

海洋基因组面临多种威胁，主要是过度开发、栖息地破坏、污染、物种入侵以及日益严重的海洋生态系统退化等。以土地为基础的活动，如高投入的工业化农业，正导致过量的营养径流和河流三角洲周围不断扩大的缺氧死区造成污染和富营养化。海水养殖也对本地鱼类种群的遗传多样性造成了直接的威胁，最突出的可能在南半球。航运活动以及压舱水和废物流入海洋，导致了入侵物种和病原体的传播，致使海洋产生了缺氧区、无氧区以及有毒赤潮。诸如拖网捕鱼、采矿、疏浚和建造人工岛等海洋活动正在急剧减少生物多样性，并彻底重塑一些海洋环境。海洋升温仍然是迄今为止最大的气候影响，过量的碳吸收导致海洋酸化，对海洋生态系统产生了负面影响。在过去的500年里，已有约20种海洋物种灭绝，考虑到人

第三十六章 海洋基因组：海洋遗传资源保护与公平、公正和可持续的利用

们对海洋物种数量知之甚少，这个数字很可能被低估。一些已经几十年没有被观察到的海洋物种可能已经灭绝，而其他海洋物种，包括25%的海洋哺乳动物、鲨鱼和鳐，正面临灭绝的危险。

第二节 海洋基因组的现有效益及潜在效益

一、与海洋遗传多样性相关的生态效益

生物体基因组编码的生物、形态、行为和生理属性，定义了生物体在生态系统中的结构和角色。在海洋中，由这种遗传多样性所支持的正常运作的生态系统有助于提供基本服务，包括生产和循环利用有机物、在食物网中输送能量、提供食物、维持水质、调节气候、建立文化价值、提供娱乐机会和其他有益于人类的生态系统服务。

海洋基因组的生态效益是巨大的。首先，海洋的遗传多样性至关重要，因为它稳定了生态系统及其所包含的物种、生态过程和它们所提供的生态系统服务。遗传变异性支持了生态系统的稳定性，并确保即使不可预测的变化导致某些物种的消失，或在种群水平上导致物种内遗传多样性的丧失，生态系统仍能正常运行。

其次，遗传多样性使生物多样性得以实现，并推动遗传潜力的发挥，从而使物种能够在不断变化的环境下持续生存，并随着环境的变化而不断进化。海洋种群的过度开发和减少可能导致种群规模缩小，与较大种群中更大的持续遗传变异相比，基因变异的可能性更大。这种变异有助于物种持续生存并适应干扰，包括与人为干扰相关的变化。这一点尤其重要，因为越来越多的证据表明，某些物种适应气候变化的速度可能比之前认为的要快。

遗传多样性所提供的生态系统稳定性和适应潜力对我们所知的物种、种群和群落至关重要。其未来的价值可能会超出这些，因为系统的变化速度是前所未有的，并且以意想不到的方式进行，同时涉及附加和协同效应。这突出了保护海洋基因组的益处，特别是在探索程度较低但可能具有高度遗传多样性和隔离种群的地区，包括海山和深海的脆弱群落。

二、海洋遗传资源的商业效益

一个完整和健康的海洋基因组不仅提供生态效益,而且为越来越多的商业应用提供了基础。尽管与这些创新相关的货币效益难以量化,但重要的是要强调这些创新是如何为人类福祉做出贡献的。例如,来自与海洋海绵相关的海洋微生物的生物活性化合物被认为是开发新型抗生素的有希望的候选,这与不断增加的抗生素耐药性相关。同样,像锥螺等物种的毒液对新药的开发也很有意义,可以取代阿片类药物,从而降低滥用的情况。

(一)海洋药物的发现

有针对性地寻找具有抗人类疾病生物活性的化合物始于20世纪60年代末,但直到20世纪80年代才确定具有高效力和高选择性的化合物结构。美国国家癌症研究所提供了大量资金,并承诺在全球范围内收集海洋遗传资源,意味着重点放在了癌症的治疗上,使用的化合物主要来自热带浅海珊瑚礁和海洋无脊椎动物。结果,从海洋遗传资源中提取的8种临床批准的药物中有5种用于治疗癌症,其余3种用于治疗神经性疼痛、单纯疱疹病毒和高甘油三酯血症。其中7种来自海洋无脊椎动物,1种来自油性鱼类。所有这些药物的开发和批准都经历了很多年。

与大多数从海洋遗传资源处获得的药物一样,需要解决原料/化合物的可持续供应问题。解决这一问题的方法有多种,最常见的是全化学合成。还采用了生物技术方法,包括混合合成/生物技术方法。欧洲药物管理局已经批准了一些基于MGR的非处方药,如卡拉胶,一种广泛有效的抗病毒药物,可用于治疗普通感冒等呼吸道病毒。目前,28种海洋衍生产品正在进行临床试验,另有250种正在进行临床前研究,全部来自约33 000种的海洋自然产物。与陆地自然产物相比,这是一个惊人的成功率。

尽管取得了这些发展,但大型制药公司对开发海洋和陆地天然产物作为新药潜在来源仍缺乏兴趣。大多数大型制药公司已经关闭了他们的自然产品研发部门,而中小型公司正在填补这一空白,并在利用海洋遗传资源

第三十六章　海洋基因组：海洋遗传资源保护与公平、公正和可持续的利用

开发新型疗法方面处于领先地位。大型制药公司通常会收购那些在潜在治疗方法上已经处于一定开发阶段的小公司，从而在获得最新创新的同时降低自身风险。因此，研究和开发海洋遗传资源衍生的生物活性化合物，对于实现海洋遗传资源在药物发现方面的整体潜力至关重要。然而，发现海洋生物的好处远远超出了产品的成功开发。认识到生物多样性的潜在商业价值，可能会为生物多样性调查提供更多资金，这些调查可接触到广泛的海洋生物，并对这些生物活性进行评估，这可能有助于改进生物多样性保护措施。

（二）保健品

营养食品或功能食品最初的定义是"提供医疗或健康益处，包括预防和治疗疾病的食品或食品的一部分"。目前，针对营养食品的规定正在改变，许多地区正在制定更严格的规定，以防止不切实际的利益诉求。海洋资源具有巨大的营养保健潜力。事实上，由于其基因组的多样性，它们包含了非常广泛的酶，因此，也包括代谢途径，这反过来又产生了生物活性化合物的极端多样性，可能对健康和福祉产生积极影响。

（三）化妆品

2017 年，化妆品全球业务价值达 5 320 亿美元，年增长率约为 7.14%，预计到 2023 年将达到 8 000 亿美元以上。人们对自然来源的产品越来越感兴趣，包括那些来自海洋生物多样性的产品。此外，那些显示出可验证效果的产品，如减少皱纹和保护皮肤免受紫外线或红外线辐射的伤害，价格较高，处于市场的高端，这些通常被称为药妆。第一个真正的海洋药妆是雅诗兰黛的修复性配方。

（四）散装化学品

海洋遗传资源衍生产品和工艺可能会对大宗市场产生重大影响，包括大宗化学品、工业加工用酶和衣物洗涤剂、动物饲料和包装中的益生菌，以及正在研究的用可再生资源替代塑料中的增塑剂的进一步应用。最大的市场之一是通过野生收获和水产养殖从褐藻中获得的褐藻酸盐。褐藻酸盐被广泛用作食品生产中的稳定剂和乳化剂，以及用于烧伤的特殊绷带。

褐藻酸盐现在被用来生产生物可降解的饮料和食品包装。海藻聚合物作为一种可持续的生物塑料的来源越来越受到重视，海藻制品已经超出了作为益生菌使用的人类消费范围，而且随着2006年欧盟禁止在动物饲料中添加抗生素，使用益生菌来防止牲畜细菌感染已经被提出作为一个可持续的解决方案。硫酸多糖可以预防猪和其他动物的细菌感染，从而减少动物的痛苦和经济损失。最近的证据也表明，在反刍动物饲料中添加约1%的红藻可以减少50%以上的甲烷排放，从而为减少这一全球温室气体排放的重要组成部分提供了机会。然而，如果要进行动物饲料的工业化规模生产，这些海藻产生的二次代谢物溴仿的臭氧消耗特性引起了人们的关注。海洋环境为适应低温和高温的酶提供了重要机会，前者适用于低温洗衣剂，可降低洗涤过程中的电耗成本。在大宗市场上使用热适应酶的一个例子是一种来自热液喷口生物的热稳定性酶，它可用于生物乙醇的生产。

第三节 海洋基因组面临的挑战

一、海洋基因组保护中面临的威胁

人类活动在全球范围内不断加剧，威胁着海洋物种的生存，导致遗传多样性迅速丧失，削弱了物种的适应能力。不可持续的沿海开发、陆地和海洋污染及采矿活动等都对生物多样性构成了额外的重大威胁。气候变化更是直接影响到所有纬度的海洋生物，它通过改变遗传变异在空间和时间上的分布影响生物多样性。

虽然某些海洋物种由于人类的影响而消失的情况已被记录在案，但这可能低估了人类对生态、商业和局部物种灭绝的责任，低估了物种内部和种群间遗传多样性的大幅下降。这两种类型的遗传多样性的丧失对生态系统过程以及物种对变化的反应和适应能力都有普遍的影响。遗传多样性的持续丧失会导致种群生存能力的降低，并最终导致物种灭绝。我们的活动极大地改变了海洋中的生命，影响了海洋系统提供生态、社会经济和文化效益的能力。这些影响侵蚀了生物多样性的遗传基础，并可能使可持续地收获和管理海洋物种变得更加困难。

第三十六章 海洋基因组：海洋遗传资源保护与公平、公正和可持续的利用

(一)海洋物种灭绝

虽然目前海洋物种的灭绝率远低于陆地物种的灭绝率，但由气候变化导致的物种灭绝在海洋中发生的几率可能是陆地上的两倍。对海洋物种灭绝的估计很可能是保守的，因为我们对海洋环境中有多少物种知之甚少，而且在世界自然保护联盟的红色名单中缺乏对灭绝风险的监测或具体评估。世界自然保护联盟记录了15种海洋物种的灭绝，有些物种几十年都没有被观察到，可能已经灭绝了。根据现有数据，世界自然保护联盟认为25%的海洋哺乳动物面临灭绝的危险。另外，由于栖息地的破坏、入侵物种的引入、开发和气候变化的影响，较小的生物可能有类似的灭绝风险。海洋的许多部分仍未被探索，在深海科学考察过程中经常会发现新物种，2019年初在哥斯达黎加海岸进行的为期3周的考察，发现了至少4种新的深海珊瑚和其他6种动物。商业性深海采矿活动可能导致生境的丧失，从而对脆弱的深海群落的生物多样性造成潜在的不可逆转的负面影响。

(二)种群流失

由于不可持续的捕鱼活动、栖息地的破坏和污染，导致了物种的灭绝和种群数量的减少，以及许多鱼类种类规模的缩小，包括大型中上层鱼类和无脊椎动物。随着时间的推移，由于某些基因的丢失，单个种群的大小或密度的下降也会导致某些基因型频率的更大波动，这一过程被称为遗传漂变。遗传漂变会导致遗传多样性的减少，进而破坏一个物种在变化的环境中恢复、适应和生存的能力。这一点尤其重要，因为气候变化本身预计会影响种群和物种的遗传多样性，进一步降低它们的抗逆性和适应潜力。

(三)入侵物种

水产养殖和航运是世界范围内物种转移的两种重要方式，导致入侵物种的增加。虽然引入的物种往往无法生存，但当它们生存下来后，可能会超过本地物种或捕食本地物种，导致本地群落的连锁变化。水产养殖常常通过偏爱某些特性来培育物种，这些特性使它们相对于野生的本地物种具

有优势。虽然养殖物种生长的环境往往被小心地控制和监控,但逃逸事件确实发生了。这样的事件会使养殖物种与本地物种的杂交(基因渗入)和快速的基因同质化,导致野生鱼类的遗传多样性和适应性发生不可逆转的减少,从而降低其适应环境变化的能力。

(四)累积效应

必须认识到,许多海洋物种和群落现在面临着来自不止一种直接或间接的人类影响的压力。虽然物种可以对单一的影响甚至几次的影响有恢复力,但多重压力或相互作用的叠加或协同效应会导致种群数量减少,影响空间遗传结构和基因流,包括对连通性的影响,并在群落一级推动大规模的结构变化。

二、海洋基因组公平利用面临的障碍

(一)创新、公平和利益共享的障碍

在海洋生物发现方面的投资通常是昂贵和有风险的,部分原因是在深海等地区进行取样的费用极高,成功的几率很低,而且产品批准面临重大的监管障碍。此外,研究、开发和商业化过程的每个阶段都需要高水平的技术、资金和科学投资,其成本取决于收集材料和进行研究所需的形式和方便程度、技术类型,以及所涉及的行业或设想的产品。尽管分子技术的成本在最近几十年里大幅下降,同时在速度、效率和容量方面有所提高,但设备成本仍然很高。海洋生物勘探研究所涉及的大量费用,以及所需的先进技术和专门知识意味着大多数勘探是由高收入国家进行的,这些国家分别是美国、英国、澳大利亚、加拿大、日本、德国和俄罗斯。

研究能力、技术和资金方面的差异是阻碍低收入国家和中等收入国家参与海洋生物技术努力的主要制约因素。虽然高收入国家和低收入国家之间的合作越来越多,但结果仍不尽如人意。

(二)规范公平合理的获取和利益共享

《生物多样性公约》《名古屋议定书》和《粮食及农业植物遗传资源国际

第三十六章 海洋基因组：海洋遗传资源保护与公平、公正和可持续的利用

条约》共同提供了一个重要的平台，可以围绕这个平台，根据国家对生物资源的主权权利的存在与否，发展新的公平的研究伙伴关系模式。根据《公约》，沿海国享有在其领海内管理、批准和进行海洋科学研究的专有权。在专属经济区范围内的海洋遗传资源受国内法制约。这意味着，选择在其专属经济区内管理海洋生物勘探的沿海国可以具体规定获取这种材料的条件，包括双方商定的获取和惠益分享条款。

在实践中，《生物多样性公约》催生了许多管理遗传资源的方法，但这些方法的一个共同点是要求研究人员遵守当地获取和使用遗传资源的条件。从法律角度来看，目前最大的挑战可能是确定"遗传资源"一词的全部范围，及其是否包括数字序列信息/遗传序列数据。对一些国家来说，不将遗传序列数据纳入获取和利益分享方法的范围会削弱对遗传资源的主权控制。其他国家则坚持认为，在开放存取数据库中公布序列信息可以被视为全球化和利益共享的重要形式。

随着学术界和政府越来越多地与产业界合作，以及专利法改变了可分配性模式，非商业研究和商业研究之间的界限正在模糊，这是一个中心问题，而且这个问题并不局限于海洋遗传资源。大多数序列的应用介于商业与非商业之间，如上传到公共数据库，所有人都可以使用，但原始提供者并不知道或没有参与这个过程。根据《名古屋议定书》，大多数利益分享是通过用户与提供者之间的双边安排进行的，根据当地法律和国际法，他们在研究从学术阶段转向商业阶段的时候，会就利益分享达成相互同意的条款。合同执行情况不容易被供应国监控。此外，如果科学数据和信息仅以双边、利益分享的方式处理，国家将无法从非地方性物种或异地收集的信息中获益。

一个重要的担忧来自有关获益和利益分享法律的过度监管或执行不力，特别是考虑到商业用途和非商业用途之间的模糊性。虽然《生物多样性公约》和《名古屋议定书》明确支持生物多样性保护和加强科学研究，但国家关于获益和利益分享的立法往往对生物多样性基础研究产生意想不到的负面影响。重要的是，制定新法律规范海洋遗传资源的使用，并从这些经验中吸取教训，以确保促进而不是阻碍生物多样性基础研究，支持保护工作，促进知识的进步和公平的利益分享。

第四节 寻求解决方案

一、海洋基因组的保护

(一)管理海洋中的相互竞争的利益以保护生物多样性

尽管《生物多样性公约》承认了基因多样性,但在政策、管理和保护计划中,基因多样性在很大程度上仍然被忽视,需要更加重视在政策、计划和规划中嵌入遗传多样性,并确保制定整体战略,以可持续地利用海洋,保持支撑生物多样性的遗传多样性及其提供的惠益。在考虑如何管理议席上的众多利益攸关者时,这些用途和利益的分配尤其重要。在海洋系统中,有机会通过关键工具进行改革,其中包括以生态系统为基础的渔业管理方法、空间规划、有效配额、海洋保护区等。

"保存"遗传多样性的目标可能会根据每个利益攸关者的观点而有所不同。更重要的是,一个地区的高生物多样性对不同的人可能意味着不同的事情,不同的利益攸关者也会有本质上不同的利益,但可能会受益于使用相同的保护方法。来自生物技术公司的代表可能主要对保护海洋基因的最高多样性感兴趣,以发现和开发新产品。海洋管理者可能希望得到同样的结果,希望保护生态系统中的物种多样性,以提供对环境变化的恢复力和适应能力。

优先考虑保护生物多样性和潜在的遗传多样性的干预措施,需要基于可靠的科学和现有的数据采取强有力的方法。然而,海洋基因组数据在空间和时间上非常缺乏,即使这些科学信息对于评估遗传多样性的现状和未来前景是至关重要的,在缺乏数据的情况下,合理的替代物可以作为遗传多样性的代理,但是这些工作还应结合将遗传监测纳入现有的方案,并为特别感兴趣的物种和地区建立有针对性的遗传监测方案。这些活动不仅是简单地记录遗传物质在何处、如何被提取和使用,还必须包括遗传多样性的变化及其随时间的变化趋势,这就需要对每个物种的遗传变异有一个基本了解。

然而,在采取干预措施等待全面数据集的出现之前,也存在着由于物

第三十六章 海洋基因组：海洋遗传资源保护与公平、公正和可持续的利用

种过度捕捞和栖息地退化而失去遗传信息库的风险。干预措施已经在进行中，需要采取预防措施来阻止海洋遗传资源的流失，包括那些没有受到良好保护的海洋遗传资源。随着技术的进步，包括深海在内的海洋新区域的勘探和开发成为可能，许可和开采限制将需要确保资源的可持续性以及生态系统的保护。海洋的大部分地区都在进行商业活动，但只有8%被用于生物多样性保护，其中只有2.5%得到了充分或高度的保护并已有成效。这与到2020年有效保护10%海洋的目标相去甚远，同时也留下了围绕其他90%海洋的海洋遗传资源的可持续性和保护的讨论。鉴于生物多样性保护对生态系统健康以及人类和非人类物种福祉的基础性作用，迫切需要优先考虑生物多样性保护的决定。

许多国家未能在渔业政策和立法中明确指出生物多样性的遗传水平，因此，在制定保护和可持续利用战略时，应将遗传生物多样性纳入可能影响和受益于海洋基因组的多部门规划和决策中，包括科学上的新物种。

（二）保护遗传多样性宝库

海洋的遗传多样性很重要，需要加以保护和管理，以保护海洋所提供的资源和所供养的种群。许多国家在地方、国家、区域和国际各级都接受了这一必要性，这反映在生物多样性保护的各种承诺、目标和指标中。

在生态系统规模上保护海洋遗传多样性的最有效手段之一是建立充分或高度保护的海洋保护区。由于海洋保护区提供了基于地点的保护，它们不仅可以保护目标物种和遗传物质，还可以保护栖息地内所有相关的生物多样性。《生物多样性公约》的爱知目标11和联合国可持续发展目标14.5认识到，利用海洋保护区和其他基于区域的有效保护措施到2020年保护10%海洋生物多样性的重要性。然而，科学界越来越多地呼吁充分或高度保护至少30%的海洋，以实现保护目标，并制定相应的2020年后目标。

海洋保护区是一个明确定义的地理空间，通过法律或其他有效手段得到认可、专用和管理，以实现与生态系统服务和文化价值相关的自然性质的长期保护。海洋保护区和基于区域的有效保护措施是一个广义的概念，涵盖了多种类型的区域。建立海洋保护区是保护遗传多样性的重

要手段，因为根据定义，这些地区的首要目标是保护生物多样性。然而，海洋保护区可能有不同程度的保护，也可能处于不同的建立阶段。在完全受保护的地区，禁止任何采掘或破坏活动，并尽量减少一切影响。在高度保护的地区，只允许少量的开采活动，其他的影响被尽可能减少。轻度或最低限度的保护区允许多种用途和活动，这些用途和活动对物种和生境有中度至高度的影响。

应不断评估海洋保护区的现有覆盖范围，特别是在海洋保护区发挥网络功能的情况下，以确定急需保护遗传多样性的领域。海洋保护区规划过程应确定存在的差距，包括遗传多样性高但目前未受保护的地区，以及高度可变的系统已导致更高的适应率和适应能力的地区。

关于海洋保护区是否可用于实现长期的生物多样性保护和可持续利用，以及与海洋保护区相关的决策是否应通过战略环境评估的问题，目前还存在着不同的观点。海洋保护区应与生态系统管理的其他方面结合起来，例如可持续渔业、生境恢复努力、减少污染和减缓气候变化。

（三）利用生物技术进行保护和生物多样性管理

从 20 世纪 70 年代末开始，Sanger 测序成为产生生物体遗传信息的主要遗传技术。尽管它只产生一个特定基因区域的 DNA 序列，但至今仍被认为是极具价值的工具，经常用于野生动物生物学、保育及管理。相对于早期分子标记和 Sanger 测序，新一代测序提供了更高的分辨率和高通量，能够更好地通过 DNA 代谢组编码实现单个物种以及整个群落的大规模空间和时间合成。此外，由于可以使用新一代测序方法对基因组中的多个区域进行测序，因此只需较少的样本就可以获得种群或物种中广泛的遗传多样性，这是研究海洋类群的一个关键优势，因为海洋类群样本通常数量较少或难以获取。

环境 DNA 是一种采用被动采样技术从特定物种或整个群落中获取 DNA 的分子方法。随着物种与环境的相互作用，它们的 DNA 通过粪便、唾液、尿液和皮肤细胞流到周围环境中，包括土壤、沉积物和水。因此，只需传统的采样方法便可获取。环境 DNA 的主要研究重点是获取物种的现存和缺失数据，以量化其分布、范围和关联性。此外，考虑到几十个物种（从微生物到脊椎动物）可以在一个样本中被识别，这项技术有助于在物种

第三十六章 海洋基因组：海洋遗传资源保护与公平、公正和可持续的利用

丰富度高的区域进行识别工作。然而，环境 DNA 在海水中的生命周期非常短，只有几小时或几天，因此可以提供对物种近乎实时的观察。最近，环境 DNA 研究的重点已经从简单的存在/不存在，发展到对物种丰度的量化研究，这对威胁和入侵物种的监测和应对规划具有重要价值。

具有潜在保护应用价值的最新分子技术是 CRISPR。CRISPR 是一种基因组编辑技术，直到 2012 年才被首次报道，它在很大程度上仍处于起步阶段，其在濒危物种保护中的应用还有待测试。

二、负责任和包容的研究和创新

推进这些想法的重要概念方法是负责任的研究和创新以及包容性创新。负责任的研究和创新设想了一个透明、互动的过程，通过该过程，社会行动者和创新者相互响应，以实现创新过程及其销售产品的伦理可接受性、可持续性和社会可取性。包容性创新是负责任的研究和创新的另一种选择，它明确包括那些被排除在发展主流之外的人，并为最贫穷和最边缘化社区的问题提供创新的解决方案。

有必要在工业化国家和发展中国家之间以及海洋遗传资源的使用者和提供者之间建立更公平的研究伙伴关系，但是由科学进步推动的、正在改变研究人员工作方式的新型伙伴关系也很重要。这些因素都使得创建动态的知识中心和分散的科学合作成为可能，并增加了人们对数据和信息的依赖。随着海洋基因组学越来越多地进入大数据领域，在公平获取方面的挑战越来越多地向计算和生物信息学能力方向发展，这一趋势将在未来继续下去。该趋势还强调有必要解决被一些人称为《生物多样性公约》和《名古屋议定书》的"定义错误"的问题，这是超越遗传资源的物理维度的挑战。

基因序列数据的使用为利益共享带来了机遇和挑战，并日益成为多个多边论坛和组织的中心问题，包括《联合国海洋法公约》、《生物多样性公约》、世界卫生组织和联合国粮食及农业组织。一个重要的好处是以可公开获取的数据库的形式出现，但是它也引起了人们对东道国（可以提供资金，专门知识和技术能力的国家）产生的货币和非货币利益的质疑，缺乏足够的分子研究能力或生物技术基础设施的国家无法访问此类数据库。当 DNA 被送往海外进行更低成本的测序并载入公共或开放获取的数据库时，人们还表达了对国家遗产失去控制和收益的担忧。在建立基因组数据发布

标准和使科学数据开放获取方面取得的进展，促使人们将全球海洋基因组序列目录视为一种普遍资源，尽管这有可能加剧不平等，因为从这种共享中获取利益的技术能力存在很大差异。除非得到公共资金的支持和/或发表在同行评审的科学文献中，否则行业测序工作通常被排除在利益共享义务之外。这为工业界提供了访问全球海洋基因组的公共资助序列数据的优势，而不必承担任何相应的义务来共享它们产生的数据。这就提出了关于公平使用和分配正义的重要问题。

三、公平治理和利益共享

能力建设、海洋技术的获取和转让以及信息交流是负责任和包容性研究、创新和利益共享的关键组成部分。从生物发现中取得商业成功的机会很低，再加上潜在的经济回报需要很长时间，这意味着一些最重要的收益是非金钱性质的，它们来自研究过程本身，而非商业产品，包括科学培训、获得研究基础设施、加强海洋科学领域的合作、技术交流等。海洋遗传资源治理的复杂性意味着，除了开发和管理国际和国家监管框架所需的科学、制度和法律能力外，还需要协商公平协议、解决争端和解决所有权和使用权等棘手问题的能力。此外，还需要加深对社会和伦理的理解，重点关注海洋科学家的作用，以可持续和公平的方式共享海洋遗传资源并管理其使用。

在不考虑海洋遗传资源法律地位的情况下，应采取一种更有原则的利益分享方式，通过《联合国海洋法公约》在科学研究、能力建设、技术转让和环境保护方面规定的现有义务，促进"更深层次的国际合作"。这种原则性的做法将把公平的利益分享视为国际法的一种新兴原则，而科学权利是其中的一部分。目前的框架，包括环境与知识产权规范之间的交集，都是从适用于陆地的概念中推断出来的。陆地上边界更加明确，生物的活动往往范围有限，所以，这些框架忽视了海洋的开放性。在海洋中，水流将生物带到很远的地方，其中包括从海面沉降下来的微生物，它们将沉积在几千千米外的海洋中。

海洋遗传资源研究的一个主要分歧和挑战是《海洋生物多样性公约》和其他国际相关公约不能就国际专利申请中披露信息的程度达成一致。专利说明书是一种技术法律文件，通常包括关于生物材料来源的具体信息。作

第三十六章 海洋基因组：海洋遗传资源保护与公平、公正和可持续的利用

为一项强制性措施，这种信息披露可以促进双边、全球和多边利益共享，还有助于解决物质遗传资源和信息遗传资源之间的人为差别，抑制公共领域或开放获取信息最终成为私人专利的可能性，提高信任，减轻海洋科学家的全球合规负担。

《生物多样性公约》和《名古屋议定书》的教训之一是缺乏与科学家和研究人员积极接触的国际法律措施，这反过来又对国内监管当局的信心和根据最新的科学理解制定法律的能力产生了负面影响。科学家和其他研究人员跨越管辖边界的全球参与可能是一种强大的动力，通过适当的支持和激励，可以促进有效和公平的治理，并提高保护海洋基因组的共同责任感。

第五节 结论和行动机会

一、结论

海洋基因组是存在于所有海洋生物多样性中的遗传物质，决定着诸如渔业和水产养殖等生物资源的丰富程度和恢复力，这些资源是共同构成全球粮食安全和人类福祉的支柱，是所有海洋生态系统，包括其功能和恢复力的基础。因此，保护和保存海洋基因组不仅对海洋生态系统及其内部生命的功能、稳定和完整至关重要，而且对生物圈和人类也至关重要。然而，海洋基因组也因过度开发、生境丧失和退化、污染、海洋酸化等气候变化的影响、入侵物种和其他压力以及它们的累积和相互作用而退化和被侵蚀。

与此同时，在遗传水平上对海洋的探索已经产生了对分类学和适应能力的新见解，这有助于优化保护工作，同时也产生了从癌症治疗到化妆品和工业酶等越来越多具有商业重要性的海洋生物技术应用。海洋基因组商业化的举措应该与海洋基因组保护相关的考虑结合起来，同时关注经济和非经济利益，以及相关的环境、社会和伦理风险。

通过在海洋中建立充分和高度受保护的区域，确保海洋基因组既得到保护，又以可持续、公正和公平的方式得到保存和利用，这一点至关重要。可持续海洋经济的基础是保护和可持续利用海洋基因组，并注重为所

有人带来公平的结果。然而，海洋基因组的有效养护、可持续利用和经济效益受到以下挑战：海洋治理格局支离破碎、科学认识上的差距以及各国获取和分享利用海洋遗传资源和相关信息的能力差异很大。解决这些问题需要采取有效的国家和跨国法律措施，以确保对研发的激励以及公平的技术传播。需要进行更好的协调，以确保促进养护、能力发展和其他与海洋基因组有关的活动的现有资源得到有效利用和公平分享。

二、行动机会

根据以上结论，我们为解决这些问题确定了以下八项行动机会。

（一）保护海洋遗传多样性并监测结果，作为保护措施的一部分

在已建立的能够充分或高度保护的海洋保护区中，保护至少30%的海洋，以有效保护遗传多样性，确保海洋健康、生产力和恢复力。通过与《生物多样性公约》和联合国可持续发展目标等2020年后框架中的现有国际承诺相结合，并通过新的自愿承诺以及慈善机构的支持，来支持这一进展。

通过支持资源的可持续利用，确保海洋保护区和其他区域管理之外的遗传多样性得到保护，避免生境和生态系统退化，为稀有、脆弱、受威胁或濒临灭绝的基因型和物种提供特别保护，在开始对物种或地方进行开发时采取预防措施。

考虑将海洋遗传多样性直接纳入产业/生产部门和保护部门的管理计划，并支持在现有和新的国际机制下进行监测。成立一个由科学家、法律专家和从业人员组成的联合工作组，成员包括国家地理、生态部门和区域性、国际性的组织机构，就基因监测、规划和管理的最佳做法提供建议。

利用战略环境评估来管理相互冲突的用途，解决多种人类活动的累积影响，并指导海洋空间规划和环境影响评估。

关于在国家和地方生物多样性战略和行动计划（NBSAPs/LBSAPs）中保护和利用海洋遗传多样性的报告。

第三十六章 海洋基因组：海洋遗传资源保护与公平、公正和可持续的利用

(二)提高基因组研究和商业化的公平性

确保充分重视海洋科学能力建设、信息交流、协作和适当的技术转让，包括将其纳入获取和惠益分享方法、研究协议和资助者的政策。确保在重新包装现有资金的基础上使用新的和额外的资金。

促进国内法律措施的实施，确保知识产权规范支持公平的海洋经济，包括通过公平、非排他性的许可条款以及不妨碍能力建设、技术转让或负担得起的技术获取的方式限制知识产权的行使。

将上述内容纳入国家研究政策、计划、方案和创新策略。确保生物发现方案认识到能力建设的优先事项，并使海洋遗传资源及相关资料的使用者和提供者参与如何最好地执行这些行动的讨论。向任何能够访问互联网的人免费提供分析平台。

(三)促进海洋基因组的负责任和包容的研究和创新

支持一个透明的、互动的过程，通过这个过程，社会行动者、创新者和科学家可以相互响应，以期创新过程及其可售产品的伦理可接受性、环境可持续性和社会可取性。

为目标重要但资金不足的研究提供激励措施，例如，影响南半球的疾病，确保将重点放在低收入国家、最边缘化和最脆弱的社区、妇女和环境问题上。

支持科学家参与社会响应过程，包括通过开发新的通信工具，以确定关键需求和优先事项，并将其纳入国家研究议程。

(四)在研究和商业化中嵌入海洋基因组保护，包括利益共享的方法和协议

建立全球多边利益分享机制，以便公平和公正地利用国家管辖范围以外的海洋遗传资源，包括审查国际自愿行为守则，通过这些努力取得养护成果的例子进行编目。

加强发展中国家在国内解决多边进程中出现的问题的法律能力，包括与知识产权、利益共享、能力建设和技术转让有关的问题。

《生物多样性公约》缔约方应制定利益分享协定，其共同商定的条款应

侧重于在国家管辖范围内允许获得海洋遗传资源时的养护及可持续和公平地使用成果，并支持各国监测这些合同的履行情况。

海洋基因组相关研究的资助者应要求申请者解释其研究应用的潜在的保护性、可持续性和公平性及其收益。

（五）作为所有相关商业和非商业活动的规范，公开遗传物质的生物学和地理来源

修改国际专利法程序，要求在专利申请中披露遗传物质的来源。

鼓励和激励海洋科学家和私营机构披露遗传物质的来源，作为负责任的研究和创新的一个方面。

无论法律义务如何，资助机构、基因序列数据库管理员和期刊编辑都应该要求公开遗传物质的来源。

（六）增加财政和政治支持以提高对海洋基因组的认识

支持旨在了解海洋基因组的综合分类研究，使之成为联合国海洋科学促进可持续发展十年的关键要素。

支持遗传监测所需的研究，作为现有环境评估的一部分。研究和分享全球变化背景下遗传多样性与适应能力之间的联系。

支持海洋功能生物学研究，包括系统揭示基因功能、基因网络和物种相互作用。

优先分配资源，利用环境DNA、DNA代谢编码和其他新兴的基因监测技术等方法建立科学能力，并开发更具成本效益的方法。

（七）全面评估转基因海洋生物的风险和收益，在海洋环境中使用新的分子工程技术

成立一个工作组，召集科学家、伦理学家、环境保护主义者、决策者和其他行动者，就是否以及如何在海洋环境中使用遗传技术制定原则并讨论使用办法。解决当前研究和开发活动的局限和方向，评估风险和更广泛的影响，并就相关的伦理考虑进行对话。

（八）加强慈善事业在为海洋科学提供基础设施和资金方面的作用

建立一个网络，更好地协调私人资助计划，使其优先事项与那些为社

第三十六章 海洋基因组：海洋遗传资源保护与公平、公正和可持续的利用

会需要获取知识的国家的优先事项相一致，并提高慈善资金的透明度。

鼓励海洋科学的金融支持者，包括慈善机构，发布并遵守伦理行为准则，并根据《援助实效性巴黎宣言》和《阿克拉行动议程》所载原则签署一项"协调海洋行动宣言"，以确保支持与联合国海洋科学促进可持续发展十年的目标、发展中国家确定的可持续发展目标和优先事项保持协调一致。

附录　公平、公正和可持续地保护和利用海洋遗传资源的机会

主题	行动的机会	实践中的障碍	克服障碍的办法
作为保护措施的一部分，保护海洋遗传多样性并监测其结果	国际层面上 2020年后《生物多样性公约》关于海洋保护区的目标应该遵循以下科学证据，即需要在充分和高度保护的已实施的海洋保护区中，保护至少30%的海洋，以保护生物多样性、遗传多样性以及维持海洋健康、生产力和复原力。 成立一个由科学家、法律专家和相关从业人员组成的联合工作组，将主流的基因监测纳入现有国际机制（如国际海底管理局的勘探和采矿规范）和新的国际机制。 在确定国家管辖范围以外的地区优先保护事项方面，全面理解战略性的环境评估，可以帮助避免使用上的冲突，解决多种人类活动的累积效应，以及指导当前和拟议活动的环境影响评估。 《生物多样性公约》应该发布关于如何将遗传多样性各个方面纳入国家生物多样性战略和行动计划的指南。 国家、区域和地方层面上 海洋遗传多样性应明确纳入保护措施的设计和管理之中，包括建立充分和高度保护的海洋保护区，并监控它们的后续结果	设法得到资金建立联合工作组。 国家、地区和地方各级缺乏参与遗传监测活动的能力。 缺乏开展遗传监测活动所需的分类知识和数据集	与现有的承诺（如《公约》和可持续发展目标的承诺）、自愿承诺（如联合国海洋会议的承诺）和慈善事业联系起来。 缺乏关键能力，请参见行动机会（四）；关于分类知识的差距，请参阅行动机会（一）

续表

主题	行动的机会	实践中的障碍	克服障碍的办法
支持基因组学研究和商业化方面实现更大的公平性	**国际层面上** 确保国际研究项目充分重视海洋科学能力建设、信息交流、合作和适当的技术转让，并在《生物多样性公约》和《海洋法公约》的决定中明确规定优先事项。 在国际上明确并促进实施强硬的国内法律措施，如通过公平、非排他性许可条款限制知识产权的行使；注意遵守利益分享机制的市场许可；适用国际法律规范促进技术转让和以可负担的方式获得技术。 **国家层面上** 将这些内容纳入国家研究政策、计划和规划以及创新战略。确保生物发现方案了解能力建设的优先事项，并将海洋遗传资源及相关信息的使用者和提供者参与到如何最好地实施这些行动的讨论中。让任何能够访问互联网的人都可以使用分析平台。 探索知识产权的各种限制和例外情况，使能力建设和技术转让不受专有知识产权的限制	确保为海洋基因组研究分配资源的优先次序产生新的资金流，而不是对现有资金进行简单的重新包装	见关于制定"协调海洋行动宣言"的行动机会(八)
促进海洋基因组学研究的包容性创新	**国际层面上** 支持一个透明的、交互式的过程，使社会行动者和创新者相互响应，以期创新过程及其适销产品获得伦理可接受性、可持续性和社会可取性。 为具有重要社会意义但资金不足的研究提供激励措施，确保把重点放在低收入国家、最边缘化和最脆弱的社区、妇女和环境问题上。 **国家层面上** 支持科学家参与社会响应过程，决定关键的需求和优先事项，并将其纳入国家研究议程，确保关注最被边缘化和最脆弱社区、妇女以及关键的环境问题。开发通信工具，以改善社会行动者之间的联系	研发项目的资金通常由商业实体驱动，其产品面向富裕市场，而不是更广泛的社会需求或南半球的疾病困扰	见关于制定"协调海洋行动宣言"的行动机会(八)

第三十六章 海洋基因组：海洋遗传资源保护与公平、公正和可持续的利用

续表

主题	行动的机会	实践中的障碍	克服障碍的办法
将保护海洋的基因组纳入研究和商业化，包括通过利益分享和协议的方法	国际层面上 促进公平、公正、全球和多边的利益共享机制，以利用和开发国家管辖范围外的海洋遗传资源。 提高发展中国家解决多边进程中国内问题的法律能力，包括与之相关的知识产权、利益共享、能力建设和技术转让问题。 国家层面上 《生物多样性公约》缔约方在允许获取海洋遗传资源时，应该包括以养护和可持续及公平利用成果为重点的双方商定的利益分享协议。 在分配与海洋遗传资源相关研究的资金时，资助机构和研究委员会应该要求申请者对其研究潜在的养护、可持续性和公平应用及其收益方面进行说明	这样的行动不用承担法律义务，所以国家和资助机构都以自愿的方式行动。脱离现状的阻力	制定国际自愿行为守则，并在通过努力取得保护成果后，将研究案例和最佳实践编入目录。 通过培训和交流法律专业知识，为具体问题创造法律多元化的机会
作为所有相关的商业和非商业性活动的规范，披露遗传物质的来源(物种和提取生物的地理区域)	国际层面上 修改国际专利的法律程序方面，要求在专利文件中公开遗传物质的来源(物种以及提取生物所在的地理区域)。这可以通过申请公开或国际专利分类中增加新的类别来实现。这些措施可以帮助识别不遵从《名古屋议定书》的情况，并确保遵守现有的和正在出现的准入和利益共享义务。 国家、区域和地方各级层面上 不管法律义务如何，资助机构、基因序列数据库管理员和期刊编辑应要求披露来源	在相关的国际论坛建立共识的步伐缓慢	科学家自愿披露来源产生的声誉收益，可能形成最佳实践规范

续表

主题	行动的机会	实践中的障碍	克服障碍的办法
提高财政和政治支持，改善对海洋基因组的认知	**国际层面上** 为旨在了解海洋基因组分类学研究提供支持，使之成为联合国海洋科学十年的关键要素。 **国家、区域和地方各级层面上** 负责的部委、部门、研究理事会和其他有关行动者应支持基本的分类知识研究、作为现有环境评估一部分的遗传监测，以及在全球变化背景下遗传多样性与适应能力之间联系的研究。 **上述两个层面上** 资助机构应该优先分配资金，支持科学能力建设，利用各种现有的资源，包括环境DNA、DNA宏条形编码以及新兴技术，实现基因监测	说服政策制定者和资助机构优先考虑分类研究和基因监测方法	传播与增进海洋基因组学知识相关的一系列益处（处于保护和商业目的）。见行动机会（八）
全面评估转基因海洋生物风险和效益，以及在海洋环境中使用基因编辑（CRISPR-Cas）和基因驱动等新技术	**国际层面上** 启动审议进程或"观察站"智囊团，将科学家、伦理学家、环保人士、政决策和其他参与者召集在一起，制定和讨论在海洋环境中使用遗传技术的原则和方法，就研发方向、风险评估、局限性、更广泛的影响以及伦理考虑等展开激烈讨论	不同的世界观和知识系统很难融合在一起。 不同的行动者会采取僵硬的立场。 行动者之间的交流仍然是一个重大挑战	确保科学信息被有效地翻译成通俗易懂的语言；增进跨学科的理解；在决策者中建立意识

第三十六章 海洋基因组：海洋遗传资源保护与公平、公正和可持续的利用

续表

主题	行动的机会	实践中的障碍	克服障碍的办法
增加慈善事业在为海洋科学提供基础设施和资金方面的作用	国际层面上 如可持续发展目标和联合国海洋科学十年等全球议程所述，建立一个网络，以便更好地协调私人资助的项目与那些正在为社会需求获取知识的国家资助项目。 海洋科学的财政支持者，包括慈善家们，根据《援助实效性巴黎宣言》和《阿克拉行动议程》提出的原则，签署一份"协调海洋行动宣言"，确保支持与联合国海洋科学十年的目标和可持续发展目标保持协调一致。 与经济合作与发展组织发展援助委员会沟通，以获取说明《援助实效性巴黎宣言》和《阿克拉行动议程》的影响的数据，并利用这些经验来传达协调方法附加效益	国家研究委员会、慈善机构不愿承诺采取协调一致的方式提供财政支持	采取分阶段方法，首先要求签署国重新承诺遵守现有的发展框架，然后寻求更具雄心的承诺，随着时间的推移调整和协调支持

第三十七章　2020年蓝色太平洋海洋报告

2020年11月，太平洋海洋专员办公室发布《2020年蓝色太平洋海洋报告》。报告以《太平洋区域主义框架》原则为指导，重点介绍"蓝色太平洋"理念对当地海洋生态保护、海洋经济发展、海洋社会人文建设的深远影响。报告指出，"蓝色太平洋"理念应成为全球海洋治理的重要方案，未来将通过更多战略框架和政策工具的制定，推动"蓝色太平洋"理念为域外国家所广泛接受。报告还梳理了《太平洋大洋景观框架》等南太平洋现行区域海洋政策及倡议，评估上述政策和倡议的执行情况，并致力于重新定义"蓝色太平洋"前进之路，以共同应对海洋挑战。

第一节　制定路线

一、报告起源

各国领导人在第50届太平洋岛国论坛领导人会议上指出，"气候变化影响不断升级，地缘战略竞争日趋激烈，地区的脆弱性正在加剧"。保障蓝色太平洋的未来需要有一个长期的愿景和区域战略，最重要的是通过集体承诺才能实现。

根据第50届太平洋岛国论坛共同声明，各国赞同制定"蓝色太平洋大陆战略"，以保障蓝色太平洋的未来。各国领导人一致认为，应发挥强有力的政治领导作用，推进应对气候变化的行动，保护太平洋健康和完整，可持续地管理岛屿和海洋资源，确保人民健康。

2019年底，太平洋联盟会议与会者认为，评估蓝色太平洋现状（包括区域治理、文件执行情况、关键问题及面临挑战等）意义重大。评估有助于各国领导人做出明智决策，通过2050战略等计划持续改善和保护"蓝色太平洋"的健康、生产力和复原力。

太平洋海洋专员办公室针对以下3个目标编写了本报告：①概述推动

"蓝色太平洋"健康、生产力和复原力的趋势；②制定与蓝色太平洋治理有关的政策、文书和框架；③对本地区重要海洋政策和承诺的执行情况进行评估。报告以论坛领导人会议通过的《太平洋区域主义框架》的价值观和原则为指导，集成各成员、区域组织、国际组织、科研机构、私营部门、学术界等官方网站的数据、统计资料、出版物及政策文件的研究成果。同时，报告体现了2019年太平洋联盟会议结论及2020年面向论坛成员和太平洋联盟成员发出的调查问卷结果。此外，在筹备联合国海洋大会和"我们的海洋"大会期间的分析工作也构成本报告的重要组成部分。

二、确定背景

2002年，太平洋岛国论坛制定首个"太平洋岛屿区域海洋政策及执行计划"。2010年，发布《太平洋大洋景观框架》。2014年，太平洋岛国论坛领导人会议通过《太平洋区域主义框架》，承诺共同努力，"利用共同优势，应对共同挑战，确保各国单独和集体的进步使太平洋人民受益"，并通过"所有太平洋地区人民，包括政府和行政部门、民间社会组织、私营部门代表、区域组织、发展伙伴、媒体和其他主要利益攸关方的支持、承诺和自主权"来实现该目标。自2017年以来，"蓝色太平洋"概念已被区域行为者（特别是太平洋区域组织理事会）接受，成为区域政策的框架。该概念旨在跨越大多数发展部门，确保集体环境保护的可持续管理和资源的可持续利用。"蓝色太平洋"鼓励各成员国为了太平洋的安全和利益及人民的繁荣，维护共同的海洋地理和资源，最大限度维护共同的海洋身份。这个概念在应对地缘政治、环境和社会变化，特别是气候变化背景下更显重要。

三、太平洋海洋专员

2011年太平洋岛国论坛领导人会议上任命首位太平洋海洋专员。通过创设该职位，太平洋地区有了在区域或国际层面宣传和关注太平洋地区优先事项、决策及进程的高级别代表和承诺负责人。

专员通过与论坛及世界其他地区领导人、国际组织、私营部门、民间团体的合作，加强海洋治理为本区域海洋可持续开发、管理和保护工作提供支持，加强海洋利益攸关方之间协调合作，评估海洋政策和决策的进展。太平洋海洋专员办公室职责如下：促进区域海洋政策的协调和宣传，就新的海洋问题与太平洋区域组织理事会和太平洋联盟等其他区域组织合作；支持实现可持续发展目标，特别是可持续发展目标14，推动区域、国家和地方级别的变革；制定区域路线图，确保可持续发展；推动南太岛国参与联合国谈判，保护和可持续地利用国家管辖范围以外区域海洋生物多样性（BBNJ）谈判；在国际法框架内确保海上边界安全；支持海洋财务评估和筹备工作，与太平洋岛国论坛秘书处密切合作，协调太平洋地区可持续发展路线图的执行工作。

四、报告编写的三大挑战

第一个挑战是起草工作始于2020年5月，适逢太平洋地区因新冠病毒采取封锁措施。所有区域和海洋相关会议因故延迟或取消。报告编写团队自行对资料进行收集，但可能因此忽略一些重要进展，或者没有考虑到重要的利益攸关方。

第二个挑战是太平洋地区大部分区域数据和资料的可用性和更新问题，尤其是评估保护、管理及可持续利用海洋及其资源政策、法规和措施方面。

第三个挑战是定义和推广"蓝色太平洋大陆"概念。虽然各国领导人和很多区域组织都采纳该说法，但民间情况并非如此，利益攸关方尚未将呼吁转为行动。

第二节 蓝色太平洋现状

一、蓝色太平洋的生态系统

蓝色太平洋拥有大量极具生物多样性的岛屿、海岸和海洋环境，其生态意义获得国际公认：12处联合国教科文组织认定的海洋和海岸遗产，26处公认具有重要生态学和生物学意义的海域。海洋的基因组是所有生态系统的基石，但正遭受过度开发利用、生境丧失和退化、污染、气候变化以及物种入侵等威胁。

蓝色太平洋丰富的生态系统为地区提供了重要的生态、文化、经济及生计来源，因此生态系统对于蓝色太平洋的发展政策至关重要。

生态系统服务反映了自然过程对社会福祉和生计的影响。虽然可评估通过特定生态系统服务对人类社会的价值，但并非所有服务都能货币化。即便能够货币化，这种价值也是主观的，结果可能并不准确。除经济服务外，沿海和海洋生态系统还提供生计（食物）、气候调节、水循环、文化联系（运输和通信）、休闲、福祉和健康等。

（一）生计（食物）

太平洋地区居民鱼类消费是全球平均水平的 3~5 倍，其中大部分来自沿海渔业。沿海渔业对该区域国民生产总值的贡献占渔业贡献的 49%。

（二）气候调节

海洋提供了全世界 50% 的氧气，吸收了 90% 的多余热量和 1/3 的碳排放。在这方面，沿海和海洋生态系统对蓝色太平洋的价值为 600 亿~4 000 亿美元/年。

（三）水循环

约 85% 的地表蒸发和 77% 的地表降水发生在海上。因此，海洋主导着全球水循环。

（四）文化联系（运输和通信）

千年前，航海家跨越公海来到蓝色太平洋岛屿定居，发展了指导其跨洋航行和岛间贸易的知识。如今，这些传统知识被现代航运取代，区域也通过广泛的海底电缆网络和卫星通信技术进行连接。

（五）休闲

旅游业是地区收入和就业机会的重要来源。潜水和冲浪等海上娱乐运动也形成了利润丰厚的产业。

（六）福祉和健康

健康的环境（包括沿海和海洋环境）与人民的福祉和生产力之间呈正相关。沿海和海洋生态系统的基因是研发治疗癌症、大流行病或其他未来疾病药物的宝库。

二、标志性物种

太平洋是世界上一些最壮观、最具代表性物种的家园。这些物种被视为神的化身或使者,至今一些物种仍被尊为家族和氏族的守护神或者图腾。除文化和生态方面的重要作用,这些物种也通过潜水或观鲸等生态旅游活动提供了大量经济服务。

(一)海洋哺乳动物

太平洋里生活着 58 种鲸目动物,包括许多鲸类(例如抹香鲸、蓝鲸、座头鲸)、海豚以及儒艮,它们被认为是太平洋生态系统的旗舰物种。

商业捕鲸已使多个物种(特别是座头鲸和抹香鲸)的种群降至很低水平。所有鲸目动物均可列入《濒临绝种野生动植物国际贸易公约》的附录一或附录二和《保护迁徙野生动物物种公约》附录。

海洋哺乳动物通过旅游(特别是观鲸)活动为各国提供收入,研究显示,每头座头鲸终其一生可为汤加带来 100 万美元的收入。

鲸也是一种宝贵的全球公共资源。在其漫长的生命中,鲸体内会慢慢积累碳元素,并在死后随着尸体沉入海底;每头鲸平均能固存 33 吨二氧化碳,将这些二氧化碳从大气中带走并保存数个世纪。有效保护这些物种需要采取区域性的办法。目前,10 个论坛成员国已建立海洋哺乳动物保护区,或采取强有力的保护措施。此外,《南太平洋区域环境署秘书处区域儒艮行动计划以及鲸和海豚行动计划(2013—2017 年)》正在接受审查。

(二)龟

太平洋地区拥有全世界 7 种海龟中的 6 种(例如棱皮龟、玳瑁龟、绿海龟、赤蠵龟、丽龟和平背海龟),均属世界自然保护联盟濒危物种,被列入《保护迁徙野生动物物种公约》附录和《濒临绝种野生动植物国际贸易公约》附录一。

海龟在平衡生态系统,例如调节海绵和海草的扩散方面,发挥着重要生态作用。此外,海龟具有重要的文化意义。例如,在所罗门群岛,龟肉和龟蛋被用作某些特殊场合的美味佳肴,龟壳和龟油也有其文化和传统用途。目前海龟种群面临很多威胁,包括偷猎(被认为是现代和传统习俗之间的斗争)、气候变化、污染、航运、海岸和旅游开发(特别是筑巢海滩的开发)。总体而言,全球海龟的数量都在减少。美属萨摩亚、萨摩亚、新喀里多尼亚和法属波利尼西亚已建立海龟保护区。其他国家则通过立法对海龟加以保护。此外,《南太平洋区域环境署秘书处区域海龟行动计划(2013—2017年)》正在接受审查。

(三)鲨鱼和鳐鱼

很多太平洋地区鲨鱼都被列入《保护迁徙野生动物物种公约》附录(白鲨、大白鲨、短鳍和长鳍鲭鲨、鼠鲨和白斑角鲨)和《濒临绝种野生动植物国际贸易公约》附录一(蝠鲼、鲸鲨、远洋白鳍鲨和3种双髻鲨)。目前鲨鱼和鳐鱼总体数量显著下降,1/3以上濒临灭绝。

健康鲨鱼种群的保护至关重要。鲨鱼有助于调节其所处生态系统的健康和复原力,也是太平洋地区文化中的守护神,被当地先民畏惧和尊重。当前,鲨鱼也是本地区许多潜水活动的主要体验来源,全球每年约有60万人花3亿多美元观看鲨鱼,创造了1万个就业岗位。

鲨鱼面临最严重的威胁来自捕捞活动,有的是直接捕捞鲨鱼以获取鱼翅,有的是作为副渔获物捕捞。为了减轻捕捞的影响,中西太平洋渔业委员会通过多项有关鲨鱼的保护和管理措施。粮农组织发布了指导方针,相关机构出台了区域行动计划,一些国家已据此制定了管理计划。

目前太平洋地区共建立8处保护区,总面积达1 710万平方千米。法属波利尼西亚10年前建立一个由民间团体领导的鲨鱼观察站,以收集整理该国鲨鱼和鳐鱼资料,评估其数量、分布和演变。

(四)海鸟

海鸟在太平洋地区文化中被奉为神的使者,为先祖在大海上指明方向。

海鸟作为营养物质循环的重要驱动力,对沿海生态至关重要。营养丰富的鸟粪增加植物生物量,提高许多类型的陆地生物群的丰度,并可能提高浮游生物密度,影响蝠鲼进食行为。

全球28%的海鸟是濒危物种(5%属于世界自然保护联盟极度濒危物

种),另有10%是近危物种。海鸟种群面临陆地和海上双重威胁。其中海上威胁包括偶然捕获(延绳钓、刺网和拖网捕捞)、污染(溢油、海洋废弃物)、过度捕捞及能源生产等,陆上威胁包括外来物种入侵(老鼠、猫和其他鸟类)、本地物种问题(物种过度繁殖)、人类干扰、基础设施、商业和住宅开发、狩猎和诱捕。

为保护海鸟,中西太平洋渔业委员会通过一项养护和管理措施(第2018-03号),以减少捕鱼对海鸟的影响。南太平洋区域环境署秘书处正制定一项海鸟行动计划,将于2021年提交给南太平洋区域环境署秘书处成员国批准。

(五)鳗鱼

在区域野生动物保护文件中很少涉及鳗鱼,因此其作为标志性物种的地位受到质疑,但鳗鱼在文化方面扮演着重要角色(如西娜/希娜、鳗鱼和椰子树传说)。作为食物链顶端捕食者,鳗鱼在生态方面也发挥着重要作用。

作为下海繁殖的鱼种,成年鳗鱼通常生活在淡水中,但却会迁徙至海洋中产卵。因此,对鳗鱼的保护极具挑战性。该区域缺乏对鳗鱼繁育地点、迁徙模式、(种群)增长水平、增长速度、种群数量和生殖成熟年龄的系统性研究,因此很难确定安全捕捞水平,也增加沿岸国有效管理和保护鳗鱼的困难。鳗鱼尚未被纳入任何管理计划,也未成为濒危物种,但对其保护状况令人关切。

连通性和邻接性是南太岛国代表团在BBNJ谈判中推动的首要的两个方面,鳗鱼也因其下海繁殖的特性,成为宣传连通性和邻接性的最佳海报物种。鳗鱼的养护和保护给沿岸国家带来了利害关系,并让这些国家适当考虑在鳗鱼迁徙路线上所做的工作。

(六)其他物种

爬行动物属濒危群体,其中超过30%的物种属于世界自然保护联盟极度濒危、濒危、易危物种,并已列入《保护迁徙野生动物物种公约》附录和《濒临绝种野生动植物国际贸易公约》附录。

资料表明,海蛇种群数量持续减少。关于海蛇主要栖息地、迁移、散布和联系、恢复能力及应对威胁能力的认知不足是海蛇种群管理存在的主要不足。

在澳大利亚和巴布亚新几内亚，由于保护和管理措施到位，咸水鳄鱼的种群数量已有所增加，种群数量已增加至捕捞前水平。

三、驱动因素及压力效应

沿岸和海洋生态系统及生活其间的物种均面临诸多压力，包括沿岸、城市、农业、工业、旅游业开发、各种污染、过度捕捞、物种入侵、气候变化和海洋酸化等。上述威胁不仅威胁生态系统的健康和生产力，还破坏生态系统应对气候变化影响的复原力，不仅加剧生态系统衰退，也因降低生态系统服务能力而影响人类。上述压力主要造成两点威胁：一是未能考虑到威胁的累积影响，从而加剧对海洋的压力；二是应当采取的某些行动有所延误。

(一)海洋退化的驱动因素

海洋退化的驱动因素包括以下六个方面。①发展模式：行业转型、贸易扩大加剧自然退化；经济前景不佳，产能受限加剧。②人口：人口增加加剧资源需求增加和资源过度开采。③技术：生物质能转为其他能源产生负面影响。④价值观：以牺牲福利、传统饮食为代价的价值观。⑤治理：治理体系分散、治理结构与气候变化对海洋的影响及对生态系统和人类社会的影响不匹配。⑥地缘政治：重点是海上安全，主要包括打击非法、不报告、无管制捕捞活动及跨国犯罪。

(二)气候变化与海洋酸化

气候变化影响是太平洋最大威胁。四份国际报告重申人类引起的全球变化，特别是气候变化，正影响着地球、生态系统和依赖生态系统的人类。随着永久冻土融化并释放出被困的甲烷，碳排放量大幅增加，可能会进一步阻碍全球减缓气候变化的努力。二氧化碳浓度增加的另一个结果导致海洋酸化，直接威胁具有钙化结构的生态系统和物种，特别是珊瑚礁。气候变化对蓝色太平洋的三方面影响如下。①对渔业的影响：热带太平洋渔业管理面临着挑战；海洋变暖导致最大渔获量潜力总体下降；海洋酸化导致一些鱼类和贝类种群的空间分布和丰度发生变化;西太平洋的金枪鱼数量随着种群东移而减少;影响岛民生计及依赖渔业收入的国家和社区经济发展。②对安全的影响:即使在低排放的情况下,环礁国家也面临高风险到非常高的风险,许多沿海区域将面临适应达到极限的情况。在全球范围内,如果不采取适应措施,全球变暖导致的海平面上升将在2100年导致2.8亿人流离失所。③对民生和文化的影响:有非常高的置信度表明,即使全球变暖控制在1.5℃内,暖水珊瑚礁都将遭受重大损失和局部灭绝,导致渔业收入减少20%,旅游收入减少30%;海洋生态系统退化,损害了海洋在文化、娱乐和内在价值方面对人类和福祉的重要作用。

应对气候变化的复原力需要克服海洋环境、沿海和陆地的压力源,包括通过综合管理方式解决沿海和海洋退化的驱动因素。提高复原力和安全性的措施包括:恢复和保护沿海植被——增加蓝碳和提高沿海复原力;消除过度开发,改善海洋资源的可持续管理;减轻海洋污染;有效保护生境和生态系统;修复珊瑚礁;恢复水文状况;确保海洋边界安全;提高能源效率,推广清洁能源;采取适当行动,继续开展研究。

(三)海洋污染

海洋污染形式多种多样,污染源也多种多样。污染使整个生态系统、物种和赖其维持生计的人们处于危险之中。该区域年进口470万~500万吨材料,其中大部分是车辆、石油、纸/纸板和聚对苯二甲酸乙二醇酯容器。只有100万吨回到原产地,在该区域产生了大量废弃物,其中大部分最终流入海洋。自1980年以来,塑料污染增加了10倍。"幽灵渔具"至少占所有海洋废弃物的1/10,其对海洋动物的致命性是所有其他形式的海洋废弃物总和的4倍。最有效的控制措施仍然是预防和避免产生废物。近期,南太平洋区域环境署秘书处制定《更清洁的太平洋2025:太平洋区域废弃物和污染治理战略(2016—2025)》。

(四)其他压力

除气候变化和海洋污染外,以下压力也加剧海洋退化。①过度开采:对生物和非生物资源的过度开采和过度捕捞,无论是沿海还是近海,都需要共同解决。②金枪鱼种群:受人口增长和气候变化影响,许多区域的鳍鱼资源遭过度捕捞，而像海参这样的高价值出口物种几乎濒临灭绝。③海参捕捞：海参价格随国际需求的增加而增加，过度捕捞使许多海参物种被列入世界自然保护联盟红色名录，使该行业几近崩溃。④砂石开采：开采会扼杀许多物种的育苗和觅食地，进而对当地沿海生态系统产生重大影响。⑤沿海基础设施：海岸线建设改变地貌，造成生物多样性丧失、海滩逐渐消失、潟湖将珊瑚淹没及红树林生态系统变化。⑥自然灾害：论坛成员国是世界上人均遭受灾害最为频繁的国家，局部海啸的破坏性和危险性最大。⑦海洋利用方式的改变：技术进步导致海洋使用数量和类型呈指数级增长，这些活动的累积影响使海洋压力增加。

四、执行手段不足

(一)有利环境

蓝色太平洋成员国进行科学研究和开发的能力严重不平衡，大量资源用于解决特定能力而非考虑受援国需求，需开展区域需求评估，以支持目标制定。

(二)融资投资

太平洋岛国和地区筹资方案包括外国投资和贷款、无偿转让、国内资金、外汇储备及太平洋弹性基金等区域平台。区域伙伴关系是实现筹资的重要资金来源。论坛渔业局和太平洋海洋专员办公室正通过 PROP 项目(太平洋海洋融资方案)开展海洋融资工作，并由世界银行和全球环境基金提供资金。

(三)数据和信息

缺乏数据和信息是可持续管理和保护海洋的阻碍，需要太平洋区域组织理事会各组织间进行协调。由于缺乏包括落实区域承诺进展情况在内的数据和信息，很难真正了解具体进展。

(四)监测、监督和执行

海上监测监视对非法、不报告、无管制捕捞活动，污染，海盗行为和跨国犯罪等非法活动起到威慑作用，必须在区域层面通过综合使用海军、警察、渔业和海关力量才能有效监控。太平洋岛国论坛安全小组委员会、太平洋跨国犯罪网络等都是区域多边合作平台，但国家和区域层面立法和执法机构协调是合作面临的挑战。

（五）通过教育增强意识

强化学校课程，培训未来的海洋专业人员，使教育因地制宜、契合目的，对建立适当的能力至关重要。加强与媒体的合作，以便在科学、信息和知识的基础上增进对蓝色太平洋人民的了解和认识。

五、重要的蓝色太平洋经济部门

这是蓝色太平洋可持续发展的基石。这些海洋相关部门创造重要收入，并为本地区数百万人提供就业机会，维持社区生计。

（一）海上运输

海上运输是蓝色太平洋地区各国与世界其他国家之间的主要纽带。太平洋岛国和地区中90%的贸易商品通过航运部门进出口，澳大利亚超过99%的进出口货物和79%以上价值都依赖航运，航运部门是该地区经济发展的支柱。

在太平洋岛国和地区，有2 000多家私人的国内运输公司运营。对偏远岛屿而言，海洋运输不仅是经济工具，还是社会、文化和生计的组成部分。

航运业正在努力平衡其社会、环境和经济成本。由于气候变化仍是该地区面临的最大威胁，因此该地区大力推动效率提高和减少船舶的碳足迹。清洁技术的发展和应用推广及对生产和消费方式的考量，可减少这些挑战。

该地区海上运输受新冠病毒疫情的影响严重。航运公司报告称，由于服务减少，货物的需求也相应减少。这在一定程度上是由于整个地区旅游业的急剧萧条和隔离限制加强所引起。各公司的应对措施包括停航、减少服务频率、更改预定航线和使用较小的船只。

(二)渔业

近海和沿海渔业对蓝色太平洋的可持续发展至关重要。它们既为粮食安全提供充足保障(沿海渔业占每日粮食消费的很大部分),又为沿岸国家提供了经济收入。近海和沿海渔业受气候变化、海洋酸化、污染、过度开发的影响。就其本身而言,近海和沿海渔业可能是海洋退化的重要推动因素。《可持续渔业路线图(2015)》为沿海和近海渔业提供政策框架,设定目标和成果。

1. 近海渔业

主要针对该区域的跨界金枪鱼种群(鲣鱼、黄鳍金枪鱼、大眼金枪鱼和长鳍金枪鱼)进行合作管理。论坛渔业局协助成员国管理其专属经济区内的金枪鱼捕捞作业。"瑙鲁协定"成员国办公室通过"船舶日计划"在其成员国的专属经济区内分配围网捕鱼作业。中西太平洋渔业委员会协调确定专属经济区内和公海金枪鱼捕捞量的方法。另一个组织是南太平洋区域渔业管理组织,其成员国中只有澳大利亚、库克群岛、新西兰和瓦努阿图是论坛成员国。

自20世纪80年代以来,随着围网捕鱼船队的扩大,4种主要金枪鱼的年捕捞量一直在稳步增长,自2009年趋于稳定。2019年金枪鱼估算总捕获量为有记录以来最高数额(2 961 059 吨),占太平洋总捕获量(3 656 813 吨)的81%,占全球金枪鱼捕捞量的55%。近年来,论坛渔业局船队大幅增加,价值份额从2013年的31%上升至2018年的49%。2018年,论坛渔业局延绳钓和围网捕捞船队的捕捞价值比分别为56%和47%。

近海渔业(特别是金枪鱼渔业)面临着诸多挑战。非法、不报告、无管制捕捞活动影响该行业的可持续性,且经常与武器走私、毒品和人口贩运等非法活动相联系,因此解决非法、不报告、无管制捕捞问题仍然是该地区的优先事项。世贸组织将在2020年底前取消对该活动的补贴和禁止导致产能过剩和过度捕捞的渔业活动,并对发展中国家和最不发达国家给予特殊和差别待遇。

气候变化对鱼类资源造成压力。预测显示,鲣鱼和黄鳍金枪鱼的生物量随着时间的推移而东移,捕捞压力是持续至21世纪中期金枪鱼数量的主要驱动因素。

陆地和海洋污染压力日增，不仅影响物种的栖息地、繁殖区域、鱼类赖以生存的食物链以及鱼类自身，也降低了其应对气候变化（例如平均温度升高，脱氧等）能力。而鱼身体中发现塑料痕迹也使其价值进一步降低。

捕鱼作业造成的污染包括老化船队排放的温室气体、船只发出的水下噪声，丢弃渔具（如渔网或捕鱼设备）产生的海洋废弃物，有关组织正在处理这些问题，迅速取得进展显得非常紧迫。

新冠病毒疫情持续影响论坛成员国的金枪鱼渔业。首先，这场危机可能导致这些国家的国内生产总值大幅下降，特别是那些严重依赖渔业收入的国家。此外，渔业观察员方案的停止可能对信息流通和监测产生重大影响。其他影响则可能是由于捕鱼工作或供应减少造成的经济影响。

2. 沿海渔业

沿海渔业在太平洋岛民的生计中处于核心位置。该地区消耗的动物源性蛋白质中，50%~90%来自鱼类，这些鱼类又主要来自沿海渔业，人均消耗量达16.5千克/年，但为了生存、手工和商业目的而过度开发沿海渔业（如甲壳动物），也对其可持续性开发及当地社区的健康和生计构成威胁。

气候变化和海洋酸化持续对该区域产生不利影响，特别是对于珊瑚礁等沿海生态系统而言。过度捕捞和不平衡的生态系统将削弱其应对全球变化的复原力。由于许多太平洋岛国和地区的人口处于增长之中，沿海渔业资源正在减少，因此导致粮食安全所需的鱼类数量与沿海渔业可持续收获间的差距越来越大。

新冠病毒疫情造成的航运中断、食品价格上涨、失业增加、城市化进程放缓、人口流动受阻等给沿海资源的管理、执行带来压力，进一步加剧沿海渔业的衰退。这些问题以及新冠病毒疫情的累积影响再次提醒人们，沿海资源的保护和管理至关重要。

3. 水产养殖/海水养殖

2014年，仅有6个论坛成员国的水产养殖产值超过沿海渔业产值的5%。该地区的水产养殖项目包括虾、大蛤和一些小型鱼类，珍珠产业仍是该地区利润最高的产业之一。

水产养殖也会产生环境影响，如营养物污染增加导致死亡区形成、转基因鱼类污染野生物种等，所有的水产养殖作业（包括珍珠业），都需仔细规划以限制负面影响。此外，气候变化和海洋酸化也对该产业产生负面影响。如珍珠养殖中，珠母贝对温度和pH值非常敏感，水温升高会限制牡蛎的新陈代谢并减缓其生长，从而可能危及该物种的长期生存。此外，温度升高也会影响牡蛎的食物来源，并可能导致危害牡蛎的病原体增加。

由于新冠病毒疫情影响，饲料供应导致水产养殖产量下降，并可能加剧地区潜在的与粮食供应有关的人道主义危机。尤其是对珍珠产业而言，论坛岛国成员关闭边境，珍珠农场工人无法正常返回养殖场，珍珠无法顺利出口，2020年成为了黑珍珠行业的黑暗年。

(三) 旅游业

南太平洋旅游组织报告称，2018年超过300万游客前往该地区，其中澳大利亚和新西兰是库克群岛、纽埃岛、萨摩亚群岛、所罗门群岛、瓦努阿图和斐济的前两大旅游客源国。专家预测，该数字每年将增长3%。旅游业收入能够占到国民生产总值的25%以上，而库克群岛等国高达80%。

太平洋的生态系统、物种和遗产具有独特的旅游价值，蓝色太平洋大陆的旅游业非常依赖健康的生态系统和环境。生态旅游作为整个旅游业的组成部分，每年以超过10%的速度增长。太平洋的水下文化遗产尚未得到充分开发。整个地区存在4 000多处古迹遗址，旅游业发展潜力巨大，其中许多古迹都是浮潜者和潜水者能够进入的。

旅游基础设施和实践会对环境产生各种影响。游客会通过其旅行行为、能源消耗及对旅游设施的要求，甚至涂抹的防晒霜改变到访的环境，对海洋物种(特别是对珊瑚礁)产生损害。帕劳推出创新性办法限制游客造成的不利影响，如帕劳承诺即对某些敏感地点(如海洋保护区)实行许可证政策，或制定保护和可持续利用措施。

对于高依赖旅游的国家，新冠病毒疫情对于在卫生方面相对而言较为薄弱的经济体打击尤为严重，特别是库克群岛和法属波利尼西亚。随着整个地区的边境关闭，旅游业的收入几乎完全停滞。许多论坛成员国因疫情对邮轮关闭了边境，并对何时重开旅游业非常谨慎。预计恢复该地区的旅游业至少需要两年时间。从中长期来看，该地区旅游业可能支持2020年联合国世界旅游组织的"一个星球愿景"，以促进旅游业负责任的复苏。

(四)沿海和近岸开采

数千年来,该地区一直在开采沿海和近岸沙、砾石和岩石(一般称为骨料)。汤加沙滩沙具有文化价值,可用来装饰坟墓,目前已使其塔布岛东南沿海的沙滩减少殆尽。出于对骨料的需求,论坛成员国以及澳大利亚和新西兰都进行了大量的开采活动。

骨料的主要用途是以混凝土、水泥块或道路和沿海填海的填充物等形式支持基础设施建设。该地区近期最佳案例是2016年图瓦卢的富纳富提环礁。该工程从潟湖地面收取250 000立方米的沙子和碎石,并将其泵送至岸上用于回填第二次世界大战期间建跑道产生的取土坑。

区域骨料的质量和耐久性差异很大,因此价格也会随之变化。这是一种量大价廉的商品。如果陆地上没有优质玄武岩、火山岩采石场,那么从海滩、礁坪和浅水/潟湖区域开采劣质珊瑚礁岩将不可避免。

从沿海和近岸地区对其他材料的商业开采在整个区域内十分普遍。斐济从苏瓦潟湖的后礁区挖取珊瑚沙,为水泥厂提供物料。在澳大利亚的昆士兰海岸,为获取金红石、钛铁矿和锆石而开采沿海砂土是主要的采矿活动。

(五)深海矿产

目前南太平洋的深海区域(水深超过200米)并不存在采矿活动。直到2019年,巴布亚新几内亚经过20年努力成为该地区首个(也是世界上首个)开展深海采矿的国家。在南太平洋应用地学委员会的协调下,日本金属矿业厅与14个岛国一起,进行了长达20年的深海矿产勘探,最终于2005年完成。目前,库克群岛专属经济区的结核矿床资源最丰富,经济潜力最大。3年前,库克群岛海底矿产管理局发布了勘探许可证的招标程序。该进程计划于2020年再次启动。太平洋勘探最多的区域是克拉里恩-克利珀顿多金属结核区,该区含有锰、镍、铜和钴。目前,克拉里恩-克利珀顿断裂带共有14份勘探合同。

目前深海采矿的前景是区域争议问题,一方面有人主张采取预防办法保护脆弱的深海环境,另一方面有人主张采用替代性办法发展经济。论坛成员国中有 7 个国家颁布了适用于其专属经济区的国家立法，库克群岛、基里巴斯、瑙鲁和汤加这 4 个克拉里恩-克利珀顿断裂带周边国家，也制定了与国际海底管理局立法相关的立法。

解决环境和社会问题并免受开采有害影响至关重要。制定《海底管理局开发准则》的（强制性）标准和（建议性）准则，表明国际社会高度关注公认的环境和社会问题。在区域层面，深海矿产项目制定的"区域监管框架"和"区域环境框架"强调了这些问题。采用预防方法和基于科学的方法对深海海底矿物活动进行决策至关重要。一些国家在勘探阶段即实施预防性方法，另一些国家则倾向于在对潜在环境危害进行充分评估之前暂缓开采。区域部分国家（如斐济和巴布亚新几内亚）呼吁暂停深海海底采矿 10 年。

（六）可再生能源

海洋可再生能源包括波浪能、潮汐能、风能及海洋热能等。尽管潜力巨大，但海洋可再生能源技术仍是不成熟的技术，尚未得到很好的应用。在全球范围内，海洋可再生能源技术发电量超过 530 兆瓦，而本区域只有 1 兆瓦，这在本区域仅有的 26 吉瓦可再生能源中占很小比例。

对于许多岛屿和沿海区域来说，海洋可再生能源是一种现实的中长期能源选择，可能利用当地现有的资源，减少对陆地空间带来的压力，并优化其他海洋活动（生物技术和水产养殖）。投资可再生能源也符合缓解气候变化所做的努力。

目前对海洋可再生能源技术可能产生的影响仍有许多未知数，但已确定了重点关注问题，例如对环境（包括标志性物种）的影响等。此外，可再生技术的发展使包括锂、钴、铜、银、锌、镍和锰、稀土元素等金属的需求增加，难以在回收和再利用稀土元素方面实现规模化经济。

（七）海底电缆

信息和通信技术是促进本区域可持续发展的重要工具，确保区域与世界互相联系。各国领导人一致认为，信息通信技术应在 2050 年战略中占据突出地位。海底电缆和卫星是信息通信技术的两个重要方面。这两项技术在过去 20 年间取得了显著进步，极大促进了区域内外的通信和信息共享。

卫星图像几乎完全实现区域全覆盖，精度/分辨率多实现100~200毫米。卫星将支持实现活动的空间精确监测和评价以及信息共享。海底电缆和光缆，是各国从高速互联网数据中获益的经济命脉，为区域可持续发展做出贡献。随着企业界、国际社会和地方政府之间加强合作，对海底电缆和卫星地面站等基础设施进行投资，不断增加互联网接入，渔业等通过强化应用数据收集和监测技术受益。迄今电缆断裂的主要人为原因包括抛锚、海上施工和疏浚作业，对网络安全攻击评估很少。

铺设电缆会对环境造成影响。在特别敏感的区域，已经使用了各种技术尽量减少干扰。评估这种干扰对海洋动植物的影响并不容易，因为受影响的区域虽然很长但很狭窄。一般而言，铺设电缆周围的海底最多需要4年便可恢复正常状态。铺设过程可能产生一些噪声干扰，但不会明显超过普通运输所造成的干扰。

(八)科学技术

尽管国际社会对太平洋的兴趣日益浓厚，但许多研究人员认为该区域海洋被调查、研究和了解得最少。

开发利用海洋基因组的生物技术有可能为保护、抗癌和大流行病治疗以及工业酶等方面带来创新的方法，但本区域开展此基因组研究的能力不均衡。论坛大多数成员国的海洋科学研究是由国际团队开展的，向东道国分享研究利益和成果引发关注。在国家管辖范围以外区域利用海洋遗传资源和《联合国海洋法公约》规定的科学研究自由方面，缺乏任何利益获取和分享框架，这些样本充其量只能在国际科学信息方面取得进步，甚至牺牲东道国利益为外部参与者带来更多收益。

该区域在海洋科学研究能力方面存在很大空间。澳大利亚在人均海洋科学家、出版物以及研发投资方面处于领先地位，但大多数岛国落后于那些拥有学术和研究机构的国家。此外，只有澳大利亚和新西兰设有国家海洋学数据中心或相关数据单位。最近建立的区域数据和信息中心或门户网站被用于解决这些差距。政府间海洋学委员会倡议显示了区域组织之间的合作前景良好。

第三节 海洋治理和承诺

一、太平洋治理框架中的层次结构和主要参与者

太平洋岛国论坛是太平洋地区最高的区域机构，每年举行会议，共同应对区域问题，商讨区域海洋优先事项。论坛领导人的决定为最高级别的政策/决定。太平洋岛国论坛官员委员会（FOC）负责执行论坛领导人的海洋决定。FOC 有权向兼任太平洋岛屿海洋专员的秘书长提供一般性政策指导，并就海洋问题对策向论坛提出报告和建议。

太平洋区域组织理事会（CROP）旨在改善区域政府间组织之间的协调与合作。CROP 各组织直接向其管理委员会报告。海洋工作组是 CROP 在海洋和海洋问题上的协调机构。

一些渔业次区域安排（如《瑙鲁协定》缔约方以及对话伙伴）也是海洋治理的组成。此外，还设立了太平洋海洋专员、太平洋海洋专员办公室和太平洋联盟，以便吸纳所有海洋参与者协调实施综合海洋管理和跨部门海洋讨论，进一步改善海洋治理，并对太平洋区域的海洋优先事项和进程给予高度关注。

论坛成员国已经加入或批准了许多多边协定，因此在这些关键多边进程中的代表性和影响力方面处于非常有利的地位。还有一些区域协定表明了各成员国在具体问题上的团结一致（例如《拉罗汤加核区条约》），而其他区域协定仍有待检验。

二、海洋政策及其与其他主要区域政策的相互关系

海洋优先事项的政策层级通常与领导人每年通过公报发布的任务一致。《太平洋大洋景观框架》（FPO）、《太平洋可持续发展总体路线图》等政策框架就区域议程设置和区域主义优先事项提供了高级别的指导。由于论坛成员国大多加入了全球协定和宣言，这些全球和区域文书成为执行海洋优先事项的催化剂。

三、现行主要海洋政策简编

本区域的海洋政策分为以下 4 类：一是领导人和高级别区域海洋宣言；

二是区域总体海洋政策；三是部门性区域海洋政策；四是领导人关于海洋优先事项的具体任务。

围绕蓝色太平洋、FPO 和帕劳宣言，太平洋区域海洋政策形成强有力的核心，同时还可能将更广泛的区域性框架进一步纳入海洋中。

尽管目前海洋区域政策十分牢固，但由于海洋议程存在较大惯性，随着蓝色经济的对话日益增多，未来可能需要更新政策的组成部分。

在海洋政策领域，目前有可能进行合理的审查，其中包括政策退出、纳入更多部门以减少分散性及加强海洋与关键区域发展主题的一致性。

四、海洋政策的执行情况

目前通过下述方式报告进展情况：分析海洋倡议；分析 2017 年联合国海洋学委员会（UNOC）国家牵头的自愿承诺；可持续发展目标 14 的进展；2020 年 FPO 工作报告。

（一）海洋倡议和承诺

2014 年《帕劳宣言》除评估调查进展外，还呼吁维护全面的海洋倡议登记册，以加快行动，协助个别国家开展评估。

除重要的渔业部门外，这些国家的投资一般与海洋优先事项保持一致。太平洋海洋专员办公室近期分析显示，约 600 项海洋倡议是针对关键的战略性海洋优先事项提出的。

（二）2017 年 UNOC 国家牵头的自愿承诺及其进展情况概况

共 69 项自愿承诺由论坛成员国牵头，其中 18% 因无数据尚不掌握进展情况，57% 被列为正在进行并假定仍在进行中，25% 已完成。各国和该区域的自愿承诺进展情况表明，尽管执行率很低，但执行情况令人满意。

（三）可持续发展目标 14 的进展情况

可持续发展目标 14 的具体目标有几个关键性的变化。一是纳入了可持续发展目标 14.6 的进展情况——IUU 的具体目标进展情况，二是将可持续发展目标 14.5 的进度从 20% 提高到 40%。

鉴于衡量该可持续发展目标进度是基于统计数据，论坛成员国长期缺乏可持续发展目标14具体目标指标的统计数据，也缺乏处理定期报告所需数据的能力，因此越来越多的组织和部门正在根据这种方法调整信息，预计未来此状况将得以改进。总体而言，目前进展远不能令人满意，且该区域没有与可持续发展目标14下的目标和承诺保持一致。

（四）2016年和2020年FPO工作报告

整个区域对其共同执行海洋优先事项总体状况的最好评价仅为"适度的积极进展"。这意味着论坛成员国已经开始，并且以相对缓慢的速度共同执行这些优先事项。"太平洋之路"、"蓝色太平洋"或"蓝色大陆"未得以迅速而全面地执行。目前这些海洋倡议存在着脱节和不协调问题。定性审查表明，该区域在政策制定、政治讨论和协议方面存在有效的系统，大量海洋政策、海洋倡议和海洋行为者发挥着重要作用。但也存在下述问题：区域在响应领导人政策和决定方面取得了哪些成就？如何记录总体进度情况？如何以报告形式展现这些倡议的努力？为解决上述问题，仍需各方努力，系统地记录现状和进展情况，以便为协调一致的战略政策响应提供信息。

五、保护和管理海洋的努力

尽管在海洋及其生态系统保护方面已取得很大进展，但由于无法对海洋空间采取协调一致的综合办法，加之公海规章制度的不健全，难以有效解决海洋压力问题。

为应对海洋面临的各种威胁和压力，区域采取强有力的保护措施，以期持续从海洋富饶的资源中受益。意识到海洋及其生态系统和物种退化后，蓝色太平洋成员国开始响应呼吁：目前区域40%处于某种形式的保护或管理之下，高于爱知生物多样性目标11和可持续发展目标14.5关于至2020年划定10%面积的海洋保护区的目标，但这些措施的有效性还有待评估。

太平洋岛民作为世界最丰富的生物多样性和海洋资源的保管者，与生态系统建立起了复杂的关系，并为今世后代传承这种自然禀赋。这种传统知识和文化习俗在区域资源管理和保护中发挥重要作用。将传统知识纳入管理和保护措施（包括海洋保护区）非常必要。在区域和国际层面上，将传统知识制度化以补充现有科学信息的呼声越来越高。地区存在植根于特定的文化习俗和规范的传统海洋制度或基于生态系统的方法,从斐济的瓦努阿、所罗门群岛的普瓦瓦、雅浦的塔宾诺,到新西兰的拉胡伊、帕劳的布尔或瓦努阿图的塔布,再到基里巴斯、斐济或塔希提岛,许多社区都采用各种方法,保护和可持续地管理海洋资源。

2000年以来,"本地海洋区域管理网络"推广一种传统管理方法,使当地社区积极参与其中并赋予其权力。该网络包容性地纳入东南亚、美拉尼西亚、密克罗尼西亚、波利尼西亚和美洲的人民和文化,覆盖了15个论坛成员国的12 000多平方千米的范围。

该区域的各个国家已经在区域管理工具支持下,在其专属经济区建立了某种形式的治理,但尚无关于区域管理工具的普遍定义,也没有关于海洋保护区的定义。如果对养护措施进行妥善规划并能将其付诸实施,则这些措施就是重要和有效的工具。南太平洋区域环境署秘书处数据显示,该地区海洋保护区面积为4 636 046平方千米,约占专属经济区总面积的15%。

第四节 重新定义的蓝色太平洋前进之路

我们能否建立一个和平、和谐、安全、包容和繁荣的区域,取决于我们共同应对海洋挑战的能力。为此,我们必须重新定义与海洋的关系,所有人各司其职,发挥作用。我们所采取的短期、中期和长期行动,则取决于蓝色太平洋大陆的未来愿景。

一、重新定义我们与海洋的关系

为实现各国领导人关于安全区域的愿景,太平洋联盟会议与会者呼吁对海洋(包括国家管辖范围内和范围外)进行100%的管理。国际和区域科学家也呼吁至少对30%的海洋进行养护,以维持海洋的健康、生产力、复原力和生态系统。想要充分扭转蓝色太平洋所面临的趋势,那就必须共同落实这些呼吁。

(一)海洋综合管理

沿海综合管理早在10年前就成为优先事项,但尚未被充分实施。如今，我们必须坚决实施对整个海洋的综合管理。海洋的连通性意味着，无论国家管辖范围内的执行措施如何有力、落实情况如何严格，一个国家专属经济区和大陆架以外发生的任何情况都可能影响进程。最理想状态是，蓝色太平洋大陆管理计划可充分应对上述行动的压力。国家和区域的每一项决定都须在不损害海洋的健康、生产力和复原力的指导下做出。这些决定还必须纳入对当前和预期气候变化和海洋酸化的考量。

(二)海洋空间规划

海洋空间规划是一个相对较新的规划系统，通过科学规划确保经济增长的同时，保持沿海和海洋地区的生态系统功能和生物多样性的完整性。必须通过适当的规划，实现海洋及其生态系统的养护和管理及海洋资源的可持续利用。在做出保护、管理和可持续利用决策时，必须考虑生态系统和栖息地的连通性，同样还需考虑气候变化、海洋酸化和海洋污染的累积影响。

一些论坛成员国(如澳大利亚、新西兰、斐济、所罗门群岛)已经开始在其专属经济区内实施海洋空间规划。汤加王国已承诺通过海洋空间规划保护其30%的专属经济区。这些努力符合FPO关于岛屿国家探索和建立海洋空间规划机制以实现经济发展和环境目标的要求。如果要充分执行安全的蓝色太平洋大陆战略，则其范围必须要超越国家管辖范围，并将公海包括在内。在此方面，未来的BBNJ为区域全面支撑蓝色太平洋大陆提供了契机。

(三)对定期监测和审查的动态性和适应性需求

海洋系统是一个动态的系统，物种会迁徙、觅食和繁殖，洋流会变化，潮汐和季节会更替。理解这些动态模式并将其反映在动态管理系统中，有助于提高管理的有效性。

许多传统的管理或保护系统在范围上是临时性的，适应关键物种的繁殖或迁移周期或一般的季节变化。进一步考虑如何在更大范围或更远海域实施这种季节性或可移动性分区，有助于改善养护和管理措施。需要以公开和透明的方式进行定期监测。同时，还需要强有力的监督和执法手段，在蓝色太平洋的背景下，这些手段必须植根于区域合作。

(四)减轻和避免影响的工具

环境影响评价旨在确定和管理发展对环境的影响及环境对发展的影响。南太平洋区域环境署秘书处编写了太平洋地区环境影响评价指南,用以指导各国环境影响评价立法。这些指南也被论坛代表团用于 BBNJ 协商进程中。FPO 呼吁事先开展环境评价,防止活动产生有害影响,各国领导人在《帕劳宣言》中也重申支持有效的环境影响评价。

战略影响评价是一项评价政策、计划和方案的工具,用于确定计划和方案的适用性及确定活动是否触发环境影响评价阈值。应其成员国之请,南太平洋区域环境署秘书处正在起草战略环境评价指南,但迄今为止,该地区尚无关于使用这种工具的立法。

二、重新定义我们彼此的关系

要有效管理和养护我们的海洋,需要所有海洋使用者和受益人贡献力量。为实现 2050 年愿景,必须以包容的方式开展工作。

(一)国家政治制度

1. 政府

国家政府是区域海洋治理中最可能的合作伙伴。政府的设计,尤其是如何分配海洋事务,通常能代表国家对该海洋的敏感度。一些国家设立专门负责海洋、海洋资源或海事事务的部长,集中处理所有海洋事务。但这种做法可能面临孤立工作的风险,包括如何将海洋事务纳入农业、工业或能源等领域。一些国家将海洋事务纳入不同部分,不同事务分割处理,但这种做法破坏国家、区域和国际层面对海洋事务的综合战略定位。还有一些国家选择将海洋事务置于政府/国家的权限范围内直接管理。这显然表明,该国政府重视海洋事务,并将海洋事务作为政府行动和政策的重点。

2. 议会

区域内议会合作正在增加。2019 年 9 月,前波利尼西亚群岛议会集团扩大为太平洋群岛议会集团,其首次会议聚焦于可持续的蓝色经济,并达成宣言,做出一系列承诺,支持论坛的许多优先事项。

3. 国家海洋办公室

无论是否设置专门的部委或重点，各国政府必须就海洋相关政策、立法和条例开展工作。为此，区域内的一些国家设立了专门的海洋办公室。以瓦努阿图为例，海洋事务办公室隶属于外交事务部，于2019年7月成立。在巴布亚新几内亚，国家海洋办公室由总理领导。其他国家则倾向于建立程序和开展部委间合作来拟定国家政策。

4. 省和州

区域内的一些国家设立多个州或省，分别制定一套具体的任务规定，以有效管理海洋。这种做法可能使设计和执行国家优先事项变得复杂，但也可能因行动协调而有助于计划执行。

5. 市政当局

市政当局或地方政府直接了解国家政策的制定和实施对社区利益的影响。开展海洋治理时，市政当局在支持和赋予社区权利方面至关重要。

(二)区域和国际层面参与

1. 区域政府间组织

太平洋区域组织理事会宗旨是改善区域内各部门和行为者之间的协调与合作。太平洋区域组织理事会的成员包括区域内政府间区域组织负责人，其行为受太平洋区域组织理事会章程管辖。太平洋区域组织理事会成员所在的区域组织通过各自理事会、各国代表、政府首脑确定优先事项，共同致力于支持岛屿国家推进优先事项和方案。尽管如此，实践中区域组织满足其各自岛屿成员的需要，不一定与论坛宗旨一致。尽管这种技术支持至关重要，但各区域组织目前开展的工作(包括监测和审查方案)，特别是区域如何实现领导人设定的目标方面并无统一愿景。太平洋区域组织理事会海事工作组还要负责技术层面的协调，但有效协调执行与合作仍是未决问题。

2. 国际伙伴

区域内的工作是不够的，想要取得成功，需要国际社会伙伴的支持。这些合作伙伴不仅包括论坛对话合作伙伴，还包括所有国际组织、融资机构和私营机构。所有国家必须承诺在与区域达成的真正持久伙伴关系中遵守一系列的价值观念和优先事项,特别是分享必要的数据和信息,并为区域能力建设和发展做出贡献。

3. 非国家行为体

私营机构是可持续蓝色经济增长的关键参与者。私营机构从海洋资源中获利,并对海洋衍生经济的可持续发挥作用。私营机构和公共机构之间的密切合作有助于形成重要的融资和资助,还可推动可持续发展,促进必要的创新和投资。然而,许多岛屿国家的私营机构遇到挑战,体现在融资(含信贷)、基础设施或法律支撑方面。太平洋私营机构发展倡议是一项与澳大利亚政府、新西兰政府和亚洲开发银行合作实施的区域技术援助计划,旨在支持区域内私营机构的稳健发展,并在14个岛屿国家实施。海洋私营组织网络(如太平洋岛屿私营机构组织)能进一步加强蓝色太平洋增长的创新和发展。

4. 土著居民和当地社区以及传统知识

土著民族和当地社区在海洋及其资源的养护、管理和可持续利用方面发挥重要作用。他们拥有积累多个世纪的宝贵知识,且是政策和措施的实际执行者,因此土著和当地社区对确保政策和措施的有效性至关重要。越来越多的人呼吁承认传统知识是科学的补充,但在国家和区域层面有效地融入传统知识持有者仍具挑战。区域内的一些国家已采取措施,改进土著居民和当地社区在国家层面的融入。

5. 性别平等考虑

据估计,妇女开展了区域内近50%的捕鱼活动,远远高于国际平均水平,但基本上没有关于妇女贡献的记录。区域实现两性平等进程仍受社会、文化和经济因素阻碍。过去10年间,南太平洋大学海洋科学项目共有368名本科生毕业(女性占58%),另有49名研究生完成学业(女性占55%)。此外,区域设立了太平洋妇女海洋协会,以提高妇女在海洋活动中的参与度,连接、教育和激励太平洋地区的妇女,并促进女海洋专家的发展。

6. 其他利益攸关方

在区域和国际政策文件中,蓝色太平洋国家已承诺在海洋治理和管理方面实现融入。这种合作,特别是融入,在区域内呈现不同的表现形式,有些正在制度化,有些正在推进。如新喀里多尼亚和法属波利尼西亚设立经济、社会、文化和环境理事会,各利益攸关方代表共同为政策、立法、条例和其他项目的草案提出建议,从而改进政策设计。

太平洋联盟试图融入区域海洋治理中。太平洋联盟旨在促进伙伴关系,整合和实施太平洋计划中的海洋优先事项以及其他区域和国际工具,并将可持续利用和发展沿海及海洋优先事项纳入国家发展政策和规划。太平洋联盟自2015年成立以来已经召开了多次会议,大多数会议涉及国家管辖范围以外区域海洋生物多样性,这是太平洋谈判代表和更广泛的地区利益攸关方进行接触的绝好机会,其专家也参加有关国家管辖范围以外区域海洋生物多样性的谈判。然而,经过5年时间的运作,太平洋联盟充其量只是一个由海洋利益攸关方组成的信息共享和头脑风暴网络。最终,太平洋联盟取得何种进展取决于我们希望在设计和执行区域海洋政策方面赋予非政府利益攸关方和非太平洋区域组织理事会利益攸关方的作用。

附录　2020年国际海洋大事记

海洋管理大事记

1月3日，印度莫迪总理在科学大会上呼吁开发利用海洋资源。

1月7日，越南颁布《到2030年海洋、岛屿资源、环境重点调查方案》。

1月10日，英国海洋管理局发布《西南海洋计划文件草案》《西北海洋计划文件草案》《东南海洋计划文件草案》《东北海洋计划文件草案》，以及相关的技术附件、可持续性评估报告和人居条例评估报告。

1月13日，北欧两大能源巨头联合发起海洋可再生能源行动联盟，将代表海上风电行业参加有关气候行动的全球对话，帮助实现2050年二氧化碳减排目标。

1月15日，为推进"蓝旗认证"，印度放宽海岸带管理区对设施建设的限制。

1月21日，印度海军与印度地质调查局签署谅解备忘录，分享海床沉积物数据、产品和专业知识。

1月23日，可持续海洋经济高级别小组发布《运用技术、数据和新模型可持续管理海洋资源》蓝皮书。

1月24日，日本政府地震调查委员会公开了未来30年南海海沟地震引发日本各地发生海啸的概率。

1月24日，英国海洋环境数据和信息网络发布了2019—2024年的新商业计划。

1月29日，日本海上保安厅大型测量船"平洋"号交付使用，该船将用于调查东海海底地形。

2月5日，弗吉尼亚州通过法案反对特朗普的近海钻探计划。

2月10日，可持续海洋经济高级别小组发布《非法、不报告和无管制（IUU）捕捞及驱动因素》蓝皮书。

2月11日，加拿大海洋和渔业部宣布建立幽灵渔具基金。

2月20日，法国政府宣布，对位于莫桑比克海峡的法属印度洋诸岛的开采许可不再续期，由此终结法国的海上石油钻探。

2月25日，联合国欧洲经济委员会发布《气候变化对国际运输网络的影响和适应研究》报告。

2月26日，美国加利福尼亚州海洋保护委员会批准《2020—2025年保护海岸和海洋战略计划》。

3月2日，俄罗斯诺瓦泰克公司获准使用外国船只沿北方海航道运输液化天然气。

3月3日，美国参议院审议《美国能源创新法案》。

3月3日，欧洲海洋局发布关于"下一代欧洲研究船"的第7号政策简报。

3月3日，德国成立海洋研究联盟，通过研究、数据管理、数字化和知识传播来促进沿海地区及海洋的可持续管理。

3月4日，印度尼西亚环境论坛、人民渔业正义联盟、绿色和平组织、海洋正义倡议、环境法中心等联合成立了非政府组织渔业和海洋可持续发展联盟。

3月5日，印度尼西亚政治、法律安全统筹部长马赫福德称，从2020年开始印度尼西亚实行海洋综合管理新模式，海事安全局将成为所有涉海法规的协调机构。

3月10日，塞舌尔提交加入渔业透明度倡议的申请。

3月18日，美国国家海洋与大气管理局（NOAA）发布首份关于美国海洋、沿海和五大湖水域测绘进展年度报告。

3月18日，挪威海岸管理局与其他运输机构共同提出在2022—2033年期间如何优先分配海上运输资源的建议。

4月1日，日本经济产业省发布外国船舶在日本领海进行海洋调查的审批程序。

4月2日，芬兰开放海洋信息门户网站，提供波罗的海相关海洋信息和数据。

4月3日，日本内阁府正式公布"日本海洋教育信息平台"成员单位的基本信息和联系方式。

4月13日，欧盟海事论坛下属的欧洲海洋地图集项目发布欧洲海域的《区域海洋公约覆盖范围地图》《海洋生物多样性分布地图》和《海草分布地图》。

4月24日，英国政府推出《洪水和海岸侵蚀风险管理：评估指南》。

4月27日，哥伦比亚发布《海洋可持续发展政策2030》。

4月27日，泰国成立水产养殖发展及下游产业委员会。

5月4日，联合国教科文组织政府间海洋学委员会表示，将组建海平面数据救援工作组，协力保护海平面相关历史数据。

5月5日，英国、瑞士、中国等42个国家和地区在世贸组织理事会会议上发表联合声明，支持继续加紧制定消除有害渔业补贴新规则。

5月12日，斐济发布首个《国家海洋政策》。

5月18日，芬兰沿海地区委员会合作完成《2030年海洋空间规划(草案)》。

5月19日，新西兰海事局和新西兰土地信息局发布《2020年新西兰港口水文测量最佳实践指南》。

5月22日，美国国家海洋与大气管理局(NOAA)渔业局发布了5个地理战略计划，即新英格兰和大西洋中部、东南区、阿拉斯加、西海岸、太平洋岛屿，作为国家计划的一部分。

5月22日，挪威议会批准《预防中北冰洋不管制公海渔业协定》。

5月28日，新西兰钓鱼运动委员会等发布《援救鱼类》政策。

5月28日，联合国教科文组织政府间海洋学委员会与政府间协调小组专家工作组协作编写并发布《新冠疫情期间海啸预警服务、疏散和庇护指南》。

6月1日，马绍尔群岛政府与荷兰三角洲研究院签订合作协议，开展多危害风险评估，这是世界银行太平洋恢复项目二期的一部分。

6月2日，世界自然保护联盟大洋洲地区办事处向斐济渔业部提交"近海零草案地图"，以协助斐济在2020年底前将管辖海域的30%划设为海洋保护区。

6月3日，韩国海洋水产部发布《第三次海岸整治基本计划(2020—2029)》。

6月4日，世界经济论坛积极推动"全球捕捞观察"监测工具的应用。

6月5日，加拿大海洋与渔业部在打击非法、不报告和无管制（IUU）捕捞活动国际日，介绍近年来加拿大利用卫星，帮助加勒比、东南亚、南美洲和西非的小岛屿国家和沿海发展中国家识别和跟踪非法捕鱼船只的情况。

6月10日，美国国家海洋与大气管理局（NOAA）渔业局推出一种更新的交互式绘图工具——修复地图集，可以按照地点、栖息地类型等浏览查询从阿拉斯加盐沼到佛罗里达珊瑚礁的3 100多个NOAA恢复项目信息。

6月11日，美国白宫海洋政策委员会发布《测绘、勘探和描述美国专属经济区的国家战略》。

6月22日，丹麦气候能源供应部发布消息称，丹麦将为绿色转型投资建设世界上首批能源岛和一个海上风电场。

6月22日，联合国教科文组织政府间海洋学委员会发布《关于中非国家沿海脆弱性状况的技术报告》。

6月23日，东帝汶制定商业及休闲观赏鲸、海豚和儒艮指南。

6月29日，美国国家海洋与大气管理局（NOAA）发布《NOAA研究和开发愿景领域：2020—2026》。

6月30日，库克群岛议会正式表决通过《2020年海底矿产法修正案》。

6月30日，日本政府综合海洋政策总部参事会议主席田中明彦向安倍晋三提交强化海洋情报汇总能力的意见书，提到外国公务船驶入钓鱼岛以及日本海"大和堆"周边的朝鲜渔船活动等问题。

7月2日，英国近40年来的首个主要渔业立法《渔业法案》在上议院获得通过。

7月2日，美国国家生态分析与综合研究中心的自然与人科学合作组织海岸带修复工作小组与美国多个政府机构合作，为美国境内的所有海岸带修复项目创建了一个数据库。

7月9日，巴布亚新几内亚发布《国家海洋政策2020—2030》。

7月13日，美国国家海洋与大气管理局同合作伙伴在路易斯安那州西南部完成洛克菲勒保护区海岸线稳定项目建设。

7月14日，英国政府发布《国家洪泛和海岸侵蚀风险管理战略》。

7月21日，厄瓜多尔通过《新渔业和水产养殖法》。

7月23日，世界经济论坛在其UPLINK数字平台上发布了多项全球成功解决海洋问题的创新实例。

7月27日，葡萄牙政府表示，将建造名为"海上葡国"的新型海洋科学研究船。

7月30日，联合国气候变化框架公约秘书处发布了关于应对海岸带损害技术方案的简报。

8月17日，美国国家海洋与大气管理局海岸测量办公室发布《美国海洋和五大湖水域的测绘：海岸测量办公室对国家海洋测绘战略的贡献》报告。

8月25日，阿根廷总统表示，《海洋空间法》已通过第693/2020号法令在官方公报上发布。

8月27日，湿地国际发布《透水构筑物技术指南》，推动海岸修复。

8月31日，秘鲁通过了《海浪保护法》，成为全球首个利用法律手段保护海浪的国家。

9月1日，印度尼西亚11个涉海部委签署了关于海洋信息及数据合作管理的海事备忘录。

9月3日，巴布亚新几内亚副总理兼司法部长和检察长戴维斯·斯蒂文将《国家海洋政策（2020—2030）》提交国会审议。

9月8日，环境正义基金会提出非法、不报告和无管制（IUU）捕捞《透明宪章》。

9月8日，美国总统特朗普签署备忘录，延长佛罗里达州墨西哥湾的钻探禁令至2032年。

9月8—9日，"2020年韩中渔业指导管理工作会议"召开视频会议。

9月9日，德国实施瓦登海海岸保护项目，预计持续到2026年。

9月9日，国际海底管理局发布《2020年度报告》。

9月16日，欧盟委员会发布最新版的《欧洲海洋地图集》。地图集有24种语言，欧洲各地的公民可以使用自己的语言来获得海洋地图和交互式海洋信息。

9月16—17日，所罗门群岛审议《国家海洋政策》及海洋空间规划实施情况。

9月17日，美国海岸警卫队发布未来10年打击非法、不报告和无管制（IUU）捕捞活动的新计划。

9月25日，库克群岛海底矿产资源管理局表示，库克群岛将设立海底矿产咨询委员会。

9月28日，塞舌尔内阁批准了海洋空间规划（MSP）政策，是西印度洋第一个综合性海洋规划，由自然保护协会提供资金、技术设计和指导。

10月14日，澳大利亚发布《2020年渔业状况报告》。

10月15日，英国官方机构"自然英格兰"公布了在萨尔科特和杰威克间沿海岸线开辟50英里海岸小径的规划。

10月16日，印度尼西亚再次启用115特遣队，打击印度尼西亚管辖海域内的非法捕捞。

10月19日，萨摩亚自然资源与环境部发布《海洋战略2020—2030》。

10月26日，印度国家海洋信息服务中心（INCOIS）负责人表示，INCOIS建立了最先进的海啸预警系统，对于印度洋可以实现在5分钟内监测到地震，全球其他地方则可以在10分钟内发出海啸警报。

10月27日，可持续海洋经济高级别小组发布蓝皮书《海岸开发：复原力，恢复和基础设施要求》。

10月27日，英国、法国、南非、澳大利亚、新西兰、美国的海岸带科学家在《自然·气候变化》杂志撰文表示，受海平面上升影响，硬质海岸（如海堤）有可能在未来消失，而海滩向陆退缩。海岸变化管理区成为日益重要的规划方法。

11月2日，葡萄牙发布《国家海洋战略2021—2030》。

11月4日，萨摩亚自然资源和环境部发布《国家热带气旋和气候季节性展望声明（2020—2021）》。

11月5日，阿联酋国家气象中心举办世界海啸意识日活动。

11月9日，太平洋海洋专员办公室发布《2020年蓝色太平洋海洋报告》。

11月9日，爱尔兰媒体表示，爱尔兰海洋资源可持续发展综合测绘项目将于2026年完成，目标是成为世界首个系统绘制本国海底地图的国家。

11月10日，环境正义基金会研发打击非法捕捞的手机应用程序。

11月16日，美国船级社发布海洋工程装备制造业的首个《海底采矿指南》。

11月16日，孟加拉国议会通过了《2020年海洋渔业法案》。

11月18日,由环保组织组成的联盟向新西兰议会递交一份5万人的请愿书,呼吁政府禁止在海山区域进行海底拖网捕捞。

11月19日,瓦努阿图召开研讨会,审查本国第一份海洋空间规划,并讨论即将成立的渔业与海洋部有关事项。

11月23日至12月2日,地中海渔业综合委员会组织培训,利用地理信息系统开展水产养殖区划工作。

11月24日,韩国海洋水产部同美国国家海洋与大气管理局召开"第一届韩美国际渔业管理定期协商会",双方决定制定非法、不报告和无管制(IUU)捕捞渔业合作方案。

12月4日,美国国家海洋渔业局出台休闲渔业调查管理办法和数据标准。

12月7日,欧盟海洋能技术与创新平台发布研究报告《海洋能与环境:研究与战略行动》。

12月9日,太平洋岛国论坛发布《2020年太平洋可持续发展报告》。

12月10日,芬兰发布《海洋空间规划》的影响评估报告。

12月14日,国际海底管理局批准牙买加蓝矿有限公司在克拉里恩-克利珀顿区勘探多金属结核的工作计划。

12月14日,英国商业、能源与产业战略部发布《能源白皮书》。

12月14日,芬兰海洋空间规划网发布《基于生态系统的方法在芬兰海洋生态系统规划中的应用》报告。

12月15日,大自然保护协会与多家机构、高校和研究院所共同开发海岸带恢复力工具。

12月17日,苏格兰发布《苏格兰未来渔业管理战略2020—2030》。

12月18日,美国总统特朗普签署《数字海岸法》和《拯救我们的海洋2.0法案》。

12月22日,韩国颁布《海洋科学调查法》修订案,对韩国人在外国管辖海域进行海洋科学调查程序做出了规定。

12月23日,挪威议会向首个完整的近海碳捕获与封存项目提供资金。

12月25日,美国众议院通过《水力研究与开发法案》。

12月28日,印度洋金枪鱼委员会发布《2021年数据和信息报告要求指南》。

12月30日，美国国家海洋与大气管理局（NOAA）与美国国际开发署签署谅解备忘录，共同打击跨境非法、不报告和无管制（IUU）捕捞，并帮助域外国家发展可持续渔业。

12月30日，印度国家海洋信息服务中心推出印度首个综合海洋数据平台。

海洋经济大事记

1月16日，信用评级机构穆迪在一份报告中表示，海平面上升带来的经济冲击，对越南、埃及、苏里南和巴哈马群岛等数十个国家的主权信用评级构成长期风险。

2月12日，世界自然基金会发布《全球未来》报告，指出如果全球不采取紧急行动解决自然和气候问题，未来30年全球经济将损失10万亿美元。

4月9日，联合国开发计划署实施"全球海洋产品可持续供应链"（GMC）项目。

4月16日，"海洋行动之友"联盟发布《海洋金融指南》，概述了蓝色经济的融资条件、目前存在的投资模式和资金来源。

4月22日，联合国粮食与农业组织、法国国家可持续发展研究所（IRD）合作出版《厄尔尼诺与南方涛动现象对渔业和水产养殖业的影响》报告。

4月26日，埃及地方发展部长表示，西奈半岛的发展是埃及政府计划的主轴，是将西奈半岛与尼罗河三角洲联系起来的公共战略的一部分，旨在改善基础设施。

5月5日，由国际港口协会（IAPH）推出的世界港口可持续发展项目（WPSP）发布第一份《世界港口可持续发展报告》。

5月12日，世界经济论坛提出重建后疫情时代海洋经济的8种途径，即：打造健康的蓝色旅游业；促进航运业减排；维护长期渔业利益；改善海上运输业的工作环境；加强海洋公园建设；资助水产养殖和海洋食品加工业；推进海洋监测等技术领域投资；打击某些利益集团利用对重灾国家的外部投资来实施掠夺性条款。

5月20日，世界银行分析了世界各地48个新兴市场的海上风电技术潜力，48个新兴市场具有15.6太瓦的总技术潜力，其中坐底式海上风电潜力为5.5太瓦，浮式海上风电的潜力为10.1太瓦。

5月20日，丹麦政府在其《气候行动计划》中提议2030年在北海和波罗的海建设两个能源岛。

5月25日，英国智库国际环境与发展研究所召开"基于自然的解决方案"（NbS）专题网络研讨会。会议中提到突出自然资本价值，降低现有的大规模NbS融资壁垒的必要性。

6月3日，全球环境基金启动"共同海洋"项目，以便改善国家管辖外区域（ABNJ）海洋保护区可持续管理。

6月4日，世界经济论坛指出全球每年大量野生鱼类被非法捕捞，仅太平洋国家每年就有43亿~83亿美元的捕捞收入损失。为此，世界经济论坛积极推动"全球捕捞观察"监测工具的应用，利用新型AI电子监控系统扩大监控规模。

6月4日，联合国粮食及农业组织赞扬全球环境基金理事会决定拨款1.76亿美元，用于资助24个粮农组织项目。

6月8日，根据世界自然基金会的数据，到2050年，气候变化导致的海洋健康的下降可能会使全球经济每年损失4280亿美元。

6月8日，联合国粮食与农业组织发布《2020年世界渔业和水产养殖状况》报告指出，全球人均鱼类消费量已创下每年20.5千克的新纪录，并有望在下个10年进一步增加。预计到2030年，鱼类总产量将增至2.04亿吨，而全球人均鱼类消费量或升至21.55千克。

6月10日，爱尔兰通信、气候行动和环境部长发起了一次咨询会议，以探索实现爱尔兰海上风能发展计划的最佳模式。

6月10日，德国联邦政府已决定将氢能发展倡议作为后疫情时代经济复苏计划的一部分，计划提供总计70亿欧元的资金，用于建设生产设施和刺激对氢能的需求。

6月12日，澳大利亚、加拿大、智利、斐济、加纳、印度尼西亚、日本、牙买加、肯尼亚、墨西哥、纳米比亚、挪威、帕劳、葡萄牙等国领导人，以可持续海洋经济高级别小组的名义发表联合声明，呼吁增强海洋经济在新冠疫情后世界经济复苏中的积极作用。

6月17日，巴布亚新几内亚《国家报》报道称，该国渔业部已同中国海关总署签署了《巴新海捕水产品输华议定书》，批准77家巴布亚新几内亚企业向中国直接出口海产品，而无需再通过中间商进行出口。

6月17日，库克群岛副总理马克·布朗宣布将在未来一年内向采矿企业颁发海底采矿勘探许可证，允许其在该国专属经济区内勘探多金属结核资源，并力争在5年内开展首次海底采矿活动。

6月19日，欧洲海洋能源技术与创新平台（ETIP Ocean）发布新的"战略研究与创新议程"（SRIA），首次将海洋能源实验场纳入能源系统的优先事项。

6月22日，世界经济论坛指出，海洋将会从5个领域为新冠疫情后的经济复苏做出贡献，包括：①海洋领域粮食生产和可持续渔业发展；②海藻可成为一种可持续的食物和生物材料来源；③海洋能源具有产生零碳能源的巨大潜力；④海洋科技硅谷可促进技术领域发展；⑤从海洋领域获取替代塑料的新包装材料。

6月26日，"海床2030"项目将绘制完整的海底地图，提供详细的水深信息，促进政策决策，推动蓝色经济发展。

6月30日，联合国亚洲及太平洋经济社会委员会（UNESCAP）发布《2020年亚太有特殊需求国家发展报告：利用海洋资源促进小岛屿发展中国家的可持续发展》。报告指出，亚太地区小岛屿发展中国家应充分利用"蓝色经济"，特别是渔业及旅游来促进发展，以逆转新冠疫情造成的重大社会经济影响。

7月7日，根据俄罗斯北方海航道管理局数据，1—6月北方海航道运输货物1480万吨，同比增长1.1%。

7月9日，国际自然保护联盟委托4Climate、全球海洋信托基金和西尔维斯特鲁姆气候协会起草一份技术指南，旨在提出关键概念和方法，以确定蓝色债券在新兴的可持续金融分类方案领域的地位，促进遵守新兴的可持续蓝色经济融资原则。

7月14日，可持续海洋经济高级别小组发布《海洋和海洋经济国民核算》蓝皮书，提出利用海洋账户，政府可以跟踪海洋经济的三个发展趋势。

7月30日，亚洲开发银行发布《2020年太平洋经济监测报告》（PEM）。报告显示由于新冠疫情对贸易及旅游等产业的影响，预计本年度南太平洋的区域经济水平将下滑4.3%，严重依赖于滨海旅游业的帕劳、库克群岛、斐济将遭受严重打击，斐济本年度的GDP将下滑15%。

8月6日，世界自然基金会（WWF）宣布将投资85万美元用于北大西洋海藻养殖业的发展。WWF将与海藻种植经验丰富的企业合作，引领北大西洋近海海藻种植示范项目，推广和加速海藻种植业。

9月9日，国际海底管理局正在就"区域"深海底采矿财务支付中的全球基金的范围、目的和管理开展研究。

9月17日，经济合作与发展组织发布的报告《人人享有可持续海洋：利用可持续海洋经济对发展中国家的利益》指出，采用更可持续的方式管理海洋是全球的优先事项。发展中国家面临着一些具体挑战，加强他们获得科学知识、政策建议和融资的渠道，将使他们能够更好地利用可持续海洋经济的机遇。

9月30日，8个波罗的海国家（丹麦、爱沙尼亚、芬兰、德国、拉脱维亚、立陶宛、波兰和瑞典）的能源部长和欧盟委员会签署了一项联合宣言，以合作并加快在波罗的海建设海上风能项目。

10月1日，联合国法律事务厅和挪威签署协议，决定在4年内为发展中国家提供一系列培训，加强海洋治理，支持发展中国家建设可持续的海洋经济。项目将在联合国海洋事务和海洋法司的能力建设任务的框架下实施。

10月21日，可持续海洋经济高级别小组发布的蓝皮书《海洋金融：为向可持续海洋经济过渡提供资金》确定了7项弥补蓝色资金缺口的关键行动。

11月20日，兴业银行成为联合国《可持续蓝色经济金融倡议》的全球第27家签署机构和第49家会员单位，也是首家中资签署机构和会员单位。

12月2日，为了支持在全球范围内快速推广海洋清洁能源，海洋可再生能源行动联盟（OREAC）发布了《海洋的力量》报告和《海上风能市场准备情况评估工具包》，作为各国加快海上风能开发的指导文件。

12月4日，可持续海洋经济高级别小组（HLP）发布《造福人类、自然和经济的海洋解决方案》报告，提出海洋经济可持续发展的五大优先事项：①可持续管理海产品生产；②缓解气候变化；③阻止生物多样性丧失；④抓住经济复苏机遇；⑤全面管理海洋。

12月21日，欧盟委员会开设的欧洲渔业和水产养殖市场观察站（EU-MOFA）发布《蓝色生物经济》报告，深入探讨蓝色生物经济。

海洋科学技术大事记

1月7日，南极研究科学委员会官网称，来自欧洲10个国家和地区的12个机构的专家们终于确认了在东南极更深层的冰芯钻探地点。该钻探地点位于小冰穹C（LDC），面积约为10平方千米，距冰穹C的意大利-法国的基地康考迪亚站（Concordia）40千米。

1月8日，美国伍兹霍尔海洋研究所（WHOI）称，其水下机器人Nereid Under Ice（NUI）从希腊的锡拉岛外的科伦坡（Kolumbo）火山富含矿物质的海底采集了一份沉积物样本。这是已知的第一个由机器人在海洋中采集的自动化样本。

1月29日，芬兰赫尔辛基大学官网表示，芬兰气象研究所的测量装置发现北极出现新的极光形式——极光沙丘。极光沙丘同时发生在同一区域，在该区域中源自太空的电磁能被传递到了非球面，这可能意味着从太空传输到电离层的能量可能与中间层逆温层的形成有关。

2月5日，大西洋研究联盟（AORA）在布鲁塞尔举行的海洋微生物群落会议上发布AORA海洋微生物群落路线图。该路线图是加拿大、欧盟和美国在AORA框架内合作的成果，符合《高威大西洋合作声明》。

2月7日，澳大利亚南极局官网表示，该机构生物学家凯萨琳·布朗（Kathryn Brown）和凯萨琳·金（Catherine King）发布的最新研究成果称，可利用实验室培养的大量南极线虫（nematodes）对南极地区受铜污染的土壤进行检测，以评估土壤中的毒性含量。该研究是首次以南极无脊椎动物为实验对象，实验成果可用于指导政府优先修复低污染的土壤，并预先判断修复工作的成果。

2月11日，美国国家海洋与大气管理局（NOAA）发布消息称，该局和OceanX海洋探测公司正式达成协议，以推进深海探测。

2月12日，澳大利亚南极局官网消息称，该机构海洋生物学家Jonny Stark（强尼·斯塔克）和Glenn Johnstone（格伦·约翰斯通）利用定制的微型潜水艇，对澳大利亚南极戴维斯站周边冰层下的底栖生物进行调查。调查发现，由于水流、海底坡度和海冰厚度的不同，栖息地的多样性在小范围内差异很大。未来澳大利亚将广泛利用无人探测器对南极海床进行调查，并作为长期监测南极环境的方式。

2月26日，朝中社消息称，朝鲜积极推进海洋科学技术研发，攻克了900米以下海洋深层水的利用技术，已完成理论研究并进入成果转化阶段。同时，朝鲜设立海洋科研基地和教育单位，为发展海洋产业奠定基础。

3月5日，世界自然基金会官网消息称，科学家在《动物分类》杂志上发表文章称，在地球最深处之一的太平洋马里亚纳海沟的海底深处发现了深海双足新物种，同时科学家们在新物种体内发现了微塑料。

4月21日，德国不来梅大学海洋环境科学中心发文称，该机构和不来梅马克斯普朗克海洋微生物研究所的研究人员在加利福尼亚湾瓜伊马斯盆地(Guaymas)2 000米水深处发现了一种以乙烷为食的微生物。

4月23日，日本《读卖新闻》报道称，日本东京太空企业"AxelSpace"公司宣布与广岛大学和保险公司合作，根据卫星拍摄的图像和海洋数据，预报赤潮的发生，预计到2022年开始为渔民提供服务。

4月23日，俄罗斯塔斯社消息称，俄罗斯天然气工业股份公司和俄罗斯卡玛兹公司已在东梅索亚哈地区(亚马尔-涅涅茨自治区)完成了无人驾驶货运载重汽车的测试。

4月27日，欧洲海洋局(EMB)在网络研讨会上发布了第六版未来科学简报——《海洋科学中的大数据》。

5月28日，美国每日科学网消息称，发表在《工业工程与化学研究》上的研究称，美国西北大学领导的一个研究小组开发出一种多孔智能海绵，可选择性吸收水中石油。

5月29日，韩国海洋水产部官网消息称，韩国利用南极海洋微生物研发血液冻结保存剂技术。该技术将血液保存期限从目前的35日延长到5个月以上，这将有助于减少血液废弃率，提高韩国血液自给率。

6月9日，国际水文组织官网(IHO)发布消息称，IHO发布水文地理空间数据新标准S-100。S-100提供了图像和网格数据类型的使用、增强的元数据和多种编码格式，还提供了一个组件框架，为水文数据建模提供标准化产品规范。

6月12日,韩联社消息称,韩国海洋科学技术院(KIOST)开发可改善海水电池性能的技术,该技术通过发射超声波或红外线防止海洋生物黏附在海水电池上,解决了海洋生物给电池增加重量和降低性能的问题。

6月23日,联合国教科文组织官网消息称,全球海洋观测系统(GOOS)秘书处指出,有30%~50%的系泊观测设备将受到新冠疫情的影响,其中一些已经停止发送数据。

7月4日,日本电气股份有限公司官网称(NEC),该机构和日本海洋研究开发机构运用人工智能技术开发一种塑料废物自动检测AI系统,新的AI检测系统使用人工智能图像识别技术自动检测海水和沉积物样品中的微塑料,该系统将用于帮助研究塑料对海洋生物的影响。

7月7日,国际电工委员会技术委员会(IEC/TC)发布新的技术规范(IEC TS 62600-3:2020),用于测量潮汐能、波浪能和电流能转换器等船用能源转换器的机械负载。

8月5日,世界自然基金会官网发布消息,提倡各国研究使用无人机、卫星雷达系统和自动识别系统等创新解决方案,控制大规模非法捕鱼活动。

9月7日,美国NOAA国家海洋中心官网发布消息称,美国综合海洋观测系统(IOOS)与国家海洋学合作伙伴关系计划(NOPP)合作,共同资助侧重于提升区域海洋观测系统以及推进观测数据管理和网络基础设施的项目。

9月17日,世界经济论坛官网消息称,来自加利福尼亚大学、伍兹霍尔海洋研究所和美国国家海洋与大气管理局(NOAA)等研究机构的海洋科学家团队开发了新型鲸鱼探测系统。这种由AI驱动的水下声音记录系统可根据海洋温度和环流等数据提供近乎实时的鲸鱼捕食场预报,为海员提供所需的数据,减少鲸船相撞的风险,同时确保货物的安全运输。

9月18日,《科学》杂志刊登了加州理工学院团队提出的利用地震波测量海洋升温的新方法,该方法将大大增强监测海洋变暖的能力。

9月22日,美国国家科学基金会官网消息称,由美国国家科学基金会资助,发表在《自然·通讯》上的一项研究表明,藻类可与病毒共生,这或将改变科学家对藻类病毒感染的看法,特别是在病毒对藻华形成和碳循环等生态系统过程的影响方面。

9月24日,俄罗斯海洋信息网消息称,美国财政部将俄罗斯"俄刻阿诺斯"公司及其代表和员工列入制裁名单。"俄刻阿诺斯"水下技术科研与生产公司是一家创新型海洋机器人研发企业,为俄罗斯大陆架开发提供特殊设备和技术。

10月2日,《科学》杂志称,欧盟正制订一项名为"数字孪生地球"计划,试图捕捉和分析人类活动对地球的影响,评估不同气候政策对全球气候变化及经济社会的影响。

10月6日,美国国家科学基金会官网称,美国宾夕法尼亚州立大学研究团队在海水电解槽新概念验证设计中应用净水技术,利用反渗透膜从水中去除盐分,并利用电流将水分子中的氢和氧分开,从而生产氢燃料。

10月19日,美国国家科学基金会官网称,美国普渡大学研究团队为自主式水下航行器(AUV)创建了移动对接系统,使其无需人工干预即可执行更长时间的任务。

10月23日,法国海洋开发研究院(Ifremer)发布新型无人潜航器Ulyx,其下潜深度可达6千米。

10月28日,英国政府宣布投入200万英镑以开发尖端技术,确保未来的海上风电场不会干扰关键的军事通信。

11月9日,欧洲海洋观测和数据网络官网消息称,该机构与哥白尼海洋环境监测服务、哥白尼原位协调小组和欧洲全球海洋观测系统建立了一个专门观测北极的海洋数据门户。

11月18日,韩国海洋水产部发布《极地科学未来发展战略》。

11月19日,美国伍兹霍尔海洋研究所官网消息称,美国国家科学基金会发起"融合加速器"计划,旨在转变海洋和气候科学发展方式,产生应对当前海洋领域挑战所需的知识。

12月17日,比利时Flanders海洋研究所官网消息称,欧洲研究人员在欧洲所有海域的海床上部署了130多个自主礁监测结构体,人们可以了解沿海栖息地硬底物的长期变化,并对外来物种入侵、气候变化或人类活动的影响发出预警。

海洋气候变化和防灾减灾大事记

1月4日，美国怀俄明州大学研究人员发表在《自然》杂志上的研究发现，北极变暖可能会导致中纬度地区降水减少，干旱增加。

1月6日，俄罗斯政府公布《2022年前适应气候变化第一阶段国家行动计划》，提出29项具体措施，以减轻气候变化导致的损害，利用气候变化带来的机遇。

1月9日，美国参议院通过的《拯救我们的海洋2.0法案》是美国参议院通过的最全面的海洋垃圾立法，旨在应对塑料垃圾危机。

1月13日，美国国会众议员苏珊妮·博纳米奇（Suzanne Bonamici）向众议院提交《我们的地球蓝碳法案》，提出美国国家科学技术委员会海洋科学和技术小组委员会应成立沿海蓝碳跨部门工作组，以监督沿海蓝碳生态系统国家地图的制作，确定国家沿海蓝碳生态系统修复重点，评估沿海蓝碳生态系统恢复的生物物理、社会和经济障碍，研究气候变化、环境和人类压力对固存率的影响，保持沿海蓝碳数据的连续性。

1月15日，英国国家海洋学中心发布《海洋气候变化影响：2020年报告》，总结了26个领域的相关数据和案例，涉及气候变化对英国海岸和海洋的物理、生态、社会和经济方面的影响。

1月24日，美国史汀生中心环境安全项目与日本笹川和平海洋政策研究所联合举办研讨会，推动气候和海洋风险脆弱性指数拓展至亚太地区。

2月5日，世界资源研究所（WRI）研究人员警告称，到2100年，全球海平面每上升1米就将淹没80个机场。

2月19日，澳大利亚南极局与澳大利亚塔斯马尼亚大学的科学家发布在《海洋建模》杂志的研究成果发现，当改变冰盖底部融冰的计算方法时，海平面上升的预测数值也会发生变化。

2月27日，瑞典领导的国际团队在《自然》杂志发表最新研究成果称，冰川冰壁阻止海洋温度上升和冰川融化，对气候至关重要。

3月2日，俄罗斯斯匹次卑尔根群岛北极科学考察队负责人尤里·乌格尤莫夫表示，俄罗斯科学家计划首次对北极沿岸地区的多年冻土进行钻探研究，以了解环境变化的过程。

3月2日,格陵兰自然资源研究所的研究人员通过卫星跟踪、生物测量和采样、卫星图像等方式,研究了巴芬湾北极熊的生态状况,发现由于气候变化导致海冰减少,影响了北极熊的活动方式、身体状况和幼崽数量。

3月10日,世界气象组织发布2019年度报告,评估陆地温度、海水温度、温室气体排放、海平面上升和冰川融化等一系列全球气候指标,指出这些关键指标正在恶化。

3月23日,世界气象组织表示,水资源是受气候变化影响最大的领域之一,在格陵兰和南极洲等最大冰川融化的推动下,海平面以越来越高的速度上升,这使沿海地区和岛屿面临更大的洪水泛滥和低洼地区被淹的风险。

3月25日,英国布里斯托尔大学的研究表明,格陵兰岛的微藻覆盖的冰面与洁白干净的冰面相比,反射阳光的效率更低,从而吸收更多的阳光,导致升温而融化。

3月26日,《当代生物学》杂志发表的研究显示,海洋变暖导致海洋物种数量的大范围变化,物种数量在向极地一侧增加,在向赤道一侧减少。

4月13日,《自然》杂志发表的研究显示,气候变化对自然环境带来的冲击比以往还要高许多,当气温升高到超过某个等级,许多物种将在10年内受到严重的冲击,不是渐进式的减少,而是跳水式的崩坏。

4月16日,《自然·科学报告》发表的研究显示,通过量化海平面上升引起的极值水位的持续增长率发现,极值水位超过洪灾临界水位阈值的几率随着海平面上升呈指数增长。

4月23日,由智利46名研究员编写的科学书籍《冰川与气候变化:50个问题和答案》正式出版,其旨在以通俗易懂的语言解读气候变化对南极和冰冻圈的影响。

5月1日,世界气象组织表示,3月在北极上空出现的臭氧层空洞已经愈合,该臭氧层空洞达到了"创纪录水平",面积将近600万平方千米,约为格陵兰岛的3倍。

5月14日,美国国家航空航天局(NASA)的ICESat-2卫星对北冰洋海冰的初步测量表明,自第一次ICESat任务(2003—2009)结束以来,海冰已变薄20%,这与海冰厚度在过去10年保持相对不变的现有观点不同。

5月14日，澳大利亚联邦科学与工业研究组织、澳大利亚国家科学局、澳大利亚海洋科学研究所、墨尔本大学的研究人员共同研发出一种耐热的珊瑚，以应对全球气候变化导致的珊瑚礁白化现象。

5月18日，由智利、英国、德国、巴西和美国的15名研究人员组成的研究团队赴南极对位于南极半岛和西南极内部冰帽之间过渡带的埃尔斯沃思山脉"联合冰川"进行研究，此前几乎没有该区域的相关气候记录。

5月29日，英国港口协会发布报告《港口减排：检验岸电供应障碍》，分析了英国港口的岸电供应壁垒，并提出针对性建议。

5月29日，英国智库国际环境与发展研究所召开专题网络研讨会——"自然的解决方案"（NbS）。会议就突出自然资本价值、降低现有的大规模NbS融资壁垒的必要性进行了讨论。

6月16日，国际海洋碳协调计划发布2020年版的《海洋表层二氧化碳地图集》，该地图集是由国际海洋碳科学家编写的年度公开出版物。

6月17日，印度地球科学部发布印度首份气候变化评估报告，报告称1951—2015年间热带印度洋海面温度平均上升1℃，比全球平均气温上升量高0.3℃。

6月23日，英国北极办公室与伦敦帝国理工学院格兰瑟姆研究所联合完成并发布研究报告《北极与英国：气候、研究与参与》，分析了英国的气候变化与北极气候条件的联系以及英国的北极科学战略的重要性。

6月29日，英国自然环境研究委员会和美国国家科学基金会宣布联合资助SNAP-DRAGON项目。该项目将以北大西洋次极地计划（OSNAP）获得的北大西洋次极地环流连续性观测数据为基础，结合海洋数值模型，以研究该地区环流巨变的原因及这些变化对未来海洋和气候变化的影响。

7月6日，美众议院气候危机特别委员会发布《应对气候危机——国会关于清洁能源经济和健康、弹性、公正的行动计划》，呼吁加强对红树林、盐沼、海草床等蓝碳生态系统的保护。

7月9日，世界气象组织发布的《全球10年气候更新年度报告》指出，未来5年（2020—2024年）的全球年均气温可能比工业化前至少高出1℃。除南大洋部分地区外，全球几乎所有地区都将进一步变暖，高纬度地区及萨赫勒地区可能更潮湿，而南美洲北部和东部地区则可能更干旱，北极升温幅度可能是全球平均值的2倍以上，热带及南半球中纬度地区气温变化最小。

7月9日，卢森堡4Climate、全球海洋信托基金和西尔维斯特鲁姆气候协会发布《蓝色债券：海岸生态系统恢复力融资》技术指南，确定了扩大蓝色债券规模所需的关键行动项目，以有效地为海岸恢复能力活动提供资金。

7月13日，美国米德尔伯里学院蓝色经济中心发布《海洋气候行动计划》，为新冠疫情后遭受重创的经济和气候紧急情况提供解决方案。

8月3日，新西兰环境部发布首份《国家气候变化风险评估》报告，以"到2090年全球海平面上升67厘米，全球温度上升3℃"为假设，确定了气候变化可能对新西兰造成的43种重大或极端风险的影响。

8月5日，俄罗斯远东和北极发展部副部长亚历山大·克鲁蒂科夫称，该部依据俄罗斯气候变化适应国家计划着手制定北极地区气候变化适应计划。

8月13日，《自然·通讯地球与环境》杂志发表的研究显示，北极格陵兰岛冰层的融化可能是不可逆转的。格陵兰岛的冰原缩小范围可能已经到达极限，无论世界如何迅速减少二氧化碳的排放量，冰层都可能融化。

8月17日，英国雷丁大学和巴黎索邦大学发表在《自然·气候变化》杂志的研究显示，全球目前已有超过50%的海洋受到了气候变化的影响，未来几十年该数字还将上升到80%。

9月1日，"太平洋海洋酸化伙伴关系"项目与斐济和基里巴斯分别开展了合作，以增强两国沿海地区应对海洋酸化的能力。

9月2日，英国太平洋与环境部长扎克·戈德史密斯（Zac Goldsmith）与太平洋共同体、南太平洋区域环境署、太平洋岛国论坛渔业局、太平洋岛国论坛秘书处等南太平洋四大核心区域组织负责人召开线上会议，对话的重点聚焦于海洋和气候变化问题。

9月10日，国际邮轮协会（CLIA）大洋洲分会发布《全球邮轮行业环境技术和实践》报告，强调其协会成员应大力推动技术创新，以实现燃料的高效清洁燃烧，并进一步降低碳排放。

9月21日，印度联邦部长瓦尔丹（Harsh Vardhan）表示，作为教科文组织政府间海洋学委员会框架的一部分，印度海啸预警中心向25个印度洋国家提供服务。

9月22日，美国国家海洋与大气管理局国家海洋保护区办公室发布《国家海洋保护区气候变化影响概况》系列出版物，旨在了解并分析各海洋保护区受气候变化影响的现状，并致力于与当地社区合作共同应对上述影响。

10月6日，美国家海洋与大气管理局气候项目办公室宣布将拨款4870万美元支持79个创新的、有影响力的项目，以提高国家应对气候变化的恢复力。

10月13日，世界气象组织发布《2020年气候服务状况报告》指出，随着气候变化所导致的极端天气和灾害事件增多，国际社会应逐步转向基于行动和影响的预报模式，同时进一步完善早期预警系统以减少损失。

10月20日，美国众议院自然资源委员会主席和气候危机特别委员会主席公布《基于海洋的气候解决方案》法案，旨在解决气候变化对海洋的影响，变革联邦海洋管理。

10月27—30日，第三届"太平洋气候变化会议"在萨摩亚召开，本届会议由萨摩亚政府、南太平洋区域环境署秘书处、萨摩亚国立大学、新西兰惠灵顿维多利亚大学共同组织，会议主题为"蓝色太平洋：气候变化适应性举措"。

10月28日，澳大利亚联邦科学与工业研究组织和澳大利亚海洋科学研究所发布最新研究成果称，科研人员首次发现珊瑚礁周边水域海洋酸化速度加快，珊瑚礁碳酸盐岩并未如预期所料减缓海洋酸化。

11月4日，世界卫生组织与《联合国气候变化框架公约》秘书处共同发布了2020年《小岛屿发展中国家健康与气候变化国家概况》报告，介绍了小岛屿发展中国家气候预测工作、气候变化造成的健康脆弱性和健康影响指标、对气候变化的政策响应以及提出气候变化对国家健康构成威胁的应对建议。

11月11日，库克群岛、纽埃、马绍尔群岛、帕劳、图瓦卢5个南太岛国共从绿色气候基金获得4900万美元(约合人民币3.2亿元)赠款，用于提升五国海洋和气候数据的采集能力，增强海洋灾害的预警和应对水平。

11月12日，澳大利亚气象局、澳大利亚联邦工业与研究组织发布《2020年气候状况》报告，指出该国平均海表温度自1900年以来已升高超过1℃，海平面上升、海洋酸化、海洋热浪等海洋灾害的影响正在加剧。

11月25日，日本笹川和平海洋政策研究所与美国全球海洋论坛、葡萄牙海洋基金会和政府间海洋学委员会共同主办了在线海洋行动日活动。会上各位发言人讨论了有关海洋和气候变化的问题。

12月2日，世界自然保护联盟发布《世界遗产展望（第三版）》报告，指出当前约有1/3的世界自然遗产正遭受气候变化的严重威胁，部分遗产所处的环境甚至可以用"严峻"来形容。

12月7日，澳大利亚越界能源公司已与澳大利亚联邦科学与工业研究组织、日本的商船三井株式会社、日本九州电力公司等多家机构共同签署了"深碳"存储项目初步合作协议，计划将澳大利亚乃至整个亚太地区液化天然气（LNG）和其他重工业的碳排放物捕集并运输到澳大利亚近海，利用小型浮式液化天然气生产技术，将这些排放物封存在海底。

12月15日，挪威启动海底碳封存项目，旨在将二氧化碳注入和封存在北海海床2 600米深处，由挪威国家石油公司Equinor、荷兰壳牌和法国道达尔公司管理。

12月21日，太平洋共同体向14个南太岛国气象局印发2021年潮汐表日历，以支持各国政府开展海上航运规划、滨海旅游管理、海洋灾害预防等工作。

12月22日，挪威科研理事会宣布新一轮研究资助项目，包括挪威弗里德约夫·南森研究所的海洋治理项目和俄罗斯北极气候变化项目。

海洋生态环境保护大事记

1月1日，帕劳开始禁止使用和销售对珊瑚礁有毒的防晒霜，此举成为该国一整套严格环保措施的一部分，帕劳也成为全球首个为保护海洋而全面禁止相关产品的国家。

1月1日，斐济正式实施对一次性塑料的禁令，以保护海洋环境。

2月3—9日，欧洲鸟类保护组织、皮尤慈善信托基金会、欧洲冲浪者基金会和世界自然基金会等重要组织在布鲁塞尔联合举办海洋周活动，讨论海洋物种和栖息地所面临的过度捕捞、污染、酸化、变暖等威胁，并讨论解决方法。

2月17日，联合国邮政管理局与《濒危野生动植物种国际贸易公约》和《保护迁徙野生动物物种公约》合作发行第27版濒危物种系列邮票，展示了12种被同时列入这两个国际公约附录的濒危候鸟、哺乳动物和海洋动物。

2月19日，越南自然资源与环境部和陶氏化学越南分公司、泰国SCG集团、联合利华越南国际有限责任公司签署关于在塑料垃圾管理中建设循环经济的公私合作协议。

3月2日，受澳大利亚政府"国家研究基础合作战略"资助的综合海洋观测系统发布《澳大利亚海洋状况和趋势》报告，评估了澳大利亚海洋环境现状。

3月4日，美国哈立德·本·苏丹生活海洋基金会公布了全球珊瑚礁考察的最新发现，发布《全球珊瑚礁考察：库克群岛最终报告》，对库克群岛珊瑚礁生态系统健康和复原能力进行了评估，并提出保护库克群岛珊瑚礁的建议。

3月5—26日，德国"ALKOR"号研究船沿欧洲西海岸航行，为德国基尔亥姆霍兹海洋研究中心开展的海洋微塑料分布、流动和影响研究项目采集数据和样本。该项目是欧盟"健康和生产性海洋"倡议的一部分，获得6个欧洲国家总额为230万欧元的资金支持。

3月10日，英国启动了"海草修复计划"，通过在威尔士地区海湾的浅海海底放置20千米长的绳索和播撒100万粒海草种子恢复海洋生物栖息地。

3月11日，美国国家海洋保护区基金会发布《清洁海洋：佛罗里达群岛年度影响》报告。"清洁海洋：佛罗里达群岛"倡议始于2018年5月，旨在清除佛罗里达群岛国家海洋保护区的海洋垃圾，并教育公众如何防治海洋垃圾。

4月20日，哥伦比亚海岸带研究所表示，该所同圣安德列斯-普罗维登西亚和圣卡塔利娜群岛可持续发展公司(CORALINA)共同绘制完成首张哥伦比亚珊瑚生态系统图。

5月2日，世界自然基金会(WWF)在世界金枪鱼日重申各国应改变当前渔业管理方式，关注金枪鱼养护和海洋资源的可持续性，并提出迈向更可持续、包容和有效的资源管理。

5月5日，联合国亚洲及太平洋经济社会委员会表示，已与日本政府合作启动"堵塞漏洞"项目，利用遥感、卫星和众包数据应用等创新技术来检测和监控城市集水区流入河流中的塑料废物来源和途径，马来西亚吉隆坡、印度尼西亚泗水、泰国洛坤府和越南岘港4个城市将加入该项目进行试点。

5月10日，泰国设立"国家红树林日"。

5月12日，世界首个"海洋迁徙物种希望之地"设立于哥斯达黎加科科岛和厄瓜多尔加拉帕戈斯群岛之间。此"希望之地"是连接两大世界生物圈保护区的海洋保护区，旨在以最新的设计方案来保护生活在东太平洋的海龟和鲨鱼等高度迁徙物种。

5月19日，《海洋科学前沿》发表评论指出，包括鲸、海豚、鲨鱼、海獭、海豹、企鹅、海龟等至少75种不同的海洋物种，被记录因与船舶碰撞而死亡。

5月20日，美国国家海洋与大气管理局（NOAA）宣布，选定华盛顿大学作为气候、海洋和生态系统研究所的牵头机构，旨在促进和开展多学科研究合作，教育和培养下一代科学家，提升公众对生态系统健康和社会经济可持续发展的认知。

6月8日，联合国环境规划署（UNEP）、全球资源信息数据库-阿伦达尔中心（GRID-Arendal）、世界保护监测中心（UNEP-WCMC）共同发布《出人意料：海草对环境和人类的价值》报告指出，尽管海草仅覆盖海底的0.1%，但这些草甸却可带来较高的碳汇效益，可完成全球海洋碳储存18%的指标。

6月8日，英国政府官网发布的英国自然联合会研究成果表明，超过一半的英国海洋保护区中包含着对适应气候变化至关重要的自然栖息地，具有环境保护和碳吸收等气候效益，将在为应对气候变化提供"基于自然的解决方案"方面发挥重要作用。

6月20日，首个"国际鲨保育日"，多场网络研讨会、演讲、展览等活动相继开展。

6月29日，哥斯达黎加宣布在利蒙省北部，毗邻哥斯达黎加与尼加拉瓜海上边界新设巴拉德尔科罗拉多海洋保护区，面积约66.7万平方千米。

7月8日，一项由100多位科学家和经济学家共同研究编写的名为《保护地球30%的自然：成果、收益和经济影响》报告称，保护、恢复和创建覆盖大约30%陆地和海洋的生物多样性和自然保护区，将在全球范围内产生巨大的经济利益。

7月12日，美国国家航空航天局（NASA）地质调查陆地卫星项目的研究人员利用高分辨率数据，绘制了揭示2000—2016年全球红树林栖息地变化原因的首张地图，为生境保护修复和资源管理者提供了重要工具。

8月3日，韩国海洋水产部发布《海洋生态轴构建方案》，在韩国领海设定"五大核心海洋生态轴"，综合推进海洋生物多样性保护、产卵场和栖息地管理等。

9月9日，波罗的海2030基金会正式成立，将通过与大学、地方当局、企业的合作，实施大规模以行动为导向的环境项目，以改善波罗的海环境。

9月10日，世界自然基金会（WWF）发布《地球生命力报告2020》。报告指出，人类的非法捕捞、气候变化、陆源污染、海洋污染、沿海开发、近岸基础设施、航运、海水养殖和深海矿物开采都对海洋野生物种产生了负面影响，导致大面积海域受到污染，过度捕捞情况严重。

9月15—27日，"韩中黄海海洋环境共同调查"项目启动，由韩国海洋水产部海洋环境机构和中国生态环境部共同实施，韩中两国分别选定18个调查地点。

9月16日，在联合国大会第75届会议期间，全球珊瑚礁基金正式启动，计划采取混合融资机制，10年内为全球珊瑚礁保护筹集5亿美元的资金支持。

10月2日，英国自然环境研究理事会启动了"净零海洋学能力"（NZOC）概念范围界定研究项目，研究期为12个月，旨在推动英国向净零海洋学方向发展。

10月6日，澳大利亚联邦科学与工业研究组织（CSIRO）发布最新研究表明，全球海洋底部沉积了925万~1 587万吨微塑料碎片，此项研究是人类对海底微塑料规模的首次评估，相关数值是科学家早前推测值的25倍。

10月19日，美国国家海洋与大气管理局（NOAA）、环境保护署和其他联邦合作伙伴共同发布《海洋垃圾战略》，围绕提升废弃物和垃圾管理能力、在全球范围内推广垃圾回收利用、促进研究和开发、清除垃圾碎片四项任务重点开展。

10月20日,"东南亚塑料计划"研究项目启动。该项目计划实施3年,由英国自然环境研究委员会与新加坡国家研究基金会共同投资600万英镑。

10月20日,澳大利亚科学家在距离大堡礁边缘约6千米处发现了一个独立的"刀片状"珊瑚礁,高近500米、宽1.5千米,位于海面下40米处。这是120多年来首次发现如此巨大的独立珊瑚礁,并且在一个健康的生态系统中继续茁壮成长。

10月20日,澳大利亚昆士兰大学研究人员在《自然·科学数据》发表了其全球珊瑚礁基线数据集成果,范围覆盖了全球1 300千米长的热带珊瑚礁栖息地,由超过100万个高分辨率地理图片构成,并采用人工智能分析方法自动估算底栖珊瑚礁的覆盖比率。

11月23日,缅甸若开邦政府发表声明称,根据自然资源与环保部发布的第112/2020号通知,若开邦遵南达岛将建立海洋保护区,这里是海豚、鲸鱼、鲨鱼以及海龟的重要栖息地和产卵区。

11月28日,塞舌尔总统宣布,计划禁止进口和销售气球,并呼吁民众在日常活动中采取更加环保的做法以保持塞舌尔的清洁,但没有宣布禁令的时间表。

12月3日,塞舌尔第一个地方授权区域保护(LEAP)项目启动,旨在保护塞舌尔的渔业、生态旅游和海洋生物多样性。

12月4日,韩国正式实施《海洋废弃物与海洋污染沉积物管理法》,以大幅加强对废弃物流入海洋的管理。

12月9日,欧洲环境署(EEA)发布《欧洲海域中的多重压力及其综合影响》简报指出,93%的欧洲海域承受着人类活动带来的各种压力,人为压力影响最广泛的地区是北海的沿海和大陆架地区。

极地大事记

1月6日,俄罗斯政府公布《2022年前适应气候变化第一阶段国家行动计划》。

1月6日,澳大利亚在南极洲为其探险队员举行公民入籍仪式。

1月9日,国际北极科学委员会(IASC)、南极研究科学委员会

(SCAR)和国际冰冻圈科学协会(IACS)续签旨在加强三方合作的谅解备忘录。

1月13日，新西兰国家水和大气研究所在南极建立海洋环境监测站点。

1月22日，美国"新港北极学者计划"启动第二轮北极安全工作。

1月22日，韩国北极俱乐部首届会议召开。

1月23日，美国海岸警卫队破冰船"北极星"号抵达南极洲麦克默多站，执行第23次南极任务。

2月4日，俄罗斯外交部致信挪威外交部，指责挪威限制其在斯瓦尔巴群岛的活动。

2月10日，芬兰举办"北冰洋基础设施发展和可持续利用"研讨会。

2月12日，南极大陆监测到有记录以来最高气温20.75℃。

2月17日，芬兰外交部和奥地利国际应用系统分析研究所联合发布《北极政策与战略科学报告》。

2月19—20日，第五届"北极2020"国际会议在俄罗斯莫斯科举行。

2月20日，俄罗斯外交部发言人指责挪威违反《斯瓦尔巴条约》，损害了双边关系。

2月25日，摩根大通宣布不会为北极地区、包括北极国家野生动物保护区的新油气开发项目提供融资。

2月28日，爱尔兰海洋研究所与外贸部合作启用"爱尔兰北极研究人员网络"。

2月28日，俄罗斯国防部长宣布北方舰队增设一个防空师。

3月2日，美国富国银行宣布不会直接为北极地区的油气项目提供资金。

3月5日，俄罗斯总统普京签署《2035年前俄罗斯联邦北极国家政策基础》法令。

3月10日，英国自然环境研究理事会发布《北极科考站科学概要2019》。

3月12日，丹麦国防大学成立北极安全研究中心。

3月18日，澳大利亚塔斯马尼亚大学和韩国极地研究所在西南极地区的阿蒙森海域成功部署自动水下航行器。

3月20日,北极理事会北极动植物保护工作组发布《北极淡水生物多样性状况报告》。

3月23日,国际北极科学委员会发布《2018—2023年IASC战略计划》。

3月31日,俄罗斯国家杜马全体会议通过《天然气出口法修正案》。

3月31日,北极理事会保护北极海洋环境工作组发布首份《北极航运状况报告》。

3月31日,国际北极科学委员会(IASC)和太平洋北极集团(PAG)正式将伙伴关系协议延长至2025年。

4月8日,俄罗斯雅库特共和国北极发展和北方民族事务部宣布实施"年轻驯鹿牧民"和"北极教师"计划。

4月10日,美国哈佛大学肯尼迪学院贝尔弗科学与国际事务研究中心发布《北冰洋塑料政策与行动》报告。

4月15日,俄罗斯在北部航天基地秘密发射反卫星测试导弹。

4月17日,国际北极社会科学协会公布了新版《北极地区伦理研究的原则性指南》。

4月20日,美国花旗集团发布可持续发展政策,拒绝投资北极油气开发项目。

4月20日,北极理事会突发事件预防、准备和反应小组发布《北极海洋风险评估指南》。

4月22日,加拿大海洋与渔业部发布《加拿大现在的海洋:北极生态系统(2019)》报告。

4月23日,俄罗斯国家原子能公司和红星造船厂签署合作建造世界上最强大的核动力破冰船的协议。

4月26日,澳大利亚南极科学理事会发布10年期《南极科学战略计划》。

5月8日,智利出版《南极藻类:多样性、适应力和生态系统服务》。

5月14日,加拿大交通运输部宣布禁止游船进入北极水域,禁令期为6月1日至10月31日。

5月15日,北极观测峰会(AOS)执行组织委员会发布《2020年AOS会议声明》。

5月22日，挪威议会批准"禁止在北冰洋中部不受管制捕鱼"的国际协议。

5月27日，西班牙地质与采矿学院和阿根廷南极研究所共同发布"南极地球科学系列地图"。

5月29日，南极和南大洋联盟发布《极地规则》信息图。

5月30日，智利发布《麦哲伦地区面对全球变化》报告。

6月8日，俄罗斯国家地质勘探公司宣布确定了地球南磁极的新坐标。

6月9日，美国总统特朗普发布《保护美国在北极和南极的国家利益备忘录》。

6月9日，俄罗斯远东和北极发展部宣布使用现代技术重建北极永久冻土监测系统的计划。

6月18日，两架美国B-2"幽灵"战略隐形轰炸机与两架挪威F-35战斗机共同执行北极飞行任务。

6月19日，俄罗斯远东发展问题政府委员会主席团会议通过了远东北极发展基金投资雅库特、萨哈林项目的决议。

6月22日，加拿大启动2020年度北极破冰任务和巡逻船建造工作。

6月23日，英国北极办公室与伦敦帝国理工学院格兰瑟姆研究所联合完成并发布研究报告《北极与英国：气候、研究与参与》。

7月6日，国际北极科学委员会(IASC)发布《IASC 2020年北极科学状况报告》。

7月8日，北极经济理事会(AEC)发布《2019年AEC年度报告》。

7月20日，澳大利亚渔业管理局发布《南极海洋生物资源养护委员会CCAMLR新型和探索性渔业报告》。

7月23日，挪威巴伦支海监测小组发布《巴伦支海2020年环境状况报告》。

7月23日，美国参议院通过了一项7316亿美元的加强北极力量建设的国防开支法案。

7月27日，欧洲议会发布《深度分析：欧盟的平衡北极政策》报告。

7月27日，智利召开"南极和南大洋：面对气候变化的威胁与挑战"网络研讨会。

7月29日，澳大利亚南极局发布《2020—2025年南极计划航空行动》。

8月4日，加拿大、美国、丹麦、法国在北极举行"纳努克行动"联合军演。

8月5日，智利正式通过《国家南极规约》。

8月17日，美国内政部批准了阿拉斯加北极国家野生动物保护区的沿海平原油气租赁计划。

8月18日，韩国在南极世宗科学基地完成首次海洋综合调查。

8月19日，俄罗斯政府工作会议通过《2030年前俄罗斯南极活动发展战略》。

8月25日，南极条约秘书处发布南极遗址参观交互式地图。

9月1日，世界自然保护联盟联合海洋哺乳动物保护区特别工作组宣布13个南大洋重要海洋哺乳动物区获批。

9月8日，美国、英国、挪威、丹麦在俄罗斯北极海岸附近开展军事演习，这是20世纪90年代以来北约水面战舰首次在巴伦支海俄罗斯专属经济区内进行海上安全行动。

9月8日，西班牙交通运输和城市议程部、科学与创新部共同签署《南极欺骗岛火山监测行动议定书》。

9月15日，北极海冰面积达到42年连续观测以来的第二低值，仅为374万平方千米。

9月17日，北约宣布正式成立大西洋司令部。

9月22日，世界最大最强核动力破冰船俄罗斯"北极"号开始北极航行。

9月23日，芬兰、挪威和瑞典三国国防部长签署《关于加强行动合作的意向声明》。

9月29日，瑞典发布新的《北极地区战略》。

9月29日，澳大利亚南极局发行南极主题的纪念邮票。

10月1日，英国开展关于极地社区研究人员中种族主义包容性调查。

10月8日，国际北极科学委员会（IASC）发布2021年IASC奖学金计划。

10月13日，智利南极研究所和地质采矿局共同发布《南极地震活动报告》。

10月24日，美国国家地理学会海洋保护团队南极探险纪录片上映。

10月26日，俄罗斯总统普京签署《2035年前俄罗斯北极地区发展和国家安全保障战略》。

10月28日，北极海冰面积达到历史最低水平。

10月28日，澳大利亚南极局公布2020—2021年度南极夏季考察方案。

10月29日，北欧理事会主席发布《2021年北欧理事会丹麦主席计划》。

11月11日，北极门户网发布《2020年北极年鉴-气候变化与北极：全球起源，区域责任》。

11月11日，澳大利亚南极局与瑞士极地研究所签署为期10年的南极研究合作协议。

11月16日，澳大利亚南极局发布《初步环境评估：关于2021—2022年戴维斯机场项目及戴维斯站基础设施项目现场活动的岩土工程勘察》报告。

11月18日，韩国海洋水产部发布《极地科学未来发展战略》。

12月1日，国际海底地名分委会通过澳大利亚提交的6个南极海底地名，正式载入世界海底地名录。

12月3日，英国以纪念南极发现200周年为名宣布了对南极地区28处地区的命名。

12月18日，俄罗斯用于北极研究的自持式耐冰平台在圣彼得堡金钟造船厂下水。

12月21日，俄罗斯总统普京签署行政命令将北方舰队自2021年1月1日起升级为独立军区。

12月22日，韩国国务会议审议通过《极地活动振兴法案》。

深海大洋大事记

1月16日，《科学》杂志刊文称，国家管辖范围以外区域海洋生物多样性养护和可持续利用(BBNJ)谈判应加入新的动态管理工具，建立移动的海洋保护区(mMPAs)，包括移动海洋保护区边界的跨时空转变，迁徙海洋物种的动态栖息地保护，海洋生物的保护以及生态系统弹性的提升。

1月29日，挪威科技大学研究人员在斯瓦尔巴群岛附近海底发现了价值近1 000亿美元的矿物，包括铜、锌、金和银。

2月24日，大西洋深层生态系统研究项目提出了新的预测模型，即当前气候变化趋势可能使北大西洋50%以上的冷水珊瑚栖息地处于危险之中，而具有商业价值的深海鱼类的栖息地可能向北偏移1 000千米。

2月24日，国际海底管理局理事会成立《"区域"内矿产资源开发规章草案》非正式工作组，负责探讨与研究海洋环境保护、规章遵守和执行及其他制度问题。

2月27日，世界自然保护联盟发布《国家管辖范围以外区域划区管理工具：建立雄心、扩大参与和提前规划》报告，提出未来达成BBNJ协定的10个有利条件和8项建议。

3月5日，澳大利亚塔斯马尼亚大学海洋与极地研究中心主导的国际科研团队完成了对澳属赫德岛周边海域的调查，确定其与凯尔盖朗深海高原中部和东南部存在连续性，并对南大洋超过10万平方千米的海底地形进行了测绘，其中很多区域都是科学家首次尝试开展测绘的区域。

3月11日，联合国大会全体会议通过决议，因新冠疫情影响，原定于3月23日至4月3日举行的BBNJ国际文书政府间第四次谈判时间推迟。

3月12日，野生动植物保护国际发布《深海海底采矿对海洋生态系统的风险和影响评估》报告称，深海采矿可能会导致生物多样性的严重损失，破坏海洋的生命支持系统及其碳储存功能，并呼吁全球各国政府暂停深海采矿。

4月7日，《海洋政策》杂志发表研究成果指出，利用大数据识别的生物多样性热点地区，可能成为第一代公海保护区。

5月20日，反深海采矿运动和加拿大采矿观察共同发布《预测深海多金属结核在太平洋中的影响》报告，指出深海采矿将对太平洋的海床和海洋物种带来不可逆转的负面影响，并可能对更广泛海域的生态系统造成重大影响，呼吁各国应暂停在太平洋地区开展深海采矿活动。

6月3日，全球环境基金启动"共同海洋"项目，旨在改善对国家管辖范围以外区域的12万平方千米海洋保护区的可持续管理，包括改善全球几种过度捕捞鱼类的状况。

6月21日,"海床2030"项目宣布已汇集1 450万平方千米的海底数据,海床已知地形比例从项目刚成立时的6%上升到19%,全球近1/5海底的地图已被绘制。

6月23日,可持续海洋经济高级别小组发布《海洋可再生能源和深海矿物在可持续未来的作用》蓝皮书,探讨了深海矿物开采在满足日益增长的技术需求方面的潜力,并分析了相关的环境风险、法律挑战、与可持续发展目标的冲突等。

6月30日,库克群岛议会正式表决通过《2020年海底矿产法修正案》。

7月13日,澳大利亚"保持北领地海岸健康"组织发布《深海采矿威胁北领地财富》报告显示,与深海采矿对旅游业、休闲渔业、商业捕捞、生态系统服务等造成的负面经济影响相比,其预期经济收益相对较小;深海采矿将对北领地的红树林、海草、滩涂、珊瑚礁、河口等造成严重破坏;澳大利亚《采矿法》侧重陆上采矿,尚不能有效管理深海采矿;深海采矿将影响当地濒危物种的栖息地和迁徙通道,并严重破坏海洋环境健康;深海采矿将破坏当地土著居民的文化景观及传统土地利用方式。

8月21日,日本石油天然气金属矿物资源机构宣布,在该国专属经济区进行的富钴结壳试开采取得了成功。该机构受日本经济产业省委托,自7月起在南鸟岛南部水深约930米处实施开采,回收了约650千克富钴结壳片。

9月9日,国际海底管理局秘书长发布《2020年度报告》,该报告全面概述了国际海底管理局在过去一年中所取得的进展,着重强调了国际海底管理局在促进深海海洋科学研究、保护海洋环境免受海底采矿影响以及增强发展中国家成员国从海底矿产资源中受益能力的重要进展。

9月9日,公海联盟发布《〈马德里议定书〉阈值与〈联合国海洋法公约〉环评规定的一致性:BBNJ协定应采用〈马德里议定书〉的阈值和分层方法》,建议BBNJ协定在环境影响评价部分采用分层方法,设定需要开展进一步环境评价的阈值。

9月9日,挪威海洋研究和考察船舶组织与日本基金会签署谅解备忘录,加强双方在技术创新、海洋测绘基础设施以及深海测深数据管理等方面的合作。

9月15—16日,国际海底管理局与韩国政府合作举办"深海分类学标准化"国际研讨会,以改善深海生物分类信息的标准化,并加强对深海生物多样性的科学认知。

9月21—25日,国际海底管理局举办"深海数据:专注于数据管理战略"线上研讨会,重点讨论了战略合作方式,以促进深海数据的交换和共享,增强对国际海底区域深海生态系统的了解。

10月6日,美国国家海洋与大气管理局海洋勘探和研究办公室发布《深水勘探测绘程序手册》,详细介绍了该办公室的深水海洋探测声图绘制原则,以及数据采集、处理、报告和归档等方法,推动跨机构合作制定海洋测绘标准,并为其他相关公共和私人实体进行深水勘探和测绘提供技术指南。

11月16日,美国船级社发布海洋工程装备制造业的首个海底采矿指南,详细介绍移动式海上采矿装置的设计、建造、安装、检测的入级要求。

11月25日,由17个国家和地区的45个机构组成的国际科学家团队呼吁制定一项为期10年的深海研究计划,该计划被命名为"挑战者150",其完整蓝图发表在《自然·生态学与进化》和《海洋科学前沿》上。

12月2日,澳大利亚南极局宣布向国际海底地名分委会提交的6个南极海底地名首次获得通过,并已被正式载入世界海底地名录。

12月9日,绿色和平组织发布《深海危机:深海采矿行业的黑暗世界》调查报告,强调深海采矿将对海洋生物群落造成严重和不可逆转的损害,有导致生物多样性丧失的风险,并可能破坏深海碳汇。

参考文献

敖双红,孙婵,2019."一带一路"背景下中国参与全球卫生治理机制研究[J].法学论坛,34(3):150-160.

毕军,2020.新时期我国环境风险防控面临的多元化挑战[J].中国环境管理,12(2):42-43.

陈方,张志强,丁陈君,等,2020.国际生物安全战略态势分析及对我国的建议[J].中国科学院院刊,35(2):204-211.

成琳岚,2017.深海探测一个有待探索的世界[J].大自然探索(5):34-47.

仇昊,梁迩.防止人工智能在军事上的滥用.环球网,2019-10-25.https://baijiahao.baidu.com/s?id=1648301428636621259&wfr=spider&for=pc.

傅莹,2019.人工智能对国际关系的影响初析[J].国际政治科学,4(1):1-28.

郭陈娴,姚建松,杨易帆,2019.浅谈生物工程技术在环境保护中的应用[J].中国资源综合利用(11):147-150.

黄晶,2020.新冠疫情对海洋可持续发展的影响[J].可持续发展经济导刊(8):15.

姜忠喆,李慕南,2012.了解一点海洋知识[M].长春:北方妇女儿童出版社.

李磊,王彤,蒋琪,2018.从美军2042年无人系统路线图看无人系统关键技术发展动向[J].无人系统技术,1(4):79-84.

李利利,樊景凤,明红霞,等,2014.海洋疾病的影响因素及其危害[J].海洋环境科学,33(4):643-649.

李享,罗天宇,2021.人工智能军事应用及其国际法问题[J].信息安全与通信保密(1):99-108.

刘晓伟,2020.疫情之下:中国的卫生外交应走向何方[J].公共外交季刊(1):46-50,122.

马英杰,等,2014.中国海洋法制建设战略研究[M].北京:海洋出版社.

全永波,2020.全球海洋环境治理的区域化演进与对策[J].太平洋学报(5):81-91.

王爱莲.健全公共卫生应急管理体系的着力点[N].学习时报,2020-05-25(003).

温志强.完善重大疫情防控体制机制 健全国家公共卫生应急管理体系[N].天津日报,2020-03-23(009).

吴跃伟.越南发现世上现存第四只斑鳖.通过环境DNA技术确认其存在[N].澎湃新闻,2018-04-15.

夏立平，田博，2020. 论国际新智缘政治的范式与影响[J]. 同济大学学报（社会科学版）（6）：53-63.

阎学通，2021. 数字时代初期的中美竞争[J]. 国际政治科学，6(1)：24-55.

袁发培，2019. 人工智能在自然灾害应急救援中的应用[J]. 中国新技术新产品（9）：134-135.

张钹，1995. 近十年人工智能的进展[J]. 模式识别与人工智能（12）.

张辉，2020. 全球公共卫生治理中的公共外交浅析——基于中国新型冠状病毒病毒疫情防控案例[J]. 公共外交季刊（1）：40-45，121.

赵留平，李环，王鹏，2020. 水下无人系统智能化关键技术发展现状[J]. 无人系统技术（6）：12-24.

赵迎辉，2020. 国际法如何应对"国际关注的突发公共卫生事件"[J]. 理论导报（5）：54-55.

郑露伸，2016. 美国海洋法律体系研究[D]. 大连：大连海事大学.

周利敏，面向人工智能时代的灾害治理——基于多案例的研究. 光明网-学术频道，2019-12-03. https://www.gmw.cn/xueshu/2019-12/03/content_33370367.htm.

邹景忠，2003. 21世纪中国海洋环境保护科学面临的问题和发展趋势[J]. 甘肃社会科学（3）：145-148.

AGOSTO, 2020. Proyecto de Ley Estatuto Chileno Antártico. La CáMara De Diputados. https://prensaantartica.cl/2020/08/05/camara-aprobo-y-despacho-a-ley-nuevo-estatuto-chileno-antartico.

ALLENDORF F W, HOHENLOHE P A, LUIKART G, 2010. Genomics and the future of conservation genetics: Nature Reviews. Genetics., 11 (10): 697-709.

AUSTRALIAN ANTARCTIC DIVISION, 2020. Australian Antarctic Science Strategic Plan. http://www.antarctica.gov.au/news/2020/strategic-plan-charts-course-for-antarctic-science.

CONSEJO NACIONAL DE POLÍTICA ECONÓMICA Y SOCIAL REPÚBLICA DE COLOMBIA, DEPARTAMENTO NACIONAL DE PLANEACIÓN, 2020. CONPES Colombia Potencia Biocéanica Sostenible 2030. https://www.cco.gov.co/docs/publicaciones/conpes-2020-04-27.pdf.

DEPARTMENT OF ENVIRONMENTAL AFFAIRS, 2020. Antarctica and Southern Ocean Strategy (ASOS). https://www.gov.za/speeches/cabinet-approves-antarctic-and-southern-ocean-strategy-south-africa-13-dec-2020-0000.

DEPARTMENT OF JUSTICE & ATTORNEY GENERAL, 2020. National Oceans Policy of Papua New Guinea2020—2030. https://www.justice.gov.pg/images/pdf_documents/

2020/NATIONAL_OCEANS_POLICY_2020—2030. pdf.

EUROPEAN COMMISSION, 2020. A new approach to the Atlantic maritime strategy-Atlantic action plan 2. 0. https: //eur-lex. europa. eu/legal-content/EN/TXT/PDF/? uri=CELEX: 52020DC0329&from=EN.

FISHERIES NEW ZEALAND, THE DEPARTMENT OF CONSERVATION, 2020. National Plan of Action-Seabirds 2020—Reducing the incidental mortality ofseabirds in fisheries. https: //www. mpi. govt. nz/dmsdocument/42622-National-Plan-of-Action-Seabirds-2020-201819-report.

FULLER Z L, MOCELLIN V J L, MORRIS L A, et al, 2020. Population genetics of the coral Acropora millepora: Toward genomic prediction of bleaching. Science.

GALDORISI G, 2019. The Navy Needs AI. It'S Just Not Certain Why. https: //www. usni. org/magazines/proceedings/2019/may/navy-needs-ai-its-just-not-certain-why.

GRAHAM N A J, WILSON S K, CARR P, et al, 2018. Seabirds enhance coral reef productivity and functioning in the absence of invasiverats. Nature(559): 250-253.

HIGH LEVEL PANEL FOR A SUSTAINABLE OCEAN ECONOMY (HLP), 2020. The Ocean Genome: Conservation and the Fair, Equitable and Sustainable Use of Marine Genetic Resources. https: //www. oceanpanel. org/blue-papers/ocean-genome-conservation-andfair-equitable-and-sustainable-use-marine-genetic.

HIGH LEVEL PANEL FOR A SUSTAINABLE OCEAN ECONOMY, 2020. Technology, Data and New Models for SustainablyManaging Ocean Resources. https: //oceanpanel. org/sites/default/files/2020-09/Technology% 2C% 20Data% 20and% 20New% 20Models% 20for%20Sustainably%20Managing%20Ocean%20Resources. pdf.

HOSKING S, 2020. A new age of Arctic science discovery—the AI way. https: //www. turing. ac. uk/blog/new-age-arctic-science-discovery-ai-way.

Правительство Российской Федерации, 5 март, а 2020. Основы государственной политики Российской Федерации в Арктике на период до 2035 года. http: //static. government. ru/media/acts/files/1202003050019. pdf.

INTERNATIONAL UNION FOR CONSERVATION OF NATURE, 2019. Ocean deoxygenation: Everyone's problem Causes, impacts, consequences and solutions. https: //www. iucn. org/deoxygenation.

IOC-UNESCO, 2020. Global Ocean Science Report 2020. https: //gosr. ioc-unesco. org/.

IOC-UNESCO, 2020. Implementation Plan Summary. http: //unesdoc. unesco. org/ark: /48223.

LEITSCHUH C M, KANAVY D, BACKUS G A, et al, 2018. Developing gene drive technologies to eradicate invasive rodents from islands. J. Responsible Innov., 5 (Suppl. 1): S121-S138.

LIU L, BILAL M, DUAN X, et al, 2019. Mitigation of environmental pollution by genetically engineered bacteria—Current challenges and future perspectives. Sci. Total Environ. (667): 444-454.

MAXIMIZING VALUE FOR SCIENCE-BASED MISSION SUPPORT, 2020. NOAA, NOAA Unmanned Systems Strategy. https://nrc.noaa.gov/LinkClick.aspx?fileticket=0tHu8Kl8DBs%3D&tabid=93&portalid=0.

MINISTERIE VAN BUITENLANDSE ZAKEN, 2020. Indo-Pacific: een leidraad voor versterking van de Nederlandse en EUsamenwerking met partners in Azi? file:///C:/Users/Acer/Downloads/indo-pacific-een-leidraad-voor-versterking-van-de-nederlandse-en-eu-samenwerking-met-partners-in-azie%20(2).pdf.

NATIONAL ACADEMY, 2020. More Strategic Approach Needed for Coast Guard to Exploit Advancements in Unmanned Systems Technology. https://www.nationalacademies.org/news/2020/11/more-strategic-approach-needed-for-coast-guard-to-exploit-advancements-in-unmanned-systems-technology.

NATIONAL OCEANIC AND ATMOSPHERIC ADMINISTRATION, 2020. Ocean, Coastal, and Great Lakes Acidification Research Plan: 2020-2029. https://oceanacidification.noaa.gov/researchplan2020/download.aspx.

NATIONAL OCEANOGRAPHY CENTRE, 2020. National Marine Facilities Technology Roadmap 2020/2021. noc.ac.uk/files/documents/about/ispo/COMMS 1155% 20NMF% 20 TECHNOLOGY%20 ROADMAP%20202021%20V4.pdf.

National Ocean Policy, Fiji's Ministry of Economy, May, 2020. https://drive.google.com/file/d/1w7skJdv7PvZ0cUYfZxKSanMLQDEA3Sip/view.

NOAA RESEARCH COUNCIL, 2020. NOAA Research and Develoment Vision Areas: 2020—2026. https://research.noaa.gov/article/ArtMID/587/ArticleID/2639/NOAA-releases-roadmap-for-the-next-7-years-of-research-and-development.

NOVAK B J, FRASER D, MALONEY T H, 2020. Transforming Ocean Conservation: Applying the Genetic Rescue Toolkit. Genes, 11: 209. https://10.3390/genes11020209.

OFFICE OF THE PACIFIC OCEAN COMMISSIONER, 2020. Blue Pacific Ocean Report 2020. https://opocbluepacific.net/publications/.

OFFSHORE ENERGY, 2020. Autonomous exploration of marine minerals. https://www.offshore-energy.biz/autonomous-exploration-of-marine-minerals/.

O MINISTRO DO MAR, PORTUGAL, 2020. Estratégia Nacional para O Mar 2021—2030.

https://www.portugal.gov.pt/pt/gc22/comunicacao/documento.

PALKOVACS E P, HASSELMAN D J, ARGO E E, et al, 2015. Combining genetic and demographic information to prioritize conservation efforts for anadromous alewife and blueback herring. Evol. Appl., 7: 212-226.

RUIZ O N, ALVAREZ D, GONZALEZ-RUIZ G, et al, 2011. Characterization of mercury bioremediation by transgenic bacteria expressing metallothionein and polyphosphate kinase. BMC Biotechnology.

SAMOA MINISTRY OF NATURAL RESOURCES AND THE ENVIRONMENT, 2020. SAMOA OCEAN STRATEGY2020—2030. https://www.mnre.gov.ws/wp-content/uploads/2018/11/Samoa-Ocean-Strategy_2020—2030.pdf.

UNESCO-IOC, 2020. Regional Workshop—UN Decade of Ocean Science for Sustainable Development(2021—2030), http://www.oceandecade.org/events.

UNIVERSITY OF BATH, 2020. Using AI to map marine environments. https://www.bath.ac.uk/announcements/using-ai-to-map-marine-environments/.

URBANEK A K, RYMOWICZ W, STRZELECKI M C, et al, 2017. Isolation and characterization of Arctic microorganisms decomposing bioplastics. AMB Express, 7: 148.

WHO, 2002. Genomics and World Health: Report of the Advisory Committee on Health research. Geneva: WHO.

WILKES R A, LUDMILLA A, 2017. Degradation and metabolism of synthetic plastics and associated products by *Pseudomonas* sp.: Capabilities and challenges. J. Appl. Microbiol (123): 582-593.

WORLD WIDE FUND FOR NATURE, 2020. Ecosystem-Based Integrated Ocean Management. https://www.grida.no/publications/477.

YOSHIDA S, HIRAGA K, TAKEHANA T, et al, 2016. A bacterium that degrades and assimilates poly (ethylene terephthalate). Science.